デバイ&ヒュッケルの極限近似式：（イオン i の z_i 電荷と γ_i 活量係数，I 溶液のイオン強度）

$$\log_{10} \gamma_i = -0.5 z_i^2 \sqrt{I}$$

p.31

ネルンスト・ノイエス・ホイットニーの式：（D 拡散係数，S 錠剤の表面積，…さ）

$$\frac{dC}{dt} = \frac{DS}{Vh}(C_S - C)$$

p.401

ノイエス&ホイットニーの式：（k 溶解速度定数）

$$\frac{dC}{dt} = kS(C_S - C)$$

p.402

ヒクソン&クロウェルの式：
$$W_0^{1/3} - W^{1/3} = kt$$
p.404

ファンデルワールスの状態方程式：（p 圧力，V_m モル体積，T 熱力学温度，R 気体定数，a，b 気体パラメータ）

$$\left(p + \frac{a}{V_m^2}\right)(V_m - b) = RT$$

p.22

ファントホッフの浸透圧：（m 重量オスモル濃度 [Osm/kg]，R 気体定数，T 熱力学温度）

$$\Pi = mRT$$

p.192

ファントホッフの反応等圧式：平衡定数 K の熱力学温度 T との関係．

$$K = e^{-\frac{\Delta H°}{RT}} e^{\frac{\Delta S°}{R}}, \qquad \ln K = -\frac{\Delta H°}{RT} + \frac{\Delta S°}{R}$$

p.305

フィックの第一法則：
$$J_x = -D \frac{\partial C}{\partial x}$$
p.396

沸点上昇：（m 重量オスモル濃度 [Osm/kg]，K_b モル凝固点降下度，水なら $K_b = 0.512$ K·kg·Osm^{-1}）

$$\Delta T_b = K_b \cdot m$$

p.190

分配係数：（C_O 油相中の物質濃度，C_W 水相中の物質濃度）

$$P_{OW} = \frac{C_O}{C_W}$$

p.229

ヘンダーソン&ハッセルバルヒ式：（酸性薬物では X = A$^-$，塩基性薬物では HX = BH$^+$）

$$pH = pK_A + \log_{10} \frac{(X)}{(HX)}$$

関連 p.134, p.477

ボルツマン因子：（P_ν 状態 ν の分布比，k_B ボルツマン定数，T 熱力学温度）

$$\ln P_\nu = -\frac{\varepsilon_\nu - \varepsilon_0}{k_B T}$$

p.79, 507

モル分率：（n_A，n_B 成分 A，B の物質量 [mol]）

$$x_A = \frac{n_A}{n_A + n_B}$$

関連 p.211, p.239

ヤングの式：（θ 接触角，γ_S 固体の表面張力，γ_L 液体の表面張力，γ_{SL} 固液界面張力）

$$\gamma_S = \gamma_L \cos\theta + \gamma_{SL}$$

p.268

溶解度：（X モル分率，L 融解熱 [$= \Delta H$]，R 気体定数，T_m 融点，T 熱力学温度）

$$\ln X = -\frac{L}{R}\left(\frac{1}{T} - \frac{1}{T_m}\right)$$

p.239

溶解度積：（塩 M$_m$X$_n$）
$$K_{sp} = [\text{M}^{n+}]^m [\text{X}^{m-}]^n$$
p.236

ラングミュアの等温吸着式：（n 結合サイト数，K 会合平衡定数，C_f 遊離リガンド濃度）

$$\Gamma = \frac{nKC_f}{1 + KC_f}$$

p.254

エピソード
物理化学

〔第2版〕

編著　東京理科大学薬学部教授　後藤　了
　　　京都薬科大学教授　　　　小暮健太朗

KYOTO
HIROKAWA

京都廣川書店
KYOTO HIROKAWA

―執筆者一覧― (50音順)

尾関　哲也　　名古屋市立大学大学院薬学研究科教授

小暮健太朗　　京都薬科大学教授

後藤　　了　　東京理科大学薬学部教授

土屋浩一郎　　徳島大学大学院ヘルスバイオサイエンス研究部教授

低pH　　中性　　高pH　　低pH　　中性　　高pH

低pH　　中性　　高pH　　低pH　　中性　　高pH

第 2 版の序文

　薬学における物理化学とは，薬の分解速度や製剤の結晶形と溶解性など，医薬品の製造から使用に至るあらゆる過程における事象に関わる重要な学問である．例えば，薬の使用期限を評価するために行われる加速試験は，化学反応の速度定数と温度との関係を表すアレニウスの式に基づくものである．また，ある組合せで2種類の粉薬（散剤）を混合すると溶けてしまうことがあるが，これは固体の融点降下現象である．しかしながら，これらの現象が物理化学に基づくものであり，物理化学が医薬品の製造から使用にまで影響を及ぼすものであるという認識は，残念ながら低いようである．さらに，多くの数式や状態図が登場するため，学生諸君にとって物理化学は難解な学問もしくは科目であるという印象が強いのだろう．しかし，物理化学に登場する数式や状態図は，上述したような現象をコンパクトに表すものであり，何が書いてあるのか理解できれば，これほど便利なものはないと思うことができるだろう．そのため本書は，各章において物理化学が活きているエピソードを冒頭に紹介することで，物理化学が薬学あるいは身近な生活に繋がっていることを認識し，本文においてわかりやすく解説することでその現象を表す規則（数式や状態図など）を理解し，演習問題によってその理解を確認できる組み立てになっている．

　そのようなコンセプトに基づいて初版を出版し，今回第2版として改訂版を出版することとなった．2011年に初版が出版された折，時間的余裕がなかったため，毎回講義を行うたびに多々修正が必要な個所が見出され，「早く修正しなければいけない」という思いが強かったが，ようやく修正・改訂を行う機会を得て，第2版を出版することとなり，ほっと胸をなでおろしている．以前，他の教科書を用いて講義を行った時の学生から初版本について「カラフルで絵も多くて，物理化学の教科書じゃないみたい．楽しそう．」と言われたことがある．また，現在講義を行っている学生からは，「エピソードが講義の最初に紹介されると，今日の講義がどのようなものかわかり，講義に入りやすい．」「エピソードは，とても面白い．」というように，冒頭のエピソード紹介は，学生に受けが良い．この教科書を作った目的は，「学生に物理化学を嫌いになってほしくない」というものであり，これらのエピソードからすると，教科書が物理化学を嫌いになる原因から除外されたのではないかと自負している．当初，「身近な事象のエピソード」を入り口とし，読み物として触れて頂きたいと思って出版した「エピソード物理化学」であるが，お陰様で京都廣川書店から他の教科に関しても「エピソードシリーズ」が刊行されており，我々のアプローチが評価されていることを意味しているのではないかと思っている．この教科書が，少しでも「物理化学嫌い」の解消に役立てば幸いである．初版の序文でも「まずは，読み物として本書に触れて頂きたい」と書いたが，この第2版でもその思いは変わらない．どうか，読み物として本書に触れて頂きたい．

　最後に，本書の出版をご快諾頂き企画・編集にご尽力頂いた京都廣川書店・廣川英男社長，廣川重男常務，編集部来栖　隆氏，漆原桂子さん並びに水野明子さんを始めとするPOPPYの方々に深謝申し上げる．

2015 年 1 月

編著者代表　小暮健太朗

序　文

　本書を作成するきっかけは，京都廣川書店の廣川重男氏から「若い先生で新時代の物理化学の本を作って欲しい」と依頼を受けたことである．ただ当時（2007年）私は現職に着任したばかりであり，この申し入れを固辞したが，一方「物理化学が学生に受けが悪い原因」について調査してみた．その結果「どのようなことに活きているのかわからない」「身の回りのことと繋がっているのかわからない」といった意見が多かった．確かに「基礎だから大切だ」と私も言われてきたが，実際どこに活きているのか，学生時代には実感できなかったのが実情である．上記のような経緯を経て，「物理化学がどこに活きているのか」を具体的に示すことで，馴染みにくかった物理化学が身近なところに繋がっていることを実感してもらい，背景にある物理化学を解説することで，概念を理解してもらえるようなテキストの必要性を実感し本書の企画を受諾・スタートさせることにした．しかし，実際にそのような実感型のテキストを作るのは非常に難しい課題であり，特に「物理化学が活きているエピソード」を探すことは並大抵の苦労ではなかった．一人で背負い込むにはあまりにも重い課題だと思い，エピソードの探索は，尾関哲也と土屋浩一郎が担当し，各々の専門分野である製剤関連領域と臨床薬学領域から提案をしてもらった．また，エピソードとその背景である理論を結びつける本書のメインボディである解説（本文）・コラムは後藤了が担当した．全く先例の無い中から，ストーリー性・統一感のある書籍としての本書の原型を作り出すには相当の手間と時間がかかったのは事実であり，3名の協力支援なくしては実現しなかった企画であったことを今更ながら実感している．

　本書は，各節ごとにエピソード・ポイント・解説・コラム・演習から構成されている．エピソードはエイズの治療薬から電気ウナギや煮物の話まで盛りだくさんである．「ああ，あの事にこんな物理化学が関係しているんだ」と実感してもらえるだろう．ポイントは解説の重要事項を整理したもので，試験前の復習に便利である．コラムは，解説をより深く掘り下げたものである．演習はポイント・解説の確認として利用していただきたい．

　物理化学は難しいもの，数式がいっぱい出て来て難解なもの，と思っている方が多いだろう．しかし，私は概念がイメージできるようになれば十分ではないかと思っている（もちろん，概念だけでは試験にパスしないけれど）．物理化学は物事を定量的に捉える学問であるため数式が基本となる．しかし，そこに出てくる数式は，現象の決まりごとを簡単に整理したものであり，各記号を言葉に置き換えてやると「なるほど」と納得できるに違いない．要は苦手イメージが先行しているだけだと思う．本書は，その苦手イメージを少しでも失くしてもらうために，「身近な事象のエピソード」を入り口としている．まずは，読み物として本書に触れていただきたい．

　私は「道」という詩が好きである．ご存じの人もいると思うが，有名な一休さんこと一休禅師の作であり，アントニオ猪木氏が引退試合の最後に若者へのメッセージとして読み上げたことでも知られている．

　「この道を行けばどうなるものか，危ぶむなかれ．危ぶめば道はなし，踏み出せばその一足が道となる．迷わず行けよ，行けばわかる」

　意味は，知らない世界であっても，あまり悩まずに飛び込んでみろ，そうすれば先に進めるぞ，というものである．私は，毎年自分の研究室に新しく配属される学生にこの詩を紹介している．研究であれ，社会生活であれ，躊躇せず，皆若いんだから失敗を恐れず，まず挑戦してみるというのが必要だからで

ある.

　苦手意識が先行している教科も同じである．まず，本書を読んでみてほしい．きっと物理化学というものに対する見方が少しは変わるはずである．

　最後に数百点に及ぶすばらしいイラストを作成頂いた伏田なが子氏に厚く御礼申し上げる．また本書の企画を粘り強く推進頂いた京都廣川書店・廣川英男社長，廣川重男常務，編集に御尽力頂いた来栖隆氏，漆原桂子氏と水野明子氏を始めとするPOPPYの皆様に深謝申し上げたい．

2011 年 1 月 31 日

編著者代表　小暮健太朗

目 次

第1章 分子論 　　1

1-1 分子間に働く相互作用 　　2
Episode 　毒ガス兵器サリン，農薬メタミドホス -くすりとタンパク質の間に働く相互作用-
Points 　　4
1-1-1　共有結合が生まれてくるメカニズム 　　5
1-1-2　分子間の化学結合(1) -永久双極子- 　　7
1-1-3　分子間の化学結合(2) -誘起双極子- 　　9
コラム　液体の水と固体の水(氷)に見られる変な性質 　　10
1-1-4　電荷移動(チャージ・トランスファー) 　　12
コラム　相互作用の強さを何で表すか？ 　　14
コラム　電荷移動の構造特異性 　　14
演習問題 　　15

1-2 複合的な分子間相互作用 　　16
Episode 　21世紀の新薬 -抗体医薬品の働きと分子間相互作用-
Points 　　18
1-2-1　ファンデルワールス力 　　19
1-2-2　疎水性相互作用 　　23
1-2-3　溶媒効果 　　26
1-2-4　電解質溶液のデバイ&ヒュッケル理論 　　29
コラム　いかにも実在気体らしい実在気体：フロンガス 　　32
演習問題 　　33

1-3 質量作用の法則 　　34
Episode 　炭酸飲料の泡と潜水病 -溶解度と圧力の関係が原因-
Points 　　35
1-3-1　ヘンリーの法則とルシャトリエの原理 　　36
1-3-2　質量作用の法則 　　37
コラム　みるみる凍りつくジンジャエール 　　38
コラム　肺呼吸における酸素と二酸化炭素のガス交換 　　41
演習問題 　　42

第 2 章　速 度 論　43

2-1　「速度論」という考え方　44
Episode　*使用期限*
Points　45
- 2-1-1　速度が変わっても変わらない値＝反応速度定数　46
- 2-1-2　速度論でみたときの反応の種類＝反応次数　49
- 2-1-3　みかけの反応次数 -擬1次反応-　51
- 2-1-4　反応次数の決め方(1)-微分法-　52
- 2-1-5　素反応と複合反応，遷移状態と中間体　54

演習問題　57

2-2　反応速度定数と半減期　58
Episode　*抗がん剤の延命効果*
Points　59
- 2-2-1　1次反応の反応速度式と片対数グラフ　60
- 2-2-2　1次反応の半減期は一定　62
- **コラム**　常用対数，自然対数，指数関数　63
- **コラム**　食品の消費期限-指数関数のクセを知っておこう-　64
- 2-2-3　0次反応のグラフと半減期　65
- 2-2-4　2次反応のグラフと半減期　66
- 2-2-5　反応次数の決め方(2)-積分法-　67

演習問題　69
- **コラム**　反応次数の決め方(3)-半減期法-　72
- **コラム**　グッゲンハイム・プロット　74
- **コラム**　様々な反応次数での微分型速度式と積分型速度式　75

2-3　化学反応はなぜおこるか？-アレニウス式-　76
Episode　*3年後，50年後の未来を予言する -加速試験，長期保存試験-*
Points　77
- 2-3-1　化学結合が変化する様子　78
- **コラム**　振動の励起について　80
- 2-3-2　アレニウスの式　82
- 2-3-3　化学反応に影響を及ぼす要因　85

演習問題　90
- **コラム**　絶対反応速度論(遷移状態理論)　92

2-4　より実践的な速度論モデル −複合反応−　98
- Episode　映画「ロレンツォのオイル／命の詩」
  - Points　99
  - 2-4-1　対向反応　100
  - 2-4-2　併発反応　102
  - コラム　対向反応のグラフ　103
  - 2-4-3　逐次反応　104
  - コラム　高温で加速するアレニウス・プロット　105
  - コラム　逐次反応の時間変化　106
  - 演習問題　109
  - コラム　様々な複合反応の反応速度式　110

2-5　均一系の触媒反応 −酸・塩基触媒−　128
- Episode　イオンの宅配便？ −油の中でイオンを配る触媒−
  - Points　130
  - 2-5-1　触媒と均一系・不均一系　131
  - 2-5-2　非解離性薬物の特殊酸・塩基触媒反応　132
  - 2-5-3　解離性薬物の特殊酸・塩基触媒反応　136
  - 演習問題　139

2-6　酵素と阻害剤　141
- Episode　ドラッグデザイン −真実か，ファンタジーか？−
  - Points　143
  - 2-6-1　酵素反応速度論　143
  - 2-6-2　グラフ解析法　147
  - 2-6-3　酵素阻害剤の反応速度論　150
  - 演習問題　156
  - コラム　ミカエリス＆メンテン式　157
  - コラム　阻害剤の酵素反応速度式　159

第3章　平衡論　163

3-1　相転移　164
- Episode　招かれざる訪問者 −リトナビル事件−
  - Points　165
  - 3-1-1　結晶　166
  - 3-1-2　多形転移　168

	3-1-3　相の変化	170
演習問題		172
コラム	グリセリンの結晶化とBSE	173

3-2　相平衡・相律　175
Episode　このくすり，ヒゲが生えてくるんですが飲んでも大丈夫ですか？
Points　176
3-2-1	相平衡	176
3-2-2	固相-液相の相平衡	177
3-2-3	液相-気相，固相-気相の相平衡と臨界点	179
3-2-4	相律と三重点	180
演習問題		183
コラム	臨界点	184

3-3　希薄溶液と束一的性質　185
Episode　海水魚はひからびない，淡水魚はふやけない
Points　186
3-3-1	凝固点降下	187
3-3-2	蒸気圧降下と沸点上昇	188
コラム	血液の凝固点降下度の計算	189
3-3-3	浸透圧	191
演習問題		193
コラム	細胞の浸透圧応答とファントホッフ係数	195

3-4　二成分系(1)-固液平衡-　199
Episode　混ぜてはいけない粉末医薬品，混ぜると使いやすくなる粉末医薬品
Points　200
3-4-1	凝固点降下はどこまで成立するのか？	201
3-4-2	固液平衡の状態図と共融点	202
3-4-3	分子化合物，ラセミ混合物，ラセミ化合物	203
3-4-4	希薄溶液のPT図	205
演習問題		207

3-5　二成分系(2)-気液平衡-　209
Episode　水蒸気蒸留とエッセンシャルオイル
Points　210
3-5-1	ヘンリーの法則とラウールの法則	210
3-5-2	理想溶液のPX図	212

	3-5-3　理想溶液の TX 図	214
コラム	沸点上昇には例外がある？	215
	3-5-4　実在溶液の PX 図，TX 図	217
演習問題		220

3-6　二成分系(3) -水相と油相- 　　　222

Episode　くすりの吸収と製剤材料や飲食物

Points		223
	3-6-1　水と油	224
	3-6-2　分子間相互作用を形成する混合物系	226
	3-6-3　分配平衡	228
演習問題		231

3-7　溶解平衡 　　　233

Episode　輸液バッグから毒がとけ出す？ -可塑剤について-

Points		234
	3-7-1　溶解度，溶解度積	235
	3-7-2　溶解度と温度	237
	3-7-3　溶解性に影響を与える因子	239
演習問題		244

3-8　吸着平衡 　　　246

Episode　吸着を利用した治療方法 -脂質異常症（高脂血症）と吸着-

Points		247
	3-8-1　正吸着と負吸着	248
	3-8-2　比表面積	250
	3-8-3　物理吸着と化学吸着	251
	3-8-4　吸着様式	252
	3-8-5　単分子吸着モデル	254
	3-8-6　多分子層吸着モデル	256
演習問題		258
コラム	活性炭への酢酸分子の吸着平衡	259

3-9　界面平衡 　　　264

Episode　未熟児を救え -ウシの肺からつくるシャボン玉-

Points		265
	3-9-1　界面とぬれ	265
	3-9-2　界面張力と表面張力	266

3-9-3	拡張係数	268
3-9-4	表面張力の測定法	271
3-9-5	界面活性剤	272
演習問題		276
コラム	界面活性剤とHLB	277

3-10　コロイドと粗大分散系　　282

Episode　宛名つきの手紙にくすりをしたためる －ドラッグデリバリー技術－

Points		283
3-10-1	不均一系とコロイド	284
3-10-2	コロイドの分類と性質	287
3-10-3	コロイドや粗大分散系の凝集	291
演習問題		297
コラム	水中油(o/w)から油中水(w/o)への転相	299

第4章　熱力学　　301

4-1　ファントホッフの反応定圧式　　302

Episode　温度と組成の関係

Points		303
4-1-1	熱エネルギーを受け取って分子は化学変化する	304
4-1-2	熱エネルギー＝外界の温度と化学平衡の関係	304
4-1-3	平衡定数に及ぼす温度の影響(1)－発熱反応－	306
4-1-4	平衡定数に及ぼす温度の影響(2)－吸熱反応－	307
演習問題		309

4-2　エンタルピー H と熱力学第一法則　　310

Episode　化学カイロと冷却シート －発熱反応や吸熱反応の熱の行方－

Points		311
4-2-1	ヤカンにフタをすると，なぜはやく沸騰するのか？	312
4-2-2	圧力は一定だが，気体分子は出ていかない容器	313
コラム	定圧プロセスと定容プロセスの熱容量	314
4-2-3	熱エネルギー保存の法則(熱力学第一法則)	315
4-2-4	定圧プロセス＝1気圧の世界で	317
演習問題		319

4-3 エントロピー S と熱力学第二法則　　　　320
Episode 凍らない水と雪の結晶 –過冷却水と過冷却水蒸気の不思議–
Points　　　　321
4-3-1 「沸点」と「沸点未満」になんの違いがあるのか？　　　　322
4-3-2 マックスウェル&ボルツマン分布と統計力学　　　　323
4-3-3 熱力学的なエントロピー変化 ΔS　　　　326
4-3-4 シミュレーション計算でみたエントロピー変化　　　　329
4-3-5 エントロピー増大の法則（熱力学第二法則）　　　　331
コラム 熱力学第二法則のさまざまな表現　　　　332
4-3-6 熱力学第三法則　　　　333
演習問題　　　　334
コラム 熱機関の熱効率–ガソリンエンジン–　　　　335

4-4 ギブズ自由エネルギー　　　　338
Episode デンキウナギの電気エネルギーと化学反応のエネルギー
Points　　　　339
4-4-1 トルートンの規則，ラウールの法則　　　　340
4-4-2 ギブズ自由エネルギー変化の定義　　　　347
4-4-3 ギブズ自由エネルギーへの圧力・温度の影響　　　　349
4-4-4 相平衡とギブズ自由エネルギー変化　　　　351
演習問題　　　　353
コラム 足し算ができる量と，足し算ができない量　　　　354

第5章 移動論　　　　357

5-1 変型・流動にともなう物質の移動–レオロジー–　　　　358
Episode 加工セルロースの多彩な機能
Points　　　　359
5-1-1 粘度　　　　360
コラム 日本薬局方一般試験法「粘度測定法」　　　　362
5-1-2 さまざまな粘度　　　　363
5-1-3 ニュートン流体　　　　365
5-1-4 非ニュートン流動　　　　367
コラム 半固形製剤　　　　371
5-1-5 粘弾性モデル　　　　372
演習問題　　　　375

5-2　力場における物質の移動-沈降と泳動-　　377
Episode　プランクトンとクラゲと赤血球
- **Points**　379
- 5-2-1　浮力　379
- 5-2-2　ストークスの抵抗法則と沈降　380
- 5-2-3　遠心分離　382
- **コラム**　沈降速度の測定方法　383
- **コラム**　沈降係数とスヴェドベリ単位　386
- 5-2-4　ゆっくりな流れではないとき　387
- 5-2-5　電気泳動　388
- **演習問題**　391

5-3　自発的な物質の移動-拡散と溶解-　　392
Episode　表面プラズモン共鳴センサーと水晶発振子マイクロバランスセンサー
- **Points**　393
- 5-3-1　フィックの第一法則　394
- **コラム**　拡散係数 D とは何か？　397
- 5-3-2　フィックの第二法則　398
- 5-3-3　錠剤のノイエス＆ホイットニー式　400
- 5-3-4　粉体のヒクソン＆クロウェル式　403
- **演習問題**　406
- **コラム**　マトリクスからの医薬品成分の放出　409

5-4　熱による物質の移動-移動現象論-　　410
Episode　煮物に愛情を注がない放任主義
- **Points**　411
- 5-4-1　フーリエの熱伝導法則　412
- 5-4-2　移動現象論　415
- **演習問題**　419

第6章　溶液論　　421

6-1　イオン強度　　422
Episode　注射液とイオン強度
- **Points**　422
- 6-1-1　イオン強度の考え方　423
- 6-1-2　イオンの活量係数　425

コラム	生理学的条件のイオン強度	428
6-1-3	球状タンパク質にある残基の酸解離定数	429
6-1-4	電気二重層	431
6-1-5	DLVO 理論の基礎	434
演習問題		437
コラム	ガウスの法則の電荷密度とボルツマン分布	439

6-2 電解質水溶液 　441

Episode　イオントフォレシス -電気の力で薬を送り込む-

Points		442
6-2-1	モル伝導率	443
6-2-2	極限モル伝導率	445
6-2-3	強電解質と弱電解質	447
演習問題		449

6-3 化学ポテンシャルと活量係数 　450

Episode　目の水晶体レンズタンパク質 -込み合うことで変性凝集を防ぐ-

Points		451
6-3-1	化学ポテンシャル	451
6-3-2	活量係数，解離度，溶解度数	455
6-3-3	溶解度パラメータ	456
演習問題		459

6-4 膜電位と能動輸送 　460

Episode　カリブの船乗りたちの迷信

Points		461
6-4-1	ネルンストの式	462
6-4-2	ドナン膜平衡	464
6-4-3	細胞膜の膜電位	465
コラム	膜コンダクタンスとコンダクティビティについて	467
6-4-4	膜輸送の速度式	470
演習問題		472

6-5 受動輸送と pH 分配仮説 　473

Episode　オセルタミビルとザナミビル

Points		474
6-5-1	生体膜と分配係数 $\log_{10} P_{oct}$	475
6-5-2	任意の pH における分配係数 $\log_{10} D$	477

6-5-3	pH 分配仮説	481
コラム	ファゴサイトデリバリー	485
演習問題		486

第 7 章　単位と定数　487

7-1　基本物理量と SI 単位　488

Episode	ヴェニスの商人 -その 1 ポンドは何の 1 ポンドか-	
Points		489
7-1-1	日本薬局方の計量単位	489
7-1-2	基本物理量	491
コラム	時間の単位，長さの単位	492
7-1-3	国際単位系(SI)	492
7-1-4	SI に属さない単位	496
演習問題		499
コラム	ヤード・ポンド法	500

7-2　物理定数　501

Episode	抗生物質の濃度依存性と時間依存性	
Points		503
7-2-1	熱力学温度の単位	503
7-2-2	熱力学温度と分子運動(内部エネルギー)	504
7-2-3	熱力学温度と状態の分布(ボルツマン分布)	506
7-2-4	様々な物理定数	507
演習問題		510

演習問題解答　511

付録：対数関数，微分方程式　523

参考文献　525

索引　527

第 1 章
分子論

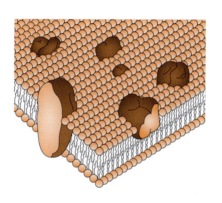

1-1 分子間に働く相互作用

Episode 毒ガス兵器サリン，農薬メタミドホス
―くすりとタンパク質の間に働く相互作用―

　薬剤師はくすりを通じて医療に参加します．
　くすりが効くのは，くすりが体の中の物質に働きかけるからです．
　くすりが効くときには，特定のタンパク質などに働きかけています．ところが，同じタンパク質に働きかけることで健康を害する毒もあります．はたしてくすりと毒の働きかけ方（相互作用）の違いは何なのでしょう？

　動物の体にはニューロン細胞を介した神経系があります．
　ニューロンは神経信号を伝えるため，次のニューロンと連結し，また器官・組織と連結しています．これらの連結部分をシナプスといいます．
　シナプスではニューロンの終盤から連結先へアセチルコリンという化学物質が放出されて，神経信号が伝わります．
　アセチルコリンは神経信号を届けるときだけシナプスで分泌され，不要になるとアセチルコリン分解酵素で瞬時に分解されて消えます．
　ニュースを賑わせた毒ガス兵器のサリンや農薬のマラチオンやメタミドホスなど有機リン系毒物はヒトや動物がこれらに曝されると，瞳孔が収縮し，涙や鼻水がとまらず，重篤な場合には全身痙攣や血圧降下をおこし，死に至ります．
　これら有機リン系毒物は「アセチルコリン作働性シナプス」にあるアセチルコリン分解酵素に不可逆的に結合して，その働きを阻害します．
　アセチルコリン分解酵素が働かないのでアセチルコリンがいつまでも神経を刺激し続けますから，上記の症状につながるのです．
　でも，アセチルコリン分解酵素を阻害する物質の中には，医薬品としても用いられているものがあるのです．
　ネオスチグミン臭化物（シオノギ社ワゴスチグミン®）は重症筋無力症や手術・分娩での消化機能低下の治療薬です．
　それから，ドネペジル塩酸塩（エーザイ社アリセプト®）は認知症患者を治療します．
　繰り返しますがこれらの医薬品は，アセチルコリン分解酵素を阻害する物質です．

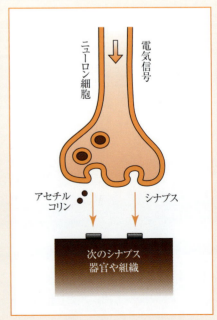

これらは有機リン系毒物といったい何が違うのでしょうか？

医薬品として用いられるアセチルコリン分解酵素の阻害物質は，酵素に結合するのですが，実は可逆的に結合するだけなのです．

可逆的なので酵素から離れることができます．

永久に酵素を停止させるわけではありません．

このような相互作用の違いがあるからこそ，薬剤師と医師が慎重に適用することで全身の活動の調和を乱す危険を克服し，患者さんの病態を緩和する「くすり」になるわけです．

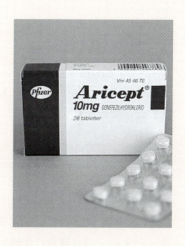

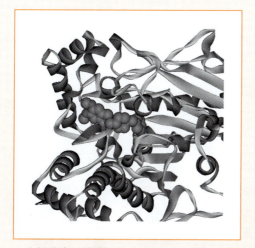 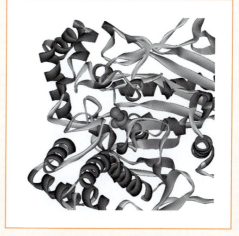

分解酵素に結合したドネペジル（右，Protein Databank 1EVE）とメタミドホス（左，Protein Databank 2JGE）．ドネペジルは接触するだけであって，可逆的に結合する．メタミドホスは203番目のアミノ酸セリンと不可逆的に共有結合する．

注：これは一例で不可逆的に共有結合する物質が全て毒ではなく，医薬品として利用されるものもあります．

1-1

Points　基本的な分子間相互作用

ここでは分子間相互作用として本質的な種類のものを列挙しました．それぞれの①特徴と②強さの違いを理解するとともに，③具体的な物質に働く相互作用がわかる学力を身につけましょう．

クーロン力（静電力）：SBO:C1-(1)-②-2

　異符号の電荷間に働く引力と，同符号の電荷間に働く斥力．1785 年 Charles-Augustin de Coulomb（1736-1809, 仏）が発見．力は**電荷**に比例し，**距離の二乗**と**誘電率**に反比例（逆二乗の法則）．分子間**静電相互作用**のポテンシャルエネルギーは距離に反比例．分子間静電相互作用の結合熱は 500 kJ/mol，結晶場でのイオン結合は 600〜1500 kJ/mol．

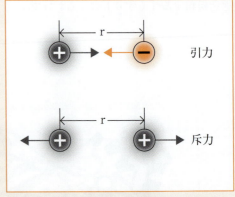

図 1-1　クーロン力（静電力）：静電相互作用

キーサム力（配向力）：SBO:C1-(1)-②-3

　双極子間相互作用の 1 つで，**双極子の配向**によって生ずるクーロン引力．1912 年 Willem Hendrik Keesom（1876-1956, 独）が発見．**永久双極子間相互作用**ポテンシャルエネルギーは距離の 6 乗に反比例．**イオン〜永久双極子相互作用**ポテンシャルエネルギーは距離の 4 乗に反比例．結合熱は 4〜20 kJ/mol 程度．

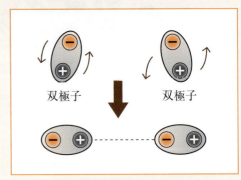

図 1-2　キーサム力（配向力）：永久双極子間相互作用

デバイ力（誘起力）：SBO:C1-(1)-②-3

　電荷の接近により無極性分子が分極状態に遷移して生じる双極子間相互作用．1920 年 Peter Joseph William Debye（1884-1966, 蘭）が計算．**永久双極子〜誘起双極子相互作用**ポテンシャルエネルギーは距離の 6 乗に反比例．**イオン〜誘起双極子相互作用**ポテンシャルエネルギーは距離の 4 乗に反比例．結合熱は 2 kJ/mol 以下．

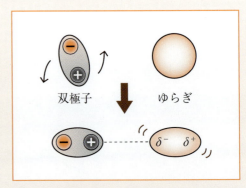

図 1-3　デバイ力（誘起力）：永久双極子〜誘起双極子相互作用

ロンドン力（分散力）：SBO:C1-(1)-②-4

無極性分子の接近により互いに分極状態に遷移して生じる**誘起双極子間相互作用**．1-2-1 項の**ファンデルワールス力**の性格を決定づけている重要な要因の 1 つ．1930 年 Fritz Wolfgang London（1900-1954, 独/米）が計算．ポテンシャルエネルギーは距離の 6 乗に反比例，結合熱は分子量に応じて変化するが 0.08～40 kJ/mol 程度である．

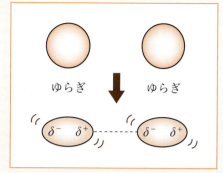

図 1-4　ロンドン力（分散力）：誘起双極子間相互作用）

水素結合：SBO:C1-(1)-②-5

2 つ以上の電気陰性度が高い原子（O, N, S, F, Cl など）の負電荷が，その一方の原子に結合した H 原子の正電荷を介して形成する双極子間相互作用（キーサム力）．ポテンシャルエネルギーは距離だけでなく，H 原子の結合の姿勢に深く関係する．タンパク質の二次構造（α らせん構造や β シート構造）は，ペプチド鎖の分子内水素結合で形成される．

電荷移動（チャージ・トランスファー）：SBO:C1-(1)-②-6

電子供与体の電子が自身のオービタルだけでなく，接近してきた電子受容体の空オービタルを含めて非局在化することで生じる相互作用．孤立 2 分子の極限構造式と配位した複合体の極限構造式の共鳴で表すことができる．ポテンシャルエネルギーには距離と姿勢だけでなく，オービタル対称性など様々な因子が関係する．核酸塩基の水素結合に T-A と C-G の特異性が生じるのは，電荷移動の効果による．

1-1-1　共有結合が生まれてくるメカニズム

エピソードでは，不可逆的な共有結合は毒になり，そうでない結合はくすりになることを紹介しました．この薬剤師にとって重要となる，共有結合ではない化学結合について学習するのに先立ち，ここではまず共有結合を説明します．
SBOs:C1-(1)-②-1, C1-(1)-②-2

自然界に存在する力は 4 種類ある．（図 1-5）
強い力，弱い力，電磁力，重力である．
4 つの力は互いに影響しない．
強い力と弱い力は原子核の中など 10^{-18}～10^{-15} m という素粒子の世界で働く．
電磁力と重力は微視的世界だけでなく，日常や星間という巨視的距離にも届く．
重力は微弱で，天体の質量や大きな慣性が働くときだけ顕著になる．

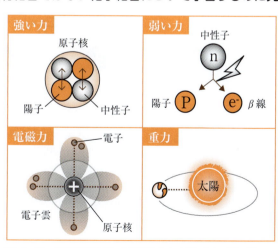

図 1-5　自然界には 4 種類の力が存在している

第 1 章　分子論

1-1

化学結合は，これら4種類の力のうち電磁力に由来する力によって生まれる．

電磁力は**電荷**の間に生じる．

異符号の電荷（⊕と⊖）の間で引き合い（**引力**），同符号の電荷（⊕と⊕，または⊖と⊖）の間で反発する（**斥力**）．

引力や斥力による**相互作用の強さ（ポテンシャルエネルギー）**は電荷の強さに比例し，距離に反比例する．

この関係（クーロンの法則）の発見者の名前にちなみ，**クーロン力**あるいは**静電力**と呼ぶ．

共有結合は，原子核と電子のクーロン引力，原子核間のクーロン斥力，電子間のクーロン斥力，電子の**位置の不確定性**（素粒子が一点に静止できない性質）の4つの要因のバランスによって成立する．（図1-6）

物質が有する電荷の間でクーロン力が働くことで，物質間に生まれる相互作用を**静電相互作用**という．

食塩の結晶はNaClという「分子」が存在するのではない．

結晶でNa$^+$イオンとCl$^-$イオンが交互に整列した格子を形成しており，異符号のイオン間でクーロン引力が，同符号のイオン間でクーロン斥力が働く．（図1-7）

これらの静電相互作用を**イオン間相互作用**という．

結晶場でのイオン間相互作用の結合熱は600～1500 kJ/mol程度である．

電解質溶液でもイオン間相互作用は働く．

互いに異符号のイオン間に働く引力を，便宜上**イオン結合**，あるいは**塩橋**と呼ぶこともある．

誘電率は，電磁力を伝える媒質が電磁力によって分極する度合いである．

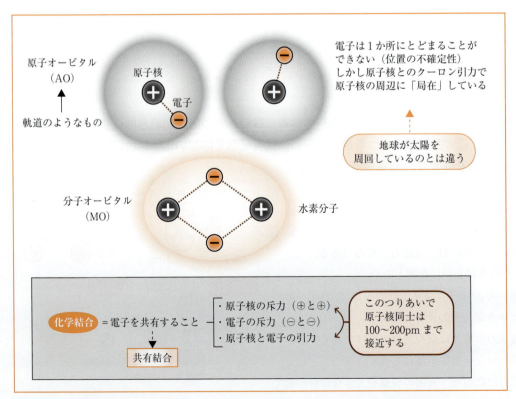

図1-6　共有結合ができる仕組み．ハイトラーとロンドン，および杉浦が解明した

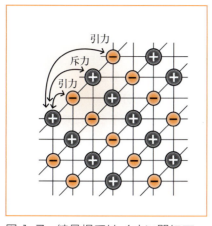

図 1-7　結晶場ではイオン間にマーデルング相互作用が働く

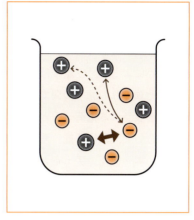

図 1-8　溶液中ではイオン間にクーロン相互作用が働く

物質間に働くクーロン力は媒質の誘電率が大きいほど到達しにくい．
だから，**静電相互作用は媒質の誘電率に反比例する．**（図 1-8）

1-1-2　分子間の化学結合（1）―永久双極子―

　共有結合やイオン間相互作用だけでなく，分子同士もまた相互作用することによって共有結合よりも弱い化学結合を形成します．これが分子間に働く相互作用，分子間相互作用です．ここでは，極性分子の間に働くキーサム力（配向力）について説明します．SBOs:C1(1)-2-3, 5

水分子では H 原子と O 原子が共有結合している．
O 原子には，H 原子の 8 倍のプラス電荷を持った原子核がある．（図 1-9）
ひとくちに共有結合といっても，C-H 結合に比べ水分子の場合には，O 原子がより多数の電子を引

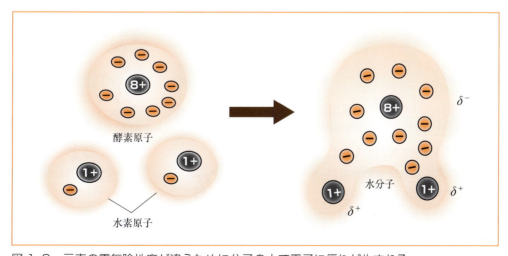

図 1-9　元素の電気陰性度が違うために分子の上で電子に偏りが生まれる

1-1

き寄せ，H 原子の周囲には電子があまり分布しない．

原子が自身に電子を引きつける性質を**電気陰性度**という（IUPAC Gold Book）．

代表的な電気陰性度の数値として，ポーリングが決定した数値をよく用いる．

電気陰性度の違いによって，O 原子はマイナス，H 原子はプラスに偏る．

分子を構成するそれぞれの原子の間で電荷に偏りが生ずることを**分極**という．

分極した分子で形成される電荷（⊕と⊖）の配置構造を，**電気双極子**または**双極子**と呼ぶ．

量的な分極の度合いを，**双極子能**，**双極子能率**，**双極子モーメント**という．

水，アルコール，エーテル，アセトン，アンモニア，クロロホルム，ピリジンなどは双極子を持ち，分極している．

しかし，四塩化炭素や二酸化炭素では結合した原子の電気陰性度に大きな差がありながら，それぞれの結合の双極子モーメントが相殺しているので分極しない．

また，ジオキサンはイス型コンフォメーションのときは分極しないが，フネ型コンフォメーションになると分極する．

第一に，分極分子が互いに接近するとき，異符号の電荷にクーロン引力が働く．

また，同符号の電荷にはクーロン斥力が働く．

これを**双極子間相互作用**という．

二つの水分子は互いに H 原子と O 原子の間で双極子間相互作用を持つ．

そのほか，生化学や有機化学で学ぶ**水素結合**や，分析化学で学ぶ**水和**などに双極子間相互作用の典型例が見られる．

水素結合は，2 つ以上の電気陰性度が高い原子（O, N, S, F, Cl など）の⊖電荷が，その一方の原子に結合した H 原子の⊕電荷を介して形成する双極子間相互作用である．

タンパク質の二次構造である α らせん構造や β シート構造，ターン構造などはペプチド鎖の O 原子や N 原子に見られる水素結合で構成されている．（図 1-10）

水和とは，溶質分子と水分子が静電相互作用を形成するとともに水分子同士が水素結合によって凝集することで，溶質分子の周囲に水の層を形成することである．

双極子間相互作用は点電荷の間に働くクーロン力と比較すると，両方の双極子の電荷がどの方向に配向するかという「姿勢」に関する確率的な要因があるから，双極子間相互作用が生じるチャンスのほうが少ない．（図 1-11）

だから，**双極子間相互作用の強さ（ポテンシャルエネルギー）は距離の**

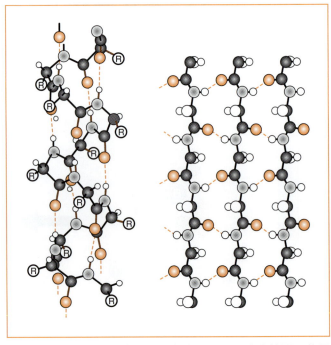

図 1-10　タンパク質の 2 次構造はアミノ酸残基間の分子内水素結合でできあがる

 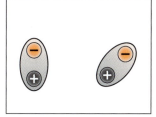 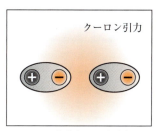

分子集合の全体としては，確率的に引力が働いていることが多い（→配向力）

図 1-11　永久双極子と永久双極子のクーロン相互作用の強さは姿勢で変化する

6 乗に反比例する．

　双極子間相互作用の結合熱は 4〜20 kJ/mol 程度である．

　ただし，水素結合では，H 原子の結合のベクトル上に相手の陰性原子が位置するという条件があり，立体構造の条件がそろわなければならないので，距離の関数として表すことは難しい．

　第二に，Na^+ イオンや Cl^- イオンが水分子と静電相互作用するように，イオンが分極分子に接近するとき，分極分子の⊕電荷と⊖電荷は，そのイオンと異符号であればクーロン引力を，同符号であればクーロン斥力を示す．

　これらを**イオン〜双極子相互作用**という．

　この場合，片方の双極子の配向をもたらす「姿勢」に関わる確率的な要因が関係するので，**イオン〜双極子相互作用の強さ（ポテンシャルエネルギー）は距離の 4 乗に反比例**する．

　以上，双極子間相互作用とイオン〜双極子相互作用に働く力を総称して**配向力**，または**キーサム力**という．

1-1-3　分子間の化学結合（2）—誘起双極子—

　次は分極しない分子です．イオンや極性分子と無極性分子の間に働く力を**デバイ力（誘起力）**といいます．また無極性分子と無極性分子の間には**ロンドン力（分散力）**が働きます．これらの力が働くとき，無極性分子には電子雲の変形（ゆらぎ）が起こります．SBOs:C1-(1)-②-3, 4

　分子の分極した度合いや状態を**極性**という．
　極性分子やイオンの間の相互作用をまとめて**極性相互作用**，**親水性相互作用**と呼ぶ．
　一方，炭化水素では H 原子と C 原子の電気陰性度は似ている．
　だから双極子にならない．この状態を**無極性**という．
　無極性分子にイオンや双極子が接近すると，無極性分子の電子の分布に偏りが生じる．

参考：このように反比例する関係にある場合，距離の次数が大きいほど，力が短い距離しか到達しないという特徴を知っていると，様々な相互作用の性質を理解しやすい．

1-1

コラム　液体の水と固体の水（氷）に見られる変な性質

グラスに入った氷は水に浮かびます．水の密度は $1\ g/cm^3$（4℃）ですが，氷の密度は $0.9168\ g/cm^3$（0℃）であり，氷のほうが密度は小さいからです．

このため，何万トンもある巨大な氷山でさえも水に浮かぶわけです．

ところが思い出してください．

バターも，チョコレートも，ロウソクのロウも，溶鉱炉の中の金属も，身近な物質はどれもみな固体になるときに体積は小さくなる，つまり密度が大きくなって沈みます．

なんと固体が浮かぶのは水だけ，ありふれた存在ですが水は特別な存在なのです．

水の何が特別かというと，水分子間の水素結合が特別なのです．

氷の立体構造は，酸素が中心にあり，そのまわりに4つの水素がある正4面体です．

4つのうち2つは酸素との共有結合で，残り2つは隣の水分子との水素結合です．

こうしてできた氷の六角形の結晶格子は隙間だらけで，体積が大きい構造なので，密度が小さくなります．

こんな特別な物質として，他にはダイヤモンドがあります．

この格子構造をダイヤモンド格子（ダイヤモンドグリッド）といいます．

ダイヤモンド格子構造を持つ氷が解けて水になると水素結合が部分的に切れます．

そうすると，自由になった水分子がお互いの隙間を埋めてしまうから1グラムあたりの体積がコンパクトになって，密度が大きくなるのです．

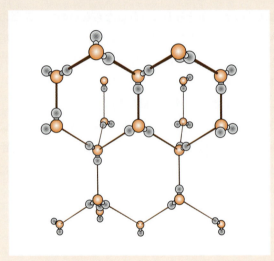

水の結晶は隙間だらけ

この結果，無極性分子にも双極子と同じ性質が生まれる．（図1-12）

電子が分布する範囲を電子雲といい，電荷の接近で分極するときの電子雲の変形を「ゆらぎ」という．

極性分子における双極子を**永久双極子**といい，無極性分子における電子雲の変形で生じる双極子を**誘起双極子**といって区別する．

誘起双極子が生み出す相互作用には，相互作用する相手に応じて**イオン〜誘起双極子相互作用**と**永久双極子〜誘起双極子相互作用**がある．

これらに働く力を総称して**誘起力**，または**デバイ力**という．

ただし，有機化学の教科書にある誘起効果（I-効果）は，永久双極子の双極子モーメントと置換基との関係を表すもので，誘起双極子とは関係ない．

これらの相互作用の強さ（ポテンシャルエネルギー）には，双極子の配向にまつわる確率が関係する．

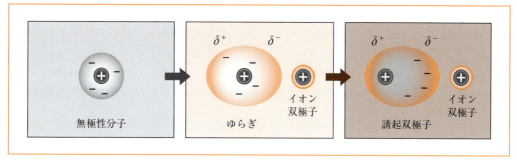

図1-12 無極性分子に電荷が近づくと電子雲がゆらぐ

しかも永久双極子と比較して，誘起双極子は近傍に電子の分布に偏りを生じさせる相手が必要なので，誘起双極子が出来る可能性は低く，また実効の電荷が小さい．

その結果，相互作用する相手である永久双極子やイオンとの距離が遠いとき，誘起双極子はほとんど相互作用しない．

希ガスは単原子分子なので電気陰性度の差というのはあり得ない．

それでも，希ガスを低温にすると互いに相互作用が働き，凝縮して液体になる．

希ガスに限らず無極性分子と無極性分子の間に相互作用が働く．（図1-13）

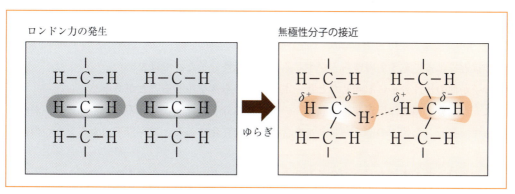

図1-13 無極性分子同士が近づくとロンドン分散力が生まれる

近接した無極性分子の電子の振動が同調して，互いに誘起双極子を形成すると，両者の間でクーロン引力が働く．

引力と同じ理屈で斥力も生じて相殺されるということはなく，引力が働くほうが低エネルギーなのでボルツマン因子が大きくなり優先される．

このようなしくみで**誘起双極子間相互作用**を生じる力を**ロンドン力**，または**分散力**という．

以上，さまざまな分子間相互作用について表1-1にまとめた．

表 1-1 分子間相互作用の分類とそこに働く力場

相互作用	力場	距離との関係[a]	ポテンシャル[b]
共有結合	クーロン力（静電力）	構造による	400〜800 kJ/mol
イオン間	クーロン力（静電力）	$(1/r)$	500 kJ/mol など
永久双極子間	キーサム力（配向力）	$(1/r^6)$	4〜20 kJ/mol
イオン〜永久双極子	キーサム力（配向力）	$(1/r^4)$	-
永久双極子〜誘起双極子	デバイ力（誘起力）	$(1/r^6)$	2 kJ/mol 以下
イオン〜誘起双極子	デバイ力（誘起力）	$(1/r^4)$	-
誘起双極子間	ロンドン力（分散力）	$(1/r^6)$	0.08〜40 kJ/mol
電荷移動	軌道間相互作用	構造による	-

[a] 双極子が固定される場合，キーサム力は $(1/r^6) \to (1/r^3)$，$(1/r^4) \to (1/r^2)$ と到達距離が伸びる．
[b] あくまで一例である．イオンについては価数やイオン半径などで大きく変動する．

1-1-4 電荷移動（チャージ・トランスファー）

　無極性分子が接近すると電子雲のゆらぎが生まれ，分極することで働くのがデバイ誘起力とロンドン分散力でした．ある種の分子ではこの電子雲のゆらぎが大きく，お互いの分子オービタルに乗り入れして，より強い相互作用を生み出します．これが電荷移動です．SBO:C1-(1)-②-6

　分子の接近によって電子雲のゆらぎが生じるのは無極性分子だけではない．
　極性分子が他の極性分子に配向したとき，電子雲のゆらぎを生じることがある．
　このような場合，相互作用が非常に強く，一方の極性分子の電子が自身の分子オービタルがゆらぐにとどまらず，接近した他方の空オービタルを含めて非局在化することで，以下のような3つの変化を巻き起こす．
　第一の結果は，その電子を互いの分子が共有することで共有結合を生じる場合である．
　第二の結果は，分子間で電子対（または1電子）を受け渡しする酸化還元反応．
　第三の結果は，これら2つの中間に相当し，配位と呼ばれる相互作用を形成する場合で，これを**電荷移動**という．
　非局在化する電子を供する側の分子やイオンを**電子供与体（ドナー）**といい，電子を受け入れる側の分子やイオンを**電子受容体（アクセプター）**という．
　電荷移動は，ドナーの電子が自分のオービタルに加えて，アクセプターの空オービタルまで含めて非局在化し，安定化することで生まれる分子間相互作用である．
　水素結合と電荷移動相互作用を区別する境界線は曖昧だといえる．
　まず例として，核酸の塩基対形成を見ることにする．（図1-14）
　核酸塩基は多様な共鳴構造を持ち，水素原子の結合箇所のことなる互変異性体がいくつか存在する．
　これらが，チミン〜アデニン（T-A）塩基対，およびシトシン〜グアニン（C-G）塩基対を形成する様子を構造式で表した．
　これらだけでなく，構造式の上でチミンの左カラム3段目の互変異性体とグアニンの右カラム1段目の互変異性体でも塩基対を形成できる．（図1-15）

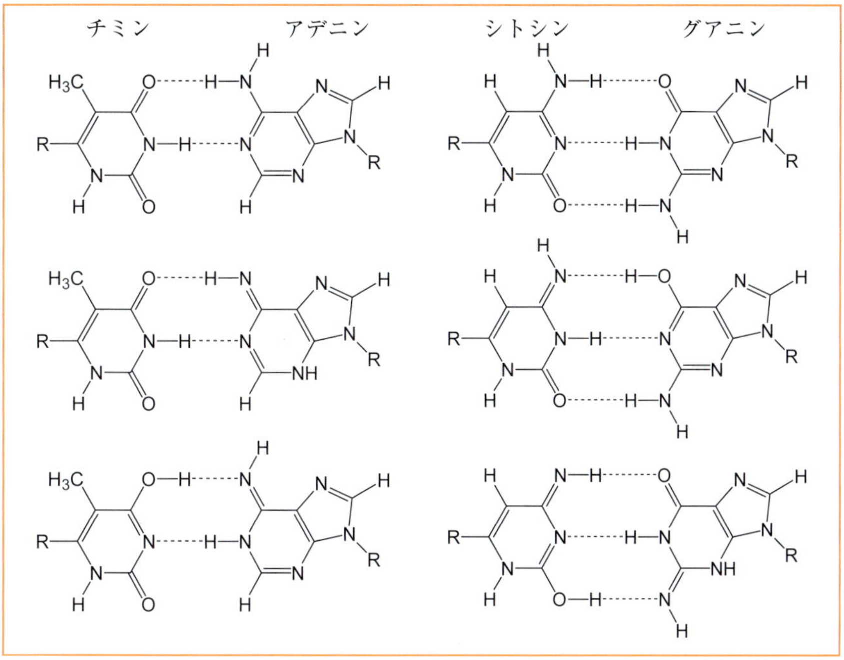

図 1-14 左：チミン（T）とアデニン（A），右：シトシン（C）とグアニン（G）の塩基対形成

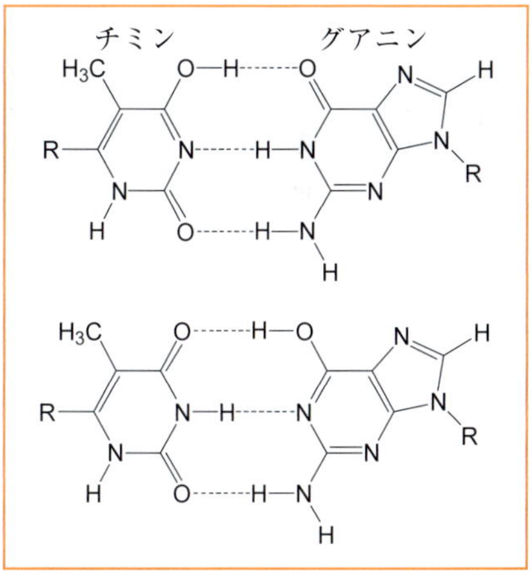

　一般に安定性の低い極限構造式は共鳴への寄与が非常に小さいとみなして除いてもなお，多数の安定な極限構造式を書くことができる構造というのは共鳴安定化が強いことを意味している．

　今回の場合，「間違ったT-G塩基対」の互変異性構造式をつぶさに見ると，極限構造式は2種類しかないから，共鳴安定化が弱い（ここではプリン塩基の5員環の互変異性は数えていない）．

　このように，T-A塩基対とC-G塩基対の高度な分子認識は，単純な水素結合の数などではなく，電荷移動によって電子の非局在化＝共鳴安定化が強いからなのである．

　塩基対形成の他には，酵素反応の活性中心では構造の転換が起こりやすくなっており，電荷移動相互作用が関係していることが多い．

　X線結晶構造解析において分子間で水素結合が見られるときに電荷移動を伴い，水素がどちらの分子に帰属するのか決定できないことは頻繁に起こる．

図 1-15 チミンとグアニンの「間違った塩基対」

第 1 章　分子論　13

コラム　相互作用の強さを何で表すか？

クーロン力は遠くまで届く．

空中の一点（極）から力を伝える力線が全方向に一斉に放射線状に放出される．

これが電磁場で，他の素粒子と交換を生じると力を生じる．

引力になるか斥力になるかは素粒子のスピンに依存する．

さて，力線は出発点から進んでいくにつれて半径rに膨張した球の表面積$4\pi r^2$に比例して「薄められる」．

だから，**クーロン力の「力の強さ」は距離の2乗に反比例**する．

「相互作用の強さ」を考えるときは，その力によって物質にどれくらい影響があるかを示すほうが直感的に理解しやすい．

2つの電荷が衝突した状態から，ある距離だけ引き離すために必要なエネルギーを，ポテンシャルエネルギーという（逆にいえば，これから落下する仕事）．

力に距離を掛けたもの（移動行程について積分したもの）がエネルギーだから，力の強さを表す距離の2乗に反比例する関数について，距離で積分する．

こうして計算すると**クーロン力のポテンシャルエネルギーは距離に反比例**する．

これが，「相互作用の強さ」である．

コラム　電荷移動の構造特異性

オゾンの二重結合のパイ電子が，水分子の反結合性シグマ軌道に電荷移動している様子を分子軌道法計算し，NBO解析した結果を模写したもの．分子の配向のほかにそれぞれの分子の軌道対称性が一致しなければ電荷移動は起こらない．

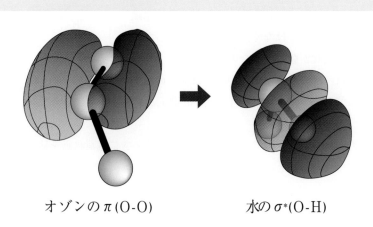

オゾンのπ(O-O)　　　水のσ^*(O-H)

オゾンと水の電荷移動

演習問題

問題 1

分子間相互作用に関する以下の文章の正誤を○×で（ ）に記せ．
(1) イオン間の静電ポテンシャルエネルギーは，イオン間距離 r に反比例する． （ ）
(2) 無極性分子間に働く分散力は，分子内電子雲のゆらぎにより生じる． （ ）
(3) 極性分子，無極性分子ともに，固有の永久双極子モーメントを有する． （ ）
(4) 水素結合は，水酸基やアミノ基などの水素原子と，O, N などのヘテロ原子との間で起こる結合である． （ ）
(5) 電荷移動による分子間相互作用は，電子を放出しやすい分子と電子を受け取りやすい分子との間で起こり，会合によってそれぞれの分子自体にはない新しい吸収帯が出現することを特徴とする． （ ）

問題 2

分子間相互作用に関する以下の文章の正誤を○×で（ ）に記せ．
(1) 水中におけるイオン間の相互作用力は，アルコールなどを添加して液体の誘電率が減少すると減少する． （ ）
(2) CH_3CH_2OH が異性体の CH_3OCH_3 よりも沸点が高いのは，分子間水素結合に起因する． （ ）
(3) H_2O が H_2S より沸点が高いのは，S 原子の方が O 原子より電気陰性度が大きいことに起因している． （ ）
(4) H_2O が H_2S より沸点が高いのは，酸素原子の方が硫黄原子より水素結合形成能が強いことに起因している． （ ）

1-2 複合的な分子間相互作用

Episode　21 世紀の新薬
　　　　　　　—抗体医薬品の働きと分子間相互作用—

　くすりは体の中にある特定のタンパク質などに働きかけて効果を現します．この性質を「特異性」とか「選択性」といい，「カギと鍵穴」に例えられます．そういう特異性を実現するために，基本的な相互作用が組み合わされています．ここでは最も高度な特異性を持っている抗原抗体反応について，医療との関わりの上で見ていきましょう．

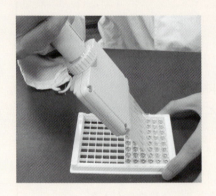

　抗原抗体反応とは生体防御反応の一種で，「異物」に対する，免疫グロブリンというタンパク質の結合です．
　不思議なことに我々の体は，体内に異物が侵入したり，異常な細胞が出現したりすると，この異物に対してうまく結合する特別製の免疫グロブリンを作ることができます．
　この特別製の免疫グロブリンが，異物を標的とみなして結合することで，体から除去することに一役買うのです．
　特定の異物に結合できる特別製の免疫グロブリンを「抗体」，抗体が標的とする異物分子を「抗原」といいます．

　ウイルスに感染した患者さんの体内では，そのウイルス抗原に特異的に結合する抗体ができます．
　ですから，血液検査をしたときそのウイルス抗原との結合反応が陽性ならば，現在感染しているか，これまでに感染したことになります．
　牛痘に罹患したウシは天然痘（痘瘡）という恐ろしい感染症にかかりません．
　そこで，ヒトには毒性のほとんどない牛痘ウイルス（ワクチン）をヒトに注射し，予め抗体を作らせておくことで，感染する前に天然痘ウイルスの侵入を防ぐ免疫力を獲得できます．

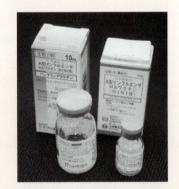

　近頃は，新型インフルエンザ・ワクチンがよく話題にされますね．
　以上のような診断やワクチンだけでなく，医薬品開発の分野で活発に研究され，実用化されている抗体もあります．

　乳がんを治療するトラスツズマブ（ハーセプチン®）という医薬品は，乳がん細胞だけが細胞表面に過剰に持っているタンパク質 Her2 に対する抗体を，医薬品として利用できるように加工したタンパク

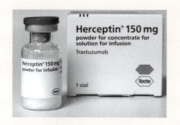

質製剤です．

　この人工抗体が結合したがん細胞は，細胞活動が抑制されるとともに，体内の食細胞に貪食されて死滅します．

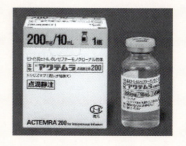

　希少疾病であるキャッスルマン病の症状は，発熱・発疹・食欲不振などの原因物質であるインターロイキン 6（IL-6）によって引き起こされます．

　トシリズマブ（アクテムラ®）は，IL-6 受容体に特異的に結合する抗体を利用した医薬品です．

　IL-6 の信号をブロックすることで症状を改善します．

　関節リウマチの原因物質 TNF-α に対する抗体医薬品も利用されています．

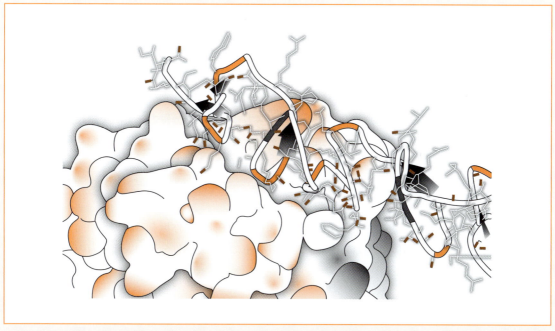

　抗体抗がん剤トラスツズマブ（分子表面表示）に抗原タンパク質 Her2（針金模型）が結合している様子．分子表面の赤や黒の部分がイオン性アミノ酸残基，白い部分が疎水性アミノ酸残基で，それぞれの相互作用部位がうまく咬み合っている．

　図はタンパク質データバンク登録の X 線結晶構造 1N8Z を図示したもの．

1-2

Points 複合的な分子間相互作用

ファンデルワールス Johannes Diderik van der Waals（1837-1923）
オランダの物理学者．気体状態と液体状態の連続性を発見し，実在気体の状態方程式を提唱．これにより液体水素や液体ヘリウムの存在を予言し，低温物理学を開拓した．

写真 1-1　ファンデルワールスの功績を称えるオランダの切手

ファンデルワールス状態方程式：SBO:C1-(2)-①-1

理想気体の状態方程式 $pV_m = RT$ に対して，**実在気体**の挙動に適するよう補正した状態方程式の一つ．理想気体にはないと見なされた，①**分子間相互作用** a と，②**気体分子の体積** b が，実在気体では無視できないと仮定することで導かれた経験式．

$$\left(p + \frac{a}{V_m^2}\right)(V_m - b) = RT \qquad (1\text{-}2\text{-}3)$$

ファンデルワールス力（VDW力）：SBO:C1-(1)-②-1

実在気体に働く分子間相互作用．ファンデルワールス力は**ロンドン分散力**，**デバイ誘起力**，**キーサム配向力**と，原子の電子雲が重なると生じる強い斥力を組み合わせたもの．引力は距離の6乗に反比例し，斥力は距離の12乗に反比例する．

疎水性相互作用：SBO:C1-(1)-②-7

無極性分子が水などの極性液体中で分子間凝集や類似の分子間相互作用を形成する傾向．極性分子の凝集によって無極性分子が追い出される力と，無極性分子に接する極性分子の表面張力のために，無極性分子が二次的に凝集する．

活量と活量係数：SBO:C1-(2)-⑥-2

実在溶液では分子の体積と分子間相互作用が無視できない．このため，実在溶液では理想溶液に対する誤差が生じる．**活量** a は，この誤差を修正するため導入された実効的な濃度に相当するもの．濃度 C に**活量係数** γ をかけ算したもの．

イオン強度：SBO:C1-(2)-⑥-4

イオン強度は，個々のイオンが周囲の同符号・異符号のイオンから受ける静電的相互作用の強さを表し，イオンの**活量係数**や**酸解離定数**などに影響を及ぼす．以下の式で表わされる．Z_i はイオン成分 i の荷数，m_i は重量モル濃度，c_i は容量モル濃度．

$$I = \frac{1}{2}\sum_{i=1}^{n} Z_i^2 m_i \qquad (1\text{-}2\text{-}6)$$

$$I = \frac{1}{2}\sum_{i=1}^{n} Z_i^2 c_i \tag{1-2-7}$$

デバイ&ヒュッケルの極限則（DHL）： SBO:C1-(2)-⑥-4

　イオンの活量係数をイオン強度で説明するデバイ&ヒュッケルの拡張則（DHE）を25℃の希薄な水溶液（0.02 mol/L以下）の条件で成立するようパラメータを予め計算した近似式．

$$\log_{10}\gamma_i = -0.5 z_i^2 \sqrt{I} \tag{1-2-10}$$

1-2-1 ファンデルワールス力

　気体分子には分子間の距離が大きいため分子間相互作用が働きません．気体を冷却したり，圧縮したりすると分子間の距離が小さくなるため分子間相互作用が生まれ，液体や固体に変わります．ここで働く力がファンデルワールス力です．SBOs:C1-(2)-①-1, C1-(1)-②-1

　ジェットミル（気流式粉砕機）は，高圧の空気を音速程度の気流で噴出することで医薬品粒子を加速して，摩擦・衝突により粉砕を行う装置である．（写真1-2）

　これを利用すると医薬品を超微粉砕できる．

　高圧空気が噴出するときに温度が低下することが知られており，これを利用して粉砕時に発生する熱を相殺させる．

　ジェットミルのおかげで，低融点物質や熱分解性物質を粉砕することができるようになった．

　圧縮された気体が膨張するときに温度が低下する現象を，**ジュール&トムソン効果**という．

写真1-2　ジェットミル（気流式粉砕機）

　冷蔵庫やエアコンが温度を下げるのも，ジュール&トムソン効果を応用している．

　ジュール&トムソン効果は圧縮されたときに気体分子の間にはたらく分子間相互作用が膨張するときに切断されるために熱を吸収することである．

　しかし，高校では液体や固体では分子間相互作用があるが，気体分子はその分子間相互作用を断ち切ったものであり，気体分子では分子間相互作用がないと学んだ．

【1】実在気体の圧縮現象と液体への変化

　高校化学で学んだ**理想気体（完全気体）**の**状態方程式**（式1-2-1）では，1モルの理想気体について圧力p（単位Pa）とモル体積V_m（単位m³）が反比例し，圧力pと温度T（単位K）が比例した．

$$pV_m = RT \tag{1-2-1}$$

　ここでRは**気体定数**，8.314 472（15）J K^{-1} mol^{-1}を表す．（第7章 7-2-1）

第1章　分子論　19

1-2

　気体の圧力とモル体積の積 pV_m，および熱力学温度に気体定数を乗じた RT は，どちらも熱エネルギーを表す．

　実在気体は条件によってはこの状態方程式 1-2-1 に従わない．

　そこで理想気体に対する実在気体のズレを式 1-2-2 で表し，z を圧縮因子（圧縮係数）という．

$$z = \frac{pV_m}{RT} \tag{1-2-2}$$

　式 1-2-2 の分母 RT は熱力学温度 T での理想気体の pV_m に対応するので，z は理想気体の pV_m に対する実在気体の pV_m の比でもある．

　だから，理想気体は常に圧縮因子 $z=1$ である．

　実在気体の圧力 p と圧縮因子 z の関係を図 1-16 と図 1-17 に示す．

　実在気体では圧力 p をゼロに近づけると $z=1$ となる．（図 1-16）

　圧力 p が増大すると，圧縮因子 z は低下して極小値をとり，それ以上の圧力 p で上昇する．

　絶対温度 T が高いときは，圧縮因子 z の極小値は大きくなって 1 に近づき，極小値を与える圧力 p は左にずれる．（図 1-17）

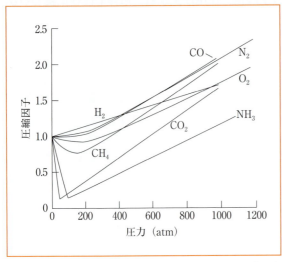

図 1-16　いろいろな実在気体の圧縮因子 z が圧力 p によって変化する

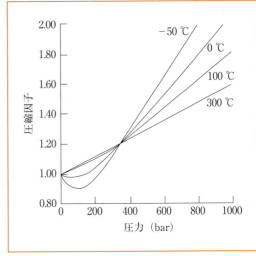

図 1-17　異なる温度 T で圧力 p と圧縮因子 z の関係がかわる

　高温では圧力 p に関係なく圧縮因子 $z=1$ の理想気体の挙動に近い．

　実在気体の圧縮因子 z が極小値になる状態を**臨界点**という．

　臨界点のときの圧力，体積，温度を**臨界圧力 P_c，臨界体積 V_c，臨界温度 T_c** という．

　臨界点より低い温度 T において，臨界点より低い圧力 p や体積 V で実在気体は液化する．（図 1-18）

　例として，希ガスの臨界点を以下の表 1-2 にまとめた．

　分子量が小さいものは臨界温度や臨界圧力が小さい．

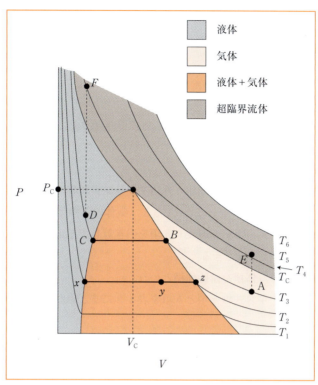

図 1-18　実在気体の圧力〜体積図（PV 図）と臨界点

表 1-2　希ガス（不活性ガス）の相転移温度と臨界点

希ガス	標準分子量 (g mol^{-1})	融点 (K)	沸点 (K)	臨界温度 (K)	臨界圧力 (MPa)
He	4.002 602(2)	0.95	4.216	5.19	0.227
Ne	20.179 7(6)	24.56	27.07	44.4	2.76
Ar	39.948(1)	83.80	87.30	150.87	4.898
Kr	83.798(2)	115.79	119.93	209.41	5.50
Xe	131.293(6)	161.4	165.03	289.77	5.841

摂氏 0℃ = 273.15 K，1 気圧 = 0.101 325 MPa．【重要】
実験値（ここでは分子量）の表記は，39.948(1) なら 39.947 以上〜39.949 以下の意味．

【2】実験結果を説明するためのファンデルワールス理論

　圧縮因子 z が圧力 p の増大に対して低下したり上昇したりするのは，以下の要因［1］と［2］が理想気体からのズレを生じさせるからである．

　［1］臨界温度付近において臨界圧力以下では，圧力 p が大きいほど圧縮因子 z が低下した．だから，**実在気体の気体分子間には相互作用が働く**はずだ．圧力が増大して圧縮されると，分子が互いに引き合うから，圧力が低下して凝縮が起こるなどして z が低下するのだろう．

　［2］臨界温度付近において臨界圧力以上では，圧力 p が大きいほど圧縮因子 z が上昇した．だから，**実在気体の分子には大きさがある**はずだ．もっと高圧になっても分子の大きさを越えて圧縮することができなくなるので，体積が過大になり z が上昇するのだろう．

　オランダの化学者ファンデルワールスは 1873 年に，上記［1］と［2］の仮説を立てて，実在気体の

特性を以下の式 1-2-3 で表した.

$$\left(p + \frac{a}{V_m^2}\right)(V_m - b) = RT \tag{1-2-3}$$

これを**ファンデルワールスの状態方程式**という.

分子間力が存在すると仮定（[1]）すると，分子間力で引き合う分だけ拡がろうとする圧力が小さくなるから a 項を足し算して補正する.

圧力が大きいとき，a 項は無視できる.

このようにして実験的に確認できる分子間相互作用を**ファンデルワールス力（VDW 力）**という.

また，気体分子には体積があると仮定（[2]）すると，気体のモル体積にはそれ以上圧縮することのできない小さい体積が含まれるから 1 モルあたり b 項を引き算して補正する.

モル体積が大きいとき，b 項は無視できる.

この気体分子そのものが占める体積を**排除体積**という.

希ガスにつきファンデルワールス式の a 項と b 項を表 1-3 にまとめた.

表 1-3　希ガス（不活性ガス）のファンデルワールス式パラメータ

希ガス	$a(\mathrm{dm}^6\,\mathrm{atm}\,\mathrm{mol}^{-2})$	$b(\mathrm{dm}^3\,\mathrm{mol}^{-1})$	最小半径（pm）	充填半径（pm）
He	0.03508	0.02370	133.0	140
Ne	0.2107	0.01709	119.3	154
Ar	1.345	0.03219	147.3	188
Kr	2.318	0.03978	158.1	202
Xe	4.194	0.05105	176.1	216

単位にリットルと気圧を用いたので，$R = 0.08206\,\mathrm{dm}^3\,\mathrm{atm}\,\mathrm{K}^{-1}\,\mathrm{mol}^{-1}$.

【3】ファンデルワールス力と排除体積

排除体積の意味するところは，これ以上接近すると原子の電子雲が重なることがないように反発する限界の距離を半径とする球体の体積である.

この限界距離を**ファンデルワールス半径（VDW 半径，r_{VDW}）**という.

1 モルあたりの排除体積 b（$\mathrm{dm}^3\,\mathrm{mol}^{-1}$）が**アヴォガドロ数**個の球体からなるとすれば，VDW 半径は $r_{\mathrm{VDW}} = 463\,b^{1/3}$（pm）の近似式が成立する.

こうやって気体の衝突距離に基づいて算出した VDW 半径（最小半径）は，固体の充填密度から求められた VDW 半径（充填半径）よりも小さい.

気体が圧縮されると気体分子間に VDW 力が働く.

圧縮された気体を急激に膨張するときには，この VDW 力を断ち切って飛び出すための運動エネルギーにするから，周囲から熱が奪われる.

これがジュール&トムソン効果において温度が低下する理由である.

換言すれば，ジュール&トムソン効果は VDW 力が実在している証拠である.

マクラクラン理論によれば，**VDW 力**は，**ロンドン分散力＋キーサム配向力＋デバイ誘起力**の 3 者からなる.

それぞれの寄与は分子の性質によって異なる.

VDW 力における引力ポテンシャルは距離の 6 乗に反比例する.

一方,排除体積も固体に充填しているときの剛体球の半径に比べて,気体分子が衝突するときには短くなる.

この変形を生み出す電子間の斥力ポテンシャルには,距離の 12 乗に反比例するモデル関数が用いられる.

これらを組み合わせた関数を**レナード＝ジョーンズ 12-6**（LJ-トゥエルブ-シックス）**ポテンシャル**という.（図 1-19）

タンパク質分子などの粒子の間に働く VDW 相互作用は,粒子表面上の点ごとに働く VDW 力の総和となるので事情が変わってくる.

これを図 1-20 のような手順で計算すると,粒子間に働く全 VDW 相互作用は距離に反比例し,引力が届く距離は長くなる.（この内容は 6-1-5 項「DLVO 理論の基礎」に関係する）

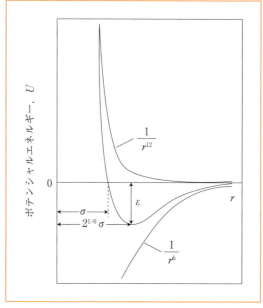

図 1-19　レナード＝ジョーンズ 12-6 ポテンシャルは反発力と引力の足し算

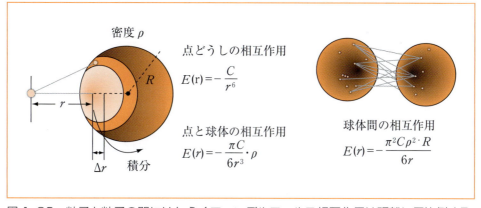

図 1-20　粒子と粒子の間にはたらくファンデルワールス相互作用は距離に反比例する

1-2-2　疎水性相互作用

　疎水性相互作用は,油が凝集する相互作用です.水を疎む（うとむ）と書くのは,hydrophobic（英),hydrophobie（独),hydrophobe（仏)の水を嫌うという外来語を直訳したものです.けれども,油が水を疎んだのではなくて,水から疎まれた結果が疎水性相互作用です.
SBO:C1-(1)-②-7

　アメンボウは体表面で油脂を分泌し,水に浮く.（図 1-21）

図1-21 アメンボウは油脂を分泌して水に浮かぶ

これは，①水分子が凝集する力が強いので，アメンボウを水の外にはじき出してしまうのが原因である．

アメンボウはお互いにぶつからないように泳ぐだろうが，水面に漂う浮き草は放っておくとお互いに集まりやすい．

これは②水が凝集する力によって，水の表面積ができるだけ小さくなろうとする性質（表面張力）による．（第3章3-9-2）

見かけ上集まる力は，水の凝集力による①と②の仕組みが複合して生じる力である．

無極性分子が水などの極性液体中で凝集（またはこれに類似した分子間相互作用を形成）する傾向を**疎水性相互作用**と定義する．

(IUPAC Gold Book)

集まった無極性分子の間にはVDW力（主にロンドン分散力）が生じる．

もちろん，水分子の間にもVDW力は働くのだから，VDW力が疎水性相互作用を特徴づけている力とは言えない．

疎水性相互作用は単一の力でなく複合的な力で生まれる．

疎水性相互作用は到達距離が短く，分子の大きさ程度の距離になる．

すると，分子の立体構造と密接な関係が生じる．

例えば飽和脂肪酸の融点は，炭素数の増大とともに上昇するが，連続的でなくて偶数のものが高く，

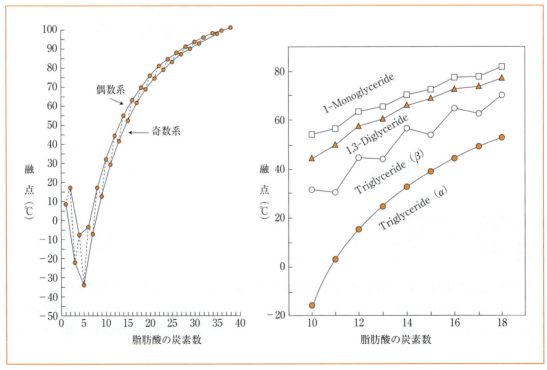

図1-22 直鎖飽和脂肪酸の融点，アシルグリセロールの融点：出典〜佐藤，山根，岩橋，森監修「機能性脂質の開発」CMC 1999

奇数のものが低く，ジグザグに変動しながら上昇する．（図1-22）

　この融点の相違は末端メチル基の向きによって，疎水性相互作用が影響を受けて固体における密度が大きく異なるのが原因である．

　この効果はグリセリド誘導体にも見られる．

　このように分子間で立体構造の凹凸が組み合わさる度合いを相補性という．

　細胞膜は，脂肪酸（FA）のリン酸化グリセロールエステル（リン脂質）で構成されている会合構造体で，これに膜タンパク質が「はめ込まれて」いる．（図1-23）

　細胞膜では高級FAの炭化水素部分が，疎水性相互作用によって会合している．（高級とは炭素鎖が長いこと）

　高級FAの中にシス型の不飽和FAが含まれると，分子構造の相補性が損なわれる．

　このため，シス型の不飽和FA含量が多い細胞膜はやわらかくなる．

　一方，シス型の不飽和FA含量が少ない細胞膜はかたくなる．

　細胞にとって細胞膜がやわらかいのがよいのかかたいのがよいのかといえば，膜タンパク質による生命反応のためには細胞膜が適度にやわらかいほうが好ましい．

　だから，適量のシス型の不飽和FAを摂取しなければならない．（必須FAという）

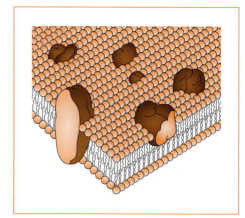

図1-23　生体膜の構造を表すジンガー＆ニコルソン（1974）の流動モザイクモデル

　ある種の油脂食材にはトランス型のエライジン酸が多く含まれている．

　トランス型不飽和FAが，シス型不飽和FAの代わりに組み込まれていると，細胞膜のやわらかさが低下するおそれがあるという推測があり，その油脂食材の不買運動もある．

　エピソードの抗原抗体反応について，標的となる抗原物質の認識部分（エピトープ）としては，親水性が高い部分よりも疎水性が高い部分に対するほうが，抗体が作られやすい．

　これは，T細胞レセプター膜タンパク質（図1-24）とエピトープの結合において，疎水性相互作用のほうが特異的で強力であることが原因のひとつだろう．

　さらに，疎水性相互作用であれば，抗原分子とT細胞レセプター分子との立体構造の相補性が高いだろうから，特異的で強力な抗体となる．

　薬物と標的タンパク質の結合においても，疎水性相互作用は，結合が強力で相補性が高いという重要な役割を果たす．

　さらに疎水性環境では誘電率が低いので，静電相互作用やキーサム配向力が強く，立体特異性が高くなる．

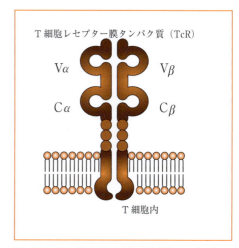

図1-24　疎水性の抗原物質はT細胞レセプター膜タンパク質に強力に結合する

薬物分子と標的タンパク質にキーサム配向力が働くとき，標的タンパク質のアミノ酸残基が構成する永久双極子は標的タンパク質に固定されている．（図1-25）

双極子間相互作用のポテンシャルは双極子の姿勢に関わる確率的な要因で決まるが，一方の姿勢が固定されていると特定の配向での相互作用の確率が上がるので，距離の6乗でなく距離の3乗に反比例する．

また，イオン～双極子相互作用ならば距離の4乗でなく距離の2乗に反比例し，どちらも相互作用の到達距離が延びる．

このようにして標的タンパク質と薬物は高い立体特異性を示す．

このような特徴をロック＆キー，カギと鍵穴に喩える．（もとは酵素と基質の関係）

以上のように疎水性相互作用は，薬学全般に関わる最も根元的な概念のひとつである．

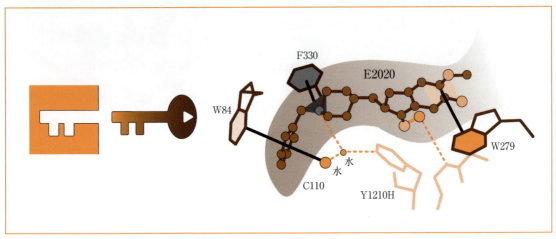

図1-25　ドネペジルとアセチルコリン分解酵素は，カギと鍵穴のように「噛み合っている」

1-2-3 溶媒効果

つぎに溶液に見られる分子間相互作用について説明します．溶液とは溶媒に溶質が分子のレベルで均一に分散しているものです．SBO:C1-(1)-②-7

溶液として**溶媒**の中に**溶質**の分子が**分散**するには以下の2つの仕事が必要である．（図1-26）

［1］溶質が収まる空孔だけ溶媒分子が押しのけられる．
［2］溶媒の空孔に溶質が収まって溶媒分子と相互作用する．

第一に，［1］の仕事のみで溶解する場合を考えよう．
▶極性溶媒の中に無極性の溶質が分散，たとえば**水**に**二酸化炭素**や**メタン**が分散しているとする．
デバイ力は弱いから［2］の仕事はほとんどない．
けれども，水では水素結合によって形成される正12面体などの構造をもつ「カゴ」の中に無極性の

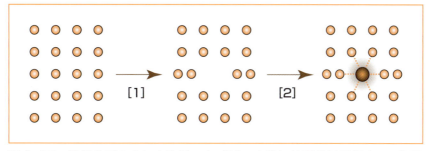

図 1-26 溶媒分子の中に空孔ができ［1］，空孔に溶質分子が収まって相互作用する［2］

溶質を収納するので，分散できる．（図 1-27）

この現象を**疎水性水和（疎水性溶媒和）**という．

疎水性水和では，水がカゴ構造を形成することで運動性を失うため周囲に熱エネルギーを放出する．

逆に温度が上昇して極性溶媒の分子運動が激しくなるとカゴ構造が維持しにくくなるから，温度が低いほうが効果は高い．

▶**無極性溶媒**では溶媒分子間の相互作用が弱いので空孔を形成する［1］の仕事は小さい．

ここでもデバイ力はさらに弱いので［2］の仕事はほとんど無視できる．

この組合せだと，溶媒の誘電率が低いので，**極性の溶質間**の静電相互作用やキーサム力が到達しやすい．

よって極性の溶質は分散よりも凝集する傾向が強い．

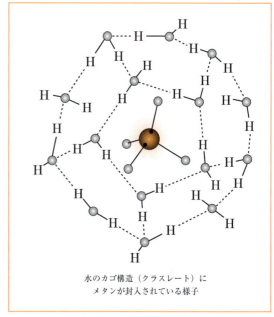

水のカゴ構造（クラスレート）にメタンが封入されている様子

図 1-27 疎水性物質は水のカゴ構造の中に包み込まれている

溶質分子が気体物質なら溶媒に移行するときに運動エネルギーを放出するが，固体物質から溶け出す溶質分子なら，固体の分子間相互作用を断ち切るために周囲から熱エネルギーを奪う．

これに対して他のエネルギーの授受は小さく，先述のような凝集をするときに放出するエネルギーくらいしか見あたらない．

溶ければ溶けるほど固体が析出するのだろうか．

いや，それ以前に有機溶媒は極性分子の固体をほとんど溶かさない．

第二に，［1］の仕事に加え，［2］の仕事も無視できない場合を考えよう．

この場合には，溶媒分子間の相互作用が溶媒～溶質間の相互作用に置き換わることであり，仕事［1］のコストと仕事［2］のコストのどちらが小さくて済むかで溶けるか溶けないかが決まる．

▶**無極性溶媒**でも**ベンゼン**や**トルエン**は電子雲のゆらぎが容易で分子間の VDW 力が強い．

ベンゼンとトルエンを混合するとき［1］の仕事と［2］の仕事はほとんど変わらない．

つまり，液体中でベンゼンをトルエンに入れ替えるのにエネルギーは要らないのだから，ベンゼンはいくらでもトルエンを溶かす．（p.213）

1-2

▶**アセトンや酢酸エチル**は極性が低いと同時にカルボニル基の双極子があるので，無極性分子も溶かすし，極性分子も溶かす．

このような物質を**両親媒性物質**という．

アセトンに極性の低い**クロロホルム**を溶かすときには，カルボニル酸素が分極した⊖電荷（δ−）と，クロロホルムの水素が分極した⊕電荷（δ+）とが水素結合する．

このため，アセトン分子間の相互作用よりも，アセトン〜クロロホルム間相互作用のほうが強く，安定性の高い混合物を形成する．（p.219）

▶**水に**メタノールやエタノールを溶解するとき，水分子の相互作用よりも，水とアルコールの相互作用のほうがやや弱い．

つまり[1]の仕事よりも[2]の仕事が小さいので，混合において発熱する．（p.345）

▶**水とフェノール**を混合するとき，水とフェノールの相互作用が弱いため，互いに溶かす比率には限界（**飽和濃度**）がある．

飽和濃度以上では水と油として分離する．（p.224）

水にフェノールを混ぜるとき水に飽和したフェノールの濃度は低い（10w/w％程度）が，フェノールに水を混ぜるときフェノールに飽和した水の濃度は比較的大きい（40w/w％程度）．

先の[1]の仕事のみで溶解する場合と同じように，ここでも溶質が固体物質から溶け出すならば固体の分子間相互作用を失う仕事も大きい．

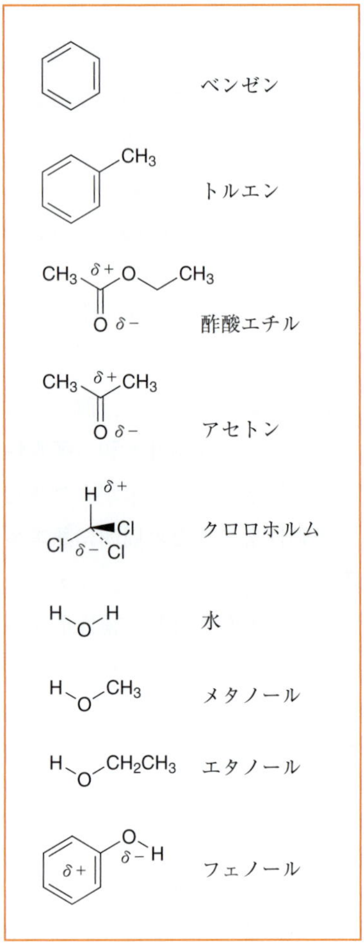

▶さらに，**電解質**水溶液ならばイオン〜永久双極子相互作用が強く，水和構造の形成が発熱性の溶質と吸熱性の溶質とがある．

水に水酸化ナトリウムを溶解すると発熱し，純水に比べて水溶液のほうが体積は減少する．

Na^+カチオン（陽イオン）やOH^-アニオン（陰イオン）のイオン半径が小さい．

イオンに接する構造性の高い水和水（A領域）や，これを取り巻く構造秩序の無い水和水（B領域）の密集度が高く，この結果，水全体の密度があがり，体積が小さくなる．

この水和構造を形成することで安定化し，熱エネルギーを放出する．（p.237）

二価金属カチオンや三価金属カチオンは電荷が大きいので構造性の高いA領域がさらに圧縮し，体積が大幅に減少する．

▶**水にアンモニウム塩**を溶解すると吸熱し，体積は増大する．

アンモニウムカチオンや原子量の大きいRb^+カチオン，Cs^+カチオンはイオン半径が大きいのでA領域が希薄で，B領域も小さい．

このため，水分子の構造性が損なわれ，不安定になって運動性が増すので周囲から熱エネルギーを奪う．（p.238, p.310）

また，ハロゲンアニオン（Cl^-，Br^-，I^-）やオキソ酸アニオン（NO_3^-，ClO_4^-，SO_4^{2-}）もイオン半径が大きいので，溶解するとき体積が増し，吸熱する．

図 1-28　溶媒の分子構造

1-2-4 電解質溶液のデバイ&ヒュッケル理論

カチオン（陽イオン）とアニオン（陰イオン）が分散した電解質溶液では，溶質が高濃度になるとお互いの電荷を打ち消し合ってしまうために実効的な濃度が小さく見える挙動を取ります．そのような効果を定量的に取り扱う理論について説明します． SBO:C1-(2)-⑥-2,4

電解質水溶液におけるイオン間相互作用は，電解質濃度が高くなると打ち消し合う．

つまり，電解質濃度が高くなったとき，カチオンとアニオンが入り交じると静電相互作用が遠い距離には到達できなくなる．

人混みの中では移動しにくいし，声も届きにくいのと似ている．（図1-29）

この結果，電解質が完全に水に分散し，溶けている状態であっても個別のイオンが実効的に活動せず，みかけの濃度が低いような挙動をとる．（p.197, p.429）

そこで実効的な濃度を**活量**とする．

活量は，電解質水溶液の**重量モル濃度**，または**容量モル濃度**に**活量係数**をかけ算した値である．

ここで，i は電解質水溶液に含まれるそれぞれのイオンに対応する．

$$a_i = \gamma_i m_i \tag{1-2-4}$$

$$a_i = \gamma_i c_i \tag{1-2-5}$$

イオンの活量係数に最も大きな影響を及ぼすのは電解質濃度である．

これを表すのに，**イオン強度**というパラメータを用いると数式の意味が理解しやすくなる．

電荷 Z_i のイオンの重量モル濃度 m_i または，容量モル濃度 c_i で溶解しているとき，イオン強度 I を，

$$I = \frac{1}{2}\sum_{i=1}^{n} Z_i^2 m_i \tag{1-2-6}$$

$$I = \frac{1}{2}\sum_{i=1}^{n} Z_i^2 c_i \tag{1-2-7}$$

と定義する．（p.425）

この式のようにイオン強度は，一価のイオンからなる電解質である $NaCl(Na^+ + Cl^-)$ や $NaHCO_3$ $(Na^+ + HCO_3^-)$ なら濃度と同じ，$CaCl_2(Ca^{2+} + 2Cl^-)$ や $Na_2HPO_4(2Na^+ + HPO_4^{2-})$ のような多価イオンを含む電解質では濃度より大きくなる．

イオン強度を用いて，イオン i の活量係数 γ_i を見積もる方法を説明する．

均一溶液でイオンの静電相互作用が減衰する距離をデバイ長（トーマス&フェルミ長ともいう）とすると，デバイ長を半径とする球体領域を**イオン雰囲気**という．（p.424）

イオンはイオン雰囲気の外にあるイオンとは静電相互作用しない．

デバイ長の逆数を遮蔽定数 κ という．

$$\kappa = B\sqrt{I} = (3.291 \times 10^9)\sqrt{I} \tag{1-2-8}$$

式1-2-8の B の数値は，温度25℃の水溶液における比誘電率を78.3，真空の誘電率を 8.854×10^{-12}

図 1-29 電解質水溶液の中ではイオン間のクーロン相互作用はかき消される

F/m として計算したものである．

　生理食塩水で NaCl 濃度 0.154 mol dm^{-3} ならデバイ長は約 0.8 nm になるが，より希薄な濃度 1.5×10^{-5} mol dm^{-3} なら約 80 nm，そのまま無限に希釈したとすると pH 7 の純水では約 1 μm と計算され，希薄であるほどイオン雰囲気が大きくなる．（図 1-30）

　電解質溶液中のイオン i（イオン半径 r_i [nm]）の活量係数 γ_i の対数は，遮蔽定数 κ と双曲線（飽和曲線）の関係にあり，式 1-2-9 で表される．（p. 426）

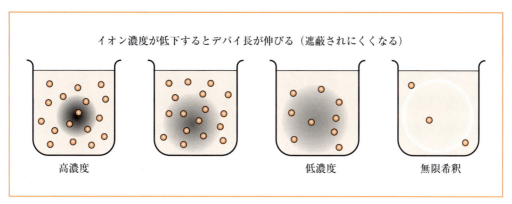

図 1-30　イオン濃度が低下するとイオン雰囲気が大きくなる（遮蔽効果がなくなる）

$$\log_{10} \gamma_i = -\frac{A Z_i^2 \sqrt{I}}{1 + B r_i \sqrt{I}} \tag{1-2-9}$$

係数 A は 25℃の水溶液ならば $A = 0.5116$ である．(p. 426)

式 1-2-9 を**デバイ＆ヒュッケルの拡張式（DHE）**という．

温度・誘電率・粒子半径にもよるが，濃度が 0.02 mol/L 程度までなら分母は 1.2 程度までしか変動しないので，

$$\log_{10} \gamma_i = -0.5 z_i^2 \sqrt{I} \tag{1-2-10}$$

で近似する．

式 1-2-10 を**デバイ＆ヒュッケルの極限式（DHL）**という．

また，式 1-2-9 の DHE で $A ≒ 0.5$，$Br ≒ 1$ とおけば，

$$\log_{10} \gamma_i = -\frac{0.5 Z_i^2 \sqrt{I}}{1 + \sqrt{I}} \tag{1-2-11}$$

と近似され，式 1-2-11 をギュンテルベルク式という．(p. 427)

ギュンテルベルク式は，パラメータなしで DHL よりも精度のよい予測値を与える．

電解質は固体結晶でも同様な複数のイオンとの静電相互作用の影響を受ける．

電解質のイオン結晶では，カチオンとアニオンが規則正しく交互に整列した**結晶格子**が形成される．

ここでの静電相互作用は隣接の対符号イオン（**カウンターイオン**）とのクーロン引力以外に，向こう隣の同符号イオンとの斥力，さらにその向こうのカウンターイオンというように格子構造による特殊な相互作用が形成される．

この相互作用を**マーデルングエネルギー**で表す．（図 1-7）

マーデルングエネルギーは結晶格子中の隣接イオン間距離に反比例する．

1-2

コラム　いかにも実在気体らしい実在気体：フロンガス

　ジュール＆トムソン効果を応用した冷蔵庫やエアコンで冷却に用いるなら，圧縮しても凍結しない気体であり，しかもファンデルワールス力の強いものが適しています．初期の冷蔵庫ではアンモニアが使われたといいますが，食品を保存するには毒性があります．そこで無毒なアンモニア代替品としてハロゲン化炭素化合物が用いられました．商品名がフレオンなので欧米ではこれが俗称ですが，日本ではフロンという和製英語で呼ばれます．

　無毒を標榜したけれどフロンの中には肝臓毒性があるものが見つかり，さらに大気に揮散すると成層圏にあるオゾン層を破壊することがわかりました．このため，今日では有害なフロンは回収され，別の比較的安全で，オゾン層に影響しにくい物質への入れ替えが進められています．

演習問題

問題 1

複合的な分子間相互作用に関する以下の記述の正誤を○×で（ ）に記せ．

(1) ファンデルワールス力のポテンシャルエネルギーは，分子間距離 r に反比例する． （ ）
(2) $CH_3(CH_2)_3CH_3$ が異性体の $(CH_3)_4C$ よりも沸点が高いのは，ファンデルワールス力に起因する． （ ）
(3) o-Nitrophenol は分子内水素結合を形成し，p-nitrophenol は分子間水素結合による会合体を形成するため，o-nitrophenol の方が融点は高い． （ ）
(4) 水銀が水に溶けないのは，極めて高い疎水性相互作用を有するからである． （ ）

問題 2

分子間相互作用に関する以下の記述の正誤を○×で（ ）に記せ．

(1) 疎水性相互作用は，疎水性分子間の会合により，それを取りまく水構造が崩壊する結果，エントロピーが増大することに起因する． （ ）
(2) 疎水性相互作用にはエントロピーの寄与が重要である． （ ）
(3) 疎水性相互作用は，溶質分子周辺の水構造（水分子間で形成される三次元構造）の形成・破壊とは関係ない． （ ）
(4) 疎水性相互作用はタンパク質の高次構造の安定化に寄与している． （ ）
(5) 界面活性剤の水中におけるミセル形成は，疎水性相互作用と関係がある． （ ）

1-3 質量作用の法則

Episode	炭酸飲料の泡と潜水病 ―溶解度と圧力の関係が原因―

　ここまでは，物質が分子というミクロな単位で相互作用することを学びました．これからは日常的な視点＝マクロな視点からみたときに，物質と物質がどう関わり合っているのか，どのような変化がおこるのかを理解していきます．その準備としてミクロな視点の学習に加え，ここでは量的な考え方の基礎を学ぶことにしましょう．

　炭酸飲料の栓を抜くと，シュワッと気泡が発生しますが，これは栓を抜くことで圧力が変化して，溶け込んでいたCO_2が気体として溶液から大気中に放出されたためです．
　このような気体（揮発性の溶質）の溶解度と圧力との関係を表したものがヘンリーの法則です．
　ヘンリーの法則というのは，「溶液中の溶質の濃度は，気体中の溶質の分圧に比例する」というものです．
　つまり，炭酸飲料を高い圧力（CO_2の蒸気圧が高い状態）で瓶に封じ込めている場合，CO_2は溶液中によく溶解している（濃度が高い）わけですが，栓を抜く（圧力が下がる）とCO_2の溶解度が下がるために，気泡となって溶液から出ていくのです．

　他に，ヘンリーの法則によって説明されるよく知られた現象として「潜水病」があります．
　ダイバーが水中で作業するときには，水深10mごとに，水圧が1気圧ずつ増加するので，水深にしたがった高圧の空気を吸収しなければ肺がつぶれてしまいます．

　たとえば，水深40mでの圧力は，4+1（大気圧）＝5気圧となるわけです．
　通常の潜水で用いるボンベの中身は，空気（$N_2 : O_2 = 4 : 1$）が詰まっていますので，このような高圧の状態では，ヘンリーの法則に従い，血液中への空気の溶解度が増加していることになります．

　もしそのまま，ダイバーが作業を終えて深い水中から急に浮上したりすると，圧力の減少に伴って空気の溶解度が減るために，血液中に溶けていた空気が泡となって遊離してしまいます．
　この気泡が血液の流れをじゃまするので，各組織が酸素不足に

なって関節や筋肉に激痛が生じたり，また動脈塞栓ができやすくなったりします．

さらに，脳の毛細血管の血流が阻害されて脳細胞が壊死し，場合によっては運動障害や知覚障害が生じることもあります．

このような病気を潜水病と呼んでいるのです．

潜水病を防ぐためには，できるだけゆっくり浮上することの他に，空気ボンベの代わりに，O_2 と He の混合気体を詰めたボンベが用いられます．

He は無害であるだけでなく，水に対する溶解度が N_2 の 40％程度なので，高圧下で血液中に溶け込んでいる量が少ないため，圧力が低下して生じる気泡の量もずっと少ないことになります．

また，He は N_2 よりも軽いため，肺でのガス交換速度が大きく，早く体外に排出されるので潜水病を起こしにくい気体でもあります．

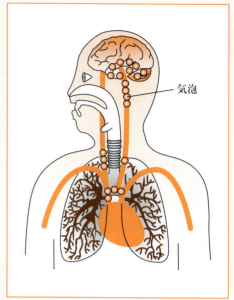
気泡

Points　質量作用の法則

ヘンリーの法則：SBO:C1-(2)-④-3

イングランドの化学者 William Henry（1775-1836）が発見した経験則．
平衡状態において溶液中の溶質の濃度は気体中の溶質の分圧に比例する．

ルシャトリエの原理（ルシャトリエ＆ブラウンの原理）：SBO:C1-(2)-④-3

フランスの化学者 Henry Louis Le Chatelier（1850-1936）とドイツの物理学者 Karl Ferdinand Braun（1850-1918）がそれぞれ提唱した仮説．
平衡状態において，温度・圧力・物質量に変化があったとき，変化をうち消す方向に平衡が移動するとするもの．

質量作用の法則：SBO:C1-(3)-①-1

ノルウェーの化学者グルバリッキ Cato Maximilian Guldberg（1836-1902）とヴォーギャ Peter Waage（1833-1900）が共同で提唱した仮説．
（1）平衡における反応混合物のモル濃度比の式，および（2）素反応において反応系のモル濃度に比例する反応速度式をいう．Guldberg-Waage の法則ともいう．

1-3

1-3-1 ヘンリーの法則とルシャトリエの原理

メタンガスや二酸化炭素は希ガスと同様に分極しない無極性分子です．二酸化炭素の溶解を題材にして，ヘンリーの法則とルシャトリエの原理を学習しましょう．

平衡状態において溶液中の溶質の濃度が気体中の溶質の分圧に比例することを**ヘンリーの法則**という．（図1-31）

この法則は，溶質と溶媒の相互作用が弱い希薄溶液で成立するが，溶媒と溶質の相互作用が強い溶液ではごく低い濃度でしか成立しない．

空気中の CO_2 量は 370 ppm である．

この単位は 100 万分の 1 の体積比を意味し，重量比と区別するために ppmv と書くほうが正確である．

空気は CO_2 のほか主なものとして窒素 78%，酸素 21%，アルゴン 0.9% の体積組成からなる．

極端に小さい体積に圧縮されてなければ，同じ体積の気体は同じ個数の気体分子を含む．（ドルトンの法則）

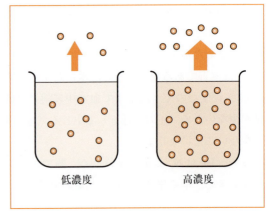

図1-31 ヘンリーの法則：溶液と平衡にある溶質成分の蒸気圧は溶質濃度と比例する

だから，体積組成はそれぞれの気体の分圧，気体分子の個数，モル数の比と同じになる．

そうすると，分子量と体積組成をかけ算することで空気中の気体分子の重量比が計算できる．

1気圧，20℃における空気の合計の重さは 1 m^3 で 1.2048 kg である．

これらをもとに，1 m^3 に含まれる空気中の気体分子の重量（密度）を計算してみよう．

表1-4 空気の密度を計算する：空気中の気体分子とその分圧

成分	分子量	分圧（気圧）	1 m^3 中の重量比	密度（g/m^3）
N_2	28.0134	0.78084	21.8740	909.86
O_2	31.9988	0.20946	6.7025	278.79
Ar	39.948	0.009304	0.371566	15.4556
CO_2	44.0098	0.000370	0.016283	0.6778
合計		0.99997	28.9644	1204.79

表1-4のように計算すると，空気の密度 1.2 kg/m^3 のうち CO_2 密度は約 0.7 g/m^3 となった．

炭酸飲料のボトル内は溶解した CO_2 が容器内に放出されるため気圧が高い．

ボトル内はおよそ 2.5 気圧なので，その 1.5 気圧ぶん（2.5−1.0（大気圧））は CO_2 である．

先ほどと同じように表計算すると，この中に CO_2 は 2.7 kg/m^3 含まれ，全混合気体の密度は 4.0 kg/m^3 となる．

ヘンリーの法則によれば気体中の CO_2 量が減ると液体中の濃度も減る．

栓を抜くと気体は入れ替わる．つまりCO_2密度2.7 kg/m^{3}の混合気体が，CO_2密度0.7 g/m^{3}の空気になる．

平衡に達すると，液体中のCO_2がほとんど気泡となる．

炭酸飲料業界では液体1 Lに溶け込むCO_2の体積（ガスボリューム）が2.4〜2.85 Lのとき，日本人にとって最も味がよいとされる．

20℃におけるCO_2の最大ガスボリュームは0.88 Lだから，理想のガスボリューム2.5 Lを実現するには，2.5気圧まで上げてようやく最大値である．（図1-32）

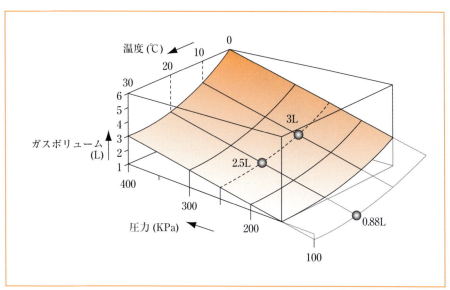

図1-32　いろいろな圧力と気温で，炭酸飲料に溶け込むCO_2の量．

ただし，炭酸飲料は20℃では飲まない．

飲み頃は10℃以下と言われている．

水温10℃のとき，1気圧でのCO_2最大ガスボリュームは1.2 Lになる．

さらに2.5気圧ではCO_2最大ガスボリュームはおよそ3 Lである．

これなら，栓を抜いてCO_2が抜ける前に飲むことで，最適なCO_2濃度を味わうことができる．

このように，平衡状態には物質量だけでなく，温度と圧力が影響を及ぼす．

これらの条件について，平衡反応では状態が変化すると変化をうち消す方向に平衡がずれる．

このような平衡の移動を**ルシャトリエの原理**という．

これまでに述べたように気体の圧力と温度とは密接に関係する．

1-3-2　質量作用の法則

ひきつづき，二酸化炭素の溶解とともに酸性雨の環境基準を題材に加えて，平衡定数と酸解離平衡について学ぶことにしましょう．

コラム　みるみる凍りつくジンジャエール

あるテレビ番組を見ていると，ジンジャエールを製氷器で90分間冷やしてから取り出すという実験をしていました．（家庭用冷凍冷蔵庫では2時間半くらい）

そのままでは凍ってないのですが，栓を抜くとみるみる凍ってしまいます．とても興味深い現象です．

3回めに成功しました！

テレビ側の解説では「過冷却現象だ」と説明していました．

でも，これが過冷却現象（4-3節）だったら，なんらかの刺激を与えればすぐさま凍結しますが，ボトルを振っても叩いても凍結しない様子でした．

量的に考える必要があります．

前節1-2で学んだように，水は液体よりも固体のほうが膨張します．

だから，氷に圧力をかけると融解して水になります．

本節1-3で学んだように，炭酸飲料の栓を締めているときはボトル内の圧力は2.5気圧，栓を抜けば1気圧になります．

以上のこれまでの学習を総合すると，ボトル内の高圧条件での液体と固体の平衡状態は，栓を抜くことで**ルシャトリエの原理**に従って固体へと移行したのだというのが正解のようです．

さらに，圧力と体積の関係だけでなく，水溶液には凝固点降下と呼ばれる性質があります．

これは，3-3-1項で詳しく説明する予定です．

凝固点降下というのは，溶液に物質が溶けていると温度を下げても凍結しにくくなる性質のことです．

今回の場合ですと，栓を抜くことで溶液中の炭酸ガスの濃度が低下します．

これに応じて，モル凝固点降下の影響が少なくなりますから，凍りやすくなります．

この効果は，炭酸ガスの濃度だけでなく，糖質や香味など他の成分のモル濃度との合計に比例します．

だから子供向けの糖分たっぷりの炭酸ジュースでは難しそうです．

凍結したジンジャエール

【1】平衡定数と質量作用の法則

ここでは**質量作用の法則**を学習するため，自然界の雨水のpHを計算する．

20℃の水1Lにおける1気圧でのCO_2最大ガスボリュームは0.88 Lであった．

この体積はCO_2分子1.87 gに相当するから，最大のCO_2濃度を概算するとおよそ0.042 mol/Lになる．

これに対し，空気のCO_2体積比は370 ppmvであり，この空気に曝されている雨水のCO_2濃度は$1.24×10^{-5}$ mol/Lとなるから，最大濃度よりは十分希薄である．

CO_2は水と以下のように化合して，一部が炭酸になる．

$$CO_2 + H_2O \underset{k'}{\overset{k}{\rightleftharpoons}} H_2CO_3 \tag{1-3-1}$$

化学反応式の左側にくる出発側を**反応物質**（リアクタント），右側にくる到着側を**生成物質**（プロダクト）という．(2-1-5)

平衡では，反応物質から生成物質になる正反応の速さと，生成物質から反応物質へ戻る逆反応の速さが釣り合っている．

この結果，生成物質も反応物質も増加や減少などの変化量が等しくなり，見かけ上どちらの量も変化しない．

正反応の進行速度をv，比例定数をkとすると，反応物質の量との簡単な比例の式1-3-2で表される．

$$v = k[CO_2][H_2O] \tag{1-3-2}$$

正反応の式1-3-2における比例定数kは$7.02×10^{-4}$ L mol^{-1} s^{-1}である．

同じように逆反応の進行速度をv'，比例定数をk'とすると，

$$v' = k'[H_2CO_3] \tag{1-3-3}$$

逆反応の式1-3-3における比例定数k'は23 s^{-1}である．

平衡では溶解反応の進行と析出反応の進行が釣り合うから，$v = v'$とみなすことができる．

そこで，上記の簡単な比例式を等号で結んで，

$$k[CO_2][H_2O] = k'[H_2CO_3] \tag{1-3-4}$$

式1-3-4を変形すると，

$$\frac{k}{k'} = \frac{[H_2CO_3]}{[CO_2][H_2O]} \tag{1-3-5}$$

そこで，式1-3-2と式1-3-3に現れる比例定数の比を**平衡定数** Kとする．

$$K = \frac{k}{k'} = \frac{7.02×10^{-4}}{23} = 3.05×10^{-5} \tag{1-3-6}$$

この反応の進行速度および平衡定数は物質の物質量の比で表されるとしたのが**質量作用の法則**である．
また，反応速度が反応物の濃度に比例関係になるという説も，**質量作用の法則**という．

一般に，平衡状態にある化学反応式，

$$aA + bB + cC + \ldots \rightleftharpoons pP + qQ + rR + \ldots \tag{1-3-7}$$

において，平衡定数は，

$$K = \frac{[P]^p[Q]^q[R]^r\cdots}{[A]^a[B]^b[C]^c\cdots} \tag{1-3-8}$$

大気中にある雨水の CO_2 濃度は 1.24×10^{-5} mol/L であった.

水のモル濃度については,水 1 L の重さを分子量で割れば 1000 g ÷ 18.02 = 55.5 mol/L と求められる.

これらを代入すると,雨水の炭酸濃度は 2.11×10^{-8} mol/L となる.

【2】弱酸の酸・塩基平衡

大気中にある雨水の炭酸濃度がわかったので,ここから大気汚染を受けない雨水がもともとどれくらいの pH かを計算してみることにしよう.

酸性物質 HA は水溶液中で共役塩基 A^- と次のような酸・塩基平衡にある.

$$HA \rightleftarrows A^- + H^+ \tag{1-3-9}$$

この場合,酸解離定数 K_A は式 1-3-10 となる.

$$K_A = \frac{[A^-][H^+]}{[HA]} \tag{1-3-10}$$

弱酸の合計濃度を C,解離度を α とすると,共役酸の濃度 $[HA] = C(1-\alpha)$,共役塩基の濃度 $[A^-] = C\alpha$ と表される.

弱酸の水溶液だから酸性になると考えられる.

水の自己イオン化で生じる $[H^+]$ は無視できると仮定する.

その結果,水素イオン濃度は全て弱酸が解離して生ずると近似できるので,$[H^+] = [A^-]$ となる.

さらに,解離度は 1 よりも十分小さいとみなすことができるので,$(1-\alpha) \fallingdotseq 1$ と近似されて,関係式 1-3-11 が得られる.

$$K_A = \frac{[H^+]^2}{C} \tag{1-3-11}$$

式 1-3-11 の両辺の対数をとり,$pX = -\log X$ という **p-スケール表記** を用いて整理すると

$$pH = \frac{1}{2}(pK_A - \log C) \tag{1-3-12}$$

炭酸では以下の酸・塩基平衡が成立する.

$$H_2CO_3 \rightleftarrows HCO_3^- + H^+, \quad pK_{A1} = 3.60 \; (25℃) \tag{1-3-13}$$

$$HCO_3^- \rightleftarrows CO_3^{2-} + H^+, \quad pK_{A2} = 10.25 \; (25℃) \tag{1-3-14}$$

ここで酸性条件を考えているので反応 1-3-14 は無視できる.

雨水の CO_2 濃度 1.24×10^{-5} mol/L に対して炭酸濃度は 2.11×10^{-8} mol/L であり,$pK_A = 3.60$ である.これを式 1-3-12 に代入すると,

$$pH = \frac{1}{2}(3.60 + 7.68) = 5.64 \tag{1-3-15}$$

となり,汚染のない自然の雨水では pH = 5.6 であることがわかる.

なお,炭酸の pK_A について,資料によっては 6.35 などの値をあげている場合がある.

これは炭酸そのものではなく，二酸化炭素が水に分散している状態における CO_2，H_2CO_3，HCO_3^- の見かけの酸解離定数を表している．

この場合，式 1-3-12 の計算は水溶液中の CO_2 濃度を用いなければならない．

$$pH = \frac{1}{2}(6.35 + 4.91) = 5.63 \tag{1-3-16}$$

それでも，計算結果は式 1-3-15 とほぼ同じになる．

雨水がこの pH よりも低い場合に大気汚染によって生じた窒素酸化物 NO_x や硫黄酸化物 SO_x による酸性化の可能性があると判断するひとつの目安とされる．

コラム　肺呼吸における酸素と二酸化炭素のガス交換

　ヒトの肺呼吸で吸収される O_2 分圧は教科書に組織 30 mmHg，静脈血 40 mmHg，肺胞内 100 mmHg と書いてあります．

　肺胞での分圧差（肺胞−静脈血）は 60 mmHg です．

　一方，排出されるほうの CO_2 は組織 70 mmHg，静脈血 47 mmHg，肺胞内 40 mmHg でした．

　肺胞での分圧差（静脈血−肺胞）は 7 mmHg だから，数字だけ見ると約 1／9 です．

　O_2 に比べて CO_2 のガス交換は少ないのでしょうか？

　O_2 の場合，分圧 100 mmHg のとき血液中の溶存酸素量はおよそ 0.3 mL/dL（3 mL/L）です．

高校化学で覚えたとおり気体 1 mol は体積 22.4 L です．

溶存酸素量が 1 L あたり 3 mL ですから 1.34×10^{-4} mol/L に相当します．

　ヘンリーの法則に従うならば，100 mmHg 中の 60 mmHg がガス交換されますので，8×10^{-5} mol/L 分の O_2 を肺胞で受け取ります．

　CO_2 の場合，分圧は 370 ppm（0.3 mmHg）で，20℃の雨水には 1.24×10^{-5} mol/L 分溶けました．

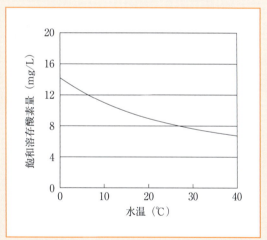

　ヘンリーの法則に従って比例関係が成り立つと考えますと，分圧 47 mmHg が 40 mmHg になるときの差 7 mmHg に相当するような CO_2 濃度差は，20℃の真水で 3×10^{-4} mol/L と予想できます．

　そのまま数字を比べると酸素の 4 倍です．

　温度が 37℃になると CO_2 の溶解度はもっと少なくなりますが，図 1-32 をみると桁が変わるほど低下することはないでしょう．

　分圧は同じ物質どうしの大小を比較するための指標に過ぎません．

　物質量で比較すると，O_2 よりも CO_2 のガス交換が少ないわけではないことがわかりました．

注）数値が異なる資料もあります．

1-3

演習問題

問題 1

酢酸（pK_A = 4.75）と酢酸ナトリウムの混合溶液の pH を測定したら 5.75 であった．この溶液の酢酸イオンと酢酸分子の比を求めなさい．

問題 2

水によくとける一塩基性酸（$K_A = 8.0 \times 10^{-5}$）の 0.20 mol/L 水溶液の pH は (A) であり，この水溶液と 0.20 mol/L 水酸化ナトリウム水溶液を 2：1 の割合で混合したときに得られる pH は (B) となる．$\log 2 = 0.30$，$\log 4 = 0.60$，$\log 8 = 0.90$ として，A，B の値を求めなさい．
（第 89 回問 19）

問題 3

塩基性薬物は分子型に比べてイオン型になると水溶性が高くなる．この薬物の pK_A が 8.3 であるとすると，この薬物の結晶が最も溶けやすいと予想される pH はどれか．

1. pH = 7.0　　2. pH = 8.0　　3. pH = 9.0　　4. pH = 10.0

第 2 章
速度論

2-1 「速度論」という考え方

Episode 　使用期限

2005年タミフル®の使用期限は1年で，季節もののインフルエンザの流行が過ぎれば処分になるため，高価な在庫をどれだけ抱えるか頭を悩ませたそうです．医薬品製剤の「足のはやさ」である使用期限はどのように決まるのでしょう？

使用期限は有効成分の性質や製剤材料との調合によって異なり，何％まで分解してもよいかは製薬会社や国の役所が決めます．

仮に2％未満までは分解してもいいのなら，有効成分が元の量から98％に減るまでの時間を，使用期限に定めるわけです．

製剤は製薬会社から出荷され，使用期限までに問屋に卸され，薬局に運ばれます．

問屋や薬局で医薬品を保管するのは薬剤師のしごとです．

患者さんが病院で処方をうけとったら，薬剤師は医薬品を調剤します．

薬剤師は患者さんが服用する期間が，処方された医薬品それぞれの使用期限に収まるように注意しながら，指示された分量の医薬品を調剤します．

さて，薬袋を見ると「一日三回，朝昼夕毎食後」などとかかれています．

どうしてこんなに細かく決められているのでしょうか？

錠剤をのむと腸の中でとけ，有効成分が腸管から血液の中に染みこんでいきます．

もし一日ぶんを一回でのむと，たくさんの有効成分が血液中にはいってきます．

血液中にたくさん有効成分がはいってくると，効果は高くなるかもしれませんが，それと同時に副作用の危険も高くなります．

くすりには，治療作用だけでなく副作用もあることを忘れてはいけません．

だから分けてのむのですが，実は一回の分量だけの問題ではありません．

血液に入ってきた有効成分は，肝臓で分解されたり，腎臓で濾しとられたりして減少していきます．

これを見越してのむ時間が決められています．

分解や排泄がまだ十分でないうちに次のくすりをのんでしまうと，血液中の有効成分の濃度があがってしまいます．

分量だけでなく，くすりが分解・排泄される「はやさ」も問題になるのです．

くすりというものは作られてから患者さんの患部に到達するまで，あらゆる場面で分量と時間の関係＝「はやさ」がきめ細かにコントロールされているのです．

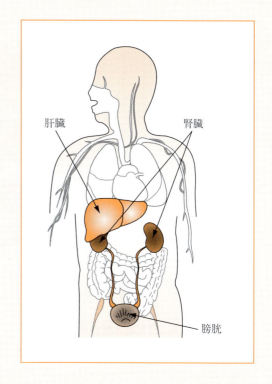

Points 「速度論」という考え方

薬学では，有機化学（化学反応），物理化学（反応速度論），放射化学（放射壊変），物理薬剤学（溶解・分解），薬物動態学などで速度論に基づいた考え方を学びます．この流れの中で物理化学では，化学反応速度論を理解することそのものと同時に，今後学ぶ物理平衡・化学平衡を理解するための基本の考え方を習得します．SBO:C1-(3)-①-1

化学反応の原料を**反応物質**（リアクタント），反応物の集まりを**反応系**，生成する物質を**生成物質**（プロダクト），生成物の集まりを**生成系**という．

化学反応が進行するとき，反応物から生成物への経路（**反応経路**）上で最も不安定な状態を**遷移状態**（トランジション・ステート，**TS**）という．

ポテンシャルエネルギーで見れば，反応経路とは低エネルギーの反応系から生成系に至る最も仕事が少ない道のりである．

遷移状態は反応経路における峠の位置（鞍点）にあたる．

反応の途中にあり，実験的に区別して検出できるものを**中間体**（インターメディエート）という．

ポテンシャルエネルギーで見れば，低エネルギーの反応系から生成系に至る道のりに現れる盆地が中間体に当たり，反応系〜中間体，中間体〜生成系にはそれぞれ遷移状態がある．

第2章　速度論

2-1

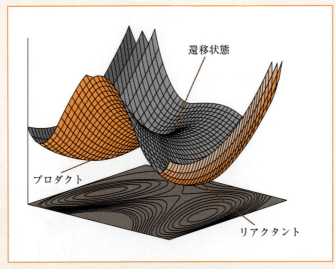

図2-1 遷移状態のポテンシャルマップ

化学反応には，**素反応**と**複合反応**がある．
素反応は，中間体がなく，単一の遷移状態を経由する単一のステップで起こる反応プロセスである．
複合反応は素反応の組み合わせからなり，中間体を経由する反応である．
素反応の**反応速度** v は，一定時間あたりの反応の進行度 ξ で表される．

例えば，$A+B \rightarrow C+D$ の化学反応では，反応物の量は $[A]=[A]_0-\xi$ と $[B]=[B]_0-\xi$ であり，生成物の量は $[C]=\xi$ と $[D]=\xi$ となる．

このとき，反応速度 v は，以下の式のように定義される．（符号に注意）

$$v = \frac{d\xi}{d\tau} = -\frac{d[A]}{d\tau} = -\frac{d[B]}{d\tau} = \frac{d[C]}{d\tau} = \frac{d[D]}{d\tau} \tag{2-1-6}$$

素反応の反応速度は，反応物の物質量 x の n 乗に比例する．

$$v = -\frac{dx}{d\tau} = kx^n \tag{2-1-4}$$

この比例定数 k を**反応速度定数**，n を**反応次数**という．
反応次数 n は正の実数値をとる実験量で，整数とは限らない．

2-1-1 速度が変わっても変わらない値＝反応速度定数

　医薬品の外箱には有効期限が書かれています（通常3～5年）．有効期限は，時間がたつと薬効成分が徐々に分解したり，変質したりする物質の変化に抵抗する薬効成分の安定性によって決まります．ここでは，有効期限や安定性を決めるような観測量を明らかにしていくことにします．
SBO:C1-(3)-①-1

　薬効成分の分解や変質として，ほとんどの医薬品では次のような化学変化が考えられる．

- 加水分解
- 酸化反応
- 光化学反応
- 異性化
- エピマー化

　これらの化学反応が同時に進行するのだが，多くの医薬品において加水分解がもっとも起こりやすく，影響を受ける分量も多いと考えられている．

　加水分解が主な分解・変質とみなすと，この変化を生じない度合いが安定性といえる．

　抽象的な話を避けるために，ここでは特定の医薬品について考えることにする．

　消炎鎮痛に用いるアスピリンはアセチルサリチル酸の商品名（バイエル社，日本薬局方で一般名扱い）であり，加水分解するとサリチル酸と酢酸になる．

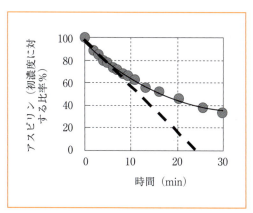
$$\tag{2-1-1}$$

　アスピリン水溶液における加水分解を測定し，図2-2のグラフに表した．

図2-2　アスピリン水溶液の加水分解反応
（1次反応）

　アスピリンの量が低くなるにつれて濃度の低下が緩やかになる．

　反応は，反応開始のときと同じ一定のはやさで濃度が低下（図2-2グラフの破線）しそうなものだと想像する．

　しかし，実際にはどうしてこのような曲線を描くのだろう？

　分子レベルで見ると，アスピリンは水分子と分子間相互作用するが，そこで続いて化学反応が起こるかどうか運命を分けるのは偶然である．

　偶然とはつまり，個々のアスピリン分子が確率的に化学変化に必要なエネルギーを獲得した瞬間瞬間に，当のアスピリン1分子の化学変化が発生する．

　それら個々の化学変化が分子集団の中で繰り返されることが，反応の進行である．

　宝くじに例えれば，当たりくじを含む割合（当選確率）が多い宝くじが当たりやすいし，同じ確率でも宝くじを買った人が多いほうが当たる人数は増える．（図2-3）

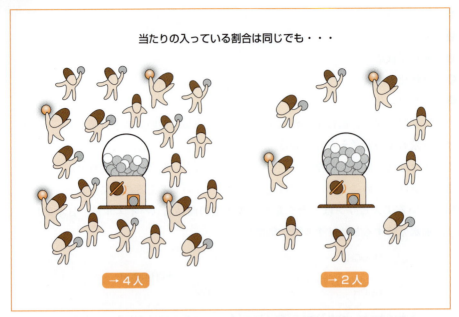

図 2-3 当たりくじの割合が同じなら，当選者の数は参加人数に比例する

　化学反応も同じで，反応一回分の反応エネルギーが少なくて済むのなら，反応が起こる確率が高いので，ある瞬間に反応できるアスピリンの割合は多くなる．

　また，反応エネルギーが同じであっても，アスピリンの総数が多く，そこらじゅうにたくさんあれば反応するアスピリンの個数は多くなる．

　加水分解一回分の反応エネルギーが低ければ反応が起こる確率はあがるのだから，これは宝くじの当選確率に対応するものであり，アスピリンの総数つまり濃度は，宝くじを買った人の総数に対応するものである．

　確率が 1/1000 のとき総数が 5000 人なら当選者は 5 人，総数が 10 万人なら当選者は 100 人．

　確率と総数のかけ算である．

　一方，ある瞬間にこれからどれだけアスピリンが加水分解するかを考えると，そのときのアスピリン濃度 [A] に対して，次の瞬間つまり微小区間 dt 後において濃度が変化する量 $-d$ [A] ということになるので，加水分解が進行するはやさは，$-\dfrac{d[A]}{dt}$ である．

　この変化が，アスピリン濃度 [A] と反応が起こる確率 k のかけ算で求められるので，

$$-\frac{d[A]}{dt} = k[A] \tag{2-1-2}$$

となる．

　この式の左辺の $-\dfrac{d[A]}{dt}$ を**反応速度**，このような式を**反応速度式**とする．

　左辺は図 2-2 のグラフの傾きを表すから，加水分解反応が進行してアスピリン濃度 [A] が低くなるにつれて，グラフの傾きが緩やかになっていくのである．

　反応速度式において反応が起こる確率を意味する比例定数 k を**反応速度定数**とする．

　そうすると安定性や有効期限は，反応速度定数 k と反比例の関係になるだろう．

これが，化学反応を分子集団における変化の割合とみる速度論の基本的な考え方である．

2-1-2 速度論でみたときの反応の種類＝反応次数

反応の種類というと，求核反応とかラジカル反応など反応機構による分類や，不可逆反応とか可逆反応という熱力学的な分類があります．速度論で見た場合の反応の種類は，反応速度式の違いです．SBO:C1-(3)-①-1

アスピリンの水への溶解度 C_S は低い．（20℃で 0.46 g/100 mL）
だから，結晶を水に分散すると**サスペンション（懸濁液）**という細かい結晶の粒が浮遊した分散液になる．
このアスピリン結晶サスペンションでの加水分解反応を見てみよう．（図2-4）

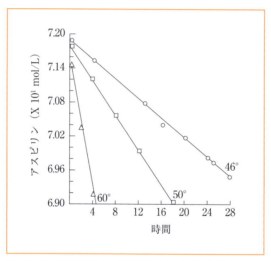

図2-4　アスピリン懸濁液の加水分解反応
　　　（0次反応）

図2-4 グラフから60℃の直線では4時間で物質量 x のうち3％のアスピリンが減少している様子が読みとれる．

反応速度がアスピリン濃度 [A] に比例するという前項の話とは食い違っている．

まさか，アスピリンという化学物質に違いがあるわけではないので，有機化学的な反応機構の違いなどは決してありえない．

この実験結果の食い違いは，アスピリンが溶液なのか，結晶なのかという状態の差が反応の進行をスイッチ（切り替え）してしまうことを意味している．

結晶のアスピリンは加水分解しない．

分解するまえには，まず結晶からアスピリン分子が水にとけ出しておかないといけない．

このステップを「溶解」ということにしよう．

溶解して，溶液の中に拡散したアスピリン分子は濃度 [A] に比例して加水分解反応する．

図 2-5　結晶から外に溶け出した分子だけがイベントに参加できる（化学反応する）．

このステップを「分解」ということにしよう．

水溶液と結晶サスペンションにおけるアスピリンの加水分解を化学反応式で見ているかぎり，反応の種類は変わらない．

しかし，最初からとけているか，それとも結晶のままなのかという**状態の違いが，反応の進行を全く違ったものにする**ことを新しく学んだ．

高校化学や大学共通教育課程で，化学反応式から**質量作用の法則**に基づいて反応速度式を組み立てることを学習したが，このように実践的な現象とはかけ離れていることもあるのだ．

アスピリン結晶サスペンションの実験における反応速度式は式 2-1-3 となる．

$$-\frac{dx}{dt} = k \tag{2-1-3}$$

このような実験を繰り返すことで，様々な化学反応における反応速度を調べた結果，反応速度 v と物質量 x との関係を一般化するためには次の反応速度式 2-1-4 で表すのが適していると結論づけられた．

$$v = -\frac{dx}{dt} = kx^n \tag{2-1-4}$$

ここで k は反応速度定数であり，物質量 x の次数 n を新たに**反応次数**と定義する．

アスピリン水溶液では，反応速度がアスピリン濃度 [A] に比例したので $n=1$ である．（式 2-1-2）

これを **1 次反応**と分類する．

アスピリン結晶サスペンションでは，反応速度 v はアスピリンの物質量 x に関係なく一定であったから $n=0$ である．（式 2-1-3）

これを **0 次反応**と分類する．

それぞれ見てきたように，反応次数は反応のプロセスによってスイッチされる．

反応速度定数 k は，時間が経過して物質量 x が変化しても一定である．

図 2-6　ペアになる可能性は，濃度×濃度に比例する

だから，反応が進行する強弱を表す数値として比較することができる．

ただし，0 次反応の反応速度定数 k の値と 1 次反応の反応速度定数 k の値は比較できない．

もし，0 次反応の k よりも 1 次反応の k がいくらか大きかったとしても，反応系が高濃度では 1 次反応の反応速度がはやいが，低濃度では 0 次反応のほうがはやくなるだろう．

同じ物質 A が 2 分子反応して二量体を形成するなどの化学反応をする場合，反応速度は反応物の濃度 [A] の自乗に比例する．（図 2-6）

$$-\frac{d[\mathrm{A}]}{dt} = k[\mathrm{A}]^2 \tag{2-1-5}$$

これは **2 次反応** の一種である．

2-1-3　みかけの反応次数－擬 1 次反応－

1 次反応だ，0 次反応だ，とアスピリンの反応は状況に応じて変幻自在なものなのでしょうか？

みかけではなく，反応の本質的な部分を理解し表現する必要があります． SBO:C1-(3)-①-4

反応 A＋B ⟶ C＋D について考える．

反応を開始した瞬間における反応物 A と B の物質量（初期量）をそれぞれ $[\mathrm{A}]_0$，$[\mathrm{B}]_0$ とおく．

反応開始からの時間（反応時間）τ（ギリシャ文字タウ）における反応の進行量（単位は mol）を ξ（ギリシャ文字クシー）とする．

このとき，反応時間 τ における物質量の変化速度は $\dfrac{d\xi}{d\tau}$ となる．

すると，A の物質量 [A] は $[\mathrm{A}] = [\mathrm{A}]_0 - \xi$ で表される．

同様に，B の物質量 [B] は $[\mathrm{B}] = [\mathrm{B}]_0 - \xi$ で表される．

一方，生成物 C，D の物質量は反応の進行量 ξ と等しい（$[\mathrm{C}] = [\mathrm{D}] = \xi$）．

それならば，反応速度 v はどの成分の物質量変化で表しても同じになるはずだから，

$$v = \frac{d\xi}{d\tau} = -\frac{d[A]}{d\tau} = -\frac{d[B]}{d\tau} = \frac{d[C]}{d\tau} = \frac{d[D]}{d\tau} \tag{2-1-6}$$

という関係が成立することになる．（マイナスの有無に注意）

さて，アスピリンなどのエステルが加水分解するとき

$$\text{R}^1\text{COOR}^2 + \text{H}_2\text{O} \longrightarrow \text{R}^1\text{COOH} + \text{R}^2\text{OH} \tag{2-1-7}$$

であるから，反応速度式はエステルの量に比例すると同時に水の濃度に比例するので，それぞれの濃度の積に比例するため，式 2-1-8 のような 2 次反応である．

$$v = -\frac{dx}{dt} = k[\text{R}^1\text{COOR}^2][\text{H}_2\text{O}] \tag{2-1-8}$$

しかし，アスピリン水溶液の実験結果では 1 次反応であった．

式 2-1-8 に現れている水溶液における水の濃度 [H₂O] は何を意味するのだろう？

純水は 1 cm³ が約 1 グラムだから，1 L が約 1000 グラムである．

水の分子量は 18 だから，1 L 中には 55.56 mol 含まれる計算になる．

今，エステルのモル濃度が 0.1 mol/L であるとすると，たとえ全てのエステルが加水分解しても，水の濃度と比べると微小な変化に過ぎない．

このように，**反応物質 A に比べて反応物質 B が大過剰に存在するという場合，反応速度式において，反応物質 B はほぼ一定であると見なすことができる**．

そのため，エステル水溶液における反応速度は，次のようにまとめることができる．

$$v = -\frac{dx}{dt} = k[\text{R}^1\text{COOR}^2][\text{H}_2\text{O}] = k'[\text{R}^1\text{COOR}^2] \tag{2-1-9}$$

水が大過剰に存在しているエステル水溶液の加水分解速度は，反応式が 2 次反応を意味していても，あたかも 1 次反応に従って分解する．

これを**擬 1 次反応**という．

一般に，A + B ⟶ C + D の反応における反応速度式は式 2-1-10 になる．

$$-\frac{d[\text{A}]}{dt} = k[\text{A}][\text{B}] \tag{2-1-10}$$

このとき，**反応物 A について 1 次反応，反応物 B について 1 次反応**であるという．

それと同時に，**反応全体として 2 次反応である**という．

2-1-4 反応次数の決め方（1）－微分法－

これまでに医薬品アスピリンの加水分解反応という具体例を通じて，化学反応のプロセスを理解し，反応を分類するうえでは反応次数が最も重要なパラメータとなることがわかってきました．ここでは様々な反応に適用できるように理解を深めるため，反応次数を測定するにはどのような解析を行えばよいかという一般化した取り扱いへと発展します． SBO:C1-(3)-①-3

反応物質の物質量を x，反応速度を v で表すと，反応速度式は $v = kx^n$ のように表される．（式2-1-4）この両辺の自然対数をとると，次のように変形できる．

$$\log_e v = \log_e k + n \log_e x \tag{2-1-11}$$

自然対数ではなく，常用対数であっても数式の形は全く同じである．

$$\log_{10} v = \log_{10} k + n \log_{10} x \tag{2-1-12}$$

そこで解析作業として2枚のグラフ用紙を用いる．（図2-7）

1枚目のグラフ用紙は実数軸グラフで，横軸に反応時間 t を，縦軸に反応物の物質量 x（または濃度 C）をとって，実験結果をプロットし，物質量 x とグラフの傾き v を求める．（図2-2）

2枚目のグラフ用紙は両対数グラフで，物質量 x（または濃度 C）を横軸に，反応速度 v を縦軸にすると直線関係になる．

この直線の傾きとして，反応次数 n を読み取ることができる．

① 横軸 t，縦軸 C のデータのうち並んだ3点 (t_1, C_1)，(t_2, C_2)，(t_3, C_3) を選びます．
② この3点を通る放物線 $y = \alpha x^2 + \beta x + \gamma$ を当てはめます．
③ この放物線の微分は

$$\frac{dy}{dx} = 2\alpha x + \beta$$

と計算できるので，これが速度 v になります．
④ 放物線に3点を代入した式を連立すると，以下が求められます．

$$\alpha = \frac{\left\{\dfrac{(C_3 - C_2)}{(t_3 - t_2)} - \dfrac{(C_2 - C_1)}{(t_2 - t_1)}\right\}}{\left\{\dfrac{(t_3^2 - t_2^2)}{(t_3 - t_2)} - \dfrac{(t_2^2 - t_1^2)}{(t_2 - t_1)}\right\}}$$

$$\beta = \frac{(C_3 - C_2)}{(t_3 - t_2)} - \frac{(t_3^2 - t_2^2)}{(t_3 - t_2)}\alpha$$

⑤ すると，2番目の点 (t_2, C_2) の傾きは $-(2\alpha t_2 + \beta)$ で計算できます．
⑥ そこで，$(\log C_2, \log(-2\alpha t_2 - \beta))$ をプロットして直線を描きます．

図2-7 微分法による反応次数の決定法：濃度と速度の両対数グラフ反応速度の読み取りと微分法プロット

2-1-5 素反応と複合反応, 遷移状態と中間体

今後の節では反応についてさらに広範な話題に踏み込んでいきます. ひとまずそれに先立って, 用語を確認しておくことにしましょう.

化学反応の出発点の物質を**反応物質**(リアクタント)という.
これに対して, 到達点の物質を**生成物質**(プロダクト)という.
図 2-8 のマンガのように反応ルートが枝分かれしているとき(並列), 反応のはやさは個別のはやさの足し算になり, とくにはやいルートが全体のはやさを決定づける.
一方, 何ステップかの反応がバケツリレーの格好になっているとき(直列), 最も遅いステップが全体のはやさを決定づける.
これを**律速段階**という.
ここで, 各ルートやステップのひとつひとつを**素反応**(素過程, 単位反応)という.
これに対して, 複数の素反応で構成されている一連の化学反応を**複合反応**(複合過程)という.
たとえば, 反応 (X)+(YZ) ⟶ (XY)+(Z) について, その開始から終了までをみることにする.
この反応がどのようなプロセスをたどるかは, いくつかの可能性を考えないといけない.

【1】単一の素反応から構成されている場合
反応開始のとき, 反応物 (X) と (YZ) が結合し, 複合体 (X–YZ) をつくる.

$$X + YZ \rightleftarrows X-YZ \rightleftarrows [X{\cdots}Y{\cdots}Z]^{\ddagger} \rightleftarrows XY-Z \rightleftarrows XY+Z \tag{2-1-13}$$

図 2-8 並列型の枝分かれバケツ運びと, 直列型のバケツリレー

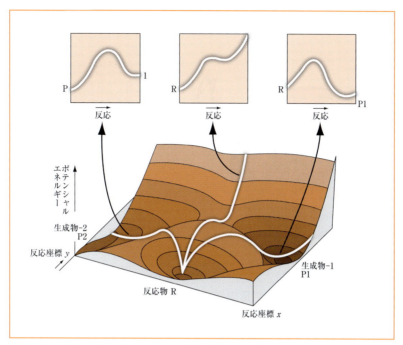

図 2-9 ポテンシャルマップで見た主反応と副反応の反応経路

ここでは，複合体 (X−YZ) が複合体 (XY−Z) に化学変化している．

続いて，複合体 (XY−Z) の結合が切断すると，生成物 (XY) と (Z) ができる．

複合体 (X−YZ) という状態と複合体 (XY−Z) という状態は，(X−YZ) 側にも (XY−Z) 側にも傾く「分水嶺」にあたる位置づけ（鞍点という）にある不安定な状態 $[X\cdots Y\cdots Z]^{\neq}$ を経由する．

この不安定な状態を**遷移状態（トランジション・ステート，TS）**という．

反応物が化学変化を起こす場合には，いくつかの生成物になる可能性があり，またそれぞれへの反応経路も単一ではない．（図 2-9）

しかし，化学反応は分子集団の多くがとる経路と考えるので，①経路をたどるときの高低差がより少ないこと，②生成物から反応物へ向かっての逆反応が起こりにくいようにポテンシャルエネルギーがより低い生成物であること，の 2 つの条件に有利なものが主要な反応となる．

【2】2 つの反応がバケツリレーになっている場合

$$X + YZ \rightleftarrows X-YZ \rightleftarrows [X\cdots YZ]^{\neq}$$
$$XYZ \quad (2\text{-}1\text{-}14)$$
$$XZ + Y \rightleftarrows XZ-Y \rightleftarrows [X\cdots ZY]^{\neq}$$

ここでは複合体 (X−YZ) が形成されると，続いて (X−YZ) → (XYZ) という第一の化学変化が起こる．

ここで折り返して第二の化学変化である (XYZ) ⟶ (XZ−Y) という反応が進行し，その結果生成した複合体 (XZ−Y) が開裂することで (XZ) + (Y) になる．

物質 (XYZ) は実験的に存在が確認できるものであり，これを**中間体（インターメディエート）**という．

このとき，素反応 (X) + (YZ) ⟶ (XYZ) と素反応 (XYZ) ⟶ (XZ) + (Y) からなる複合反応である．（図 2-10）

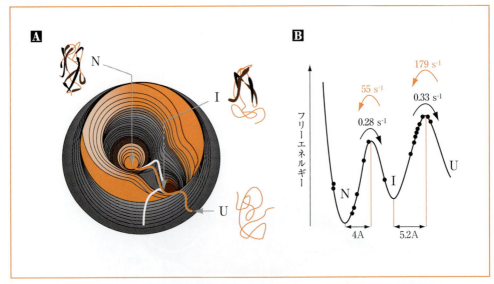

図2-10 タンパク質の立体構造の形成（フォールディング）に現れる中間体 I

　もし，考えている反応プロセスの全てが均一系の化学反応で構成されているなら，それぞれの素反応に遷移状態が存在し，またどちらかの素反応が律速段階となっているだろう．

　一方，図2-4に示したアスピリン懸濁液の加水分解反応のように溶解と化学反応の2種類のプロセスが続くとき，溶解は自発的に進み，第一段階目には遷移状態はない．

　反応が素反応であるのか，さらに何らかの中間体があるのかを見極めることは難しい．

　IUPAC（国際純正・応用化学連合）における素反応の定義では，

　① **中間体が検出されないか，反応を記述するのに中間体を仮定する必要がないこと**
　② **一回のステップで進行し，遷移状態を1回だけ経過すること**

の2条件を挙げている．

演習問題

問題 1

次の用語を説明しなさい.
（1）素反応と複合反応
（2）律速段階

2-2 反応速度定数と半減期

> **Episode** 抗がん剤の延命効果

　日経新聞 2004 年 10 月の記事で，日本癌（がん）治療学会が抗がん剤新薬を国に申請するための評価基準ガイドラインに，1991 年に定められた腫瘍縮小効果に加え，患者の延命効果が検討されたことが報じられました．くすりが腫瘍を縮小する効果は大きさの比較かなと想像できますが，延命というのはどう測るのでしょう？

　腫瘍を発症させた実験動物に従来の医薬品 A と新薬 B を投与します．
　生き物のデータは個体差が大きいので，1 匹づつの比較はしません．
　それぞれの実験を何匹か集めた群でおこないます．
　問題は結果をどう扱うかですが，群ごとの平均をとれば比較できるでしょうか？
　投与しない群は平均 6 日，A 投与群が平均 12 日，B 投与群が平均 18 日．
　この結果なら，B の延命効果は A の 2 倍でいいのでしょうか？
　A 群 10 匹の生存日数 5，9，10，11，12，12，13，15，16，18 日で平均 12 日だったとします．
　これに対して B 群 10 匹もほとんど変わらない結果で，ただその中の 1 匹だけが 70 日以上生存したときでも，平均日数は 17.3～18.6 日ですから，平均値で比較するのは好ましくありません．
　平均値というのはバラツキの様子が似ているときだけ比較できる数字です．
　そこで動物実験では，用いた個体数の 50％で見られた値（中央値，メジアン）をとります．
　こうすれば，比較する群のなかに偶然特殊な例が 1 つや 2 つ紛れ込んでも，それらに結果が振り回されることは少なくなるのです．
　上の例であれば，A の 50％生存日数 12 日に対して，B の 50％生存日数もたかだか 12～12.5 日となり，明らかな差は見られないことになります．

　2006 年から 2008 年にかけ，全国の大学病院等において「ペプチドワクチン療法」の臨床試験が執り行われた結果として，がん患者 130 人の 50％生存日数が報告されました．
　腫瘍細胞の細胞表面には，正常細胞にはない固有のタンパク質や糖鎖があります．
　これらを腫瘍マーカーと言い，様々ながん細胞ごとに固有のマーカーがあります．
　前章 1-2 のエピソードで紹介したトラスツヅマブ（ハーセプチン®）は，乳がんに固有の腫瘍マーカーに対する抗体を，外から投与することでがん細胞を抑える「代替血清」です．
　この「代替血清」を継続して投与するには，とてつもない費用がかかるのです．
　一方，「ペプチドワクチン療法」という新しいアイデアでは，腫瘍マーカーの中のペプチド部分を人工的に合成し，これをワクチンとして患者に投与するのです．

　この人工ペプチドは，がん細胞に対して直接働きかけることはありません．
　しかし，患者の体内では腫瘍マーカーに結合する抗体が自作されるのです．
　腫瘍マーカーに結合する抗体が獲得されると，患者自身の免疫でがん細胞を抑える可能性を生み出すことができるのです．
　この処置でワクチンに対して免疫陽性になった患者は，陰性の患者に比べ生存日数が2倍以上になり，末期患者でも50％生存日数は400日を越えたことが2009年7月の産経ニュースに報道されました．
　陰性患者では50％生存日数は200日より短く，400日以上生存したのは約2割とのことで，おわかりのようにめざましい延命効果が示されているのです．
　丸山ワクチンから60年余，以上の結果は，外科療法，化学療法，放射線療法に続く「第四の治療法」になるかと注目されていますが，歴史を変えることに繋がるでしょうか．

Points　反応速度定数と半減期

0 次反応の微分型速度式と積分型速度式：SBO:C1-(3)-①-2

$$v = -\frac{d[A]}{dt} = k \tag{2-1-3}$$

$$[A] = [A]_0 - kt \tag{2-2-20}$$

1 次反応の微分型速度式：SBO:C1-(3)-①-2

$$v = -\frac{d[A]}{dt} = k[A] \tag{2-1-2}$$

第 2 章　速度論

1次反応の積分型速度式は，いくつかの式であらわされる：SBO:C1-(3)-①-2

$$\log_e [A] = \log_e [A]_0 - kt \qquad \ln[A] = \ln[A]_0 - kt$$

$$\log_{10}[A] = \log_{10}[A]_0 - \frac{k}{2.303}t \tag{2-2-10}$$

$$[A] = [A]_0 e^{-kt} \qquad [A] = [A]_0 \exp(-kt) \tag{2-4-25}$$

2次反応の微分型速度式と積分型速度式：SBO:C1-(3)-①-2

$$v = -\frac{d[A]}{dt} = k[A]^2 \tag{2-1-5}$$

$$\frac{1}{[A]} = \frac{1}{[A]_0} + kt \tag{2-2-22}$$

半減期：SBO:C1-(3)-①-4

「反応物の半減期」は反応物の物質量が，<u>初期量と最終量（平衡量）の中点にあたる量に達するまでに要する反応時間</u>とする．反応物を完全に消費する反応であれば，<u>反応物の初期量の半分に達するまでに要する反応時間</u>にあたる．

「反応の半減期」を定義できる反応は限られている．1次反応では，「反応物の半減期」を「反応の半減期」と考えることができる．それ以外では，反応物が複数あり，おのおのの「反応物の半減期」が一致するとき「反応の半減期」になる．

0次反応，1次反応，2次反応における反応物の半減期は以下になる．

$$t_{1/2} = \frac{[A]_0}{2k} \tag{2-2-21}$$

$$t_{1/2} = \frac{0.693}{k} \tag{2-2-15}$$

$$t_{1/2} = \frac{1}{k[A]_0} \tag{2-2-23}$$

2-2-1　1次反応の反応速度式と片対数グラフ

わたしは古くさい人間なので，片対数グラフや計算尺を使って「対数」というものの「感触」を身につけてきました．面倒でしょうが，確かな技術を身につけるためにその一端を体験してもらいます．SBOs:C1-(3)-①-2,4

薬物の加水分解が1次反応で進行するとき，はじめの反応物の物質量をa，時間tまでに反応した反応物の物質量をxとすると，速度vは以下の**微分型速度式**で表される．

$$v = \frac{dx}{dt} = k(a-x) \tag{2-2-1}$$

この形式の1階常微分方程式は薬学分野で頻繁に登場する．（本書なら5-3節でも用いる）
重要であるので，微分方程式2-2-1を何も省略しないで順に解いてみる．

$$\frac{1}{(a-x)}dx = kdt \tag{2-2-2}$$

ここで $a-x=y$ と置くと，式2-2-3となる．（$x=a-y$ となるから $\frac{dx}{dy}=-1$ と求められる）

$$\frac{dx}{dy}\frac{dy}{y} = kdt \tag{2-2-3}$$

初期条件 $t=0$, $x=0$, $y=a$ から境界 $t=t$, $x=x$, $y=a-x$ までの範囲で定積分すると，

$$(-1)\cdot \int_a^{a-x} \frac{dy}{y} = k\int_0^t dt \tag{2-2-4}$$

積分公式にあるように，積分式2-2-4は次のように解ける．（-1 は右辺に移項した）

$$\left|\log_e y\right|_a^{a-x} = -k\left|t\right|_0^t \tag{2-2-5}$$

境界条件を代入すると，**自然対数で表した1次反応の積分型速度式** 2-2-6を得る．

$$\log_e \frac{a-x}{a} = -kt \tag{2-2-6}$$

自然対数の公式を用いれば，式2-2-6を指数関数に変換できる．

$$\frac{a-x}{a} = e^{-kt} \tag{2-2-7}$$

さらに変形することで，**指数関数で表した1次反応の積分型速度式** 2-2-8を得る．

$$a-x = ae^{-kt} \tag{2-2-8}$$

実験結果を取り扱う場合には，自然対数よりも常用対数のほうが直感的に理解しやすい．
実数が10，100，1000なら，常用対数は1，2，3と桁数に対応して変化するから理解しやすい．
そこで自然対数から常用対数に変換する公式を使えば，以下のように**常用対数で示した1次反応の積分型速度式** 2-2-9を導くことができる．

$$2.303\cdot \log_{10}\frac{a-x}{a} = -kt \tag{2-2-9}$$

では具体的な実験結果について，片対数グラフ用紙を用いて反応速度定数を計測してみよう．
式2-2-9のままでは実験データとの対応がわかりにくいので，変形しておきたい．
時間 $t=0$ における反応物質の**初濃度** $[A]_0 = a$．
時間 $t=t$ 経過後に反応系に残っている反応物質の濃度 $[A] = a-x$．
これらを式2-2-9に代入すると，

$$\log_{10}[A] = \log_{10}[A]_0 - \frac{k}{2.303}t \tag{2-2-10}$$

片対数グラフは，横軸には等間隔目盛り（実数目盛り）をとり，縦軸には対数目盛りを上下に注意しながら置く．（図2-11参照）
ショ糖の加水分解（硝酸酸性条件下）が1次反応式で表されることを最初に発表したのはドイツの

表 2-1　反応時間と濃度変化

時刻	[A]（mol/kg）
8：00	2.109
8：15	2.020
8：30	1.937
8：45	1.855
9：00	1.780
9：15	1.706
9：30	1.631
9：45	1.556
10：00	1.489
10：30	1.369
11：00	1.257
11：30	1.160
12：00	1.055
12：30	0.958
1：30	0.794
2：30	0.659
3：30	0.577
4：30	0.502

（H.M. Leicester; H. S. Klickstein; *A Source Book in Chemistry, 1400-1900*, Harvard Univ. Press 1968）

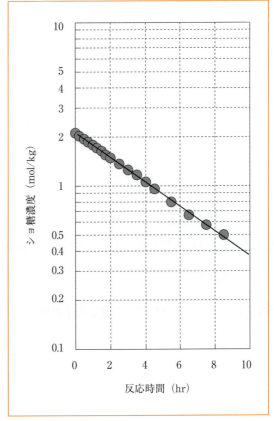

図 2-11　1 次反応の経時変化は対数軸グラフで直線をえがく

L. F. ヴィルヘルミー（1812-1864）である．

1850 年に報告された実験結果を重量モル濃度に換算すると表 2-1 のようになる．

表計算ソフトを使わないで，実際の片対数グラフ用紙にて自分でも作成して欲しい．

反応時間 t に対してショ糖濃度の対数 $\log_{10}$[A] をプロットすると直線になった．

直線の傾きは -0.0752，切片は 0.324 と読みとることができるから，

$$\log_{10}[A] = \log_{10}(2.11) - \frac{0.173}{2.303}t \tag{2-2-11}$$

で表される．

したがって，初濃度 2.11 mol/kg，反応速度定数 0.173 hr^{-1} と決定された．

2-2-2　1 次反応の半減期は一定 SBOs:C1-(3)-①-2,4

図 2-11 グラフをつぶさに見てみると，反応時間 0 時間でショ糖濃度 2.1 mol/kg，4 時間で 1.1 mol/kg，8 時間で 0.5 mol/kg となっている．

ここから，4 時間ごとにショ糖濃度が半分になることがわかる．

反応時間 1 時間でおよそ 1.8 mol/kg に対して 4 時間後の 5 時間でおよそ 0.9 mol/kg である．

コラム　常用対数，自然対数，指数関数

自然対数と常用対数の変換は次のように数学公式から誘導されます．

$$\log_{10} X = \frac{\log_e X}{\log_e 10} \approx \frac{\log_e X}{2.303}$$

∴） $\log_e X \approx 2.303 \cdot \log_{10} X$

ここで，$\log_e 10 = 2.303$ は是非とも覚えておきたい数です．【重要】

対数で底が省略されている場合は 10 底という意味です．

また，自然対数と指数関数についても，しばしば以下のように表示します．

$$\log_{10} X \Rightarrow \log X$$
$$\log_e X \Rightarrow \ln X$$
$$e^{-kt} \Rightarrow \exp(-kt)$$

ここで，ln は自然対数のフランス語 logarithme naturel のイニシャルです．

反応時間 2 時間でおよそ 1.5 mol/kg に対して 4 時間後の 6 時間でおよそ 0.7 mol/kg である．

このように，片対数グラフで直線になるときは，4 時間で半分という関係が，どの時間範囲でも常に変わらないことがわかる．

反応物質が反応を通じて全量が消費されるような反応において，反応物質の物質量が半分になる時間を**半減期**といい，記号では $t_{1/2}$ や $t_{0.5}$ と表す．

時間 $t = 0$ における反応物質の初濃度は $[A]_0$ である．

半減期になると時間 $t = t_{1/2}$ 経過後に反応系に残っている反応物質の濃度は初濃度の半分になるのだから $[A] = \frac{[A]_0}{2}$ となり，これを 1 次反応の常用対数を用いた積分型速度式 2-2-10 に代入すると，

$$\log_{10} \frac{[A]_0}{2} = \log_{10}[A]_0 - \frac{k}{2.303} t_{1/2} \tag{2-2-12}$$

対数の公式を利用して，$t_{1/2}$ についてとくと以下のようになる．

$$t_{1/2} = \frac{2.303}{k} \left\{ \log_{10}[A]_0 - \log_{10} \frac{[A]_0}{2} \right\} \tag{2-2-13}$$

整理すると，$[A]_0$ は消去され，次の重要な関係式 2-2-14 を得る．

$$t_{1/2} = \frac{2.303 \cdot \log_{10} 2}{k} = \frac{\log_e 2}{k} \tag{2-2-14}$$

ここで，$\log_e 2 = 0.693$ はとにかく暗記しておきたい数である．【重要】

$$t_{1/2} = \frac{0.693}{k} \tag{2-2-15}$$

半減期は反応速度定数と反比例し，1 次反応では反応物質の濃度や反応時間とは無関係に決まる．

2-2

コラム　食品の消費期限－指数関数のクセを知っておこう－

　食品の消費期限は，食べるときに黴菌（バイキン：真菌やバクテリアの総称）の繁殖や化学変化による食品の劣化が許容できる時間範囲です．

　黴菌は親株が分裂して娘株2つに増殖するので，一定時間あたりに増殖する菌体数は親株の数が大きいほど，たくさん増殖すると考えられます．

　だから，菌体数 N に対して増殖速度 dN/dt は比例関係になります．

$$\frac{dN}{dt} = kN \tag{2-2-16}$$

　得られた式は，1次反応の微分型速度式と同じ形ですが，符号が逆です．

　この微分方程式を，2-2-1を参考にして，積分型速度式へ変換して下さい．

$$N = N_0 \exp(kt) \tag{2-2-17}$$

　微分方程式の符号の違いで，関数の形がどのように変わるかをグラフに表しました．

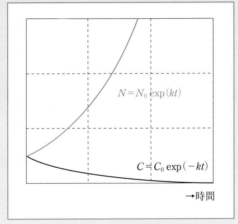

1次反応曲線と増殖曲線のグラフ

　符号のあるなしでこんなに形が違います．

　1次反応の反応物量（－符号）は徐々に減衰しますが，増殖曲線（＋符号）は急激に増加します．

　黴菌の増殖を想定した消費期限では，最悪の事態として最初に混入する可能性のある最大の菌体数 N_0 を仮定して，これが摂食する時刻まで増殖しつづけ，食べると体内で増殖を抑えられなくなる時刻を消費期限とするものです．

　ということは，消費期限を越えると食中毒のリスクが急激に増すのです．

　（上の式は，増殖曲線のうち対数期のみを扱ったモデルです）

2-2-3　0次反応のグラフと半減期

1次反応が自然対数や指数関数で表されていても，コツがわかれば慣れてきます．慣れてくると，化学反応がどれもみな1次反応だったら簡単なのになあ，と思うようになってきます．でも，実際の反応には1次反応以外も多数あり，反応次数が高くなると挙動も複雑になってきます．

SBOs:C1-(3)-①-2,4

前節2-1では0次反応，1次反応，および2次反応の微分型速度式を見た．

反応物質の濃度を[A]，反応時間をtとすると，n次反応の微分型速度式は式2-2-18で表される．

$$v = -\frac{d[A]}{dt} = k[A]^n \tag{2-2-18}$$

微分方程式2-2-18を解くとき，すでに$n=1$は前項で解いているので，$n \neq 1$のときを考えればよく，この条件があれば解法は簡単である．

解法はコラム（72ページ）に譲って先を急ぐが，n次反応の積分型速度式2-2-19を得る．

$$\frac{1}{[A]^{n-1}} = \frac{1}{[A]_0^{n-1}} + (n-1)kt \tag{2-2-19}$$

ここで，$[A]_0$の数学における意味は$t=0$のときの初期条件であり，化学における意味は反応開始時における反応物質の濃度（**初濃度**）にあたる．

前節2-1にならって，1次反応の次に0次反応について考えることにする．

均一溶液における化学反応では，0次反応になる例はない．

アスピリン結晶サスペンションの加水分解反応は，溶解速度が飽和濃度という上限に達するために見かけ上0次反応となった．

類似の例では，金属が空気酸化する反応（錆び）が0次反応に従う．

また，複合サルファ剤の色は0次反応で退色する．

これらも，金属が空気中の酸素に接触する表面や，溶液中で光が減衰しない前面で反応が起こっており，均一な空間で一様に反応が進行するわけではない．

上記のn次反応の積分型速度式2-2-19に$n=0$を代入すると，**0次反応の積分型速度式**2-2-20が得られる．

$$[A] = [A]_0 - kt \tag{2-2-20}$$

ここで時間$t=0$のとき濃度[A]は初濃度$[A]_0$と等しく，時間の経過に比例して[A]が減少する．

反応時間の経過と反応物の量をグラフに表すと，図2-12になる．

図2-12から，1次反応のときと違って半減期ぶんの時間が2回経過すると反応物はなくなってしまうという特徴がある．

このとき，反応が進行すると半減期は短くなっていく．

時間$t=0$における反応物質の初濃度は$[A]_0$である．

時間$t=t_{1/2}$経過後に反応系に残る反応物質の濃度は $[A] = \dfrac{[A]_0}{2}$ となる．

これを0次反応の積分型速度式2-2-20に代入して解くことで以下の関係を得る．

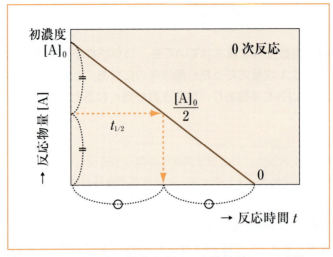

図2-12 0次反応の経時変化は，実数軸グラフで直線

$$t_{1/2} = \frac{[A]_0}{2k} \tag{2-2-21}$$

0次反応では半減期は濃度に比例し，反応速度定数と反比例する．

2-2-4 2次反応のグラフと半減期 SBOs:C1-(3)-①-2,4

2次反応の場合，n次反応の積分型速度式2-2-19に$n=2$を代入すると，

$$\frac{1}{[A]} = \frac{1}{[A]_0} + kt \tag{2-2-22}$$

と変形され，**2次反応の積分型速度式** 2-2-22を得る．

　反応時間の経過と反応物の量をグラフに表すと，図2-13になる．
　ここでは縦軸に逆数をとっているので，このグラフでは上にいくほど濃度が小さい．
　それぞれの時間での濃度を初濃度で割った相対値で表すと，初濃度は1．
　半減期において，濃度が1/2となるので，このグラフの縦軸では2となる．
　次に，濃度1/2の時点から半減期が経過すると濃度1/4になるはずだから，縦軸は4になる．
　そのようにグラフをみると，2次反応では時間経過とともに半減期が延びていくことがわかる．
　時間$t=0$における反応物質の初濃度は$[A]_0$である．

　時間$t=t_{1/2}$経過後に反応系に残る反応物質の濃度は $[A] = \dfrac{[A]_0}{2}$ となる．

　これを2次反応の積分型速度式2-2-22に代入して解くことで以下の関係を得る．

$$t_{1/2} = \frac{1}{k[A]_0} \tag{2-2-23}$$

2次反応では半減期は濃度と反応速度定数に反比例する．
　以上が速度論の基本的な数学的取り扱いの全てである．

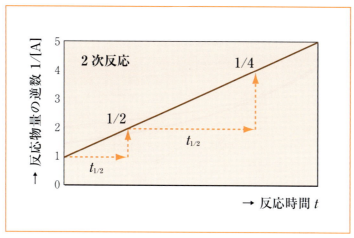

図2-13 2次反応の経時変化は,逆数軸グラフで直線

たとえば,実験結果から反応次数が1/2と求められたとする.
これに基づいて,$n = 1/2$として1/2次反応の積分型速度式を作成する.
すると時間tに対して直線関係となるように物質量xを変換するには,平方根をとればよい.
だから,tと$\sqrt{x}$をグラフにすることで反応速度定数kを導き,反応の予測に用いる.

2-2-5 反応次数の決め方(2) －積分法－ SBO:C1-(3)-①-3

反応時間を半減期でわり算した値を,半減期に対する相対時間という.
反応物質の残存濃度を初濃度でわり算した値を相対濃度(残存率)という.

図2-14は,0～2次反応について半減期に対する相対時間を横軸にし,相対濃度の実数・対数・逆数を縦軸にしたグラフである.

積分法ではこれらのグラフを作成して,直線になったものを反応次数と考える.

しかし,実験値には誤差を避けられないので,横軸0～1の半減期に対する相対時間よりも短い期間では,それぞれの直線・曲線の差は小さく,この期間だけの測定によって0次反応と1次反応,あるいは1次反応と2次反応を判別するのは難しいことがわかる.

2-2

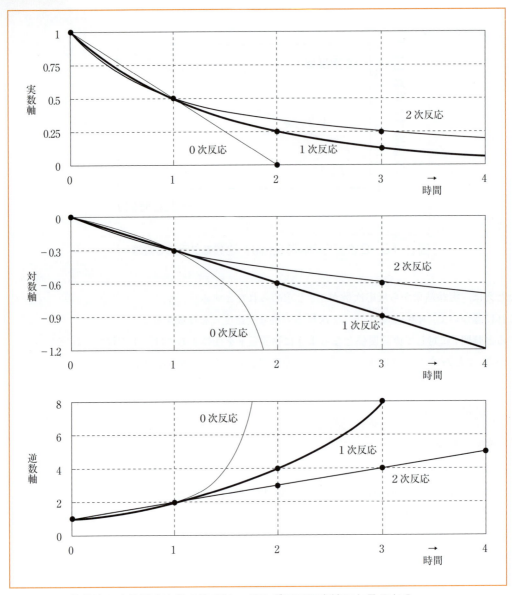

図2-14 積分法による反応次数の決定法:どのグラフで直線になるのか?

演習問題

問題 1

薬物 A の水溶液中（初濃度 40 mg/mL）での分解過程について，時間（hr）に対して濃度 C (mg/mL) の常用対数値をプロットしたところ，下のグラフのようになった．（第 91 回問 165）

(1) 分解反応の次数は？
(2) 半減期は？
(3) 反応速度定数は？（単位を忘れないで）
(4) 反応開始から 15 時間後には，薬物 A の何％が分解するか？

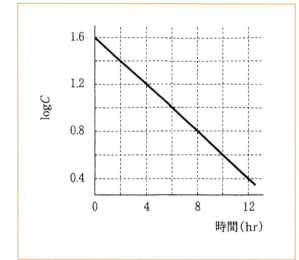

問題 2

物質 A の濃度が減少するとき，その反応速度は一般に式 2-2-18 で示される．

$$-\frac{d[A]}{dt} = k[A]^n \tag{2-2-18}$$

ここで n は反応次数，k は反応速度定数，t は時間である．また，$[A]_0$ を初期濃度とするとき，反応次数 n と積分反応速度式との関係は次のように示される．空欄を埋めなさい．

反応次数 n	積分反応速度式	反応速度定数 k の次元
0	$[A] = [A]_0 - kt$	濃度・時間$^{-1}$
1		
2		
3		

問題 3

3つの異なる薬物 X, Y, Z の水溶液中での分解反応は，いずれも1次反応式に従うものとする．25℃，同一の初期濃度（C_0）条件を用いて，半減期を求めたところ，それぞれ X で 2 時間，Y で 4 時間，Z で 8 時間であった．（第 84 回問 166）

(1) 25℃，初期濃度が $C_0/2$ のとき，得られる分解反応の半減期の比を求めなさい．
(2) 25℃，初期濃度が C_0 のとき，8 時間後におけるそれぞれの薬物の残存率比を求めなさい．

問題 4

ある薬物の水溶液中における分解の1次速度定数は $0.05\ hr^{-1}$ で，溶解度は 1 w/v% である．溶解速度が分解速度に比べて充分に速い状態において，この薬物 200 mg を 5 mL の水に懸濁させた．このとき，時間と半減期の関係を説明しなさい．（第 90 回問 22 類問）

問題 5

化合物 A の 200℃ での分解反応の半減期は初濃度が 1 mol/L の時は 30 分，2 mol/L の時は 15 分であった．初濃度が 3 mol/L の場合，化合物 A が 90％分解するのに要する時間を求めなさい．（第 89 回問 23）

問題 6

水溶液中において，薬物 A は 1 次反応速度式に従い，薬物 B は 0 次反応速度式に従って分解する．初濃度 C_0 の薬物 A，B それぞれの水溶液を調製して，一定条件下で保存したところ，1 年後に両者とも濃度が $(1/2)C_0$ となった．さらに，同一条件で保存し続けたところ，分解反応が進行し，ある時点で薬物 B の濃度は 0 になった．その時点での薬物 A の濃度を求めなさい．（第 86 回問 166）

問題 7

化合物 A，B 及び C の分解過程は見かけ上，0 次反応，1 次反応，又は 2 次反応のいずれかで起こっている．図は 3 つの化合物の初濃度が 10 mg/mL のときの，化合物濃度の掲示変化を示しており，いずれの場合も半減期は 4 h であった．この初濃度を 20 mg/mL に変えたとき，A，B，及び C の半減期を求めよ．（第 90 回問 23）

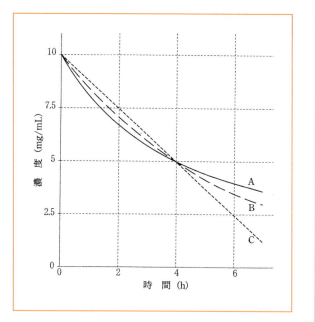

問題 8

3 種類の薬物 A，B，C の分解は，それぞれ 0 次，1 次，2 次反応に従う．次の記述に関する正誤を○×で示せ．（第 88 回問 23）

(1) A の残存量は，時間と共に直線的に減少する．　　　　　　　　　　（　）
(2) B の残存量の対数は，時間と共に直線的に減少する．　　　　　　　（　）
(3) C の残存量の逆数の対数は，時間と共に直線的に増加する．　　　　（　）
(4) いずれの薬物も，その初濃度と半減期が同じ場合，半減期以降での薬物の分解量の最も少ないのは A である．　　　　　　　　　　　　　　　（　）

コラム　反応次数の決め方（3）－半減期法－ SBO:C1-(3)-①-3

本文から n 次反応の微分型速度式 2-2-18 の変数 [A] を a とおいて，a と t を左右両辺に移項する（変数分離）．

$$-\frac{da}{a^n} = kdt \tag{2-2-24}$$

反応時間には負の値は定義されないから，$t=0$ から $t=t$ までを定積分する．
境界条件として反応開始時 $t=0$ のとき $a=[A]_0$，以後 $a=[A]$ とする．

$$-\int_{[A]_0}^{[A]} \frac{1}{a^n} da = k\int_0^t dt \tag{2-2-25}$$

式 2-2-25 について $n \neq 1$ の条件で積分公式を用いて解く．

$$\frac{1}{n-1}\left|\frac{1}{a^{n-1}}\right|_{[A]_0}^{[A]} = k\left|t\right|_0^t \tag{2-2-26}$$

それぞれを代入して整理すると，

$$\boxed{\frac{1}{[A]^{n-1}} = \frac{1}{[A]_0^{n-1}} + (n-1)kt} \tag{2-2-19}$$

であり，式 2-2-19 が n 次反応の積分型速度式である．

半減期 $t=t_{1/2}$ において，式 2-2-19 に $[A]=\frac{[A]_0}{2}$ を代入することで，

$$\frac{2^{n-1}}{[A]_0^{n-1}} = \frac{1}{[A]_0^{n-1}} + (n-1)kt_{1/2} \tag{2-2-27}$$

が得られるので，$t_{1/2}$ について解けば，

$$t_{1/2} = \frac{2^{n-1}-1}{(n-1)k[A]_0^{n-1}} \tag{2-2-28}$$

となり，両辺の対数をとって整理すると式 2-2-29 を得る．（自然対数でも常用対数でも）

$$\log t_{1/2} = (1-n)\log[A]_0 + \log\frac{2^{n-1}-1}{(n-1)k} \tag{2-2-29}$$

式 2-2-29 は初濃度の対数を横軸に，半減期の対数を縦軸にとってグラフにすると，傾き $1-n$ の直線になることを意味する．
このプロット法を**半減期法**という．

$$\boxed{\log t_{1/2} = (1-n)\log[A]_0 + (\text{constant})} \tag{2-2-30}$$

1 次反応における半減期は，初濃度には無関係なので $\log[A]_0$ に対して $\log t_{1/2}$ は変化せず，傾きはゼロになる．
0 次反応では両辺の対数をとると，$\log[A]_0$ と $\log t_{1/2}$ の直線の傾きは $+1$ になる．
2 次反応では $\log[A]_0$ と $\log t_{1/2}$ の直線の傾きは -1 になる．

例題（第88回問166を改変）

エステル構造を有する薬物 R^1COOR^2 の希薄溶液での加水分解反応を，アルカリ性水溶液条件下で行うとき，エステル型薬物を R^1COOR^2 で表すと反応速度式は以下の**擬1次反応**になる．

$$R^1COOR^2 + H_2O + OH^- \rightarrow R^1COOH + R^2OH + OH^- \tag{2-2-31}$$

薬物 R^1COOR^2 の初濃度 C_0 を種々変化させて半減期 $t_{1/2}$ を実験的に求め，その対数値 $\log t_{1/2}$ を $\log C_0$ に対してプロットした半減期法で，正しい図は1～5のどれか．

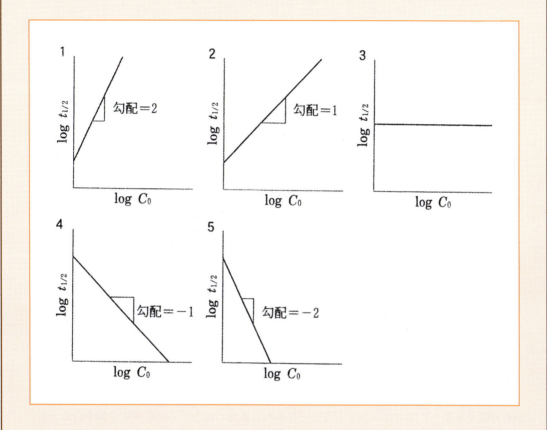

コラム　グッゲンハイム・プロット

グッゲンハイム・プロットは，1次反応において実験的に測定できるデータだけを利用するグラフ解析法である．

これを理解するために，まず実験の観測値に適合させるよう，式の変形を行う．

本文の1次反応の積分型速度式 2-2-10 を変形すると，以下が得られる．

$$C = C_0 e^{-kt} \tag{2-2-32}$$

ここで濃度 C に対応する観測値 x（例えば紫外可視の吸光度）につき，反応開始時点の観測値を x_0 とし，十分な時間が経過して平衡状態に達したときの観測値を x_∞ とおくと，

$$(x - x_\infty) = (x_0 - x_\infty) e^{-kt} \tag{2-2-33}$$

となる．

また，時刻 $t + \Delta t$ における観測値を x' とおくと，

$$(x' - x_\infty) = (x_0 - x_\infty) e^{-k(t + \Delta t)} \tag{2-2-34}$$

両者を引き算する．（指数の和は，積であることを思い出そう）

$$(x - x') = (x_0 - x_\infty) e^{-kt} (1 - e^{-k\Delta t}) \tag{2-2-35}$$

両辺の自然対数をとると，

$$\ln(x - x') = -kt + \ln\{(x_0 - x_\infty)(1 - e^{-k\Delta t})\} \tag{2-2-36}$$

実験において Δt を一定に設定すると，右辺は kt 以外全てが定数になる．

$$\ln(x - x') = -kt + (\text{constant}) \tag{2-2-37}$$

ということは，t を横軸とし，その時の測定値 x から時間 Δt 経過後の測定値 x' を差し引いた値の対数を縦軸としてプロットすることで得られる直線の傾きから反応速度定数を読みとることができる．

実験で難しいのは，装置の都合などから開始直後の瞬間の測定が困難である場合が多いことと，いつになったら平衡に達するかわからないことである．

グッゲンハイム・プロットでは，開始時刻の測定値 x_0 も，平衡に達した測定値 x_∞ も不要であるということになるので，これは実践的である．

応用問題として 2-2-1 項のヴィルヘルミーの結果を解析してみよう．

コラム　様々な反応次数での微分型速度式と積分型速度式

種々の反応式について，反応の進行度を ξ（ギリシャ文字クシー）とし，反応物 A, B, C の初濃度をそれぞれ a, b, c とすると，以下のようになる．

0次反応	$\dfrac{d\xi}{d\tau} = k$	$\xi = k\tau$
0.5次反応	$\dfrac{d\xi}{d\tau} = k\sqrt{a-\xi}$	$2\{\sqrt{a} - \sqrt{a-\xi}\} = k\tau$
1次反応 A →	$\dfrac{d\xi}{d\tau} = k(a-\xi)$	$\ln\dfrac{a}{a-\xi} = k\tau$
1.5次反応	$\dfrac{d\xi}{d\tau} = k(a-\xi)^{3/2}$	$2\left\{\dfrac{1}{\sqrt{a-\xi}} - \dfrac{1}{\sqrt{a}}\right\} = k\tau$
2次反応 2A →	$\dfrac{d\xi}{d\tau} = k(a-\xi)^2$	$\dfrac{\xi}{a(a-\xi)} = k\tau$
2次反応 A+B →	$\dfrac{d\xi}{d\tau} = k(a-\xi)(b-\xi)$	$\dfrac{1}{(a-b)}\ln\left\{\dfrac{b(a-\xi)}{a(b-\xi)}\right\} = k\tau$
3次反応 3A →	$\dfrac{d\xi}{d\tau} = k(a-\xi)^3$	$\dfrac{1}{2} \cdot \dfrac{2a\xi - \xi^2}{a^2(a-\xi)^2} = k\tau$
3次反応 A+B+C →	$\dfrac{d\xi}{d\tau} = k(a-\xi)(b-\xi)(c-\xi)$	$P\ln\left\{\dfrac{a-\xi}{a}\right\} + Q\ln\left\{\dfrac{b-\xi}{b}\right\} + R\ln\left\{\dfrac{c-\xi}{c}\right\} = k\tau$ $P = \dfrac{1}{(a-b)(c-a)}$ $Q = \dfrac{1}{(a-b)(b-c)}$ $R = \dfrac{1}{(b-c)(c-a)}$
n次反応 nA →	$\dfrac{d\xi}{d\tau} = k(a-\xi)^n$	$\dfrac{1}{n-1}\left\{\dfrac{1}{(a-\xi)^{n-1}} - \dfrac{1}{a^{n-1}}\right\} = k\tau$

p.73 例題の正解；3（傾きは $1-n$）
p.74 応用問題の正解；$k = 0.204 \, \text{hr}^{-1}$

2-3 化学反応はなぜおこるか？
—アレニウス式—

Episode　3年後，50年後の未来を予言する
　　　　　　—加速試験，長期保存試験—

　抗生物質，生物学的製剤（血液製剤など），放射性医薬品，インスリン製剤，脳下垂体ホルモンなどは薬局方と薬事法第42条によって有効期間の記載義務があります．

　1979年薬事法改正では，さらに厚労相が指定する医薬品には使用期限の記載義務ができました．

　これにはニトログリセリン，アスピリンなど49品目が該当します．

　安定性が3年間以上あるものは含まれませんが，上記以外の医薬品についてもメーカが自主的に，可能なものから使用期限を記載しています．

　2007年7月報道によれば，新潟県柏崎市で備蓄医薬品のほとんどが使用期限を過ぎていたそうです．

　2004年10月中越地震にて備蓄医薬品に奇貨おくべし（大切にしよう）とする事態を経験しながらも，その前後に備蓄医薬品の使用期限の確認を怠ったのです．

　2007年7月の中越沖地震が発生し，避難所から医薬品を求められたとき応じるものがなく，避難所側での対応を要請しました．

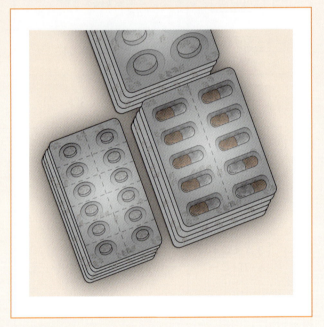

　市は備蓄を継続するための予算が不足しているのが理由としています．

　2008年11月報道によれば，インフルエンザ治療薬のオセルタミビル（ロシュ・中外タミフルカプセル75®）につき使用期限5年から7年へ延長することを厚労省医薬食品審査管理課が承認しました．

　実はインフルエンザ新種ウイルス（いわゆるトリインフル）を警戒して備蓄された薬剤（1050万人分220億円）が2010年4月から使用期限切れし始めるのです．

　期限切れぶんを廃棄して入れ替えする膨大な経費を抑える苦肉の策でしょうか．

　現実世界となると，理想ではなく苦渋の決断を避けられないことがあります．

　先述の避難所と同じで，自然災害や，いわゆるパンデミックに際し法律やガイドラインで定められた数値ではなく，現場において使用期限に対する根本的な理解が問われる時代になったのだろうと思います．

　それを理解するため，そもそも，どうやって使用期限を決めるのか考えましょう．

　製剤が完成してから3年間の保管テストでもするのでしょうか？

実際には医薬品の製造では，①医薬品の分解を最小にするための温度管理，②滅菌操作の加熱温度，③製剤の保存温度，④製剤の有効期間の4項目を決定してから製造の認可をうけます．

この決定方法について，医薬品の安定性試験ガイドライン（厚生省薬務局新医薬品課1994年）では，温度25℃±1℃／相対湿度60%±5%／12ヶ月間の長期保存試験と，温度40℃±1℃／相対湿度75%±5%／6ヶ月間の加速試験が求められています．

ある医薬品の活性化エネルギーが22.1 kcal/molであったとしたら，例えば40℃で6ヶ月の保存期間で実験するのは，25℃で3年の保存期間と同じ効果が得られ，60℃で12ヶ月の保存期間で実験するのは，25℃で50年の保存期間と同じ効果が得られると考えられるのです．

とはいえ，これには条件があり，（A）医薬品の含量低下が1次反応で進むこと，（B）保存時の湿度は含量低下に影響しないこと，（C）保存期間中に反応の活性化エネルギーは変化しないことがまもられていなければいけません．

これらを覚えるのではなく，理論を理解すればよくできた話なのがわかります．

Points　化学反応はなぜおこるか？－アレニウス式－

ボルツマン分布：SBO:C1-(2)-①-3

分子集団（膨大な数からなる分子の集合）において，基底エネルギー状態をとる分子数に対する各エネルギー状態をとる分子数の比Pの対数が，絶対温度Tに反比例し，そのエネルギーと基底エネルギーとの差ΔEに比例する．（ボルツマン因子）

マックスウェル&ボルツマン分布との違いは，分子運動には並進，回転，振動および構造変化があって，こちらは分子運動全ての和を扱っている．

全ての分子運動の基底エネルギー準位は単一の状態だが，個々の運動の組み合わせが増えるために，エネルギー差が大きくなればなるほど状態の数が増える．

エネルギー差を横軸にし，状態の数の変化とボルツマン分布の積をとったものが，マックスウェル&ボルツマン分布であり，グラフは4-3に掲載されている．

反応速度定数に直接影響を及ぼす因子の数式：SBOs:C1-(3)-①-6, 5-(1)-④-2

絶対温度　　　$\log_{10} k = \log_{10} A - \dfrac{E_a}{2.303R}\dfrac{1}{T}$ 　　　　　　　　　　　(2-3-6)

pH　　　　　$\log_{10} k_{obs} \cong \begin{cases} \log_{10} k_H - pH & \text{(低pH)} \\ \log_{10} k_0 & \text{(中性pH)} \\ \log_{10} k_{OH} - 14 + pH & \text{(高pH)} \end{cases}$ 　　　(2-5-12)

イオン強度I　　$\log_e \dfrac{k}{k^0} = 2Az_X z_{YZ}\sqrt{I}$ 　　　　　　　　　　　　(2-3-22)

誘電率ε　　　$\log_e \dfrac{k}{k^0} = \dfrac{2\chi z_X z_{YZ}}{\varepsilon}$ 　　　　　　　　　　　(2-3-29)

光化学反応　　$\log_{10} \dfrac{k}{k^0} = n \log_{10} I$

2-3

2-3-1 化学結合が変化する様子

ここまで，化学反応がどのようなものであるか理解するために，反応次数と反応速度定数に分解して考える方法を学んできました．ここでは，化学結合がどのように変化することで化学変化がおきるか観察します．

【1】化学結合は高温になると励起状態になる SBO:C1-(2)-①-3

化学結合はいつも振動していて，その動きはバネとそっくりである．

原子核の間では電子を仲立ちにしてクーロン引力がはたらいているので，お互いに離れているときのポテンシャルエネルギーは原子核間の距離に反比例する．

そして，より接近してくると原子核間にはたらくクーロン斥力が強くなり，平衡距離 r_e よりも近づくと急激にポテンシャルエネルギーが高くなり，この様子がバネと同じである．

ただし，バネだったら平衡距離で落ち着けば振動がとまるが，化学結合のほうでは素粒子でできた原子核は1点に留まることができない．（位置の不確定性）

このため，平衡距離で停止することはできず，その付近で振動している．（ゼロ点振動）

振動運動がエネルギーを受け取って激しくなるときも，どんな距離にでも滑らかに変化することはできないで，不連続な許される距離で起こる振動だけ励起できる．（量子化する）

この様子を表したのが図 2-15 である．

許される振動はエネルギー準位 ν（ギリシャ文字ニュー）が整数で表された不連続な振動だけであり，最低エネルギー準位（基底状態）でもゼロ点振動している．（許される個々の振動を振動モードという）

図 2-15 では省略されているが，振動モードは $\nu > 6$ にもあり，このあたりからはポテンシャルエネル

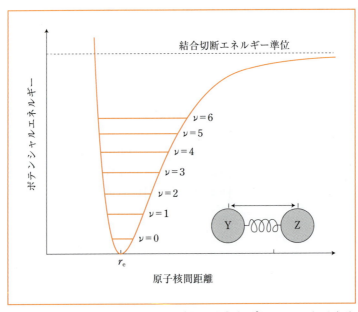

図 2-15　原子核の間に生じるバネのようなポテンシャルエネルギー

ギーが少し上がっても距離が大幅に増大するので縦方向の間隔が密になって，あまり不連続とは言えなくなる．（つまり，量子的振る舞いではなくなる）

　分子集団では，絶対温度によってどの振動モードに何個の分子があるかの比率（個数の比率の組み合わせを分布という）が決まっている．

　これに対して，分子内の電子の集団であれば，エネルギー準位と分布の関係はパウリの排他原理（1つの軌道にはスピンの異なる1対の電子のみ入る）によって決まっており，低い準位からスピンの異なる2個ずつの電子が充填された．

　一方，化学結合に話を戻すと，分子集団の振動モードでは同時に複数の分子が同じ状態をとることができるから，パウリの排他原理は成立しない．

　分子集団において，絶対温度Tとエネルギー準位νの振動モードがおこる頻度P_νとの関係を示すのは**ボルツマン分布**の式である．（ボルツマン因子，詳細は第6章6-1-1，第7章7-2-3）

$$\log_e P_\nu = -\frac{\varepsilon_\nu - \varepsilon_0}{k_B T} \tag{2-3-1}$$

　この統計式は，ゼロ点振動モードの分布を1として，これに対するエネルギー準位νの振動モードにおけるボルツマン分布P_νの相対的な量を示しており，ボルツマン分布の対数はポテンシャルエネルギー差$\varepsilon_\nu - \varepsilon_0$に比例して直線的に低下し，熱力学温度$T$に反比例する．

　比例定数の逆数にあたるk_Bは**ボルツマン定数**といい，気体定数Rをアヴォガドロ数N_Aで割った値である．

　式2-3-1が意味するところを示すため，図2-16にこの統計モデルを使って，とても簡単なシミュレーション計算によって得られた温度と分布との関係を示した．

　中央のカラムはある絶対温度での100分子程度の分子集団の系を表し，低温のカラムは半分の絶対温度の系，高温のカラムは2倍の絶対温度の系である．

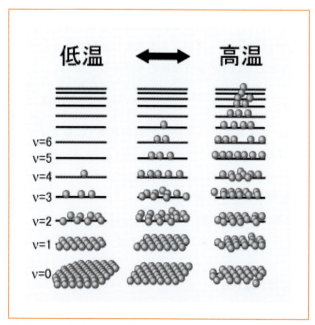

図2-16　それぞれの振動モードに100個の分子がどう分布するか

> ## コラム　振動の励起について
>
> 　化学結合の振動がどのような挙動をとるかを考えることは難解です．
> 　身近な振動といえば，空気の波，すなわち音があります．
> 　楽器でラの音を演奏すると，周波数 440 Hz ですが，実はこれと同時に 2 倍（880 Hz），3 倍（1320 Hz），4 倍（1760 Hz）などの周波数の波も発します．
> 　この倍音の組合せが，楽器それぞれの音色（ねいろ）となっているのです．
> 　低温における励起状態の分布は木管楽器の音色，高温における励起状態の分布は金管楽器の音色に例えることができるでしょう．
> 　じつは，励起状態が共鳴するのは，この音色が奏でる和音に相当するのです．
> 　和音では2つの楽器の音色がどこかの周波数で共振しますが，化学反応では反応系と生成系の励起状態が共鳴します．
> 　共振と共鳴はもともと同じ言葉で，同じ周波数の波が重なり合うことを言います．

　低温では 66 分子がゼロ点振動に偏っているが，高温になるとゼロ点振動は 25 分子に減少し，高エネルギー準位をとる分子の数が増える．

　ただ，温度が上昇しても同じ系では低エネルギー準位の分布よりも高エネルギー準位の分布が大きくなることは決してない．

　結論として，**高温では多数の分子の結合振動が励起状態になる**．

【2】特定の励起状態では結合を切り替えることができる

　安定な分子の化学結合の挙動に続いて，化学変化するときの化学結合の様子を見る．

　この場合，エネルギー準位は結合振動のほか，さまざまな運動エネルギー準位が入り交じる．

　ここで，化学変化のモデルとして以下のような反応を考える．

$$X + YZ \longrightarrow X{\sim}YZ \longrightarrow [X{\cdots}Y{\cdots}Z] \longrightarrow XY{\sim}Z \longrightarrow XY + Z \tag{2-3-2}$$

　典型的な例としては，ヨードメタン (YZ) を使って求核試薬 (X) をメチル化 (XY) する求核置換反応 (S_N2 反応) であるワルデン反転がある．

　[X⋯Y⋯Z] は遷移状態 (TS) を表し，これは反応系複合体 X∼YZ と生成系複合体 XY∼Z の両方を極限構造式とした共鳴系の中で最も不安定な状態である．

　図 2-17 はこの反応におけるエネルギー準位の模式図である．

　赤で表したのは X∼YZ 複合体における Y-Z 結合の構造変化に伴うエネルギー準位を簡単な模式図で表している．

　右にいくほど，Y-Z 間の距離が離れる．

　一方，黒で表したのは，反応を開始した時点ではまだ存在しない XY∼Z 複合体における X-Y 結合の構造変化に伴うエネルギー準位の模式図である．

　こちらは左にいくほど X-Y の距離が離れる．

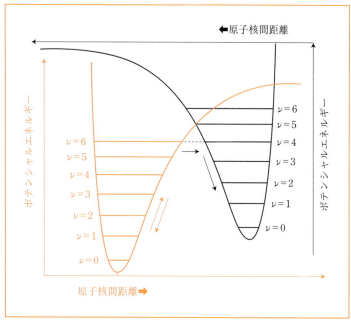

図 2-17　遷移状態の共鳴系での結合 X-Y と結合 Y-Z のポテンシャルマップ

　赤の Y-Z 結合の $\nu=6$ のエネルギー準位と，黒の X-Y 結合の $\nu=4$ のエネルギー準位がほぼ同じポテンシャルエネルギーで共鳴しているので，両者のこれらのエネルギー準位をひとまず「共鳴準位」と呼ぶことにする．

　反応系の X〜YZ 複合体が熱エネルギーによって Y-Z 結合の共鳴準位に励起すると，転移基である Y が YZ から XY へと移動した状態もまた，XY〜Z 複合体の基底状態になることで安定化することができる．

　このような，反応系と生成系の両方ともに共通する共鳴準位において共存している 2 種類のエネルギー準位の共鳴そのものが，遷移状態にほかならない．

　このような共鳴は，適正な方角から接近しなければ発生しない．

　だから，たとえばワルデン反転では脱離基のシグマ結合の反対側から求核試薬が接近しなければ反応はおこらない．（図 2-18 はこれを模式的に示した）

　反応系複合体と生成系複合体が，それぞれを極限構造式とした共鳴構造となっており，遷移状態はその共鳴構造に最も寄与の少ない極限構造式となる．

　また，偶然に 1 つの YZ に求核試薬 X が 2 個衝突したとしても，2 個がぶら下がった反応系複合体 X_2〜YZ の構造に対して，生成系複合体 X_2Y〜Z の構造が極限構造式となる共鳴が可能になる場合はほとんどないから，そのような副反応は起こらないのである．

　化学反応は，構造特異性が極めて高い変化である．

　ここでの結論は 2 つある．

　第一に，化学反応が起こるはやさは，変化する結合の共鳴準位に励起する反応系のボルツマン分布 P_ν に比例する．

　したがって，反応系の基底準位から共鳴準位への励起エネルギーについて，

2-3

図 2-18　共鳴する振動モードと共鳴しない振動モードの配向の違い

★励起エネルギーが低い反応では，遷移状態に励起する分子の分布は高く，
★励起エネルギーが高い反応では，遷移状態に励起する分子の分布は低い．

さらに，同一の反応で励起エネルギーが変わらなくても，

★温度が高くなれば遷移状態に励起する分子の分布は高い．

第二に，分子集団の中では，個々の遷移状態において生じる共鳴準位では，その振動数が一定時間あたりに反応系の極限構造と生成系の極限構造を行き来する頻度に対応し，

★共鳴準位の振動数が大きいと，
　一定時間のうちに反応系から生成系へ移行する頻度が多くなり，
★共鳴準位の振動数が小さいと，
　一定時間のうちに反応系から生成系へ移行する頻度は少なくなる

と考えられる．
　このことは，共鳴振動の振動数（単位 $Hz = /s$）が，化学反応が起こるはやさ（$/s$）に比例していることを意味する．

2-3-2　アレニウスの式

　いま化学結合の変化が，反応のはやさに与える影響を整理しました．引き続き，ボルツマン分布と反応速度定数との関係を導きましょう．SBOs:C1-(3)-①-6，E5-(1)-④-2

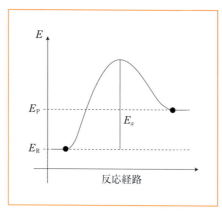

図2-19 アレニウスの二段階反応モデルにおける反応の活性化エネルギー：これは図2-17を単純化したものに相当する

反応系から遷移状態を経由して生成系に移行する様子を簡単に示したのが図2-19である．

反応系の複合体が形成されるはやさは，**質量作用の法則**（第1章1-3）に従い，反応分子が接近する確率によって決まるので，**反応分子の濃度の積に比例**する．

反応系の複合体の集団には，形成された瞬間にその温度に応じたボルツマン分布によって**遷移状態励起する分子の占める割合が決まる**．

反応系から生成系の**複合体へと構造転換される頻度は遷移状態における振動数に比例**すると考えられている．

以上をこれまでに学んだ反応速度式と比較するために，数式で表したい．（コラム p.92-94 参照）

ボルツマン分布式は1分子あたりの分布を計算する式になっている．

そこで，ボルツマン定数 k_B にアヴォガドロ数 N_A をかけ算した気体定数 R と差し替えし，これと同時に，一定時間あたりに1モルが励起するために必要なエネルギーを合計したものとして1分子の励起エネルギーでなく1モルの**活性化エネルギー E_a** を導入することで，

$$v = A \cdot P_\nu \cdot [X][YZ] = A \exp\left(-\frac{E_a}{RT}\right)[X][YZ] \tag{2-3-3}$$

となり，ここで A は遷移状態の振動数に関係するパラメータとし，これを**頻度因子**という．

得られた式を2-1節や2-2節の微分型速度式と比較すると，**反応速度定数 k を構成しているのは，頻度因子 A と活性化エネルギー E_a と絶対温度 T** であることがわかる．

すなわち，以下の式がなりたつ．（3つはいずれも同じ式）

$$k = A \exp\left(-\frac{E_a}{RT}\right) \tag{2-3-4}$$

$$\log_e k = \log_e A - \frac{E_a}{R}\frac{1}{T} \tag{2-3-5}$$

$$\log_{10} k = \log_{10} A - \frac{E_a}{2.303R}\frac{1}{T} \tag{2-3-6}$$

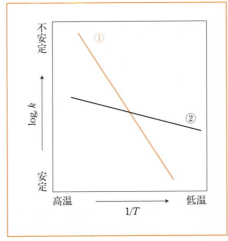

図 2-20 アレニウス・プロットで活性化エネルギーの異なる 2 種類の反応は交差する

　これらが**アレニウスの式**で，反応速度定数と実験温度との関係を示す重要な式である．
　絶対温度の逆数に対する反応速度定数の対数のグラフを**アレニウス・プロット**という．
　アレニウス・プロットでは，横軸は左側が高温であり，右側が低温になる．
　また，縦軸は反応速度定数の対数なので，上にいくほど反応がはやく，また反応物が不安定であることを意味し，下にいくほど反応が遅く，反応物は安定であることを意味する．
　図 2-20 のグラフにおいて，傾きは活性化エネルギーに比例し，グラフの傾きが大きい①の医薬品は活性化エネルギーが大きく，反応速度や安定性が温度によって変化しやすい．
　一方，グラフの傾きが小さい②の医薬品は活性化エネルギーが小さく，反応速度や安定性は温度による影響を受けにくい．
　このことから，アレニウス・プロットで傾きが大きい医薬品①は冷蔵庫や冷凍庫で保存することが望ましい．
　エピソードにて説明した 40℃ と 60℃ の実験について考えてみることにする．
　　　〜活性化エネルギーが 22.1 kcal/mol であったとしたら〜
　　　〜40℃ で 6ヶ月の保存期間は，25℃ で 3 年の保存期間と同じ〜
　　　〜60℃ で 12ヶ月の保存期間は，25℃ で 50 年の保存期間と同じ〜
活性化エネルギー 22.1 kcal/mol なら，1 cal = 4.182 J で換算すれば 92.4×10^3 J/mol である．

$$k(25℃) = A \exp\left(-\frac{92400}{8.31 \times 298}\right) = (6.24 \times 10^{-17})A$$

$$k(40℃) = A \exp\left(-\frac{92400}{8.31 \times 313}\right) = (3.73 \times 10^{-16})A$$

$$k(60℃) = A \exp\left(-\frac{92400}{8.31 \times 333}\right) = (3.15 \times 10^{-15})A$$

湿度の影響がないなら反応速度定数の比は以下になり，上の記述の数値が導かれる：

$$k(25℃) : k(40℃) : k(60℃) = 1 : 6 : 51$$

2-3-3 化学反応に影響を及ぼす要因

　エピソードの加速試験と長期保存試験の適用条件には，(A) 1 次反応で進むこと，(B) 湿度は影響しないこと，(C) 活性化エネルギーは変化しないこととありました．活性化エネルギーを変化させるもの，反応速度定数に影響を及ぼしている温度以外の要因のグラフ解析例を見ましょう．SBO:E5-(1)-④-2

▼湿度▼
　図 2-21 は睡眠導入剤ニトラゼパムの分解反応速度定数に対する相対湿度の影響を示した．

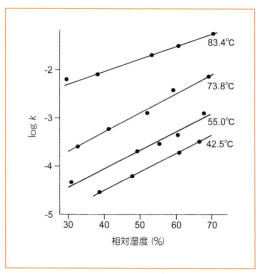

図 2-21　相対湿度が増すと反応速度定数が直線的に増加する
(D. Genton; U.W. Kesselring; *J. Pharm. Sci. 66* (1977) 676-680, A.T. Florence; D. Attwood; *Physicochemical Principles of Pharmacy, 2nd ed.* Chapman&Hall 1998)

　ニトラゼパムは固体で，結晶セルロース中に 1% 混合させた錠剤である．
　水溶液中の分解反応では 2 分子の水と反応してグリシンと 2-アミノ-5-ニトロベンゾフェノンを生ずるが，固体中ではこれだけでなく 3-アミノ-6-ニトロ-4-フェニル-2(1*H*)-キノロンを生ずる反応も並行する複雑な反応になる．
　湿度は溶液反応では直接影響することはないが，医薬品の安定性を問題にすると固体で誘発される化学変化は吸湿によって進行するものがあり，湿度の影響が大きい．

▼pH▼
　図 2-22 は 70℃ における水溶液中で ATP が加水分解して ADP に変化する反応速度を測定したものである．

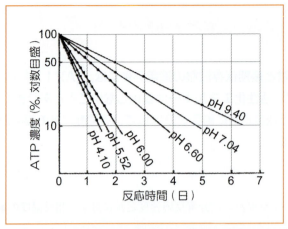

図2-22　反応液のpHの違いによる反応速度定数の変動は一様ではない
（H. Seki; H. Hayashi; *Chem. Pharm. Bull. 30*（1982）2926）

　リン酸エステル水溶液の加水分解反応だから擬1次反応であり，横軸が時間で，縦軸が対数目盛のときに直線になる．

　ATPでは酸性条件下で傾きが大きく，反応速度定数が大きい．

　ATPのpK_Aは6.1〜6.5だが，それより低pHと高pHを比較すると，低pHでは反応速度定数の変化が少ないことがわかる．

　溶液反応での反応速度定数とpHの関係は重要であり，本章2-5で改めて詳しく学習する．

▼イオン強度▼

　イオン強度は，溶液反応における反応物質がイオンである場合，反応速度定数に影響する．

　つまりイオン強度は，反応物質であるイオン同士の接近，衝突のプロセスに関係している．

　同符号のイオン性反応物質は斥力がはたらいており，イオン強度が大きくなるとみかけの反発が減少するので，反応速度定数は増大する．

　異符号のイオン性反応物質では，イオン強度が大きいと反応速度定数は低下する．

　デバイ＆ヒュッケルの極限式1-2-10によれば，イオンの活量係数はイオン強度の平方根$\sqrt{I}$に比例する．（誘導はコラムp.95）

　また，ギュンテルベルク式1-2-11によれば活量係数は $\dfrac{\sqrt{I}}{1+\sqrt{I}}$ に比例する．

　図2-23は抗生物質ペニシリンの分解反応の速度定数に対するイオン強度の影響を示すもので，デバイ＆ヒュッケル極限式の方式とギュンテルベルク式の方式で直線関係を求めた．

▼光▼

　表2-2では，化学変化に関係ある電磁波をまとめた．

　結合の振動は中赤外線にあたり，水分子では結合伸縮振動が3,657 cm^{-1}と3,756 cm^{-1}，変角振動が1,595 cm^{-1}の振動数を持ち，これと同時にそれらの2倍振動，3倍振動などが現れ水分子の指紋吸収になる．

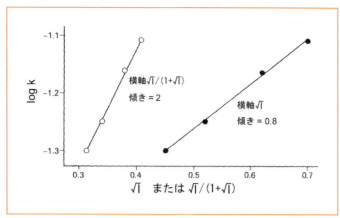

図 2-23　イオン強度が変化すると反応速度定数の対数が直線的に変化する
(J.T. Carstensen; *J. Pharm. Sci. 59* (1970) 1141, A.T. Florence; D.Attwood; *Physicochemical Principles of Pharmacy, 2nd ed*. Chapman&Hall 1988)

表 2-2　様々な電磁波（境界が下表と異なる分類もある）

電磁波	周波数（Hz）	波長（m）	波数（cm^{-1}）	用途
ガンマ線	2.42〜EHz	〜124 pm	〜$8.07×10^7$	医療用途
エックス線	30〜3,000 PHz	100 pm〜10 nm	10^6〜10^8	X線写真
紫外線	0.75〜30 PHz	10〜400 nm	25,000〜10^6	殺菌灯
可視光線	400〜750 THz	400〜750 nm	13,500〜25,000	光学機器
近赤外線	120〜400 THz	0.75〜2.5 μm	4,000〜13,500	糖度計，暗視カメラ
中赤外線	30〜120 THz	2.5〜10 μm	1,000〜4,000	指紋領域
遠赤外線	3〜30 THz	10〜100 μm	100〜1,000	熱線（調理・暖房）
テラヘルツ波	0.3〜3 THz	0.1〜1 mm	10〜100	非破壊検査，宇宙観測
ミリ波	30〜300 GHz	1〜10 mm	1〜10	レーダー
マイクロ波	3〜30 GHz	1〜10 cm	0.1〜1	携帯電話，電子レンジ

　赤外線（IR）を照射すると分子振動が共鳴し，さらにもっと波長の長いミリ波，マイクロ波には分子間相互作用や分子回転運動などが共鳴（吸収）するため，分子振動が励起してボルツマン分布が変化する（これは温度上昇にあたる）ので，間接的に反応を促進する．
　しかし，赤外線レーザーを用いれば化学反応の進行に直接影響が及ぶ事例もある．
　赤外線より高エネルギーの可視光線や紫外線を照射すると共鳴するのは外殻電子である．
　光電効果によって特定の振動よりも高エネルギーの電磁波を受け取って電子が励起する．
　励起している間は原子核間の平衡距離 r_e は変わらない．（フランク&コンドン原理）
　そして，電子が励起したあとには原子核間の平衡距離 r_e が変化するので，結合の振動モードが全く違ったものになると，反応で共鳴する振動モード（遷移状態）もスライドすることで，励起エネルギーが低下するような化学反応もありうる．
　視紅色素ロドプシンでは，光励起が巧妙なメカニズムで化学変化を促進する．（図 2-24）
　このような転換によって，電子励起状態で化学反応が誘発されたり，促進されたりする．
　ニフェジピン，ニトログリセリン，クロルプロマジン，カテコールアミン類，ビタミン類は可視光線

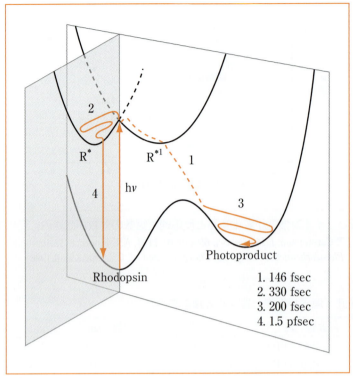

図 2-24　光励起によって遷移状態に押し上げられ化学変化できるようになる

によって分解が促進されるので遮光容器に保存する．

　紫外線はこの効果が強く，反応を促進する光触媒反応，特に高分子の重合を促進する光重合反応などが工業的に利用されている．

　エックス線やガンマ線では内殻電子にも影響を与え，電子の放出が起こる．

▼溶媒効果・複合体形成▼

　シクロデキストリン（CyD）は6〜8のグルコースがα1-4結合によって環状に重合した物質で，水に溶けにくい医薬品とともに包接化合物を形成することで可溶化する．

　図2-25は，グルコース数が6，7，8のシクロデキストリン（順にα-CyD，β-CyD，γ-CyD）では内部空間（キャビティ）の大きさに違いがあるため，プロスタグランジンE類と包接化合物を作る様子が異なることを示している．

　アルプロスタジルアルファデクス（小野プロスタンディン軟膏®）は，アルプロスタジル（プロスタグランジンE_1）をα-CyDにより包接した製剤であり，溶解性を改善すると同時に分解を抑える．

　シクロデキストリンやポリビニルピロリドン（PVP，ポビドン）などのポリマーが反応系分子を包接したり，溶媒が反応系分子を取り囲んでカゴ構造（第1章1-2-3）をとったりする場合，化学反応への影響は3つ考えられる．

　第一は物質を分子サイズのカプセルに閉じこめることに相当するので，他の試薬との反応を遮断して反応を抑制する．

　第二は反応分子が試薬とともに閉じこめられる場合であれば，反応を促進する．

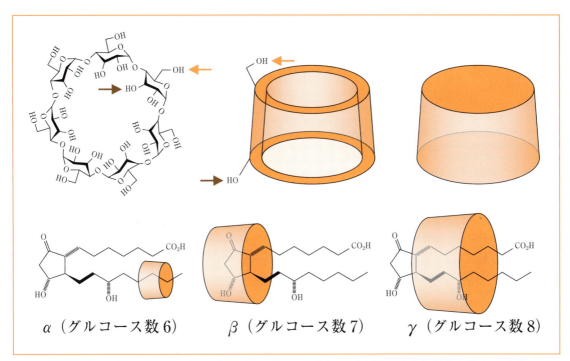

図 2-25　シクロデキストリン（CyD）はキャビティに応じて疎水性薬物を包接化合物をつくる

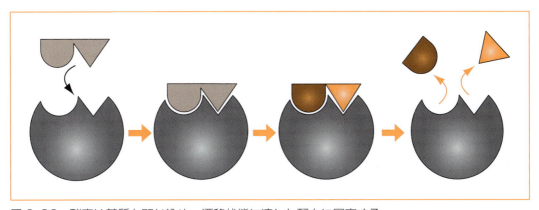

図 2-26　酵素は基質を閉じ込め，遷移状態に適した配向に固定する

　第三は溶媒やポリマーが反応系分子と配位することで電子状態が変化し，結合振動が転換するために，反応が促進する．

　これらのうち第二と第三の反応を促進する効果は，酵素でも全く同じであり，酵素はこの2つの機能が基質の特定構造に対して「特別あつらえ」になっている．（図 2-26）

　一方，溶媒効果がないことによって反応が促進するという事例もある．

　ジメチルスルホキシド（DMSO）やジメチルホルムアミド（DMF）は極性溶媒でありながら，分極した水素原子を持たない．

　したがって，S_N2 求核置換反応にもちいられる求核試薬が水素結合の水素受容基にはならないから，反応性が高くなることが知られている．

演習問題

問題 1

以下の記述につき正誤を○×で示せ.

(1) 反応物 A と B が生成物 C と D になるとき,その反応には必ず遷移状態が存在する. ( )

(2) 可逆反応においては,正反応と逆反応の活性化エネルギーは常に等しい. ( )

(3) 活性化エネルギーが大きいと,その化学反応は吸熱反応となる. ( )

(4) 縦軸に k,横軸に T をプロットすると右下がりの曲線を描く. ( )

(5) 縦軸に $\ln k$,横軸に $1/T$ をプロットすると右下がりの直線となり,その傾きが E_a の値である. ( )

(6) A は Arrhenius プロットの y 切片より求めることができ,k と同じ単位をもつ. ( )

(7) A は k と同じ単位を有し,頻度因子とよばれる. ( )

(8) k は温度の上昇とともに指数関数的に減少する. ( )

(9) R は気体定数で,RT は 1 モル当たりのエネルギーである. ( )

(10) 一般に E_a の値が大きいと分解速度は小さい. ( )

(11) 2 種類の化合物の E_a が同じ値をとる場合,高温でより安定だった化合物が,低温でもより安定であるとはかぎらない. ( )

(12) 0~2 次反応のいずれにおいても,E_a の値はそれぞれの半減期と温度の関係から求めることができる. ( )

問題 2

図は可逆反応のポテンシャルエネルギー曲面である．ただし，E_a および E_b は活性化エネルギーである．次の記述につき正誤を○×で示せ（第 95 回問 22）

(1) 正反応の速度定数 k と絶対温度 T の関係は，

$$k = A\exp\left(\frac{E_a}{RT}\right)$$

で表される．ここで，A は頻度因子，R は気体定数である．（　）

(2) E_b は，正反応の活性化エネルギーである．（　）

(3) 正反応は，吸熱反応である．（　）

(4) 正反応の速度定数は，逆反応の速度定数より大きい．（　）

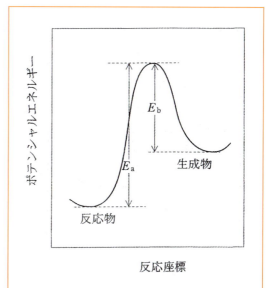

コラム 絶対反応速度論（遷移状態理論）

このコラムでは溶液反応の取り扱いを学ぶ．以後に学習する内容も引用する．
ほとんどのエピソード学習が完了した後でここに戻るのが望ましい．

【1】衝突理論とその限界

ファンデルワールスの状態方程式（第1章1-2節，p.18）や，グルバリッキとヴォーギャの質量作用の法則（第1章1-3節，p.35）では分子間に「万有引力」や「親和力」がはたらくと仮定された．

20世紀になるとアインシュタインとペランが分子の存在を証明し，目に見えない分子の衝突による「ブラウン運動」が話題になった．

当時これが分子の世界の本質とみなされたものらしく，化学反応においても「衝突理論」が提唱された．

実験的に見いだされたアレニウス式について，衝突の運動エネルギーが活性化エネルギー E_a に変換され，頻度因子 A は衝突確率 Z と衝突の配向が化学構造変化につながる度合いを示す立体因子 P のかけ算だと解釈された．

分子が複雑になれば P が小さくなるという解釈は妥当だが，P は実験に後付け解釈されるだけで合理的な説明ができず，なぜか酵素反応は P が巨大な値になる．

【2】絶対反応速度論

そこでアイリングは，ハイトラーとロンドンの共有結合理論（第1章1-1節）を応用することで，化学反応を解き明かす「絶対反応速度論」を提唱した．

まず，反応を以下の5つのステップに分ける．

① 孤立した反応物 X と YZ
② 両者が接近して分子間相互作用した反応系複合体 [X-YZ]
③ 物質を構成する共有結合に変化を生じる遷移状態 [X-Y-Z]‡
④ 生成物が分子間相互作用した生成系複合体 [XY-Z] である
⑤ これが相互作用を失うと個別の生成物 XY と Z になる

$$X + YZ \rightleftharpoons [X\text{-}YZ] \rightleftharpoons [X\text{-}Y\text{-}Z]^{\ddagger} \rightleftharpoons [XY\text{-}Z] \longrightarrow XY + Z \qquad (2\text{-}3\text{-}7)$$

反応系は様々な振動モードを持ち，生成系も多様な振動モードを持つ．

その中に②〜③〜④間を往復する特殊な振動モードがある．

②がその振動モードについて十分なエネルギーを獲得できなければ，①に逆戻りするだけである．

もし③を乗り越えられる振動エネルギーを受け取れば，④から⑤へと移行する．

振動を空中ブランコに例えると，②のブランコと④のブランコがあって，それぞれが往復運動している．

絶対反応速度論で新たに導入した「遷移状態」③というのは，②のブランコから④のブランコに飛び移る軌跡の頂上に相当する．

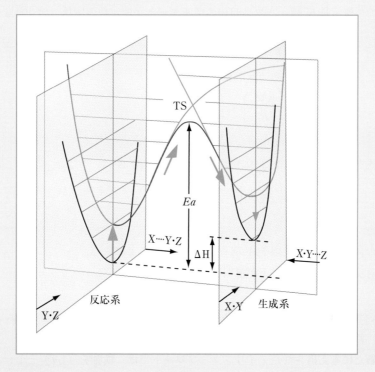

だから，遷移状態の③を分離することはできない．

今，反応系①と振動している活性化複合体②〜③〜④との平衡定数を$K^{\neq}$とする．

平衡定数は，統計力学的にはボルツマン分布に対応する．

活性化複合体②〜④から生成系⑤に進行する反応速度定数は振動数と一致するとみなして，

$$\frac{d\xi}{dt} = \nu[\text{X}\cdots\text{Y}\cdots\text{Z}]^{\neq} = \nu K^{\neq}[\text{X}][\text{YZ}] \tag{2-3-8}$$

で表されると考える．

これを速度式と比較すると，反応速度定数は，

$$k = \nu K^{\neq} \tag{2-3-9}$$

の関係になる．

②〜③〜④の振動モードは特有の振動数を持つ．

この振動エネルギーは，特有の振動数νとプランク定数hのかけ算で$h\nu$である．

分子が周囲から得ることができる熱エネルギーは，1分子あたり$k_\text{B}T$である．

熱エネルギー$k_\text{B}T$が振動エネルギー$h\nu$に見合ったものであり，しかも正しい振動モードに転換されたときに限り，複合体は③を乗り越えて④から⑤へと変化する機会ができる．

したがって，この特有の振動数は，以下の等価関係を持つ．

$$\nu = \frac{k_B T}{h} \tag{2-3-10}$$

遷移状態の平衡定数 $K^{\neq}$ は，ギブス自由エネルギーと平衡定数の関係（第 4 章 4-4）から，

$$\log_e K^{\neq} = \frac{-\Delta G^{\neq}}{RT} = \frac{\Delta S^{\neq}}{R} - \frac{\Delta H^{\neq}}{RT} \tag{2-3-11}$$

これら 2 式を代入すると反応速度定数 k は，

$$k = \frac{k_B T}{h} \exp\left(\frac{\Delta S^{\neq}}{R}\right) \exp\left(\frac{-\Delta H^{\neq}}{RT}\right) \tag{2-3-12}$$

と表される．

得られた式をアレニウス式 2-3-4 と比較すると頻度因子 A は，

$$A = \frac{k_B T}{h} \exp\left(\frac{\Delta S^{\neq}}{R}\right) \tag{2-3-13}$$

の部分である．

活性化複合体の振動が頻度因子 A の一部に相当することになる．

以上の絶対反応速度論から以下が解明された．

1) この式ではアレニウス・プロットの頻度因子 A が絶対温度 T の関数になる．
   だから，厳密にはアレニウス・プロットでは直線にはならない．
   そこで新たに考え出されたアイリング・プロットでは，横軸を（$1/T$）とし，
   縦軸として $\log(k/T)$ にすることで直線関係を得る．
   ただし，反応速度論の実験で扱われる温度範囲での絶対温度変化は小さいから，
   アレニウス・プロットを直線として近似する扱いも可能である．

2) 酵素反応ではタンパク質の立体構造変化を反映する $\Delta S^{\neq}$ の値が大きい．
   その結果，衝突理論における立体因子 P は巨大な値になった．

3) 質量作用の法則の親和力や，衝突理論の運動エネルギーでは反応が起こる組み合わせと
   起こらない組み合わせを区別できなかった．
   分子構造固有の振動は，該当する構造がなければ実現しない．
   これが，特定の組み合わせでしか反応しない原因である．

【3】実在溶液の絶対反応速度論

ここからが本題である．

これまでの説明では遷移状態の形成において，反応系の X と YZ は**理想溶液**として扱われている．

実在溶液では実効的な濃度を**活量** a とする．

活量はモル濃度と**活量係数** γ の積で表される．

$$\alpha_X = \gamma_X[X] \tag{2-3-14}$$

$$\alpha_{YZ} = \gamma_{YZ}[YZ] \tag{2-3-15}$$

XとYZの活量係数を γ_X, γ_{YZ}, 遷移状態の活量係数を $\gamma^{\neq}$ とおくと，反応速度は，

$$\frac{d\xi}{dt} = \nu[X\cdots Y\cdots Z]^{\neq} = \frac{k_B T}{h} K^{\neq}[X][YZ]\frac{\gamma_X \gamma_{YZ}}{\gamma^{\neq}} \tag{2-3-16}$$

と表される．

これを反応速度式 $\nu = k[X][YZ]$ と比較すると k は，

$$k = \frac{k_B T}{h} K^{\neq} \frac{\gamma_X \gamma_{YZ}}{\gamma^{\neq}} \tag{2-3-17}$$

に相当することがわかる．

両辺の対数をとると以下を得る：

$$\log_e k = \log_e\left(\frac{k_B T}{h} K^{\neq}\right) + \log_e \gamma_X + \log_e \gamma_{YZ} - \log_e \gamma^{\neq} \tag{2-3-18}$$

さらに，理想溶液での反応速度定数を k^0 とおくと，

$$\log_e \frac{k}{k^0} = \log_e \gamma_X + \log_e \gamma_{YZ} - \log_e \gamma^{\neq} \tag{2-3-19}$$

という基本となる式が得られる．

理想溶液の値は反応物の濃度を希釈し，ゼロに外挿したものに相当する．

ここからは，この式を元にして以下を考察する．

【4】反応速度定数とイオン強度

電解質溶液の活量係数はデバイ＆ヒュッケル理論で求められた．（第1章1-2）

イオン強度が 0.02 以下ではデバイ＆ヒュッケル極限式（DHL）が適用できる．

$$\log_e \gamma_i = -A z_i^2 \sqrt{I} \tag{2-3-20}$$

これを実在溶液の反応速度定数式に代入する．

ここで A はアレニウスの頻度因子ではなくデバイ＆ヒュッケル理論の定数である．

遷移状態の電荷は反応物の電荷 z_X, z_{YZ} の和にあたるので，$(z_X + z_{YZ})$ とすることができる．

$$\log_e \frac{k}{k^0} = A\{-z_X^2 - z_{YZ}^2 + (z_X + z_{YZ})^2\}\sqrt{I} \tag{2-3-21}$$

$$\log_e \frac{k}{k^0} = 2A z_X z_{YZ}\sqrt{I} \tag{2-3-22}$$

が得られる．

これより，イオン強度を横軸に，希釈時の反応速度定数 k^0 に対するそれぞれのイオン強度での反応速度定数 k の比の対数を縦軸にとれば，傾きは $2A z_X z_{YZ}$ になる．

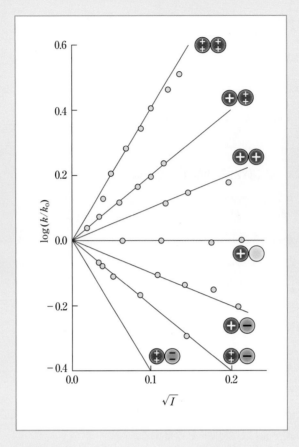

傾きがゼロなら反応物のどちらか一方，または両方が分子型で反応していることを意味する．

常用対数に換算すると $2A$ は 1.02 となる．

傾きが +1.02 のとき，反応物は同符号で電荷数 1 のイオン型で反応していることがわかる．

傾きが +2.04 のとき，同符号で電荷数 1 と 2 のイオン型で反応している．

反対に傾きが負であれば，異符号のイオン対で反応している．

会合体が形成される場合には，真のイオン強度が減少するので，予想よりも加速されて下に凸の曲線になる．

これはデバイ&ヒュッケル極限式の限界を越えたとき生ずるズレにあたる．

これを応用すると，薬物の分解反応の機構を考察できる．

バルビツール酸の分解はイオン強度とともに増大する．

この実験事実から，加水分解反応は特殊酸塩基触媒（第 2 章 2-5 節）の影響下での同時反応（第 2 章 2-4 節）のうち，1 価のバルビツール酸アニオンに同符号の OH^- イオンが攻撃して触媒する機構が優勢であると考えられる．

イオン強度が高くなるとき，イオン間の反発が遮蔽されやすくなるから，同符号の反応でも反応速度定数が大きくなる．

以上の論議では，中性分子の反応にはイオン強度が影響しないことになる．

しかし，中性分子の溶液でも配向力や誘起力が関係する．

そこで中性分子の活量係数についてヒュッケルとマコーレイは，パラメータ b を導入して以下の近似式を提案した：

$$\log_e \gamma_i = b_i I \tag{2-3-23}$$

これを実在溶液の反応速度定数式に代入して整理すると，

$$\log_e \frac{k}{k^0} = (b_X + b_{YZ} - b_{\neq})I \tag{2-3-24}$$

となる．（ただし，この効果ははなはだ小さい）

【5】反応速度定数と誘電率

デバイ＆ヒュッケル極限式では水溶液を仮定しているが，溶液の誘電率は定数 A の中に含まれる．

まず，デバイの遮蔽定数 κ を書き下すと，

$$\kappa = \sqrt{\frac{2N_A e^2 I}{\varepsilon_r \varepsilon_0 k_B T}} \tag{2-3-25}$$

である．（N_A アヴォガドロ数，e 電気素量，I イオン強度，ε_r 溶媒の比誘電率，ε_0 真空の誘電率，k_B ボルツマン定数，T 絶対温度）

これでデバイ＆ヒュッケル式（DHE）を表すと，

$$\log_e \gamma_i = -\frac{z_i^2 e^2}{8\pi \varepsilon_r \varepsilon_0 k_B T} \cdot \frac{\kappa}{1 + \kappa r_i} \tag{2-3-26}$$

となる．

したがって，活量係数と誘電率との関係は，

$$\log_e \gamma_i = \frac{-\chi_1 z_i^2}{(\varepsilon_r \varepsilon_0)^{3/2}} \cdot \frac{\chi_2 (\varepsilon_r \varepsilon_0)^{-1/2}}{1 + \chi_2 (\varepsilon_r \varepsilon_0)^{-1/2} r_i} = \frac{-\chi}{(\varepsilon_r \varepsilon_0)^m} z_i^2 \tag{2-3-27}$$

と表すことができるから，極限式（DHL）のとき $m=1$，イオン強度が0.02以上では $m=1.5$ と考えられる．

これを実在溶液の反応速度定数に代入すると，次の式を得る：

$$\log_e \frac{k}{k^0} = \frac{-\chi}{(\varepsilon_r \varepsilon_0)^m} \left\{ z_X^2 + z_{YZ}^2 - (z_X + z_{YZ})^2 \right\} \tag{2-3-28}$$

溶媒の誘電率 $\varepsilon = \varepsilon_r \varepsilon_0$ として整理すると

$$\log_e \frac{k}{k^0} = \frac{2\chi z_X z_{YZ}}{\varepsilon^m} \tag{2-3-29}$$

が得られる．

衝突理論に基づいたスキャッチャードやモルウィンヒューズの研究では，デバイ＆ヒュッケル極限式（DHL）が適用される条件で $m=1$ に相当する式が最初に提案されたので，本文のほうでは $m=1$ の式だけを掲載した．

2-4 より実践的な速度論モデル
－複合反応－

| Episode | 映画「ロレンツォのオイル／命の詩」
(1992年米) |

　2008年6月21日ロレンツォ・オドーネ氏が享年30で他界されました．

　余命2年といわれた難病を発症した5歳当時の彼を救うため，医学の知識を持たない両親は，この矢のごとき光陰に挑戦します．

　医学論文を読み，研究者と渡り合い，不治といわれた副腎白質ジストロフィー（ALD：adrenoleukodystrophy）に効果のある食事療法にたどり着きます．

　映画「ロレンツォのオイル」は，この親子を取材したTVドキュメンタリーから起こされた再現ドラマです．

　劇中，精根尽き果てた父オーギュストは図書館でうたた寝をしてしまいます．

　そこで夢を見ています……

　2種類のクリップは善玉と悪玉です．

　両方をつぎつぎと数珠繋ぎにしている「何か」が机の向こうに潜んでいます．

　ALDの病因となるのは，中枢神経細胞のミエリン鞘を溶かして神経障害を引き起こすある種のトリグリセリド（TG）と考えられていました．

　悪夢はこの悪玉TGを構成する異常な超長鎖飽和脂肪酸の生合成を比喩します．

　夢の中，オーギュストは慌てて机の下をのぞき込みます．

　すると，机の陰で両方のクリップをつないでいたのは息子，悪玉TGを作り出しているのは息子自身だったのです．

　こんなふうに図書館での文献研究からやっとの思いで病因を突き止めた瞬間を，たくみな映像で表現し，物語は進んでいきます．

　TGはグリセリンに脂肪酸が3分子結合しますが，病因となる悪玉TGに結合している脂肪酸は炭素数24，26の超長鎖飽和脂肪酸です．

　ALD患者は，異常な超長鎖脂肪酸を分解するのに必要となる超長鎖脂肪酸CoA合成酵素の活性が低いという報告があり，そのため分解代謝経路をうまく利用することができないのです．

　その結果，健常人の2～10倍の異常脂肪酸が蓄積されてしまうのです．

　では，どうして要らないものを作るのか，それをオーギュストは考えたのです．

　分解する酵素系が働かないなら，いっそ生合成している酵素系のほうを抑えてしまえ，これが「ロレ

ンツォのオイル」の戦略でした．

　正常脂肪酸の生合成系では，炭素数16のパルミチン酸までは細胞質にある酢酸・マロン酸経路で延長されます．

　炭素数18以上はミトコンドリアや小胞体にある脂肪酸 β-酸化分解反応系の逆反応にあたる伸長反応を使って延長されます．

　映画の前半でオーギュストは，オリーブオイルを飲ませることで善玉の不飽和脂肪酸を与え，悪玉の飽和脂肪酸を抑えましたが，効果が伸び悩んでいました．

　図書館での悪夢から醒めて，β-酸化伸長反応にも働きかけようと決意します．

　超長鎖脂肪酸であっても善玉の不飽和脂肪酸なら，直接与えても害はありません．

　そこで炭素数22で13位（ω-9位）シス不飽和の超長鎖脂肪酸であるエルカ酸を含む合成TG「ロレンツォのオイル」を食べさせました．

　これが暴走する伸長反応を停止する決め手となった，と映画では描かれます．

　物語の要となるエルカ酸の精製とTGエステル化を手がけた英国のドン・サダビー博士は，ご本人の出演とのことです．

　この民間食事療法は根治には及びませんが，効果を信じる学者たちもでています．

　オドーネ氏のミエリンプロジェクトの実在サイトは http://www.myelin.org/．

Points　複合反応

対向反応（可逆反応）：正反応だけでなく逆反応も同時に進行する複合反応．
時間が経過すると正反応の速度と逆反応の速度が釣り合って平衡状態になる．

$$\mathrm{A} \underset{k_{-1}}{\overset{k_{+1}}{\rightleftarrows}} \mathrm{B} \tag{2-4-1}$$

対向反応のみかけの速度定数 k_{obs} は，正反応と逆反応の速度定数の和になる．

$$k_{obs} = k_{+1} + k_{-1} \tag{2-4-8}$$

これと同時に平衡時の反応物Aと生成物Bの平衡濃度をそれぞれ $[\mathrm{A}]_{eq}$，$[\mathrm{B}]_{eq}$ とすると，正反応の速度定数と逆反応の速度定数の比は以下となる．

$$\frac{k_{+1}}{k_{-1}} = \frac{[\mathrm{B}]_{eq}}{[\mathrm{A}]_{eq}} \tag{2-4-4}$$

併発反応（同時反応，平行反応，分岐反応，競争反応）：1つの反応系から，複数の素反応が同時に

進行する複合反応.

$$A \xrightarrow{k_1} P_1$$
$$A \xrightarrow{k_2} P_2 \quad (2\text{-}4\text{-}9)$$

併発反応のみかけの速度定数 k_{obs} も，素反応の速度定数の和に等しい．

$$k_{obs} = k_1 + k_2 \quad (2\text{-}4\text{-}11)$$

そして，それぞれの素反応の速度定数の比は以下となる．

$$k_1 : k_2 = [P_1] : [P_2] \quad (2\text{-}4\text{-}16)$$

逐次反応（連続反応）：1つの素反応での生成系が，別の素反応の反応系となって，連鎖的に進行する複合反応．Bは中間生成物である．

$$A \xrightarrow{k_1} B \xrightarrow{k_2} C \quad (2\text{-}4\text{-}17)$$

中間生成物Bの物質量は，反応開始直後に増大し，**極大値**に達してから減少する．逐次反応全体の反応速度は，それぞれの素反応のうち最も遅い反応の速度と等しくなり，この最も遅い反応を**律速段階**という．

2-4-1 対向反応

ここまでで速度論について理屈がわかりました．そこで積分法にしたがって，実験結果について，縦軸を濃度の実数・対数・逆数にした経時変化のグラフを描いたところ以下のようになりました．SBOs:C1-(3)-①-5，E5-(1)-④-2

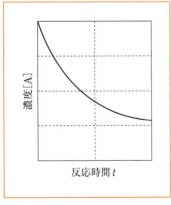

図2-27 縦軸を濃度の実数にした経時変化が直線にならない

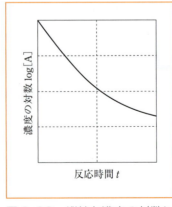

図2-28 縦軸を濃度の対数にした経時変化が直線にならない

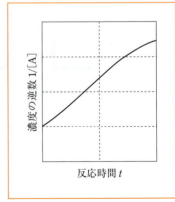

図2-29 縦軸を濃度の逆数にした経時変化が直線にならない

どういうことでしょう？　解析のどこかに問題があるのでしょうか．

図2-27から図2-29の結果では，どれも曲線で，濃度の逆数で山なり（上に凸）のグラフになっており，**積分法**（2-2-5項）の3つのグラフと比較したところ，2次よりも反応次数が高いように見える．そこで，**微分法**（2-1-4項）として，濃度[A]と速度vを両対数プロットした．

その結果，図2-30のような曲線になり，傾きを無理に読みとると，反応次数は4～10程度になる．（高濃度域＝グラフの右側だけを見ると傾きが大きい）

実は，このような結果になるのは，反応が進行するにつれて逆反応が無視できなくなるためである．

これにあてはまる例は数多く，むしろ逆反応が無視できるような反応のほうが少ない．

実験的に正確な反応次数を決定するために微分法プロットを行うのであれば，上記の可能性を回避するため，反応初期には生成物がないことを利用して，様々な**初濃度 $[A]_0$** において反応開始直後の**初速度 v_0** を測定しないといけない．

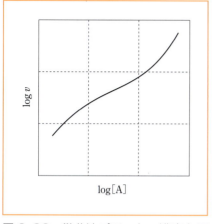

図2-30　微分法プロット：濃度と反応速度の両対数グラフ

反応物から生成物への**正反応**と，生成物から反応物への**逆反応**の2つの素反応からなる複合反応を**対向反応**または**可逆反応**という．

$$A \underset{k_{-1}}{\overset{k_{+1}}{\rightleftarrows}} B \tag{2-4-1}$$

対向反応の微分型速度式は，正反応の速さから逆反応の速さを引いたものになる．

$$v = -\frac{d[A]}{dt} = k_{+1}[A] - k_{-1}[B] \tag{2-4-2}$$

$$v = (k_{+1} + k_{-1})[A] - k_{-1}[A]_0 \tag{2-4-3}$$

対向反応が**平衡に到達する**と，**正反応と逆反応の速度が釣り合う**．

したがって，平衡状態では反応速度vが見かけ上ゼロになる．

式2-4-2を$v=0$とし，平衡濃度をそれぞれ$[A]_{eq}$, $[B]_{eq}$とおいて整理すると，

$$\frac{k_{+1}}{k_{-1}} = \frac{[B]_{eq}}{[A]_{eq}} \tag{2-4-4}$$

初濃度を$[A]_0$とおいて微分型速度式2-4-3を解くと，**対向反応の積分型速度式**は以下になる．

$$\log_e\left(\frac{[A] - [A]_{eq}}{[A]_0 - [A]_{eq}}\right) = -(k_{+1} + k_{-1})t \tag{2-4-5}$$

すると，見かけの反応速度定数k_{obs}は

$$k_{obs} = k_{+1} + k_{-1} \tag{2-4-6}$$

となっているから，反応物質の半減期は式 2-4-7 になる．

$$t_{1/2} = \frac{0.693}{k_{obs}} \tag{2-4-7}$$

対向反応は，$[A]_0$ から $[A]_{eq}$ までの範囲で減少する 1 次反応である．
1 次反応の積分型反応式は，

$$\log C = \log C_0 - kt \tag{2-4-8}$$

であるから，$C = [A] - [A]_{eq}$，$C_0 = [A]_0 - [A]_{eq}$ とみなせば，これまでに得られた積分型速度式と上記の一般式が対応づけられる．

得られた対向反応の積分型速度式をもとにして，時間と実数濃度のグラフ（図 2-27）をよく見ると，初濃度の 25％ 程度で曲線が横一直線のプラトーな状態に近づいていることがわかる．

したがって，ここが反応物の平衡濃度 $[A]_{eq}$ と推定される．

そこで，濃度から 25％ を差し引いた $[A] - [A]_{eq}$ を求めて，この対数を反応時間に対してプロットすると図 2-31 のようになり，直線関係が得られた．

この結果から，この反応は対向反応であることと，反応次数が 1 であることが明らかとなる．

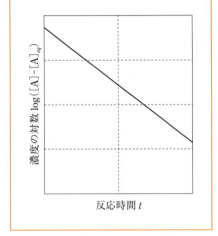

図 2-31 対向反応として同じデータを解析した 1 次反応積分法グラフ解析

2-4-2 併発反応 SBOs:C1-(3)-①-5，E5-(1)-④-2

併発反応（同時反応，平行反応，分岐反応，競争反応）は，同じ反応系を出発点にするいくつかの素反応が同時に進行する複合反応である．

$$A \xrightarrow{k_1} P_1 \quad A \xrightarrow{k_2} P_2 \tag{2-4-9}$$

併発反応は特殊な事例ではなく，多くの有機化学反応は併発反応と思われる．（図 2-9）

単独の素反応であると見えるのは，優位な素反応の反応速度定数に比べて，他に併発している素反応の反応速度定数が無視できるくらいに小さいからである．

競争的な 2 つの素反応がそれぞれ無関係に進行していると考える．

いずれも 1 次反応であるなら，**併発反応の反応物の微分型速度式は以下になる**．

$$-\frac{d[A]}{dt} = k_1[A] + k_2[A] = (k_1 + k_2)[A] \tag{2-4-10}$$

コラム　対向反応のグラフ（国試第 93 回問 21 より）

　A と B の対向反応で，A は 100％から 20％に減少し，B は 0％から 80％に増加して平衡状態となる．

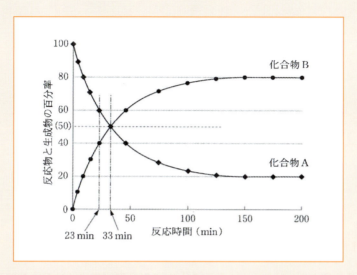

　半減期の定義は，初濃度と最終濃度の中間である．
　それだから，初濃度が 50％減少する 33 分後ではなく，

$$[A] = \frac{[A]_0 - [A]_{eq}}{2}$$

となる 23 分後である．
　1 次反応の速度定数 ($k_{+1} + k_{-1}$) と半減期は反比例する（単位 min^{-1}）：

$$k_{+1} + k_{-1} = 0.693/23 = 0.0301$$

　平衡で A が 20％，B が 80％と見られたから k_{+1} と k_{-1} の比から

$$k_{+1} + k_{-1} = \frac{80}{100} \times 0.0301 + \frac{20}{100} \times 0.0301 = 0.024 + 0.006$$

のように，正反応と逆反応の反応速度定数が算出された．

すると併発反応の場合にも，見かけの反応速度定数 k_{obs} は

$$k_{\text{obs}} = k_1 + k_2 \tag{2-4-11}$$

となっているから，反応物質の半減期は次式になる．

$$t_{1/2} = \frac{0.693}{k_{\text{obs}}} \tag{2-4-12}$$

個別の反応速度定数の和をみかけの反応速度定数とすると，**併発反応の反応物の積分型速度式は**

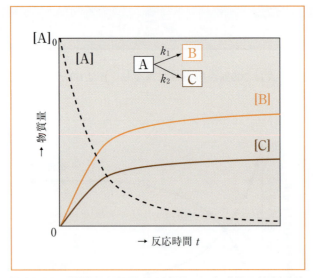

図 2-32 併発反応ではどの時間でも生成物の比が一定

$$[A] = [A]_0 \exp(-k_{obs}t) \tag{2-4-13}$$

したがって，**併発反応の生成物のうち i 番目成分 P_i の微分型速度式**は以下になる．

$$\frac{d[P_i]}{dt} = k_i[A] = k_i[A]_0 \exp(-k_{obs}t) \tag{2-4-14}$$

これを解くと，**併発反応の生成物の積分型速度式**が得られる（コラム④ [4] p.113 参照）．

$$\frac{[P_i]}{[A]_0} = \frac{k_i}{k_{obs}}\{1 - \exp(-k_{obs}t)\} \tag{2-4-15}$$

このように，i 番目の成分 P_i の生成量はどの時間でもそれぞれの反応速度定数に比例する．

$$k_1 : k_2 = [P_1] : [P_2] \tag{2-4-16}$$

併発反応では，反応物 [A] の時間変化は単純な 1 次反応になる．（図 2-32）

もし，2 つの生成物を生ずる併発反応で，一方の反応が対向反応であったならば，生成物量の時間変化は全く違った物になる．（コラム [8] p.123 参照）

2-4-3 逐次反応 SBOs:C1-(3)-①-5, E5-(1)-④-2

逐次反応，**連続反応**は，いくつかの素反応が連続しておこる複合反応である．

$$A \xrightarrow{k_1} B \xrightarrow{k_2} C \tag{2-4-17}$$

一成分が 2 段階に変化する逐次反応 A → B → C で，反応速度定数がそれぞれ k_1 と k_2 ならば，**逐次反応の微分型速度式**は以下の 3 式の連立式になる．

コラム　高温で加速するアレニウス・プロット

併発反応では，アレニウス・プロットが下図のグラフのようになる場合がある．

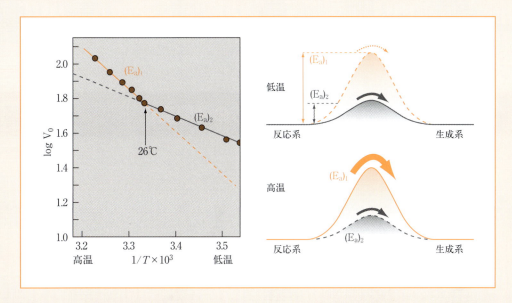

見かけの反応速度が反応速度定数の大きいものの反応速度になる．

といっても，速いものだけが進行しているわけではない．

同時進行している反応の活性化エネルギー E_a が大きく異なる場合，低温では E_a が大きい反応はほとんど起こらない．

ところが，高温になると E_a が大きい反応が大幅に加速される．

こうして，この場合では低温と高温では優位な素反応が入れ替わる．

$$\begin{cases} \dfrac{d[A]}{dt} = -k_1[A] & (2\text{-}4\text{-}18) \\[6pt] \dfrac{d[B]}{dt} = k_1[A] - k_2[B] & (2\text{-}4\text{-}19) \\[6pt] \dfrac{d[C]}{dt} = k_2[B] & (2\text{-}4\text{-}20) \end{cases}$$

これより，**逐次反応の積分型速度式**は次になる（コラム［5］p.114 参照）．

$$\begin{cases} \dfrac{[A]}{[A]_0} = \exp(-k_1 t) & \text{(2-4-21)} \\[2mm] \dfrac{[B]}{[A]_0} = \dfrac{k_1}{k_2 - k_1}\{\exp(-k_1 t) - \exp(-k_2 t)\} & \text{(2-4-22)} \\[2mm] \dfrac{[C]}{[A]_0} = 1 - \dfrac{k_2}{k_2 - k_1}\exp(-k_1 t) + \dfrac{k_1}{k_2 - k_1}\exp(-k_2 t) & \text{(2-4-23)} \end{cases}$$

ここで $\exp(x)$ は指数関数 e^x を意味する．

コラム　逐次反応の時間変化

以上の3式を用いて $k_1 > k_2$ のときのシミュレーションを行った．

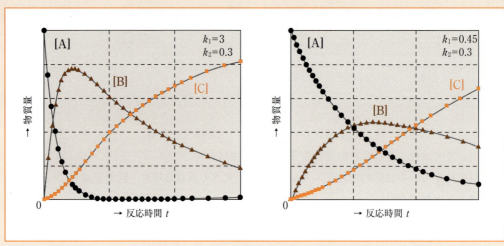

逐次反応の反応シミュレーション

反応速度定数 k_1 が k_2 に近づくほど [B] の極大値が遅れて出現し，ピークの高さも減少する．[B] の変化量 $d[B]/dt = 0$ となるとき，極大値 $[B]_{max}$ となる．

$$\frac{1}{[A]_0}\frac{d[B]}{dt} = \frac{k_1}{k_2 - k_1}\{k_2 \exp(-k_2 t) - k_1 \exp(-k_1 t)\} = 0 \tag{2-4-24}$$

$[B]_{max}$ になる時間 t_{max} について解くと以下の関係が得られる（コラム［4］参照）．

$$t_{max} = \frac{1}{k_1 - k_2}\log_e \frac{k_1}{k_2} \tag{2-4-25}$$

そこで，$k_1 \gg k_2$ のときに t_{max} を代入すると極大値 $[B]_{max}$ は次で近似的される．

$$\frac{[B]_{max}}{[A]_0} \fallingdotseq \left(\frac{k_2}{k_1}\right)^{\frac{k_2}{k_1 - k_2}} \tag{2-4-26}$$

もし，中間生成物 B が存在しないのであれば，反応開始のとき生成物 [C] の生成速度（グラフの傾き）は最大になる．

これに対して，中間生成物 B が存在する逐次反応ならば，生成物 [C] の生成速度が最大になるまでには，反応開始から時間の遅れ（タイムラグ）が生じる．

　実験的にこの特徴が見られる場合，その反応メカニズムとして逐次反応の可能性が高いことを指し示している．

　二種類の反応が順番に生じてバケツリレーしている場合，アレニウス・プロットが山なりにふくらんだ下図のグラフのような温度変化が観測されることがある．

　活性化エネルギーが小さい反応は温度変化しても速度が変わらないが，活性化エネルギーの大きい反応は低温と高温の速度が大幅に異なる．

　バケツリレーだから，全体の反応速度は遅い反応が律速段階となる．

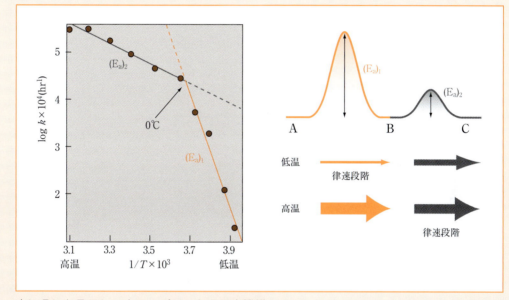

上に凸になるアレニウス・プロットと反応機構

　律速段階が関係するのは最終生成物 [C] の生成速度であって，出発物質 [A] の反応速度や半減期は律速段階がいずれであっても第一段階の反応速度定数 k_1 だけで決まる．

　逐次反応において，k_2 よりも k_1 が小さいと [B] の極大値のピークはなだらかになる．

　さらに k_1 が k_2 の 1000 分の 1 程度になってくると，反応の開始後少し経過してからしばらくの間，[B] の濃度がほぼ一定になり続ける．

　このように実験で観測している量（観測量）が過渡的に釣り合うことで時間変化しない状態を**定常状態**という．

　定常状態は観測量を増やす要因と，観測量を減らす要因があるときに，双方が釣り合って観測量が変わらない現象だが，**増加要因と減少要因が違うもので，そのまま状態が進行してどちらかの状況が変わると，定常状態は終了することがある．**

　一方，**平衡状態は観測量を増やす要因と，観測量を減らす要因があるときに，双方が釣り合って観測量が変わらない現象**であり，**増加要因と減少要因が同じもので，何らかの条件を変化させなければ平衡**

状態が変わることはない．

観測量が物質の量であるときが化学平衡，物質の状態であるときが物理平衡，開かれた系の熱であるときが熱平衡である．

演習問題

問題 1

ある薬物 A は 25℃で保存されるとき，2 種の分解物 B, C を同時に生成する．
分解は 1 次反応にしたがい，それぞれの分解速度定数は $k_B = 5 \times 10^{-4}$ hr^{-1}, $k_C = 5 \times 10^{-5}$ hr^{-1} である．A の残存率が 90％になるまで有効なら，25℃で保存するときの有効期限を求めよ．

問題 2

ヒトにおけるトルブタミドの体内動態は次のような 1 次反応モデルで示される．

$$\text{トルブダミド} \xrightarrow{k_m} \text{代謝} \xrightarrow{k_e} \text{尿中排泄}$$

このとき，$k_m = 0.1$ hr^{-1}, $k_e = 1.5$ hr^{-1} とすると，トルブタミドの半減期はいくらか．

コラム　様々な複合反応の反応速度式

【1】ラプラス変換の手順書

ラプラス変換とは，微分式がかけ算に，積分式が割り算になる変換方法のこと．

ラプラス変換を用いることで，ある種の複雑な微分積分方程式を，ごく簡単な代数計算で求めることができるようになるから便利である．

数学的な話は専門書に譲り，本書では実践的な利用方法のみ述べる．

① 微分方程式を立てる．
② $t=0$ のときの初期条件を決める．
③ 両辺をラプラス変換する．
④ $\mathscr{L}(f)$ について式をまとめ，部分分数展開する．
⑤ 両辺をラプラス逆変換する．

以上の手順によって，微分方程式を積分できる．

まず，ラプラス変換とラプラス逆変換の方法を示す．

ラプラス変換では時間 t の関数になっている原始関数 $f(t)$ を，変数 s の関数 $F(s)$ に変換する．操作としては**以下の変換公式表に従って変換する**．

原始関数 $f(t)$	変換関数 $F(s)=\mathscr{L}(f)$
1	$\dfrac{1}{s}$
$\exp(-kt)$	$\dfrac{1}{s+k}$
$\dfrac{df(t)}{dt}$	$s\mathscr{L}\{f(t)\}-f(0)$

1次反応の複合反応で用いる変換公式表は上記3項目のみである．（他に式2-4-69参照）

これに加えて，以下の線形法則が成り立つことを利用する．

$$\mathscr{L}\{af(t)\}=a\mathscr{L}\{f(t)\} \tag{2-4-27}$$

$$\mathscr{L}\{f(t)+g(t)\}=\mathscr{L}\{f(t)\}+\mathscr{L}\{g(t)\} \tag{2-4-28}$$

ラプラス変換・逆変換に使う操作は以上である．

これで微分方程式の一般解を求めると，部分分数分解だけで定式的に解ける．

制御工学，電気工学などではよく用いられている．

【2】1次反応速度式におけるラプラス変換 SBO:C1-(3)-①-2

$$\boxed{A} \xrightarrow{k} \boxed{B} \tag{2-4-29}$$

① 1次反応の微分方程式をたてる．

$$\frac{dA}{dt} = -kA \tag{2-1-2}$$

②初期条件は $t=0$ のとき $A=A_0$ として，③ラプラス変換する．

$$s\mathscr{L}(A) - A_0 = -k\mathscr{L}(A) \tag{2-4-30}$$

④これを $\mathscr{L}(A)$ について整理．

$$\mathscr{L}(A) = \frac{A_0}{s+k} \tag{2-4-31}$$

⑤得られた式を変換表に従ってラプラス逆変換する．

$$A = A_0 \exp(-kt) \tag{2-4-32}$$

インテグラル記号は出てこないが，以上で積分操作ができた．

同様に①生成物側を考える（p.75 の1次反応）．

$$\frac{dB}{dt} = kA = k(A_0 - B) \tag{2-4-33}$$

②初期条件は $t=0$ のとき $B=0$ として，③ラプラス変換

$$s\mathscr{L}(B) = \frac{kA_0}{s} - k\mathscr{L}(B) \tag{2-4-34}$$

④これを $\mathscr{L}(B)$ について整理し，部分分数展開する．

$$\mathscr{L}(B) = \frac{kA_0}{s(s+k)} = A_0\left(\frac{1}{s} - \frac{1}{s+k}\right) \tag{2-4-35}$$

⑤得られた結果をラプラス逆変換

$$B = A_0\{1 - \exp(-kt)\} \tag{2-4-36}$$

以上である．
反応物と生成物を足し算すると，時間に関係なく A_0 となるはずだ．

$$A + B = A_0 \exp(-kt) + A_0\{1 - \exp(-kt)\} = A_0 \tag{2-4-37}$$

たしかに，そのように確認できる．

【3】対向反応におけるラプラス変換 SBOs:C1-(3)-①-2,5

$$A \underset{k_{-1}}{\overset{k_{+1}}{\rightleftharpoons}} B \tag{2-4-1}$$

①対向反応の微分方程式は，$B = A_0 - A$ を代入して，

$$\frac{dA}{dt} = k_{-1}B - k_{+1}A = k_{-1}A_0 - (k_{+1} + k_{-1})A \tag{2-4-2}$$

平衡状態では上式がゼロになる．
平衡濃度を A_{eq} とする．

$$A_0 = \frac{k_{+1} + k_{-1}}{k_{-1}} A_{eq} \tag{2-4-38}$$

②初期条件は $t = 0$ で $A = A_0$ として，③先の式をラプラス変換．

$$s\mathscr{L}(A) - A_0 = \frac{k_{-1}A_0}{s} - (k_{+1} + k_{-1})\mathscr{L}(A) \tag{2-4-39}$$

④これを $\mathscr{L}(A)$ についてまとめる．

$$\mathscr{L}(A) = \frac{sA_0 + k_{-1}A_0}{s\{s + (k_{+1} + k_{-1})\}} \tag{2-4-40}$$

右辺が以下のように部分分数展開できると仮定．

$$\frac{sA_0 + k_{-1}A_0}{s\{s + (k_{+1} + k_{-1})\}} = \frac{\mathscr{X}}{s} + \frac{\mathscr{Y}}{s + (k_{+1} + k_{-1})} \tag{2-4-41}$$

等式が成り立つ $\mathscr{X}$, $\mathscr{Y}$ を求めるために以下の恒等式を解く．

$$sA_0 + k_{-1}A_0 = s(\mathscr{X} + \mathscr{Y}) + (k_{+1} + k_{-1})\mathscr{X} \tag{2-4-42}$$

変数 s の係数項と，定数項の等式を連立させて解く．

$$\begin{cases} \mathscr{X} = \frac{k_{-1}}{k_{+1} + k_{-1}} A_0 = \frac{k_{-1}}{k_{+1} + k_{-1}} \left(\frac{k_{+1} + k_{-1}}{k_{-1}} A_{eq} \right) = A_{eq} \\ \mathscr{X} + \mathscr{Y} = A_0 \end{cases} \tag{2-4-43}$$

したがって，

$$\mathscr{L}(A) = \frac{A_{eq}}{s} + \frac{A_0 - A_{eq}}{s + (k_{+1} + k_{-1})} \tag{2-4-44}$$

⑤得られた結果をラプラス逆変換する．

$$A = A_{eq} + (A_0 - A_{eq})\exp\{-(k_{+1} + k_{-1})t\} \tag{2-4-45}$$

最終的に，

$$\frac{A - A_{eq}}{A_0 - A_{eq}} = \exp\{-(k_{+1} + k_{-1})t\} \tag{2-4-46}$$

両辺の対数をとると，積分操作ができた．

$$\ln \frac{A - A_{eq}}{A_0 - A_{eq}} = -(k_{+1} + k_{-1})t \tag{2-4-5}$$

【4】併発反応におけるラプラス変換 SBOs:C1-(3)-①-2,5

$$\text{A} \xrightarrow{k_1} \text{P}_1 \quad , \quad \text{A} \xrightarrow{k_2} \text{P}_2 \tag{2-4-9}$$

① 併発反応における A の反応速度式

$$\frac{dA}{dt} = -\sum_{i=1}^{n}(k_i A) = -\left(\sum_{i=1}^{n} k_i\right) A = -k_{\text{obs}} A \tag{2-4-47}$$

となり，②③ラプラス変換する．

$$s\mathscr{L}(A) - A_0 = -k_{\text{obs}}\mathscr{L}(A) \tag{2-4-48}$$

④ $\mathscr{L}(A)$ について整理

$$\mathscr{L}(A) = \frac{A_0}{s + k_{\text{obs}}} \tag{2-4-49}$$

⑤ 得られた式をラプラス逆変換して，以下が得られる．

$$\frac{A}{A_0} = \exp(-k_{\text{obs}} t) \tag{2-4-50}$$

生成成分 P_i について①微分方程式を立て，上式の A を代入

$$\frac{dP_i}{dt} = k_i A = k_i A_0 \exp(-k_{\text{obs}} t) \tag{2-4-14}$$

となり，②③ラプラス変換すると，

$$s\mathscr{L}(P_i) = \frac{k_i A_0}{s + k_{\text{obs}}} \tag{2-4-51}$$

④ これを整理し，次のように部分分数展開できると仮定

$$\mathscr{L}(P_i) = \frac{k_i A_0}{s(s + k_{\text{obs}})} = k_i A_0 \left(\frac{\mathscr{X}}{s} + \frac{\mathscr{Y}}{s + k_{\text{obs}}}\right) \tag{2-4-52}$$

$$\frac{1}{s(s + k_{\text{obs}})} = \frac{s(\mathscr{X} + \mathscr{Y}) + k_{\text{obs}}\mathscr{X}}{s(s + k_{\text{obs}})} \tag{2-4-53}$$

$$\therefore) \quad \mathscr{X} = -\mathscr{Y} = \frac{1}{k_{\text{obs}}} \tag{2-4-54}$$

⑤ 得られた式をラプラス逆変換する．

$$\frac{P_i}{A_0} = \frac{k_i}{k_{\text{obs}}}\{1 - \exp(-k_{\text{obs}} t)\} \tag{2-4-15}$$

以上で積分操作ができた．

【5】逐次反応におけるラプラス変換 SBOs:C1-(3)-①-2,5

$$\boxed{A} \xrightarrow{k_1} \boxed{B} \xrightarrow{k_2} \boxed{C} \tag{2-4-17}$$

逐次反応の微分方程式は，

$$\begin{cases} \dfrac{dA}{dt} = -k_1 A & (2\text{-}4\text{-}18) \\[1em] \dfrac{dB}{dt} = k_1 A - k_2 B & (2\text{-}4\text{-}19) \\[1em] \dfrac{dC}{dt} = k_2 B & (2\text{-}4\text{-}20) \end{cases}$$

の3つの連立式となる．

第一に，dA/dt の式 2-4-18 をラプラス変換する．

$$s\mathscr{L}(A) - A_0 = -k_1 \mathscr{L}(A) \tag{2-4-55}$$

$\mathscr{L}(A)$ について整理する．

$$\mathscr{L}(A) = \frac{A_0}{s + k_1} \tag{2-4-56}$$

得られた式 2-4-56 をラプラス逆変換して，以下が得られる．

$$\frac{A}{A_0} = \exp(-k_1 t) \tag{2-4-21}$$

第二に，dB/dt の式 2-4-19 をラプラス変換する．

$$s\mathscr{L}(B) = k_1 \mathscr{L}(A) - k_2 \mathscr{L}(B) \tag{2-4-57}$$

これを $\mathscr{L}(B)$ で整理し，$\mathscr{L}(A)$ を代入すると，

$$\mathscr{L}(B) = \frac{k_1}{s + k_2} \mathscr{L}(A) = \frac{k_1}{(s + k_1)(s + k_2)} A_0 \tag{2-4-58}$$

右辺が以下のように部分分数展開できると仮定して，

$$\frac{k_1}{(s + k_1)(s + k_2)} = \left(\frac{\mathscr{X}}{s + k_1} + \frac{\mathscr{Y}}{s + k_2} \right) \tag{2-4-59}$$

等式が成り立つような $\mathscr{X}$, $\mathscr{Y}$ を求める．

$$\mathscr{X} = -\mathscr{Y} = \frac{k_1}{k_2 - k_1} \tag{2-4-60}$$

得られた式をラプラス逆変換すると，以下が得られる．

$$\frac{B}{A_0} = \frac{k_1}{k_2 - k_1}\{\exp(-k_1 t) - \exp(-k_2 t)\} \tag{2-4-22}$$

第三に，C は初濃度 A_0 から A と B の濃度を引けばよい．

$$\frac{C}{A_0} = 1 - \frac{k_2}{k_2 - k_1}\exp(-k_1 t) + \frac{k_1}{k_2 - k_1}\exp(-k_2 t) \tag{2-4-23}$$

以上で積分操作ができた．

続いて，B の極大値 $B_{\max}$ についての計算を行う．

極大値では B の時間変化がゼロになるから，$dB/dt = 0$ である．

$$\frac{1}{A_0}\frac{dB}{dt} = \frac{k_1}{k_2 - k_1}\{-k_1\exp(-k_1 t) + k_2\exp(-k_2 t)\} = 0 \tag{2-4-24}$$

$$k_1 \exp(-k_1 t_{\max}) = k_2 \exp(-k_2 t_{\max}) \tag{2-4-61}$$

∴) $$\exp\{(k_2 - k_1)t_{\max}\} = \frac{k_2}{k_1} \tag{2-4-62}$$

$$(k_2 - k_1)t_{\max} = \ln\left(\frac{k_2}{k_1}\right) \tag{2-4-63}$$

$$t_{\max} = \frac{1}{k_2 - k_1}\ln\left(\frac{k_2}{k_1}\right) = \frac{1}{k_1 - k_2}\ln\left(\frac{k_1}{k_2}\right) \tag{2-4-25}$$

ここから極大値 $B_{\max}$ を求める．

$$\frac{B_{\max}}{A_0} = \frac{k_1}{k_2 - k_1}\{\exp(-k_1 t_{\max}) - \exp(-k_2 t_{\max})\} \tag{2-4-64}$$

今，exp 関数の中に対数がある項を含むが，これは対数の定義式から考える．

$$Q = \exp(P) \longleftrightarrow P = \ln(Q)$$

ここで，$P = \ln(R)$ を代入すると，

$$Q = \exp\{\ln(R)\} \longleftrightarrow \ln(R) = \ln(Q) \tag{2-4-65}$$

であるから，$Q = R = \exp\{\ln(R)\}$ となることがわかる．

$$\exp(-k_2 t_{\max}) = \exp\left\{\frac{-k_2}{k_2 - k_1}\ln\left(\frac{k_2}{k_1}\right)\right\}$$

$$= \exp\left[\ln\left\{\left(\frac{k_2}{k_1}\right)^{\frac{-k_2}{k_2 - k_1}}\right\}\right]$$

$$= \left(\frac{k_2}{k_1}\right)^{\frac{-k_2}{k_2 - k_1}} \tag{2-4-66}$$

これを極大値B_{max}の式に代入すればよいが，ここで事前に解釈が必要である．

そのために，反応速度定数k_1とk_2を比較する．

まず，$k_1 \ll k_2$であるなら，中間生成物Bは非常に少なくなるので，その極大値を問題にすることは少なく，むしろBが非常に微量で濃度が一定に近い定常状態にあるという特徴に注目することが多い．

だから，極大値を取り扱う場合は，$k_1 > k_2$の場合であり，本文コラムにあるように$k_1 \simeq k_2$に近づくとt_{max}が大きくなり，B_{max}も低くなる．

そこで，$k_1 \gg k_2$という条件がなりたつ場合というのがここでは重要となる．

これは薬物動態学において経口投与薬物の1-コンパートメントモデルでの取り扱いに用いられ，k_1は消化管吸収プロセス，k_2は肝代謝と腎排泄による消失プロセスの場合に適用される．

このモデルでは消化管吸収のほうがはるかにはやい．

すると，速度定数の逆数の累乗なので$\exp(-k_1 t_{max}) \ll \exp(-k_2 t_{max})$が成り立ち，

$$\frac{B_{max}}{A_0} \simeq \frac{k_1}{k_1 - k_2} \exp(-k_2 t_{max}) \tag{2-4-67}$$

さらに$k_1 \gg k_2$から$k_1 - k_2 \simeq k_1$と近似すれば，極大値B_{max}は次式で与えられる．

$$B_{max} \simeq A_0 \left(\frac{k_2}{k_1}\right)^{\frac{k_2}{k_1}} \tag{2-4-26}$$

【6】可逆的な逐次反応——より複雑な反応への応用

ラプラス変換の実体は，時間tについての原始関数$f(t)$に関数$\exp(-st)$を掛け，tについて0から∞まで定積分する変換である．

$$f(t) \xrightarrow{\mathscr{L}} F(s) = \mathscr{L}\{f(t)\} = \int_0^\infty \exp(-st)f(t)dt \tag{2-4-68}$$

この変換公式を用い，原始関数として$f(t)=1$をラプラス変換すると，最初の変換表に書かれているように変換される．

ところが，これらを知らなくても微分方程式の解に利用できる．

より複雑な反応に適用するとき用いる変換として以下がある．

$$\boxed{\mathscr{L}\left\{\frac{d^2 f(t)}{dt^2}\right\} = s^2 \mathscr{L}\{f(t)\} - sf(0) - \frac{df(0)}{dt}} \tag{2-4-69}$$

これを用いた例として，次のような可逆的な逐次反応の微分方程式を考える．

$$\mathrm{X} \underset{k_{-1}}{\overset{k_{+1}}{\rightleftharpoons}} \mathrm{Y} \underset{k_{-2}}{\overset{k_{+2}}{\rightleftharpoons}} \mathrm{Z} \tag{2-4-70}$$

簡単にするため，[X]と[Y]と[Z]の比率をx, y, zとすると$x+y+z=1$であり，$t=0$のとき$x=1, y=z=0$である．

$$\begin{cases} \dfrac{dx}{dt} = k_{-1}y - k_{+1}x & (2\text{-}4\text{-}71) \\[2mm] \dfrac{dy}{dt} = k_{+1}x + k_{-2}z - (k_{-1} + k_{+2})y & (2\text{-}4\text{-}72) \\[2mm] \dfrac{dz}{dt} = k_{+2}y - k_{-2}z & (2\text{-}4\text{-}73) \end{cases}$$

第一に，式 2-4-71 をさらに t で微分すると

$$\dfrac{d^2x}{dt^2} = k_{-1}\dfrac{dy}{dt} - k_{+1}\dfrac{dx}{dt} \tag{2-4-74}$$

が得られる．これに式 2-4-72 を代入すると，

$$\dfrac{d^2x}{dt^2} = k_{+1}k_{-1}x + k_{-1}k_{-2}z - (k_{-1} + k_{+2})k_{-1}y - k_{+1}\dfrac{dx}{dt} \tag{2-4-75}$$

さらに $z = 1 - x - y$ を代入して，整理すると，

$$\dfrac{d^2x}{dt^2} = k_{-1}k_{-2} + k_{+1}k_{-1}x - k_{-1}k_{-2}x - (k_{-1} + k_{+2} + k_{-2})k_{-1}y - k_{+1}\dfrac{dx}{dt} \tag{2-4-76}$$

これに今度は元の式 2-4-71 を $k_{-1}y$ に代入すると，

$$\dfrac{d^2x}{dt^2} = k_{-1}k_{-2} - (k_{+1}k_{+2} + k_{+1}k_{-2} + k_{-1}k_{-2})x - (k_{+1} + k_{-1} + k_{+2} + k_{-2})\dfrac{dx}{dt} \tag{2-4-77}$$

ここで，以下のように複合パラメータで書き換えする．

$$\begin{cases} \alpha + \beta = k_{+1} + k_{-1} + k_{+2} + k_{-2} & (2\text{-}4\text{-}78) \\[2mm] \alpha\beta = k_{+1}k_{+2} + k_{+1}k_{-2} + k_{-1}k_{-2} & (2\text{-}4\text{-}79) \end{cases}$$

ただし $\alpha < \beta$ とする．このとき，$\beta - \alpha$ は以下の正の値になる．

$$\beta - \alpha = \sqrt{(\alpha + \beta)^2 - 4\alpha\beta} \tag{2-4-80}$$

この表記を用いると式 2-4-77 は以下のように表される．

$$\dfrac{d^2x}{dt^2} + (\alpha + \beta)\dfrac{dx}{dt} + (\alpha\beta)x = k_{-1}k_{-2} \tag{2-4-81}$$

ここで，$t = 0$ のとき $x = 1$，$y = 0$ なので，$dx/dt = k_{-1} \times 0 - k_{+1} \times 1 = -k_{+1}$ になる．これらの初期条件にて式 2-4-81 をラプラス変換すると，

$$s^2 \mathscr{L}(x) - s + k_{+1} + (\alpha + \beta)s\mathscr{L}(x) - (\alpha + \beta) + (\alpha\beta)\mathscr{L}(x) = \dfrac{k_{-1}k_{-2}}{s} \tag{2-4-82}$$

これを $\mathscr{L}(x)$ について整理すると，

$$\mathscr{L}(x) = \dfrac{s^2 + (\alpha + \beta - k_{+1})s + k_{-1}k_{-2}}{s\{s^2 + (\alpha + \beta)s + \alpha\beta\}} \tag{2-4-83}$$

右辺が以下のように部分分数展開できると仮定する．

$$\mathscr{L}(\alpha) = \frac{s^2 + (\alpha + \beta - k_{+1})s + k_{-1}k_{-2}}{s(s+\alpha)(s+\beta)} = \frac{\mathscr{A}}{s} + \frac{\mathscr{B}}{s+\alpha} - \frac{\mathscr{C}}{s+\beta} \tag{2-4-84}$$

$$= \frac{(\mathscr{A} + \mathscr{B} - \mathscr{C})s^2 + \{\mathscr{A}(\alpha+\beta) + \mathscr{B}\beta - \mathscr{C}\alpha\}s + A\alpha\beta}{s(s+\alpha)(s+\beta)} \tag{2-4-85}$$

変数 s についての恒等式として，$\mathscr{A}, \mathscr{B}, \mathscr{C}$ を解くと

$$\mathscr{A} = \frac{k_{-1}k_{-2}}{\alpha\beta}, \quad 1-\mathscr{A} = \frac{k_{+1}k_{+2} + k_{-1}k_{+2}}{\alpha\beta} \tag{2-4-86}$$

$$\mathscr{B} = \frac{k_{-1}k_{+2} - k_{+1}\alpha + k_{+1}k_{+2}}{(\beta - \alpha)\alpha} \tag{2-4-87}$$

$$\mathscr{C} = \frac{k_{-1}k_{+2} - k_{+1}\beta + k_{+1}k_{+2}}{(\beta - \alpha)\beta} \tag{2-4-88}$$

式 2-4-84 をラプラス逆変換すると

$$x = \mathscr{A} + \mathscr{B}\exp(-\alpha t) - \mathscr{C}\exp(-\beta t) \tag{2-4-89}$$

式 2-4-89 に式 2-4-86〜式 2-4-88 を代入すると，

$$x = \frac{k_{-1}k_{-2}}{\alpha\beta} + \frac{k_{-1}k_{+2} - k_{+1}\alpha + k_{+1}k_{+2}}{(\beta-\alpha)\alpha}\exp(-\alpha t) - \frac{k_{-1}k_{+2} - k_{+1}\beta + k_{+1}k_{+2}}{(\beta-\alpha)\beta}\exp(-\beta t) \tag{2-4-90}$$

のように解くことができる．

第二に，式 2-4-73 についても同じように解くことができて，

$$\frac{d^2 z}{dt^2} + (\alpha + \beta)\frac{dz}{dt} + (\alpha\beta)z = k_{+1}k_{+2} \tag{2-4-91}$$

初期条件は $t=0$ のとき $y=0$，$z=0$ であり，$dz/dt=0$ となるから，ラプラス変換すると，

$$s^2\mathscr{L}(z) + (\alpha+\beta)s\mathscr{L}(z) + (\alpha\beta)\mathscr{L}(z) = \frac{k_{+1}k_{+2}}{s} \tag{2-4-92}$$

これを $\mathscr{L}(z)$ について整理すると，

$$\mathscr{L}(z) = \frac{k_{+1}k_{+2}}{s\{s^2 + (\alpha+\beta)s + \alpha\beta\}} \tag{2-4-93}$$

$$= \frac{k_{+1}k_{+2}}{s(s+\alpha)(s+\beta)} \tag{2-4-94}$$

$$= \frac{k_{+1}k_{+2}}{(\alpha\beta)s} - \frac{k_{+1}k_{+2}}{\beta-\alpha}\left(\frac{1}{\alpha}\frac{1}{s+\alpha} - \frac{1}{\beta}\frac{1}{s+\beta}\right) \tag{2-4-95}$$

得られた結果をラプラス逆変換すると，

$$z = \frac{k_{+1}k_{+2}}{\alpha\beta} - \frac{k_{+1}k_{+2}}{(\beta-\alpha)\alpha}\exp(-\alpha t) + \frac{k_{+1}k_{+2}}{(\beta-\alpha)\beta}\exp(-\beta t) \tag{2-4-96}$$

のように解くことができる．

第三に，$y=1-x-z$ であるから，式 2-4-90，式 2-4-96 を代入すると，

$$y = 1 - \frac{k_{-1}k_{-2}}{\alpha\beta} - \frac{k_{-1}k_{+2} - k_{+1}\alpha + k_{+1}k_{+2}}{(\beta-\alpha)\alpha}\exp(-\alpha t) + \frac{k_{-1}k_{+2} - k_{+1}\beta + k_{+1}k_{+2}}{(\beta-\alpha)\beta}\exp(-\beta t)$$
$$- \frac{k_{+1}k_{+2}}{\alpha\beta} + \frac{k_{+1}k_{+2}}{(\beta-\alpha)\alpha}\exp(-\alpha t) - \frac{k_{+1}k_{+2}}{(\beta-\alpha)\beta}\exp(-\beta t) \tag{2-4-97}$$

これを整理して，式 2-4-79 を代入すると

$$y = \frac{k_{+1}k_{-2}}{\alpha\beta} - \frac{k_{-1}k_{+2} - k_{+1}\alpha}{(\beta-\alpha)\alpha}\exp(-\alpha t) + \frac{k_{-1}k_{+2} - k_{+1}\beta}{(\beta-\alpha)\beta}\exp(-\beta t) \tag{2-4-98}$$

が得られる．

　指数関数の引き算の項は，時間が大きくなれば 0 に減衰するので，x, y, z の平衡濃度の比は以下のようになる．

$$x : y : z = k_{-1}k_{-2} : k_{+1}k_{-2} : k_{+1}k_{+2} \tag{2-4-99}$$

すなわち，可逆的な逐次反応では時間が経って平衡状態に達するときは，反応速度定数の比で決定される量比へと漸近する．

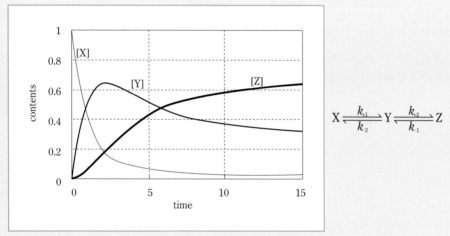

$k_{+1}=1$，$k_{-1}=1/10$，$k_{+2}=1/5$，$k_{-2}=1/10$ のときのシミュレーション曲線
平衡濃度比は，$x:y:z=3.2\%：32\%：64\%$ となる．

　パルミチン酸クロラムフェニコール，スルファチアゾール，インドメタシン，ファモチジン，リボフラビンでは結晶多形で溶解度に違いがある．

　また，アンピシリン，カフェイン，テオフィリン，グルテチミドなどには安定な水和物があって，無水物よりも溶解度が低い．

　上のグラフはこれらの溶解度をシミュレーションしている．

　準安定結晶を X，溶液を Y，再結晶した安定結晶を Z とみなすと，Y が初期に増大して過飽和になったあとに，安定結晶が析出することによって平衡状態に達してその系での飽和状態になっている．

　映画「ロレンツォのオイル」の前半ではオリーブオイル由来のオレイン酸の TG を食事に加

えた.

　これは，一不飽和脂肪酸（オレイン酸）や飽和脂肪酸（ステアリン酸）が重合することと，多不飽和脂肪酸（リノール酸，リノレン酸）が重合することが同時に起こることから，反応を前者に傾けることで後者を圧迫しようとしたものである.

　しかしながら，この可逆的な逐次反応は，前者の存在で速度が低下しても，時間が経過してしまえば反応速度定数によって決まる比率で超長鎖脂肪酸を産生してしまう.

　このため，健常人のレベルまで超長鎖脂肪酸量を抑制できなかった.

　そこで，反応が左には進むが，右には進まないエルカ酸を食事に加え，絶えず左側の反応が左方向に進むようにしむけることで可逆的な逐次反応を左方向に動かしたのである.

　この結果，病状の進行が止まって指が動いたというのが映画製作側の主張であった.

【7】アレニウスの二段階反応機構モデル

以下のような可逆的な逐次反応の微分方程式を考える.

$$X \underset{k_{-1}}{\overset{k_{+1}}{\rightleftarrows}} Y \overset{k_{+2}}{\rightarrow} Z \tag{2-4-100}$$

これはアレニウスの二段階反応機構モデルにあたる.

ここでも，[X] と [Y] と [Z] の比率を x, y, z とする.

$x+y+z=1$ であり，$t=0$ のとき $x=1$, $y=0$, $z=0$ である.

$$\begin{cases} \dfrac{dx}{dt} = k_{-1}y - k_{+1}x & (2\text{-}4\text{-}101) \\[2mm] \dfrac{dy}{dt} = k_{+1}x - (k_{-1}+k_{+2})y & (2\text{-}4\text{-}102) \\[2mm] \dfrac{dz}{dt} = k_{+2}y & (2\text{-}4\text{-}103) \end{cases}$$

このまま一階微分式をラプラス変換して，連立式として解いてもよいが，【6】と同様に二階微分式を用いたほうが見通しがよい.

そこで第一に，式2-4-101をさらに t で微分すると

$$\frac{d^2x}{dt^2} = k_{-1}\frac{dy}{dt} - k_{+1}\frac{dx}{dt} \tag{2-4-104}$$

が得られる.

これに式2-4-102を代入すると，

$$\frac{d^2x}{dt^2} = k_{+1}k_{-1}x - (k_{-1}+k_{+2})k_{-1}y - k_{+1}\frac{dx}{dt} \tag{2-4-105}$$

これに元の式2-4-101を $k_{-1}y$ に代入すると，

$$\frac{d^2x}{dt^2} = -k_{+1}k_{+2}x - (k_{+1}+k_{-1}+k_{+2})\frac{dx}{dt} \tag{2-4-106}$$

ここで，以下のように複合パラメータで書き換えする．

$$\begin{cases} \alpha + \beta = k_{+1} + k_{-1} + k_{+2} & \text{(2-4-107)} \\ \alpha\beta = k_{+1}k_{+2} & \text{(2-4-108)} \end{cases}$$

ただし $\alpha < \beta$ とする．このとき，$\beta - \alpha$ は以下の正の値になる．

$$\beta - \alpha = \sqrt{(\alpha + \beta)^2 - 4\alpha\beta} \tag{2-4-109}$$

この表記を用いると式 2-4-106 は以下のように表される．

$$\frac{d^2x}{dt^2} + (\alpha + \beta)\frac{dx}{dt} + (\alpha\beta)x = 0 \tag{2-4-110}$$

ここで，$t = 0$ のとき $x = 1$, $y = 0$ なので，$dx/dt = k_{-1} \times 0 - k_{+1} \times 1 = -k_{+1}$ になる．
これらの初期条件にて式 2-4-110 をラプラス変換すると，

$$s^2\mathscr{L}(x) - s + k_{+1} + (\alpha + \beta)s\mathscr{L}(x) - (\alpha + \beta) + (\alpha\beta)\mathscr{L}(x) = 0 \tag{2-4-111}$$

これを $\mathscr{L}(x)$ について整理すると，

$$\mathscr{L}(x) = \frac{s + (\alpha + \beta - k_{+1})}{s^2 + (\alpha + \beta)s + \alpha\beta} \tag{2-4-112}$$

これが以下のように部分分数展開できると仮定する．

$$\mathscr{L}(x) = \frac{s + (\alpha + \beta - k_{+1})}{(s + \alpha)(s + \beta)} = \frac{\mathscr{A}}{s + \alpha} - \frac{\mathscr{B}}{s + \beta} \tag{2-4-113}$$

変数 s についての恒等式として，$\mathscr{A}$, $\mathscr{B}$ を解くと，

$$\mathscr{A} = \frac{\beta - k_{+1}}{\beta - \alpha}, \quad \mathscr{B} = \frac{\alpha - k_{+1}}{\beta - \alpha} \tag{2-4-114}$$

この結果，式 2-4-113 は以下になる．

$$\mathscr{L}(x) = \frac{1}{\beta - \alpha}\left(\frac{\beta - k_{+1}}{s + \alpha} - \frac{\alpha - k_{+1}}{s + \beta}\right) \tag{2-4-115}$$

これをラプラス逆変換すると，

$$x = \frac{\beta - k_{+1}}{\beta - \alpha}\exp(-\alpha t) - \frac{\alpha - k_{+1}}{\beta - \alpha}\exp(-\beta t) \tag{2-4-116}$$

のように解くことができる．

第二に，式 2-4-102 についてラプラス変換してから，式 2-4-112 を代入すると，

$$s\mathscr{L}(y) = k_{+1}\mathscr{L}(x) - (k_{-1} + k_{+2})\mathscr{L}(y) \tag{2-4-117}$$

$$\mathscr{L}(y) = \frac{k_{+1}\mathscr{L}(x)}{s + k_{-1} + k_{+2}} = \frac{k_{+1}}{s + (\alpha + \beta - k_{+1})}\mathscr{L}(x) \tag{2-4-118}$$

$$\mathscr{L}(y) = \frac{k_{+1}}{\{s+(\alpha+\beta-k_{+1})\}} \frac{\{s+(\alpha+\beta-k_{+1})\}}{\{s^2+(\alpha+\beta)s+\alpha\beta\}} \tag{2-4-119}$$

$$= \frac{k_{+1}}{(s+\alpha)(s+\beta)} = \frac{\mathscr{C}}{s+\alpha} - \frac{\mathscr{D}}{s+\beta} \tag{2-4-120}$$

変数 s についての恒等式として，$\mathscr{C}, \mathscr{D}$ を解くと，

$$\mathscr{C} = \mathscr{D} = \frac{k_{+1}}{\beta-\alpha} \tag{2-4-121}$$

この結果，式 2-4-120 は以下になる．

$$\mathscr{L}(y) = \frac{k_{+1}}{\beta-\alpha}\left(\frac{1}{s+\alpha} - \frac{1}{s+\beta}\right) \tag{2-4-122}$$

これをラプラス逆変換すると，

$$y = \frac{k_{+1}}{\beta-\alpha}\exp(-\alpha t) - \frac{k_{+1}}{\beta-\alpha}\exp(-\beta t) \tag{2-4-123}$$

第三に，$z=1-x-y$ だから，式 2-4-116 と式 2-4-123 を代入すると

$$z = 1 - \frac{\beta}{\beta-\alpha}\exp(-\alpha t) + \frac{\alpha}{\beta-\alpha}\exp(-\beta t) \tag{2-4-124}$$

のように解くことができる．

以上で得られた x, y, z の時間変化をシミュレーションすると，次のグラフのようになる．

前項【6】のグラフ（p.119）と比較すると $k_{-2}=1/10$ と $k_{-2}=0$ の違いで，Y の極大値の時間はあまり変わらない．

しかし，中間生成物 Y の減衰が全く異なる時間経過となることがわかる．

アスピリン懸濁液の加水分解のモデルとして，X を結晶状態，Y を溶液状態，Z を加水分解

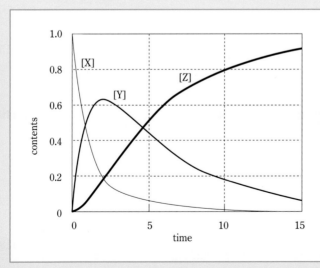

$k_{+1}=1$, $k_{-1}=1/10$, $k_{+2}=1/5$ のときのシミュレーション曲線

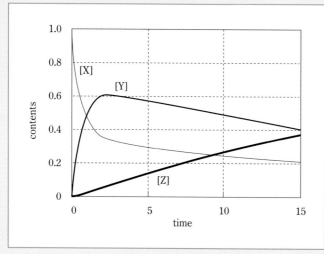

$k_{+1}=1$, $k_{-1}=1/2$, $k_{+2}=1/20$ のときのシミュレーション曲線

物とみなす．

仮定として時間の経過によって溶解速度は変わらないとし，溶解の速度定数 $k_{+1}=1$，再結晶の速度定数 $k_{-1}=1/2$，加水分解の速度定数 $k_{+2}=1/20$ とおいてシミュレーションした結果のグラフは上のようになる．

これを見ると，濃度ゼロの液体に入れられた結晶 X は最初に急激に溶出して Y になる．
このタイムラグの後に溶出速度と加水分解速度が釣り合う．
グラフをみると，溶出によって絶えず供給されることで [Y] が飽和濃度で一定になるわけではない．
シミュレーションでは，徐々に濃度は減少する．
グラフの横軸時間 3 から時間 15 までの範囲で [X] と [Y] の和をプロットし，これを直線近似したときの傾きは 0.025 になる．
[Y] の最大濃度 0.61 を飽和濃度 C_S とすると，みかけの反応速度定数 $k_{obs}=k_{+2}C_S$ の近似から $k_{+2}=0.041$ となるから，シミュレーションに用いた値 $k_{+2}=1/20$ とは 2 割の違いを生じる．
加水分解速度の設定をさらに遅くし，$k_{+2}=1/200$ と設定した場合には，傾きが 0.0032 になるから，シミュレーション結果 $k_{+2}=0.0049$ が得られ，一致がよくなる．
以上から，飽和濃度という解釈が成立する範囲は反応速度定数の比が 1/20 よりももっと離れている場合であると言える．

【8】2-コンパートメント・モデル

つぎのように可逆的な逐次反応の出発点を P にすると，一方が可逆的な分岐反応と見なすことができる．

```
   P  --k+2--> R
k+1 ↕ k-1
   Q
```
(2-4-125)

このような取り扱いは，チオバルビツール酸など脂肪組織に吸収されやすい薬物の体内動態の解析に利用される．

すなわち，血管内投与された薬物量を P とし，脂肪組織に分配される薬物量を Q とみなす．R を消失，すなわち代謝と排泄とみなすのである．

この時，薬物の血中量の経時変化は P だから，P が治療に最低限必要な量から，副作用が出て危険な量までの範囲に入っている必要がある．

この速度論的な取り扱いを 2-コンパートメント・モデルという．

これに対して【2】で扱った A → B が血管内投与の 1-コンパートメント・モデル，【4】の逐次反応が経口投与の 1-コンパートメント・モデルに相当する．

微分型速度式は【7】と同じになるが，初期条件が異なる．

$$\frac{dq}{dt} = k_{-1}p - k_{+1}q \tag{2-4-126}$$

$$\frac{dp}{dt} = k_{+1}q - (k_{-1} + k_{+2})p \tag{2-4-127}$$

$$\frac{dr}{dt} = k_{+2}p \tag{2-4-128}$$

出発点を P とするから，$t=0$ のとき $p=1$, $q=0$, $r=0$ の初期条件を与える．

ここでも，【6】と同様に二階微分式を用いたほうが見通しがよいから，同じ操作にて式 2-4-127 に複合パラメータ α, β を導入する．

$$\frac{d^2p}{dt^2} = k_{+1}\frac{dq}{dt} - (k_{-1} + k_{+2})\frac{dp}{dt} \tag{2-4-129}$$

が得られる．これに式 2-4-126 を代入すると，

$$\frac{d^2p}{dt^2} = k_{+1}(k_{-1}p - k_{+1}q) - (k_{-1} + k_{+2})\frac{dp}{dt} \tag{2-4-130}$$

これに元の式 2-4-127 を $(k_{-1}p - k_{+1}q)$ に代入すると，

$$\frac{d^2p}{dt^2} = -k_{+1}k_{+2}p - (k_{+1} + k_{-1} + k_{+2})\frac{dp}{dt} \tag{2-4-131}$$

ここで，以下のように書き換えする．ただし $\alpha < \beta$ とする．

$$\alpha + \beta = k_{+1} + k_{-1} + k_{+2} \tag{2-4-132}$$

$$\alpha\beta = k_{+1}k_{+2} \tag{2-4-133}$$

この表記を用いると式 2-4-131 は以下のように表される．

$$\frac{d^2p}{dt^2} + (\alpha+\beta)\frac{dp}{dt} + (\alpha\beta)p = 0 \tag{2-4-134}$$

ここで，$t=0$ のとき $q=0$，$p=1$ なので，$dp/dt = k_{+1}\times 0 - (k_{-1}+k_{+2})\times 1 = -(k_{-1}+k_{+2})$ になる．

これらの初期条件にて式 2-4-134 をラプラス変換すると，

$$s^2\mathscr{L}(p) - s + (k_{-1}+k_{+2}) + (\alpha+\beta)s\mathscr{L}(p) - (\alpha+\beta) + \alpha\beta\mathscr{L}(p) = 0 \tag{2-4-135}$$

これを $\mathscr{L}(p)$ について整理すると，

$$\mathscr{L}(p) = \frac{s + k_{+1}}{s^2 + (\alpha+\beta)s + \alpha\beta} \tag{2-4-136}$$

これが以下のように部分分数展開できると仮定する．

$$\mathscr{L}(p) = \frac{s + k_{+1}}{(s+\alpha)(s+\beta)} = \frac{\mathscr{A}}{s+\alpha} - \frac{\mathscr{B}}{s+\beta} \tag{2-4-137}$$

変数 s についての恒等式として，$\mathscr{A}, \mathscr{B}$ を解くと，

$$\mathscr{A} = \frac{k_{+1}-\alpha}{\beta-\alpha}, \quad \mathscr{B} = \frac{k_{+1}-\beta}{\beta-\alpha} \tag{2-4-138}$$

この結果，式 2-4-137 は以下になる．

$$\mathscr{L}(p) = \frac{1}{\beta-\alpha}\left(\frac{k_{+1}-\alpha}{s+\alpha} - \frac{k_{+1}-\beta}{s+\beta}\right) \tag{2-4-139}$$

これをラプラス逆変換すると，

$$p = \frac{k_{+1}-\alpha}{\beta-\alpha}\exp(-\alpha t) - \frac{k_{+1}-\beta}{\beta-\alpha}\exp(-\beta t) \tag{2-4-140}$$

のように解くことができる．

第二に，式 2-4-126 についてラプラス変換して，式 2-4-137 を代入すると

$$s\mathscr{L}(q) = k_{-1}\mathscr{L}(p) - k_{+1}\mathscr{L}(q) \tag{2-4-141}$$

$$\mathscr{L}(q) = \frac{k_{-1}}{s+k_{+1}}\mathscr{L}(p) = \frac{k_{-1}}{s+k_{+1}}\frac{s+k_{+1}}{(s+\alpha)(s+\beta)} \tag{2-4-142}$$

$$= \frac{k_{-1}}{(s+\alpha)(s+\beta)} = \frac{\mathscr{C}}{s+\alpha} - \frac{\mathscr{D}}{s+\beta} \tag{2-4-143}$$

変数 s についての恒等式として，$\mathscr{C}, \mathscr{D}$ を解くと，

$$\mathscr{C} = \mathscr{D} = \frac{k_{-1}}{\beta-\alpha} \tag{2-4-144}$$

この結果，式 2-4-143 は以下になる．

$$\mathscr{L}(q) = \frac{k_{-1}}{\beta-\alpha}\left(\frac{1}{s+\alpha} - \frac{1}{s+\beta}\right) \tag{2-4-145}$$

これをラプラス逆変換すると，

$$q = \frac{k_{-1}}{\beta - \alpha}\exp(-\alpha t) - \frac{k_{-1}}{\beta - \alpha}\exp(-\beta t) \tag{2-4-146}$$

第三に，$r = 1 - p - q$ だから，式 2-4-140, 式 2-4-146, 式 2-4-132 を代入すると

$$r = 1 - \frac{\beta - k_{+2}}{\beta - \alpha}\exp(-\alpha t) + \frac{\alpha - k_{+2}}{\beta - \alpha}\exp(-\beta t) \tag{2-4-147}$$

のように解くことができる．

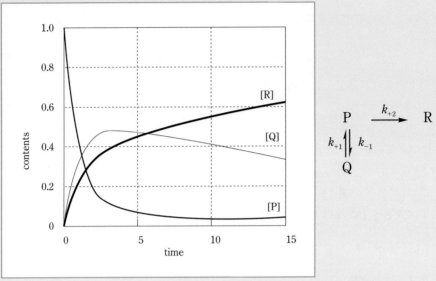

$k_{+1}=1/10$, $k_{-1}=1/2$, $k_{+2}=1/3$ のときのシミュレーション曲線

初期には Q 側にも R 側にも進行する速度の大きい反応段階がある．

やがて，可逆的な Q は極大値に達した後には反応が R 側に傾き，速度の遅い反応段階になることがわかる．

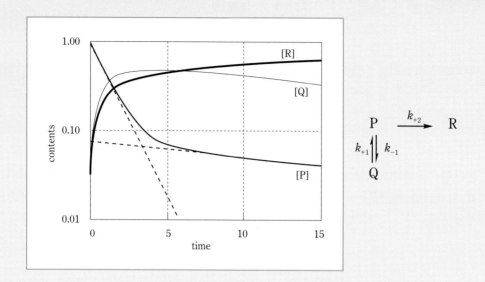

　1次反応を仮定しているので，縦軸を対数にすると，グラフの破線で示したように，P量の変化は2本の直線で表されることがわかる．

　それぞれの傾きから，高速段階では見かけの速度定数 $\alpha+\beta$，低速段階では，見かけの速度定数 α が観測される．

　こうして，実験的に観測することができる α と β を複合パラメータ（ハイブリッド＝パラメータ）といい，もとの k_{+1}, k_{-1}, k_{+2} を微視的パラメータ（ミクロ＝スコピック＝パラメータ）という．

　これと同じことは，【7】でも観測される．

　【7】の場合も出発物質である X 量の変化には二相性がある．

　これに対して，可逆過程を含まない【4】の単純な逐次反応では，対数軸での A 量の変化は二相性のない直線であり，みかけの反応速度定数は k_1 である．

　では，2つの可逆過程からなる逐次反応である【6】ではどうなるかというと，対数軸での X 量変化は直線にならず，下に凸の曲線となる．

2-5 均一系の触媒反応
―酸・塩基触媒―

Episode イオンの宅配便？
―油の中でイオンを配る触媒―

　水にとけない化合物を有機合成するときに、油にとけない試薬を使わなければならないことがあります。「相間移動触媒」はそういうとき油にとけた原料化合物のところまで試薬を運んでやる触媒です。

　ミトコンドリアの呼吸鎖という膜酵素群はTCA回路でつくられる還元物質を酸化しながらミトコンドリア膜内のH^+を放出させ、pH勾配を形成します。

　ATPaseはこうして放出されたH^+が膜内に流入するエネルギーを転換してADPのリン酸化に利用し、高エネルギー物質であるATPを合成するのです。

　この膜を介したATP産生機構を化学浸透圧説といい、ミトコンドリア膜のpH勾配を仲立ちにした呼吸鎖とATPaseのエネルギーの授受をカップリングといいます。

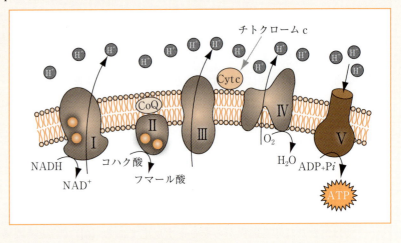

　ミトコンドリア膜に2,4-ジニトロフェノールなどの疎水性の弱酸性物質を添加すると、膜中でも疎水性弱酸は中性分子とアニオンの酸解離平衡を形成します。

　膜にpH勾配があると、疎水性弱酸は低pH界面でアニオン型がH^+と結合し、高pH界面で分子型がH^+を放出するサイクルを繰り返して、pH勾配を解消してしまいます。

　このような物質をアンカップラーといいます。

　構造式に示したSF6847（Tyrphostin-9, RG-50872, Malonaben）は、アニオンになっても電荷を非局在化させることで親水性があがらないよう工夫された「究極のアンカップラー」として分子設計された化合物です。

　分子量が小さいため膜内でのブラウン運動が許す限り最高の速度でH^+を膜輸送し、膜透過反応を触媒した事実（1971年）が、pH勾配駆動性ATPaseの発見（1975年）とともに化学浸透圧説（1961年）の実

空気中にいる人間が水の中に潜るには潜水艦を使う．水相中にいるK^+が油相の中に潜るにはバリノマイシンを使う．

証に貢献しました．（化学浸透圧説ノーベル化学賞の受賞は 1978 年）

　SF6847 が膜中でも安定な電荷をもつ特性を応用し，バリノマイシンという抗生物質と K^+ カチオンで 3 体複合体となって油相中にイオンを分散させるナノ構造体が見いだされました（1981 年）．

　視野を拡げ，フェノール誘導体やジアゾ化合物などの疎水性アニオンも見てみると，アルキルアンモニウムを添加することで生体膜に移行しやすくなります．アルキルアンモニウムには疎水性アニオン類と疎水性イオン対を作ることで油相に分散させる機能があると考えられます．

　もう一方のバリノマイシン～K^+ 複合体についても，それに代わるシアニン色素など様々な疎水性カチオンが模索され，ミトコンドリア膜におけるカップリング阻害作用を示すときリン酸などの溶液組成と深い関係があったので，ミトコンドリア膜にあるリン酸輸送タンパク質との関係が検討されましたが，タンパク質を含まない人工膜でもこの現象は確認されていました．

　この結果は親水性物質の代表といってもよいオキソ酸が輸送タンパク質やナノ複合体の形成なしに油相へ分散する可能性を支持するのです．

　バリノマイシンと同様に金属カチオンと結合するクラウンエーテルの K^+ 包接化合物（構造式参照）を有機溶媒に溶解させることでアニオンを油相中に均一に分散できます．

　そこで今日用いられている技術として，クラウンエーテル～K^+ 包接化合物を用い，MnO_4^- アニオンや O_2^- アニオンなどを有機溶媒中に分散したものが利用されています．

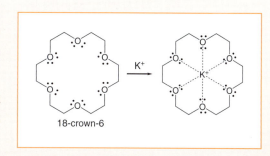

　クラウンエーテル～$KMnO_4$ は疎水性化合物を酸化しますが，この酸化反応に対してクラウンエーテルのことを「相間移動触媒」というのです．

2-5

　クラウンエーテル～KO_2 は疎水環境における活性酸素のはたらきを知るためのモデルに用いられています．

　また，有機化学反応に頻繁に用いられる求核試薬の多くは油相にとけにくい物質が多いのですが，これらにアルキルアンモニウム類を加えることで，有機溶媒中の反応物とともに混和させることが可能になりました．

　求核反応に対してアルキルアンモニウム類のことも「相間移動触媒」といいます．

　薬学では生命科学と物理化学と有機化学の研究者たちが同じ屋根の下で過ごしていますから，分野を超えた繋がりが見えてくることがあります．

Points　触媒反応

触媒：①化学反応の反応速度を促進させる物質であり，しかも②反応前の状態と反応後の状態を変えない物質．③触媒は反応系にも生成系にも含まれる．

　これに対して反応速度を低下させる物質を**阻害剤**という．

　反応系に含まれる化学種のうち反応の前後で変化が観測されるものを**基質**という．

均一触媒：反応系と同じ相に含まれる触媒．（特殊酸・塩基触媒など）

不均一触媒：相間（溶液と固体の間など）の界面ちかくで作用する触媒．（金属触媒など）

自己触媒：反応において反応物または生成物のひとつが触媒作用をもたらすもの．

分子内触媒：反応物質分子の置換基がその分子自身に対する触媒作用を示すもの．

特殊酸・塩基触媒：**特殊触媒**とは，特定の触媒物質が反応を加速するが，同じような物質のグループにはそのような作用がないことをいう．通常は特殊酸・塩基触媒を意味している．酸・塩基触媒とは化学反応に作用する触媒のうち pH によって組成が変化するものをいう．酸・塩基触媒の中で，水素イオン（オキソニウムイオン）と水酸化物イオンの挙動は特徴的であり，これを特殊触媒として他と区別する．

$$k_{obs} = k_H[H^+] + k_{OH}[OH^-] \tag{2-5-8}$$

$$k_{obs} = k_0 + k_H[H^+] + k_{OH}[OH^-] \tag{2-5-11}$$

一般酸・塩基触媒：pH によって組成が変化し，その結果触媒作用（つまり反応速度の加速）が pH 依存的である触媒で，水素イオンと水酸化物イオンを除いたもの．

2-5-1　触媒と均一系・不均一系 SBO:C1-(3)-①-7

反応系に含まれる物質のうち，化学反応を通じて変化する物質を**基質**という．

これに対して，化学反応に関係しながらも，反応の前後で変化しない反応物質もある．

化学反応の反応速度を促進するが，反応前の状態と反応後の状態は変えない物質を触媒といい，触媒は反応系にも生成系にも含まれる．

触媒・化学平衡・速度論の研究成果により1909年にノーベル化学賞を受賞したヴィルヘルム・オストヴァルトは「**触媒とは反応速度を変えるが，化学平衡を変えないもの**」と述べており，この言葉は触媒の特徴を端的に表す．

アレニウスの式によれば，反応速度定数を決定づけるのは活性化エネルギー E_a と頻度因子 A と温度 T であった．

触媒は，このうち活性化エネルギーを低下させると考えられる．（図2-33）

日常生活で触媒といえば，ガソリン車の排気管（マフラー）に取り付けられた部品を思い出す．

排ガスに含まれる炭化水素，CO，NO_x の3種類を酸化還元触媒装置で CO_2 や N_2 に変換して排気するから三元触媒といい，酸化還元反応が遷移金属の固体表面で進行する．（図2-34）

触媒という言葉は，金属の固体表面で基質の化学反応を起こすものという印象が強い．

しかし，触媒は冒頭の説明のように定義されているのだから，溶液中の成分でも，反応の前後で変化しなければ触媒である．

エピソードで紹介したクラウンエーテル〜K^+ 包接化合物や，求核試薬に対するアルキルアンモニウムなどの相間移動触媒も有機溶媒中で均一に溶解した触媒である．

野依良治教授が2001年ノーベル化学賞を受賞したのは，有機化学反応の触媒に用いられる遷移金属イオンと複合体を形成する不斉配位子を活用した不斉合成法の開発研究であった．

これらの場合，反応の場では均一分散した分子の間で反応が進行しており，このように作用する触媒を**均一触媒**という．

これに対して，金属触媒のように基質が固体の表面に接触することで触媒反応を進行させるものは**不均一触媒**という．

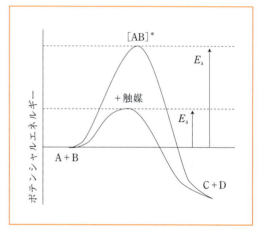

図2-33　アレニウスの二段階反応モデルで触媒は活性化エネルギーを低下させる

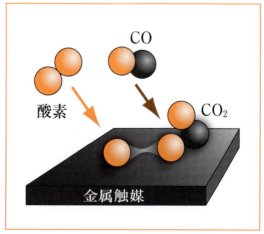

図2-34　金属触媒での一酸化炭素の空気酸化反応

2-5-2 非解離性薬物の特殊酸・塩基触媒反応 SBO:C1-(3)-①-7

【1】V字型グラフ：自発的な分解が無視できる反応

図2-35は，四エチルオルトケイ酸エステルの加水分解反応における，みかけの反応速度定数の常用対数 $\log_{10} k_{obs}$ のpH依存性である．

縦軸は，下にいくほど反応速度定数が小さいのだから，下にいくほど半減期が長く，安定性が高いことを意味する．

V字型のグラフの折れ曲がっている点＝変曲点は pK_A と一致しない．

ケイ酸の pK_A は9.9と13.1である．

変曲点より左の低pH側では傾きが−1（−45°）であり，右の高pH側では傾きが+1（+45°）である．

この例では変曲点はpH 7にあるが，この位置は反応によって異なる．

ヒヨスチアミンはチョウセンアサガオ（ダツラ），ハシリドコロに由来するトロパンアルカロイドである．（図2-36）

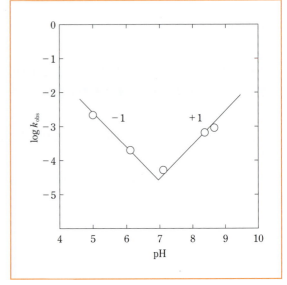

図2-35 ケイ酸エステルの加水分解は低pH条件と高pH条件で加速する：

アトロピンはそのラセミ体で，1901年にドイツで副交感神経の抑制剤として合成された．

エステル加水分解のpH依存性はV字型グラフになる．

ベンジルペニシリン（別名ペニシリンG）は，1929年にフレミングが青カビから抽出した天然ペニシリン中の1成分である．（図2-36）

アミド側鎖が加水分解し，そのpH依存性はV字型グラフになる．

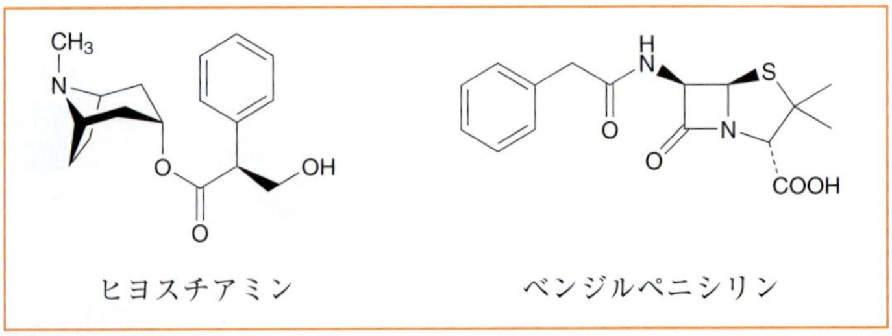

図2-36 加水分解反応がpHに対してV字型になる薬物

反応速度定数がpHに対して，V字型グラフになるのはなぜだろうか？
それは，これまでに学んだことで容易に理解できることである．

エステルやアミドの水溶液における加水分解反応は次のような反応メカニズムで進行する．

$$\text{RCOOR}' + \text{H}_2\text{O} \rightarrow \text{RCOOH} + \text{R}'\text{OH} \tag{2-5-1}$$

水溶液で水は過剰にあるので，水の濃度は変化しないと見なせるから**擬 1 次反応**である．
この反応速度式は反応速度定数を k_0 とすると以下で表される．

$$-\frac{d[\text{RCOOR}']}{dt} = k_0[\text{RCOOR}'] \tag{2-5-2}$$

酸性条件下でエステルを加水分解すると，水素イオン（オキソニウムイオン）が**特殊酸触媒**として作用することで，反応速度が増大することがある．

$$\text{RCOOR}' + \text{H}_2\text{O} + \text{H}_3\text{O}^+ \rightarrow \text{RCOOH} + \text{R}'\text{OH} + \text{H}_3\text{O}^+ \tag{2-5-3}$$

特殊酸触媒存在下での反応速度定数を k_H とすると，反応式は以下で表される．

$$-\frac{d[\text{RCOOR}']}{dt} = k_\text{H}[\text{H}^+][\text{RCOOR}'] \tag{2-5-4}$$

また，塩基性条件下で加水分解する場合，水酸化物イオンが**特殊塩基触媒**として作用することで，反応速度が増大することがある．

$$\text{RCOOR}' + \text{H}_2\text{O} + \text{OH}^- \rightarrow \text{RCOOH} + \text{R}'\text{OH} + \text{OH}^- \tag{2-5-5}$$

特殊塩基触媒存在下での反応速度定数を k_OH とすると，反応式は以下で表される．

$$-\frac{d[\text{RCOOR}']}{dt} = k_\text{OH}[\text{OH}^-][\text{RCOOR}'] \tag{2-5-6}$$

水のイオン積 K_W は $10^{-14} \text{mol}^2 \cdot \text{L}^{-2}$（25℃）であって，中性でも $[\text{H}^+]$ や $[\text{OH}^-]$ はゼロではない．
上記の 3 つの反応は三者択一で起こるのではなく，**併発反応**である．
V 字型グラフになる物質では，特殊酸・塩基触媒が関与しない反応の反応速度定数 k_0 が小さい．

このような場合，みかけの反応速度式は2つの触媒反応を足し合わせたものになるので

$$-\frac{d[\text{RCOOR'}]}{dt} = k_H[\text{H}^+][\text{RCOOR'}] + k_{OH}[\text{OH}^-][\text{RCOOR'}] \qquad (2\text{-}5\text{-}7)$$

と表すことができ，みかけの反応速度定数 k_{obs} は以下で表される．

$$k_{obs} = k_H[\text{H}^+] + k_{OH}[\text{OH}^-] = k_H[\text{H}^+] + k_{OH}\frac{K_W}{[\text{H}^+]} \qquad (2\text{-}5\text{-}8)$$

これら k_H，k_{OH} を酸，塩基の**触媒係数**という．

酸性領域では $k_{OH}[\text{OH}^-]$ はほとんどゼロとみなせるから，$k_{obs} \approx k_H[\text{H}^+]$ と近似できる．

また同様に，塩基性領域における近似も考慮すると

$$\log_{10} k_{obs} \approx \begin{cases} \log_{10} k_H - \text{pH} & \left(\text{pH} \leq \log_{10}\sqrt{\frac{k_H}{k_{OH}}} - \log_{10}\sqrt{K_W} \right) \\ \log_{10} k_{OH} - 14 + \text{pH} & \left(\text{pH} \geq \log_{10}\sqrt{\frac{k_H}{k_{OH}}} - \log_{10}\sqrt{K_W} \right) \end{cases} \qquad (2\text{-}5\text{-}9)$$

となるため，pK_A とは直接関係のない $\text{pH} = 7 + \log_{10}\sqrt{\frac{k_H}{k_{OH}}}$ において変曲点が現れ，左右の直線の傾きは低 pH で -1，高 pH で $+1$ という V 字型グラフになることがわかる．

もし $k_H \gg k_{OH}$ であれば変曲点は大きく右にずれるので，グラフは右下がりの直線になる．

もし $k_H \ll k_{OH}$ であれば変曲点は大きく左にずれるので，グラフは右上がりの直線になる．

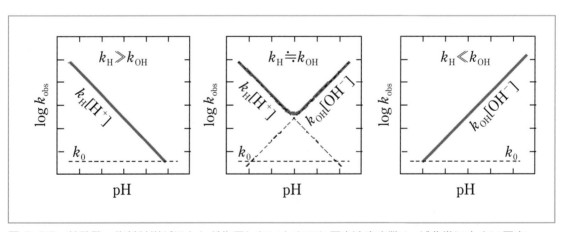

図 2-37 特殊酸・塩基触媒がほとんど作用しないときでも反応速度定数 k_0 が非常に小さい反応

【2】U 字型グラフ：自発的な分解が無視できない反応

セファロチンはセフェム系半合成抗生物質第一世代に属する．（図 2-38）

ペニシリン G と比較し，効果のある細菌種数が多く，重篤なアレルギー症状が少ない．

加水分解反応は V 字型ではなく U 字型と呼ばれるグラフになる．

コデインはモルヒネをメチル化したもので，鎮痛，鎮咳，下痢止めの目的で用いられており，日本，豪，カナダでは処方箋は要らないが世界的には麻薬と見られている．（図 2-38）

体内では薬物代謝酵素で加水分解し，モルヒネになる．
これも U 字型グラフになる．

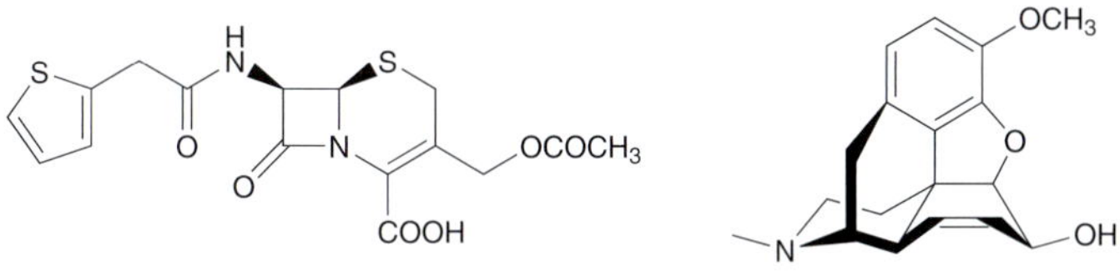

セファロチン　　　コデイン

図 2-38　加水分解反応が pH に対して U 字型（鍋底型）になる薬物

U 字型と呼ばれるパターンになるのは，特殊酸触媒や特殊塩基触媒が作用しない場合の反応速度定数 k_0 が大きく，中性領域において無視できない場合である．

このような場合では反応速度式は 3 つの反応を足し合わせたものになるので

$$-\frac{d[\text{RCOOR'}]}{dt} = k_0[\text{RCOOR'}] + k_H[\text{H}^+][\text{RCOOR'}] + k_{OH}[\text{OH}^-][\text{RCOOR'}] \quad (2\text{-}5\text{-}10)$$

と表すことができ，みかけの反応速度定数 k_{obs} は以下で表される．

$$k_{obs} = k_0 + k_H[\text{H}^+] + k_{OH}[\text{OH}^-] \quad (2\text{-}5\text{-}11)$$

ここで，k_H，k_{OH} を酸，塩基の**触媒係数**という．
さきほどと同様に，pH と触媒定数の関係を導くと

$$\log_{10} k_{obs} \fallingdotseq \begin{cases} \log_{10} k_H - \text{pH} & \left(\text{pH} < \log_{10} \dfrac{k_H}{k_0}\right) \\ \log_{10} k_0 & \left(\log_{10} \dfrac{k_H}{k_0} \leq \text{pH} \leq \log_{10} \dfrac{k_{OH} K_W}{k_0}\right) \\ \log_{10} k_{OH} - 14 + \text{pH} & \left(\text{pH} > \log_{10} \dfrac{k_{OH} K_W}{k_0}\right) \end{cases}$$

$$(2\text{-}5\text{-}12)$$

すなわち，中性領域ではみかけの反応速度定数は触媒がないときの反応速度定数と等しくなるので，pH の影響をうけず，平坦な水平線（プラトー）を描く．

もし $k_H \gg k_{OH}$ であれば変曲点は大きく右にずれるので，図 2-40 左のグラフのような L 字型になる．

もし $k_H \ll k_{OH}$ であれば変曲点は大きく左にずれるので，図 2-40 右のグラフのような J 字型になる．

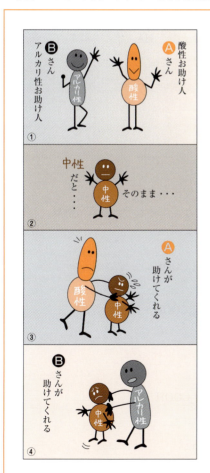

図 2-39

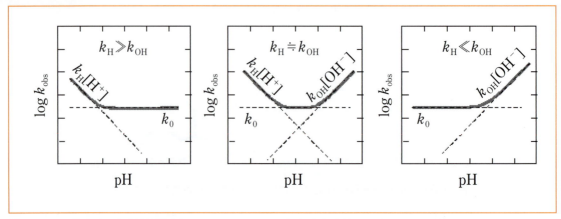

図 2-40　特殊酸・塩基触媒が作用しないときには反応速度定数 k_0 が現れる反応

2-5-3　解離性薬物の特殊酸・塩基触媒反応 SBO:C1-(3)-①-7

解離性薬物にはカルボン酸などをもつ酸性薬物とアミンなどをもつ塩基性薬物があり，分子型とイオン型が平衡状態を形成している．

アスピリンは酸性薬物で，その pK_A は 3.5 である．アスピリンの分子型を HA，イオン型を A^- と表すと

$$\text{（構造式）} \xrightleftharpoons{K_A} \text{（構造式）} + H^+$$

$$HA \xrightleftharpoons{K_A} A^- + H^+ \qquad (2\text{-}5\text{-}13)$$

という酸解離平衡が成り立っている．

分子型とイオン型では加水分解反応の反応速度定数は異なったものになる．

このとき加水分解反応は，分子型，イオン型の単独の反応だけでなく，それぞれ特殊酸触媒，特殊塩基触媒の項が加わって，以下の 6 つの素反応からなる**併発反応**となる．

$$\begin{aligned}
HA + H_2O &\xrightarrow{k_0} C_6H_4(OH)COOH + CH_3COOH \\
HA + H_2O + H_3O^+ &\xrightarrow{k_H} C_6H_4(OH)COOH + CH_3COOH + H_3O^+ \\
HA + H_2O + OH^- &\xrightarrow{k_{OH}} C_6H_4(OH)COOH + CH_3COOH + OH^- \\
A^- + H_2O &\xrightarrow{k'_0} C_6H_4(OH)COO^- + CH_3COOH \\
A^- + H_2O + H_3O^+ &\xrightarrow{k'_H} C_6H_4(OH)COO^- + CH_3COOH + H_3O^+ \\
A^- + H_2O + OH^- &\xrightarrow{k'_{OH}} C_6H_4(OH)COO^- + CH_3COOH + OH^-
\end{aligned} \qquad (2\text{-}5\text{-}14)$$

いずれも水分子は大過剰であると考えられるので，反応速度式は以下のようになる．

$$-\frac{d([HA]+[A^-])}{dt} = k_0[HA] + k_H[H^+][HA] + k_{OH}[OH^-][HA]$$
$$+ k'_0[A^-] + k'_H[H^+][A^-] + k'_{OH}[OH^-][A^-] \quad (2\text{-}5\text{-}15)$$

低 pH 条件下では，[A$^-$] および [OH$^-$] は無視できるから

$$-\frac{d[HA]}{dt} = k_{obs}[HA] = (k_0 + k_H[H^+])[HA] \quad (2\text{-}5\text{-}16)$$

と近似することができる．

同じように，高 pH 条件下では [HA] および [H$^+$] は無視できる．

$$-\frac{d[A^-]}{dt} = k_{obs}[A^-] = (k'_0 + k'_{OH}[OH^-])[A^-] \quad (2\text{-}5\text{-}17)$$

横軸に pH をとり，縦軸に分子型 [HA] とイオン型 [A$^-$] の比率をプロットすると，図 2-41 に示したグラフになる．

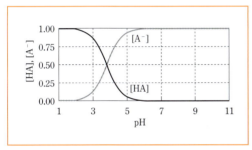

図 2-41　分子型・イオン型のモル分率の pH プロファイル

酸解離定数 pK_A と同じ pH において，[HA] = [A$^-$] となる．

図 2-37 に示したグラフについて，縦軸を常用対数にすると，pK_A において log [HA]，log [A$^-$] ともに −0.3 で交叉し，[HA] は pK_A 以上の pH で，[A$^-$] は pK_A 以下の pH でそれぞれ傾き 45°の直線となって減少する．

これに水素イオン濃度，水酸化物イオン濃度をプロットしたものが図 2-42 であり，どちらも直線になる．

ここでそれぞれのプロットに，log k_H = +1，log k_0 = −3，log k'_0 = −1，log k'_{OH} = +5 を足し算すると，図 2-43 に示したグラフのようなシミュレーション結果となる．

図 2-44 のグラフは実測値をプロットしたものである．

図 2-44 から pH 3 前後でアスピリンは最も安定性が高いことがわかるが，これに図 2-43 のシミュレーション結果はよく一致している．

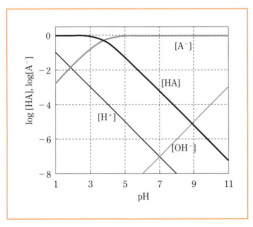

図 2-42　分子型・イオン型のモル分率を対数軸に表した

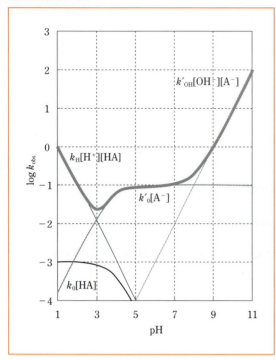

図2-43 アスピリン加水分解反応速度のpHプロファイル（シミュレーション）

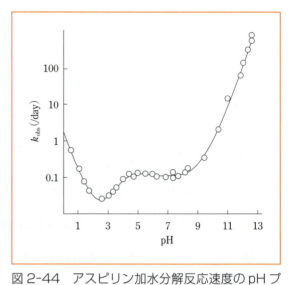

図2-44 アスピリン加水分解反応速度のpHプロファイル（実測値）

(L.J. Edwards; *Trans. Faraday Soc., 46* (1950) 723 より転載）

演習問題

問題 1

図は，電離する基を持たないある有機化合物の，温度一定の水溶液中における加水分解反応の速度定数 k_{obs} と pH との関係を示している．次の記述についての正誤を○×で示せ．（第 84 回問 20）

(1) この加水分解反応はいずれの pH においても 2 次反応である．（　）
(2) 緩衝液の種類によって，同一 pH であっても k_{obs} が変化する可能性がある．（　）
(3) k_{obs} が 0.036 hr^{-1} のとき，単位を s^{-1} に換算すれば 1.0×10^{-5} s^{-1} となる．（　）
(4) この図のデータから加水分解反応の活性化エネルギーを求めることができる．（　）
(5) この化合物の半減期は pH 6 付近において最も短い．（　）

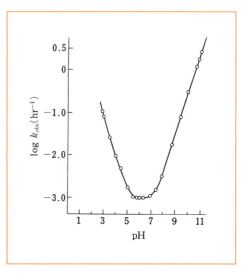

問題 2

(1) 水溶液中の分解 1 次速度定数 k_{obs} が次式で表される薬物がある．

$$k_{obs} = k_H[H^+] + k_{OH}[OH^-] \tag{2-5-8}$$

ここで，k_H は水素イオンによる触媒定数で $k_H = 1.0 \times 10^2$ L mol^{-1} hr^{-1}，k_{OH} は水酸化物イオンによる触媒定数で $k_{OH} = 1.0 \times 10^4$ L mol^{-1} hr^{-1}，水のイオン積は $K_W = 1.0 \times 10^{-14}$ とする．
この薬物を最も安定に保存できる pH を求めなさい．（第 91 回問 22）

(2) 薬物 A は水素イオンと水酸化物イオンのみの触媒作用を受けて加水分解され，そのときの 1 次反応速度定数 k_{obs} は次式で表される．

$$k_{obs} = k_H[H^+] + k_{OH}[OH^-] \tag{2-5-8}$$

ここで，k_H は水素イオンによる触媒反応の速度定数，k_{OH} は水酸化物イオンによる触媒反応の速度定数である．この薬物の pH 1.0 と pH 11.0 における k_{obs} はそれぞれ 0.0010 h^{-1} と 0.10 h^{-1} であった．この薬物の加水分解速度が最小となる pH を求めなさい．ただし，水のイオン積 $K_W = 1.0 \times 10^{-14}$ とし，pH 以外の条件は変化しないものとする．（第 95 回問 167）

2-6 酵素と阻害剤

| Episode | ドラッグデザイン
—真実か，ファンタジーか？— |

様々な業界には，それぞれ固有の人を魅了する神話や英雄伝説があるものです．医薬品開発におけるカプトプリルの開発は神話といってもいい過ぎではないでしょう．

細胞ではいつもいつも遺伝情報に基づいてタンパク質が合成され，タンパク質が様々な生物機能を実現し，そしてタンパク質をアミノ酸に分解して再利用し，あるいは栄養として消費するというサイクルを繰り返します．

そこへもし，タンパク質の分解を停止する物質が現れると，このサイクルが狂ってしまうので，生命秩序を維持できなくなります．

タンパク質を分解しているのはタンパク質分解酵素＝プロテアーゼ・ペプチダーゼであり，分解反応を停止するのは酵素阻害剤＝プロテアーゼインヒビターです．

そんなわけで，特定のプロテアーゼをターゲットとした阻害剤からくすりを開発するには，絶対に他のプロテアーゼに作用させないようにしないと，それはたちまち猛毒になってしまいます．

カプトプリルは，このようなハイリスクのプロテアーゼに挑戦し，そして危険を克服するための医薬品開発の方法論に革命をもたらしたとされる医薬品です．

開発者に科せられた使命は，高度な特異性・選択性，俗に言う「キレ」です．

血圧上昇ホルモンの一種であるアンジオテンシンⅡは，レニンとアンジオテンシン変換酵素（ACE）という2つのペプチド分解酵素によって，アンジオテンシノーゲンからC末端を切り出して作られる8ペプチドです．

だから，レニンかACEを阻害するくすりを作れば，血圧降下薬になります．

アンジオテンシノーゲンは452アミノ酸残基からなるタンパク質であり，ここからC末端を見つけだし，その10ペプチドからなるアンジオテンシンⅠを切り出すレニンの働きは複雑です．（最近，アリスキレンという阻害剤が開発された）

ACEのほうは，アンジオテンシンⅠのC末2残基His-Leuだけを切断します．

ヒントがあったと開発者は論文に書いています．

ヘビ毒に含まれるカルボキシペプチダーゼAはペプチドC末端のフェニルアラニンを切断する酵素ですが，ヘビの血液に含まれているベンジルコハク酸がこれを阻害していることが見つかったのです．

構造式を比較すると，末端フェニルアラニン残基とベンジルコハク酸は分子構造がよく似ています．

ただ，酵素が切断するべきペプチド結合が，ベンジルコハク酸にはありません．

第2章 速度論

　だから，ベンジルコハク酸は酵素に結合するけれども，化学反応が起こらず，このために本来の酵素作用を低下させると考えられます．
　この解釈をヒントにして，ベンジルコハク酸と同じことを，違う反応をもつ ACE でも考えてみよう，という卓越したアイデア（またはバクチ？）のもと，コハク酸誘導体を合成し，スクリーニング（たくさんの化合物で実験して，活性がある物質を選び出すこと）を行ったそうです．
　すると，コハク酸にプロリンをアミド結合したものがヒットしました．
　さらに，コハク酸部分よりもっとよい構造はないかと探索し，カプトプリルの構造にたどり着いたのです．
　こうして1977年「くすりを設計することができる」という事実を証明し，世界の医薬品開発の現場に鮮烈なインパクトをもたらしました．
　今や，3Dグラフィックを活用したコンピュータ処理で酵素の立体構造に適合する分子構造を設計し，それをロボットに合成・活性測定をさせることによって pmol/L という低い濃度域で作用する酵素阻害剤が，たった数人のベンチャー企業で発見できる時代になりましたが，カプトプリルの成功があってこそ発展した分野です．

Points　酵素と阻害剤

ミカエリス＆メンテン式（[S] 基質濃度, v 反応初速度）SBOs:C1-(3)-①-7, C6-(3)-③-1,4

$$v = \frac{d[P]}{dt} = \frac{V[S]}{[S] + K_m} \tag{2-5-3}$$

ミカエリス定数

$$K_m = \frac{k_{-1} + k_2}{k_{+1}} \tag{2-5-4}$$

最大初速度

$$V = k_2[E]_T \tag{2-5-5}$$

ターンオーバー数

$$k_{cat} = \frac{V}{[E]_0} \tag{2-5-6}$$

阻害剤共存下における酵素反応速度（[I] 阻害剤濃度）SBOs:C1-(3)-①-7, C6-(3)-③-1,4

$$v = \frac{V[S]}{[S]\left(1 + \frac{[I]}{K'_i}\right) + K_m\left(1 + \frac{[I]}{K_i}\right)} \tag{2-5-17}$$

2-6-1　酵素反応速度論　SBOs:C1-(3)-①-7, C6-(3)-③-1,4

【1】酵素反応

酵素は反応速度を増大して触媒として働くタンパク質などの高分子と定義される．

酵素による触媒反応は，①単一の反応を触媒する（**反応特異性**），②単一の基質に働く（**基質特異性**），③基質分子は酵素の同じ結合サイトから攻撃を受ける（**位置特異性**），④光学活性体やラセミ混合物の単一の対掌体に優先的に作用する（**立体特異性**）の4つの一般的特徴を持つ．（IUPAC Gold Book）

金属触媒などは界面が一様であり，どの場所に基質が吸着（**物理吸着**）しても，基質を活性化できる．（図 2-34）これに対し，酵素反応では上記のような特異性の高い吸着（**化学吸着**）がなければ，化学変化は起こらない．

このような酵素特有の性質は「**カギと鍵穴**」に例えられる．（図 2-45）

酵素において鍵穴にあたる基質が結合する部位を**結合サイト，バインディング・サイト，活性中心，活性サイト，アクティブ・サイト，サイト・オブ・アクション**などという．

酵素反応は，低温では温度の上昇（絶対温度の逆数の減少）にともなって反応速度定数の対数が直線的に増大するが，高温では急激に反応速度定数が低下する．（図 2-45）

これを**失活**という．

失活は，タンパク質が熱変性するためであり，哺乳動物由来の酵素タンパク質では37℃（310 K）前後に**至適温度**がある．

図 2-45 のグラフはタンパク質の変性反応（茶）と再生反応（橙破線）のアレニウス・プロットで，変性の速度定数が上回ると平衡が変性に傾くため，酵素反応（橙実線）は高温で低下する．

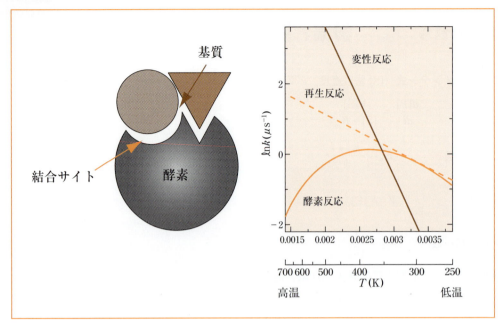

図 2-45　酵素反応の至適温度

温泉に生息する微生物は 90℃（363 K）でも失活しないなど，酵素の性質には多様性がある．

また，pH に対しても均一系の反応速度定数は V 字型とか U 字型を描いた（第 2 章 2-5 節）が，酵素反応では酸性条件・塩基性条件になると酵素タンパク質が変性することで失活するので，pH に対して反応速度定数が山なりのグラフとなり，**至適 pH** がある．

これも，胃酸の中で作用する消化酵素は至適 pH が低く，腸内で作用する消化酵素は至適 pH が高いなどの多様性がある．

酵素は医薬品として数多く使われている．

「飲み過ぎ・食べ過ぎ」時に服用する胃薬（健胃消化薬）の中には，消化酵素（ジアスターゼ，リパーゼ，パンクレアチン等）が配合されている．

また，風邪薬には，「消炎酵素」として溶菌作用を持つリゾチームを配合したものがある．

最近の話題として，脳梗塞・心筋梗塞発作時の血栓を溶かす「組織プラスミノゲン活性化因子（tPA）」が救急の現場で使用され，死亡率の低下と社会復帰の向上に役立っている．

【2】酵素反応の反応速度論

L. ミカエリスと M.L. メンテンは 1913 年の論文で，酵素インベルターゼに対してショ糖を基質としたときの加水分解反応を報告している．（図 2-46）

酢酸緩衝液（pH 4.7），25℃にて，酵素濃度を一定とし，それぞれの基質濃度での旋光度変化を測定した．

図 2-46 のグラフを見ると，時間の経過とともに変化が少なくなり，また基質濃度 83.3 mM，167 mM，333 mM では初速度が最大値となって頭打ちになるという特徴があることがわかる．（M は mol/L のこと）

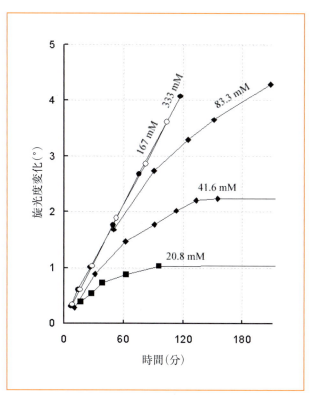

図2-46 酵素（インベルターゼ）の作用に対する基質（ショ糖）の濃度の影響

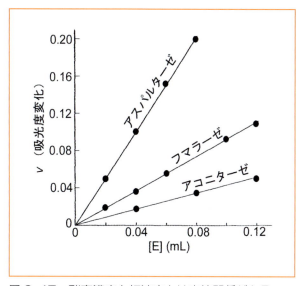

図2-47 酵素濃度と初速度とは直線関係がある

また，酵素濃度 [E] に対して，1分間あたりの反応の進行（吸光度変化）をグラフにすると，直線関係が得られる．（図2-47）

ミカエリスとメンテンは，基質をS，酵素をE，生成物をP，基質と酵素の複合体をESと表すとき，**生成物Pの影響を考えなくてよい反応開始時点**では，以下の二段階反応機構によってこれらの関係を説明づけることができることを実証した．

$$S + E \underset{k_{-1}}{\overset{k_{+1}}{\rightleftharpoons}} ES \xrightarrow{k_2} P + E \qquad (2\text{-}5\text{-}1)$$

以上のモデルに基づけば，生成物の生成速度式（**酵素反応速度式**）は以下で表される．

$$v = \frac{d[P]}{dt} = k_2[ES] \qquad (2\text{-}5\text{-}2)$$

解法はコラム（p.157）に譲り，ここでは重要な関係式のみを示すことにする．

基質濃度 [S] に対して，生成物が生成反応する初速度 v の関係式として以下を得る．

$$v = \frac{V[S]}{[S] + K_m} \qquad (2\text{-}5\text{-}3)$$

これを**ミカエリス＆メンテン式**という．

K_m は**ミカエリス定数**といい，上のモデルでは反応速度定数と以下の関係になる．

$$K_m = \frac{k_{-1} + k_2}{k_{+1}} \qquad (2\text{-}5\text{-}4)$$

ミカエリス定数 K_m は，式 2-5-1 の矢印の方向を見ると複合体 ES の消失平衡定数にあたることがわかる．

基質濃度 [S] が大きくなると初速度が増大するが，[S]≫K_m のとき初速度は V に収束し，これは図 2-46 で初速度が頭打ちになっていたのと対応する．

V は最大初速度を表し，モデルの上では反応速度定数などと以下の関係になる．

$$V = k_2[E]_T \qquad (2\text{-}5\text{-}5)$$

$[E]_T$ は酵素の全濃度である．（$[E]_T = [E] + [ES]$）

基質濃度 [S]＝K_m のとき初速度 v は最大初速度 V の半分になる．

以上のモデルによれば K_m が酵素濃度 $[E]_T$ によらない数値なのに対して，V は $[E]_T$ に比例する．

そこで普遍性のある性質を表すパラメータとして，実験データ V から

$$k_{cat} = \frac{V}{[E]_T} \qquad (2\text{-}5\text{-}6)$$

を求め，これを酵素の**ターンオーバー数**（TON）と定義する．

酵素が基質との複合体から解放され，次の基質との反応に利用できる速度に対応する．

式 2-5-1 のモデル通りの反応である場合に限り，TON の k_{cat} は k_2 と等しいが，多段階で酵素反応が進行するとき k_{cat} は複雑になる．

【3】酵素反応速度のグラフ

基質の初濃度 [S] と，酵素反応の初速度 v をグラフに表すと，図 2-48 のような曲線を描く．

グラフは最大初速度 $V=1$，ミカエリス定数 $K_m=1$ として計算したもので，基質濃度 [S] が K_m の 10 倍になっても，初速度 v は V の 90％程度にしかならない．

実験によって初速度が V に近い値を観測することは難しいことがわかる．

ミカエリス＆メンテン式 2-5-3 はコラム（p.158）に示した手続きで次式に変形できる．

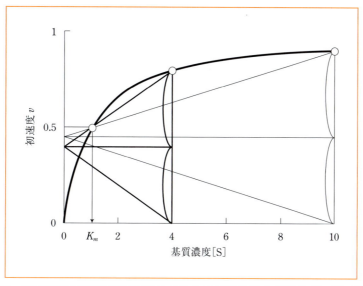

図2-48 酵素反応速度の飽和曲線からミカエリス定数を読み取る（模式図）

$$([S]+K_m)(V-v) = K_m V \tag{2-5-7}$$

したがって，$V-v$ と $[S]+K_m$ は反比例の関係になり，$[S]$ と v は**双曲線**を描く．

図2-48のグラフであれば，その双曲線において $v=1$ と $[S]=-1$ が漸近線になっている．

この形の曲線を**飽和曲線**という．

双曲線の特性から，グラフの上で K_m より右にあると見込まれる基質濃度 $[S]$ のプロットから横軸におろした垂線を底辺にし，頂点を縦軸上においた二等辺三角形を描くと，異なるプロットで描いたどの二等辺三角形も，曲線上の1点で交わる．

この交点が，$[S]=K_m$，$v=V/2$ の点になる．（図2-48では $[S]=1$，$v=0.5$）

2-6-2 グラフ解析法 SBOs:C1-(3)-①-7, C6-(3)-③-4

【1】ラインウェバー＆バークの両逆数プロット

ミカエリス＆メンテン式2-5-3の両辺を逆数にすると以下の式を得る．

$$\frac{1}{v} = \frac{1}{V} + \frac{K_m}{V} \cdot \frac{1}{[S]} \tag{2-5-8}$$

反応式モデルに適応するのであれば，基質濃度の逆数 $1/[S]$ を横軸に，初速度の逆数 $1/v$ を縦軸にしてグラフを描くと，直線が得られることがわかる．

そこで，実験結果を換算したものを最小自乗法で直線近似するのがグラフ解析法である．

直線の傾きは K_m/V となり，縦軸における切片は $1/V$ に対応する．

したがって，V は切片の逆数，K_m は傾きを切片で割った値として求めることができる．

このグラフ解析法を**ラインウェバー＆バーク・プロット**または**両逆数プロット**という．

今ここに，基質の初濃度 $[S]$ に対して酵素反応の初速度 v を測定したデータがあって，このデータに

2-6

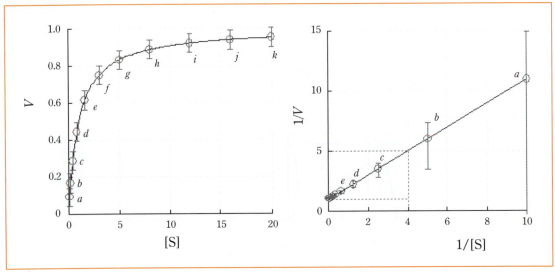

図 2-49 酵素反応速度の飽和曲線における一様誤差（模式図）

図 2-50 ラインウェバー＆バークの両逆数プロットにおける誤差の伝播（模式図）

は V に対し 5％の誤差が含まれていると考えることにする．

$K_m=1$，$V=1$ として，曲線を描くとともに a〜k の各点における 5％の誤差をグラフに書き込んだのが図 2-49 のグラフである．

これをもとに，両逆数プロットを行ったものが図 2-50 のグラフであり，ここから切片 1，傾き 1 の直線が得られるのを見ることができる．

縦軸が逆数であるため，誤差の伝播は初速度 v が小さい値のときに拡大され，その結果，$[S]=K_m/10$ の a 点では 5％の誤差が縦軸の幅を超えていることがわかる．

反対に，誤差の伝播が少ない e 点〜k 点は縦軸付近に圧縮されている．

このようなプロットについて最小自乗法をつかって直線近似すると，測定値が小さく初速度 v の低い領域の全体から見れば小さな誤差が伝播することによって傾きが大きく振り回される．

このため，両逆数プロットによるグラフ解析は正しくない数値を与えやすい欠点がある．

【2】ヘインズ＆ウォルフ・プロットとイーディ＆ホフステー・プロット

そこで，両逆数式 2-5-8 の両辺に $[S]$ をかけ算すると，式 2-5-9 が得られる．

$$\frac{[S]}{v} = \frac{1}{V}[S] + \frac{K_m}{V} \tag{2-5-9}$$

ここから，基質濃度 $[S]$ を横軸に，これを初速度で割った値 $[S]/v$ を縦軸にしてグラフを描くと，直線が得られる．（図 2-51）

V は傾きの逆数として，K_m は切片を傾きで割った値として求めることができる．

このグラフ解析法は，**ヘインズ＆ウォルフ・プロット**と呼ばれている．

図 2-51 のように，v の逆数に $[S]$ をかけ算して縮小するため，誤差が拡大しない．

ここに紹介した 3 種類のグラフ解析法のなかで，最もデータの誤差による影響を受けにくいプロットであると報告されている．

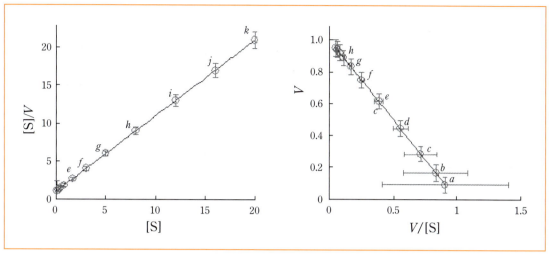

図2-51 ヘインズ＆ウォルフの[S]/v～[S]プロットにおける誤差の伝播（模式図）

図2-52 イーディ＆ホフステーのv～v/[S]プロットにおける誤差の伝播（模式図）

ミカエリス＆メンテン式（2-5-3）からコラム（p.158）に示した手続きで，次式のように変換できる．

$$v = V - K_m \frac{v}{[S]} \quad (2\text{-}5\text{-}10)$$

初速度を基質濃度で割った値 $v/[S]$ を横軸に，初速度 v を縦軸にしてグラフを描くと，直線が得られる．（図2-52）

この場合，そのまま V は切片として，K_m は傾きとして読みとることができる．

このグラフ解析法は，**イーディ＆ホフステー・プロット**と呼ばれている．

誤差の伝播については，図2-52のグラフのように，v が小さい領域で誤差が拡大するけれども，誤差の少ないプロットが圧縮されたりするわけではないから，最小自乗法の処理をするときに不利となる両逆数プロットとは違ってあまり深刻ではない．

図2-53のように弓なりの曲線を描いている場合がある．このような場合には，2種類以上の酵素による併発反応である可能性もある．

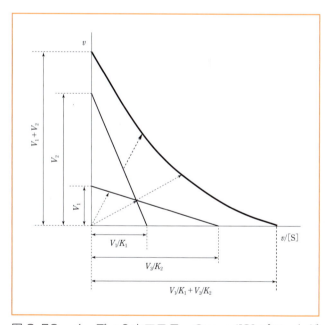

図2-53 イーディ＆ホフステーの v～v/[S] プロットが曲線を描く．（模式図）同じ解析はスキャッチャード・プロットでも適用できる．（p.255）

リコンビナント体ではなく，野生の試料を基質による親和性クロマトグラフィーなどで精製すると，ミカエリス定数やターンオーバー数の異なる複数の酵素が含まれる可能性がある．同じ機能を持ち，異なる速度論的パラメータを持つ酵素を互いにアイソザイムという．

そのような場合は，2つの酵素反応が併発し，図2-53のようにそれぞれの直線について，原点からの放射線方向に足し算をした曲線になる．

2-6-3 酵素阻害剤の反応速度論 SBO:C1-(3)-①-7

【1】酵素阻害剤の作用メカニズムに基づいた分類

化学反応の速度を減少させるプロセスを**阻害**，そのような作用を持つ物質を**阻害剤**と定義する．

酵素反応では阻害剤が酵素に結合することで阻害が発生するのであり，そのような阻害剤を**酵素阻害剤**という．（IUPAC Gold Book）

第1章1-1のエピソードで登場したアセチルコリン分解酵素（コリンエステラーゼ）に作用するサリンやメタミドホスなどの有機リン系毒物は共有結合して脱着しない．

これらは**不可逆的阻害剤**に分類される．

これに対し，ネオスチグミンやドネペジル，あるいは本節のエピソードのカプトプリルは**可逆的阻害剤**に分類される．

【拮抗阻害剤】

コハク酸脱水素酵素はクエン酸回路（TCA回路）のひとつで，コハク酸からフマル酸を合成すると同時に，FAD（フラビンアデニンジヌクレオチド）から$FADH_2$（FAD還元体）を合成する．（図2-54）

マロン酸はコハク酸と化学構造が似通っているので，基質であるコハク酸のニセモノとして結合し，この酵素の可逆的阻害剤として働く．

ただ可逆的というばかりでなく，基質に化学構造が似通った物質は酵素の結合サイトに誤って結合するので，本来の基質との結合を妨げる．

このような機構を競合という．

阻害剤が吸着して反応物（基質）の吸着を減少させたために，触媒の活性が低下したり消失したりして反応速度が低下することを**拮抗阻害**と定義し（IUPAC Gold Book），そのようなメカニズムで作用する阻害剤を拮抗阻害剤という．（競合はcompetitionの訳語であり，competitive inhibitionの訳には競合阻害が適すると感じる．中国や台湾で「競争性抑制作用」と表記することを考えても，「拮抗阻害」の表現は難解と感じるが，伝統的に拮抗阻害という）

図2-54 ニワトリのコハク酸脱水素酵素にマロン酸が結合したもの

【非拮抗阻害剤】

コハク酸脱水素酵素は，コハク酸から水素を2個取り出してフマル酸にし，この水素2個をFADに付加してFADH$_2$にする．

この反応にコハク酸の拮抗阻害剤であるマロン酸を加えると，FADがFADH$_2$に変化する反応のほうはどうなるだろうか？

FADの側から見れば，反応を触媒する「酵素」はコハク酸脱水素酵素にコハク酸が結合したものでなければ機能しない．

だから，FADにとって，マロン酸は結合サイト以外に結合して酵素機能を抑制している．

このように，基質の結合サイトでは直接競合しないメカニズムを持った可逆的阻害剤を，**非拮抗阻害剤**という．

【2】拮抗阻害剤の反応速度論

酵素基質Sと拮抗阻害剤Iは，以下のような併発反応モデルで扱う．

$$S + E \underset{k_{-1}}{\overset{k_{+1}}{\rightleftharpoons}} ES \overset{k_2}{\longrightarrow} P + E$$

$$I + E \underset{k_{-3}}{\overset{k_{+3}}{\rightleftharpoons}} EI \tag{2-5-11}$$

このとき，生成物Pの生成速度vは以下で与えられる．

$$v = \frac{d[P]}{dt} = k_2[ES] \tag{2-5-2}$$

解法はコラム（p.159）に譲り，ここでは重要な関係式のみを示すことにする．

基質濃度[S]に対して，生成物が生成反応する初速度vの関係式として以下を得る．

$$v = \frac{V[S]}{[S] + K_m\left(1 + \dfrac{[I]}{K_i}\right)} \tag{2-5-12}$$

ここで，阻害剤と酵素の会合平衡定数 $K_i = \dfrac{k_{-3}}{k_{+3}}$ である．

この数式モデルで考えると，実験的に阻害剤濃度[I]を一定としたとき，[S]とvを測定すると，見かけのミカエリス定数K_{obs}が以下になる．

$$K_{obs} = K_m\left(1 + \frac{[I]}{K_i}\right) \tag{2-5-13}$$

すなわち，[I] = 0 のときのK_{obs}に比べて，[I] = K_i のときK_{obs}は2倍に，[I] = $4K_i$ のときK_{obs}が5倍になることを意味する．一方，理論的には[I]がどのような値であっても最大速度はVのままである．

つまり，拮抗阻害剤によって飽和曲線のグラフは横方向に引き延ばされる．

図2-55は$V=1$，$K_m=2$としたときのグラフ（細線）に対して，$K_i=1$の拮抗的阻害剤を[I] = K_iだけ加えた場合（中太線）と，[I] = $4K_i$だけ加えた場合（太線）のグラフである．

みかけの最大初速度Vは変わらないが，みかけのK_{obs}は2から4および10に変化している．

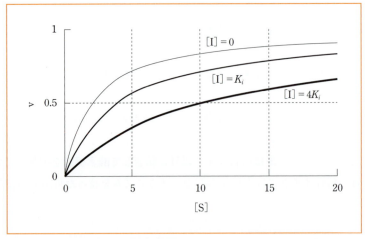

図2-55　酵素反応速度の飽和曲線に対し拮抗阻害剤は横軸方向に拡大する（模式図）

図2-56に示した両逆数プロットでは縦軸切片は$1/V$だから，阻害剤濃度に関係なく縦軸切片で交叉する．（コラム，p.159参照）

傾きはK_{obs}/Vだから，拮抗阻害剤の濃度が増大して，見かけのK_{obs}が大きくなると傾きが大きくなることがわかる．

図2-57に示したヘインズ＆ウォルフ・プロットでは，傾きが$1/V$なのでどれも同じになり，縦軸切片はK_{obs}/Vだから，拮抗阻害剤濃度[I]が高いほど高い位置に平行移動することがわかる．（コラム，p.159参照）

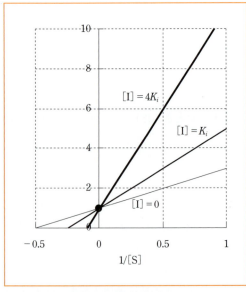

図2-56　阻害剤の有無におけるラインウェバー＆バークの両逆数プロット解析

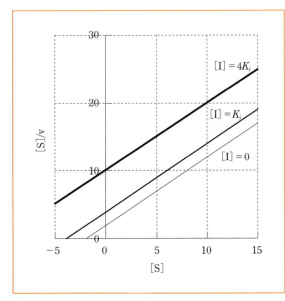

図2-57　阻害剤の有無におけるヘインズ＆ウォルフ・プロット解析

【3】非拮抗阻害剤

コハク酸脱水素酵素のコハク酸結合サイトにマロン酸が結合すると，FADから見れば酵素の数が減ったことになる．

つまり，FADにとってマロン酸は見かけ上の酵素濃度 $[E]_T$ を低下させ，その結果これに比例する V を低下させる．

しかし，マロン酸ではなくコハク酸と結合した酵素との反応には影響がないので，マロン酸は FAD の K_m には影響しない．

このような拮抗阻害ではない酵素阻害作用について以下の表2-3にまとめた．

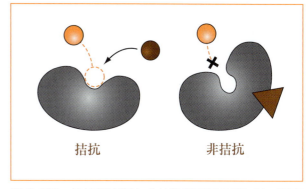

図2-58 拮抗阻害剤と非拮抗阻害剤の違いは，阻害剤の結合サイトと阻害メカニズム

非拮抗阻害は，酵素 E が基質 S と結合した活性化複合体 ES に対しても，結合していない E に対しても，同じ会合平衡定数 K_i で結合するモデルである．

反拮抗阻害（不拮抗阻害ともいう）は，阻害剤 I が基質 S と競合するのではなく，活性化複合体 ES だけを選んで結合する．

混合型阻害は，阻害剤 I の会合平衡定数が，遊離酵素 E に対して K_i とすると，結合酵素 ES に対しては異なる K'_i となるものをいう．

酵素をターゲットとした医薬品探索研究を行うと拮抗阻害剤でないものが見つかるが，結合サイトに特異的結合するわけではないので，選択性が低く，鋭敏なくすりにはなりにくい．

表2-3 様々な阻害メカニズムモデルについてのミカエリス＆メンテン式

$$v = \frac{V_{\text{obs}}[S]}{[S] + K_{\text{obs}}}$$

タイプ	K_{obs}	V_{obs}	式番号
拮抗阻害 competitive inhibition	$K_m\left(1 + \dfrac{[I]}{K_i}\right)$	V	(2-5-12) (2-5-13)
非拮抗阻害 non-competitive inhibition	K_m	$\dfrac{V}{1 + \dfrac{[I]}{K_i}}$	(2-5-14)
反拮抗阻害 anticompetitive inhibition （uncompetitive inhibition）	$\dfrac{K_m}{1 + \dfrac{[I]}{K_i}}$	$\dfrac{V}{1 + \dfrac{[I]}{K_i}}$	(2-5-15)
混合型阻害 mixed type inhibition	$\dfrac{K_m\left(1 + \dfrac{[I]}{K_i}\right)}{1 + \dfrac{[I]}{K'_i}}$	$\dfrac{V}{1 + \dfrac{[I]}{K'_i}}$	(2-5-16)

【4】ディクソンの阻害剤プロット

表 2-3 のそれぞれの項目を比較すると,「混合型阻害」が一般的な阻害剤の式であって, 他の型は強制的に定性的なモデルに当てはめていることがわかる.

阻害の式に V_{obs}, K_{obs} を代入すると混合型阻害剤の酵素反応速度式は

$$v = \frac{V[S]}{[S]\left(1+\dfrac{[I]}{K'_i}\right)+K_m\left(1+\dfrac{[I]}{K_i}\right)} \tag{2-5-16}$$

式 2-5-16 の両辺について逆数をとり, 右辺を [I] について整理する.

$$\frac{1}{v} = \frac{1}{V}\left(1+\frac{K_m}{[S]}\right)+\frac{1}{V}\left(\frac{1}{K'_i}+\frac{K_m}{K_i[S]}\right)[I] \tag{2-5-17}$$

酵素濃度 $[E]_T$ と基質濃度 [S] を一定にして, 横軸に阻害剤濃度 [I], 縦軸に反応速度の逆数 $1/v$ をとってグラフにすると直線が得られる.

このグラフ解析法を**ディクソン・プロット**という.

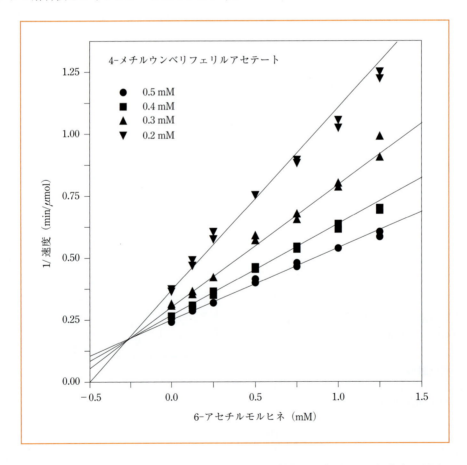

グラフは, ヒト肝カルボキシラーゼが専用の活性測定用試薬を分解する反応速度に対する, 薬物 6-アセチルモルヒネの阻害作用をディクソン・プロット解析したものである.

このグラフの交点は, [S] に関係なく $1/v$ が同じになる点だから, 交点座標の読みは

$\left(-K_i, \dfrac{1}{V} - \dfrac{K_i}{VK'_i}\right)$ にあたるので，ここから K_i と K'_i を決定できる．

「非拮抗阻害剤」とは，交点が横軸上にくる場合であり，$K_i = K'_i$ である．
「拮抗阻害」とは，K'_i が実験的に決定できないことにあたる．
阻害剤濃度 [I] が大きくなっても V_{obs} が変わらず，K'_i は有意でない．
このようなときには，ディクソンの阻害剤プロットの式は以下になる．

$$\dfrac{1}{v} = \dfrac{1}{V}\left(1 + \dfrac{K_m}{[S]}\right) + \dfrac{1}{V}\dfrac{K_m}{K_i[S]}[I] \tag{2-5-18}$$

また，「拮抗阻害」における様々な [S] のグラフの交点座標は $\left(-K_i, \dfrac{1}{V}\right)$ である．

2-6

演習問題

問題 1

①非拮抗阻害剤,②反拮抗阻害剤,③複合型阻害剤について,[I] = 0,[I] = K_i,[I] = $4K_i$ の3種類の濃度で,それぞれラインウェバー&バークの両逆数プロット,およびヘインズ&ウォルフ・プロットを行ったとき,グラフの概要(縦軸切片,横軸切片,傾きの比較,各濃度の3直線の交点)を説明しなさい.

問題 2

不可逆的阻害剤ではラインウェバー&バークの両逆数プロット,およびヘインズ&ウォルフ・プロットにおけるグラフの概要はどうなるか説明しなさい.

コラム　ミカエリス&メンテン式

【1】定常状態法近似による解法

ミカエリスとメンテンが示した反応モデルは以下である．

$$S + E \underset{k_{-1}}{\overset{k_{+1}}{\rightleftharpoons}} ES \xrightarrow{k_2} P + E \tag{2-5-1}$$

生成物Pの生成速度は以下の式で与えられる．

$$v = \frac{d[P]}{dt} = k_2[ES] \tag{2-5-2}$$

これを解くためには，[ES]を実験的に観測できる量で表す必要がある．
式2-5-1から，[ES]の速度式は以下で表すことができる．

$$\frac{d[ES]}{dt} = k_{+1}[S][E] - (k_{-1} + k_2)[ES] \tag{2-5-19}$$

酵素の全濃度を$[E]_T$，このうちSと結合している比率をθと表すと

$$[ES] = [E]_T \theta \tag{2-5-20}$$

$$[E] = [E]_T(1 - \theta) \tag{2-5-21}$$

と書き改めることができるので，式2-5-19に代入して両辺を定数$[E]_0$で割ると，

$$\frac{d\theta}{dt} = k_{+1}[S](1 - \theta) - (k_{-1} + k_2)\theta \tag{2-5-22}$$

ここで，[ES]は定常状態になっており，濃度が変化しないと仮定する．
この結果，酵素におけるSの結合率θは時間変化しないとみなせる．

$$\frac{d\theta}{dt} = 0 \tag{2-5-23}$$

すると，θを[S]の関数としてあらわすことができて

$$\theta = \frac{k_{+1}[S]}{k_{+1}[S] + k_{-1} + k_2} \tag{2-5-24}$$

ここで複合体ESの消失平衡定数にあたるミカエリス定数を以下のように決める．

$$K_m = \frac{k_{-1} + k_2}{k_{+1}} \tag{2-5-4}$$

以上で，[ES]を解くことが完了したのでまとめると

$$v = k_2[ES] = k_2[E]_T \theta = k_2[E]_T \cdot \frac{[S]}{[S] + K_m} \tag{2-5-25}$$

ここで，$[S] \gg K_m$のとき$v = k_2[E]_T$となるので，これは最大速度を意味するから

$$V = k_2[\mathrm{E}]_\mathrm{T} \tag{2-5-5}$$

のようにおけば，ミカエリス＆メンテン式が導かれた．

$$\boxed{v = \frac{V[\mathrm{S}]}{[\mathrm{S}] + K_m}} \tag{2-5-3}$$

【2】グラフ解析法の誘導

反比例の形式に変換するには以下のようにする（Weber & Anderson, 1965）．

$$([\mathrm{S}] + K_m)v = V[\mathrm{S}] \tag{2-5-26}$$

$$([\mathrm{S}] + K_m)v = V([\mathrm{S}] + K_m) - K_m V \tag{2-5-27}$$

$$\boxed{([\mathrm{S}] + K_m)(V - v) = K_m V} \tag{2-5-7}$$

グラフ解析法の3番目＝イーディ＆ホフステー・プロットの式の誘導ではミカエリス＆メンテン式2-5-3をまずVで解くと覚えればよい．

$$\left(\frac{[\mathrm{S}] + K_m}{[\mathrm{S}]}\right)v = V \tag{2-5-28}$$

$$\left(1 + \frac{K_m}{[\mathrm{S}]}\right)v = V \tag{2-5-29}$$

$$\boxed{v = V - K_m \frac{v}{[\mathrm{S}]}} \tag{2-5-10}$$

コラム　阻害剤の酵素反応速度式

【1】拮抗阻害剤における，定常状態近似による解法

酵素基質Sと拮抗阻害剤Iは，以下のような併発反応モデルで扱う．

$$S + E \underset{k_{-1}}{\overset{k_{+1}}{\rightleftarrows}} ES \overset{k_2}{\longrightarrow} P + E$$

$$I + E \underset{k_{-3}}{\overset{k_{+3}}{\rightleftarrows}} EI \tag{2-5-11}$$

生成物Pの生成速度vは以下で与えられる．

$$v = \frac{d[P]}{dt} = k_2[ES] \tag{2-5-2}$$

これを解くために，以下のような手続きで[ES]の濃度を決定する．

反応モデル式から，[ES]と[EI]の速度式は以下で表すことができる．

$$\frac{d[ES]}{dt} = k_{+1}[S][E] - (k_{-1} + k_2)[ES] \tag{2-5-30}$$

$$\frac{d[EI]}{dt} = k_{+3}[I][E] - k_{-3}[EI] \tag{2-5-31}$$

酵素の合計濃度を$[E]_T$とし，そのうちの基質Sと結合している比率をθ，阻害剤Iと結合している比率をϕで表すと

$$[ES] = [E]_T \theta \tag{2-5-32}$$

$$[EI] = [E]_T \phi \tag{2-5-33}$$

$$[E] = [E]_T(1 - \theta - \phi) \tag{2-5-34}$$

これによって次のように書き改められる．

$$\frac{d\theta}{dt} = k_{+1}[S](1 - \theta - \phi) - (k_{-1} + k_2)\theta \tag{2-5-35}$$

$$\frac{d\phi}{dt} = k_{+3}[I](1 - \theta - \phi) - k_{-3}\phi \tag{2-5-36}$$

ここでES複合体も，EI複合体も定常状態（①，②）にあると仮定する．

定常状態②の仮定より $\frac{d\phi}{dt} = 0$ と見なせる．

そこで阻害剤と酵素の会合平衡定数を $K_i = \frac{k_{-3}}{k_{+3}}$ とおくと，以下が導かれる．

$$\phi = \frac{[I]}{[I] + K_i}(1-\theta) \tag{2-5-37}$$

定常状態①の仮定より $\frac{d\theta}{dt} = 0$ と見なせるから，上記を代入すると

$$\theta = \frac{k_{+1}[S]\left(1 - \frac{[I]}{K_i + [I]}\right)}{k_{+1}[S]\left(1 - \frac{[I]}{K_i + [I]}\right) + k_{-1} + k_2} \tag{2-5-38}$$

これを整理して

$$\theta = \frac{k_{+1}[S]}{k_{+1}[S] + \dfrac{k_{-1} + k_2}{\left(1 - \dfrac{[I]}{K_i + [I]}\right)}} = \frac{k_{+1}[S]}{k_{+1}[S] + (k_{-1} + k_2)\left(1 + \dfrac{[I]}{K_i}\right)} \tag{2-5-39}$$

続いて，ミカエリス定数 $K_m = \dfrac{k_{-1} + k_2}{k_{+1}}$ （式2-5-4）を用いると

$$\theta = \frac{[S]}{[S] + K_m\left(1 + \dfrac{[I]}{K_i}\right)} \tag{2-5-40}$$

以上で $[ES] = [E]_T \theta$（式2-5-32）を解くことが完了した．

そこで，$V = k_2[E]_T$（式2-5-5）と置き換えれば次の式が得られる．

$$\boxed{v = k_2[ES] = k_2[E]_T \theta = \frac{V[S]}{[S] + K_m\left(1 + \dfrac{[I]}{K_i}\right)}} \tag{2-5-41}$$

得られた式2-5-41をラインウェバー&バークの両逆数プロットの式に変換すると

$$\frac{1}{v} = \frac{1}{V} + \frac{K_m}{V}\left(1 + \frac{[I]}{K_i}\right)\frac{1}{[S]} \tag{2-5-42}$$

となるので，$[I]=0$ に対して $[I]=K_i$ のとき切片 $1/v$ は変わらず，傾き $\dfrac{K_m}{V}\left(1 + \dfrac{[I]}{K_i}\right)$ が2倍になる．

また，ヘインズ&ウォルフ・プロットの式に変換すると

$$\frac{[S]}{v} = \frac{1}{V}[S] + \frac{K_m}{V}\left(1 + \frac{[I]}{K_i}\right) \tag{2-5-43}$$

となるので，$[I]=0$ に対して $[I]=K_i$ のとき切片は2倍になる一方で，傾きは変わらない．

【2】一般化した阻害剤の酵素反応速度式の平衡法近似による解法

これまで示した定常状態法近似に対し，平衡法がある．

平衡法では $k_2 \ll k_{+1}$, k_{-1} と仮定し，$K_S = \dfrac{[S][E]}{[ES]} = \dfrac{k_{-1}}{k_{+1}}$ の解離平衡が迅速に進むと考える．

複雑な阻害剤の反応速度式を誘導するには平衡法のほうが容易である．

酵素 E，基質 S，阻害剤 L に以下の会合・解離平衡が成立していると仮定する．

$$
\begin{array}{c}
\text{S} \\
\text{E} \underset{K_S}{\rightleftarrows} \text{ES} \xrightarrow{k_{\text{cat}}} \text{P}+\text{E} \\
\text{L} \updownarrow K_i \quad K'_i \updownarrow \text{L} \\
\text{EL} \underset{K'_S}{\rightleftarrows} \text{ESL} \\
\text{S}
\end{array}
\tag{2-5-44}
$$

さらに一般化を進めるならば，ESL → P+EL が完全に停止しない経路も考えられるが，ここでは上のモデルに限定した論議をするものとする．

阻害剤が存在するときの酵素反応速度式は以下になる．

$$v = \frac{d[P]}{dt} = k_{\text{cat}}[ES] \tag{2-5-45}$$

ここで，それぞれの複合体の解離平衡定数から以下の式が導かれる．

$$[E] = \frac{K_S[ES]}{[S]} \tag{2-5-46}$$

$$[EL] = \frac{[L][E]}{K_i} = \frac{K_S[L][ES]}{K_i[S]} \tag{2-5-47}$$

$$[ESL] = \frac{[L][ES]}{K'_i} \tag{2-5-48}$$

酵素の合計濃度を $[E]_T$ は以下で表される．

$$[E]_T = [ES] + [E] + [EL] + [ESL] \tag{2-5-49}$$

式 2-5-49 に平衡定数から誘導した式 2-5-46〜式 2-5-48 を代入し，[ES] についてまとめると

$$\boxed{[ES] = \frac{[E]_T}{\left(1+\dfrac{[L]}{K'_i}\right) + \dfrac{K_S}{[S]}\left(1+\dfrac{[L]}{K_i}\right)}} \tag{2-5-50}$$

これを酵素反応速度式 2-5-45 に代入し，$V = k_{\text{cat}}[E]_T$ と置き換えれば次の式 2-5-16 を得る．

$$v = \frac{V[S]}{[S]\left(1+\dfrac{[L]}{K'_i}\right)+K_S\left(1+\dfrac{[L]}{K_i}\right)} \tag{2-5-16}$$

平衡法では，この解離平衡定数 K_S をミカエリス定数 K_m と変わらないとみなす．

この式をラインウェバー＆バークの両逆数プロットの式に変換すると以下になる．

$$\frac{1}{v} = \frac{1}{V}\left(1+\frac{[L]}{K'_i}\right)+\frac{K_S}{V}\left(1+\frac{[L]}{K_i}\right)\frac{1}{[S]} \tag{2-5-51}$$

また，ヘインズ＆ウォルフ・プロットの式に変換すると以下になる．

$$\frac{[S]}{v} = \frac{1}{V}\left(1+\frac{[L]}{K'_i}\right)[S]+\frac{K_S}{V}\left(1+\frac{[L]}{K_i}\right) \tag{2-5-52}$$

「非拮抗阻害」のときは，式のうえでは $K'_i = K_i$ である．
阻害剤濃度 $[I] = K_i = K'_i$ のとき，両逆数プロットとヘインズ＆ウォルフ・プロットのどちらも傾きと切片の両方が2倍になることがわかる．

【3】一般化した阻害剤のディクソン・プロット

ディクソン・プロットの式 2-5-17 は両逆数の式 2-5-42 から誘導する．

$$\frac{V}{v} = 1+\frac{[I]}{K'_i}+\frac{K_m}{[S]}+\frac{K_m}{[S]}\frac{[I]}{K_i} \tag{2-5-53}$$

これを [I] について項を整理すれば以下を得る．

$$\frac{1}{v} = \frac{1}{V}\left(1+\frac{K_m}{[S]}\right)+\frac{1}{V}\left(\frac{1}{K'_i}+\frac{K_m}{K_i[S]}\right)[I] \tag{2-5-17}$$

ディクソン・プロットでの交点は，$[S]=K_m$，$[S]=2K_m$ で作成した直線が同じ点を通ることを意味するので，

$$\begin{cases}\dfrac{V}{v} = \left(1+\dfrac{K_m}{K_m}\right)+\left(\dfrac{1}{K'_i}+\dfrac{K_m}{K_i K_m}\right)[I] \\ \dfrac{V}{v} = \left(1+\dfrac{K_m}{2K_m}\right)+\left(\dfrac{1}{K'_i}+\dfrac{K_m}{K_i \times 2K_m}\right)[I]\end{cases} \tag{2-5-54}$$

これを [I] と $1/v$ について解くと，交点の座標は以下となる．

$$\begin{bmatrix}[I] \\ 1/v\end{bmatrix} = \begin{bmatrix}-K_i \\ \dfrac{1}{V}\left(1-\dfrac{K_i}{K'_i}\right)\end{bmatrix} \tag{2-5-55}$$

第3章
平衡論

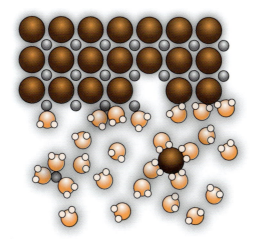

3-1 相転移

Episode	招かれざる訪問者 ーリトナビル事件ー

　水を冷却すると氷になり，加熱すると水蒸気になります．どれも材質は同じ H_2O です．化学変化しなくても，同じ物質が違った状態に変化することは頻繁に起こります．こういう化学変化を伴わない状態の変化を物理変化といいます．第3章では物理変化について学びます．

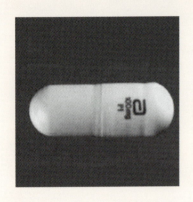

　医薬品が国に承認されて販売された後に，突然，溶解度の低い別の結晶形（結晶多形）が発生してしまった例があります．

　エイズの治療薬であるHIVプロテアーゼ阻害剤リトナビルのカプセル（アボット社ノービアカプセル®）は，製造開始2年を経過してから，溶解度が50%に低下した結晶形に変化するという事態が発生し，急きょ処方が変更されました．

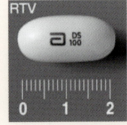

　溶解度が50%のものが混在している，ということは，実際に体の中で働ける薬の成分が半分になってしまうことにつながるのです．

　現在では，「ソフトカプセル」の形で製造・販売され，リトナビル（アボット社ノービアソフトカプセル®）はエイズ治療薬として多くの医療現場で用いられています．

　また，ヒスタミン H_2 受容体拮抗薬であるラニチジン塩酸塩（グラクソ＝スミスクライン社ザンタック錠®）についても，突然新しい結晶多形が発生し，以前の結晶形の製造が不可能になってしまったのです．

　この場合は新しい結晶形の溶解性が高く，十分な薬効が得られましたので，切り替えて特許を取得できたようです．

　以上のように，同じ成分の薬でも結晶形が違うだけで，その溶解性が変化し，そのために機能（薬

効）に大きな影響を及ぼしてしまうことがあり，結晶形の変化は医薬品において大きな問題となっています．

医薬品原料の多くは，合成・精製などの最終工程では，結晶状態として製造されます．

それは，溶液状態よりも取り扱い易いためです．

けれども，その結晶が消化管の中で溶解性が低いのか高いのかを構造式から予測することは困難であり，上記の例のように長い時間が経過することで新しい結晶形が出現するかどうかまでは，製造してみないとわからないのが現状です．

このように，組織に作用するくすりが発見されたとしても，それを効かせる形で安定して供給するためには，物性についての十分な調査と理解が求められるのであり，くすりを効かせるのに必要となる理論が物理化学で学習する主要な課題のひとつです．

Points　相転移

相：ある系の内部が化学的・物理的に均一で，他から区別・分離できる部分．固相・液相・気相，極性溶媒相（水相）と非極性溶媒相（油相），Ⅰ型結晶相とⅡ型結晶相など．

相転移：温度をはじめ，圧力，成分の含量，あるいは磁場，電場，応力といった外的な物理的条件の変動によって，相の数や相の性質・量が変化すること．

状態図（相図）：様々な温度と圧力における物質の相をグラフにしたもの

PT図：圧力-温度状態図．一成分系における固相-液相相転移（融解・凝固），液相-気相相転移（蒸発・凝縮），固相-気相相転移（昇華）をグラフにしたもの．これらの曲線をそれぞれ，融解曲線，蒸発曲線，昇華曲線という．

固相に関係する用語を以下にまとめる（それぞれ具体例を探しておこう）：

非晶質（アモルファス）：結晶格子を形成していない固体．

安定形：相対的に最も安定な結晶多形．特徴は融点が高い，溶解性が低いなど．

準安定形：安定形に比べて融点が低く溶解性が高い不安定な結晶形．

異質同形：化学組成は異なるが同じ結晶構造になるもの．

結晶多形（同質異形）：同じ分子であるが，配置が異なる．また，水和物と無水物のように溶媒の有無など組成の違いがあるものも多形の関係と見なす場合もある．

晶癖（ハビット）：同じ多形（同質同形）でも結晶の成長経過や見かけが異なるもの．

多形転移：多形間で結晶形が可逆的に相転移すること．

3-1

3-1-1 結晶 SBOs:C2-(4)-④-1,2, E5-(1)-①-2

　純粋な物質は，固体として規則的な分子配列をもった**結晶**になるときと，規則性を持たない**非晶質（アモルファス）**になるときがある．

　結晶では，分子がくり返し構造のある分子配列を持っている．

　分子配列で繰り返し構造が見られる方向を結晶軸といい，X線〜可視光線は結晶軸にそって直進する（つまり，透明になる）．

　このように特定の方向だけに物質の特性が表れる性質を異方性という．

　繰り返し構造の単位が単独分子ではなく，2分子が向かい合わせの会合状態になっているものを双晶といい，これは医薬品や生体分子には多くみられる．

　固体のどの位置でも結晶軸が変わらない結晶を単結晶といい，単結晶がモザイク状に集まった集合体を多結晶という．

　多結晶は，個々の結晶の異方性がランダムに混在しているため，固体全体としては特定の方向に特性が表れることはなく，これを等方性という．

　多結晶を構成する単結晶が微細なものを潜晶質とか隠微晶質という．

　セラミック素材は多結晶のため不透明のものが多い．

　準結晶は，単一の格子パターンの組み合わせではなく，2種類以上の非正多角形の組み合わせで構成される繰り返しパターンを空間中でとっている結晶構造である．（図 3-1）

　Al-Mn合金結晶ではペンローズタイルと同じ5回回転対称性のある準結晶構造が見いだされ，結晶学だけでなく数学でも扱う（資料提供：高知大学理学部　小松和志准教授）．

　同じ化学組成の物質で，異なる結晶形をもつものを互いに**多形**であるという．

　多形のうち，**安定形**といわれる結晶形は，その圧力・温度において最も分子間相互作用が強いので融点が高かったり，結晶から溶出しにくいために溶解性が低かったりする．

　これに対して，分子配列が異なる結晶格子を持ち，分子間相互作用がより弱くなっているときには安定性が劣る多形となり，これを**準安定形**という．

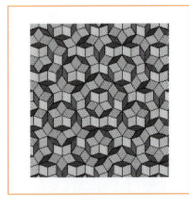

図 3-1　ペンローズタイル：2種類のタイルのみを非周期的に敷き詰めることで無限に平面を覆い尽くすことができる．

　準安定形が複数種類存在することも多い．

　医薬品散剤のような粉末は結晶であるかどうかわかりにくいが，粒子がアモルファスではなく結晶であるならば，回折現象による結晶固有の角度（ブラッグの条件）のX線散乱を観察することで，組成や結晶形を特定できる．（図 3-2）

　粉末X線回折装置（XRD）は，医薬品材料の分析によく用いられる．

　多形は互いに分子配列が異なるため，粉末X線回折装置で観察すると，結晶固有の散乱角度が違ったものになる．

　図 3-3 は単結晶X線回折法の投影面と，粉末X線回折法の投影面である．

粉末や多結晶では，結晶軸の向きがランダムに混在して等方性があるので，結晶固有の緯度に連続的な円状の回折線になる．

その絵柄は空中でランダムに分散した水滴による光の散乱でできる虹と同じである．

氷は大気圧～真空において Ih 型（六方晶系，密度 $d = 0.92$ g/cm^3）といわれる多形になる．

200 MPa（2,000 気圧）以上になると，より密度の高い II 型（菱面体晶系，$d = 1.17$ g/cm^3），III 型

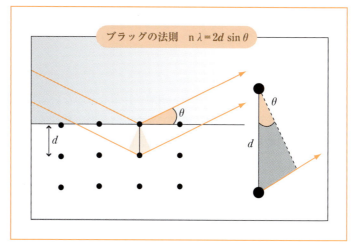

図 3-2　結晶格子による X 線回折とブラッグの法則

（正方晶系，$d = 1.14$ g/cm^3），V 型（単斜晶系，$d = 1.23$ g/cm^3）などそれぞれの圧力・温度で最も安定な多形に転移する．

それぞれの圧力・温度で安定形が変遷するだけでなく，主要な準安定形となる多形も変わる．

一方，同じ大気圧～真空の圧力で形成される Ih 型結晶であっても，比較的 0℃ に近いところで成長する雪は柱状に成長するが，マイナス 20℃ 以下で成長すると雪の結晶としてお馴染みのギザギザの六角形になることがある．

このように，融点や密度が同じで分子配列にも違いがなく多形ではないのに，見かけの結晶の形状が異なるものを区別するときは，**晶癖（ハビット）**という．

氷の晶癖の違いが生じる原因については 4-3 節で触れる．

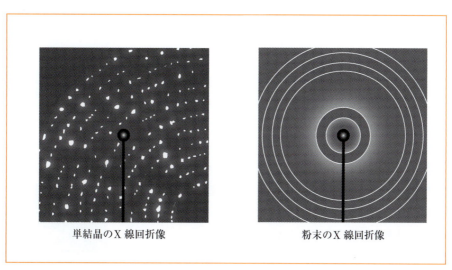

図 3-3　単結晶 X 線回折像と粉末結晶における多結晶 X 線回折像

3-1-2 多形転移 SBOs:C1-(2)-⑤-1

【1】結晶多形の相転移

多形を示す物質の結晶は融解・潮解・昇華などのない固相の状態のままでも，ある圧力・温度において熱の出入りを伴って，同じ組成で異なる結晶形に可逆的に転移する．

これを**多形転移**という．（IUPAC Gold Book）

多形転移は医薬品の機能（混合や溶解性など）に大きな影響を与える．

エピソードで紹介したのはこの典型例で，新薬はこれまでこの世界に存在しなかったものだが，あるときからその結晶の中にもっと安定な結晶形が出現したと考えられている．

抗生物質クロラムフェニコールパルミチン酸エステルには安定なA型と，準安定形のB型，準B型，C型，D型などがある．

B〜Dの準安定形はA形結晶に比べて溶解性が高いので，B〜D形結晶が多く含まれる製剤ほど腸管で溶解したものが多く吸収されて血中濃度が高くなる．

この事実から，薬効成分の組成が全く同じジェネリック医薬品で代替した場合には，治療効果や副作用に相違が生じる．

他に局所麻酔薬オキシブプロカイン，脳血流改善剤・脳血管拡張薬ニモジピンなどにも，結晶多形が見られることが分かっている．

薬効成分だけでなく，錠剤やトローチ剤の添加成分に用いられる糖アルコールのマンニトールにα，β，δの結晶多形がある．

中でも水溶性の高いδ型結晶を打錠製剤に用いると，輸送などに必要な硬度を保ちながらも適度な口腔内崩壊性が実現される．

これは，マンニトールに混入させた薬効成分を速やかに放出・溶解させるのに役立つ．

【2】特定多形の形成

ベルギーやオランダでは，チョコレートの名前が100％カカオを使用したものだけに許されており，ヤシ油などの混入を5％まで認める英国などとEU諸国を二分する大論争が繰り広げられたことがある．

旅先で買ったチョコレートが溶けてしまったから冷蔵庫で冷やしてみたものの，スキポール空港（オランダ）で食べたときとは味がすっかり変わって美味しくなかった．

これはなぜだろう？

カカオの主成分は白色〜黄白色のカカオ脂（ココアバター，天然グリセリドであり，その脂肪酸組成としてオレイン酸38％，ステアリン酸35％，パルミチン酸24％などを含む）と，褐色で苦いカカオパウダーで，未精製の混合物がカカオマスである．

カカオ脂には結晶形がいくつかあり，欧州チョコレートは主にV型と呼ばれる結晶形になるよう特別な工程で製造されているという．

写真3-1 欧州チョコレート

これが溶けたものを不用意に冷却すると，より安定なVI型に変化してしまう．

V形結晶の融点は，ちょうど口の中の温度であるのに対し，VI型の融点は体温よりも高い．

VI型は口溶けが悪くなる一方それほど堅くもないので歯ごたえもぼそぼそしており，I型〜IV型というのは融点がもっと低くベタベタするそうで，どれも美味しくないらしい．

そこでヨーロッパのメーカーでは，V型の結晶核だけを生じさせるよう慎重な温度調整（テンパリング）を施すという．

なおEU諸国と異なり，日本ではカカオが35％以上であればチョコレートと呼ぶことが許されており，成分組成を工夫することで口溶けなどが調節されているから，国産チョコレートでは溶かしてから固めても味が変わらない製品も少なくない．

医薬品に話を戻すが，坐剤を構成する主な成分（基剤）として上記のカカオ脂を用いる場合，室温でベタつかず，しかも体温において確実に融解させるため，チョコレートと同じように結晶形がV型となるよう製造工程が工夫されている．

一方，合成品のハードファット（商品名ウィテプゾール®，国産品はホスロ®：長鎖・中鎖飽和脂肪酸にモノグリセリドを加えて融点を調節した疎水性基剤：写真3-2）は，そのような温度調整（テンパリング）に悩まされることなく製剤することができる．

さらに，不飽和脂肪酸を含まないため空気酸化（酸敗）によって固化する恐れもないので，病院製剤では好んで用いられる．

写真3-2　ハードファット

【3】非晶質（アモルファス）の相転移

相転移は結晶だけでなく，非晶質（アモルファス）にも起こる．

低温では剛性と粘性が高いガラス状態であるが，温度をあげると，ある温度において剛性と粘性が低下する相転移が起こり，それ以上の温度ではゴム状態（ラバー状態）になる．

この相転移をガラス転移という．

ガラスはガラス状態アモルファスの代表で，化学系薬学実習においてアセチレンバーナーでガラス棒を加熱すると，しばらくはガラス状態で堅いが，ガラスの先端がオレンジ色に輝くとゴム状態となり温度に応じて水飴状に柔らかくなることを体験するだろう．

示差走査熱量計（DSC）は結晶の相転移において発熱する物質や，吸熱する物質を観察できるが，ガラス転移も同じように解析することができる．

パルス核磁気共鳴（NMR）スペクトル装置は，静磁場を軸として歳差運動（コマの首振り運動）をしている状態の核スピンに90度方向のパルス磁場を短時間照射し，その後の核スピン

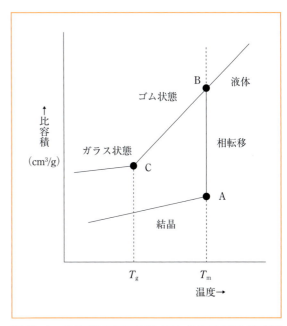

図3-4　比容積の温度変化にみられる過冷却状態とガラス転移

の緩和過程を観測している．

ここでパルス磁場方向の緩和に相当するスピン～スピン緩和時間 T_1 と，静磁場方向の緩和に相当するスピン～格子緩和時間 T_2 が観測されるが，T_2 が分子の運動性を表すと考えられており，T_2 が増大し始める温度としてガラス転移点を観測することができる．

何種類かのガラス状態が存在する物質もあり，この場合にガラス～ガラス転移が生じる現象をポリアモルフィズムという．

医薬品などの有機化合物では，結晶を加熱し，融点（T_m）で液相になったものを冷却したとき，凝固点では結晶にもどらず（過冷却液体 B～C），そのままガラス転移温度（T_g）以下で流動性の低いガラス状態アモルファスが得られるものがある．（図 3-4）

アモルファスは水に溶解しやすく，医薬品としては体内に吸収されやすい特徴を持つが，保存するときは結晶と比べると安定性が低く，結晶に相転移したり分解したりすることで，服用時に吸収量が変わってしまうこともありうる．

3-1-3 相の変化 SBO:C1-(2)-⑤-1

物質において，化学的な成分と物理的な状態が単一に構成されているものを**相**という．（IUPAC Gold Book）

コインは**均一**な合金金属が固体になっているから単一の**固相**，食塩水は均一な水溶液だから単一の**液相**，空気は窒素や酸素が偏りなく均一に混合しているから単一の**気相**である．

医薬品製剤である「散剤」は医薬品粉末の固相と空気の気相が混ざったものであり，洗顔フォームは液相の中に気相の微細な泡が混ざったもの．

ドレッシングは酢酸水溶液とサラダ油という互いに混じり合わない2相の液相でできており，激しく振り混ぜても濁るだけで，均一にはならないので**不均一**であるという．

チョコレートの多形転移やエピソードの医薬品結晶の多形変化は，準安定形結晶固相の中で不均一に分散して出現（混入？）した安定な結晶固相が成長した変化と考えられる．

このように相の数や相の性質・量が変化することを**相転移**といい，相転移が生じるのは温度（相転移温度）をはじめ，圧力（相転移圧）・成分の含量・あるいは磁場・電場・応力といった外的な物理的条件が変動されるときである（IUPAC Gold Book）．

氷を加熱すると，大気圧では 0℃（融点）において水に相転移（**融解**）し，さらに加熱を続けると，100℃（沸点）において水蒸気に相転移（**沸騰，蒸発，気化**）する．

相転移はこのような日常的な場面でも生じる，ありふれた現象である．

水蒸気を冷やすと凝縮点で水に相転移（**凝縮，凝結，結露**）し，さらに冷やすと凝固点で水から氷に相転移（**凝固**）する．（図 3-5）

高い山に登ると気圧が低下するが，このとき水の沸点は低下する．

この結果，飯ごう炊飯しても沸騰する水の温度が100℃に満たないので，加熱が不十分になり，米の芯が残って食べられないことがある．

一方，圧力鍋は加熱した蒸気を密閉することで大気圧よりも高い圧力で調理を行う．

この結果，水の沸点が100℃よりも高くなるので食品がより加熱されることで，ジャガイモやタマネ

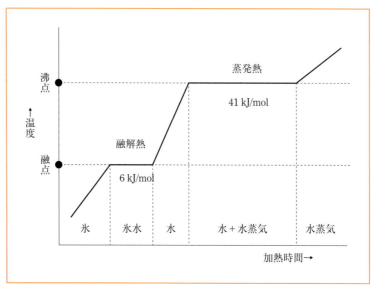

図 3-5　水の昇温曲線

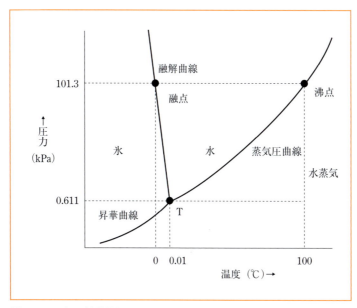

図 3-6　水の状態図

ギが溶けたり，骨付き肉の軟骨が柔らかくなったりする．

　このような物質の温度と圧力などの物理的状態をグラフにしたものを**状態図**という．（図 3-6）

　水の状態図では低温から順に固相→液相→気相と相転移する．

　大気圧（101.325 kPa）において 273.15 K で融解・凝固が，373.15 K で沸騰・凝縮が起こる．

　0.611 kPa 以下の圧力では，氷は昇華点で水蒸気に相転移し，逆に水蒸気は氷に相転移することが観察されるが，これらを**昇華**という．（英語 sublimation の訳語だが，気相→固相転移を deposition と言うこともある．中国では気相→固相転移を「凝華」といって区別する．）

　大気圧で昇華現象が見られる例としては二酸化炭素（ドライアイス）がある．

3-1

　凍結乾燥（フリーズドライ）食品は，大気圧で凍らせた食材を 0.611 kPa 以下に減圧することで水分を昇華させて乾燥したものである．

　高級インスタントコーヒーは 19 世紀末からこの製法で作られている．

　タンパク質製剤を加熱滅菌すると，タンパク質が変性して効果がなくなるおそれがある．

　しかし，溶液のまま保存したのでは腐敗・加水分解・製造時に微量に混入したタンパク質分解酵素や微生物による目的タンパク質の分解などで変質する危険が高い．

　そこで，タンパク質製剤を保管・輸送するときは非加熱のまま凍結乾燥して，粉末にする．

　この粉末に生理食塩水などを加えれば未変性の状態に戻る．

　ただし，もしも原料に用いた血液が HIV や C 型肝炎などに感染したとしても，凍結乾燥では細胞膜を持っている細菌には大きなダメージがあるものの，タンパク質を変性させにくい処理であるからウイルスは殆ど死滅しない．

演習問題

問題 1

多形について，正しい記述はどれか？以下の文章の正誤を○×で（　）に記せ．
(1) 結晶多形は，化学組成が異なる．　　　　　　　　　　　　　　　　　　（　）
(2) 多形転移が起こる温度を臨界点という．　　　　　　　　　　　　　　　（　）
(3) 示差走査熱量計により，転移現象を観察できる．　　　　　　　　　　　（　）
(4) 多形転移が不可逆な場合，互変二形という．　　　　　　　　　　　　　（　）
(5) 多形間では融点に差はない．　　　　　　　　　　　　　　　　　　　　（　）

コラム　グリセリンの結晶化と BSE

　グリセリンの歴史は 18 世紀後半にさかのぼり，保湿剤，利尿剤，浣腸液，目薬などに用いたり，あるいは不凍液に混合されたりしており，鉱工業に欠かせない爆発物の原料としても欠かせませんでした．

　20 世紀初頭，生産性の効率化が求められ，純度の高いグリセリン原料を得るため，世界でグリセリンの結晶化が競われましたが，誰も成功していませんでした．

　おりしも 1920 年代のある日，ウィーンの工場からロンドンに送られたグリセリンの一樽が「まったくの偶然」で結晶化していたのです．

　多くの科学者が，このグリセリン結晶の一部を「たね」（種結晶，結晶核，成核剤）として譲り受け，実験室でこれを加えて 18℃ で自作の結晶を作ることに成功しました．

　カリフォルニア大学のギブソンとジオークも結晶核を請求したグループの一つですが，いろいろと実験しているうち，かれらが学術論文（アメリカ化学会誌 **1923** 年 45 巻 93~97 頁）で発表したように，液体空気で急冷したのち，1 日かけてゆっくりと 18℃ まで温度をあげていけば，結晶核をつかわなくても結晶を得ることができることを発見しました．

　ところが，ある一般向け図書で，この地道な努力の成果である学術論文を引用しておきながら，グリセリンの結晶が発見されると「実験室にあった他のすべてのグリセリンが自然発生的に結晶化するようになった」という文面で神秘的な話に脚色されて公表されてしまいました．

　この「事実」が，科学では解明されていない超自然的な作用が存在していることを証明している，という都市伝説となって語り継がれてきたのです．

　科学的には，そのような解釈が間違っていることは明らかなこととされています．

　では，どうして結晶が発見されると結晶化が成功するようになったのでしょう？

　それまで，結晶化は不可能かも知れない，グリセリンには固体状態はないのかも知れないという不安の中で研究が進められてきたわけですが，偶然にせよ結晶化が成功する確証ができたのですから，あとはあらゆる可能性をためせばよくなります．

　純粋なグリセリン結晶ができれば生産業者には有益ですから，世界中で競って結晶化が試みられ，成功例が次々と報告されたことでしょう．

　新しいスキルの発見が，専門家でない人々の目には「実験室にあった他のすべてのグリセリンが自然発生的に結晶化するようになった」と見えたのかも知れませんが，結晶化ができるように変革したわけではなく，超自然の作用という解釈はでたらめなのです．

それ以前に，グリセリンは結晶核がなければ18℃で「自然発生的に」結晶になるようなことは現在もありませんから，2重の嘘をついていることになります．

 エピソードで紹介したリトナビルは，1996年にイリノイ州の工場で多形化が確認されましたが，その後イタリア工場でも同じ多形化が起こったと言われます．

 これも，北米大陸とヨーロッパの間に超自然の作用が働いたからではありません．

 イタリア工場でのリトナビル多形化はイリノイから訪問者がやってきた後からの現象であるといわれており，この「招かれざる訪問者」の衣服などに微細な結晶核が付着し，運ばれて来たのが理由だと考えられています．

 もしも常温常圧において地球上に存在しない極めて安定な水の結晶多形「アイス・ナイン」（氷IX型結晶とは関係ないフィクション）が存在し，これが偶然雲の中で発生してしまったとすると，その雪が地上に降り注いだとき，全ての水がアイス・ナインに相転移してしまうため，地球上の生物は絶滅するという架空のお話があります．

 ウシ海綿状脳症（BSE）の発症メカニズムとして，外から感染（伝達）した「結晶核」に対し，プリオンというタンパク質が変性（異常プリオン化）するために針状構造（アミロイド繊維）を形成するという仮説（シード説）の紹介に，上記の

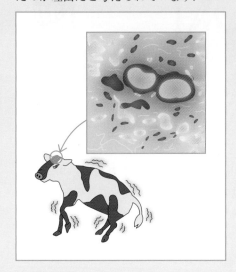

お話が引用されています．

 ちなみに，リトナビル事件はまさにこの架空のお話と同じことで，製薬メーカーは莫大な被害を被りました．

 というわけで，100年近く前のグリセリンの結晶化伝説ですが，新薬開発やアミロイドに舞台を移し，現代もなお熱心に研究が進められているのです．

3-2 相平衡・相律

Episode このくすり，ヒゲが生えてくるんですが飲んでも大丈夫ですか？

　投与方法や剤形にかかわらずくすりの有効成分が完全に血液に溶け込み，患部に作用して治療効果があがることは理想です．しかし，くすりも化学物質である以上，散剤にするとき，錠剤やカプセルにするとき，注射液や液剤にするとき，などそれぞれの状態に応じた物質固有の物理変化が起こりますので，どのくすりも同じように投与するというわけにはいきません．そこで，様々なくすりについて物理変化の特徴を分類し，服用や保存における取り扱い方を理解しておく必要があります．ここからは，その最も基礎となる相平衡に注目します．

　固形製剤にウィスカー，つまりヒゲが生えてくることがあります．
　それは，製剤の成分の昇華に関わる相平衡が原因で起こる現象です．
　錠剤に配合されるカフェイン類，メントール類，安息香酸類，サリチル酸類，エテンザミド，カルバマゼピンなど，昇華性の有機化合物は数多くあります．
　昇華性の成分は，錠剤の表面から気体となって放出します．
　錠剤や保存容器の表面には，顕微鏡でみなければわからないような細孔があり，気化した成分がこの細孔の中で毛管凝縮によって再結晶します．
　この小さな結晶が種晶となり，そこへ気体成分が次々と凝縮して細孔から外側へ結晶成長していくので，まるでヒゲのように延びるのです．
　ウィスカーが発生すると，保存中に薬物の含量が変化したり，あるいは品質の均一性が損なわれたり，外観でも使用者に不快感を与えるなど，好ましくない点が多く，製造時の品質を長期間安定に保存することができなくなってしまいます．
　顆粒剤の場合は，ウィスカーが集合化して流動性の劣化を招いたり，顆粒から製造される錠剤の含量均一性に不都合を招いたりして，目的とする処方組みができないなどの問題の原因となることが知られています．

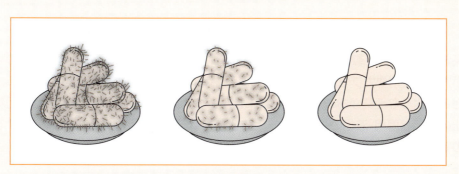

ウィスカーの発生を避けるため，昇華性の成分の物性を調べ，昇華を抑えるような補助成分を用いる工夫が施されます．

このように製剤の中には，薬効成分以外のものを加えることもあります．

製剤には，薬効成分を効かせるための工夫や知恵が詰まっているのです．

Points 相平衡・相律

クラペイロンの式：二相における圧力変化と温度変化の関係を表す式（p：圧力，V：体積，T：絶対温度，L：1モルを相転移させるのに要する熱量）

$$\frac{dp}{dT} = \frac{L}{T}\frac{1}{\Delta V} \tag{3-2-1}$$

クラウジウス・クラペイロンの式：クラペイロンの式を液相-気相の相転移および固相-気相の相転移に着目して表した近似式（R：気体定数）

$$\frac{dp}{dT} = \frac{p \cdot L}{RT^2} \tag{3-2-2}$$

$$\log_e p = -\frac{L}{RT} + (\text{constant}) \tag{3-2-3}$$

$$\log_e \frac{p_2}{p_1} = -\frac{L}{R}\left(\frac{1}{T_2} - \frac{1}{T_1}\right) \tag{3-2-4}$$

相平衡：相間で時間がたっても成分の量がそれ以上変化しない状態

臨界点：それ以上の温度，圧力では液相と気相の境界がなくなった流体となる状態．

三重点：一成分系において，固相・液相・気相が共存する状態．常に温度・圧力は一定で，物質固有の値をとる．水の三重点の温度を 273.16 K とすることで熱力学的温度（絶対温度）が定義されている．

相律：系の自由度 F は，成分数 C と相数 P と以下の関係にある．

$$F = 2 + C - P \tag{3-2-5}$$

3-2-1 相平衡

臨床実習などで医薬品製品に触れているぶんには，ウィスカーを見ることはないでしょう．しかし，小児用に錠剤やカプセルを分割したり，高齢者のためにすりつぶしたりするのに，作り置きするとこのような変質がおこるかも知れません．ウィスカーのような固相-気相の相転移や，結晶析出のような固相-液相の相転移は，どのような状態で発生し，どうすれば回避することができるのでしょうか？ SBO:C1-(2)-⑤-2

自分が直面している問題の対象となっている物質のあつまりを**系**と捉える．

系には，お互いに区別できる，そしてさらに条件がよければ分離できるような均一な物質のあつまりである**相**が含まれている．

それぞれの相はひとつ，またはいくつかの**成分**によって構成されている．

以上をウィスカーの場合に当てはめてみよう．

簡単に考えるために，まず容器にはフタをしておき，これを**閉じた系**と考える．

相としては容器に充満している気相があり，固形剤とその周辺のウィスカーを含めた固相がある．

気相は大気圧で，ここには空気の成分と医薬品が昇華した蒸気が均一に混合している．

固相には，昇華する成分があってこれはウィスカーになる．

そして，それ以外の固形成分が含まれている．

以上の系で変化しているものは，固相に含まれる昇華性成分と，気相に放出された蒸気である．

気相の空気成分と，固相にある他の固形成分は変化しないので考えなくてもよい．

相と相の間で，時間がたっても成分の量がそれ以上変化しない条件において見られる状態のことを**相平衡**という．

ウィスカーは，昇華性成分が固体になる量と，蒸気になる量の相平衡で生じる．

このとき，昇華性成分が固体から蒸気に昇華する速度と，蒸気から固体に昇華する速度が釣り合っている．

ただし，蒸気から固体になるときは，エピソードで説明したようにウィスカーを形成しやすい表面の細孔で変化するのであって，固体成分の内部に戻っていくわけではない．

このように化学物質の物理変化は，相平衡として理解することができる．

3-2-2　固相-液相の相平衡

スケートが滑れるのは，スケート靴のエッジによって狭い範囲の氷に高い圧力がかかり周囲の氷が水になるためです．スキーやリュージュも同じ理由です．SBO:C1-(2)-⑤-2

水の状態図でいうと，氷（固相）から圧力を上昇させると**融解曲線**をのり越えて水（液相）に相転移することで生じる水の流動性を利用して滑ることができる．

図3-7でみると，1気圧では氷になっているが，矢印のように圧力があがると水に相転移する．

これは同じ温度で圧力が増すとき，体積が小さくなることで圧力の増加を打ち消す方向に平衡が傾くからである．（ルシャトリエの原理）

水1グラムはおよそ1 cm^{3}であるが，同じ1グラムが氷になると1.1 cm^{3}に増加する．

このため圧力が増すと，氷は体積がより小さい水に相転移する．

クラペイロンの式（3-2-1）によれば，この相転移における1モルの体積変化 ΔV は圧力変化に反比例し，また温度変化に比例する．

クラペイロンの式は，状態図の融解曲線の傾き dp/dT に対するモル体積変化 ΔV の関数の形であらわされる．

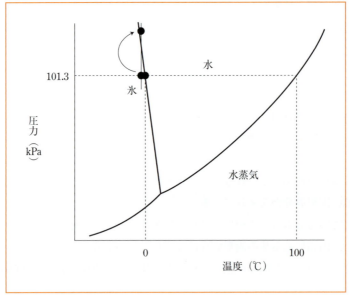

図 3-7 水の状態図によれば凝固点近くの氷に圧力を加えると融解する

$$\frac{dp}{dT} = \frac{L}{T}\frac{1}{\Delta V} \qquad (3\text{-}2\text{-}1)$$

ここで，1モルの体積変化 ΔV の逆数に対して融解曲線の傾き dp/dT が比例関係を示すとき，比例定数にあたるのは，1モルを相転移させるのに要する熱量（これを潜熱という）L を絶対温度 T で割り算した値である．

氷のモル体積は水になると小さくなるので，体積変化 ΔV は負の値である．

だから融解曲線の傾き dp/dT はゼロより小さく，融解曲線は右下がりのグラフになる．

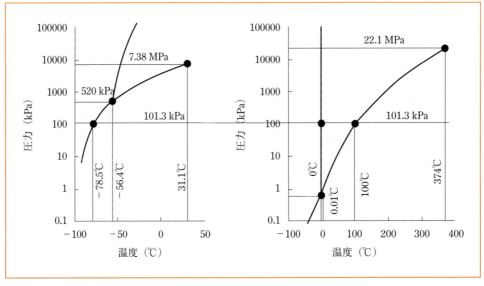

図 3-8 二酸化炭素の状態図

一方，二酸化炭素は大気圧下において常温で気体（炭酸ガス）であり，－78.5℃（194.7 K）で固体のドライアイス（密度 1.562 g/cm³）になる．

しかし，二酸化炭素を高圧ガスボンベに詰めたものは液体になっている．

圧力 5.11 気圧（520 kPa）以上で，二酸化炭素は液体となるが，このときの密度は 0.770 g/cm³ で，ドライアイスよりもさらに軽い．

大気圧よりも高圧力条件でドライアイスの密度は増大するから，固体から液体への体積変化 ΔV は正の値となる．

すると，融解曲線は右上がりのグラフになる．

3-2-3 液相-気相，固相-気相の相平衡と臨界点 SBOs:C1-(2)-⑤-2,3

クラペイロン式において特に液相-気相の相転移（蒸発）ならびに固相-気相の相転移（昇華）では，気体のモル体積は液体や固体のモル体積よりもはるかに大きい．

そこで，液体や固体の体積を無視し，液相-気相，固相-気相の相転移における 1 モルの体積変化 ΔV は，気体のモル体積 V に等しいと近似することができる．

理想気体の状態方程式 $pV = nRT$ を用いると，体積変化は $\Delta V = RT/p$ と近似されるから，

$$\frac{dp}{dT} = \frac{p \cdot L}{RT^2} \tag{3-2-2}$$

の関係がえられ，これは**クラウジウス＆クラペイロンの式**と一致する．

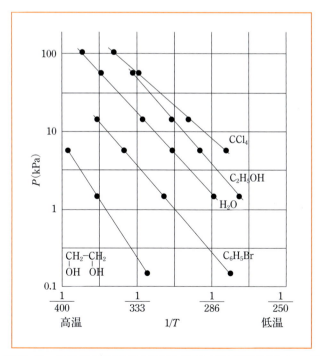

図 3-9 クラウジウス＆クラペイロン式に基づいた log P ～1/T プロット

この微分型の式は，積分型として以下のように書き換えることができる．

$$\log_e p = -\frac{L}{RT} + (\text{constant}) \tag{3-2-3}$$

いくつかの液体につき，絶対温度の逆数 $1/T$ に対し，圧力の自然対数 $\log_e p$ をグラフに表すと，傾き L/R の直線になっている．

式を変形すると異なる温度 T_1 と T_2 における圧力 p_1 と p_2 の関係について次式が得られる．

$$\log_e \frac{p_2}{p_1} = -\frac{L}{R}\left(\frac{1}{T_2} - \frac{1}{T_1}\right) \tag{3-2-4}$$

海抜 0 m の大気圧 101.3 kPa に対して富士山山頂 3 776 m での気圧は 65.6 kPa であるという．

大気圧での沸点 100℃における水の蒸発熱は 40.7 kJ mol^{-1}，気体定数は 8.31 J K^{-1} mol^{-1} である．

すると，クラウジウス＆クラペイロン式から，山頂での沸点は ＋88.0℃と計算される．

クラウジウス＆クラペイロン式は相転移する 2 つの相のモル体積がかけ離れていると仮定して導いたので，高温・高圧の条件において気体が圧縮されると，この近似は成立しない．

高温・高圧の条件では液相の領域と気相の領域の境界がなくなって，均一相になる．

これは，液体として振る舞うための凝集力よりも，気体として振る舞うための拡散力が大きくなるので，気-液相の境界（気-液界面）が消滅するために起こる．

このような限界を**臨界点**といい，物質に固有の温度・圧力で見られる．

二酸化炭素の臨界点は，＋31.1℃（304.3 K），7.382 MPa（73 気圧）であり，水の臨界点は ＋374℃（647 K），22.064 MPa（218 気圧）である．

この温度・圧力以上では，液相でもあり気相でもある状態となるので，これを**超臨界流体**と呼ぶ．

水と油はお互いに混ざり合わないものの代表といえるが，超臨界流体の水や二酸化炭素は，親水性物質も疎水性物質もよく溶かす．

このため，様々な化学反応や物理的加工を効率よく進行させることができるため，超臨界流体を溶媒に応用する技術がさかんに研究・応用されている．

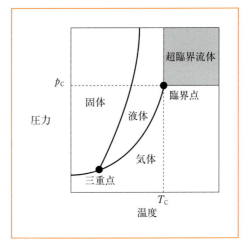

図 3-10　物質の状態図に現れる臨界点と超臨界流体

3-2-4　相律と三重点　SBOs:C1-(2)-⑤-2, 3

【1】一成分系の自由度

以上のように，相平衡を考えるときは，温度と圧力が非常に重要になることがわかった．

大気圧では水が 0℃で氷水となり，また 100℃で沸騰（液体内部から蒸気が発生すること）するように，相平衡は状態図のうえでは融解曲線・蒸気圧曲線・昇華曲線に位置する条件で成立する．

さて，ここから少しがんばろう．

大気圧で25℃のときにコップに入った水の状態は，液体である．

このとき，すこしぐらい温度を変えても，すこしぐらい圧力を変えても液体のままである．

また，体積を圧縮すると，ボイルの法則にしたがって圧力が上がったり，シャルルの法則にしたがって温度が上がったりすることになるが，少しの変化では液体のままである．

以上のことは，液体という状態でいるとき，温度，圧力，体積という3つの条件のうち，自由に（ただし少しだけ）変化させられる条件が2つあることを意味している．

これを**自由度**という．

一成分系で一相になった状態の自由度は2である．

では，氷相と水相が混在した氷水の状態はどうだろう？

クラペイロン式で示したように温度が変化するときの圧力の変化は，それぞれの温度において一定の値をとる．

つまり，氷水が水だけや氷だけにならないよう状態を変えずに温度を変えるためには，同時に圧力も変化させてやらなければならない．

ということは，一成分系で2つの相が混在している状態であれば，温度を変えたときにとるべき圧力（および体積）は決まってしまうので，自由度は1である．

同様に，100℃で水と水蒸気が混在した状態は，圧力を下げれば温度も下がった．

このように，融解曲線，蒸気圧曲線，さらに昇華曲線では，その状態を変化させないように調節できる条件は1つだけであり，これを自由度が1であるという．

融解曲線と蒸気圧曲線と昇華曲線は1点で交わる．

この点を**三重点**という．（図3-10）

三重点では，物質は固相と液相と気相が同時に存在した状態になる．

純粋な物質において三重点は地球上の，あるいは宇宙のどこに行っても変化しない．

つまり，3相が混在した状態であるためには，温度，圧力，体積はどれも自由に変化させることができない．

三重点の自由度は0である．

二酸化炭素の三重点は温度216.6 K（−56.4℃），圧力0.52 MPa（5.11気圧，3 952 mmHg）であり，水の三重点は温度273.160 00 K（0.009 8℃），圧力611.73 Pa（0.006 037気圧，4.58 mmHg）である．

熱力学的温度（絶対温度）は，水の三重点の温度を上記の値とするのが定義である．

このとき氷のモル体積 $19.635\ 6 \times 10^{-6}\ m^3$，水液体のモル体積 $18.003\ 6 \times 10^{-6}\ m^3$ なので，

図3-11　気圧と相転移温度の関係

観測している容器の体積に応じて氷と水と水蒸気の量比が決まる．

このように相の数が増えると，系の自由度が少なくなる．

【2】多成分系の自由度

有機化学実験などで反応系を低温条件にする目的で，氷水やドライアイスなどの寒剤が使われる．

氷水はこれまで述べてきたように0℃であるが，これに食塩を加えると**凝固点降下**現象が起こり，氷水の質量の1/3まで食塩を加えれば－20℃まで低温にすることができる．

また，氷水に塩化カルシウム6水和物を加えると，加える量に応じて凝固点降下現象が起こり，氷水の質量のおよそ1.5倍まで加えれば－55℃にすることができる．

ドライアイスは大気圧での昇華点が－79℃だが，これにアセトンやエーテルを加えると－90℃前後の低温にすることができる．

このように，一成分系に第二の成分を加えると，二相が平衡状態であるための温度・圧力が変化する．したがって，成分の種類もまた系の自由度を変化させる．

氷水に食塩を加えるとき，加える食塩の物質量の割合という自由度が増える．

さらに食塩だけでなく，塩化カルシウムも加えたとすると，塩化カルシウムの物質量の割合も自由度として加わる．

以上を総合すると，自由度Fは，成分数Cと相の数Pに対して以下の関係となる．

$$F = 2 + C - P \tag{3-2-5}$$

このように系の温度・圧力・物質量という条件が，系に含まれる成分の数だけでなく，相という考え方と直接関係していることを**相律**，**ギブズの相律**という．

図3-12　ドライアイスにアセトンを加えると低温になる

演習問題

問題 1

水の状態図に関する次の記述の正誤について○×で示せ．（第 83 回問 17）

(1) 曲線 BTA の左側の(I)の領域では，水は固体状態(氷)にある．（ ）
(2) 曲線 AT は蒸発曲線である．（ ）
(3) 曲線 BT は融解曲線である．（ ）
(4) 曲線 CT は昇華曲線である．（ ）
(5) T 点においては，氷と水と水蒸気が共存する．（ ）
(6) 凍結乾燥は T 点以下の圧力下で行われる．（ ）

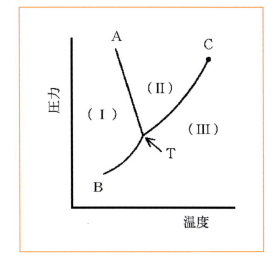

問題 2

水（一成分系）の相律に関する記述の正誤について○×で示せ．

(1) 氷のみが存在する状態を決定するのは温度のみである．（ ）
(2) 水蒸気のみが存在する状態を決定するのは圧力のみである．（ ）
(3) 沸点の温度を決定するのは，圧力である．（ ）
(4) 凝固点の温度はいかなる場合でも 0℃である．（ ）
(5) 三重点の自由度は 1 である．（ ）

問題 3

純物質において，液体の存在しうる最高の温度と液体の最大蒸気圧を表しているところを何というか？

(1) 昇華点　　(2) 転移点　　(3) 三重点　　(4) 臨界点　　(5) 融解点

第 3 章　平衡論

コラム　臨界点

本書1-2節では，ファンデルワールスの状態方程式を学んだ．

実在気体それぞれに固有の臨界温度よりも低温で，臨界圧力よりも低圧の条件では気体が凝縮して，液体になった．

この様子について，圧力Pを体積Vに対するグラフ（PV図）に表した．

本書3-2節では，クラペイロンの式とクラウジウス&クラペイロンの式を学んだ．

ここで物質に固有の蒸発曲線は臨界温度よりも高温で，臨界圧力よりも高圧の条件では液体の凝縮力よりも気体の拡散力が上回るため，気体と液体の区別のない超臨界流体となった．

この様子について，圧力Pを温度Tに対するグラフ（PT図）に表した．

これらで述べた2つの臨界点は同じものである．

PV図とPT図の関係は以下のような立体的な曲面の投影図に相当する．

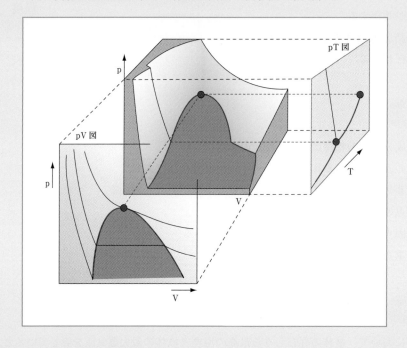

PV図では，気体が凝縮して液体になる場合と，気体が昇華して固体になる場合の区別は判然としなかったが，PT図ではその様子が分かりやすい．

PT図に等温線を描くと，臨界温度よりも高温において圧力と体積が反比例するボイルの法則に近い．

当時研究された「気体」の臨界点は，空気 −140.7℃，37.2気圧，窒素 −149.1℃，33.5気圧，酸素 −118.0℃，49.7気圧，水素 −239.9℃，12.8気圧，ヘリウム −267.9℃，2.26気圧だから，いずれも室温は臨界温度よりもはるかに高温である．

3-3　希薄溶液と束一的性質

Episode　海水魚はひからびない，淡水魚はふやけない

　福岡にあるマリンワールド海の中道という水族館は，世界に数少ないメガマウスという深海鮫の標本で有名です．この水族館の一角に奇妙な水槽があります．キンギョとアジが一緒に泳いでいます．ここでキンギョというのは釣り人があだ名で使っている海水魚のネンブツダイのことでなくて，淡水で泳いでいる金魚です．

　ウナギやサケは川で生まれ，海で育ち，産卵には生まれ故郷の川に帰ってきます．
　これは成長過程や性周期で体のつくりが変化するからできることです．
　多くの淡水魚は海水には棲めませんし，多くの海水魚は淡水には棲めないものです．
　この水槽の秘密は，なかの水が海水の約 1/3 に薄めてあるからなのです．
　「ああ，なるほど」とわかったような気になるのではなくって，この 1/3 という数字はどうして決まってくるのでしょう？
　アサリ料理の下準備に，砂出しするには 3% の食塩水に浸しておきます．
　3% の食塩水が海水の塩分（電解質濃度 3.5%）と同じだからです．
　そんな海水ですが，だれでも海水浴にいけばわかりますが，海水は塩辛く，鼻の粘膜を刺激します．
　考えてみれば，アサリもアジも過酷な環境に棲んでいるものです．

　生き物の細胞は，どれもが細胞膜という膜で包まれています．
　細胞膜はリン脂質が疎水性相互作用することでできあがった分子会合体ですから，常に外にも内にも水が存在していなければ壊れてしまいます．
　もしも細胞が乾いて外に水がなくなったりすると，細胞膜に分子レベルの穴が開いて中の水分子を染み出させ，外の水不足を補おうとします．
　この膜は，刺激されると縮んだり膨らんだり，さらに水分子やイオンの大きさくらいの穴が開いたり閉じたりすることで水分子の通過を調整することができます．
　こういう分子のレベルで穴ができる仕組みを持った天然の膜だとか，そういう穴が開いていてナノレベルの「ふるい分け」ができる人工膜を「半透膜」と言います．
　細胞膜は天然の半透膜の一種です．

3-3

　細胞は，塩分濃度の高い海水に曝されると，細胞膜にできる穴から内部の水を放出して，ひからびてしまいます．

　そこで，海水魚はからだの中に入ってくる海水の塩分を取り除いて，ひからびない仕組みをもっています．

　一方，細胞は淡水に曝されるとふやけてしまいますから，淡水魚はなるべくからだの中に淡水を取り込まず，水を排泄する仕組みができているのです．

　ここで「そういう性質だから」でわかった気にならず，理屈どおり再現できることを確かめたのが冒頭のマリンワールド海の中道に展示された水槽なのです．

　塩分濃度が高いとか低いとか言っていますが，その基準はどこにあるのでしょう？

　こういうもう一歩踏み込んだ疑問が合理的に理解するために必要だと思います．

　細胞の水分と塩分を調節しているのは血液です．

　海水魚では，海水の塩分が多いので血液の塩分が上昇しない働きがあります．

　淡水魚では，淡水が増えてしまうので血液の水分を排出する働きがあります．

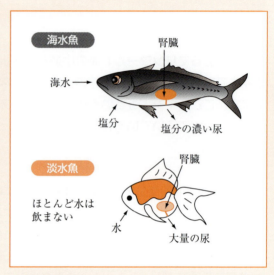

　このようなメカニズムですから，海水魚は自分の血液と同じ塩分濃度までは生息でき，おなじように淡水魚は自分の血液に近い 0.9％食塩水なら棲むことができるわけです．

　人間の血液も同じ濃度であり，注射液が濃すぎると細胞が縮んで痛くなり，薄すぎると赤血球が破裂してしまいますから充分理解して下さい．

Points　　希薄溶液と束一的性質

希薄溶液：溶質が十分希薄で，溶質分子どうしが分子間相互作用しないもの．まるで溶媒の中で溶質が「理想気体」であるかのように分散している．

束一的性質：溶液の性質で，溶質の種類に関係なく，溶質粒子（分子やイオン）の重量モル濃度の和に比例して変化する性質を総称する．束一的性質には凝固点降下・蒸気圧降下・沸点上昇・浸透圧がある．

凝固点降下（氷点降下）：純粋な溶媒物質の凝固点に対し，溶液では溶質濃度 m (Osm/kg) に応じて凝固点が低下する現象．凝固点降下度 ΔT_f(K) は次式で表され，K_f を**モル凝固点降下度**という．

$$\Delta T_f = K_f \cdot m \tag{3-3-1}$$

ラウールの法則：混合溶液の各成分の蒸気圧はそれぞれの純液体の蒸気圧と混合溶液中のモル分率の積で表される．これに従う混合溶液を**理想溶液**という．また，ラウールの法則が成立する範囲において，

蒸気圧降下と沸点上昇の比例関係が適用できる.

蒸気圧降下：純粋な溶媒物質で液相と平衡状態にある蒸気圧に対し，溶液では溶質濃度 m (Osm/kg) に応じて蒸気圧（kPa）が低下する現象.

沸点上昇：純粋な溶媒物質の沸点に対し，溶液では溶質濃度 m (Osm/kg) に応じて沸点が上昇する現象.
沸点上昇度 ΔT_b (K) は次式で表され，K_b を**モル沸点上昇度**という.

$$\Delta T_b = K_b \cdot m \tag{3-3-8}$$

浸透圧：半透膜の前後で物質の浸透をさせる面積あたりの力．半透膜に非浸透性の溶質濃度（**オスモル濃度**）m (Osm/kg) と，浸透圧 Π (kPa) との関係は次式で示される.

$$\Pi = mRT \tag{3-3-9}$$

（束一的性質：高校理科の教育課程には含まれなくなったので，計算問題を練習しておくこと）

3-3-1　凝固点降下 SBO:C1-(2)-⑥-1

　前節で述べたように，氷水に物質を加えると**凝固点降下（氷点降下）**がおこる.
　凝固点降下作用はいろいろと利用されている.
　自動車のエンジンを冷却するラジエータ循環水にはグリセリンやエチレングリコールを高濃度混ぜてあり，これは冬の寒い日エンジンを止めている間に循環水が凍結することを防ぐ.
　道路の路面に塩化カルシウムを凍結防止剤として撒いておくと，凝固点降下により氷点下でも凍結せずシャーベット状になるので，氷上でのスリップ事故を防げる.
　塩化カルシウムは水に溶解するときに発熱するため，道路の凍結防止作用に有利に働くが，その効果は水に溶けるときだけであり，持続的に溶液が凍結しないのは水の凝固点降下によるもので，発熱反応とは関係がない.
　反対に，塩化アンモニウムや硫酸アンモニウムは水に溶解するときに吸熱する.
　スキー場で硫酸アンモニウムを雪面硬化剤として撒くのは，この吸熱反応によって温度を下げることを目的にしているが，ここでは水の凝固点降下は不利な性質なので，撒きすぎは禁物となる.
　とにかく水の凝固点降下は，物質の溶解が発熱だろうと吸熱だろうと関係がない.
　そればかりでなく，溶かす物質の種類にも関係がなく，その重量モル濃度だけが降下温度を決定する.
　ここで，**溶液**という言葉をはっきりさせておく（1-2-3 項溶媒効果を参照）.
　溶質は，もとは固体・液体・気体いずれでもよく，溶液の中では分散しているものとなる.
　グリセリン水溶液は，溶媒が水で，溶質はグリセリン分子である.
　液体のグリセリンのほうが少々多くても，連続相が水であれば溶媒は水である.
　グリセリンに水が染み込んでいるという状態ならば，グリセリンが溶媒で，水が溶質である.
　塩化カルシウム水溶液では，溶媒は水であるが，電解質の場合，溶質は塩化カルシウムという分子ではなく，塩化物イオンとカルシウムイオンである.

表 3-1　液体混合物における溶液の位置づけと，溶媒，溶質

分散：連続相の分散媒の中に，分散質（分子種または不連続相）が散らばった状態		
均一系	分散質が孤立した分子種である．このとき，分散媒を溶媒，分散質を溶質という．	
	溶液 （分子分散）	分子種（分子，イオン，錯体）が個別に液体中に分散． 溶質分子は溶媒分子と相互作用． 分散相内の相互作用はないが，溶質間に相互作用が働く．
不均一系	分散質が分子種の集合である不連続相である．	
	懸濁液（サスペンション） （懸濁剤）	微小固体，分子会合体，高分子などが液体に分散． 分散媒と分散質，分散質間の相互作用だけでなく， 分散質内における成分間の相互作用も考慮が必要．
	乳濁液（エマルション） （乳液，乳剤）	水中に油の粒子が分散（O/W：*oil-in-water*，水中油） 油中に水の粒子が分散（W/O：*water-in-oil*，油中水）

塩ならば，食塩水も，硫酸アンモニウム水溶液も，クエン酸ナトリウム水溶液も同じである．

そして，**希薄溶液**というのは溶質の量が少々増えても連続相がそのときの溶媒から溶質に相転移するようなことがない溶液であって，溶質分子どうしが分子間相互作用して凝集するおそれがないとみなすことができる溶液である．

このときに溶質の重量モル濃度（mol/kg）を**溶質濃度**といい，非電解質ならその重量モル濃度（希薄溶液なので容量モル濃度（mol/L）で代用することも多い），電解質ならばそれぞれのイオンの重量モル濃度を足し算した値である．

溶質濃度では非電解質物質のモル量を足し算したものを意味しており，オスモル（Osm）が単位として使われる．

そこで水 1 kg または水 1 L における溶質濃度は，**重量オスモル濃度**（単位 Osm/kg）や**容量オスモル濃度**（単位 Osm/L）によって表す．

希薄溶液における水溶液の凝固点降下は，溶質濃度（オスモル濃度）に比例する．

純粋な水の凝固点 0℃ に対して，ある水溶液の凝固点がどれだけ降下したかを**凝固点降下度**といい，ΔT_f で表す．（添え字の f は凝固 freezing を表す）

溶質の濃度を重量オスモル濃度 m (Osm/kg) と表すと，凝固点降下度 ΔT_f (K) は以下の式で表される．

$$\Delta T_f = K_f \cdot m \tag{3-3-1}$$

比例定数の K_f を**モル凝固点降下度**という．

モル凝固点降下度は溶媒によって異なり，水（凝固点 0℃）1.86 K・kg・Osm^{-1}，エタノール（凝固点 −114.6℃）1.99 K・kg・Osm^{-1}，クロロホルム（凝固点 −63.5℃）4.68 K・kg・Osm^{-1}，ベンゼン（凝固点 +5.5℃）5.12 K・kg・Osm^{-1} である．

なお，水素イオンや水酸化物イオンは水分子と同サイズなのでオスモル濃度には加えない．

3-3-2　蒸気圧降下と沸点上昇 SBO:C1-(2)-⑥-1

うまいと評判のラーメン屋があると連れて行かれ，出されたものを見るとスープの表面が透明の油で覆われている．

コラム　血液の凝固点降下度の計算

　血液には，赤血球，白血球，血小板などの血球のほか，アルブミン，免疫グロブリン，フィブリノーゲンなどのタンパク質や，糖質・脂質などの栄養分，無機塩類が含まれている．

　このうち血液の凝固点降下に関係している高い濃度の溶質に相当するのは，血清ナトリウムイオン濃度 Na（135〜145 mEq/L），血清カリウムイオン濃度 K（3.5〜5.5 mEq/L），血糖 BS（空腹時 80〜100 mg/dL），血中尿素窒素 BUN（早朝空腹時 10〜15 mg/dL）であり，タンパク質や血球は濃度としてははるかに微量である．

　そこで臨床では，溶質のモル濃度の和（オスモル濃度）を以下の近似式で求める．

$$m = 2(Na + K) + \frac{BS}{18} + \frac{BUN}{2.8} \tag{3-3-2}$$

　血清ナトリウムイオン濃度 Na の単位には mEq/L（ミリ当量毎リットル）を使う．

　ナトリウムイオンの物質量を1価イオン1 mol に相当する量という意味**当量 Eq** という単位で表しており，これは血清カリウムイオン濃度 K も同じである．

　血清ナトリウムイオン濃度 Na と血清カリウムイオン濃度 K の和に2をかけ算するのは，これらが塩化物塩（NaCl，KCl）や炭酸水素塩（NaHCO$_3$，KHCO$_3$）になっていると考え，溶質イオン濃度としておおよそ2倍と近似していることを意味する．（ファントホッフ係数，p.196）

　血糖値 BS は臨床検査では mg/dL 単位が使われるので，mg/L 単位にするために10倍し，分子量180でわり算して mol/L 単位に換算する．

　血中尿素窒素 BUN も臨床検査では mg/dL 単位が使われるのでこれも10倍する一方，尿素1分子は窒素2原子を含むので分子量として尿素の半分28でわり算する．

　正常値の下限をそれぞれに代入すると，

$$2 \times (135 + 3.5) + \frac{80}{18} + \frac{10}{2.8} = 285 \text{(mOsm/L)} \tag{3-3-3}$$

となるので，これをオスモル濃度とみなしてモル凝固点降下度1.86を掛けると

$$\Delta T_f = 1.86 \times (285 \div 1000) = 0.530 \tag{3-3-4}$$

　この数値は0℃から降下したぶんだから，凝固点は−0.530℃となる．

　湯気が出ていないので，麺をハシでつまんで食べてみると熱くて火傷しそうだった．
　湯気が出ないので熱が逃げるところがないから，いつまでもスープも麺も熱い．
　どうやら冷めないから味を損なわれない，というのが評判の所以らしい．
　溶媒に溶質分子が溶解すると，これと似たように考えればよい．（図3-13）
　まず，溶媒だけのとき，表面では溶媒分子が蒸発して，蒸気相と液相で平衡状態になっている．
　一方，溶液になると，溶質分子も表面に露出していて，その量は溶質のオスモル濃度に比例して表面を覆っているとイメージすると理解しやすい．

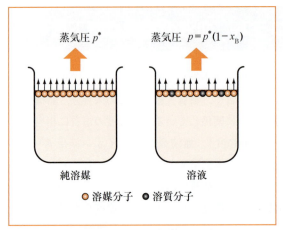

図 3-13　希薄溶液における蒸気圧降下

このため，表面に露出した溶媒分子が少なくなるかのように溶媒分子の蒸気圧は低下する．この関係を**ラウールの法則**という．

つまり，溶媒分子の蒸気圧は，溶液における溶媒のモル分率に比例して低下する．

ラウールの法則を数式であらわすために，溶媒成分を A，溶質成分を B とする．

溶媒だけ（純溶媒）のときの溶媒 A の蒸気圧を p_A^* とする．

溶液のとき，溶質 B のモル分率を x_B とすると，溶媒 A のモル分率は $(1-x_B)$ となる．

仮に溶液中と表面で溶質 B が同様に均一に分布しているのならば，表面を溶媒 A が占める割合は，溶媒 A のモル分率に比例するはずだから，溶媒 A の蒸気圧 p_A は次のようになる．

$$p_A = p_A^*(1-x_B) \tag{3-3-5}$$

いま溶媒 A の分子量を M_A とおくと，溶質 B の重量オスモル濃度 m は以下で求められる．

$$m = \frac{10^3 \cdot x_B}{(1-x_B)M_A} \tag{3-3-6}$$

希薄溶液であるから $(1-x_B)=1$ と近似すれば，溶媒 A の蒸気圧変化として次式を得る．

$$\Delta p_A = p_A^* - p_A = p_A^* x_B = \left(p_A^* \frac{M_A}{10^3}\right)m \tag{3-3-7}$$

すなわち，希薄溶液の蒸気圧は溶質の重量オスモル濃度に比例し，これを**蒸気圧降下**という．

物質の沸点は，温度があがるにつれて蒸気圧が上昇し，大気圧と等しくなったときの温度が沸点である．

溶液では，蒸気圧降下がおこるので，同じ温度でも沸騰しなくなり，沸点が高くなる．（図 3-14）

純粋な水の沸点 100℃に対し，ある水溶液の沸点がどれだけ変化したかを**沸点上昇度**といい，ΔT_b で表す．（添え字の b は沸騰 boiling を表す）

溶質の重量オスモル濃度を m とすると，沸点上昇は以下の式で表される．

$$\Delta T_b = K_b \cdot m \tag{3-3-8}$$

比例定数の K_b を**モル沸点上昇度**といい，水（沸点 100℃）0.512 K・kg・Osm^{-1}，エタノール（沸点

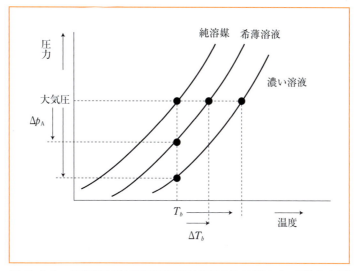

図 3-14 希薄溶液は蒸気圧降下が起こる結果として沸点上昇する

＋78.4℃）1.2 K・kg・Osm^{-1}，クロロホルム（沸点＋62℃）3.8 K・kg・Osm^{-1}，ベンゼン（沸点＋80.1℃）2.53 K・kg・Osm^{-1}である．

　蒸気圧降下も沸点上昇も，溶質が電解質である場合には，オスモル濃度を用いる．

　コラム（p.189）の内容に基づいて，血液の沸点上昇度はいくらになるか計算してみよう＊．

3-3-3　浸透圧 SBO:C1-(2)-⑥-1

　溶液に溶質分子の濃い所と薄い所があるときは，やがて混ざり合って移動して均一になる．

　混ざり合うというのは，溶質分子が濃い方から薄い方へ移動することだけを意味するのではなく，溶媒分子が溶液の薄いほうから濃い方に移動するという意味も含んでいる．

　もし，溶液が**半透膜**で仕切られていると，溶質分子は濃い所から薄い所に移動できない．

　それでも，半透膜は溶媒分子を通すので，溶媒分子は溶質が薄い方から濃い方へ移動する．

　こうして，可能な範囲で均一に近づく．

半透膜とは一定の大きさ以下の分子・イオンを透過させる膜のことで，そのような性質は分子サイズの細孔があいていたり，細孔を生じたりすることで実現する．

　穴が 2 nm 以下で水分子しか通さないものを逆浸透膜といい，細胞膜では会合リン脂質が動的に孔を形成することによって，またセロファンなどの再生セルロース膜では繊維の微細な網目構造によって，水分子以外の通過が起こりにくくなっている．

　ナトリウムイオンや塩化物イオンは，イオン単独ならば水分子よりも小さいが，常に周囲に水和水と相互作用しているので実働的な大きさは水分子の何倍もの大きさになる．

＊血液の沸点上昇度の計算結果：式 3-3-3 から血液の溶質濃度（オスモル濃度）を 0.285 Osm/kg とみなして，沸点上昇：0.512×0.285＝0.146 K だから，沸点は 100.146℃となる．

セロファンよりも穴が大きくて無機イオンは通過するが，タンパク質（数 nm～数百 nm）やウイルス（小さいもので 20 nm）などを通さないものを限外ろ過膜といい，たとえば毛細血管壁には細胞間に大きな穴があり，水分子以外に小分子やイオンも通過する．

また，医療用の人工限外ろ過膜は，透析，あるいは注射用などの水性液体からウイルス，細菌や発熱性物質（パイロジェン）を取り除くために利用される．

半透膜を物質が通過することを**浸透**という．

半透膜の前後で物質の浸透をさせる面積あたりの力を**浸透圧**という．

半透膜に非浸透性の溶質のオスモル濃度 m (Osm/kg) と，浸透圧 Π (kPa) との関係は，以下の式で示される．（ファントホッフの式）

$$\Pi = mRT \tag{3-3-9}$$

このように，浸透圧もオスモル濃度と比例関係になり，R は気体定数，T は熱力学温度である．

たとえば，本節コラム（p.189）で計算したように，血液のオスモル濃度を 285 mOsm/L とする．温度を 25℃（298.15 K），気体定数を 8.314 J K^{-1} mol^{-1} とすると，706.5 J/L と求められる．

単位は 1 J/L = 10^3 J/m^3 = 1000 N/m^2 = 1000 Pa だから，この値は 706.5 kPa である．

1 気圧は 101.325 kPa だから，血液の浸透圧はほぼ 7 気圧という数字になり[*]，これは水を 70 メートル吸い上げる圧力に匹敵する．

樹木は浸透圧を利用して水を吸い上げると考えられているが，詳細なメカニズムはまだわかっていない．

海水濃度は 3% NaCl 水溶液と同じなので，浸透圧は $(2 \times 30/58.44)RT = 2545$ kPa（25 気圧）となる．

海水の浸透圧を利用することでタービンを回転し，発電するプラントの開発がスウェーデンで開始されたと 2009 年末に報道された．

凝固点降下，蒸気圧降下，沸点上昇，浸透圧は，希薄溶液においていずれも溶質の種類とは無関係に濃度に比例する溶媒の性質である．

溶質の種類に依存しない溶媒の性質を**束一的性質**という．

---

[*]浸透圧（25℃）：0.285 × 8.314 × 298.15 = 706.46 kPa これは 6.97 気圧に相当する．

演習問題

問題 1

サケマス類の魚は成長に伴って降海し，生殖のために溯河（河をさかのぼる）する．サクラマス（Parr）は孵化してから1年間を河川で過ごすが，一部はその後に降海し，これをギンケヤマベ（Smolt）という．一方，河川に残って成長したものをヤマベ，ヤマメ（Dark parr）という．これらを捕獲し，血液の凝固点降下度を測定した．（Smolt は降海時のギンケヤマベ，Sea smolt は海棲のギンケヤマベである）（T. Kubo, *Bull. Facl. Fish. Hokkaido Univ.* **1953**, 4, 138-148 より抜粋）

Parr	0.66, 0.69, 0.68, 0.645, 0.70
Dark parr	0.68, 0.67, 0.69, 0.68, 0.67
Smolt	0.74, 0.70, 0.70, 0.72, 0.65
Sea smolt	0.90

それぞれの生育段階での平均値から，血液の浸透圧を求めなさい．

問題 2

以下の処方の浸透圧を血液と同じにするために加えればよい塩化ナトリウムの量（g）を求めよ．ただし，1%ドパミン塩酸塩水溶液，1%亜硫酸水素ナトリウム水溶液，1%塩化ナトリウム水溶液の氷点降下度はそれぞれ 0.17℃，0.35℃，0.578℃ である．また，血液の溶質濃度（オスモル濃度）を 280 mOsm/L とする．

ドパミン塩酸塩	2.0 g
亜硫酸水素ナトリウム	0.1 g
塩化ナトリウム	適量
注射用水	適量
全量	100 mL

問題 3

涙液と等張な 1.5 w/v% 硝酸銀溶液を 200 mL 調製するのに必要な硝酸カリウムの量（g）を求めなさい．ただし，硝酸銀の等張容積価（mL）は 36.7，硝酸カリウムの食塩当量（g）は 0.56 である．（第 95 回問 175）

問題 4

希薄溶液の性質について正誤を○×で示せ.

(1) 水溶液の浸透圧は,凝固点(氷点)降下法を用いて測定できる. ( )
(2) 0.14 mol dm^{-3} NaCl 水溶液と 0.28 mol dm^{-3} sucrose 水溶液は等張溶液である. ( )
(3) 0.9 w/v% NaCl 水溶液の方が,0.9 w/v% glucose 水溶液の浸透圧よりも高い.
 (86 回問 16) ( )
(4) 0.9 w/v% Glucose 水溶液と 5 w/v% NaCl 水溶液は等張溶液である.(第 84 回
 問 18) ( )
(5) 血液の浸透圧は 0.9 w/v% NaCl 水溶液の浸透圧とほぼ等しい.(第 90 回問 20) ( )
(6) 0.9 w/v% NaCl 水溶液は強電解質の水溶液である.(第 84 回問 18) ( )
(7) 0.9 w/v% Glucose 水溶液はコロイド溶液である.(第 84 回問 18) ( )

問題 5

0.15 mol L^{-1} の NaCl 水溶液の 25℃における浸透圧を求めなさい.(単位を忘れないこと)

問題 6

血漿の凝固点は −0.56℃であった.37℃における浸透圧はいくらか.ただし,モル凝固点降下度は K_f = 1.86 K mol^{-1} kg とし,重量モル濃度と容量モル濃の差は無視できるものとする.

コラム　細胞の浸透圧応答とファントホッフ係数

【1】浸透圧応答

　細胞膜は水やイオンを浸透させる半透膜の一種です．

　このため，血漿・組織液・涙液などのオスモル濃度 0.280～0.290 Osm/L に釣り合うように，細胞質のオスモル濃度が保たれています．

　この状態を**等張**（アイソトニック），そのような液体を**等張液**といいます．（イソスはギリシャ語で「等しい」，トノスはギリシャ語で「張り」）

　血液に老廃物が蓄積されたり，血液から組織に水分が移動したりすると，血漿のオスモル濃度が上昇してしまいます．

　赤血球（エリスロサイト）の細胞質は等張液と釣り合っていたのに，細胞外のオスモル濃度が上昇すると細胞膜を水が浸透して放出されます．（エリスロは「赤」）

　すると，赤血球細胞は収縮し，正常な円盤形状（ディスコサイト）からコンペイトウ状（エチノサイト）に形態変化する様子が光学顕微鏡で観察されます．（ディスコスはギリシャ語で「円盤」，エチヌスはウニの学名＝ラテン語）

　このような現象を引き起こす高オスモル濃度の状態を**高張**（ハイパートニック），そのような液体を**高張液**といいます．（ヒュペルがギリシャ語で「超越」）

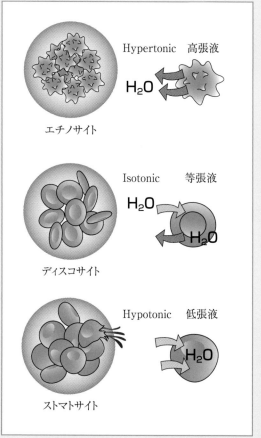

　一方，血管中に誤って蒸留水を注射したり，オスモル濃度の低い液体を点眼したりすると，細胞質のオスモル濃度のほうが高くなるために細胞膜を介して水が流入し，赤血球が膨れあがります．

　この結果，ディスコサイトの縁の部分が膨れあがってクラゲ状（ストマトサイト）に形態変化します．（ストーマはギリシャ後で「口」）

　さらに水の流入が続くと細胞膜が破裂（溶血）し，細胞質にある赤色色素のヘモグロビンが細胞外に放出されます．

　このような現象を引き起こす低オスモル濃度の状態を**低張**（ハイポトニック），そのような液体を**低張液**といいます．（ヒポがギリシャ語で「下」，「少し」，「低い」）

　赤血球をはじめとする細胞は，外部の液体のオスモル濃度によって上記のような形態変化をする性質をもっています．

【2】非電解質水溶液のファントホッフ係数

さて,このような束一的性質を考える場合には,モル濃度(mol/kg, mol/L)ではなく,オスモル濃度(Osm/kg, Osm/L)を用います.

しかし,濃度に関して薬効成分量を考えるときと浸透圧を考えるとき場合によって使い分ける,というのは混乱のもとになります.

そこで,モル濃度 c に**ファントホッフ係数 i** という物質固有の値をかけ算することで束一的性質をあらわすことにします.

凝固点降下(氷点降下) $\Delta T_f = K_f (ic)$ (3-3-10)

沸点上昇 $\Delta T_b = K_b (ic)$ (3-3-11)

蒸気圧降下 $\Delta p_A = \dfrac{(p_A{}^*) M_A}{10^3} (ic)$ (3-3-12)

浸透圧の発生 $\Pi = icRT$ (3-3-13)

こうすると使い分けに頭を悩まされることはありません.

非電解質は溶解しても解離しませんから,物質濃度とオスモル濃度は同じです.

この場合には,ファントホッフ係数 $i=1$ と決めます.

5%ブドウ糖水溶液なら,分子量 180.16 とすると容量モル濃度,

$$[\text{Glucose}] = \frac{5(g)/100(\text{mL})}{180.16(\text{g/mol})} = \frac{50(g)/1(\text{L})}{180.16(\text{g/mol})} = 0.278(\text{mol/L}) \quad (3\text{-}3\text{-}14)$$

ファントホッフ係数は1ですから,5%ブドウ糖水溶液の束一的性質は次のように計算することができます.

  凝固点降下度は 0.517 K(凝固点は −0.517℃)

  沸点上昇度は 0.142 K(沸点は +100.142℃)

  25℃における浸透圧は 689 kPa(6.8 気圧)

【3】生理食塩水のファントホッフ係数

電解質のうち $NaCl$ や $NaHCO_3$ のような酸-塩基 1:1 塩であると,物質量1モルの電解質が2モルぶんの溶質イオンに電離します.

そこで,粗い近似としてファントホッフ係数 $i=2$ と考えます.

ここで生理食塩水について計算してみましょう.

生理食塩水とは 0.900% NaCl 水溶液を指します.

NaCl の式量 58.44 g/mol とすると,生理食塩水の容量モル濃度は,

$$[\text{NaCl}] = \frac{0.9(g)/100(\text{mL})}{58.44(\text{g/mol})} = \frac{9(g)/1(\text{L})}{58.44(\text{g/mol})} = 0.154(\text{mol/L}) \quad (3\text{-}3\text{-}15)$$

ここでファントホッフ係数を2と考えて生理食塩水の束一的性質を計算すると,次のように求められます.

  凝固点降下度は 0.573 K(凝固点は −0.573℃)

  沸点上昇度は 0.158 K(沸点は +100.158℃)

25℃における浸透圧は 763 kPa（7.5 気圧）

実験的に 0.900% NaCl 水溶液の凝固点を測定してみると，この計算値とは違う －0.52℃ となって，計算値よりも少し低くなるのです．

どうしてなのでしょう？

その詳細は，第 6 章 6-1 節にて考察することにします．

実用的な経験的方法として，ファントホッフ係数を実験値にあうよう補正して用いる考え方があります．

NaCl は完全に電離していますが，一部が電離していないものと解釈するのです．

弱酸 HA の解離度が 0.5 というときには溶液中に分子型 HA が 50%，イオン型 A^- が 50% 現実に存在しますが，ここでいう電解質の電離度はこれとは違います．

現実に NaCl という「分子」が溶液の中に存在するわけではなく，量的な辻褄をあわせるために電離していない分子型があるとみなすのです．（p.29, 429）

水溶液における電解質の電離度を α と表すと，0.9% NaCl 水溶液の場合には $\alpha = 0.82$ と考えれば辻褄があうとされます．

溶液中に 100 個の NaCl が存在するとき，Na^+ と Cl^- は 82 個づつ電離し，電離していない NaCl の見なし濃度は 18 個になるという計算です．

こうすると，オスモル濃度は 1.82 倍になりますので，ファントホッフ係数は 1.82 であることにします．

このような取り扱いで生理食塩水の束一的性質は以下のように求められます．

凝固点降下度は 0.521 K（凝固点は －0.521℃）

沸点上昇度は 0.144 K（沸点は ＋100.144℃）

25℃における浸透圧は 695 kPa（6.9 気圧）

【4】多塩基塩などのファントホッフ係数

続いて，Na_2CO_3 や K_2HPO_4 などの場合を考えます．

溶液中に 100 個の K_2HPO_4 を溶かすと，200 個の K^+ イオンと 100 個の HPO_4^{2-} イオンに電離しますから，オスモル濃度として 300 個と計算します．

このように，粗い近似としてファントホッフ係数 $i = 3$ とみなします．

例として，0.4 mol/L K_2HPO_4 緩衝液を考えます．

0.4 mol の K_2HPO_4 は 0.8 mol の K^+ イオンと 0.4 mol の HPO_4^{2-} イオンに電離し

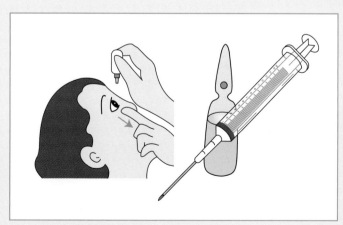

ますから，オスモル濃度は 1.2 Osm/L です．

　実際に溶液を調製するときには，実効的な濃度（活量）は小さい値です．

　この場合，2価イオンの遮蔽効果が大きいために電離度 α は小さくなるからです．

　デバイ＆ヒュッケル理論に基づく計算値によれば 0.4 mol/L KH_2PO_4 水溶液の電離度 $\alpha = 0.74$ に対して，0.4 mol/L K_2HPO_4 水溶液の電離度 $\alpha = 0.29$ となります．

　以上を総合すると，ファントホッフ係数は以下の式で計算します．

$$i = 1 + (n-1)\alpha \tag{3-3-16}$$

　ここで，n は1モルの電解質が電離によって生じるイオン種のモル数の和です．

　K_2HPO_4 の場合 $n = 3$ ですので，ファントホッフ係数 $i = 1.6$ 程度になります．

　希薄溶液の目安として 0.01 mol/L よりも低い濃度と考えていることが多く，このような場合に限り電離度 $\alpha = 1$ として，$i = n$ と見なすことができます．

3-4 二成分系（1）－固液平衡－

Episode　混ぜてはいけない粉末医薬品，混ぜると使いやすくなる粉末医薬品

　粉末を混ぜるとべたべたの液体になってしまう，という配合変化と呼ばれる現象があります．この性質は不利な面だけではありません．欠点を巧妙に生かすことで有用な製剤が開発された例を見ましょう．

- -

　非ステロイド性抗炎症薬のアスピリンに炭酸水素ナトリウムを混ぜ合わせますと湿潤してしまいます．

$$\text{(アスピリン COOH, OCOCH}_3\text{)} + NaHCO_3 \rightleftharpoons \text{(COONa, OCOCH}_3\text{)} + H_2O + CO_2$$

　これを防ぐため，これらを同時に調剤するには分けて別包にします．
　アスピリンが中和する一方で，炭酸から二酸化炭素へと平衡が移動して水を生じるという化学変化によって引き起こされる現象です．
　高pH条件で湿潤すると，アスピリンが加水分解しやすくなり，品質が劣化します．（p.136）
　一方，オキサゾリジンジオン系てんかん薬であるトリメタジオンに対して，コハク酸イミド系抗てんかん薬のエトスクシミドとか，フェニルヒダントイン系抗てんかん薬のエトトインなどの粉末を混合しても液化します．
　これらの場合は，酸塩基反応は関係がなさそうです．

トリメタジオン　　エトスクシミド　　エトトイン

　これらを構造式で比べると，薬物名や基本骨格名では気づかないのですが，お互いによく似たものを混ぜ合わせたときに液化しているのがわかります．
　これらは，混合物の融点が低下したため，固体から液体に変わったものです．
　この現象はまだ多く見つかっているわけではありませんが，製剤に有効に利用される例もあります．
　エムラクリーム®（アストラゼネカ社）はリドカインとプリロカインを混合した外用の局所麻酔剤です．
　エムラ EMLA という言葉は，「局所麻酔剤の共融混合物（Eutectic Mixture of Local Anesthetics）」を

略した言葉として商品名に用いられています．

共融混合物とは何でしょう．

リドカイン（リグノカイン）は融点＋68℃の局所麻酔作用や抗不整脈作用，あるいはがん性疼痛の緩和などに広く用いられる医薬品です．

塩酸塩で用いられることが多く，これは商品名のキシロカインの名称で呼ばれることもあります．

プリロカイン（プライロカイン）は融点＋37℃の，リドカインと同じアミド型局所麻酔薬で，歯科で使用される例があります．

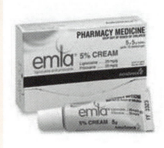

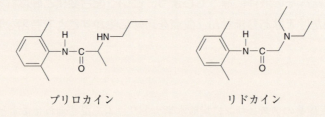

プリロカイン　　　　　　リドカイン

リドカインとプリロカインを混合しますと，それぞれの融点よりも低い温度で液体になります．

特定の組成では融点＋16℃となり，有機溶媒や乳剤に分散しやすい液体になります．

こういう特殊な組成の混合物を共融混合物というのです．

リドカインとプリロカインの場合も，化学構造が非常に似ています．

これを利用した製剤エムラクリームは，静脈内カテーテルの挿入や皮膚の手術のための皮膚麻酔に適すると言われます．

Points　二成分系（1）－固液平衡－

TX図：二成分系で温度Tを成分のモル分率Xに対してプロットした状態図．横軸のモル分率Xは，重量パーセントで表されることが多い．

共融混合物：混合溶液を冷却したときに生じる固体の混合物．共晶，共晶混合物ともいう．一方の成分が水である場合，とくに氷晶という．

分子化合物（分子間化合物，分子錯体）：複数の分子が分子間相互作用を形成してできる複合体．液相ではクラスレートという用語が広い意味に使われつつあるが，金属キレートや水和物も分子化合物の一種と見られる．固相では，結晶格子を形成している複合体を指しており，固体中の分子分散の状態として固溶体，混晶ともいう．

ラセミ混合物：光学活性物質のラセミ体が共融混合物を形成するような混合物である場合をラセミ混合物であるという．

ラセミ化合物：光学活性物質のラセミ体が分子化合物を形成するような混合物である場合をラセミ化合物であるという．

3-4-1 凝固点降下はどこまで成立するのか？ SBO:C1-(2)-⑤-3

純物質はクラペイロンの式で表される圧力と温度において固相～液相間の相転移が起こる．(p. 177)

これに第二の成分を微量加えた希薄溶液では凝固点降下を生ずる．(p. 187)

次に，凝固点降下が成立する範囲を明らかにするため，塩化ナトリウム濃度を横軸に，縦軸に温度をとり，それぞれの濃度における水溶液の**状態図**（**相図**）を図 3-15 に示した．

この状態図は塩化ナトリウム濃度の水溶液を冷却すると，一定の温度において氷が析出することを表す．

純粋な水ならば 0 ℃のまま水と氷の平衡状態が続くが，電解質溶液の場合には一部で氷が析出しながらこの温度に留まることなく，ゆっくりと温度が低下する．

この過程で，溶媒の水が除かれるため，水溶液相の塩化ナトリウム濃度が濃縮される．

冷却を続けると，さらに氷が析出するが，やがて −21.1 ℃ですべてが凍結する．

凍結するときの水溶液相の塩化ナトリウム含量は 23.3 %（[NaCl] = 4 mol/kg）となる．

溶媒濃度に比例した凝固点降下が見られるのは 10 %（[NaCl] = 1.7 mol/kg）の −6.4 ℃までで，4 mol/kg という高濃度での凝固点は −14.8 ℃と計算されるが，実測値 −21.1 ℃のほうが低い凝固点となる．

最低温度で凍結したこの混合物を**共融混合物**といい，この温度を**共融点**という．

共融混合物は共晶ともいい，多成分が細かく混合してモザイク構造（共晶組織）になっているが，この部分は一定の温度においてまるで純粋な化合物であるかのように融解する．

塩化ナトリウムが 23.3 %以上のとき，冷却すると析出するのは塩化ナトリウムである．

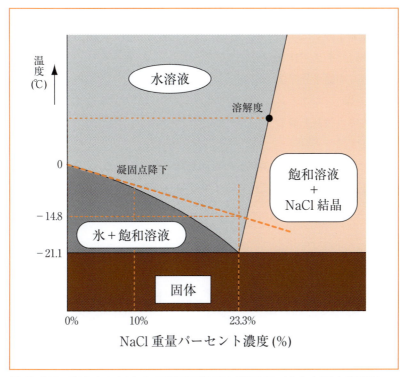

図 3-15　塩化ナトリウムの重量百分率と凝固点・融点を示す状態図

縦軸が室温+25℃において塩化ナトリウム含量の水への溶解度（飽和濃度）はグラフの右側の線分になる．

水への溶解が吸熱的な塩化アンモニウム水溶液も，凝固点降下の挙動については塩化ナトリウムとかわらず，10%（[NH$_4$Cl]=1.9 mol/kg）の−7.0℃までは溶媒濃度に比例して凝固点降下が見られるが，それ以上の濃度では実測値のほうが低温になり，19%（[NH$_4$Cl]=3.55 mol/kg）において共融点−15.8℃に達する．

3-4-2 固液平衡の状態図と共融点 SBO:C1-(2)-⑤-3

非ステロイド性消炎鎮痛剤のイブプロフェン（図 3-17）や抗菌剤のスルファチアゾール（図 3-17）は，ニコチン酸メチルなど様々な化合物と共融混合物を形成することが見いだされており，製剤研究に用いられている．

図 3-16 に示した状態図（相図）は，イブプロフェン（融点+75〜78℃）とニコチン酸メチル（図 3-17：融点+42〜44℃）を様々な重量比で混合したものの凝固点をプロットしたものである．

グラフは左にいくほどニコチン酸メチルの含量が高く，右にいくほどイブプロフェンの含量が高い．

いわば，グラフの左側半分ではニコチン酸メチルが「溶媒」，イブプロフェンが「溶質」になり，右側半分ではイブプロフェンが「溶媒」，ニコチン酸メチルが「溶質」という役割を演じている．

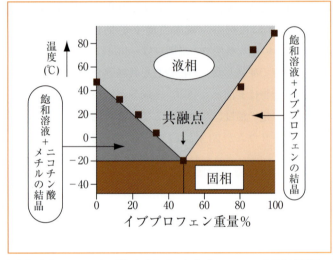

図 3-16　ニコチン酸メチルとイブプロフェンの固液平衡
Passmore and Gilligan; US Patent 6,841,161（2005）．

そこで「溶質」の含量が増えると，「溶媒」の凝固点降下が見られる．

ニコチン酸メチル（分子量 137.14）に対するイブプロフェン（分子量 206.30）の重量比が 50%（モル比 3：2）において共融混合物を生じ，これは−20℃という低い融点を示す．

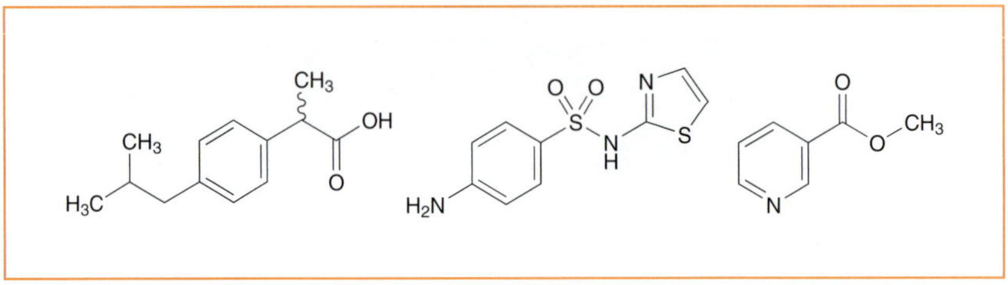

図 3-17　イブプロフェン，スルファチアゾール，ニコチン酸メチルの化学構造式

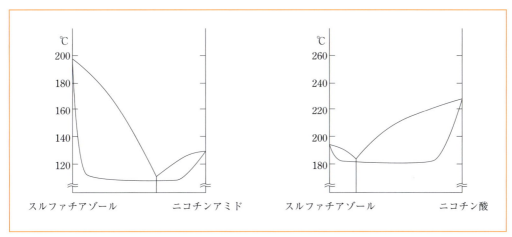

図3-18 スルファチアゾールにニコチンアミド，ニチコン酸を混合した固液平衡

　この状態図が示しているのは，イブプロフェンとニコチン酸メチルの粉末を重量比 1:4（グラフ横軸 20%）で混ぜ合わせ，乳鉢ですりまぜるだけで，+15℃以上の室温で融解して液状になることである．

　この液体も塩化ナトリウム水溶液と同じで，冷却すればニコチン酸メチルの固体が析出し，液相のイブプロフェンが濃縮される．

　さらに冷却し，−20℃に達すると液相が全て凍結し，モル比 3:2 の共融混合物となる．

　スルファチアゾール（融点 +198℃）とニコチンアミド（融点 +130℃）の共融点 +105℃では，ニコチンアミド含量の大きい共融混合物を形成する．（図 3-18）

　しかし，ニコチンアミドと分子量のあまりかわらないニコチン酸（融点 +224℃）とスルファチアゾールの共融点 +180℃はスルファチアゾールの融点に近く，この場合はスルファチアゾールの含量が多い共融混合物を形成する．

　組成が共融混合物と異なるとき，一方の成分が析出するが，有機化合物では結晶核なしに結晶を形成することは稀で，固化してから共融混合物との境界で分離することは困難であり，偏光顕微鏡でその分布を確認することができることもある．

3-4-3　分子化合物，ラセミ混合物，ラセミ化合物　SBO:C1-(2)-⑤-3

　複数の分子で形成される複合体が，「物質の性質を表す最小単位の粒子」として振る舞う場合があり，この複合体を**分子化合物**（分子錯体）という．

　分子 molecule とは，以下の 2 項目の内容で定義されている．（IUPAC Gold Book を改変）
- 1個以上の原子からなる電気的中性な「実体」である．（⇔イオン）
- 安定な構造を持っており，同じ振動運動の状態にある．（⇔遷移状態）

　中学・高校では「分子」を「物質の性質をもつ最小単位の粒子」と学んだ．

　これは上記の IUPAC 定義で「実体 entity」ということばに含まれている 1 つの解釈である．

　中学・高校の教科書はこの解釈からはみ出ないように注意深く編集されている．（いうなればドルトンの原子に対してアヴォガドロが定義した分子にあたるのではないかと思う）

大学で理想気体以外にも物質の様々な状態を考えるようになると，物質ごとに個性のある「具体的な実体」が存在する．

それらを単純に「分子」と総称してしまうと，その粒子は「物質の性質を持つ最小単位の粒子」にはなっていないこともある．

分子ということばが最小単位の粒子のうち一部だけを指していることもある．

分子化合物は，結晶固体の構成粒子の単位として振る舞う．

スルファチアゾール（図 3-17：分子量 255.32，融点 +198℃）を，スルファニルアミド（図 3-19 分子量 172.20，融点 +165℃）に混合するときには，モル比 1：1（重量比 60：40）の分子化合物を形成する．

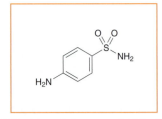

図 3-19　スルファニルアミド

図 3-20 のグラフは，横軸にスルファニルアミドに含有するスルファチアゾールの重量パーセント濃度を示したもので，形成される分子化合物（重量百分率 60％スルファチアゾール）の融点がおおよそ +180℃ になっていることが読みとれる．

このような混合物であると，横軸 17％前後には約 +153℃ の共融点が出現し，また横軸 70％前後には約 +170℃ の共融点が出現する．

光学対掌体の D 体と L 体は純粋な物質であるが，ラセミ体は混合物である．

とくに D 体分子と L 体分子の間に特異的な分子間相互作用がなければ，D 体と L 体の等量混合物は共融混合物にあたる．

このため，光学対掌体の融点に対して，ラセミ体は融点が低い．

一方，D 体分子と L 体分子が液相では自由に移動していても，固体になるときには D 体と L 体が 1：1 で分子間相互作用を形成する場合がある．

このような場合には，D 体分子と L 体分子が複合体となって，固相を形成する粒子となる．

ラセミ体において 2 つの光学対掌体が分子化合物を形成する場合，これを**ラセミ化合物**といい，それ以外のラセミ化合物を形成しないラセミ体を**ラセミ混合物**という．

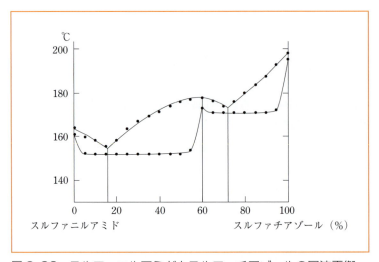

図 3-20　スルファニルアミドとスルファチアゾールの固液平衡

ラセミ化合物の融点は，もとの光学対掌体の融点に比べて高温か，低温か，同じかは物質によって様々である．

たとえば，L-エフェドリン（図3-21）は麻黄から採れる咳止め成分である．

そのL-光学対掌体の融点＋34℃に対して，DL体の融点は＋79℃と高温になり，ラセミ化合物を形成していることがわかる．

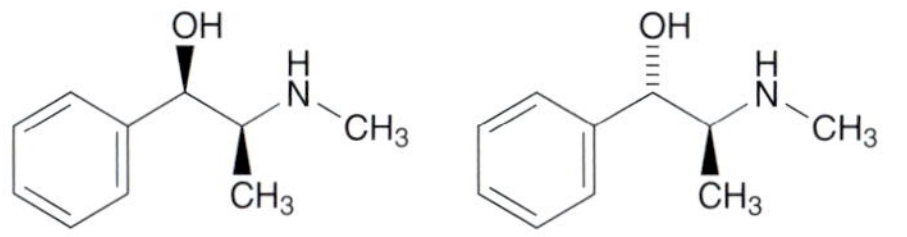

図 3-21　L-エフェドリンと D-シュドーエフェドリン（プソイドエフェドリン）

エフェドリン塩酸塩ではL体の融点＋216〜220℃に対して，DL体の融点は＋187〜188℃と低下しておりラセミ化合物の存在は明らかではなく，ジアステレオマーのD-シュドーエフェドリン（図3-21）塩酸塩の融点＋181〜182℃とも区別しにくい値になる．

3-4-4　希薄溶液の PT 図 SBO:C1-(2)-⑤-3

これまで見てきたことから，結晶が形成される場合には同じ固相の中に複数の成分が混じり合うことは非常に稀であることがわかる．

共融混合物や分子化合物は特定のモル分率だけで生じるものであって，それ以外のモル分率の成分は全て単一成分の結晶として析出し，固相を形成する．

これは，純物質の結晶格子の中に不純物が挿入されることが非常に困難なためである．

固相-気相の相転移である昇華においても，この事情は変わらない．（図3-22）

このため，希薄溶液における昇華点の降下は小さく，希薄溶液のPT図の昇華曲線は純水のPT図の昇華曲線に極めて近い．

三重点に着目すると，純水の三重点に対して希薄溶液では蒸気圧降下が起こり，蒸気圧曲線が下方に移動する．

昇華曲線はほとんど変わらないので，昇華曲線と蒸気圧曲線の交点である三重点は，希薄溶液の濃度が増すと昇華曲線を左下方向に移動した形になる．

三重点に交わる融解曲線も，三重点とともに左方向に移動する．

こうして，希薄溶液のPT図は昇華曲線にそって移動する．

ここで大気圧における相転移温度を見ると，凝固点は低温側に降下しており（凝固点降下），沸点は高温側に上昇する（沸点上昇）ことが読みとれる．

3-4

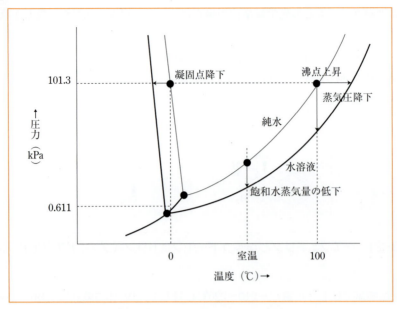

図 3-22　純水と希薄水溶液の状態図と束一的性質

演習問題

問題 1

医薬品の多形について調べるとき，直接関係のない測定法は次のどれか？（第 60 回）
(1) フーリエ変換赤外吸収スペクトル法（FTIR）
(2) X 線回折法（XRD）
(3) 示差走査熱量測定法（DSC）
(4) 高速液体クロマトグラフ法（HPLC）
(5) 密度測定法

問題 2

図はベンゾフェノン～ジフェニルアミン 2 成分系混合溶液の相図である．これについての記述で正しいものはどれか？（第 72 回）

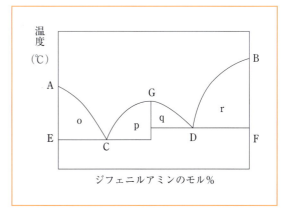

(1) ジフェニルアミンのモル百分率が 50％の混合溶液を冷却していくと点 G に達し，単一の結晶となる．
(2) ジフェニルアミンのモル百分率が 40％の混合溶液を冷却すると，最初に析出するのはベンゾフェノンの結晶である．
(3) ジフェニルアミンのモル百分率が 60％の混合溶液を冷却すると，最初に析出するのはジフェノルアミンである．
(4) 点 D で生ずる結晶はベンゾフェノンとジフェニルアミンの共融混合物のひとつである．

問題 3

物質 A と B からなる 2 成分系の相図を次に示す．T_A，T_B はそれぞれ A，B の融点であり，組成比 4：6 で共融混合物を形成する．図のように A，B を 7：3 で混合し，温度 T_1 で完全に融解させた後，温度 T_2 まで冷却し，平衡状態とした．このときの状態として正しいものを選べ．（第 86 回問 171）

(1) A の液体に共融混合物が析出している．
(2) B の液体に共融混合物が析出している．
(3) 固体 A と，組成 A：B＝1：1 の溶液が共存．
(4) 固体 B と，組成 A：B＝1：1 の溶液が共存．

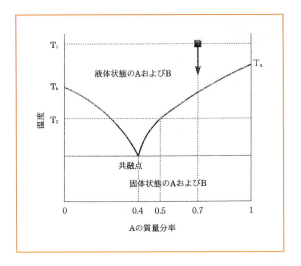

3-5 二成分系（2）－気液平衡－

Episode　水蒸気蒸留とエッセンシャルオイル

　アロマテラピーに用いるエッセンシャルオイルは，植物の揮発性成分であるテルペノイドやフェニルプロパノイドの混合溶液です．アロマオイル（芳香嗜好品）・ポプリオイル（室内芳香料）・フレーバー（食品賦香料）・フレグランス（化粧品賦香料）などの工業製品とは違い，全成分が天然物質で，調製や保存が難しいとされます．

　PT図に描かれた蒸気圧曲線からは，大気圧での温度が沸点であるということだけでなく，それ以下の温度での飽和蒸気分圧を読みとることができます．

　精油成分のような分子間相互作用の小さい物質は，蒸気圧曲線の上昇が緩やかで，沸点より低い温度でも飽和蒸気分圧が高く，この性質を揮発性といいます．

　蒸気圧曲線をクラウジウス＆クラペイロン式にてプロットしたとき（横軸 $1/T$，縦軸 $\log_e p$），グラフは右下がりの直線になりますが，揮発性物質では傾きの絶対値が小さくなります．

　この傾きは気相になるときの気化熱に比例（$-L/R$）するのですから，揮発とは少ない気化熱で気相になることが理解できます．

　水蒸気蒸留は揮発性を利用し，沸点以下の温度で精油成分を抽出・濃縮する技術です．

　装置は，蒸し器のてっぺんに蒸気を回収する冷却管を取り付けたようなものです．（写真は山文製陶所が作製した水蒸気蒸留装置アランビック）

　その下漕で水を沸騰させると，蒸気が上漕に導入され，次に冷却管を通るときに凝縮して回収漕に流れ込みます．

　この装置は，例えば塩水を沸騰させて真水にするという通常の蒸留操作も行うことができます．

　上漕に揮発成分の豊富な植物材料を入れておくと，熱蒸気に揮発成分が分散し，これが冷却されると多量の水と水に溶けない微量の精油成分に分離します．

　これを水蒸気蒸留といって，通常の蒸留操作と区別します．

　水蒸気蒸留法で精製されるエッセンシャルオイルには，日本人に馴染みの深いものとしてハッカ（薄荷）のL-メントール（ペパーミント）やL-カルヴォン（スペアミント）などのテルペノイド類，ニッキ（肉桂，シナモン）のケイヒアルデヒドやユーゲノールなどのフェニルプロパノイド類などがあり，それらの香りはすぐに思い出されることでしょう．

　1928年フランスの香料研究者ガットフォッセが，伝統的な精油を医療に利用した研究成果を「アロマテラピー」という書物にまとめました．

その後20世紀後半，フランスでは医学博士バルネによって医療方面に，イギリスではガットフォッセの弟子モーリーによって美容分野に広められ，これらが今日我が国にも普及しました．

日本アロマ環境協会（AEAJ）が，アロマテラピー検定なるものを行っており，ウェブサイトで検定のミニテスト体験ができるようです．

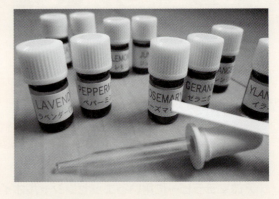

http://www.aromakankyo.or.jp/

アロマテラピーの歴史などの他，精油成分の化学的性質や取り扱い方法，ラベンダー・ティートリー・ローズマリーなど代表的なエッセンシャルオイルの起源植物や抽出部位などおなじみの出題も多く，基礎薬学のちから試しによいかも知れません．

Points　二成分系（2）－気液平衡－

理想溶液，理想溶体：ラウールの法則に従う混合溶液．各成分が互いに分子間相互作用を及ぼさないことが条件となる．このためには，混合する物質では互いに分子間相互作用が変化せず，液体分子が入れ替わっても安定性に変化が生じないものがよい．代表的な例はベンゼン（沸点＋80℃）とトルエン（沸点＋111℃）混合溶液．

蒸留：混合溶液を沸騰させ，蒸気を回収・冷却し，沸点の異なる成分を分離・濃縮する操作．成分ごとの蒸気圧の差を利用して，特定成分を濃縮する方法．沸騰漕・冷却管を脱気して減圧すると低い温度で沸騰するため，成分の熱分解などを防ぐことができる．これを減圧蒸留，減圧濃縮という．

正のずれ，負のずれ：水（沸点＋100℃）～エタノール（沸点＋78℃）混合溶液や，二硫化炭素（沸点＋46℃）～アセトン（沸点＋57℃）混合溶液は混合するとラウール則の予想よりも高い蒸気圧を示す．これを正のずれという．反対に，アセトンまたは酢酸エチル（沸点＋77℃）と，クロロホルム（沸点＋62℃）の混合溶液はラウール則の予想よりも低い蒸気圧を示す．これを負のずれという．

共沸混合物（アゼオトロープ）：液体混合物であり，沸騰する際に液相と気相が同じ組成になるような組成の混合溶液を指す．ラウール則から正のずれを示す混合溶液は沸点が低下し，極小共沸点を示す．ラウール則から負のずれを示す混合溶液は沸点が上昇し，極大共沸点を持つ．

3-5-1　ヘンリーの法則とラウールの法則 SBO:C1-(2)-⑤-3

蒸気圧についておさらいする．

第一に，**アヴォガドロの法則**（アヴォガドロ＆アンペールの法則）は，温度・圧力・体積が同じ気体

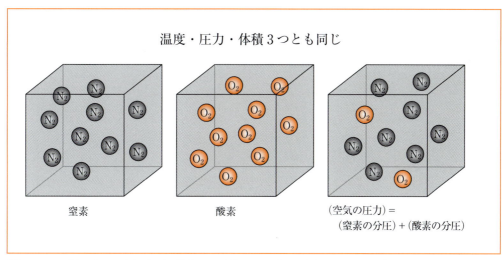

図3-23 ドルトンの法則：気体分子の種類・組成に関係なくモル体積は22.4リットル

には同じ数の気体分子が含まれることをいう．

　第二に，**ドルトンの法則（分圧の法則）**は，混合気体の全圧は各気体成分それぞれの分圧の和であることをいう．（図3-23）

　第三に，**ヘンリーの法則**は，溶液と平衡状態にある蒸気のうち，溶質の蒸気圧が溶液中の溶質の濃度に比例して上昇することをいう．（第1章1-3節）

　たとえば炭酸飲料にどれだけ二酸化炭素が溶存しているかは，気相中の二酸化炭素の分圧に比例する．

　そして，この点が重要なのだが，溶質として二種類以上の成分が混ざっているとき，各成分の濃度と気相中の分圧は比例するが，溶液の溶質濃度と蒸気の分圧が一致するわけではない．

　空気中の二酸化炭素分圧は0.01気圧，酸素分圧は0.2気圧だが，20℃の水における二酸化炭素の溶解度は0.88 mL/mL，酸素の溶解度は0.031 mL/mLである．

　ヘンリーの法則は，これらの気体だけでなく，様々な溶質分子で成立する．

　例として，アルコール水溶液のアルコール臭はアルコール濃度が高いほど強く，アンモニア水溶液のアンモニア臭はアンモニア濃度が高いほど強い．

　アルコールやアンモニアなどの溶質濃度が高いほど，それら成分の蒸気は多いのである．

　第四に，**ラウールの法則**は，束一的性質の蒸気圧降下であり，溶液と平衡状態にある蒸気のうち，溶媒の蒸気圧が溶液中の溶質濃度に比例したぶんだけ降下することをいう．（3-3節）

　これは，溶質に関するヘンリーの法則を，溶媒に言い換えたものに見える．

　図3-24のグラフは，2種類の混合溶液について，それぞれが成分Aと成分Bからなるとし，液相中の成分Aのモル分率X_Aに対する，気相中の成分Aの蒸気圧を示したものである．

　モル分率が小さいときAは混合溶液の溶質に相当し，左端から右方向にモル分率X_Aが増大するのに比例して蒸気圧が直線的に増大するヘンリーの法則が狭い範囲で成立する．

　モル分率X_Aが大きいときAは混合溶液の溶媒に相当し，このときは右端から左方向にモル分率X_Aが低下すると，溶質にあたる成分Bのモル分率$X_B(=1-X_A)$が上昇する．

　ここでは溶質Bのモル分率X_Bが上昇すると，溶媒Aの蒸気圧が直線的に低下している．

　図3-24のようにラウールの法則もヘンリーの法則も溶質濃度の低いグラフの端の領域だけで成立す

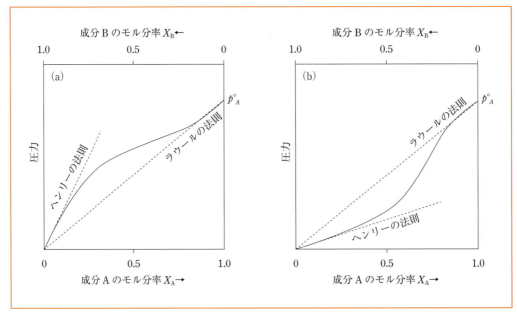

図 3-24　実在溶液に見られるラウールの法則に対する正のずれ（a）と負のずれ（b）

る場合が多く，溶質濃度が高くなるとラウールの法則で予想されるよりも高い蒸気圧を示す混合溶液（a）と，低い蒸気圧を示す混合溶液（b）がある．

そこで，ラウールの法則に対して高い蒸気圧を示す混合溶液（a）を「正のずれ」がある混合溶液と分類し，低い蒸気圧を示す混合溶液（b）を「負のずれ」がある混合溶液と分類する．

たとえば水にアルコールを混合すると，水の水素結合が弱められる．

その結果として水の安定性が損なわれるために，混合溶液相から**逃散する傾向**が強まり，ラウールの法則で予想される直線よりもさらに水は蒸発しやすくなる．

こうして，水にアルコールを溶解すると，水の蒸気圧は「正のずれ」を示す．

一方，水に塩酸やギ酸を混合すると，水の蒸気圧は著しく低下する．

このような場合は，ラウールの法則に対して「負のずれ」を示していることになる．

ラウールの法則に従う混合溶液を**理想溶液（理想溶体）**という．

理想溶液に対して，混合溶液（a）や混合溶液（b）を**実在溶液**という．

3-5-2　理想溶液の PX 図　SBO:C1-(2)-⑤-3

理想溶液では，希薄溶液でなくても溶媒に対して溶質分子の相互作用の影響がない．

理想気体の考え方とは異なり，理想溶液の分子は分子間相互作用がなければ凝縮しないから，影響がないと言っても分子間相互作用が無視できるわけではない．

だから理想溶液とは，2 成分を混合するとき，一方の液体分子の分子間相互作用に対して，他方の液体分子の分子間相互作用が変わらないものということになる．

具体的な組み合わせとしては，しばしば表 3-2 の左右のペアが取り上げられる．

表3-2 理想溶液となる液体分子の組み合わせ

ベンゼン （分子量 78.11，沸点 +80.1℃）	トルエン （分子量 92.14，沸点 +110.6℃）
2-メチル-1-プロパノール （分子量 74.12，沸点 +108℃）	3-メチル-1-ブタノール （分子量 88.15，沸点 +127.5℃）
1,2-ジブロモエタン （分子量 187.86，沸点 +131〜132℃）	1,2-ジブロモプロパン （分子量 201.89，沸点 +140〜142℃）
クロロホルム （分子量 119.38，沸点 +61.2℃）	四塩化炭素 （分子量 153.82，沸点 +76.72℃）

1-2節でみたように，非極性物質に働くファンデルワールス力は構造特異性が高いので，分子間相互作用が同じであるためには，極性だけでなく分子構造も似ているものになる．(p.27)

図3-25のグラフは，一定温度（+25℃）でのベンゼン（蒸気圧 12.7 kPa）に対するトルエン（蒸気圧 3.8 kPa）を混合したモル分率を横軸に，それぞれの分圧を縦軸にとったものである．

グラフの左端はベンゼン100%の液体で，1気圧での蒸気圧 12.7 kPa となる．

グラフの右端はトルエン100%の液体で，1気圧での蒸気圧 3.8 kPa となる．

ラウールの法則によって，ベンゼンの蒸気圧は混合溶液中のトルエンのモル分率に比例して減少するので，$P_{benzene}$ の細線のように変化する．

トルエンの蒸気圧は混合溶液中のベンゼンのモル分率（＝1−［トルエンのモル分率］）に比例して減少するので，$P_{toluene}$ の点線のように変化する．

すると，混合溶液全体の蒸気圧は $P_{toluene}$ と $P_{benzene}$ の和で表される．

この直線（理想溶液でなければ曲線になる）を**液相線（蒸発曲線，気化曲線）**という．

ところで，いつのまにかトルエンにベンゼンを溶質として加えると蒸気圧が上昇するという話になっ

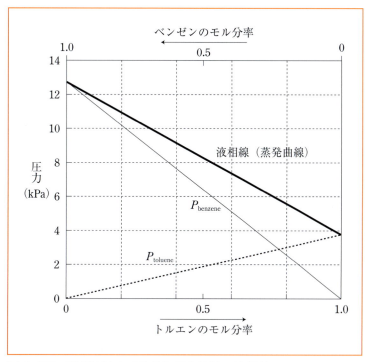

図3-25 理想溶液の成分蒸気圧と溶液の液相線

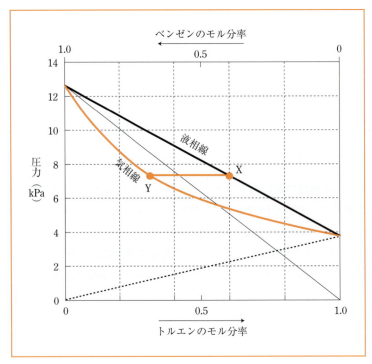

図3-26 理想溶液のPX図：液相線が上，気相線が下になる

ており，これは束一的性質の蒸気圧降下と矛盾しているかのように見えるが，分圧が上昇しているのは混合液全体であって，トルエン単独では蒸気圧降下している．

　混合溶液中のトルエンのモル分率が0.6のときの蒸気圧を図3-26のグラフで見ると，点Xにあたり，［トルエンの分圧］＋［ベンゼンの分圧］＝$3.8×0.6+12.7×(1-0.6)=7.4$ kPa と計算される．

　この蒸気におけるトルエンのモル分率は，ドルトンの法則によれば分圧比と一致するのだから，［トルエンの分圧］／［全分圧］＝$(3.8×0.6)/7.4=0.31$ と求められ，これは点Yにあたる．

　このことは，トルエンのモル分率0.6の混合溶液が，トルエンのモル分率0.31の混合蒸気と気液平衡にあることを意味している．

　この関係について，水平線分XYのように同圧力の点を結んだ線分を**タイライン（連結線）**という．

　それぞれの組成における蒸気のモル分率をシミュレーション計算し，グラフに連続的にプロットすると**気相線（凝縮曲線，結露曲線）**が描かれる．

　こうして描かれたPX図は，Xを通る液相線よりも上が液相領域，Yを通る気相線よりも下が気相領域であり，液相線と気相線に囲まれた領域はタイラインと液相線・気相線それぞれの交点のモル分率をもつ液相と気相が共存する2相領域となる．

　それぞれの純成分の蒸気圧は温度に比例するので，これよりも温度が高い場合，液相線と気相線は高圧側に移動し，また純成分の蒸気圧の差は拡がるのでそれぞれの傾きは大きくなる．

3-5-3 理想溶液のTX図 SBO:C1-(2)-⑤-3

モル分率Xに対して温度Tを縦軸にとったグラフをTX図といい，これに混合溶液のモル分率ごと

コラム　沸点上昇には例外がある？

　大気圧において加熱すると，純粋なベンゼンは+80.1℃で，純粋なトルエンは+110.6℃で沸騰し，理想溶液ならば混合溶液は両者の沸点の間で沸騰します．

　ということは，ベンゼンにトルエンを混合するときは沸点上昇が起こるが，トルエンにベンゼンを混合するとき，少なくとも混合溶液の沸点は降下することになります．

　混合溶液の沸点が溶媒のものなのか，揮発性の溶質のものなのかは観察できません．

　それでも理論的には溶媒の沸点は上昇するものであり，それより溶質の沸点が低いから隠れてしまっていると解釈すればよいのでしょうか？

　あるいは，沸点に関係する束一的性質には蒸気圧降下だけを残し，沸点上昇は溶質が不揮発性であるような「条件があえば起こる現象」に格下げするほうが普遍的な論議になるのでしょう．

　以上は理解を深めるためのお話で，一般的な理解としては「束一的性質」には「凝固点降下」，「蒸気圧降下」，「沸点上昇」，「浸透圧」の4種類があると覚えてください．

の沸点をプロットすればTX図上の液相線（蒸発曲線，気化曲線）が描かれる．

　液相線よりも低い温度では液相，気相線よりも高い温度では気相であり，ここでも，同じ温度におけるベンゼンの分圧とトルエンの分圧が一致しないために，平衡状態にある混合液のモル分率と蒸気のモル分率にはズレがある．

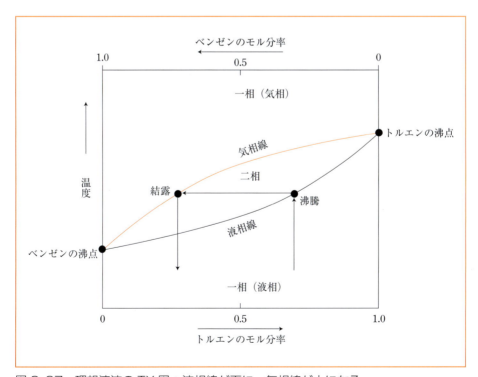

図3-27　理想溶液のTX図：液相線が下に，気相線が上になる

したがって，沸騰した混合液から気化した蒸気が，平衡状態で凝縮するときのモル分率は，純品沸点の低いベンゼンがより多く含まれた混合液になる．

そこで蒸留操作では，沸騰した混合液の蒸気を冷却管（リービッヒ冷却管やジムロート冷却管）に導き，結露液として回収することで低沸点の成分を濃縮する．

回収した濃縮溶液を新たに蒸留すると，さらに濃縮することができる．（演習問題参照）

塩化ナトリウム水溶液であれば，水の沸点100℃に対して塩化ナトリウムの沸点は1400℃以上だから，蒸気には塩化ナトリウムはほとんど含まれず（つまり不揮発性なので），蒸留することで真水を得ることができる．

図3-27（TX図）が図3-26（PX図）とどのような関係にあるかを図3-28に示した．

モル分率が0と1の面（直方体の左右の面）は純粋な成分の蒸気圧曲線にあたる．

蒸気圧曲線のPT図との関係に注目すると，高温・高圧になったとき臨界点に達するので蒸気圧曲線はとぎれ，液相線～気相線はこの面よりも内側で交わるようになる．

圧力を低下すると，液相線～気相線は低温側に移動する．

このため，蒸留操作において冷却管を真空ポンプで脱気すれば，低い温度で沸騰させることができるので，熱で分解しやすい物質を蒸留によって分離・濃縮することができる．

この方法を**減圧蒸留**といい，減圧蒸留する装置がロータリーエバポレーターである．

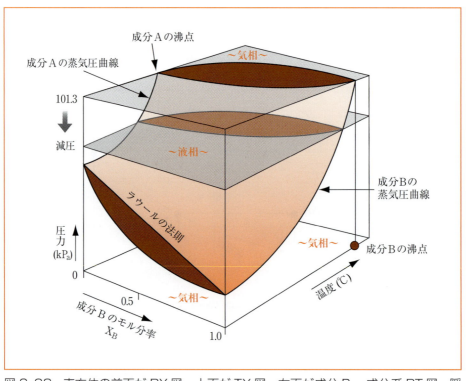

図3-28　直方体の前面がPX図，上面がTX図，右面が成分B－成分系PT図，隠れている左面が成分A－成分系PT図となる．

3-5-4 実在溶液のPX図，TX図 SBO:C1-(2)-⑤-3

エピソードに記した精油（エッセンシャルオイル）は，沸点が150〜350℃程度である．

高温の水蒸気を用いれば回収される精油の量が増えるが，色素成分など無用な化合物が混入するだけでなく，繊細な香りの成分が熱で分解する．

そのようなことのないよう，水の沸点に近い低い温度で時間をかけて水蒸気蒸留すれば，香りの高い，高品質の精油が得られると信じられている．

この技術はペルシアの錬金術師たちによって1000年以上前から継承されていることが遺跡発掘からわかっており，迷信に過ぎないかのように考えがちだが，現代ではラウールの法則から正のずれを示す混合溶液の性質として，合理的な説明がなされている．

バラの香水がおどろくほど高価なのには，科学的根拠がある．

【1】正のずれとPX図，TX図

水にアルコールを混合するとラウールの法則で予測されるよりも蒸気圧pが高くなる（正のずれを示す）ことは既に述べた．

このとき，水およびアルコールは**逃散傾向**が増す．

その結果，混合溶液の蒸気圧pの合計は，次のPX図（模式図）のように液相線が高圧側にずれを生じる．（図3-29）

中でもラウールの法則に対して「正のずれ」が著しい混合液では，PX図の液相線に極大値が出現し，組成によってどちらの成分純品の蒸気圧よりも高い値になることがある．

たとえば，水（20℃の蒸気圧2.4 kPa）とエタノール（20℃の蒸気圧9 kPa）の場合，エタノールのモル分率が0.895（重量百分率95.63％）であるとき，液相線に極大値が出現する．

ここで蒸気のモル分率Y_Bをシミュレーション計算できれば気相線が描かれるが，実在溶液の場合には，混合溶液のモル分率X_Bから，これと平衡状態にある蒸気のモル分率Y_Bを求められる関係式はない．

混合溶液のモル分率X_Bが増加するときに液相線pが増大する（$dp/dX_B>0$）ならば，この変化に伴っ

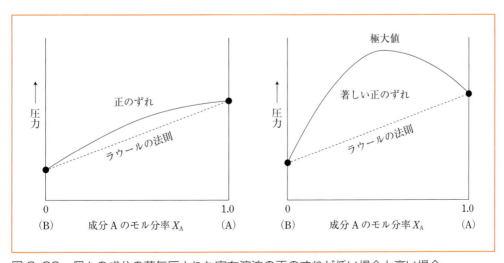

図3-29　個々の成分の蒸気圧よりも実在溶液の正のずれが低い場合と高い場合

て蒸気から消失する成分Aの物質量よりも，出現する成分Bの物質量のほうが大きいことになる．

すなわち，混合溶液のモル分率X_Bが増加して液相線pが大きくなるにしたがって，蒸気に含まれる成分Bのモル分率Y_BがX_Bの増加分を上回って増大していくことを意味している．

逆に，混合溶液のモル分率X_Bが増加するときに，液相線pが減少する（$dp/dX_B<0$）ならば，この変化に伴って蒸気から消失する成分Aの物質量のほうが，出現する成分Bの物質量よりも大きいことになる．

ということは，PX図では液相線の一点X_Bから蒸気のモル分率Y_Bに連結したタイラインは，常に液相線が増大する方向に位置し，傾きがおおきいほどタイラインの長さも大きくなる．

さらに，極大値では混合溶液のモル分率X_Bが変化しても，平衡蒸気の合計分圧Pが変わらないのだから，蒸気のモル分率Y_BはX_Bと等しい．

つまり，液相線の極大値（分圧）では，液相線が気相線と交わる．

これは，極大値のモル分率をもつ混合溶液は，沸点と凝縮点が一致し，純物質のように振る舞っていることを意味する．

この現象を**共沸**といい，このときの組成の混合溶液を**共沸混合物（アゼオトロープ）**という．

共沸混合物の組成は，液相になっても気相になっても変わらない．

一定圧力において，温度を変化させたTX図では同じ組成において液相線に極小値（沸点・凝縮点）が現れる．

図3-30は，著しい正のずれを示す混合溶液の例として，メタノール（分子量32.04，沸点+64.7℃）とクロロホルム（分子量119.38，沸点+61.2℃）についてのTX図，PX図である．

クロロホルムのモル分率0.64（重量百分率87.0％）で共沸混合物を形成し，共沸点の沸点は+53.50℃に低下する．

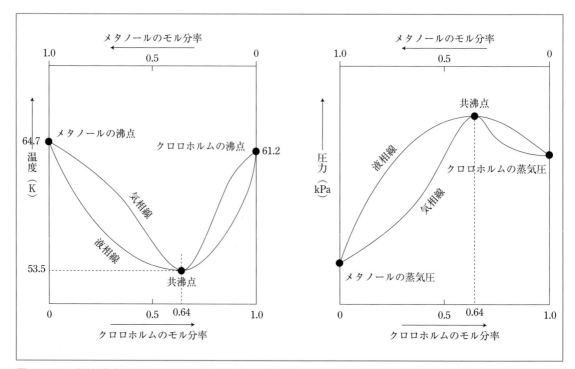

図3-30　極小沸点型の液体混合物における気液平衡

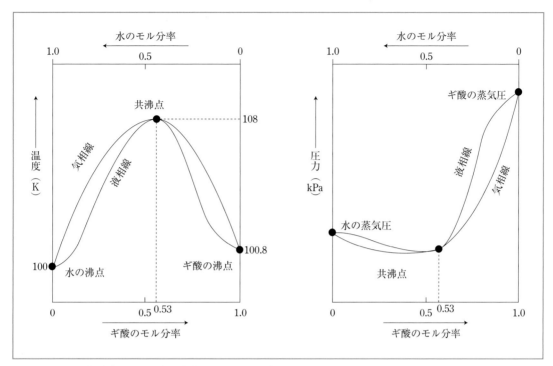

図 3-31 極大沸点型の液体混合物における気液平衡

極性の異なる 2 種類の液体の混合溶液において，沸点低下型の共沸混合物が見られ，精油の水蒸気蒸留も低沸点の共沸混合物を利用している．

水（沸点 +100℃）とエタノール（沸点 +78.4℃）の共沸混合物は沸点 +78.17℃である．

一方，エタノールとアセトニトリル（沸点 +82.0℃）の共沸混合物では沸点 +43℃となり，このように顕著な低下が見られるものもある．

【2】負のずれと PX 図，TX 図

水にギ酸，ハロゲン化水素，硝酸，エチレンジアミンを加えると，水の蒸気圧はラウールの法則に対して負のずれを示すことが見いだされている．

この場合も，負のずれが顕著な場合には PX 図で液相線に極小値が現れる．

これも共沸点といい，TX 図では極大沸点型の共沸混合物が見られる．

図 3-31 は水（分子量 18.02，沸点 +100℃）とギ酸（分子量 46.03，沸点 +100.8℃）の混合溶液についての TX 図，PX 図である．

ギ酸のモル分率 0.53（重量百分率 74.5％）で共沸混合物となり，沸点は +108℃である．

水以外では，クロロホルム（沸点 +61.2℃）にアセトン（沸点 +56.5℃）20％を加えると，極大沸点型の共沸混合物（沸点 +64.43℃）が見られる．（p. 28）

これは混合することでハロゲン化炭化水素が電子受容体，ケトンやエステルが電子供与体となって強い分子間相互作用を形成し，液相からの**逃散傾向**が低下するためである．

たとえば全身麻酔剤のハロタン（CF_3-CHClBr 分子量 197.4，沸点 +50.2℃）とジエチルエーテル（分子量 74.1，沸点 +34.6℃）は混合比 2：1 で沸点 +52℃の共沸混合物を形成する．

他に，アルコールやカルボン酸が，アミンやピリジンと極大沸点型の共沸混合物を作る．

演習問題

問題 1

図は二硫化炭素とベンゼンからなる混合物の液相〜気相状態図である．ベンゼンのモル分率 Xa，Xb，Xc について以下の記述のうち正しいものはどれか（複数回答）．

(1) モル分率 Xa の混合物を沸騰させると，蒸気のモル分率は Xb になる．

(2) モル分率 Xb の混合物を沸騰させると，蒸気のモル分率は Xa になる．

(3) モル分率 Xb の混合物を沸騰させると，蒸気のモル分率は Xc になる．

(4) モル分率 Xc の混合物を沸騰させると，蒸気のモル分率は Xb になる．

(5) モル分率 Xc の混合物を沸騰させると，蒸気のモル分率は 0 になる．

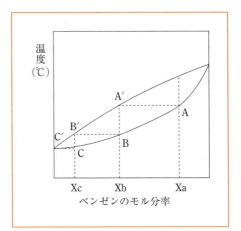

問題 2

溶液の理想性又は非理想性は，その蒸気圧から判断できる．図に示されたアセトン-クロロホルム混合溶液の蒸気圧に関する記述のうち，正しいものはどれか．

(1) アセトン-クロロホルム混合溶液は全組成において理想溶液である．

(2) 図の A，B，C，D で示されたそれぞれの領域で，ラウール（Raoult）の法則が近似的に成り立っているのは，A，D である．

(3) 図の A，B，C，D で示されたそれぞれの領域で，ヘンリー（Henry）の法則が近似的に成り立っているのは，A，D である．

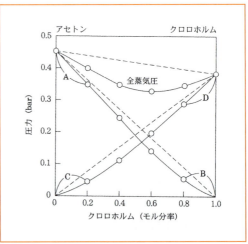

問題3

図のような液相–気相状態図をもつ成分A及び成分Bからなる組成Xの混合物を蒸留し,蒸気を集めて冷却して液化したものを再度蒸留する.この操作を繰り返したとき,蒸気はどのような組成に近づくか.なお,図中の水平な破線は同一温度を表している.

(1) 0(純A) (2) 1(純B) (3) X_p
(4) X (5) X_m (6) X_n

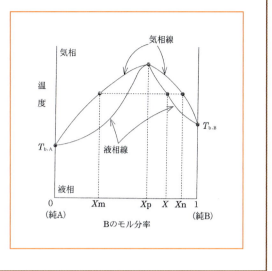

3-6 二成分系（3）－水相と油相－

> **Episode** くすりの吸収と製剤材料や飲食物
>
> 米国 FDA（食品医薬品局）は，BCS（生物薬剤学的医薬品分類）として，薬物を生体膜透過性と溶解性から分類しています．高透過性・高溶解性の薬物がクラスⅠ，高透過性・低溶解性がクラスⅡ，低透過性・高溶解性がクラスⅢ，低透過性・低溶解性がクラスⅣです．

くすりの作用は生体のタンパク質や遺伝子との化学反応に基づきますから，患部でのくすりの濃度に応じて作用は強くなります．

もし，もともとそのくすりの溶解度が小さかったり，生体膜を通過する比率が小さかったりすると，同じ用量の薬物を投与したとしても，消化管や血液中での溶解の条件や膜透過の条件が少し違うだけで患部での濃度が変わります．

すると，用量は同じなのに作用に違いが生じます．

BCS でいえばクラスⅠの薬物以外では，ジェネリック医薬品において有効成分だけでなく，どういった製剤材料が用いられるかによっても，生物学的利用率（バイオアベイラビリティ，BA）と生物学的同等性（バイオエクイバレンス，BE）という性質が大きく左右されます．

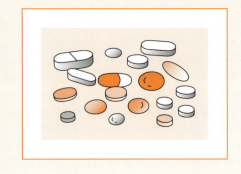

それなのに世界の動向としては，クラスⅡやクラスⅢの医薬品について，開発時の調査・研究を軽減しようとする方向に進んでいますから，これからは治療効果を十分上げるためにくすりの性質に対する薬剤師の知識と理解が求められます．

さて，くすりの透過性や溶解性に対しては製剤材料のほかに影響を及ぼすものとして，飲食物があります．

睡眠導入剤クアゼパム（田辺三菱ドラール®）は空腹時に服用するのがよく，消化管に飲食物があると吸収性が高くなりすぎることが知られています．

クアゼパムをビスケットとミルクとともにのむと血中濃度が空腹時の 3 倍になると報告されており，効き過ぎないために夜食をさけるよう薬剤師が指導します．

乾癬・角化症治療薬エトレチナート（中外チガソン®）や抗真菌剤グリセオフルビン（日本化薬グリセチンV®）もミルクで吸収が促進される薬物で，エトレチナートでは吸収過多になってビタミンA過剰症になるからミルクといっしょに服用しないのですけれども，グリセオフルビンのほうは空腹時の吸収量では有効血中濃度にならないから，こちらの服用は胃内容物のある食後とされています．

衣類の防虫剤として精油の樟脳（カンフル）が用いられますが，これを誤飲したときにはミルクを飲ませてはいけないといいます．

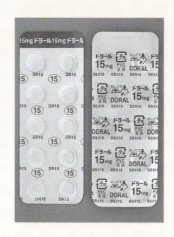
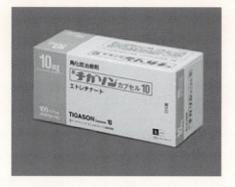

　しばしば胃粘膜の保護を期待してミルクを飲ませることがありますが，誤飲の場合にはカンフルが血液中に吸収されるおそれがあるので避けるよう指導されます．

　以上のように様々な医薬品や化学物質の吸収は食事によって影響を受け，その影響はそれぞれの作用に応じて望まれる場合もあれば，避けられる場合もあります．

　消化管における吸収で大きな決め手になっているのは油です．

　タンパク質も栄養学・生化学では脂質とは区別されますが，親水性アミノ酸残基が疎水性アミノ酸残基を包んだ形になっています．

　個々の医薬品がどのようなメカニズムで吸収され，これに製剤材料や飲食物がどういう影響を及ぼすかを理解していくことが重要になるのですが，まずその前に基礎的な考え方を身につけましょう．

　ここまでは，医薬品の保存と溶解に関係する理論を中心に見てきましたが，これからはいくつかの節を通じて医薬品の吸収に関係する理論を学びます．

　そういう流れの上でまず水と油に注目し，溶ける・溶けないということについて考えていきましょう．

Points　二成分系（3）－水相と油相－

臨界溶解温度：二成分系の油～水平衡で，2相になる組成が出現する限界の温度であり，これより高温で1相になる場合を**上部共溶点**，これより低温で1相になる場合を**下部共溶点**という．上部臨界溶解温度と下部臨界溶解温度をあわせもつ混合液もある．

分配平衡：互いに混じり合わない2相A，Bに第三の物質Cを加えたとき，CがA相とB相に分かれることを**分配**といい，CがA相からB相へ移行する速度とCがB相からA相に移行する速度がつりあった状態を**分配平衡**という．

分配係数：分配係数 P_{OW} は，混じり合わない油相と水相からなる溶媒系において分配平衡に達した物質の濃度の比．油相中の物質濃度を C_O，水相中の物質濃度を C_W とすると，

$$P_{OW} = \frac{C_O}{C_W} \tag{3-6-3}$$

3-6-1 水と油 SBO:C1-(2)-⑤-3

水と油は混ざらない．

これは，水の分子間に働く凝縮力が油の分子間に働く凝縮力と比較して強いため，水が油を排除することを意味する．（疎水性相互作用：第1章1-2-2）

凝縮力の強さを決定づけているのは主に極性である．

具体的には何と何が分離するのだろう？

炭素数の異なるアルコールやフェノールで比較すると，炭素数4の2-メチル-2-プロパノール（tert-ブタノール）は水に溶けるが，これ以外の炭素数4以上の一価アルコールはある濃度以上になると水と分離する．

表 3-3　アルコール，フェノールなどの水溶性と誘電率

物質名	示性式	水溶性（20℃）	誘電率
水	H_2O	～	78.54，80.4
メタノール	CH_3OH	完溶	32.70
エチレングリコール	$HOCH_2CH_2OH$	完溶	37.7
エタノール	CH_3CH_2OH	完溶	24.55
グリセリン	$HOCH_2CH(OH)CH_2OH$	完溶	42.5
プロピレングリコール	$CH_3CH(OH)CH_2OH$	完溶	32
1-プロパノール	$CH_3CH_2CH_2OH$	完溶	20.33
2-プロパノール	$(CH_3)_2CH-OH$	完溶	19.92
アセトン	$(CH_3)_2C=O$	完溶	20.7
2-メチル-2-プロパノール	$(CH_3)_3C-OH$	完溶	12.47
2-ブタノール	$CH_3CH_2CH(OH)CH_3$	260 g/L	15.8
2-メチル-1-プロパノール	$(CH_3)_2CHCH_2OH$	100 g/L	17.3
1-ブタノール	$CH_3CH_2CH_2CH_2OH$	77 g/L	17.51
1-ペンタノール	$CH_3CH_2CH_2CH_2CH_2OH$	27 g/L	13.9
1-ヘキサノール	$CH_3CH_2CH_2CH_2CH_2CH_2OH$	5.9 g/L	13.3
シクロヘキサノール	$C_6H_{11}OH$	36 g/L	10.4
フェノール	C_6H_5OH	84 g/L	9.78
1-オクタノール	$C_8H_{15}OH$	0.3 g/L	2.0
ニトロベンゼン	$C_6H_5NO_2$	1.9 g/L	36
クロロホルム	$CHCl_3$	8.15 g/L	4.8

たとえば，20℃の水にフェノールは84 g/L（重量百分率7.7％）溶解するが，これよりも多量のフェノールを加えるとフェノールは水に溶けないで油層をつくって2相になる．

油は水に浮かぶという先入観があるが，フェノールの密度は1.07 g/cm³なので水に沈む．

同様にニトロベンゼン（1.199 g/cm³）やクロロホルム（1.483 g/cm³）なども下層になる．

さて，水層から油層が分離したとき，油層にはどれだけの水が溶解するだろうか．

20℃のフェノールには，水が重量百分率で約29％溶解する．

つまり，水とフェノールを何らかの重量比で混合して二層に分離したとき，水層がフェノールで飽和

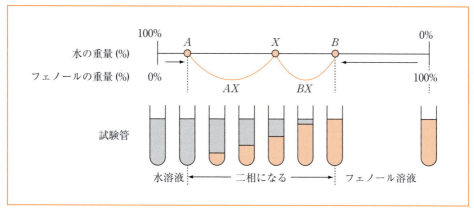

図 3-32 水とフェノールの混合

した水溶液であると同時に，油層が水で飽和したフェノール溶液なのである．

すると，水層と油層の重量比は最初に混ぜた水とフェノールの重量比によって決まる．

これを求めるには，数直線を用いる．（図 3-32）

ここで，フェノールの百分率が X のとき，数直線上の線分 AX と線分 BX の長さの比から

$$\frac{\text{油層の重量}}{\text{水層の重量}} = \frac{\text{線分}AX\text{の長さ}}{\text{線分}BX\text{の長さ}} \tag{3-6-1}$$

が求められる．

フェノールの重量百分率が 50% の混合物（20℃）では，

$$\frac{\text{油層の重量}}{\text{水層の重量}} = \frac{(50-7.7)}{(71-50)} = \frac{42.3}{21} ≒ \frac{2}{1} \tag{3-6-2}$$

となり，油層（B 点）と水層（A 点）の重量比が 2：1 になることが計算できる．（図 3-33）

ところで，油汚れを水で洗うときは，冷水よりも暖かいお湯で洗う方が綺麗になる．

これは温度が高くなり，水の凝縮力が油を排除する力よりも，水や油の分子運動が活発になって混ざり合う力が上回るために，混合するからである．

様々な温度において水がどれだけフェノールを溶かすか，フェノールがどれだけ水を溶かすかを測定し，グラフにプロットすると図 3-34 のようになる．

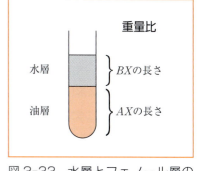

図 3-33 水層とフェノール層の重量比

水とフェノールの場合，高温になっても水はあまりフェノールを溶かさないが，フェノールは水を多く溶かすようになる．

このため，温度を上げるほど混合物中の水分が水層から油層に移行する．

40℃ では，水層中のフェノール重量百分率が 10%，油層中のフェノール重量百分率が 66%（水 33%）になるから，上記のフェノールの重量百分率 50% の混合物は油層（B 点）：水層（A 点）が 5：2 となる．

さらに温度をあげると，66.4℃ で水層の溶解度曲線と油層の溶解度曲線が 1 点で交わり，これ以上の温度では水とフェノールがどんな比率でも混和し，1 相になる．

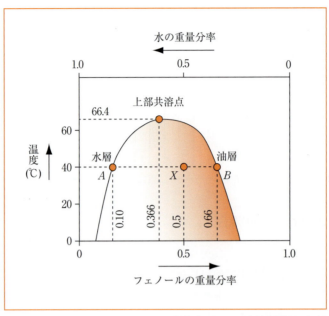

図 3-34 水とフェノールの混合物における液液平衡と上部共溶点

この温度を**上部共溶点（上部臨界溶解温度，UCST）**という．（図 3-34）
　水蒸気蒸留では共沸した蒸気を冷却し，上部臨界溶解温度よりも低い温度にすることで，水層と油層に分離する．

3-6-2　分子間相互作用を形成する混合物系 SBO:C1-(2)-⑤-3

　トリエチルアミン（融点 −115℃，沸点 +89℃）は，水への溶解度 170 g/L（+20℃）で，エタノール，ジエチルエーテルに溶け，アセトン，ベンゼン，クロロホルムによく溶ける．
　ジエチルアミン（融点 −50℃，沸点 +55.5℃）は，アミン性水素があって水と混和し，アルコール，四塩化炭素，クロロホルムに溶ける．
　どちらも水に溶けるとき，分子間相互作用を形成するが，温度が高くなると分子運動が活発になり，分子間相互作用が失われて油層として分離する．
　この温度を，**下部共溶点（下部臨界溶解温度，LCST）**という．（図 3-35）
　トリエチルアミン〜水混合物は，下部臨界溶解温度が +19℃である．
　ジエチルアミン〜水混合物では常圧で 100℃まで二相分離しないが，圧力をあげることで二相系となることが確認できる．
　アルキルポリオキシエチレンなどの非イオン性界面活性剤というグループに属する物質も，低温では水と分子間相互作用（水素結合）を形成しているが，温度を上げると水分子の運動性が活発になって分子間相互作用が低下するため，相分離を生じて白濁する．
　非イオン性界面活性剤で見られる下部臨界溶解温度を曇点という．

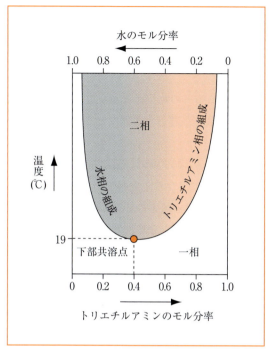

図 3-35 水とトリエチルアミンの混合物における液液平衡と下部共溶点

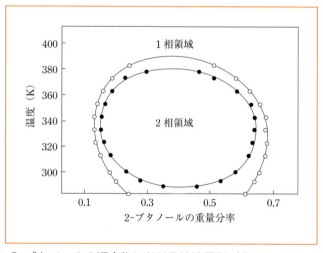

図 3-36 水と 2-ブタノールの混合物における液液平衡（○ 0.1 MPa，● 20 MPa）

図 3-36 は水と 2-ブタノールの大気圧（○）および高圧（20 MPa，●）における溶解度曲線である．低温では分子間相互作用を形成することで 1 相になり，高温では熱運動によって混和しやすくなるため，高圧条件において上部共溶点と下部共溶点が確認できる．

3-6-3 分配平衡 SBOs:C2-(2)-②-4, E5-(1)-③-1

【1】分配平衡

互いに混じり合わない2相A, Bに第三の物質Cを加えたとき，CがA相かB相に分かれて存在することを**分配**といい，CがA相からB相へ移行する速度とCがB相からA相に移行する速度がつりあった状態を**分配平衡**という．

水と空気があり，酸素や二酸化炭素が分配平衡の状態にある．

2相の**分配比** K_d は分配する物質ごとに異なり，水相における物質の濃度を分母に，気相における物質の濃度を分子にすると，分配平衡における酸素の分配比は二酸化炭素の分配比よりも大きい．

クロマトグラフィーは分配を利用して物質を分離・分析する手法で，分析物質（アナライト）が固定相と移動相に分配しながら移動する過程において分配の差からアナライトを分離する．

連続的な分配が起こる現象を，多段階の分配平衡が繰り返されているとみなすことで解析を行う．

生体内において，消化管内・血液・組織液・細胞質などの水相と，粘膜・細胞膜・脂肪組織などの油相（特定の有機溶媒相ではなく多様な複合脂質群＝リポイドからなる相）がある．

薬物や化学物質は，生体内の水相・油相で分配しながら患部に移行したり，代謝や排泄を受けるが，ここでもそれぞれの水相～油相で分配平衡が形成されているとみなして解析する．

これまでの研究から，生体における油相に対し，1-オクタノール相が良好なモデルとなると理解されており，1-オクタノール/水系分配平衡実験は一般的な生体のモデル実験という意味を持つ．（図3-37）

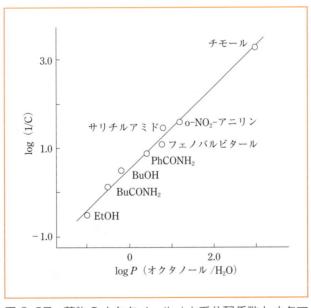

図3-37 薬物のオクタノール/水系分配係数とオタマジャクシに対する麻酔作用との相関

【2】分配係数

国際機関の経済協力開発機構（OECD）は，加盟国の官民学に対し多様な分野についてのガイドライ

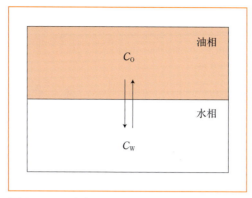

図3-38 オクタノール/水系における薬物の分配平衡

ンを公表しているが,そのうち化学物質や化学製品の安全性を評価するために化学物質の試験方法ガイドライン(OECDテストガイドライン)をまとめている.

このテストガイドライン107(日本工業規格Z7260-107が対応)にて1-オクタノール/水系の**分配係数**の測定が挙げられている.

これによると,分配係数P_{ow}は(K_{ow}と表すこともある)は互いにほとんど混じり合わない2相の溶媒系において分配平衡に達した物質の濃度の比と定義される.(図3-38)

油相中の物質濃度をC_O,水相中の物質濃度をC_Wとすると,

$$P_{ow} = \frac{C_O}{C_W} \tag{3-6-3}$$

で定義され,一般に油相として水を飽和させた1-オクタノール,水相として1-オクタノールを飽和させた水を用いることが多い.

分配係数は,全体の物質濃度に関係なく一定になるが,温度の影響を受ける.

テストガイドライン107では,分配係数を魚介類の体内で脂肪層などに残留する指標として位置づける.

化学物質の審査及び製造等の規制に関する法律(1973)において600種類以上の化学物質の分配係数(P_{ow})と魚類の生物濃縮率(BCF)について濃縮度試験結果が示されており,図3-39のように分配係数と生物濃縮には対数値で直線関係がある.

このことから,油への溶けやすさに富む化学物質は,高い確率で魚介類の体内に蓄積しやすく,生物環境への影響が甚大であることが予想される.

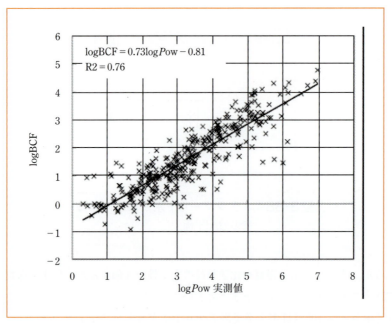

図 3-39　化学物質の分配係数 P_{ow} と魚類の生物濃縮率 BCF との直線関係
出典：廣松；山下；西原；第 26 回情報化学討論会講演要旨集（2003）

演習問題

問題 1

図は，A，B 二種類の液体の液液平衡，気液平衡を示す TX 図である．P はそれぞれの曲線で囲まれた領域の相数を表す．B を多く含む混合液が室温に置かれている状態が a_1 である．これを沸騰させて，蒸気を回収し，室温まで冷却した過程が点 $a_1 \to a_2 \to b_1 \to b_2 \to b_3$ で表されている．それぞれの点における状態を説明しなさい．

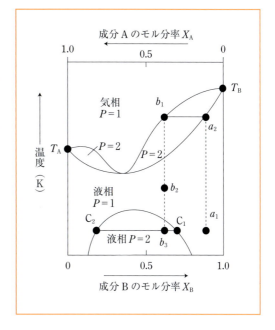

問題 2

解離基をもたない中性薬物の水溶液に，有機溶媒を加えて油水分配実験を行うとき，この薬物の油水分配係数の値に影響を与える要因はどれか？ただし，水溶液中および有機溶媒中における薬物の会合は無視できる．

(1) 温度
(2) 浸とう時間
(3) 水溶液の pH
(4) 加える有機溶媒体積
(5) 分配前の水溶液中の薬物濃度

問題 3

ヘキサン 50 g（0.59 mol）とニトロベンゼン 50 g（0.41 mol）の混合物を 290 K でつくった．図はヘキサンにニトロベンゼンを混合したときの液体〜液体の相図で，横軸の X はニトロベンゼンのモル分率を表す．ヘキサンを多く含む相の量は，ニトロベンゼンを多く含む相の量の何倍か？

また，この混合物を加熱していくと，2 相から 1 相となる温度は何 K か？

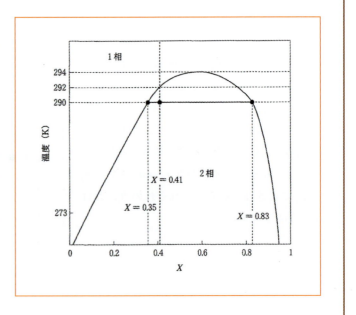

3-7 溶解平衡

Episode　輸血バッグから毒がとけ出す？
―可塑剤について―

　1995年の阪神淡路大震災では，医療機関に保存されていた注射液などのうち，ガラス容器に保存されていた輸液や医薬品がすべて割れて使えなくなりました．

　これを教訓に，全国の医院では急速にガラス容器から医療用プラスチックバッグへと移行されています．

　皆さんも早期体験実習では，ガラス容器を見かけることはなかったと思います．

　この医療用プラスチックバッグですが，製造されるときには，素材の柔軟性を増すための可塑剤としてフタル酸エステル類が添加されます．

　ベトナム戦争における負傷兵に用いられたポリ塩化ビニル製の輸血バッグに使用されていた可塑剤はダナン肺と呼ばれるショック症状を誘発したとされています．

　この反省から今日の医療用プラスチックバッグでは安全なフタル酸ジエチルヘキシル（DEHP）という物質が用いられています．

　DEHPの LD_{50} 値 15～30 g/kg は食塩やブドウ糖よりも大きいとされています．

　ちなみに LD_{50} 値とは，化学物質を実験動物に与えたとき半数の実験動物が死亡するような体重kgあたりのグラム数であり，小さいほうが危険であると言えます．

　DEHPは疎水性物質でありながら不揮発性であって，医療用プラスチックバックに保存した生理食塩水やACD液などに溶出することもありません．

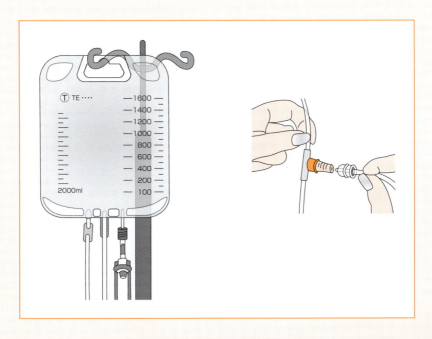

これを輸血用バッグに用いている場合には，赤血球や血小板などがもつ脂質膜という疎水的環境にDEHPが移行することがあり，その結果としてリン脂質二分子膜の安定化が増し，血液の保存性を向上しているという話も聞いたことがあります．

2000年ごろになると，フタル酸誘導体化合物には環境ホルモン様作用があることが指摘されるようになり，動物実験でDEHPを摂取させると精子が数割減少したという報告もだされました．

また，DEHPの発がん性，催奇形性，胎児毒性の可能性も指摘されるようになり，2003年には厚生省からDEHPを含むポリ塩化ビニル製品の油脂性食品への使用が禁止されています．

日本赤十字では，2010年の段階で血液バッグの可塑剤DEHPが輸血用血液や血液製剤などに溶出したことで直接的な健康被害は発生していないとしています．

食品容器や幼児向け玩具は，毎日の生活において人体が暴露され続けるものであるために蓄積や環境への配慮が重視されますが，輸血というのは一時的なものなので，急性毒性が見られず，しかも保存血液の品質が向上するというメリットとのバランスがあり，食品と医療器具における判断基準はかけ離れたものになります．

ただ今後は，在宅医療などの医療形態の多様化に対応していく必要があるでしょう．

Points　溶解平衡

溶解度（S）：特定の溶媒に特定の溶質を加えて製した飽和溶液の組成を量比で表したもの．飽和濃度C_Sともいう．標準大気圧，25℃での値を示されることが多い．

溶解度積（K_{sp}）：イオン性溶質の飽和溶液について，適切な乗数を調整したイオン活量の積．解離平衡定数の生成物側の項．塩M_mX_nでは以下で与えられる．

$$K_{sp} = [M^{n+}]^m [X^{m-}]^n \tag{3-7-1}$$

表3-4　さまざまな濃度とその単位

重量パーセント濃度（%またはw/w%）：	混合物100 g中の成分の重量（g）
容量パーセント濃度（w/v%）：	溶液100 mL中の溶質重量（g）．温度で変化する．
重量モル濃度（mol/kg）：	溶媒1 kgに溶解した溶質の物質量（mol）
容量モル濃度（mol/L）：	溶液1 Lに溶解した溶質の物質量（mol）．温度で変化する．
モル分率：	溶質の物質量(mol)÷溶液成分の物質量（mol）の和．
モル比：	溶質の物質量(mol)÷溶媒や基準とする成分の物質量（mol）．
百万分率濃度（ppm）：	溶媒1 kg中の溶質重量（mg）

活量：熱力学的に定義される実効的な濃度．平衡定数は活量比で定義される．無次元．なお，液体と固体，液体どうしを混合すると全体積は個々の和にならない．

溶解度（モル分率X）と温度Tの関係：（T_m：溶質の融点，L：溶質の融解熱）

$$\log_e X = -\frac{L}{R}\left(\frac{1}{T} - \frac{1}{T_m}\right) \tag{3-7-2}$$

溶解度に影響を与える因子：
　溶質要因（アモルファス，結晶多形，水和物結晶と無水物結晶，粒子径）
　溶媒要因（溶媒の誘電率，溶媒のpHやイオン強度，溶解補助剤）
　機能的構造修飾（化学修飾，遺伝子組換え）

3-7-1　溶解度，溶解度積 SBO:E5-(1)-①-3

　溶解とは，連続した液体（溶媒）に固体・液体・気体の物質（溶質）が分散して均一な混合物（溶液）になる現象である．（図3-40）

　溶解性とは物質が特定の溶媒に溶解しやすい性質を表し，水に溶解しやすいことを**水溶性**である，または**水溶性**が高いという．

　一方，**脂溶性**は水溶性の対義語ではなく，何に対する溶解性なのか不明だから，数値化できない漠然とした性質として用いる．（水溶性↔不溶性）

　また，水溶性に対して，親水性や極性は同義語ではなく，水溶性が物質（アミノ酸，ビタミンなど）の性質であるのに対して，親水性や極性は物質の部分構造（アミノ酸残基，官能基など）の性質にも用いられる広い用途をもつ．

　ついでに，疎水性や無極性は定義が明らかだが，親油性も数値にならない漠然とした意味で使う．

　溶解度 S は溶解性を一定量の溶媒あたりに溶解する溶質の最大の質量（グラム）または物質量（モル）として数値で表したもので，**飽和濃度** C_S ということもある．

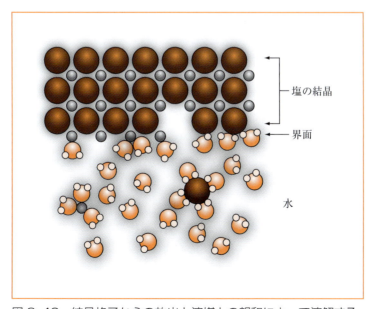

図3-40　結晶格子からの放出と溶媒との親和によって溶解する

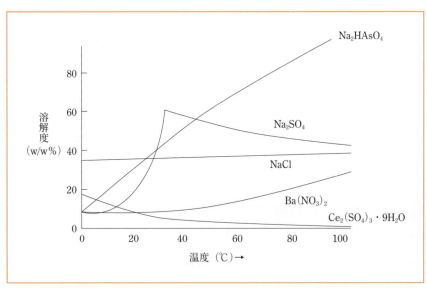

図 3-41 溶解度と温度の関係

溶解性は温度・圧力によって変化するので，標準大気圧・25℃での溶解度を記載することが多い．
たとえば，塩化ナトリウム（式量 58.44）の標準大気圧・25℃における水（分子量 18.02）に対する溶解度は，以下のように表される．

重量パーセント濃度	35.9（w/w）%
重量モル濃度（molality）	9.58 mol/kg
モル分率（mole fraction）	0.147
モル比（mole ratio）	0.173

塩水溶液の溶解度を，**溶解度積**で表す場合がある．
塩 M_mX_n が水にとけて平衡になったとき，溶解度積はモル濃度の積で表す．

$$K_{sp} = [M^{n+}]^m[X^{m-}]^n \tag{3-7-1}$$

溶解度積について考えるために，容量分析の沈殿滴定法で用いる AgCl に着目する．
AgCl の K_{sp} は 1.77×10^{-10} mol^2 L^{-2} である．
ここに一方のイオンが共通の塩である AgNO$_3$ や KCl を加えると，溶解度積が一定になるように AgCl の沈殿を生ずる．
これを**共通イオン効果**という．
強酸性塩，強塩基性塩などではアニオン，カチオンの活量係数が小さくなるのでモル濃度に基づく溶解度積から推算される沈殿の生成量はあまり現実的ではない．
水溶性が低い塩（難溶性塩）における希薄溶液の場合に実用的な推算が利用できる．
プロタミン亜鉛インスリンは，ウシの膵臓から作られたインスリンを魚の精子から抽出したプロタミンと結合させることで作用持続時間を延長した製剤に，さらに共通イオン効果を応用して亜鉛イオンを

加えることで溶解度を低下させ，持続性をはかったものである．（写真3-3）

歯科領域では，歯のエナメル質中のリン酸カルシウム系アパタイトを補強するときに，ヒドロキシアパタイト（HAP）の溶解度積よりもフッ素アパタイト（FAP）の溶解度積が小さいことを応用して，フッ素化処理を行う．

アパタイト（リン灰石）は $M_{10}(ZO_4)_nX_2$（M＝Ca/Ba/Mg/…，ZO_4＝PO_4/HPO_4/SO_4/CO_4/…，X＝OH/F/Cl/Br/…）の一般式で表される無機結晶の総称で，リン酸カルシウム系 HAP の組成は $Ca_5(PO_4)_3OH$，リン酸カルシウム系 FAP の組成は $Ca_5(PO_4)_3F$ と表される．

歯の表面を覆うエナメル質は HAP と様々な塩で，内部の象牙質は HAP でできている．

写真 3-3　プロタミン亜鉛インスリン製品

3-7-2　溶解度と温度 SBO:E5-(1)-①-4

【1】発熱的な溶解プロセス

3-4 で，水に塩化ナトリウムを溶解するとき，高い温度のほうが溶解度は少し高かった．

3-6 で，水に液体のフェノールを溶解するときも，高い温度のほうが溶解度は高かった．

しかし，トリエチルアンモニウムは低い温度のほうが水への溶解度が高くなった．

また，二酸化炭素やメタンなども温度が低いほうが水への溶解度が高くなる．

トリエチルアンモニウムや二酸化炭素は，親水性の部分構造を持たないので溶質分子そのものと水の分子間相互作用が形成されず，これが水中に分散するのは**疎水性水和**による．（図3-42）

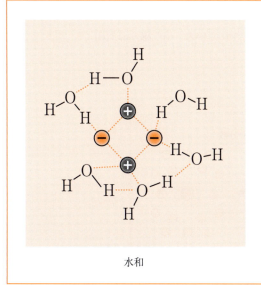
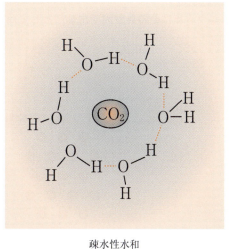

図 3-42　水和と疎水性水和

疎水性水和では水分子が部分的にカゴ構造をとっており，このカゴ構造体は微小な氷構造を形成しているのと似ている．

だから，疎水性水和によって安定化するためには外に熱を放出しなければならないので，この溶解は発熱プロセスである．

また，アルキルポリオキシエチレンなどの非イオン性界面活性剤というグループに属する物質は，界面活性剤分子内のエーテル結合酸素に偏在した水分子が水素結合する特殊な構造体を形成することで溶解する．

これも，高温で水分子の運動が激しくなると，この水和構造が破壊されることで溶解度が低下するから，溶解は発熱プロセスである．

溶解するときに発熱するものとして水酸化ナトリウムが思い出されるが，実験室にある試薬としては無水物の固体を量りとるものの，水溶液中では水和物として溶解している．

この水和物の溶解プロセスは，熱を放出するよりもむしろ熱を吸収する吸熱プロセスとなるため，水酸化ナトリウムは温度が高いほうがよく溶ける．

水酸化ナトリウムの無水物を水に溶解したときに発する大量の熱（44 kJ/mol）は水和物を形成するときの熱である．

硫酸ナトリウムでは，34.38℃以上の温度で水和物が形成されるため，この温度以上では温度が高くなると溶解度が小さくなる．

【2】吸熱的な溶解プロセス

塩が水に溶解するときに，水分子どうしの水素結合でできたネットワークの中の水分子と溶質分子が入れ替わるだけならば，熱のやりとりは小さい．（図 3-43）

たとえば塩化ナトリウムは，温度をあげても水への溶解度がほとんど変わらない．

ところが，塩が水に溶解するためには，水との相互作用を形成するまえに，固体から分子単独あるいはイオン単独で放出されなければならない．

これは 1 分子単位の融解に相当するので吸熱プロセスである．

したがって，水溶性が高くかつ融解熱が大きい物質の水への溶解は，吸熱プロセスとなる．

アンモニウム塩はその典型例で冷却剤として商品化されている．（p.28, p.310）

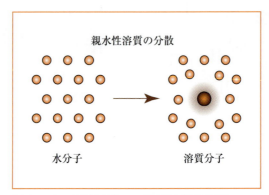

図 3-43　極性溶媒への極性溶質の溶解

【3】溶解度と温度，融解熱，融点

理想溶液における溶質の溶解度をモル分率 X で表すと，熱力学温度 T と式 3-7-2 の関係になる．

$$\log_e X = -\frac{L}{R}\left(\frac{1}{T} - \frac{1}{T_m}\right) \tag{3-7-2}$$

ここで T_m は溶質の融点，L は溶質の融解熱である．

理想溶液では，溶質分子は溶媒分子と入れ替わるだけで，相互作用は変わらない．

一方，溶媒と溶質の相互作用が溶媒分子間の相互作用と異なる実在溶液の場合，飽和溶液における溶質の活量を a とすると，$a = X\gamma$ である．

そこで，活量の自然対数をとって，式 3-7-2 を代入すると以下の関係が得られる．

$$\log_e a = -\frac{L}{R}\left(\frac{1}{T} - \frac{1}{T_m}\right) + \log_e \gamma \tag{3-7-3}$$

3-7-3 溶解性に影響を与える因子 SBO:E5-(1)-①-4

【1】溶質に起因する因子

▼結晶とアモルファス▼

アモルファス（無晶質）の乾燥水酸化アルミニウムゲルは消化管内でアルミン酸などの pH 緩衝作用を持つゲルとして胃酸による胃粘膜の刺激を緩和する．

解熱鎮痛薬が引き起こす酸分泌の亢進による障害を避ける．（写真 3-4）

同じ錠剤として服用するには解熱鎮痛成分よりも溶けやすいことが期待される．

インスリン製剤として，インスリン単量体の血中遊離濃度をコントロールすることを目的として様々な製剤が開発されている．

結晶性インスリン亜鉛水性懸濁注射液（清水-武田ウルトラレンテイスジリン®など）は遅効型（持続型）であるのに対して，無晶性インスリン亜鉛水性懸濁注射液（清水-武田セミレンテイスジリン®）は準速効型，中性インスリン注射液（ノボ社ノボリン R®）は速効型である（写真 3-5）．

アモルファスは，原子または分子が規則正しく空間的配置をつくることなく集合してできた固体である．

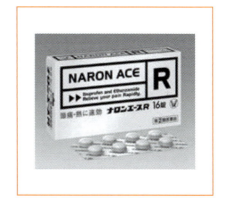

写真 3-4　乾燥水酸化アルミニウムゲルを配合した解熱鎮痛薬製品

これに比べて結晶は規則正しく安定な空間配置をもつため，アモルファスのほうが不安定であり，アモルファスの溶解性は結晶よりも高い．

また，凍結乾燥品は水溶液構造に近い状態でアモルファスとなり，非常に水溶性が高い．

3-7

▼多形▼

化学組成が同じでも結晶構造・空間配置が異なる結晶を結晶多形という．

それぞれの多形は安定性が異なり，融点や溶解性が異なる．（図3-44）

具体例としてリトナビルやラニチジンの挿話は既に見た（第3章3-1 エピソード）．

多形がある例は他に，テトラカイン塩酸塩，ステロイドホルモン，スルフォンアミド類，リボフラビン，チアミン塩酸塩，インドメタシン，スピロノラクトンなど．

写真3-5　結晶性インスリン亜鉛水性懸濁液製品

▼水和物と無水物▼

再結晶に用いた溶媒分子が結晶の繰り返し構造の中に組み込まれた結晶を溶媒和物，溶媒が水ならば水和物という．

特に塩の水和物は含水塩という．

一般に水和物は無水物に比べて安定なものが多く，溶解性が低い．（図3-44）

アンピシリンと無水アンピシリン，カフェインと無水カフェイン，乳糖と無水乳糖など．

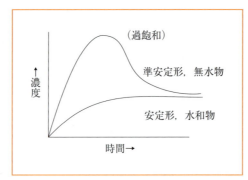

図3-44　準安定形・無水結晶による過飽和と安定形結晶・水和結晶との溶解平衡

▼粒子径▼

小さくなった飴玉はかみ砕いたほうが，味が濃くなる．

同じ物体が溶液に溶けだすときには，表面にある成分だけが溶けることができるので，細かく砕くことで表面積を大きくしたほうが溶けやすくなるからである．

一般に物体の表面積は，物体を分割するほど大きくなる．（図3-45）

固体の粒子径が小さくなるほど質量（または体積）あたりの表面積の割合（比表面積）が高くなる．（日本薬局方の比表面積は質量あたりとしている）

比表面積が大きいほど，表面自由エネルギー（表面張力）が大きくなり，溶解性が高い．

薬剤の場合，トローチ錠やチュアブル錠ではかみ砕くと溶けやすくなって，持続性が低下するので咬まないように指示される．

散剤では粒子径が小さいほうが溶けやすく，吸収されやすく，血中濃度も高くなりやすい．

また，ある程度大きければ溶けにくくなり，持続性がある．

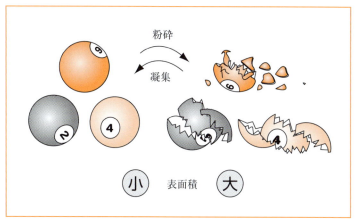

図3-45 一定体積（重量）の物質の表面積は粉砕することで大きくなる

【2】溶媒あるいは添加物に起因する因子

▼溶媒の誘電率▼

　薬物の溶解性は，溶媒の誘電率だけでは決まらない．

　同程度の誘電率をもった溶媒でも，同じ薬物に対するそれぞれの溶媒和の起こりやすさが異なっている場合もあり，溶解性の高いものと低いものがありうる．

　そのため，適度な誘電率を選ぶだけに頼らず，誘電率の異なる複数の溶媒を混合することで，薬物の溶解性がどのように変化するかについてまとめておくと有用である．

　それぞれの溶媒に対する溶解性は，混合した場合に加成性が成り立たない．

　それぞれ単独の溶媒の場合よりも著しく溶質を溶かす現象を**コソルベンシー**という．（図3-46）

　ソルベンシーは経済学用語において支払い能力（金銭的問題解決能力）の意味で使われるが，化学分野になると溶解能力という意味では溶解性と区別がつかないので使われない．

　けれども，コソルベンシーは一緒になって溶解させる能力を指すから，混合物の溶解性という実験結果の表現と異なり，溶媒の溶解能力の相互変化という独特の意味になる．

　水に難溶性の薬物は，適量のエタノール，プロピレングリコール，ポリエチレングリコール（マクロゴール）などを添加すると溶解性を向上できることがある．

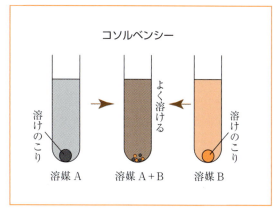

図3-46 コソルベンシー：個々の溶媒単独には溶けにくい物質が混合溶媒にはよく溶ける

▼pH（酸または塩基の添加）▼

　弱酸や弱塩基ではイオン型は水溶性であるが，分子型の溶解度は低い．

　そこで，分子型の溶解度と比べてイオン型の溶解度が十分高いとき，溶液中における分子型の濃度に

対してイオン型の濃度はヘンダーソン＆ハッセルバルヒ式で与えられる．

弱酸性薬物の酸解離定数を pK_A，飽和濃度を C_S，分子型のみの溶解度を C_0 とすると，

$$C_S = C_0(1 + 10^{pH - pK_A}) \tag{3-7-4}$$

また，塩基性薬物の場合であれば，

$$C_S = C_0(1 + 10^{pK_A - pH}) \tag{3-7-5}$$

とみなすことができる．

インスリン・グラルギン（サノフィ・アベンティス社ランタス®）は，ヒトインスリンA鎖にある21番目の酸性アミノ酸アスパラギンをグリシンに置換し，さらにB鎖C末端の31番目，32番目に塩基性アミノ酸アルギニンを2個追加することにより，等電点を，天然品のpH 5.5から約pH 6.7に移行させた遺伝子組換えインスリン誘導体である．（写真3-6）

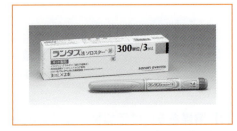

写真3-6　インスリン・グラルギン製品

皮下投与後に生理的pHであるpH 7.4で沈殿を起こしやすいから，非常にゆっくりとした速度で溶解・吸収される．

この溶解過程により，皮下からのインスリン吸収の速度を一定以下に保ち，基礎インスリンの代替的な機能を持たせることに成功している．

▼溶解補助剤▼

難溶性の薬物に特定の添加物を加えると溶解度が向上するものがある．

グルコースは水溶性物質であっても，環構造のエカトリアル（面の外縁方向）にはOH基を向けており親水性であるが，アキシャル（面に垂直な方向）には比較的疎水性の相互作用をすることができる．

このため，グルコースが螺旋状に連結したデンプンは環構造が向き合った方向が疎水性物質を内包できる空間（キャビティ）になるため，疎水性のヨウ素と包接化合物を形成する．

おなじように，グルコース6〜8分子が環状に繋がった構造をもつシクロデキストリンも疎水性物質のキャビティがあり，疎水性のプロスタグランジンと包接化合物を形成した医薬品に応用されている．

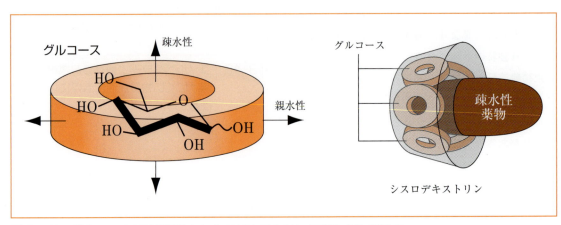

図3-47　グルコースの両親媒性とシクロデキストリン包摂化合物の形成

（図3-47）

【3】機能的構造修飾

インスリン・デテミル（商品名レベミル®）はB鎖30位のトレオニン残基が欠損し，B鎖29位のリジン残基のε-アミノ基をミリストイル化することによってアルブミンと結合（吸着）しやすくした遺伝子組換えインスリン誘導体である．（写真3-7）

アルブミンと結合することで，同時にそこから遊離するインスリン量が増える．

ちょっとずつアルブミンから離れたインスリンが効き目を呈することになれば，基礎分泌に相当するような緩徐なインスリン作用を期待できるはず，として開発された．

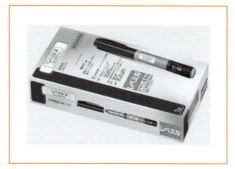

写真3-7　インスリン・デテミル製品

演習問題

問題 1

図中の直線は3種の薬物 D_A, D_B, D_C が溶解補助剤 P と可溶性複合体 D_A-P, D_B-P, D_C-P を形成し，溶解度が増大する様子を示している．これら可溶性複合体の安定度定数 K_A, K_B, K_C の大小関係として正しいものはどれか．なお，いずれの場合も安定度定数 K は次式で表される．（第87回問171）

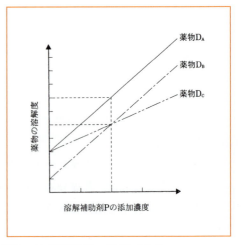

$$K = \frac{(D\text{-}P)}{(D) \times (P)}$$

ただし，(D-P)，(D)，(P) はそれぞれ複合体，薬物，溶解補助剤の濃度である．

(1) $K_A > K_B > K_C$
(2) $K_B > K_A > K_C$
(3) $K_A = K_B > K_C$
(4) $K_C > K_A = K_B$
(5) $K_A = K_B = K_C$

問題 2

次の表は薬物の溶解速度に影響する要因，その効果及びそれらによって溶解速度が改善された代表的な薬物名を示したものである．正しい組合せはどれか．（第83回問169）

	要因	効果	薬物名
(1)	粒子径	小さくするほど溶解速度大	グリセオフルビン
(2)	結晶多形	安定形ほど溶解速度大	リボフラビン
(3)	無晶形	無晶形は結晶形より溶解速度大	インスリン亜鉛
(4)	溶媒和	水和物は無水物より溶解速度大	ニトログリセリン

問題 3

純水中及び 4.0×10^{-3} mol/L K_2CrO_4 水溶液中におけるクロム酸銀 Ag_2CrO_4 の溶解度は，それぞれ [a] mol/L および [b] mol/L である．ただし，Ag_2CrO_4 の溶解度積は 4.0×10^{-12} $(mol/L)^3$，$\sqrt{10} = 3.2$ である．[a] と [b] の数値を求めよ．（第95回問19）

問題 4

0.10 mol/L 酢酸ナトリウム水溶液の pH を求めよ．ただし，酢酸の電離定数は 2.5×10^{-5} (mol/L)，水のイオン積は 1.0×10^{-14} [(mol/L)^2]，$\log_{10}2=0.30$，$\log_{10}3=0.48$ とする．（第 94 回問 17）

3-8　吸着平衡

Episode　吸着を利用した治療方法
　　　　　　―脂質異常症（高脂血症）と吸着―

　吸着は薬学の根幹を支える考え方のひとつです．くすりやホルモンは標的となる特定の結合部位に吸着することで作用します．吸着の特性として結合量には飽和点がありますので，くすりが狭い濃度範囲で急激に高い活性に変化するシグモイド型用量作用曲線を描きます．酵素反応や神経伝達も，シグモイド曲線になります．

　コレステロールは，細胞膜が堅く壊れやすくなるのを防ぎ，また細胞外物質の取り込み機構に関与する生体にとって必須の疎水性アルコールです．

　ほかに胆汁酸や副腎皮質ホルモン，性ホルモンの原料としても重要です．

　肝臓などの組織で生合成され，食事からも胆汁酸の助けで吸収されます．

　コレステロールが過剰になると，胆嚢や胆管で胆石になり疼痛を起こしたり，脂質異常症（高脂血症）になって循環器疾患を誘発したりします．

　だから，血中総コレステロール値は180〜200 mg/dL の範囲内にあるのが最適と考えられています．

　食事摂取基準（厚生労働省）としては18歳以上の男子で1日750 mg，女性で600 mg が上限と決められています．

　コレステロールは植物細胞に比べると動物細胞に非常に豊富で，食品100 g あたり500 mg 含まれ，とくに鶏や魚の卵に多く含まれます．

　また，肝臓で生合成されるわけだから同じ動物でも内臓のほうが多く，これは魚も同じで魚介類に少ないわけではありません．

　肉食よりも魚介類のほうがよいと言われるのは，他の成分がコレステロール値を下げるという調査報告があるからです．

　高コレステロール値のひとは摂取量1日300 mg以下を目標としますが，とかく食事制限は難しいものです．

　循環器疾患として動脈硬化が進み，脳内

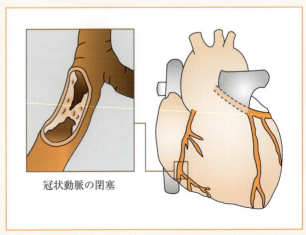

冠状動脈の閉塞

出血や心臓冠動脈疾患などの危険が増してくると，くすりの力を借りることになります．

血中総コレステロール値を抑えるには，生合成を止めるか，過剰な摂取を止めるかの2種類の方法があります．

プラバスタチン（第一三共：メバロチン®）はコレステロール生合成における律速段階の酵素を阻害することで，血中総コレステロール値を低下させます．

ニセリトロール（三和化学：ペリシット®）はニコチン酸誘導体で，脂質の吸収抑制とコレステロール排泄促進作用があります．

コレスチラミン（サノフィアベンティス：クエストラン®）やコレスチミド（三菱ウェルファーマ：コレバイン®）は陰イオン交換樹脂でできています．

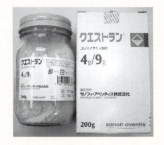

内服すると消化管内で胆汁酸を吸着し，糞便中に胆汁酸とともに排泄されます．

胆汁酸は食物中のコレステロールの吸収を助けるほか，肝臓においては減少した胆汁酸の合成が促進されるので血中のコレステロールも消費されます．

こうして陰イオン交換樹脂は，吸着を利用することで血中のコレステロールを低下させます．

さて，薬剤投与でも高脂血症（総血中コレステロール 220 mg/dL 以上または LDL コレステロール 140 mg/dL 以上）が持続して改善がみられない場合などは，血漿吸着療法という方法をとります．

静脈にカテーテルという管を差し込んで電動ポンプにより血液を体外に出します．

そこで血漿（プラズマ）を分離して多孔質セルロースビーズに接触させ，コレステロール～リポタンパク質複合体を吸着させて取り除きます．

こうして吸着処理された血漿を血球成分に戻して再び静脈に返血します．

1回3時間程度で3～4Lの血液浄化を行い，これを1週に2回から2週に1回程度の間隔で3か月にわたり処置されます．

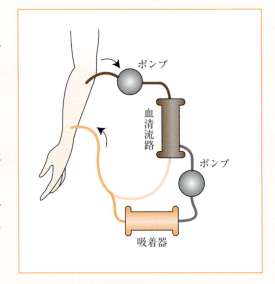

Points　吸着平衡

吸着（正吸着）：固相・液相・気相の界面に成分物質が捕捉・濃縮され密度が平衡に達すること．混合気体中・混合液体中では成分が界面付近とそれ以外で濃度が異なった状態になる．吸着される界面を**吸着媒**，濃度が偏り吸着する物質を**吸着質**という．

比表面積：吸着媒1グラム（または1 cm³）あたりの表面積．活性炭は表面の起伏や凹凸が著しい

め大きい．また，砕いて粒を小さくするほど大きくなる．最大単分子吸着量Γ_{mono}，吸着質の有効断面積σ，試料の重量Wとすると，

$$S_w = \frac{\sigma N_A \Gamma_{mono}}{W} \tag{3-8-3}$$

正吸着と負吸着：界面付近の濃度が高くなるのを**正吸着**，低くなるのを**負吸着**という．正吸着するものには**両親媒性物質**（極性溶媒と無極性溶媒に親和性のある物質）があり，とくに**界面活性剤**（親水基と疎水基が偏在する両親媒性物質）は顕著である．負吸着するものには無機塩電解質などがある．

物理吸着と化学吸着：酵素やホルモン受容体などでは，基質やホルモンと構造特異的であり，かつ排他的な吸着が見られる．そのような選択性があって親和性の高い吸着を化学吸着といい，それ以外を物理吸着とよんで区別する．

ギブズの吸着式：界面張力の濃度依存性と温度から吸着量Γを求める理論式．

$$\Gamma = -\frac{1}{RT}\frac{d\gamma}{d(\log_e C)} = -\frac{C}{RT}\frac{d\gamma}{dC} \tag{3-8-1}$$

フロイントリッヒ式：経験的な吸着等温式．

$$\Gamma = kp^{1/m} \tag{3-8-4}$$

ラングミュア式：単分子吸着モデルに基づく理論的な吸着等温式．

$$\Gamma = \frac{nKC_f}{1+KC_f} \tag{3-8-7}$$

BET式：多分子層吸着モデルに基づく理論的な吸着等温式．

$$\frac{1}{\Gamma}\frac{p}{p_S - p} = \frac{1}{C\Gamma_{mono}} + \frac{(C-1)}{C\Gamma_{mono}}\frac{p}{p_S} \tag{3-8-11}$$

3-8-1 正吸着と負吸着 SBO:E5-(1)-③-1

吸着平衡とは，例えば液相と気相との**界面**があるとき，液相中にある物質が界面において，液相と異なる濃度を保って平衡に達する現象である．

吸着される界面を**吸着媒**，吸着する物質を**吸着質**という．

吸着媒において吸着質の濃度が高くなる場合を**正吸着**，低くなる場合を**負吸着**と呼ぶ．（図3-48）

正吸着において吸着質が吸着媒に移行することを**吸着**，逆に吸着質がその吸着媒から液相に戻ること

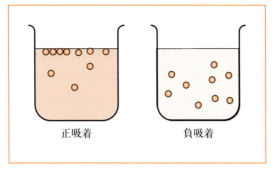

図 3-48 溶液表面に対する溶質分子の正吸着（表面に集まる）と負吸着（表面を避ける）

を**脱着**という．

吸着質の濃度を C，吸着媒における吸着量を Γ とする．

液相の界面には表面張力 γ がある．

吸着質を加えると液相の界面では，図 3-49 のグラフのような表面張力 γ の変化が起こる．

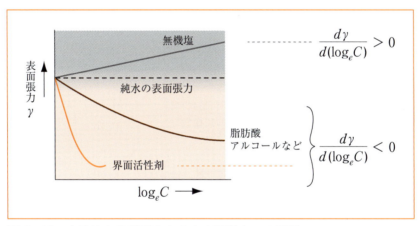

図 3-49 水溶液の吸着質濃度 C と表面張力 γ の関係

第一に，無機塩は右上がりの曲線（傾きが正）になる．

たとえば，ビーカー内の無機塩電解質水溶液において，電解質は水分子との凝縮力が高い．

このため，電解質が界面にあると溶液内部に引きずり込まれてしまう．

その結果，負吸着となる．

もし電解質が界面に多く存在したりすると表面張力は大きくなりすぎて表面がひび割れるような力が働くことになるが，もちろんそんな液体構造はあり得ない．

それでグラフの傾きがなるべく小さくなるような平衡を保ち，緩やかな右上がりになる．

第二に，アルコールや脂肪酸などの**両親媒性物質**は右下がりの曲線（傾きが負）になる．

両親媒性物質による水の凝縮力は水そのものよりも低いから，界面では両親媒性物質よりも水分子のほうが液体内部に沈み込む．

表面における水溶液の凝縮力が低下するので，表面張力 γ が低下する．

この結果，両親媒性物質はどんどん界面に滲出し，正吸着を示す．

それぞれの溶質濃度 C に対する表面張力 γ をグラフにすると，指数関数曲線で低下する．

多価アルコールとしてエチレングリコールやグリセリンは正吸着する．

糖が正吸着になるか負吸着になるかは水酸基の数・分子構造・重合度などによる．

第三に，**界面活性剤**は両親媒性物質の中でもとくに負の傾きが急勾配である．

グラフの傾き（溶質の濃度 C に対する溶媒の表面張力 γ の変化 $d\gamma/dC$ または $d\gamma/d(\log_e C)$）に対して，界面の単位面積あたりにおける溶質の吸着量 Γ は比例関係を示す．

すなわち，次の**ギブスの吸着式**で表すことができる．

$$\Gamma = -\frac{1}{RT}\frac{d\gamma}{d(\log_e C)} = -\frac{C}{RT}\frac{d\gamma}{dC} \tag{3-8-1}$$

無機塩の水溶液ではグラフは右上がりである．

だから濃度 C に対する表面張力 γ の変化 $d\gamma/dC$（または $d\gamma/d(\log_e C)$）が常に正となる．

するとギブスの吸着式によれば吸着量 $\Gamma < 0$ となるので，負吸着になる．

両親媒性物質の水溶液はグラフが右下がりである．

だから濃度 C に対する表面張力 γ の変化 $d\gamma/dC$（または $d\gamma/d(\log_e C)$）が常に負となる．

するとギブズの吸着式によれば吸着量 $\Gamma > 0$ となるので，正吸着になる．

表 3-5　吸着質の分類と正吸着，負吸着

吸着質	図 3-49 の傾き	ギブズ吸着式	吸着タイプ
無機塩類 （NaCl など）	$\dfrac{d\gamma}{d(\log_e C)} > 0$	$\Gamma < 0$	負吸着
両親媒性物質 （脂肪酸，アルコールなど）	$\dfrac{d\gamma}{d(\log_e C)} < 0$	$\Gamma > 0$	正吸着
界面活性剤 （高級脂肪酸塩，逆性石けん）	$\dfrac{d\gamma}{d(\log_e C)} < 0$	$\Gamma > 0$	正吸着

3-8-2　比表面積

以上のような理解をふまえると，吸着（正吸着）とは固相・液相・気相の各界面に気体・液体状の物質が捕捉・濃縮され濃度が平衡に達することにあたる．

溶液を入れた器壁との界面でも吸着が起こる．

たとえば両親媒性物質であるインスリンは点滴ライン，注射筒，輸液バッグさらにはガラスの表面にも吸着するために，これらと長時間接触すると力価の低下が見られる．

また，成分の溶解度が低いため溶解補助剤などを加えている場合に，溶解補助剤が吸着されてしまって他の成分の溶解度が低下している可能性もある．

物質の単位重量あたり，または単位体積あたりの表面積を**比表面積** S_w という．

今，散剤（粉末の医薬品のこと）が半径 r，密度 ρ の球体と考えると，粒子 1 個の重量は

$w = \frac{4}{3}\pi r^3 \rho$ であり，表面積は $s = 4\pi r^2$ である．

比表面積 S_w を重量あたりの表面積と考えると以下のように半径 r に反比例する．

$$S_w = \frac{s}{w} = \frac{4\pi r^2}{\frac{4}{3}\pi r^3 \rho} = \frac{3}{r\rho} \tag{3-8-2}$$

粒子の形状が球から離れている場合として，たとえば正四面体の形状であったと考える．

多面体の一辺の長さを a とすると体積 $v = \frac{\sqrt{2}}{12}a^3$，表面積 $s = \sqrt{3}a^2$ である．

これと同じ体積に相当する球の半径（体積相当球径）を計算すると $r = 0.304a$ になる．

体積相当球径を半径とする球に対して多面体の頂点がでっぱり，面の部分は球面からへこんだ部分として起伏を表すとみなしている．

体積相当球径を用いて正四面体の比表面積を計算すると $S_w = \frac{4.470}{r\rho}$ となり，球面に対し $4.470 \div 3 =$ およそ 1.5 倍大きくなる．

以上のように，**比表面積は粒子径が小さいほど大きくなり，さらに粒子の表面の起伏が大きいほど大きくなる**．

比表面積の径に対する係数（球では 3）は一般の粉体では 3.25〜5.5 と考えられている．

吸着を利用して試料物質＝吸着媒の比表面積を測定するのが比表面積計である．

散剤などの吸着媒に対して，吸着質として窒素やクリプトンを吸着させて固体物質の表面積を測る装置である．

最大単分子吸着量（飽和吸着量）を求めたところ Γ_{mono}[mol] であれば，窒素分子 1 個の占有断面積を σ[m^2]，アヴォガドロ数を N_A，試料の重量を W[g] として，以下で求められる．

$$S_w = \frac{\sigma N_A \Gamma_{mono}}{W} \tag{3-8-3}$$

占有断面積 σ は，窒素 0.162×10^{-18} m^2，クリプトン 0.195×10^{-18} m^2 が用いられる．（日本薬局方）

比表面積の値 S_w は同じ吸着質で比較するときには，吸着媒の吸着性能を表す．

一方，同じ吸着媒で比較するときには，吸着媒に対する吸着質の親和性・密集性を表す．

比表面積 S_w は，化学反応触媒では通常 10〜1000 m^2/g である．

活性炭は表面の起伏・凹凸が顕著なので比表面積が大きく，脱臭剤や消化管洗浄に用いる吸着剤では 1 グラムあたり 1000 m^2/g 以上になると言われる．

3-8-3　物理吸着と化学吸着 SBO:E5-(1)-③-1

酵素と基質や，ホルモン受容体とホルモンなどは，タンパク質を吸着媒とした吸着質分子の吸着とみなすことができる．

このときタンパク質の結合される部分を**結合サイト**といい，吸着質を**リガンド**という．

薬効成分も，リガンドとして標的タンパク質の結合サイトに結合する．

表 3-6 物理吸着と化学吸着

	物理吸着	化学吸着
温度	低音にて吸着量　大	比較的高い温度で起こる
被吸着質	非選択性	選択性
吸着熱	小（凝集熱と同程度）	大（反応熱と同程度）
可逆性	可逆性	非可逆の場合あり
吸着速度	大	小（活性化エネルギーを要す）

吸着には，大別して**物理吸着**と**化学吸着**がある．（表3-6）

化学吸着は酵素やホルモン受容体のように分子間における立体特異的な相互作用による．

酵素反応で見られるように至適温度をもつものもあり，結合力が強い場合が多い．

これに対して他の非特異的な結合を物理吸着と総称する．

物理吸着は吸着質分子の分子運動が小さい低温において顕著で，結合力は弱い．

酵素やホルモン受容体は化学吸着するので，リガンドと化学構造がよく似た化合物を投与すると，本来結合するリガンドとの結合が阻害される．（拮抗阻害剤，競合的拮抗剤，遮断薬）

これを阻害剤，インヒビターという．

マメ科植物の毒素であるレクチンは動物細胞表面に多く見られる特殊なマンノース三量体構造をリガンドとして特異的に化学吸着するタンパク質の二量体または四量体である．

動物細胞の糖鎖と結合して架橋させ，細胞を凝集させる作用があり，植物にとっての免疫に相当する生体防御ではないかと考えられている．

レクチンの一種コンカナバリンAと糖鎖との結合に対して，多種多様のペプチドを加えたところ，チロシン-プロリン-チロシン（YPY）のアミノ酸配列をもったペプチドが阻害剤になることが見いだされ，糖鎖の構造を代用するペプチドの可能性があるとして注目された．

しかし，コンカナバリンAにYPY構造をもつ阻害剤を結合させた複合体の立体構造をX線結晶解析によって調べたところ，この阻害剤はコンカナバリンAの糖鎖結合部位ではなく，別の部分に結合しており，糖鎖の結合に対する阻害効果は間接的なものと見られる．

このように，化学吸着の場合には特異的に結合サイトがあり，阻害剤はその結合サイトに結合する場合だけでなく，別のサイトで1対1対応の競合的阻害を示す事例も発見されている．

3-8-4 吸着様式 SBO:E5-(1)-③-1

図3-50は気相の吸着質の相対的な圧力と吸着量変化の典型とされる6種類の吸着様式を示す．

▼ Ⅰ型は**ラングミュア型**または**単分子吸着**と呼ばれ，吸着量は圧力の増加とともに特定の最大値（飽和点）になる．

マイクロポア（直径2nm以下の細孔）の存在を示す．

化学吸着はⅠ型となる．

▼ Ⅱ型は**BET型**と呼ばれ，多分子層を形成する吸着等温線である．

細孔が存在しないかまたはマクロポア（直径50nm以上の細孔）の存在を示す．

- Ⅲ型はⅡ型と同様に多分子層吸着に適用される吸着等温線である．
  細孔が存在しないかマクロポアの存在を示す．
- Ⅳ型は吸着平衡圧を順次増加（吸着）して得られる吸着量に対して，平衡圧を順次減少（脱着）させるときには吸着量が高くなる曲線を描く場合（ヒステリシスをもつという）の等温線である．
  これはメソポア（直径 2 nm～50 nm の細孔：図 3-51）の存在を示す．
- Ⅴ型はⅣ型と同じくヒステリシスをもつ等温線である．
  メソポアの存在を示す．
- Ⅵ型は稀なタイプで階段型吸着等温線と呼ばれ，細孔の存在しない平滑表面への段階的な多分子層吸着を示す．
  吸着分子間の引力（凝縮力）が大きい物理吸着に見られる．

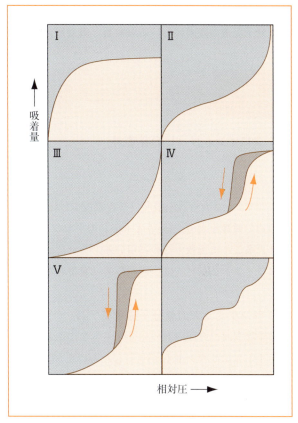

図 3-50　固体吸着媒に気体吸着質が正吸着するときのいくつかの代表的な吸着曲線

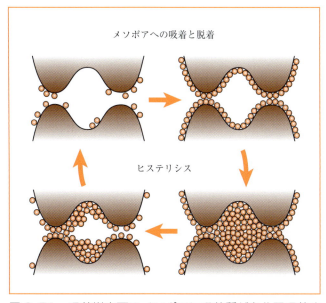

図 3-51　吸着媒表面のメソポアに吸着質が多分子吸着するとき，吸着プロセスと脱着プロセスは不可逆的な個別の経路をたどる（ヒステリシス）

Ⅱ型とⅢ型はマクロポア，Ⅳ型とⅤ型はメソポアとそれぞれ同じ機構で起こる．
単分子吸着の段階における吸着質と吸着媒の親和性が低い場合にⅢ型またはⅤ型となる．

3-8-5 単分子吸着モデル SBO:E5-(1)-③-1

【1】フロイントリッヒの吸着式

$$\Gamma = kp^{1/m} \tag{3-8-4}$$

ここで，p は吸着質の濃度（モル濃度や分圧）である．

両辺の対数をとり，$\log p$ と $\log \Gamma$ のグラフの切片と傾きから k と m を実験的パラメータとして読み取り，系ごとに比較するのに用いる．

フロイントリッヒ式は，飽和吸着は発生しない数式モデルになっている．

【2】ラングミュアの単分子吸着モデル

吸着媒表面に有限の数の結合サイト S がある．

サイト S にリガンド L が吸着したものを SL とする．

会合平衡定数を K とすると，吸着平衡ではそれぞれのモル濃度について以下の平衡式が成立する．

$$K = \frac{[SL]}{[S][L]} \tag{3-8-5}$$

吸着媒上のサイト数を n，吸着媒ごとの吸着量を Γ とすると，

$$\frac{\Gamma}{n} = \frac{[SL]}{[S]+[SL]} = \frac{K[S][L]}{[S]+K[S][L]} = \frac{K[L]}{1+K[L]} \tag{3-8-6}$$

ここで [L] を遊離リガンド濃度 C_f と表し，Γ について整理すれば，

$$\Gamma = \frac{nKC_f}{1+KC_f} \tag{3-8-7}$$

が得られ，これは**ラングミュアの吸着等温式**に相当する．（コラム p.259〜260 参照）

C_f が十分大きいと分母は $KC_f \gg 1$ になるから，$\Gamma = n$ という最大吸着量（飽和吸着量）に漸近する．

また，$C_f = 1/K$ のとき $\Gamma = n/2$ となり，最大吸着量の半分量となる．

たとえば血液中で疎水性の薬物を運搬する役割を持つ血清アルブミンタンパク質に薬物がどれだけ結合するかを測定するのであれば，アルブミン1分子の結合サイト数が n，アルブミン1分子への薬物の平均結合数が Γ にあたる．

【3】スキャッチャード・プロット解析法

ラングミュアの吸着等温式を変形すると次の式が得られる．

$$\frac{\Gamma}{C_f} = nK - K\Gamma \tag{3-8-8}$$

すなわち，結合量 Γ に対して吸着量を遊離リガンド量で割った Γ/C_f をプロットすると傾き $-K$ の直線となる．

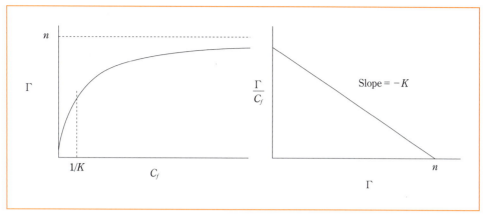

図 3-52　単分子飽和（Ⅰ型）の吸着曲線とスキャッチャード・プロット

これを**スキャッチャード・プロット**という．（図 3-52）

タンパク質とリガンドの結合実験を行うと，特異的で強力な化学吸着と非特異的で弱い物理吸着とが同時に起こる．

この現象をラングミュアの単分子吸着モデルで近似する．

特異的な化学吸着サイト数を n_1，会合定数を K_1 とする．

非特異的な物理吸着サイト数を n_2，その会合定数を K_2 とすると，

$$\Gamma = \Gamma_1 + \Gamma_2 = \frac{n_1 K_1 C_f}{1 + K_1 C_f} + \frac{n_2 K_2 C_f}{1 + K_2 C_f} \tag{3-8-9}$$

図 3-53 はその場合の模式図である．

吸着曲線は両者の和になる．

スキャッチャード・プロットは曲線となる．（図 3-53）

実際の酵素抗体法実験やウイルス検査などで，抗体タンパク質が抗原に特異的に化学吸着する量を測定する場合，非特異的な物理吸着には実験的意味がないので，血清アルブミンや粉ミルクなどを添加し，抗原への物理吸着をそらせる．

これをブロッキングという．

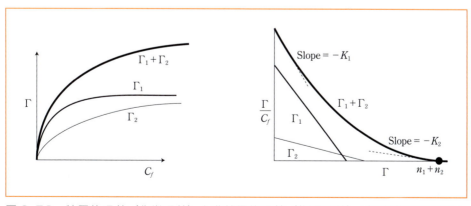

図 3-53　特異的吸着（化学吸着）と非特異的吸着（物理吸着）が同時に進行するときの吸着曲線とスキャッチャード・プロット

3-8-6 多分子層吸着モデル SBO:E5-(1)-③-1

図3-50で吸着様式のⅠ型以外のものは非特異的な多分子吸着である.

多分子吸着が起こるとき,吸着質は液相では飽和濃度に接近しており,吸着媒において凝縮して液体層や結晶を形成する一種の相分離である.

吸着質の分圧をp,吸着質の飽和蒸気圧をp_Sとすると,単分子吸着の飽和量Γ_{mono}に対して相対的な全吸着量Γは吸着質の分圧pと以下の関係がある.

$$\frac{\Gamma}{\Gamma_{mono}} = \frac{C\dfrac{p}{p_S - p}}{1 + (C-1)\dfrac{p}{p_S}} \tag{3-8-10}$$

この式は提案者の名前ブルナウア,エメット,テラーの名前にちなみ **BET式** という.

BET式はpが小さい低圧域ではラングミュア式と全く同じ形になっている.

しかし,pがp_Sに近づくと分子にある$p/(p_S-p)$が急激に大きくなる仕掛けが組み込まれている.

BET式は以下のように変形した形で理解されている.

$$\frac{1}{\Gamma}\frac{p}{p_S - p} = \frac{1}{C\Gamma_{mono}} + \frac{(C-1)}{C\Gamma_{mono}}\frac{p}{p_S} \tag{3-8-11}$$

すなわち,吸着質の飽和蒸気圧に対する相対分圧p/p_Sを横軸に,式の左辺を縦軸にグラフにすると直線が得られる.(図3-54)

BET式の吸着パラメータCは重要な数値であり,吸着第1層と第2層以降の吸着熱の差を意味する.
$C>2$であれば単分子層の形成が明瞭なⅡ型もしくはⅣ型を示す.
そうでなければⅢ型もしくはⅤ型を示し,吸着質と吸着媒との親和性が低いために単分子層の形成が

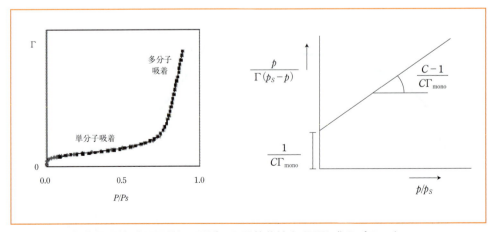

図 3-54 多分子吸着(BET型,Ⅱ型)の吸着曲線と BET 式のプロット

ほとんど見られず，吸着は吸着質そのものの凝縮によって進行する．

　C が大きければ大きいほど低圧域の曲線部分と中圧域の直線部分の境目が明確になる．
この点は B 点とも呼ばれ，単分子層吸着と多分子層吸着の変わり目を示す．

演習問題

問題 1

図に示された水溶液の表面張力(γ)～濃度(C)曲線と以下のギブスの吸着式に関して正誤を○×で示せ．ただし，Γ は溶質の表面過剰吸着量，R は気体定数，T は絶対温度である．（第87回問20）

$$\Gamma = -\frac{C}{RT}\frac{d\gamma}{dC}$$

(1) Ⅰ型溶液では，$\Gamma < 0$ となり，負吸着といわれる．　（　）

(2) Ⅱ型溶液では，$\Gamma > 0$ となり，正吸着といわれる．　（　）

(3) Ⅲ型溶液では，$\Gamma > 0$ となり，正吸着といわれる．　（　）

(4) Ⅰ型の例は電解質溶液で，その表面は真水に近い．　（　）

(5) Ⅱ型の例にはアルコール，脂肪酸，グリセリンなどがある．　（　）

(6) Ⅲ型の例にはラウリル硫酸ナトリウム（SDS）やモノステアリン酸ソルビタン60（Span60）などがある．　（　）

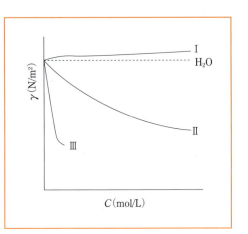

コラム　活性炭への酢酸分子の吸着平衡

第一三共社クレメジン®は腸内の有害物質を吸着させる活性炭で，尿毒症などの症状改善を目的に服用するお薬です．

球形に成形されているクレメジン顆粒（カプセルの場合は中身）

吸着媒としてこの活性炭を用い，**吸着質**として酢酸水溶液を用いたときに，活性炭1gに最大何モルの酢酸が吸着するのか測定しましょう．

【理論】
ラングミュアの単分子吸着モデルでは，次の3つの条件を仮定します．
　①酢酸は活性炭に単分子吸着する．
　②酢酸は活性炭のどの場所に吸着しても同じ振る舞いをする．
　③既に吸着した酢酸分子は，新たな吸着に影響を及ぼさない．

活性炭1gの界面が酢酸で飽和したときのサイト総数をモル数nとします．

また，活性炭が未飽和で遊離の酢酸モル濃度がC_fであるとき，全サイトのうち酢酸が吸着して占める割合（吸着率）をθとします．（$0 \leq \theta \leq 1$）

すると，活性炭1gあたりに吸着した酢酸モル量は$n\theta$です．

吸着した酢酸が脱着する速度は$n\theta$に比例し，吸着率θが減少します．

一方，遊離の酢酸モル濃度C_fと空サイトのモル量$n(1-\theta)$とに比例して吸着率θは増大します．

そこで比例定数として吸着速度定数をk_{+1}，脱着速度定数をk_{-1}とおけば，吸着・脱着による増減を表した速度式3-8-12が得られます．

$$\frac{d\theta}{dt} = k_{+1} C_f n (1-\theta) - k_{-1} n\theta \tag{3-8-12}$$

平衡状態では吸着速度と脱着速度が釣り合うので，$d\theta/dt = 0$とみなします．

これをθについて解くと，式3-8-13となります．

$$\theta = \frac{k_{+1} C_f}{k_{+1} C_f + k_{-1}} \tag{3-8-13}$$

吸着の**会合平衡定数**は質量作用の法則より，$K = k_{+1}/k_{-1}$となるから，

$$\theta = \frac{KC_f}{KC_f + 1} \tag{3-8-14}$$

と整理しておけば，変数の個数が減るので考えやすくなります．

以上が単分子吸着について理論的に導き出された**ラングミュアの吸着等温式**です．

【実験データの処理方法】

実習では，いくつかの遊離濃度 C_f（吸着平衡になった後の平衡濃度であることに注意）における吸着量 $\gamma = n\theta$ を中和滴定法によって測定します．

活性炭 2 g への吸着モル数から，活性炭 1 g あたりの**比表面積**を計算します．

ここで，酢酸 1 分子の有効断面積は 2.273×10^{-19} m^2 と見積もられます．

参考値として工業用活性炭の比表面積は 500〜1,000 m^2/g と言われます．

ここで，飽和曲線を描くラングミュアの吸着等温式とミカエリス＆メンテンの酵素反応速度式は，どちらも結合サイト数 n におけるリガンド分子（吸着質および酵素基質）の吸着率 θ の式といえます．

ラングミュア吸着等温式の K は会合平衡定数，ミカエリス定数 K_m は消失平衡定数です．

したがって，K と K_m はお互いに逆数の関係になります．

$$\Gamma = \frac{nKC_f}{1 + KC_f} \tag{3-8-7}$$

$$v = \frac{V[S]}{[S] + K_m} \tag{2-5-3}$$

それぞれの式は，以下のように変形できます．

$$(KC_f + 1)(n - \Gamma) = -n \tag{3-8-15}$$

$$([S] + K_m)(V - v) = -K_m V \tag{2-5-7}$$

どちらの式も $(KC_f + 1)$ 項と $(n - \Gamma)$ 項の反比例，$([S] + K_m)$ 項と $(V - v)$ 項の反比例という関係です．

つまり，飽和曲線というのは反比例の関係で，双曲線（直交双曲線）を描きます．

双曲線は $xy = a$ で表されるから，$y = a(1/x)$ という形に変形すれば，$1/x$ と y は直線関係になります．

このような変形を利用することで飽和曲線のグラフ解析を行う方法がこれまで盛んに行われてきました．

【実験結果の解析】

ラングミュア型吸着の実験を行った結果，次のような結果を得ました．

平衡濃度 C_f が低い領域では，あまりバラツキは見られませんが，0.2〜0.4 mol/L の高濃度の領域だと実験誤差のために大きくはずれてしまった点が目立ちます．

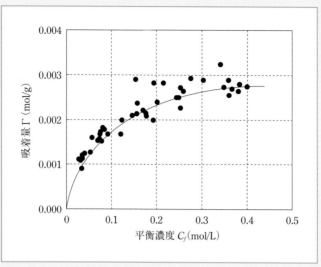

酢酸の遊離濃度 C_f と活性炭 1 g 当たりの酢酸吸着量 Γ の飽和吸着

【1】クロッツ・プロット（ラインウェバー＆バーク・プロット）

$$\frac{1}{\Gamma} = \frac{1}{n} + \frac{1}{nK}\frac{1}{C_f} \tag{3-8-16}$$

平衡濃度 C_f の逆数に対し吸着量 Γ の逆数をグラフにする．

吸着・タンパク結合の実験ではクロッツのプロットという．

酵素反応ではラインウェバー＆バークのプロットとして学ぶ．

これらの解析法の特性について観察するために，精度の低い実験結果を用いて，グラフ解析をおこなってみましょう．

クロッツのプロットのことを両逆数プロットともいいます．

逆数ですから，高濃度域のバラツキが圧縮されます．

低濃度域は元データのバラツキは見られないのですが，測定値そのものが小さいので逆数にすると低濃度域の相対的な誤差が拡大されます．

【2】ヘインズ＆ウォルフ・プロット

$$\frac{C_f}{\Gamma} = \frac{1}{n}C_f + \frac{1}{nK} \tag{3-8-17}$$

C_f に対して，C_f を Γ で割ったものをグラフにした．

ヘインズ＆ウォルフのプロットは，クロッツのプロットにおける問題点を解消するために，両逆数式の両辺に C_f を掛けたものです．

横軸には平衡濃度 C_f そのままをとっています．

グラフを見ると低濃度域も高濃度域もバラツキが圧縮され，直線性が最も高くなることがわかります．

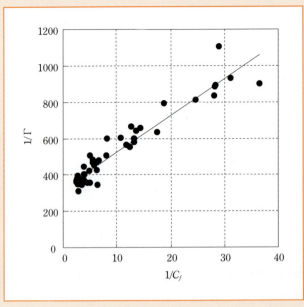

活性炭への酢酸吸着をクロッツ・プロット解析した直線

このプロットは実験誤差による変動を最も受けにくい解析法と考えられています．

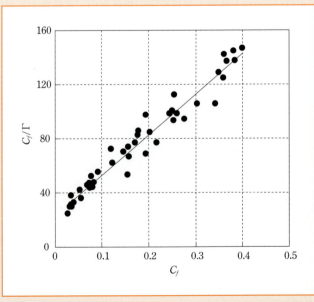

活性炭への酢酸吸着をヘインズ＆ウォルフ・プロット解析した直線

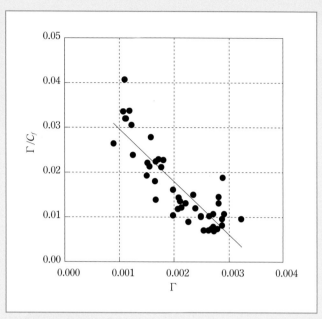

活性炭への酢酸吸着をスキャッチャード・プロット解析した直線

【3】スキャッチャード・プロット

$$\frac{\Gamma}{C_f} = nK - K\Gamma \tag{3-8-8}$$

吸着量 Γ に対して，Γ を C_f で割ったものをグラフにする．タンパク結合の実験ではスキャッチャードのプロットという．

　グラフを見るとスキャッチャードのプロットは，今回のような精度の低いデータには向かないようです．低濃度域にも高濃度領域にも大きなバラツキが見られます．

　もし精密な実験結果を目指しているのならば，実験結果の偏りに対して鋭敏ですから，直線関係が得られた場合は優れた実験結果であるといえるでしょう．

【問題1】

　酢酸の密度 $d = 1.049$ g/cm^3 から1分子の有効断面積を計算しなさい．ただし，酢酸は球体と考える．

【問題2】

　3つの解析法のグラフから傾きと切片を読み取り，飽和吸着量を計算しなさい．

【問題3】

　飽和吸着量からクレメジンの比表面積を計算しなさい．なお，クレメジンの比表面積は 1200 m^3/g 程度とされるが，今回の実験値との違いについて考察しなさい．

3-9　界面平衡

Episode　未熟児を救え
　　　　　　―ウシの肺からつくるシャボン玉―

　シャボン玉液は水に泡をつくる洗剤を溶かし，粘りをだすグリセリンを加えたものです．洗剤は油を水に溶かしたり，泡を作らせたりするものですが，このような性質を持った物質を界面活性剤（サーファクタント）といいます．

　息を吸い込むと，新鮮な空気は気管から左右の肺のなかで次々と枝分かれした気管支を通って，肺胞に流れ込みます．

　肺胞は気管支の先端にあるブドウの房の形をした，1粒0.1～0.2ミリ程度の袋です．

　この袋を肺胞上皮細胞が包んでおり，その周囲には毛細血管が巻き付いていて，血液のガス交換が行われています．

　息を吸い込むとこの袋が大きくなり，息を吐くと肺胞は縮みます．

　でも，しぼんでしまうことはありません．
　風船を思い出してください．
　しぼんだ風船を膨らませるとき，最初に強く息を吹き込まないといけませんが，膨らみ始めるとあまり圧力はいらなくなります．

　肺胞も同じで，もし袋がしぼんでしまうと膨らませるのには力が要ります．

　小さな肺胞ひとつひとつに要する力は少しですが，それが3億個もあるのです．

　ひとは一度だけ，この3億個を膨らませる力が必要となるときがあります．

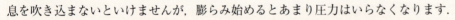

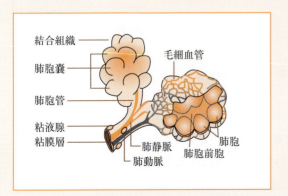

　生まれたとき，あげる産声がそれです．

　肺胞の袋は，肺胞上皮細胞がつくる肺サーファクタントタンパク質（P-SP）というリポタンパク質でできています．

　このリポタンパク質は，シャボン玉でいえばリン脂質が洗剤の働きを，タンパク質がグリセリンの働きをします．

　P-SPは本節で学ぶ界面活性剤の効果によって肺胞をしぼませない性質を持っています．

未熟児は，まだいろいろな細胞の働きができあがっていません．

　国内で年間 4000～5000 人程度の未熟児の肺胞上皮細胞は未熟で，P-SP の産生が不十分なため，肺胞を膨らませることが難しくなりますから，羊水から出ても呼吸ができません．

　産声をあげられないのです．

　体の外から圧力をかけて膨らまそうとしても，肺胞のひとつひとつは膜一枚ですから簡単に破裂してしまいます（気胸）．

　そこで，ウシの肺からとった P-SP から作られた人工サーファクタントを未熟児の肺に流し込みます．

　このような研究開発が進んだおかげで，最近は未熟児の死亡や無呼吸症に伴う後遺症が劇的に低下したといいます．

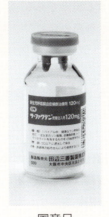
国産品

海外品

Points　界面平衡

界面とは，二つの相が接触する境界である．
ぬれとは，混ざらない二つの相が界面を形成すること．
接触角とは，固体と液滴の界面に対して液滴の麓のなす角度．
界面張力とは，界面を小さくしようと働く力．
表面張力は，液相と気相または固相と気相の界面張力．

ヤングの式　　　　　　　$\gamma_S = \gamma_L \cos\theta + \gamma_{SL}$ 　　　　　　　(3-9-2)

拡張係数　　　　　　　$S = \gamma_W - (\gamma_{OW} + \gamma_O)$ 　　　　　　　(3-9-4)

界面活性剤：溶解させることで媒質の表面張力を低下させる物質であり，媒質と空気の表面以外での界面張力も低下させる．その物質は，気～液界面およびその他の界面に正吸着する．

3-9-1　界面とぬれ

　身近な界面平衡として軟膏が肌や患部に馴染むかどうかの調節があります．軟膏には水溶性，油脂性，石油系などなど多数があり，これをうまく組み合わせて「ぬれ」の性質をコントロールします．製薬メーカだけでなく，病院製剤といって患者さんの症状や気候に応じたオーダーメードが必要な分野で，ここではその調節に大切な基礎理論を学びます．SBO:E5-(1)-③-1

界面とは二つの相が接触する境界である．

気体，液体，固体の間で5種類の界面ができる．

すなわち「気～液」界面，「気～固」界面，「液～液」界面，「液～固」界面，「固～固」界面である．（気体どうしは界面を作らない）

このうち「気～液」界面と「気～固」界面を**表面**とよぶ．（図 3-55）

界面・表面に対して，それ以外の連続した相の**内部にある均質な領域**をバルクという．

界面から連続相に何かが溶け出していると**濃度勾配**が形成されるから，界面周辺は均質にはならず，その**界面から十分はなれた均質な領域**がバルクである．

混ざらない二つの相が界面を形成することを**ぬれ**という．

例えば，ひとくちに油と言うが，サラダ油（中性脂肪）を水の上に垂らすとレンズ状になる．

一方，灯油（ケロシン）を水の上にこぼすと水面に薄く拡がって虹色の膜を作る．

図 3-55　水と油とメートグラスと机と空気で形成される界面

この区別を正確に調べるには，油と水のような不定形の液体どうしではわかりにくいので，滑らかな固体表面にそれぞれの液体を垂らしてみると比較しやすい．

滑らかな固体表面で液滴の形を観察すると，液滴が丸くなって固体との界面の面積が小さいものはぬれが小さく，液滴が拡がって界面が大きくなるものはぬれが大きい．

固体と液滴の界面に対して液滴の麓のなす角度を**接触角**という．（図 3-56）

液滴が丸いものは接触角が大きく，90度以上になり，これはぬれが小さい．

液滴が扁平に拡がっているものは接触角が小さい．

今，液体が拡がり，ぬれが増大しているのならば接触角が最も小さく，0度であると考える．

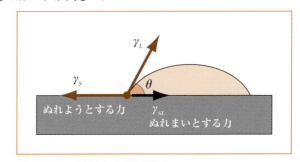

図 3-56　接触角と界面張力

3-9-2　界面張力と表面張力　SBO:E5-(1)-③-1

液滴が丸くなって固体表面とのぬれが小さくなったり，こぼれるしずくが丸くなったりするのは，水に**界面張力**という力が働くからである．

気～液界面，気～固界面に働く界面張力を，**表面張力**ともいう．

液体分子は，液体内部＝バルクにてお互いに分子間力で引っ張り合って凝縮している．

しかし，界面ではそこから外には液体分子がない．

このため，界面に沿った方向には引っ張りあって釣り合っているが，界面に垂直な方向をみると液体内部に向かって力が働いているのに対し，一見釣り合う力がない．（図 3-57）

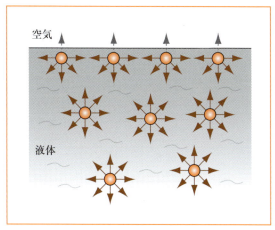

図 3-57　気液界面における液体分子の分子間相互作用の不均衡

　この界面での力の作用はトランポリンと同じである．
　トランポリンは膜を水平方向にバネで引っ張り，この**張力**で垂直方向の圧力に抵抗する．
　つまり水平方向の力がつりあっていると，これに垂直な方向の復元力を生じる．（図 3-58）
　同じように，界面分子が互いに引っ張り合うことで生ずる界面張力から，液体内部に引っ張られる力と釣り合った復元力が派生しているのである．
　界面張力によって，液体は最も界面の面積が小さい形状になる．
　球形は，同じ体積のなかで最も表面積の小さい形状なのである．
　界面張力はトランポリンのバネの作用に相当するもので，単位長さあたりにかかる力であり，単位は N/m で表される．（習慣的に dyn/cm が使われ，これは mN/m 単位と等しい）
　界面にある分子は分子間相互作用が不均衡であるため，単位面積あたり過剰な自由エネルギーをもつ．これを界面自由エネルギーといい，単位を J/m^2 と表すが，これは界面張力と等しい．
　表面張力は液相と気相，固相と気相の間における界面張力である．（表 3-7）

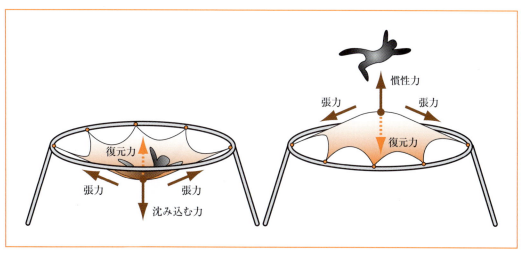

図 3-58　トランポリンは垂直方向の力と横方向の張力が釣り合っている

表 3-7 種々の液体の表面張力

物質	表面張力 (mN/m)	備考
水（20℃） 水（100℃）	72.8 59	分散力の寄与は 20 mN/m 高温で低下，臨界温度でゼロ
ベンゼン ヘキサン	28.8 18.4	水よりも分子間力が小さいので，有機溶媒の表面張力は小さい
大豆油，綿実油，落花生油，亜麻仁油，オリーブ油など	35 前後	水よりも粘稠だが，表面張力は水よりも低い
グリセリン エチレングリコール	62.6 48	
水銀	486	金属結合で，表面張力は極端に高い

ある物質 A の表面張力を γ_A，ある物質 B の表面張力を γ_B とすると，物質 A と物質 B とが接する界面における界面張力 γ_{AB} はフォークスの式で推算される．

$$\gamma_{AB} = \gamma_A + \gamma_B - 2\sqrt{\gamma_A^d \gamma_B^d} \tag{3-9-1}$$

この式にある幾何平均の項にある γ_A^d，γ_B^d は，A と B それぞれの表面張力のうち分散力（ファンデルワールス力）に起因する張力を表している．

3-9-3 拡張係数

水と固体表面のぬれでは固体の表面張力 γ_S，ならびに水と固体の界面張力 γ_{SL} が，水の表面張力の水平成分 $\gamma_L \cos\theta$ とつりあっている．（図 3-56）

このベクトルの水平成分を数式で表したものを**ヤングの式**という．

$$\gamma_S = \gamma_L \cos\theta + \gamma_{SL} \tag{3-9-2}$$

接触角 θ が $90° < \theta \leq 180°$ になっているとぬれが小さく，ヤングの式では γ_{SL} が大きく，固体が水をはじいていることを意味する．

このような接触角を示す様子を**付着ぬれ**という．（図 3-59）

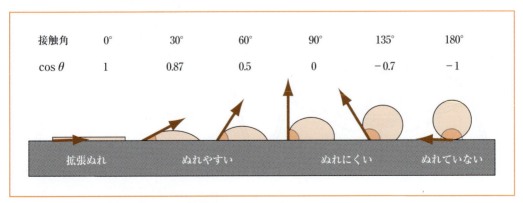

図 3-59 様々な液滴のかたちと接触角

接触角 θ が $0°<\theta\leq90°$ になっているとほどほどにぬれており，ヤングの式では γ_{SL} や γ_L が固体の γ_S と釣り合っており，この接触角を示す様子を**浸漬ぬれ**という．

これらが釣り合わず，ぬれが拡がる様子を**拡張ぬれ**といい，このときの接触角 θ はゼロであると見なされ，$\gamma_S - \gamma_{SL}$ の張力でさらに拡張を続ける．

そこで，より一般的に以下のように**拡張係数** S を定める．

$$S = \gamma_S - (\gamma_{SL} + \gamma_L) \tag{3-9-3}$$

拡張係数は，拡張ぬれのとき $S \geq 0$ である．

反対に $S<0$ であれば，接触角 $\theta>0°$ であり，浸漬ぬれや付着ぬれとなって，ぬれは拡張しない．

水の表面張力（$\gamma = 72.8$ mN/m）に対して，水と固体の界面張力は固体が親水性であれば $\gamma_{SL} = 10$ mN/m 前後で S はやや大きくなるが，固体が疎水性では $\gamma_{SL} = 50$ mN/m 程度で S は小さくなってぬれは起こりにくい．

それで固体表面にシリコンオイル（$\gamma = 16 \sim 22$ mN/m）などを塗布すると，拡張係数 S は小さくなるので高い撥水効果が得られる．

医療用油紙は，厚手の和紙を亜麻仁油や桐油などの乾性油で処理することで撥水効果を上げており，傷口の浸出液で衣服や包帯が貼り付くのを避けている．

薬包紙はパラフィン紙やポリプロピレンコート紙であり，分包機で用いる包装紙はラミネート処理したグラシン紙（亜硫酸パルプ紙）で，撥水効果により薬品の結露を退けている．

撥水効果に対してロータス（蓮の葉）効果というのがある．（写真 3-8）

蓮や芋などの葉の表面には微細な凹凸があって，窪みの中に空気が閉じこめられているために，γ_{SL} は γ_L に近づくので，水の拡張係数 S は負の項が大きくなる．（図 3-60）

ロータス効果では油の拡張係数 S も負の項が大きくなるので，撥油効果も期待できる．

水に浮かぶ油の場合，レンズ状に集まる場合（例：サラダ油）と被膜状に拡がる場合（例：灯油）がある．

写真 3-8　サトイモの葉で観察されるロータス効果

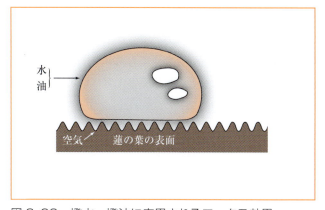

図 3-60　撥水・撥油に応用されるロータス効果

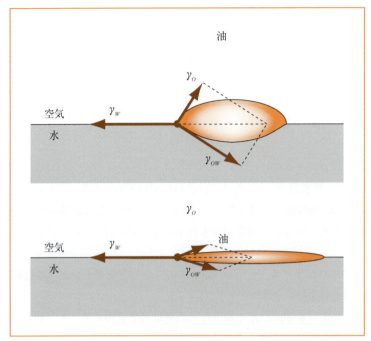

図3-61 水面に付着した油脂がレンズ形状になるとき,界面張力に応じて接触角が変わる

　水の表面張力を γ_w,油滴の表面張力を γ_o,油と水の界面張力を γ_{ow} とすると,図3-61に示すような界面張力の釣り合いが生じる.

　この液〜液界面における拡張係数は,以下になる.

$$S = \gamma_w - (\gamma_{ow} + \gamma_o) \tag{3-9-4}$$

　まず,油の表面張力に注目して,上式にフォークスの予測式を代入してみると,

$$S = -2\gamma_o + 2\sqrt{\gamma_w^d \gamma_o^d} \tag{3-9-5}$$

となる.

　有機溶媒や油脂の表面張力は全て分散力(ファンデルワールス力)であるとみなすと,ヘキサンは $S = +1.57$ となって拡張ぬれが進行するが,ベンゼンや油脂は $S<0$ だからレンズ状になる計算になる.

　反対に水油の界面張力に注目すると,その分散力の寄与が小さい,つまり油分子の間で親水性相互作用が大きいのならば水との親和性が高く,混合しなくてもぬれやすいことがある.

　このような解析は,軟膏剤やローションなどの外用薬の皮膚や粘膜における浸潤性のデザインや,医薬品原料の混合・練合を促すことに役立つ.

3-9-4 表面張力の測定法 SBO:E5-(1)-③-1

【1】ヴィルヘルミーの吊り板法

幅a，厚さbの薄い板を液面から引き離すのに要する力をFとする．（図3-62）

このとき，ぬれの先端の幅に比例するので

$$F = 2(a+b)\gamma \cos\theta \tag{3-9-6}$$

である．

ここで液体が板をよくぬらす場合$\theta=0$と考えられ，

$$\gamma = \frac{F}{2(a+b)} \tag{3-9-7}$$

の式によって表面張力を測定することができる．

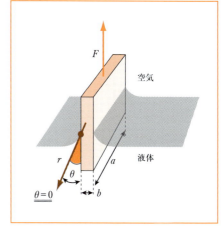

図3-62 ヴィルヘルミーの吊り板法：幅a×厚さbの板を用いる

【2】デュヌーイのリング法

糸でつり下げたリングを液面に接し，引き上げるときの力Fを測定する．（図3-63）

つり板法と同じ方法であって，この場合にはぬれの先端の幅がリングの外周と内周を足したものになる．

外周の半径と内周の半径はほとんど変わらないとするとその平均を半径Rとして

$$\gamma = \frac{F}{4\pi R} \tag{3-9-8}$$

によって表面張力を決定することができる．

【3】毛管上昇法

毛管（毛細管，キャピラリー）の先端を液体につけると，表面張力によって液面が上下する．

ぬれの力と吸い上げた液体の重量とが釣り合う．（図3-64）

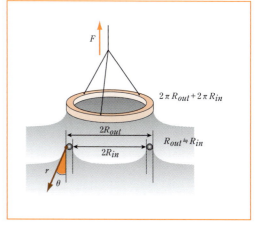

図3-63 デュヌーイのリング法：外径と内径の差を無視できるような環を用いる

吊り板法，リング法と同様に，ぬれの先端の幅は毛管の内周だから力の合計は円周$2\pi r$×表面張力γである．

これに釣り合う上昇した液体の重力は，断面積πr^2×高さh×液体の密度ρ×重力加速度gとなるので，等式にして整理すると以下になる．

$$\gamma = \frac{r\rho g h}{2} \tag{3-9-9}$$

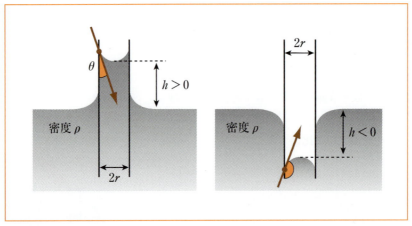

図 3-64　毛管上昇法

【4】滴重法

垂直な管（半径 R）の下端から液体を静かに落下させる．

しずくは管の外周にぶら下がったときに表面張力が働く．
（図 3-65）

1滴の質量（液体の密度 ρ×1滴の体積 V）が表面張力よりも少しでも重くなると落下するので，1滴の質量と管の半径から表面張力が求められる．

$$\gamma = \frac{\rho V g}{2\pi R} \quad (3\text{-}9\text{-}10)$$

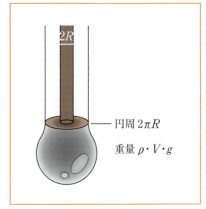

図 3-65　滴重法：計算に用いる円周は先端の外径

3-9-5　界面活性剤 SBO:E5-(1)-③-1

水の泡はすぐ割れるが，セッケン水の泡はしばらく壊れない．

セッケンは高級脂肪酸ナトリウム塩である．

合成洗剤も長鎖アルキルベンゼンスルホン酸塩や長鎖アルキル硫酸塩などの両親媒性アニオンである．

これらの**洗剤**は，親水性部分（親水性頭部）と疎水性部分（疎水性尾部）をもつ．

疎水性物質は水から排除されやすい．

だから，洗剤の疎水性部分も油水分離するように水の界面にあつまる．

こうして，洗剤は水の界面に正吸着する．（図 3-66）

表面（気液界面）では，洗剤の疎水性部分が水から排除される力が，親水性部分が水の中に沈み込む力と釣り合う復元力となる．

だから，表面に平行な方向の分子間の張力は復元力には用いられていないので，横方向の動きは活発になり，表面張力 γ_L が減少する．

その結果，液体の表面積は拡がりやすくなり，ぬれにおいても拡張係数 S が増大するので，拡張ぬ

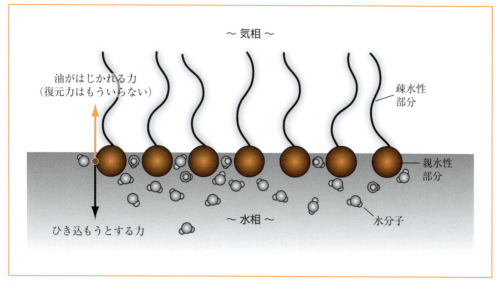

図 3-66 水面に吸着する界面活性剤：疎水性部分が上，親水性部分が下になる

れが起こりやすくなる．

これを界面が活性化したといい，洗剤を**界面活性剤**という．

エピソードの肺サーファクタントタンパク質も，肺胞の界面を活性化することで少ない圧力によってしなやかに伸縮できる膜を実現している．

【1】界面活性剤の種類

セッケンや合成洗剤はアニオン性界面活性剤に分類される．

このうち，ステアリン酸マグネシウムやステアリン酸カルシウムは1％程度添加すると粉末の摩擦抵抗が低下するので，錠剤成形などで滑沢剤として用いられる．

「逆性セッケン」はカチオン性界面活性剤の長鎖アルキルトリメチルアンモニウム塩，長鎖アルキルピリジニウム塩などがあり，洗浄力は低いが柔軟剤やリンスに用いる．

カチオン性界面活性剤のうち4級アンモニウム塩は抗菌作用が強く，ベンザルコニウム塩酸塩やベンゼトニウム塩酸塩は殺菌・消毒薬に用いる．

洗濯セッケンと柔軟剤，手洗いセッケンと消毒セッケン，シャンプーとリンスを同時に使用するとどうなるか話し合ったり，インターネットで調べたりすると理解が深まる．

そのほか，プラスとマイナスの電荷をもつ両性界面活性剤もある．

非イオン性界面活性剤は解離基をもたないが，ポリエチレングリコール（PEG）基や糖アルコール（ソルビトール）誘導体が親水性基となる．

生体への刺激が少ないものが多く，親水性の軟膏基剤や製剤の乳化剤として用いられる．

【2】臨界ミセル濃度

界面活性剤水溶液の濃度を増すと，界面に吸着する．

さらに濃度を増すと界面密度が増し，界面活性剤分子が平面結晶に近い配列状態となる．

飽和吸着量に達すると，多分子層吸着は起こらず，溶液中で界面活性剤が疎水性部分どうしを向かい

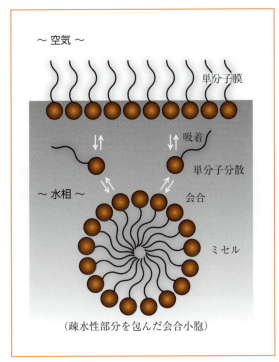

図 3-67 界面活性剤水溶液における単分子分散・界面飽和吸着・ミセル形成の平衡状態：臨界ミセル濃度以上では，単分子分散と界面吸着は飽和状態になっている

合わせて数分子〜数百分子が会合した**ミセル**を形成する．（図 3-67）

飽和吸着量に達し，ミセルが形成され始める界面活性剤濃度を**臨界ミセル濃度**（cmc）という．

ミセルは水中で油となる界面活性剤の疎水性部分を包み込んだ粒子になっており，粒子径は 30 nm よりも小さい．

この粒子径は可視光線の波長よりも短いので水溶液は透明である．（洗濯洗剤液など）

【3】ミセル形成での相転移における物性値の変化

洗剤として利用しているときは，衣類や食器の汚れである油滴やタンパク質をミセルの中に吸収し，液相に分散させることで汚れを除去している．

この働きを**可溶化・乳化**といい，cmc 以上でのみ見られる．（図 3-68）

乳化の場合，複合ミセルの粒子径が可視光線と同程度〜より大きくなるので**濁度**も増す．

洗浄力は「汚れの付着量」に対する「可溶化・乳化された量」の比率で，cmc の前後で大幅に増大すると言うが，「汚れの付着量」に大きく依存するので普遍的な特性ではない．

界面への吸着は cmc 濃度ではすでに飽和しているので，cmc 以上で**表面張力**は横ばいになる．（図 3-68）

ミセルが形成されると，多数の分子が会合して一個の粒子になる．

束一的性質（浸透圧，凝固点降下，沸点上昇，蒸気圧降下）は界面活性剤としての濃度ではなく，ミセル粒子の分散濃度に比例するため，界面活性剤濃度に対する束一的性質は横ばいになる．（図 3-68）

同じように，**伝導率**もミセル粒子の単位で移動するため，cmc 以上では界面活性剤濃度に対して伝導率が横ばいになる．（図 3-68）

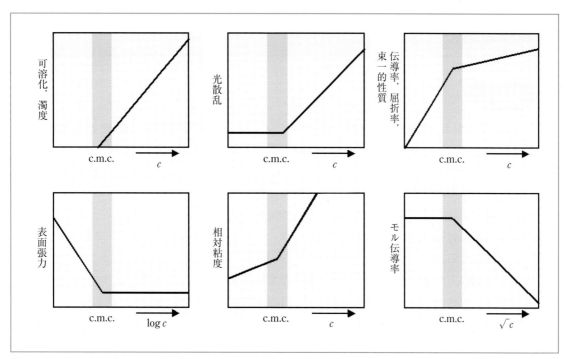

図 3-68　界面活性剤水溶液の濃度と様々な物性値の関係

　これに対して，**モル伝導率（当量伝導率）**は電気伝導率を界面活性剤の濃度でわり算した値なので，cmc 以上でモル伝導率は低下する．（図 3-68）

3-9 演習問題

問題 1

界面，界面張力（表面張力）に関して正誤を○×で示せ．（第 92 回問 20，第 86 回問 22）

(1) 極性が小さく分子間力が弱い液体ほど，空気と液体の界面に働く表面張力は小さい． (　)
(2) 界面張力は，単位面積の界面をつくるのに要する仕事量である． (　)
(3) 界面活性剤は，界面張力を低下させる作用をもつ． (　)
(4) 界面活性剤は，水中あるいは油中で，ミセル，ベシクルあるいは逆ミセルを形成する． (　)
(5) 表面張力の測定法として，毛管上昇法などがある． (　)
(6) 界面活性剤の濃度増加とともに，その水溶液の表面張力は増加し，やがて水溶液中にミセルが形成される． (　)
(7) 表面張力は，単位面積をつくり出すのに必要な仕事とも考えられるので，$J\,m^{-2}$ の単位で表すこともできる． (　)
(8) 分子間力が大きい液体ほど表面張力は小さい． (　)
(9) 水中にガラスの毛管の一端を垂直に挿入するときに，毛管内の水面が上昇する現象には，表面張力が関係している． (　)
(10) 水銀中にガラスの毛管の一端を垂直に挿入するときに，毛管内の水銀面が下降する現象は，表面張力では説明できない． (　)

問題 2

ある界面活性剤 A は熱力学的平均の長さが $r = 1.67$ nm，親水性部分の断面積は $S = 0.580$ nm^2 である．するとミセル 1 個には界面活性剤 A が何分子含まれているか？

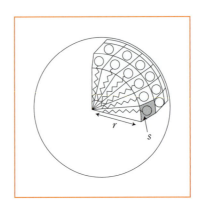

コラム　界面活性剤と HLB

【1】アニオン性界面活性剤

脂肪酸ナトリウム塩（セッケン）

アルキル硫酸ナトリウム塩
（ドデシル硫酸ナトリウム SDS など，シャンプー）

アルキルベンゼンスルホン酸ナトリウム塩
（合成洗剤：直鎖型は低環境毒性）

デオキシコール酸ナトリウム塩
（DOC，胆汁酸由来，抗カビ剤ファンギゾンに）

【2】カチオン性界面活性剤

臭化アルキルトリメチルアンモニウム
（リンス，ヘアコンディショナー）

塩化ベンゼトニウム（殺菌・消毒剤）

塩化アルキルピリジニウム
（トローチ，うがい薬など）

塩化ベンザルコニウム（殺菌・消毒剤，衣類の柔軟剤）

【3】両性界面活性剤

アルキルベタイン（皮膚や目に低刺激性，他の界面活性剤の起泡力を高める）

アルキルジメチルアミンオキシド
（ヤシ油由来）

CHAPS, CHAPSO（膜タンパク質可溶化など，タンパク質変性作用が小さい）

R = H：3-[(3-*Cholamidopropyl*) *dimethylammonio*]-1-*propanesulfonate*
R = OH：3-[(3-*Cholamidopropyl*) *dimethylammonio*]-2-*hydroxy*-1-*propanesulfonate*

【4】非イオン性界面活性剤（ノニオン性界面活性剤）

ポリオキシエチレンアルキルエーテル（洗浄剤など）

Tetraethylene glycol dodecyl ether
（Briji 30®：HLB = 9.5）

Octaethylene glycol dodecyl ether
（$C_{12}E_8$：HLB = 13.7）

Polyoxyethylene (23) dodecyl ether
（Briji 35®：HLB = 16.9）

Polyoxyethylene (8) monostearate
（Myrj 45®：HLB = 11.1）

Diethylene glycol monolaurate（HLB = 6.1）

Diethylene glycol monostearate（HLB = 4.7）

Glycerol monostearate（HLB = 3.8）

脂肪酸ソルビタンエステル
（食品の乳化剤や化粧品分野で利用）

アルキルフェノキシポリオキシエチレン
（洗浄剤など）

Octylphenoxy-polyoxyethylene
（Igepal Ca-630®：Nonidet P-40®：HLB = 12.8-13.1）

Octylphenoxy-polyoxyethylene
（Triton X-100®：HLB = 13.4）

脂肪酸ポリオキシエチレンソルビタン
エステル（乳化剤，分散剤）

Polyoxyethylene sorbitan mono-laurate
（Tween 20®：HLB = 16.7）

Polyoxyethylene sorbitan mono-palmi-tate（Tween 40®：HLB = 15.6）

Polyoxyethylene sorbitan mono-oleate
（Tween 80®：HLB = 15.0）

Sorbitan mono-laurate（Span 20®：HLB = 8.6）
Sorbitan mono-oleate（Span 80®：HLB = 4.3）
Sorbitan tri-stearate（Span 65®：HLB = 2.1）
Sorbitan tri-oleate（Span 85®：HLB = 1.8）

アルキルグリコシド（例：n-オクチル-β-D-グルコシド，透析で分離しやすい）

ポリオキシエチレン・ポリオキシプロピレン
ブロック共重合体（$E_m P_n E_m$）

【5】親水性親油性バランス（HLB）

界面活性剤には，以下のような作用があります：
① 可溶化（疎水性の高い物質を水に溶解させることができる）
② 洗浄（油脂やタンパク質からなる汚れを水中に分散させる）
③ 湿潤（濡れやすくなり，水分を保持することで乾燥を防ぐ）
④ 乳化（水相に油脂を分散させるか，または油相に親水性液体を分散させる）
⑤ 潤滑（固体表面に吸着し，固体がじかに接して擦れ合うのを防ぐ）
⑥ 消泡（水相の泡の一部に吸着し，表面張力を低下させる）

ただし，界面活性剤であればこれらの機能を全て実現できるわけではありません．

疎水性物質を水に可溶化したり，油やタンパク質の汚れを洗浄したりするためには，界面活性剤は水溶性が十分高くなければいけません．

また，乳化と言っても油性液体を水相に分散（O/W）させる界面活性剤は親水性であり，水性液体を油相に分散（W/O）させる界面活性剤は疎水性でなければいけません．

そこで，グリフィン（アトラスケミカル社）が提案した親水性・疎水性バランス（HLB）値という尺度が広く受け入れられています．

HLB 値は，界面活性剤における親水性部分（p.277，p.278 の構造式の破線で囲んだ部分）の重量パーセントを 5 でわり算したものにあたります．

$$\mathrm{HLB} = 20 \times \frac{(親水性部分の分子量)}{(分子量)}$$

すると，界面活性剤の親水性が高いものは HLB が 20 に近づき，疎水性であるものは 0 に近づきます．

アルキルポリオキシエチレン（アルキルポリエチレングリコール，アルキルマクロゴール）などの非イオン性界面活性剤は，エチレングリコールの重合度が大きいほど親水性部分が拡大し，HLB 値は大きくなります．

一方，アルキル基や脂肪酸エステルの炭素数が大きくなると分子に対する親水性部分は縮小し，HLB 値は小さくなります．

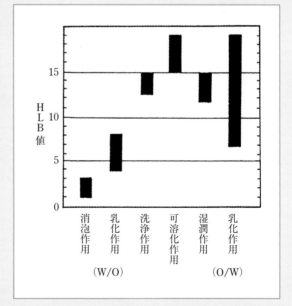

重合度の表し方は平均 8 個のエチレングリコールが重合しているなら，重合度をオクチルや（8）と表すか，または分子量 350 などと記載します．

$C_{12}E_8$ のような記載は重合度 8 のエチレングリコールと炭素数 12 のドデシル基（ラウリル基）からなっていることを表します．

界面活性剤のHLB値によって，様々な機能に対する適正があり，p.279の図のように整理してみると有用です．

■ 脂肪酸の命名法

慣用名	IUPAC 命名法	記号	原料となる食材
カプロン酸	Hexanoic acid	6:0	ヤギ
カプリル酸	Octanoic acid	8:0	ココナッツ
カプリン酸	Decanoic acid	10:0	ヤシ油
ラウリン酸	Dodecanoic acid	12:0	ココナッツ，ヤシ油
ミリスチン酸	Tetradecanoic acid	14:0	ヤシ油
パルミチン酸	Hexadecanoic acid	16:0	ラード，牛脂
ステアリン酸	Octadecanoic acid	18:0	カカオ脂
オレイン酸	(Z)-9-Octadecenoic acid	18:1	オリーブ
エライジン酸	(E)-9-Octadecenoic acid	18:1	マーガリン
リノール酸	(9Z,12Z)-Octadeca-9,12-dienoic acid	16:2	亜麻
α-リノレン酸	(9Z,12Z,15Z)-Octadeca-9,12,15-trienoic acid	16:3	エゴマ
γ-リノレン酸	(6Z,9Z,12Z)-Octadeca-6,9,12-trienoic acid	16:3	月見草オイル，アブラナ
アラキジン酸	Eicosanoic acid	20:0	ピーナッツオイル
アラキドン酸	(5Z,8Z,11Z)-Eicosa-5,8,11,14-tetraenoic acid	20:4	ブタレバー
EPA	(5Z,8Z,11Z,14Z,17Z)-Eicosa-5,8,11,14,17-pentaenoic acid	20:5	魚油(タラ,イワシ,ニシン,サバ,サケ)
ベヘン酸	Docosanoic acid	22:0	ナタネ油
エルカ酸	(Z)-13-Docosenic acid	22:1	ナタネ油，カラシ油
DHA	(4Z,7Z,10Z,13Z,16Z,19Z)-docosa-4,7,10,13,16,19-hexaenoic acid	22:6	魚類

3-10　コロイドと粗大分散系

Episode　宛名つきの手紙にくすりをしたためる
　　　　　　―ドラッグデリバリー技術―

〒□□□―□□□□

患部内がん組織在住

がん細胞へ

　がん細胞は増殖が著しいわりに，というかそれだからこそ，血管のでき具合が未熟で，リンパ管が未発達なのです．

　このために，がん組織は血液成分が漏れ出しやすく，たまりやすいという，他の組織ではちょっと考えられないような特徴があるのです．

　その結果，大きさが 100 nm 程度の微粒子が血管から漏れだして，がん組織だけに蓄積されやすくなる性質があります．（これを EPR 効果と言います）

　物質の種類には関係なく直径 10^{-9} m（1 nm）～10^{-6} m（1 μm）程度の大きさをもつ微粒子が分散した混合物をコロイドと呼びます．

　コロイドは目に見えない微粒子からできているので，水のなかで混ざり合っていて分離することはないのですが，水やイオンを通すセロハンや生体膜（半透膜）を通過することはできないという性質を持っています．

　だから，正常な血管膜を通過することはできないのです．

　こんなコロイドですが，がん組織を標的とした DDS（ドラッグデリバリーシステム）において重要な役割を果たしているのです．

　DDS とは，体内の薬物分布を量的・空間的・時間的にコントロールする薬物送達システムのことです．

　コロイドには会合コロイドという種類があり，これには脂質などの両親媒性分子が会合したミセル，エマルション，リポソームなどがあります．

　会合コロイドは，DDS においてクスリの運び屋（キャリアー）としての役割を担っているのです．

　ミセルの例ですが，親水性のポリマーと疎水性のポリマーが繋がってできたブロック高分子は，水の中でミセルを形成します．

　そこでブロック高分子に抗がん剤を入れておくと，形成されるミセルの内部（疎水性部分）に封入されるのです．

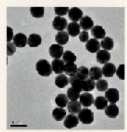

こうやって抗がん剤をミセルの中に封入したものを静脈から投与すると，正常な血管膜は通過できませんがEPR効果でがん組織により多く蓄積させることができます．

がん組織に対して特異的に抗がん剤を放出することができますから，副作用を示すことなく抗ガン効果を発揮することが可能になるのです．

同じように，リポソームに抗がん剤（ドキソルビシン）を封入した医薬品 Doxil® が海外で開発され，最近日本でも認可されました（ヤンセンファーマ）．

あるいは，抗真菌剤（アムホテリシンB）を封入した医薬品 Ambisome® も海外で開発され，日本に輸入されています（大日本住友）．

これらは現在，臨床治療に使われています．

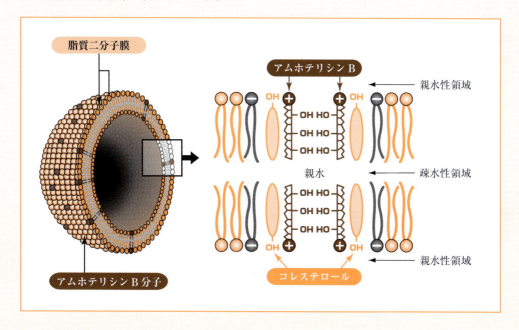

また最近では，ミセルやリポソームに遺伝子を封じ込めた遺伝子治療用のキャリアーが開発され，盛んに研究されています．

コロイドは，DDSにおける薬物や遺伝子のキャリアーとしての役割を果たしており，薬学にとって無くてはならない存在なのです．

Points　コロイドと粗大分散系

分子分散系：物質科学では分散 dispersion という言葉を，
① 無極性分子間にはたらく相互作用であるロンドン分散力
② 光や音や界面波は速度が同じでも，波長の違いで位相が移動する速度には違いがあるために屈折や散乱などで波長毎に分離する現象
③ 粒子が相や界面において均一に拡散する現象

の3つに使う．分子分散系では③の意味で，粒子として大きさ約1nm以下の分子，イオン，分子複合

体などである混合物を指す．溶解度を超えない（未飽和）濃度では相分離しない．光を遮らず透明である．
コロイド：光学顕微鏡（解像度 1 μm）で観察されず，限外顕微鏡で観察（解像度 1 nm）できる微粒子が分散した混合物をコロイドという．微粒子としては高分子，無機塩の凝集塊，界面活性剤の会合ミセル，高分子複合体，気体の泡沫，泥（微細な鉱物）などがあるが，微粒子の成分や形状，微細構造，表面特性などは問わない．**ブラウン運動**によって時間がたっても沈降しない．可視光線を**散乱**するため濁るか，不透明である．

粗大分散系：コロイド粒子以上の大きさの粒子が分散した混合物を総称する．大きさの下限は 1 μm だが上限が定義できず粗大 coarse（きめの粗い）の分類を基礎科学（界面・コロイド化学）は使わない．

不均一系：単一の物質や分子複合体からなる物質，および溶液として分子分散している混合物を均一系とし，それ以外を不均一系とする．複数の微細な系がモザイク状に集まったものと，連続相に微細な不連続相が分散したものがある．

サスペンション・懸濁液：連続相が液相で，不連続相が固体粒子の不均一系混合物．不安定になると粒子が**凝集**して**2次粒子**を形成し，さらに分散が**破壊**されるときは**ケーキング**により再分散できない塊を作る．

エマルション・乳濁液：連続相が液相で，不連続相が液体粒子の不均一系混合物．不安定になって粒子の分布が偏ることを**クリーミング**，接近して塊になるのを**凝集**，粒子がくっつくことを**合一**，水と油に二相分離することを**破壊**という．乳濁液よりもむしろ乳液や乳剤が日常的で，日本薬局方の製剤総則では「懸濁剤・乳剤」とある．

コアセルベーション（相分離）：水とゼラチンのようなコロイド分散系に，第三の成分としてアルコールや塩溶液などを加えることでコロイドが凝集しゲル相として相分離する現象．

3-10-1 不均一系とコロイド

　3-6，3-7 ではものが溶けることを，3-8，3-9 ではものがひっつくことを学んできました．この2つは，固形のくすりが溶けて，取り込まれ，作用するまで何回も繰り返して起こる現象です．3-10 ではさらに踏み込んで溶けないものを「とかす」ものについて学びましょう：
SBO:E5-(1)-③-2

　余談だが，ちかごろ「系」という言葉を「〜的」に相当する接尾語に使う風潮があるので，語感に違和感がある人は本書の「系」はすべて「システム」と読み替えたほうがよい．
　溶液は，連続相である溶媒に溶質が均一に分子分散している液体の混合物系である．
　一方，セッケン水は cmc 以上で高級脂肪酸が，分子単独ではなく，会合したミセルとして分散している．

純物質や溶液のように一様な成分構成をもっている均一系に対して，ミセルのように複数の相が混在している系を**不均一系**という．

界面活性剤のドデシル硫酸ナトリウム（SDS）などは，疎水性尾部に対して親水性頭部が大きいことから，分子の構造の概要を円錐形であるとみなす．

この円錐形（図3-69では三角錐）を組み合わせて球形に配置する場合に，サッカーボール模様にある五角形の頂点の数と同じ60分子が会合すると考えると，SDSでは半径 1.67 nm の球を構成する計算となる．（図3-69）

図 3-69　界面活性剤のくさび形モデルとそれを60個会合させたサッカーボールモデル

これを実験で測定するとミセル1個にはだいたい74分子が会合していることがわかるので，球の一部が膨らんだ半径約 1.84 nm の扁平なミセルを作ると見られている．

タンパク質（大きさは数百 nm 程度），あるいはデキストリンなどの糖鎖の場合，会合ではなくそれぞれの残基が結合して1分子になっているものの，分子が折れたたまれた（フォールディング）構造を形成している様子はミセルと類似しており，疎水性部分を親水性部分が包み込んだ構造になっている．

また，RNA はリン酸エステルのポリマーなので，残基ごとの親水性・疎水性はあまり差異がないものの，転移 RNA は1本鎖がヘアピン状に折れて塩基対を形成することで螺旋状によじれ，さらに歪んだソレノイド構造（コイル構造）を作って L 字型のフォールディング構造をとっており，伸びた1本鎖として存在することはない．（図3-70）

リボゾームの主成分も RNA だが，これは遺伝子のようなソレノイド〜スーパーソレノイドの構造よりも，特異的なタンパク質が仲介することで糸玉のようなフォールディング構造をとっている．

2009年ノーベル化学賞はリボゾームの構造と機能の研究に与えられた．

ウイルスはリボゾームと同様に核酸とタンパク質の複合体である．

中にはそれだけでなく，タンパク質の外殻や，宿主の細胞膜で発現したタンパク質を膜構造ごと取り込んだ「エンベロープ」と呼ばれる構造を持つものもある．（図3-71）

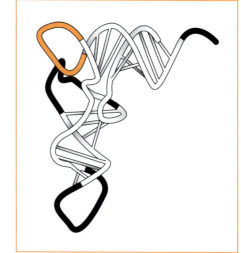

図 3-70　転移 RNA に見られる L 字型のフォールディング構造

このように，ある種の物質や小器官などはそれぞれ固有の構造をとっているが，それらが液体中で微粒子として分散していることに由来する共通の特性がある．

これまで述べたような**数 nm〜1 μm の大きさの微粒子が分散した不均一系混合物をコロイド**と総称する．

コロイドを構成する微粒子の大きさは物差しで測っているのではなく，光学顕微鏡で見えないからその分解能である 1 μm より小さく，限外顕微鏡で見えるからその分解能である数 nm よりも大きいと判

断している.

コロイドよりも大きく，光学顕微鏡で見える粒子が分散しているものを**粗大分散系**という.

コロイドよりも小さく，限外顕微鏡でも見えない粒子（分子，イオン，分子複合体など）が分散しているのは分子分散系＝溶液を意味するが，分子分散系をコロイドに対してクリスタロイドという.

コロイドを「分散系」と呼ぶとする書籍もあるが，国際的にはあまり見ない表現である.

コロイドの名称は，初期の研究においてコラーゲン（膠原）が主成分となるニカワやゼラチン，その他のタンパク質，糖質・複合糖質であるカラメルやアラビアゴムなどの高分子化合物が用いられたことから，この特徴を代表するものとして名付けられた.（図3-72）

天然のセルロース繊維をキサント酸エステル化した糸玉状のビスコースを用いて再生繊維（レーヨン）やセロファンを作成するが，このビスコース分散液もコロイドの代表である.

あるいは容量分析の沈殿滴定において形成される無機塩の凝集塊粒子の分散液もコロイドである.

薬学や生命科学に固有の学問ではなく，有機化学，無機化学など様々な分野で重要な役割を演じている.

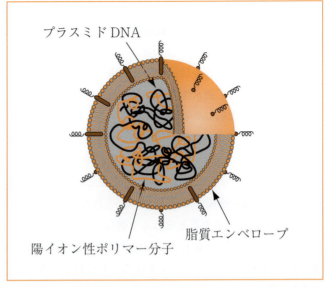

図3-71 エンベロープを持つ人工ウイルスの分子複合体構造

図3-72 ちかごろ人気のあるコラーゲン食品

3-10-2 コロイドの分類と性質 SBO:E5-(1)-③-2

【1】コロイドの分類

溶液の媒質となる連続相を溶媒，分散している分子やイオンを溶質というのに対して，コロイドでも，連続相を分散媒，分散している微粒子を分散質という．

コロイドを分類するとき，物質によらず微粒子が分散した状態に見られる特徴という観点から，コロイドの性質が重視される．

第一の分類として，水に分散したコロイドの性質で分類すると次の2つに分かれる．

親水コロイド（少量の電解質を加えたとき沈殿しないもの）
疎水コロイド（少量の電解質を加えたとき沈殿するもの）

さらに，疎水コロイドの周囲に凝集することで親水性を付与する親水コロイドを**保護コロイド**という．

第二の分類として，微粒子の相が何かということで，これは重要な意味を持つ．

サスペンション・懸濁液（粒子が固体であるもの）
エマルション・乳濁液（粒子が液体であるもの）

カタカナと漢字のどちらも使うが，乳濁液は「乳剤」や「乳液」と言うほうが多いと思う．

この分類は，コロイドだけでなく粗大分散系も含んでいることが多い．

表3-9に，分散媒と分散質それぞれの相の組み合わせとしてまとめておく．

表3-9 様々な分散系

		分散媒（連続相）		
		固相	液相	気相
分散質 (不連続相)	固相	ソリッドゾル	サスペンション	エアロゾル
	液相		エマルション	
	気相	ソリッドフォーム	フォーム	（相分離しない）

第三の分類としては，個別の話に立ち入るために，構成物質の種類を分類する．

分子コロイド（タンパク質，デンプン，ゼラチンなど高分子が分散した溶液）
会合コロイド（油滴に洗剤が吸着したミセルなどは油相が水相に分散した乳濁液）
分散コロイド（$AgCl$，$Ba(OH)_2$，$Fe(OH)_3$などは$10^3 \sim 10^9$個の原子が凝集した懸濁液）

分子コロイドは，高分子が分子分散しているので分散液であると同時に溶液ということができるが，ヘモグロビンや血球凝集素（マメ科レクチン）などは4量体を形成し，さらに8量体タンパク質などもあって，どこまでが分子分散で，溶液かの論議はあまり実践的でない．

【2】チンダル現象とミー散乱

強い光やレーザー光線を液体に投光すると，分子分散系では液体の中を通過する光の経路は見えないが，コロイドでは光の経路が見える．

コロイドが光を散乱させることを**チンダル現象**という．

海中に日光が差し込むと，光の経路が見えることがあるが，これも水に浮遊する微粒子のチンダル現象である．（写真3-9）

写真 3-9　チンダル現象：サイパン近海，通称「スポットライト」洞窟

　環境水にはケイ酸塩が多く含まれ，イオン溶液ではなくコロイドとして分散している．

　中国の九賽溝などでは石灰岩由来の炭酸カルシウム濃度が高く，溶解度積の関係からケイ酸塩の平衡は析出するほうに傾くため，コロイドにならず極めて高い透明度がある．

　限外顕微鏡は，コロイド微粒子による可視光線の散乱を拡大して見ている．

　可視光線の波長は個人によって異なるが，日本工業規格（JIS）では短波長側が 360〜400 nm，長波長側が 760〜830 nm で限定された範囲を可視光線と呼ぶことに規定している．

　話が脱線するが，紫外可視分光光度計では光源として重水素ランプ（180〜400 nm）とタングステンランプ（320〜3000 nm）を用いており，それぞれの光源のスペクトル特性に適する 360 nm でランプを切り替えるため，紫外線との境界を 360 nm とする研究者が多い．

　また，青紫の光（380〜430 nm）を物質が吸収すると補色として黄緑に見え，赤紫の光（750〜780 nm）を物質が吸収すると補色として緑に見えるように，多くの人間は大脳の働きで色を認識するので下限 380 nm と上限 780 nm を連結して色環をつくることが多い．（p.311 参照）

　話を戻すと，コロイド微粒子の大きさが可視光線の波長と同じくらいならば，特定の波長ではなく全ての色の可視光線を散乱（ミー散乱）するので白く見える．（一方，空気中の塵埃のように粒子がさらに小さいときは波長依存的なレイリー散乱が起こり，空は青くなる）

　タンパク質と脂肪滴のエマルションであるミルクが不透明で白く見えるのはミー散乱のためである．

　また，石灰水に息を吹き込んで生じる白濁（炭酸カルシウム粒子）も，セッケン水の白濁（疎水性物質をくるんだミセル）も，墨汁の不透明でツヤのある黒色（煤をニカワでコーティングしたもの）も同じ理由による．

　静脈注射用脂肪乳剤（大塚製薬イントラリポス®，テルモ社イントラリピッド®，日本製薬・武田薬品イントラファット®）は，ダイズ油を卵黄レシチンで乳化したエマルションであり，見た目や質感はミルクとほとんどかわらない．（写真 3-10）

【3】ブラウン運動

　分子分散系は媒質との極性相互作用やファンデルワールス相互作用（分散力，誘起力，配向力）によ

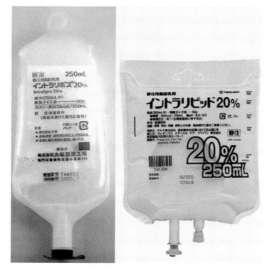

写真 3-10　静脈注射用脂肪乳剤

って拡散している.

しかし,コロイドはそれだけでは重力によって沈降または浮上するため,媒質分子の熱運動によって分散液中に支持(サスペンド)されることで分散する.

限外顕微鏡でコロイド微粒子を観察すると,水分子がでたらめな方向から衝突することでコロイド微粒子がランダムに動かされる**ブラウン運動**が見られる.(写真 3-11)

ブラウン運動によってコロイド微粒子が受ける浮力は,コロイド微粒子にかかる重力と釣り合って懸濁している.

平衡状態に達するとき,比重が小さいコロイド微粒子は液面に近いほうが分散濃度は高くなり,比重が大きいコロイド微粒子は底に近いほうが分散濃度は高くなる.

写真 3-11　アインシュタインによるブラウン運動の研究を称えるルーマニアの切手

このような濃度勾配が形成されて釣り合っている状態を沈降平衡という.(7-2-3 項参照)

【4】ゾル～ゲル転移

サスペンション(分散質が固体)やエマルション(分散質が液体)は,分散媒が液体だからといって,分散系そのものが液体であるとは限らない.

日常的な例としては,デンプン糊・寒天・ゼラチンの高濃度の分散系では,高温では液体だが,冷却すると可逆的に固まるものがある.

反対にメチルセルロースは 50℃以上になると可逆的に固まる.

固まった状態を**ゲル**,液体になった状態を**ゾル**といい,この変化は繊維状ポリマーが物理的に絡まり合ったり,化学的に架橋を形成したりする結果,コロイド微粒子の流動性が失われて起こる相転移であ

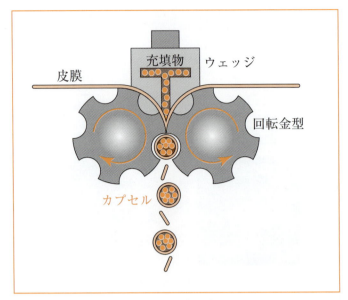

図 3-73　ソフトカプセルの製造方法

る．（液体のコロイドは全てゾルと呼ぶことができる）

　ゲルの語源はゼリーと同系で，英語ではジェルと発音する．

　洋菓子のゼリーや京料理の煮凝りなどタンパク質溶液を加熱すると固まるが，これはタンパク質が熱変成し，ランダムコイルとなって激しく運動することで互いに絡まるため，不可逆的にゲル化する．

　加熱したミルクでは熱変性が表面で起こり，ゲル膜ができるが，この現象をラムスデン現象という．

　医薬品のソフトカプセルはゼラチンシートに薬液を挟み込んだものを，成形機に入れて加熱ゲル化することで製造されている．（図 3-73）

　寒天は海藻のテングサから作られる多糖類だが，昆布などの繊維はアルギン酸ナトリウムという酸性多糖類で，加熱による糊化以外に，カルシウム塩になることでゲル化する．

　この性質を利用すると，アルギン酸ナトリウム水溶液をカルシウム塩溶液に滴下すると表面がゲル化してシームレスカプセル（継ぎ目のないカプセル）を作ることができるので，内部に着色したサラダ油を封入した人工イクラが発明された．

写真 3-12　人工イクラやソフトカプセル製造の技術を転用した駄菓子

幼児向けの駄菓子にソフトカプセルを作るものが販売されているので，容易に体験できる．（写真3-12）

【5】食品・工業製品・実験室でのゲル化の応用

ミルクに酢酸（食酢）やクエン酸（レモン汁），ウシなどが産するある種の消化酵素（レンネット）を加えると柔らかい塊を生じ，これを絞ったものがフレッシュチーズである．

ダイズタンパク質にアルカリ土類金属イオン（にがり）を加えると，収斂して不可逆的にゲル化して豆腐になる．（Tofu, bean-curd：中国南東部を発祥とする東アジア全域）

また，ダイズタンパク質も加熱するとラムスデン現象によって膜ができ，これを引き上げて乾燥したものが湯葉である．（Yuba, Tofu-skin：中国・日本の仏教徒のベジタリアン食材）

高マンノース多糖であるグルコマンナンを産するサトイモ科植物のイモを糊化したものがコンニャクであり，伝統的食材としてばかりでなく，カロリーが極めて低い機能性健康食品として利用されている．（Konjac：日本・韓国・中国・ミャンマー）

タンパク質電気泳動では，アクリルアミドとその二量体（ビスアクリルアミド）を光化学重合反応によって不可逆的にゲル化させるが，このときアクリルアミド濃度を調節することでポリマー繊維の重合度が変化し，形成される網目の粗密が変わるため，電気泳動で分離（分子フルイ効果）できるタンパク質の分子量範囲を調節することができる．

環境水に含まれているケイ酸塩コロイドは，濃縮することでゲル化することができ，これを脱水乾燥したものをシリカゲルといって乾燥剤に用いる．

3-10-3　コロイドや粗大分散系の凝集 SBO:E5-(1)-③-3

コロイド微粒子は凝集すると分散できなくなるので相分離し，分散系は破壊される．

粗大分散系になると重力によって沈降または浮上して容易に凝集するから，機械的撹拌などの駆動力がなければ持続的には分散しないで相分離している．

コロイド微粒子は媒質との極性相互作用やファンデルワールス相互作用があるだけでなく，ブラウン運動が沈降や浮上と釣り合うことによって持続的に分散している．

このために，温度が低下するなどして媒質の分子運動が減衰してしまうと，ブラウン運動の効果が小さくなって，沈降や浮上が起こりやすくなる．

沈降や浮上によって接近したとしても，コロイド微粒子に見かけの電荷があるときには，微粒子のあいだでクーロン反発力がはたらくために凝集しにくい．

けれども，微粒子の電荷が失われるとクーロン反発力がなくなるため凝集する．

二価金属イオンや，配位結合を形成しやすいヨウ素イオンなどは，コロイド微粒子と強い相互作用をする（収斂する）ことによって，微粒子の接近を促し，凝集させる．

これらある種のイオンが水中の微粒子の分散状態に影響を及ぼす効果をカオトロピック効果という．

以上に示したように，コロイド微粒子は持続的に分散しているが，様々な条件によって分散系の安定性がうしなわれ，過度の場合には相分離して破壊される．

【1】サスペンションの凝集

粗大分散系は粒子が大きいため，分散するエネルギーを与えなければいつも相分離している．

皮膚を保護し，炎症を和らげる酸化亜鉛（カラミン）の水性粗大分散系であるカラミンローションは，夏になるとあせも・日焼け跡には欠かせない．（一方，チンク油は油性分散系）

その保存時には液体と固体粒子が分離しており，使うまえによく振り混ぜてやってサスペンションにしてから塗布する．（写真 3-13）

粗大分散系に対し，コロイドはブラウン運動によって安定に分散している．

しかし，化学的条件の変化によってコロイドでも安定性が損なわれる場合がある．

写真 3-13　粗大分散系サスペンションの酸化亜鉛製剤は分離している

① 微粒子が分散できなくなり，集合塊をつくることを**凝集**という．
② 微粒子が凝集するとき，安定して分散していた微粒子を **1 次粒子**，凝集塊の粒子を **2 次粒子**という．（図 3-74）
③ 自発的に 2 次粒子がさらに凝集を続けた結果，沈殿や白濁を形成するようならば分散系は破壊され，やがて**沈降**する．（図 3-74）
④ 不可逆的な凝集を起こす現象を**ケーキング**といい，粒子の凝集力よりも大きなエネルギーを与えなければ再分散することができない．（図 3-74）

以上のようにサスペンションのコロイド分散系が破壊されると，カラミンローションや泥水などの粗大分散系と同じで，静置すれば沈降する．

図 3-74 のモデル図を鵜呑みにすると，二次粒子やケーキングといっても隙間だらけであって，激しく振り混ぜていればいずれは一次粒子の再分散に戻ることができそうな気になる．

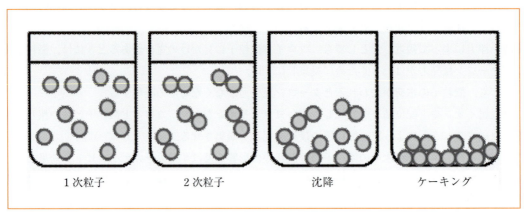

図 3-74　サスペンションの破壊プロセス

しかし，このような凝集は疎水性相互作用である．
　第1章で取り上げたように疎水性相互作用はファンデルワールス相互作用ではなく，周囲にある水分子の相互作用ネットワークで押さえつけられている．
　いわば透明の網にかかってがんじがらめに縛り上げられたようなもので，二次粒子でも手錠をかけられていると想像するほうが近いのかも知れない．

【2】エマルションの凝集と転相

　日焼け止め剤は汗で流れるのを防ぐために油相を含み，クリームや乳液もあるが，ローションでは保存時には水相・油相が分離しており，用時に振り混ぜて粗大分散エマルションにする．
　サラダ油と食酢水溶液を混合したドレッシングも同じで，酢酸やクエン酸だけでは界面活性作用が小さいので持続的なエマルション分散液にならず，静置すると二相分離する．
　コロイド分散系も，何らかの変化によって界面張力が大きくなると，比表面積を小さくするように凝集が起こる．
　また，他のコロイド系と同様に様々な条件によって凝集が誘発される．

① エマルション粒子が沈降または浮上して偏在することを**クリーミング**という．（図3-75）
② 微粒子が接近して塊を作ることを**凝集**という．（図3-75）
③ 凝集した微粒子が融合して，個々の分散相が大きくなることを**合一**という．（図3-75）
④ 微粒子間の反発が不足するようになり，合一が自発的に進行するようなら，見るからに液体が透明になって分散系は**破壊**された状態となり，いずれ水層と油層に二相分離する．

　たとえば，連続相が水溶液で分散相が油滴というエマルションについて，さらに油相成分を継ぎ足すと，油滴の分散濃度が増すために接近する．
　この結果，油相の凝集・分散が頻繁に生じ，系の粘度が増す．
　そこへさらに油相成分を継ぎ足すと油相が凝集し，融合する．
　水相よりも油相のほうが多くなると油相の融合が進んで，油相のほうが連続相となり，水相が不連続な分散相に取って代わる相転移が起こり，これを**転相**という．
　転相と同時に増大していた粘度が一挙に低下する．

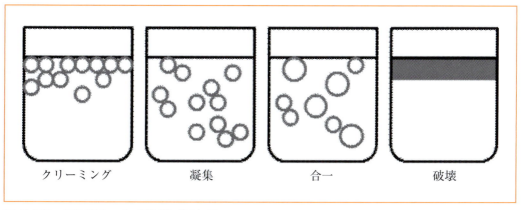

図3-75　エマルションの破壊プロセス

また，連続相が水溶液系から油相に転換するため，電気伝導度が低下する．

エマルションに疎水性色素のスダンⅢ（口絵参照）を滴下してみると，転相することで連続相が油相なら液体全体が深紅に染まり，まだ連続相が水相なら磨りガラス越しのルージュのようにほんのり色づく．

エマルションに親水性色素のメチルオレンジ（口絵参照，メチレンブルーやメチルレッドは水相のpHに依存する）を滴下してみると，液体全体に朱色がつくなら連続相が水相であり，転相したものは磨りガラス越しの色合いである．

【3】分子コロイドの凝集

タンパク質は疎水性アミノ酸残基を内部に向け，親水性アミノ酸残基を外部に向けて溶解した，いわば単分子ミセルの構造をとっている．

親水性アミノ酸残基のうち，アニオン性残基のアスパラギン酸（Asp, D），グルタミン酸（Glu, E）とカチオン性残基のリジン（Lys, K），アルギニン（Arg, R），およびN末端アミノ基とC末端カルボキシル基の酸解離度によって微粒子の見かけの電荷が異なる．

これらの解離性基のプラス電荷とマイナス電荷が同じ数になるときを，タンパク質の**等イオン点**という．

デバイ&ヒュッケル則によると，同じ電荷が一カ所に密集するときには実効的な電荷は低下するのであるから，たとえばアスパラギン酸が一カ所に集まっているタンパク質だと，等イオン点であってもタンパク質の見かけの電荷はややプラスになるだろう．

見かけの電荷がゼロになるときのpHを**等電点** pI といい，多くは等イオン点とほぼ一致する．（だから等電点は条件によって異なるが，等イオン点はアミノ酸配列に固有の値）

以上のように，タンパク質はpHによってみかけの電荷が変化するので，pHが等電点と等しくなると凝集するものがある．（図3-76）

多糖類であれば，コンドロイチン硫酸，ヒアルロン酸，アルギン酸，カルボキシメチルセルロースな

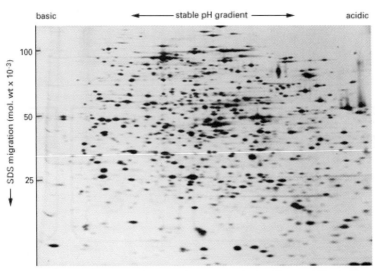

図3-76　大腸菌タンパク質の二次元電気泳動法：横方向に等電点，縦方向に分子量で分離
出典　P.H.O'Farrell, J.*Biol. Chem.* 250（4007-4021）1975（本文5-2-5参照）

どの酸性多糖類は強酸性条件下において電荷を失うので，凝集しやすくなる．

また，抗体タンパク質（免疫グロブリン）や血球凝集素（レクチン）は，1粒子あたりに特定のタンパク質や糖鎖などとの結合部位を2つ以上有しており，これらのコロイド微粒子を連結することで凝集する働きがある．

カオトロピックイオンや抗体・血球凝集素などが，コロイド微粒子間に架橋構造を形成して凝集塊になるとブラウン運動では分散しきれなくなり沈降する．

【4】コアセルベーション（相分離）

エマルションの安定性が低下すると，微粒子が沈降または浮上してクリーミングする．

クリーミングでは微粒子が局所的に集まるが，微粒子の濃度の高い領域の連続相と，低い領域の連続相には何の違いもない．

水にゼラチンを懸濁した系にエタノール，アセトン，硫酸ナトリウムなどを加えると白濁を生じ，さらに加えると白色の沈殿物ができる．

ゼラチンは水にはよく溶けるがエタノールやアセトンにはほとんど溶けない．

このため，エタノールやアセトンを多く含む水相と，エタノールやアセトンが少なくて，ゼラチンを多く含むゲル相に相分離する．

この現象を**コアセルベーション**という．

また，カチオン性コロイドとアニオン性コロイドを混合すると，微粒子が分散系から分離してコロイド凝集体に富むゲル相を形成する．

たとえばpH 4.7以下の水相にゼラチン（等電点4.7より酸性側ではカチオン）とアラビアゴム（アニオン）を適当な割合で混合するとコアセルベーションがおこる．

コアセルベーションを応用することで，医薬品の粉末粒子やエマルションにゼラチンのゲル相壁を数μmの厚さで形成させることができ，これを**マイクロカプセル化**という．

形成されたゼラチン壁はホルムアルデヒドでメチレン架橋することで硬化させる．

【5】凝集と凝析

凝集はコロイド分散系や粗大分散系などで分散した粒子が集まることをさす．

凝集はフロキュレーションに対応し，凝結，凝塊ともいうが統一されてない．

抗原抗体反応や血球凝集素によって，浮遊細胞である赤血球や細菌が架橋され，塊をつくることも凝集といい，これはアグリゲーションに対応する．

凝集を凝縮の意味でつかうこともあるが，液体が結晶になることを凝集とはいわない．

「凝析」はコアギュレーションに対応するが，IUPACではコアギュレーションをアグリゲーション（凝集塊）の形成と定義し，フロキュレーションの同義語とする．

これを見ると，このような専門用語だけでは現象を区別できなくなり，多様化する具体的な凝集メカニズムを説明する必要がでてきているのだろうと思う．

以上を理解しているものとした上で，これまで「凝析」と呼ばれてきた現象を説明すると，水相中の親水性の低いコロイド微粒子のあいだのクーロン反発が，少量の電解質（塩）を加えることで低下し，コロイド微粒子間にはたらくファンデルワールス力によって凝集することである．（詳細6-1-3参照）

これを従来，凝析とは疎水性コロイドに少量の塩を加えると沈降する現象であると言った．

河川に含まれるコロイド粒子状のケイ酸イオン（泥）は，河口の汽水域で海水の塩分が混ざることで凝析するため，河口に砂州ができる．

【6】塩析と塩溶

タンパク質実験で硫酸アンモニウムを用いて塩析を行う（硫安カットという）が，硫酸アンモニウムの飽和溶液の濃度はおよそ 4 mol/L である．

これを用いた塩析実験では，フィブリノーゲンは 1/4 飽和濃度以上，ヘモグロビンなどのグロブリンタンパク質は 1/2 飽和濃度以上，血清アルブミンは 2/3 飽和濃度以上で急激にタンパク質の溶解度が低下する．

たとえば，抗原感作したウサギやラットから免疫グロブリンを回収するときには，まず 37℃で一晩静置すると血液が凝血することで血餅が沈殿し，黄色い血清が分離される．

この血清 3 mL あたり 100％飽和硫安ストック 1 mL を加えると 1/4 飽和濃度になるので，このとき凝血に使われなかったフィブリノーゲンなどの繊維タンパク質が塩析する．

この上清 4 mL あたり，さらに 100％飽和硫安ストック 2 mL を加えるとおおよそ 1/2 飽和濃度になるので，沈殿にグロブリンが含まれる．（上清にアルブミン）

この程度の非常に高濃度の塩を加えることでタンパク質を析出するのが塩析である．

硫安の粉末をタンパク質溶液に直接加えて濃度を調節する場合には，硫安の結晶はすり鉢でよく粉砕しておく．

また，コロイド分散系でなくても，何らかの目的電解質溶液に対して，特定の電解質を加えることで目的電解質を析出する操作を塩析という．

塩溶は特定の電解質を加えることで，目的電解質を溶解・分散させることをいう．

卵白に水を加えると白濁する．

これは卵白グロブリンの溶解度が低いためで，これに NaCl を加えると塩溶する．

演習問題

問題 1

以下の用語について 30 文字以内で説明せよ．
(1) クリーミング
(2) ケーキング
(3) チンダル現象
(4) ブラウン運動
(5) 凝析
(6) 塩析

問題 2

乳剤を放置したときに起こりうる状態変化を表す語句を選べ．（第 95 回問 172）
(1) クリーミング
(2) ケーキング
(3) ゾル化
(4) 塩析
(5) 合一

問題 3

コロイドに関する以下の文章の正誤を○×で（　）に記せ．
(1) 限外顕微鏡はコロイド粒子のチンダル現象を利用したものである．　　　　（　）
(2) コロイド粒子は一般にろ紙や半透膜を通過する．　　　　　　　　　　　　（　）
(3) コロイド粒子のブラウン運動はコロイド粒子どうしの無秩序な衝突によっておこる．　　　　　　　　　　　　　　　　　　　　　　　　　　　　　　　　（　）
(4) 互いに反対符号に帯電した水性高分子コロイドの静電的相互作用を利用して，マイクロカプセルを製することができる．　　　　　　　　　　　　　　　　（　）
(5) 疎水コロイドに少量の電解質を添加すると，凝集し沈殿する．これを凝析という．これは静電的反発力が増加し，ファンデルワールス力が支配する距離まで接近するためである．　　　　　　　　　　　　　　　　　　　　　　　　（　）

3-10

問題 4

コロイドに関する以下の文章の正誤を○×で（ ）に記せ．（第 95 回問 171）

(1) 親水コロイド溶液にエチルアルコールを添加すると，コロイドに富む相と希薄な相に分離するコアセルベーションが起こる． （ ）

(2) コロイド溶液に光をあてると，コロイド粒子が光を散乱するブラウン運動が起こる． （ ）

(3) コロイド粒子は分散媒分子の衝突を受けて，不規則な運動をするチンダル現象を示す． （ ）

(4) 分散粒子が荷電していると，対イオンが分散粒子のまわりに引き寄せられ，粒子と分散媒の界面近傍で電気二重層を形成する． （ ）

コラム　水中油（o/w）から油中水（w/o）への転相

① 肉や野菜の水の中にいれて煮ると肉や野菜などから油が染み出してくる．（このとき，鍋の水の中に油の粒が散らばっている）

② 煮ていると水は蒸発するが，油は蒸発しない．

③ やがて水よりも油のほうが多くなって，鍋の中は主に油になる．（このとき，鍋の液体は油の中に水の粒が散らばった状態に「転移」する）

④ 油の中に分散した水の粒の中には，旨味が閉じこめられてカプセルになっている．

第4章
熱力学

4-1 ファントホッフの反応定圧式

Episode　温度と組成の関係

　最近，キシリトール入りのお菓子（特にガム）は，当たり前のようになっているので，食べたことがあると思います．キシリトール（xylitol）は，キシロースから合成される糖アルコールの1種で，天然の代用甘味料です．

　最初はカバノキから発見され，ギリシア語 Ξιλον（Xylon, 木）から命名されたそうです．
　中国語では木糖がキシロース，木糖醇がキシリトールで，ガムの商品名も「木糖醇」®．
　みなさんご存じのように，虫歯予防に効果があるというので，フィンランドなど北欧を始めとして世界各国で虫歯予防の目的で使われています．
　キシリトールはショ糖に比べ，甘みはほぼ同じ，カロリーが4割低くて，ショ糖より吸収速度が遅いため，血糖値の急上昇や，それに対するインスリンの反応を引き起こさないことも知られています．
　この利点を活かして，糖尿病状態時のエネルギー補給，糖尿病状態時の水補給にも使われています．
　毒性も無く，骨粗鬆症の治療にも役立つ可能性が指摘されています．
　いいことづくめのキシリトールなのですが，弱い下剤の働きをするようです．

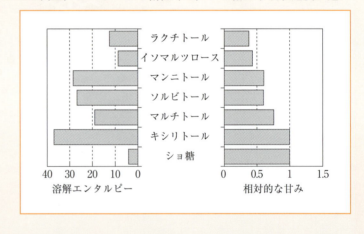

　イヌやウサギなどヒト以外の動物に対しては，インスリン過剰分泌を引き起こし，肝障害や低血糖発作を引き起こすため生命に危険が及ぶ場合もあるといいます．
　イヌ科の動物には，キシリトール入りのお菓子を与えないでください．
　ところで，キシリトールは口に入れると爽やかな冷涼感が得られます．
　これは，キシリトールの溶解が吸熱反応であるためです．
　つまり，キシリトールが口の中で熱エネルギーを受け取って（周りから熱を奪って）溶けるために，ひんやりとするのです．
　キシリトールの溶解熱は他の糖類よりも大きく，また溶解度は温度に依存して高くなっていくのです

が，体温付近ではショ糖よりも溶解度が高くなるので，より溶けやすくなるのです．

このキシリトールの溶解時における吸熱反応を利用した面白いものをインターネットで見つけました．

「クラクラする暑さも何のその，涼しい顔をして過ごせるひんやり涼感のインナーです．これはキシリトールを配合したリフレール繊維を採用し，汗の水分と反応して体にこも

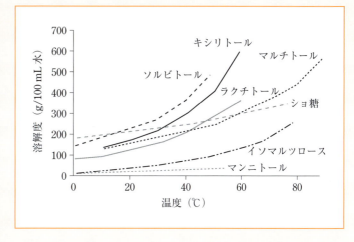

った熱も素早く放出．冷気のバリアに包まれるように心地よいひんやり感が得られます．」
というもので，キシリトールを練りこんだ（？）繊維を使っているとのことです．

このように，物質の状態が変化するとき反応熱が関係することは，高校の化学でも学習してきました．熱のやり取り，エネルギーのやり取りは，化学反応速度・相平衡・溶解平衡・吸着平衡・界面平衡などあらゆることに関係しています．

そこで，今回から4回にわたって物質の状態変化と熱（エネルギー）との関係についてお話しします．

Points　ファントホッフの反応定圧式

ファントホッフの反応定圧式（定圧平衡式）：SBO:C1-(2)-④-3

反応速度定数 k と絶対温度 T の関係はアレニウスの式で示された．
ファントホッフの反応定圧式もこれと同じ形式で表される．
平衡定数 K は温度 T の変化に対し指数関数的に変動する．

$$\log_e K = (\text{constant}) - \frac{\Delta H}{R}\frac{1}{T} \tag{4-1-5}$$

$$\log_{10} K = (\text{constant}) - \frac{\Delta H}{2.303R}\frac{1}{T}$$

ファントホッフ・プロット：SBO:C1-(2)-④-3

横軸 $1/T$，縦軸 $\log K$ のグラフを**ファントホッフ・プロット**という．

傾きは縦軸が自然対数である場合に $-\Delta H/R$ となる．
また，縦軸が常用対数である場合には $-\Delta H/(2.303R)$ となる．
ΔH は平衡定数を定義する化学量比で反応が進行するときの熱吸収である．

　　右上がりの直線 → $\Delta H < 0$ → 発熱反応
　　右下がりの直線 → $\Delta H > 0$ → 吸熱反応

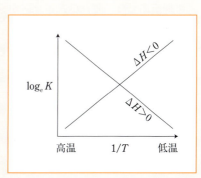

図4-1　ファントホッフ・プロット

4-1

発熱反応（exothermic process）：
定義は，反応過程を合計すると吸収熱が負になる反応．熱，光，電気などでエネルギーを系から外界に放出する化学変化，物理変化を指す．

吸熱反応（endothermic process）：
定義は，反応過程を合計すると吸収熱が正になる反応．熱，光，電気などでエネルギーを外界から系に取り込む化学変化，物理変化を指す．

4-1-1 熱エネルギーを受け取って分子は化学変化する

アレニウスの二段階反応機構モデルでは，反応前の系（反応系）は反応後の系（生成系）へ変化する途中で活性化する．（図4-2）

反応系の個々の1分子が活性化するために，周囲から熱エネルギー $k_B T$ を受け取る．

これで活性化した分子は，反応が進行して生成系に移行する．

この結果，1分子が活性化に要したエネルギーは放出される．

ほかの1分子が活性化状態になるときに，周囲の熱エネルギーを吸収するが，これにはとなりの分子が反応後に放出したエネルギーを利用することもできる．

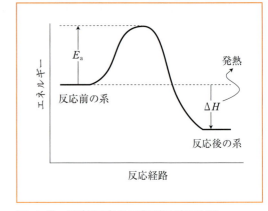

図 4-2　発熱反応の二段階反応モデル

このような分子個々のエネルギーの授受をひっくるめて，分子集団全体として外界から受け取った**活性化エネルギー**が E_a にあたる．

4-1-2 熱エネルギー＝外界の温度と化学平衡の関係

平衡反応では，正反応と逆反応が動的に釣り合っている．

二段階反応機構モデルで見ると，右向きの正反応が活性化複合体になるときの活性化エネルギー E_f と，左向きの逆反応が活性化複合体になるときの活性化エネルギー E_b は異なる．（図4-3）

質量作用の法則において，平衡定数 K は正反応の反応速度定数 k_f と逆反応の反応速度定数 k_b の比で表された．（第1章1-3）

$$K = \frac{k_f}{k_b} \tag{4-1-1}$$

両辺の対数をとると以下のように書くことができる．

$$\log_e K = \log_e k_f - \log_e k_b \tag{4-1-2}$$

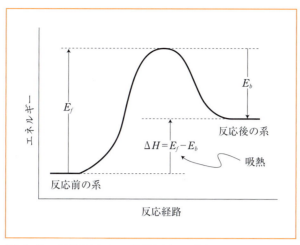

図 4-3　吸熱反応の二段階反応モデル

これに正反応・逆反応それぞれについてアレニウスの式を代入すると式 4-1-3 がえられる．

$$\log_e K = \left(\log_e A_f - \frac{E_f}{RT}\right) - \left(\log_e A_b - \frac{E_b}{RT}\right) \tag{4-1-3}$$

まとめると，

$$\log_e K = \left(\log_e A_f - \log_e A_b\right) - \frac{E_f - E_b}{RT} \tag{4-1-4}$$

となる．

式 4-1-4 に現れる活性化エネルギーの差 $E_f - E_b$ は，正反応と逆反応それぞれの活性化エネルギーの高さには関係なく，反応系全体と生成系全体のエネルギー差である．

このエネルギー差は反応の**反応熱**にあたり，ΔH と表す．

また，頻度因子に関する項 ($\log_e A_f - \log_e A_b$) は，その化学反応に固有の値なので，定数（constant）とおく．

$$\log_e K = (\text{constant}) - \frac{\Delta H}{RT} \tag{4-1-5}$$

平衡定数 K は，絶対温度 T で変化する項 $-\dfrac{\Delta H}{RT}$ と，変化しない項（constant）からなる．

平衡定数の自然対数を温度の逆数に対してプロットすると傾き $-\dfrac{\Delta H}{R}$ の直線のグラフとなる．

これを**ファントホッフ・プロット**という．（図 4-5，図 4-6 参照）

この式を温度に対する平衡定数の自然対数の偏微分方程式で表すと，

$$\left[\frac{\partial \log_e K}{\partial T}\right]_p = \frac{\Delta H}{RT^2} \tag{4-1-6}$$

となる．（∂ はラウンド-d，またはラウンドと呼ばれる偏微分記号）

カギ括弧の添え字 p は，本来は変数である圧力が一定という成立条件を意味する．

これらの式を**ファントホッフの反応定圧式**（または定圧平衡式）という．（問題 1 の式も参照）

4-1-3 平衡定数に及ぼす温度の影響（1）－発熱反応－

合成抗菌剤のスルファチアゾールは，結晶多形によって消化管での吸収の効率に違いを生ずるモデル薬物として盛んに研究されている．

同じ量を投与しても吸収の程度が異なると薬剤の効果に違いを生じるので，吸収の効率は剤形を決定するときや，現場で患者に合わせて加工する場合に重要な課題である．

スルファチアゾールは図 4-4 のような**互変異性**を持つ．

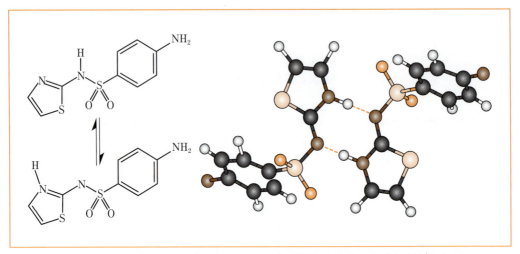

図 4-4 スルファチアゾールの互変異性．Ⅰ型は分子間水素結合で安定な結晶になる．

このため，多様な分子間相互作用の形成が可能となる．

すると，いくつかの結晶多形が可能となるが，これまでに 5 種類の多形が見いだされている．

Ⅰ型結晶（融点 202.5℃）はエタノールによる再結晶で容易に析出する．

結晶中で分子間水素結合が確認されており，Ⅰ型結晶は安定形で水に溶けにくい．

Ⅰ型結晶を 180℃ で加熱すると，相転移が生じてⅡ型結晶（融点 175℃）を得る．

また，条件を調整すれば n-プロパノールにてⅡ型が再結晶する．

Ⅱ型結晶は準安定形で溶解度が大きい．

溶解しやすいⅡ型の粉末において一部が相転移を生じ，安定で水に溶けにくいⅠ型になってしまう．

緩和な条件でも結晶形が相転移することを**互変二形**という．

Ⅱ型からⅠ型への互変二形の程度を K

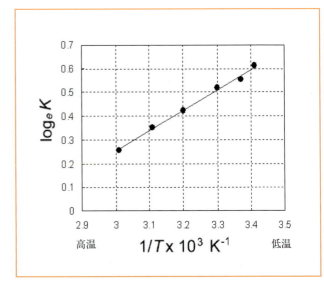

図 4-5 スルファチアゾールにおける互変二形Ⅱ→Ⅰの平衡定数と温度の関係

として，絶対温度の逆数 $1/T$ に対するファントホッフ・プロットを作製した．（図4-5）

ここで横軸は絶対温度の逆数なので，方眼紙の左方向にいくほど高温であり，右方向にいくほど低温である．

一方，縦軸はⅡ型→Ⅰ型の平衡定数の自然対数なので，方眼紙の上にいくほど生成系であるⅠ型に平衡が傾き，下にいくほど反応系であるⅡ型に平衡が傾く．

スルファチアゾールの互変二形のグラフは右上がりの直線だから，高温では水に溶けやすいⅡ型に傾いているが，低温になると水に溶けにくいⅠ型に平衡が傾いてしまうことがわかる．Ⅱ型よりもⅠ型のほうが 1.7 kcal/mol だけエネルギーが低いため，Ⅱ型→Ⅰ型の相転移に伴い，このエネルギー差を放出する．

このように反応の進行で熱エネルギーを放出するものを**発熱反応**という．（図4-2）

4-1-4 平衡定数に及ぼす温度の影響（2）－吸熱反応－

市販のビタミンE（トコフェロール）サプリメントでは，安定化のためにトコフェロールコハク酸エステルが用いられている．

トコフェロールコハク酸エステルは加水分解するとコハク酸とトコフェロールになってしまうので，製剤中での安定性が損なわれる．

この反応の平衡定数を K とし，$\log_e K$ を絶対温度の逆数 $1/T$ に対してプロットすると，右下がりの直線となる．（図4-6）

$$\text{エステル体} + H_2O \underset{}{\overset{K}{\rightleftharpoons}} \text{コハク酸} + \text{トコフェロール} \tag{4-1-7}$$

グラフが右下がりの直線だから，ΔH はゼロより大きい．

グラフの横軸は，絶対温度の逆数なので左方向にいくほど高温であり，右方向にいくほど低温である．

縦軸は平衡定数の自然対数だから，上にいくほど加水分解物（生成系）に平衡が傾き，下にいくほどエステル体（反応系）に平衡が傾くことを意味する．

ΔH は，それぞれの温度 T で最大に利用できる熱エネルギー RT のうち，実際に系全体が受け取って利用したエネルギーが，ΔH という量に相当することを意味している．

反応機構モデルで見ると，ΔH はエステ

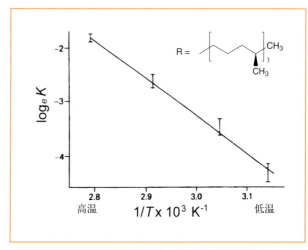

図 4-6　乳糖基剤錠中のトコフェロールコハク酸→加水分解産物の平衡と絶対温度の関係

4-1

ル体（反応系）のエネルギーに対する，加水分解産物（生成系）のエネルギーの高低差に相当する．

　この場合は，安定でエネルギーが低いエステル体から，不安定なエネルギーの高い加水分解産物になるから上り坂の反応である．

　この上り坂を登るために外界から熱エネルギーを吸収する．

　温度を上げると，上り坂を登りやすくなるので，平衡は加水分解産物の存在比が増える方向に傾く．

　このような反応を**吸熱反応**という．（図 4-3）

演習問題

問題 1

水が水素イオンと水酸化物イオンに解離するときの ΔH は 55.8 kJ/mol，25℃での $K_W = 1.00 \times 10^{-14}$ である．では，36℃のとき中性（すなわち $[H^+] = [OH^-]$）の pH を求めなさい．なお，$R = 8.314$ J/K/mol とする．（平山「熱力学で理解する化学反応のしくみ」講談社より）

$$\log_e \frac{K'}{K} = -\frac{\Delta H}{R}\left(\frac{1}{T'} - \frac{1}{T}\right)$$

問題 2

高級脂肪酸はクラフト点と呼ばれる温度以上で溶解度が急激に増加する．右図は溶解度のファントホッフ・プロットである．これより，クラフト点以上の温度とクラフト点以下の温度における溶解熱を求めなさい．

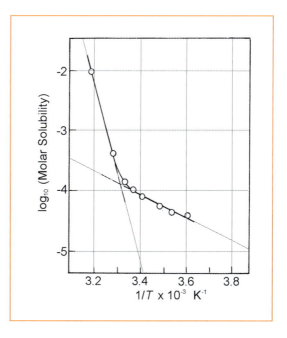

4-2 エンタルピー H と熱力学第一法則

Episode　化学カイロと冷却シート
―発熱反応や吸熱反応の熱の行方―

外出時に暖をとる懐炉（かいろ）には，安全利用のため古くから工夫が凝らされました．江戸時代，木炭末の燃焼を持続するため桐灰に埋めたキリバイカイロがあり，大正時代にはプラチナ線を触媒にしてオイルを徐々に無炎燃焼するハッキンカイロが発明されました．前者はカメラ関係者に，後者はライターブランドを愛好する若者に，現代も愛用されています．

一方，1970年代から普及した化学カイロは鉄の酸化反応の発熱を利用します．

金属の比表面積を大きくすること，食塩水を加えることによって金属酸化が促進するので，化学カイロでは鉄粉を用い，触媒となる食塩水で湿潤した活性炭を混合します．

未使用時は外装フィルムで酸素の流入を遮断し，反応を中断させています．

冷却剤では吸熱反応の代表であるアンモニウム塩や尿素の水和反応が利用されます．

これらの薬物には毒性がありますから，容器の破損にともなう危険性が警告表示され，火傷などの緊急時だけ用いられます．

家庭医療では，熱を奪うことを目的に「熱さまシート®」（小林製薬）や「冷ピタ®」（ライオン）などの冷却ゲルシートを用います．冷却ゲルシートでは化学変化でなく，水の蒸発という物理変化が利用されます．

パップ剤のポリマーが豊富に水分を含んでおり，熱があるときに額に貼ると水分の蒸発で気化熱が奪われるのです．

それに加え，メントールなど清涼成分を含む商品もあります．

清涼成分は冷感刺激を与えるほか，それ自体も昇華して気化熱を奪います．

以上の例は，化学変化や物理変化の発熱や吸熱を生活に役立てたものです．

ところで，インターネット掲示板を眺めていると，こんな質問がありました．

「吸熱反応はまわりから熱を吸収するのだから，冷たくなるのではなくて，吸収した熱で熱くなるのではないか」というものです．

これは本質的な質問です．

「吸収する」とは，どういう意味なのでしょう？

光の場合ですと，赤色光を吸収するということは，光の三原色のうち赤色光を反射しなくなることなので，残りの緑色光と青色光を合わせた水色（これを赤色の補色といいます）に見えます．

この場合，吸収した赤い光は化学結合の振動などに「使ってしまう」ので無くなってしまいます．

これと同じことで，熱を「吸収する」というのは，温度を集めているというようなものではなく，熱を化学変化や物理変化に「使ってしまう」ので，熱はなくなっていきます．

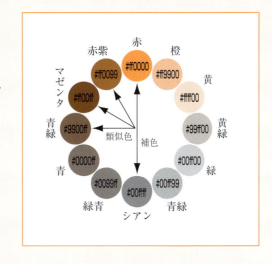

では，発熱というのはどういうことかというと，反対に化学結合とか物理状態を解消して，熱として周囲に与えるのです．

これも，物質がもともと高温だから熱を周囲に与えるのではありません．

ガスコンロで加熱し続けているのに沸騰水が100℃のままなのは，熱が「吸収」されて，水分子が液体から気体になるために「使ってしまう」のが理由です．

逆に，100℃の熱湯で火傷するよりも，100℃の水蒸気で火傷するほうがひどいのは，水蒸気が沸騰するときに吸収して形をかえていた熱を液体になるときに放出するからです．

熱は，温度だけでなく化学結合とか物理変化と「交換」することができるのです．

この熱と交換できる化学結合や物理変化の度合いをエンタルピーと言います．

Points　エンタルピーと熱力学第一法則

系（システム），外界，境界：SBO:C1-(2)-②-1

系とは，自分が注目しているプロセスに関わっていると考えている物質の集まり．

これに対して系以外の物質全てを**外界**といい，これが系と接する面を**境界**という．

定圧プロセス（定圧過程），定容プロセス（定容過程，定積過程）：

注目しているプロセスの前後で圧力変化がほとんどないものを定圧プロセス，体積変化がほとんどないものを定容プロセスという．

内部エネルギー（U）：SBO:C1-(2)-②-2

系が受けとった**熱量 q** と**仕事 w** によって起こされる変化の量．

「熱力学的エネルギー」ともいう．

エンタルピー（H）：SBO:C1-(2)-②-6

エンタルピー変化は系の内部エネルギー変化 ΔU に，圧力 p と体積変化 ΔV の積を足したもの．

$$\Delta H = \Delta U + p\Delta V \tag{4-2-3}$$

エンタルピー変化は，定圧の系に与えられた熱量と等しい．$\Delta H = q$

熱力学第一法則：SBO:C1-(2)-②-2

系が受けとった熱量を q，受けとった仕事を w とすると内部エネルギー変化 ΔU はその和と等しい．

$$\Delta U = q + w = q - p\Delta V \tag{4-2-2}$$

「エネルギー保存の法則」，あるいは「エネルギー不滅の法則」ともいう．

標準状態：

物質の性質を決定するときの基準とするために，自然科学の慣習によって標準であると合意が得られるような系の状態を国際的に取り決めている．気体の標準状態，液体・固体の標準状態，理想液体の溶質の標準状態という3種類がある．

このうち「気体の標準状態」は，純粋な物質が標準気圧において気相となっている状態を指す．
「液体・固体の標準状態」も同じである．
・標準環境温度と圧力（SATP）は気圧 100 kPa，温度 298.15 K（25℃）の状態．
・標準温度と圧力（STP）は気圧 100 kPa，温度 273.15 K（0℃）の状態．
（注）本書では，熱容量については第5章5-4にまとめてあります．

4-2-1　ヤカンにフタをすると，なぜはやく沸騰するのか？

　エネルギーというドイツ語は，日本人にはテレビマンガが普及させたといいます．人型ロボットや猫型ロボットがエネルギーを使って活躍します．やがてエネルギーがなくなると，人間が食事をとる代わりにカプセルを入れ替えます．ただ注意して下さい，人間の食事も，ロボットのカプセルも，燃料です．

　お湯を沸かすとき，ヤカンにフタをしたほうが熱の散逸がない．
　だから，はやく沸く．
　このときの熱の流れについて実験するため，フタのないビーカと密栓をしたバイアルにそれぞれ液体を入れて加熱する．（図 4-7）
　時間がたつと，やがて液体が沸騰する．
　フタのないビーカでは，沸騰したときに蒸気は容器から自由に出入りする．
　ただし圧力は常に大気圧と同じになるので一定である．
　この加熱操作を**定圧プロセス（定圧過程）**という．
　密栓をしたバイアルの中の気体は体積が変わらない．
　蒸気が増えても体積は変わらないから圧力が増す．

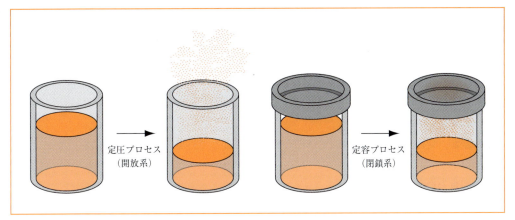

図4-7 定圧プロセス（開放系）と定容プロセス（閉鎖系）

容積が一定であることから，この操作を**定容プロセス（定容過程，定積過程）**という．

定圧プロセスと**定容プロセス**で，熱のかけかた，容器の断面積，液体の量などを同じ条件にそろえて加熱すると，どちらが先に沸騰するかは問うまでもない．

答えはフタのある定容プロセス．

液体を加熱すると，まだ沸騰していなくても少しずつ蒸発する．

液体の熱エネルギーを奪って，分子が気体になって飛び出す．

飛び出す空間の体積が決まっている定容プロセスでは蒸発した気体分子は容器の天井で跳ね返って戻ってくる．

しかし，ビーカで蒸発した蒸気はどこまでも拡散し帰ってこない．

そのため，定容プロセスより余計に熱エネルギーを奪って逃げ去ってしまう．

この違いが蓄積して定容プロセスのほうが先に沸点に達する．

なぜだろう？

蒸気は熱エネルギーを奪って飛び出してしまったのだから，帰ってこようが，逃げ去ってしまおうが，液体の温度とはもう関係ないように感じる．

そうではない．

分子にとって熱エネルギーは燃料のように消費することで飛び出し，帰ってくるときはなくなっているというものではない．

熱エネルギーは液体分子間の相互作用を断ち切るエネルギーに変換されていただけ．

だから，戻ってきて気体から液体に変わるとき，分子間相互作用による安定化ぶんを熱として戻せば，液体は沸騰のために再利用できるのである．

4-2-2　圧力は一定だが，気体分子は出ていかない容器

定圧プロセスでは気体分子も逃げてしまうし，熱エネルギーももって行かれます．容器の口が変われば逃げる気体の量も変わるでは科学的な取り扱いができません．そこで，気体分子は逃げ出さないようフタをして，圧力が大気圧と同じになる容器を考えます．SBO:C1-(2)-②-4

コラム　定圧プロセスと定容プロセスの熱容量　SBO:C1(2)-2-4

　ジュール（James Prescott Joule, 1818-1889 英）の実験によれば，1 m³の空気の温度を1℃上げるのに必要な熱エネルギーは，定圧プロセスで 0.3064 kcal，定容プロセスで 0.2172 kcal でした（1 cal = 4.1840 J）.
　この差が，定圧プロセスにおいて体積が膨張することで外界に与えた仕事にあたります.

熱力学の舞台設定
　問題にしている容器とか物質とかエネルギーとかをひっくるめて**系（システム）**と言います.
　系に対してそれ以外の部分を**外界**といい，系と外界を隔てている面を**境界**と言います.
　定容プロセスなら，容器の内壁より中にある液体や気体が系です.
　外界は，バイアルを見下ろしているあなたがいる実験室です.
　境界はバイアルの内壁です.

　フタのないビーカに，物質の出入りのない落とし蓋を載せる．（図 4-8）
　落とし蓋のことをピストンと呼ぶこともある．
　これの重さやビーカ壁との摩擦は無視できると考える．
　これで，熱エネルギーを奪って蒸発した気体分子は逃げていくことができない（**閉鎖系**）．
　だったら，定容プロセスでも定圧プロセスでも，同じ時間で沸騰するのだろうか．
　これより，この容器を使って液体の加熱のためには使われなかった熱エネルギーがどこに行ったか考えてみよう．
　蒸発した気体は，落とし蓋を押し上げる．（図 4-9）

落とし蓋の重さは無視するが，落とし蓋は大気によって面積あたり一定の圧力 p で押されている．（例えば一気圧）

落とし蓋の断面積を S とし，最初の落とし蓋の位置から，押し上げられた位置までの距離を Δh とする．

気体が落とし蓋を押し上げる力 f は，圧力と断面積のかけ算だから pS．

落とし蓋を pS の力で，距離 Δh だけ移動させたから，その仕事は $pS\Delta h$ である．

ここで見方を変えると，内部の体積（系の体積）が膨張した変化量 ΔV は円筒の体積の公式で求められ，$\Delta V = S\Delta h$ となる．

ということは，落とし蓋を押し上げた仕事は $p\Delta V$ である．

この仕事は，系の気体が ΔV だけ膨張したから起こった．

膨張 ΔV は加熱によって蒸発したから起こった．

つまり，この仕事は与えられた熱量によって起こったものだ．

落とし蓋が押し上げられたので，外界からみると空気がこのほんの少しだけ圧縮される．（図 4-10）

系に対して外界，つまり実験室内部は非常に大きいから，変化が小さすぎて計測できないに過ぎない．

フタがなければ，系から蒸気が直接外界に流出して仕事をもっていくが，落とし蓋があるのならそれを経由して，系内の蒸気から外界の蒸気へと仕事は伝達されるのである．

定圧プロセスでは，落とし蓋があろうとなかろうと外界に対して仕事をする．

これが理由で仕事ぶんだけ，定容プロセスよりも沸騰までの加熱時間が長くなる．

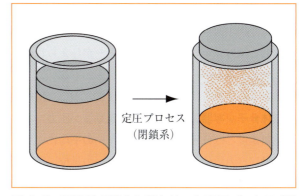

図 4-8 可動性の落とし蓋を使った定圧プロセス（閉鎖系）

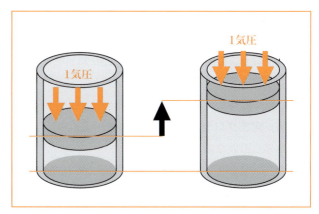

図 4-9 落とし蓋が持ち上げられるとき，大気圧で押されている

図 4-10 やかんから吹き出した蒸気は外界の空気を圧縮する

4-2-3 エネルギー保存の法則（熱力学第一法則）

精密な実験の結果，閉鎖系に与えられたエネルギーは，内部のエネルギー上昇と外界への仕事の和に等しいことが確かめられました．これをエネルギー保存の法則とかエネルギー不滅の法則

といいます．SBO:C1-(2)-②-2

加熱とは外界から系に熱エネルギーが与えられることである．

この熱エネルギーの量（熱量）を q とする．

熱量 q を与えられた系の分子は，より激しく動き回る．

気体分子が容器の壁に衝突する運動量が圧力であるから，加熱により圧力が上昇する．

絶対温度とは分子の運動エネルギーの平均に相当する．

絶対温度の数値ではなくエネルギーの単位に揃えるために R を掛けた RT という熱エネルギーは，分子の運動エネルギーの平均値である．

ところが分子一個一個をみると，分子の運動エネルギーは一様ではない．

そこで，**全ての分子の運動エネルギーを足し合わせたものを，温度とは別に内部エネルギー U と決める**．

こうすると，定容プロセスと定圧プロセスの違いが見えてくる．

定容プロセスの内部エネルギー変化 ΔU は外部から与えられた熱量 q と等しい．

$$\Delta U = q \qquad (4\text{-}2\text{-}1)$$

一方，**定圧プロセスの内部エネルギー変化 ΔU は，外部から与えられた熱量 q から外部にした仕事 $p\Delta V$ を差し引いたぶんと等しい**．

だから，全く同じ条件で同じ熱量を与えられても，定容プロセスのほうが定圧プロセスよりも大きな内部エネルギーを獲得することができるから，より早く沸騰する．

ただし，エネルギーは転換されただけである．

エネルギーは消滅しない．（図4-11）

落とし蓋を押し上げた仕事は，外界にある空気の運動エネルギーに転換された．

散逸してしまうので確認できないだけだ．

ここで系が受けとった熱量を q，系が受けとった仕事を w とすると，内部エネルギー変化 ΔU は以下で表される．

$$\Delta U = q + w = q - p\Delta V \qquad (4\text{-}2\text{-}2)$$

これを**エネルギー保存則（エネルギー不滅則）**という．

これは，熱エネルギーに関する研究を総括したマックスウェルによって熱力学の法則としてまとめられたときに第一番目に挙げられたので，**熱力学第一法則**ともいう．

図4-11　熱力学第一法則：食べたぶん走る．残りは蓄積される

写真4-1　マックスウェル

4-2-4 定圧プロセス＝1気圧の世界で

　薬剤師や製薬会社の研究者にとって，温度といえば室温から体温くらい，気圧といえば平地の1気圧＝101.3 kPa，ジェット旅客機に乗っていても 80 kPa，富士山の頂上でもせいぜい 60 kPa までという世界で活躍します．我々に興味があるのは定圧プロセスの世界だと言えます．
SBO:C1-(2)-②-4

　ただ定圧というだけでなく正確に 100 kPa の環境にある 1 モルの純粋な物質は**標準状態**にあるという．

　さらに 25℃での標準状態を「SATP」，0℃の標準状態を「STP」という．

　定圧プロセスの世界では，物質を一定の温度まで加熱したければ，かならず膨張するので，熱エネルギーが外界に失われる．

　このため，温度を変化させる分だけでなく，仕事の分も加熱しなければならない．

　反対に，温度を下げるには，温度が低下する分だけでなく，体積が収縮する分まで含めて，より強く冷却しなければならない．

　この体積の増減の分というのは，あたかも消費税のようなものである．

　このたとえでは，内税表示義務のようなもので，定圧プロセスの世界において外界との熱のやりとりを考える場合に，内部エネルギー変化だけでなく，実質的に温度を変化させるために上下させる熱量を合算して扱うほうが手っ取り早い．

図 4-12　カセイジンが住んでいる気圧の違う世界は考えない

　温度変化でどれくらい膨張や収縮が起こり，外界にどのような仕事をするか，そのぶんをはじめから熱エネルギーの収支の中にくりこんでやるわけだ．

　内税表示方式のような合計熱量を**エンタルピー**といい H で表す．

　定圧プロセスの**エンタルピー変化** ΔH と内部エネルギー変化 ΔU の関係は式 4-2-3 となる．

$$\Delta H = \Delta U + p \Delta V \quad (4\text{-}2\text{-}3)$$

　前節 4-1 のファントホッフ反応定圧式で温度変化に応じて上下したエネルギー変化を ΔH で表したが，それが**反応エンタルピー変化** ΔH である．

　さらに遡って，3-2 節のクラウジウス式，クラウジウス＆クラペイロン式で用いた相転移の潜熱 L も，それぞれ**融解エン**

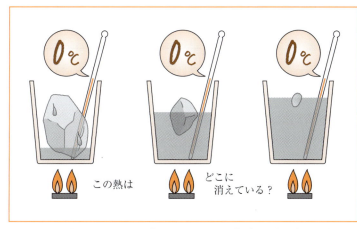

図 4-13　相転移の潜熱（融解エンタルピー）は物質の温度でなく「状態」に保存される

タルピー変化 ΔH，蒸発エンタルピー変化 ΔH である．（図 4-13）

また，3-7 節の溶解度の式で用いた融解熱 L も，融解エンタルピー変化 ΔH である．

外からの熱エネルギー RT に対して内部エネルギー変化 ΔU でなく，エンタルピー変化 ΔH を用いておけば，その後の他との熱の収支を考えるのには都合がよい．

高校化学で学習した熱化学方程式の融解熱，蒸発熱（気化熱），燃焼熱，生成熱，反応熱などはどれも高校の理科室で実験できるようなものだといえる．

ただし，系からの目線で見ることにして，系が受け取った熱をプラス，系が放出した熱をマイナスで表す．

融解も蒸発も燃焼も生成も反応も理科室では定圧プロセスの話だったから，これらの熱はエンタルピー変化 ΔH である．

難しい定義の話をしただけであって，本節ではただ高校化学の熱を測定する条件について述べたまでである．

さらに厳密には，標準状態での数値を**標準エンタルピー変化 ΔH^0** と表す．（通例 SATP）

IUPAC 命名法では以下のような記号を用いることが推奨されている：

融解熱は物質 1 mol の融解エンタルピー	$\Delta_{fus} H^0$
蒸発熱は物質 1 mol の蒸発エンタルピー	$\Delta_{vap} H^0$
燃焼熱は物質 1 mol の標準燃焼エンタルピー	$\Delta_c H^0$
生成熱は物質 1 mol の標準生成エンタルピー	$\Delta_f H^0$
溶解熱は物質 1 mol の溶解エンタルピー	$\Delta_{dis} H^0$

標準反応エンタルピー $\Delta_r H^0$ は化学反応式で示された物質量として標準状態において完全に生成物に変化したときのエンタルピー変化である．

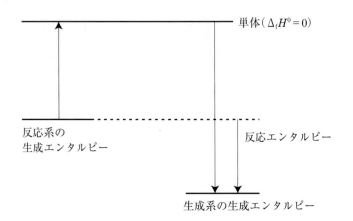

演習問題

問題 1

気圧 100 kPa にて，9.0 g の水が 100℃で全て蒸発した．気体定数 R は 8.314 J/K/mol，水のモル蒸発エンタルピー変化 $\Delta_{vap}H^0$ は 40.6 kJ/mol である．水蒸気を理想気体とみなすとき，q, ΔU, ΔH を求めなさい．（単位を忘れないこと）

問題 2

化学反応にともない熱の発生・吸収が起こる．たとえば，標準状態（10^5 Pa，25℃）におけるグルコース生成の熱化学方程式は次式で表せる．

$$6C(s) + 6H_2(g) + 3O_2(g) \rightarrow C_6H_{12}O_6(s) \qquad \Delta H^0 = -1274 \text{ kJ/mol}$$

ΔH^0 は標準状態のエンタルピー変化であり，(s) は固体，(g) は気体状態を示す．以下の記述の正誤を○×で示せ．（第 89 回問 18）

(1) ΔH^0 は標準状態の熱量変化を示し，1274 kJ/mol の吸熱があることを示す． （　）
(2) 標準状態における 1 モルの化合物を生成させる反応のエンタルピー変化を
   標準生成エンタルピー変化という． （　）
(3) ΔH^0 はグルコース (s)，炭素 (s)，水素 (g) の燃焼熱から求められる． （　）

問題 3

ジメチルエーテルを完全に燃焼させたときの標準燃焼エンタルピーを求めよ．ただし生成する水は気体とし，ジメチルエーテル（気体），二酸化炭素（気体），水（気体）の標準生成エンタルピーはそれぞれ -184，-394，-242 kJ/mol とする．（第 96 回問 18）

4-3　エントロピー S と熱力学第二法則

> **Episode**　凍らない水と雪の結晶
> ―過冷却水と過冷却水蒸気の不思議―

　霙（みぞれ）は，雲の中で「過冷却」になった水滴（雨滴）が下降し，地面に落下した衝撃で氷に相転移する現象です．墜落の途中では大粒の水滴でも水分子は激しく動いているので，地面に到達するまでは氷点下になってもなかなか凍結しないのです．

　「過冷却」の水は自宅の冷凍庫でも作ることができます．
　結晶の核となってしまうような細かい粒子や，容器にこびりついた汚れなどを十分取り除き，清浄な水を使えば作ることができることですが，やってみるとぶつけたりして少しの振動を与えても凍結してしまいます．
　近年，電磁誘導などで水分子を運動させながら冷却することで，氷点下でも凍らない状態を安定化する冷凍庫が開発されたと話題になっています．
　培養実験では細胞を液体窒素の中で凍結保存しますが，高濃度の DMSO や血清を加えることで細胞膜を傷つけるおそれのある大きな結晶が成長しにくくなると考えられており，そのような液体に懸濁させてから凍結します．
　液体窒素保存は産業では大型家畜の精子の貯蔵・輸送などに利用されています．
　一方，電磁波を利用することで水分を「過冷却」にして −50℃ まで温度を低下させてから凍結させると，ここで心配している結晶成長がおきにくくなるとされています．
　この結果，細胞内外で大きな氷にならず，細胞膜が傷つけられにくくなると信じられています．
　過冷却凍結を，食肉や海鮮の冷凍に使いますと，この細胞膜を保護する効果があるそうです．
　食品表面の乾燥による冷凍ヤケなどの劣化が少なく，また解凍するときに細胞内液，いわゆる肉汁が染み出してしまわないなど，食品の鮮度が保たれるのだそうです．
　結晶を成長させない技術とは反対に，水の結晶といえばクリスマスの街角を飾る模様でおなじみの雪の結晶を思い出します．
　どうして雪の結晶は，水たまりの氷や霜柱からは想像もできないような繊細な形状や高度な対称性を持っているのでしょう？
　空気中に保持できる水蒸気の量を「飽和水蒸気量」といい，温度の低下とともに飽和水蒸気量は減少します．
　しかし，雲の中では水蒸気も容易に水や氷にならず，「過冷却」の状態になっています．

そのような状態は，空気が溶かすことのできる飽和水蒸気量を超えている「過飽和」の状態でもあり，このように混合系では「過冷却」は「過飽和」であるとも言うことができます．
　「過飽和」水蒸気が，凝縮して 10 μm ぐらいの大きさの水滴となって雲や霧を形成していますが，この水滴も霙と同じでなかなか凍結しません．
　ここに結晶の核，たとえば地上から巻きあがった粉塵やときには黄砂などが核となりやすく，それを中心に小さな雪の結晶粒ができます．

　気温 0℃ 以下では雲の水滴から蒸発する蒸気圧よりも，雪の結晶から昇華する蒸気圧のほうがやや低いので，「過飽和」水蒸気は水滴より固体になりやすいのです．
　ということは，雪の結晶粒ができると「過飽和」の状態では水滴～水蒸気～雪の平衡は雪に傾いており，水滴から水蒸気を奪って雪の結晶がゆっくりと成長します．
　つまり，雪の結晶は雲の中の水滴が液体から凍結したものではなく，水蒸気を介した昇華成長によってできているから，氷とはかけ離れた構造になるようです．
　中谷宇吉郎（1900-1962）の研究成果によれば，過飽和の程度と気温によって雪の結晶は成長の仕方が異なるそうです．

　以上のように，氷点下ではどこでも必ず水が氷になるわけではありません．
　「過冷却」の水を凍結させるような物理的な刺激とか，雪の結晶のように平衡状態のままで時間を掛けることによって，まったくかけ離れた形状，対称性，特性などが形成されたり，変化がおこったりすることがあります．
　このような違いは，分子のレベルでの分子間相互作用や配列などにおける「ゆらぎ」が原因と考えられています．
　ミクロな世界での「ゆらぎ」によってマクロな世界において局所的な秩序や均整のとれた状態が持続されることを，散逸構造の形成といいます．
　雪の結晶や生命のような秩序が生まれる現象，つまり一見「熱力学第二法則」に反するように見える現象は，散逸構造によって説明できるのではないかと考えられ，研究されています．

Points　エントロピーと熱力学第二法則

エントロピー (S)：SBO:C1-(2)-③-1

　エントロピー変化 ΔS は，プロセス（過程）が起こるか起こらないか（変化の方向）を決定する尺度として考案された．これは分子集団の個々の分子にどうエネルギーが分配されるかを表す尺度である．
　定圧プロセスでは，第一に**分子運動や温度にまつわるエントロピー変化** ΔS と，第二に**位置や体積にまつわるエントロピー変化** ΔS がある．
　▼クラウジウスによる熱力学的な定義：エントロピー変化 ΔS は，「一定温度の可逆プロセスにおいて系に与えられた熱量 q を絶対温度 T で割った値」と定義される．

$$\Delta S = \frac{q}{T} \tag{4-3-1}$$

▼**ボルツマンによる統計力学的な定義**：エントロピー S は，「系に対して許される状態の数 Ω の対数にボルツマン定数 k_B を掛けた値」として定義される．

$$S = k_B \log_e \Omega \tag{4-3-13}$$

自発的変化（**spontaneous process**）：
外界から一切介入がなくても起こるプロセス（過程）．強制的にさせなくても起こるプロセス（過程）．自然に起こることを意味するが，迅速にという意味はない．

熱力学第二法則：SBO:C1-(2)-③-2

「自発的変化がおきるとき，熱量を受け取る熱源があると同時に，使い切れない熱量を捨てる吸収源がかならずある」という法則．「孤立系では，どのような自発的変化が生じてもエントロピー S が増大する」．「エントロピー S 増大の法則」ともいう．

$$\Delta S \geq 0 \tag{4-3-19}$$

▼**トムソンの定理**：William Thomson, Baron Kelvin of Largs（1824-1907 英）が提案した．「循環するプロセス（過程）では，与えられた熱の全てを完全に仕事として取り出すことはできない」．

▼**クラウジウスの定理**：Rudolf Julius Emmanual Clausius（1822-1888 ポーランド・独）が発見した．「低温の物質から高温の物質へと熱は移動しない」．

熱力学第三法則：SBO:C1-(2)-③-3

絶対零度でありうるとされる完全結晶のエントロピー S はゼロである．これは，現実には完全結晶は存在しないこと，絶対零度も実現できないことを意味する．

4-3-1 「沸点」と「沸点未満」になんの違いがあるのか？

夏路地に打ち水すれば，蒸発熱を奪うので涼しくなります．蒸発は空気と接する水面の面積が大きいほど起こりやすいので，桶に入れておくよりも路地に撒いて拡げたほうが早く蒸発します．水を微細な粒子として噴霧させると，さらに表面積が大きくなり，蒸散しやすくなります．街にもこれを利用した設備（ドライミスト）が増えてきました．（図4-14）

沸点で何が起こるかというと，一部の水が蒸発するのではなくて，全ての水が蒸発する．

水の温度95℃のときと100℃のときの温度差は5℃である．（図4-15）

図4-14　打ち水

この温度差は100℃＝373 Kだから絶対温度のスケールでいえばほんの1.3%の違いにすぎない．

液体の水では分子間相互作用がはたらいており，これが熱エネルギーを受け取ると相互作用を断ち切って飛び出していく．

これが空気との界面で起こるのが蒸発である．

しかし，たった5℃温度上昇するだけで沸騰し，液体の中の水分子が一斉に気体に変わる．

どうやら，物質のうごきというのは，分子1個1個の性質や，隣の分子との関係だけから決まっているだけではないようだ．

何かそれら分子の集団に特有の規則があって，それが満足されなければ，沸騰や凍結などこれまで学んできたような相転移は起こらない．

図4-15 たった5℃の違いで，沸騰のあるなしが決まる

こうして我々は，熱エネルギーとは別の温度にまつわる指標が必要になっていることに気づく．

ある条件とは何かというと，熱エネルギーの分け与え方，分配の規則である．（図4-16）

相転移が起こるのは，この「エネルギーを分配する規則」をクリアする熱量が与えられたときに限られる．

もちろんヤカンに水を汲んだときに，判断をする独裁者が登場するわけではない．

「エネルギー分配の規則」は水本来，物質本来の性質である．

「エネルギー分配の規則」を**エントロピー** S という．

物質に与えられた熱エネルギー q や仕事 w を熱力学第一法則に従い合計した量をエンタルピー（熱含量）H と言う．

相平衡は**エンタルピー（熱含量）** H と，**エントロピー（エネルギー分配の規則）** S とのバランスによって，起こるか起こらないかが決まってくるのである．

図4-16 エントロピーはエネルギーの分配を「仕分け」する

もしもエンタルピー H が増えて，全ての水分子に分配される量を越えれば，全ての水分子が気体になる．

これが沸騰である．

エンタルピー H が全ての水分子に分配できない量の場合，エネルギーは一部の分子に分配される．

このとき，すぐに蒸発できる場所にある水分子にエネルギーが分配される．

つまり，沸点以下の温度では，表面だけで蒸発が起こる．

4-3-2　マックスウェル＆ボルツマン分布と統計力学

全国の受験生について個々の点数はわかりませんが，どの成績が何人くらい分布するかは毎年

いつもおおむね同じになります．受験生は65万人前後なので，細かい違いは地ならしされて見えなくなるのです．これを「大数の法則」といいます．分子の運動エネルギーの配分も「大数の法則」によって，同じ温度ならエネルギーの配分は同じになります．

【1】様々な粒子の分布

エネルギーが分配される法則は様々な粒子で違う．

大学のこれまでの課程で，電子のエネルギー準位については学習しているだろう．

フェルミ＆ディラック分布は電子，陽子，中性子などスピン角運動量が半整数の粒子（フェルミオン）の分布である．

スピンの異なる1対の電子には，それぞれ固有のエネルギー状態が分配される．

逆に電子の側から見たのがパウリの排他原理（1つの原子軌道にはスピンの異なる1対の電子のみ入る）とフントの規則（同じエネルギーの軌道に電子は同じスピンを優先して1個づつ入る）である．

ボーズ＆アインシュタイン分布はスピン角運動量が整数の粒子（ボゾン）の分布で，ヘリウム4などがこれにあたる．（ヘリウム4では陽子2個，中性子2個が束縛状態にある）

多数の粒子が同じ状態をとることができる．

全ての粒子が1つの状態をとることをボーズ＆アインシュタイン凝縮といい，このとき超伝導や超流動が見られる．

マックスウェル＆ボルツマン分布は気体分子の分布であり，平衡状態におかれた気体の分子集団では，どのような運動エネルギーが分布するかを表す．

分子でフェルミオンやボゾンのような量子論的な相互作用を無視すれば，分子をビリヤードのような剛体球を用いたシミュレーション計算（**統計力学**という）で求められる．

写真4-2　ボルツマン

【2】気体分子運動論

統計力学を，数式を使わず，イメージだけで考えよう．

気体分子の運動は一方向に対して0を平均値とした正規分布（ガウス分布）になるとする．

気体分子の運動はx軸，y軸，z軸に対して違いはない（エネルギー均分則）．

だから，分子一個の運動は前後・左右・上下どの方向についても正規分布しているとみなせる．

これをもとにすることで，方向に関係なくそれぞれの速度を持つ分子がどれくらいの割合だけ分布しているか求められる．

このようなシミュレーション計算をおこなった結果，分子運動の速度分布は分子の質量が大きいほど低速領域における分布が密になり，分子の質量が小さいと分布が疎になって高速領域まで拡張する．（図4-17）

このため，ヘリウムを混ぜた空気を吸って発声すると，同じ温度でも気体分子の速度が速く，音の伝わる速度が速くなり（空気330 m/s，ヘリウム970 m/s），アヒルのような声になる．

アヴォガドロ定数N_A個の分子が体積V_mの容器に入っていると考えると，その壁に分子が衝突する仕事を計算してやれば，このシミュレーション計算における気体の圧力pを求めることができる．

このとき，理想気体であるという仮定の元では$pV_m = RT$だから，分子の運動エネルギーと絶対温度Tの関係を決定できる．

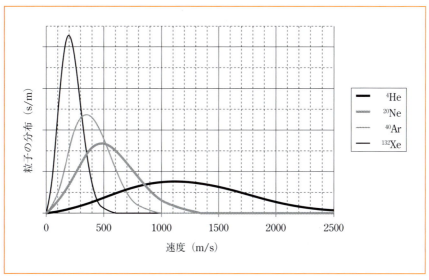

図 4-17 マックスウェル＆ボルツマン分布に対する原子量の影響

図 4-18 に示したグラフは窒素分子の速度分布と絶対温度との関係である．

273 K（0℃）では，速度 300 m/s 程度の分子ばかりが主に分布していることがわかる．

一方，1273 K（1000℃）になると分布はもっと高速に移動し，800 m/s の粒子が多く，また分布も大きく拡がっている．

この理論が提案されたあと**量子論**が完成した．

量子論によって明らかになったのは，分子の運動エネルギーはこのような滑らかに連続したものではなく，**とびとびの不連続な値**をとること，「内部エネルギー」の多くを占めるのは，このような**並進運動**の運動エネルギーだけではなく，**回転運動**の運動エネルギーと，そして量子論でなければ理解できなかった**振動運動**の運動エネルギーの寄与も大きいことである．

運動エネルギーは**不連続な値**をとり，グラフは許される速度の点だけが現実に意味を持つ．

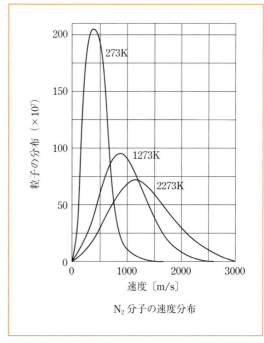

図 4-18 マックスウェル＆ボルツマン分布に対する絶対温度の影響

また，回転運動，振動運動もマックスウェル＆ボルツマン分布が再計算された．

これら分布した個々の分子の運動エネルギーを合計したものが，熱を受け取った気体に蓄えられている内部エネルギーの内訳である．

上のグラフでいえば，曲線下の面積が内部エネルギーに関連づけられる．

第 4 章　熱力学

【3】エネルギー分布とエントロピー S

同じ物質であっても，気体状態のエネルギー分布と液体状態のエネルギー分布は異なる．

気体では自由に運動していたが，液体になると並進運動や回転運動が束縛される．

すると，同じ内部エネルギーであっても，気体のときと液体のときの分布は違ってくる．

そういうとき気体と液体を比較して，より多様な状態をとることができるほうが選ばれる．

つまりこれが**相転移**である．

並進運動と回転運動と振動運動それぞれの運動エネルギーを合計した内部エネルギーを，気体と液体で比較したとき，ちょうど一致する温度が「沸点」にあたる．

分子へのエネルギーの配分を決定づけるエントロピー S は，分子集団が液体と気体のどちらの相をとったほうが，マックスウェル＆ボルツマン分布のうえで適切な分布が得られるかを示す指標ということができる．（図 4-19）

図 4-19 エントロピーは液相にするか気相にするかを「仕分け」する

4-3-3 熱力学的なエントロピー変化 ΔS

以上の解説から考えると，エントロピー S の計算は膨大なシミュレーション計算によって求めるもののように思いますが，相平衡になる温度ではエンタルピー変化 ΔH がエントロピー変化 ΔS の項と釣り合うことを利用して，エントロピー変化 ΔS を決定することができます．

【1】相平衡におけるエントロピー変化 ΔS

相平衡においてエンタルピー変化 ΔH とエントロピー変化 ΔS は釣り合っている．

この事実から，物質が2つの相で平衡状態となっているときに加えた熱量を q とし，その温度を T とすると，相転移における**エントロピー変化 ΔS** は以下で定義できる．

$$\Delta S = \frac{q}{T} \tag{4-3-1}$$

また，標準状態におけるエントロピー変化 ΔS を**標準エントロピー変化 $\Delta S°$** という．

氷を加熱し，0℃に達すると氷と水が混在した状態になり，熱をかけていても温度は0℃のままである．やがて全ての氷が融けて水になると，ふたたび温度が上昇する．

融点で温度が変化しない間に与えられた熱量 q を**融解エンタルピー $\Delta_{\text{fus}} H$** という．

融点 T_m において融解エンタルピー $\Delta_{\text{fus}} H$ は全て固体から液体への変化に利用されるから

$$\Delta_{\text{fus}} S = \frac{\Delta_{\text{fus}} H}{T_m} \tag{4-3-2}$$

ヘリウム，アルゴン，メタン，四塩化炭素など球対称性の高い希ガスや正四面体分子は結晶格子の中から液体に出てきても回転運動にはそれほど変化がない．

このため，これらの融解エントロピー$\Delta_{fus}S$は小さく，7〜14 J K^{-1} mol^{-1}となる．これをリチャーズの規則という．また，対称性が低く柔軟性の低い有機化合物で液相において分子間相互作用がない場合，融解エンタルピーは20〜50 J K^{-1} mol^{-1}となる．これをヴァルデンの規則という．

同様に沸点T_bにおいて**蒸発エンタルピー**$\Delta_{vap}H$は全て液体から気体への状態変化に利用されるので，以下の関係となる．

$$\Delta_{vap}S = \frac{\Delta_{vap}H}{T_b} \tag{4-3-3}$$

経験的に多くの液体の蒸発エントロピー$\Delta_{vap}S$は85〜90 J K^{-1} mol^{-1}となる（$\Delta_{vap}S=10.5R$）．これをトルートンの規則という．

水やアルコールのように水素結合によって安定化している液体はエントロピーS_Lが低いので，気体のエントロピーS_Gからの差となる蒸発エントロピー$\Delta_{vap}S$は100 J K^{-1} mol^{-1}以上になり，トルートン則よりも大きくなる．（図4-20）

反対に，希ガス，正四面体分子は回転運動にまつわるエントロピーがないので気体のエントロピーS_Gが低く，液体のエントロピーS_Lからの差となる蒸発エントロピー$\Delta_{vap}S$は小さく，トルートン則よりも小さくなる．（図4-20）

固体から液体，液体から気体に相転移するときエンタルピー変化ΔHは正であり，それと同時にエントロピー変化ΔSも正になる．

反対に気体から液体，液体から固体に相転移するときエンタルピー変化ΔHは負であり，エントロピー変化ΔSも負になる．

式4-3-2や式4-3-3に対してこれら相転移温度よりも低い温度Tでは式4-3-4の関係となるため，相転移が起こらない．

$$\Delta S < \frac{\Delta H}{T} \tag{4-3-4}$$

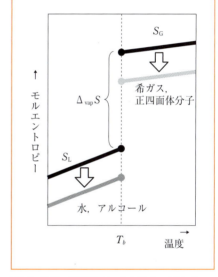

図4-20 融解エントロピーがトルートンの規則に従わないときの2つの理由

【2】温度にまつわるエントロピー変化 ΔS

一般に，系に与えられた熱量qは内部エネルギー変化dUと外界への仕事wの足し算になる．

モル**熱容量**をCとすると，内部エネルギー変化dUは，物質量とモル熱容量と温度の微小変化dTのかけ算で表すことができる．（$dU = nCdT$）

定圧プロセス（過程）とすると，外界への仕事wは，圧力pと体積の微小な変化dVのかけ算で表すことができる．（$w = pdV$）

このプロセス（過程）の前後では，温度変化は微小であるから，系の温度はTと近似できる．

系の体積を理想気体の状態方程式で近似すると，絶対温度は$T = \dfrac{pV}{nR}$と表すことができる．

以上をまとめると，エントロピー微小変化dSは以下の式となる．

4-3

$$dS = \frac{q}{T} = \frac{dU + w}{T} = \frac{nCdT + pdV}{T} = nC\frac{dT}{T} + nR\frac{dV}{V} \tag{4-3-5}$$

ここで，相転移しない温度範囲で系を加熱したときに，温度上昇に伴うエントロピー変化 ΔS を考える．

系の温度は変化した ($dT \neq 0$) が体積変化がほとんどゼロ ($dV \fallingdotseq 0$) とすると第二項は無視できる．

そこで，$S = S$，$T = T_1$ から $S = S + \Delta S$，$T = T_2$ の範囲で両辺を定積分すると以下になる．

$$\int_S^{S+\Delta S} dS = nC \int_{T_1}^{T_2} \frac{dT}{T} \tag{4-3-6}$$

これを解くと

$$\Delta S = nC \log_e \frac{T_2}{T_1} \tag{4-3-7}$$

また，水のモル熱容量は以下の式で近似される．

$$C = 30.42 + (10.36 \times 10^{-3})T \tag{4-3-8}$$

例えば，水 1 モルを 25℃ から 100℃ まで加熱したときのエントロピー変化を求める．

熱容量は平均として 62.5℃ (335.65 K) のモル熱容量を使えば，

$$\Delta S = 33.90 \log_e \frac{373.15}{298.15} = 7.606 \quad (4\text{-}3\text{-}9)$$

となり，7.6 J/K が求められる．

温度が上昇すればエントロピー S も増大するが，沸点での変化と比べると増大分は小さい．（図 4-21）

【3】体積にまつわるエントロピー変化 ΔS

今度は系を体積変化させたとき温度がほとんど変化しなかった場合のエントロピー変化 ΔS を考える．

まず，一般式は先に導いたものと同じである．

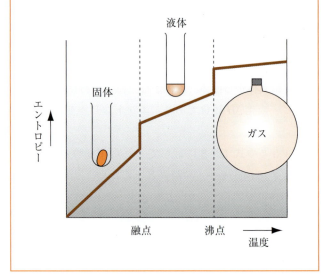

図 4-21　温度にまつわるエントロピーの変化と物質の三態

$$dS = nC\frac{dT}{T} + nR\frac{dV}{V} \tag{4-3-10}$$

系の体積が変化したが温度変化がほとんどゼロと見なせるから，第一項は無視できる．

そこで $S = S$，$V = V_1$ から $S = S + \Delta S$，$V = V_2$ の範囲で両辺を定積分すると，以下になる．

$$\int_S^{S+\Delta S} dS = nR \int_{V_1}^{V_2} \frac{dV}{V} \tag{4-3-11}$$

これを解くと，以下の関係が導かれる．

$$\Delta S = nR \log_e \frac{V_2}{V_1} \tag{4-3-12}$$

体積変化については分子運動の分布からではわからないので，次の節で詳しく検討する．

4-3-4 シミュレーション計算でみたエントロピー変化

1モルの分子はアヴォガドロ定数個あり，これは6千垓（せんがい）（6×10²³）個です．ヒトゲノムが約30億（30×10⁸）塩基対，ヒトの細胞が60兆（60×10¹²）個ですから，ヒトの全細胞にあるゲノム遺伝子でも総数2千垓塩基対で，アヴォガドロ定数より少ないです．その状態の数を計算するというのは困難です．ここでは，オセロというボードゲームでエントロピー S を考えてみます．

エントロピー S は系に対して許される状態の数 Ω の対数に比例する．

$$S = k_B \log_e \Omega \tag{4-3-13}$$

比例定数 k_B はボルツマン定数である．

オセロ®は $8 \times 8 = 64$ マスで白黒の表裏を持ったコマを使って対戦する陣取りゲームである．（図4-22）64マスのうち，より多くのマス目を自分の色で占有したプレイヤーが勝利する．

このマス目の数と，その取り方に注目したい．

すべてのマス目が同じ色になるとき，これはそれぞれ白一色と黒一色のそれぞれ一通りしかマス目の取り方は存在しない．

黒1個を残して勝つときの場合の数は64通り，黒2個を残して勝つときの場合の数は $64 \times 63 \div (1 \times 2) = 2016$ 通り，黒3個を残して勝つときの場合の数は $64 \times 63 \times 62 \div (1 \times 2 \times 3) = 4$ 万1664通りと，数が近くなるにつれてどんどんと勝ちパターンの数が増えていく．

この計算だと，引き分けのときが最も場合の数が大きくなる．

図4-22 オセロ®ゲーム（リバーシ）

マス64個から32個のマス目をとるから，組み合わせ計算 $_{64}C_{32}$ を計算してみると，183京2624兆1409億4259万0700通りとなる．

すべての組み合わせ計算をして合計をとると，約1845京（けい）通りとなる．

1千京というのは10の19乗の位にあたる．

以上のような計算では，白一色になる確率は2千京分の1，黒1個を残して勝つ確率は4百京分の1．一方，引き分けの確率は9.9%，1個差が9.6%，2個差が8.8%となる．

引き分けから7個以内の僅差までの確率を合計すると，確率はほぼ94%になる．

もし，マス目にコマを置くことだけを教え込まれた2羽のオウムがゲームをしているとしたら，

4-3

7個よりも大きな差が出る確率は勝ち負けそれぞれ3%に過ぎない.

こう考えると大差で勝利することはさぞ大変なことだろうと考えそうになるが，実際のオセロゲームや囲碁の陣取りには定石や戦略があって，熟練したプレイヤーが往々にして大差で勝利を奪っていく.

さて次に，ゲームから離れて，ゲームボード64コマは分子を収容している極めて小さい結晶格子であると考えてみることにする.

白と黒は2種類の分子に相当する.

ボードを左右2つに分割する仕切りを入れてそれぞれ白32個と黒32個にする.

この場合の数は1通りである.

仕切りを取り除くと左右の白と黒がランダムに入れ替わるとしよう.（ただし裏返さない）

そうすると，エントロピー S はこれらの場合の数，すなわち状態の数の対数に比例するから，

$$\Delta S = k_B \log_e ({}_{64}C_{32}) - k_B \log_e 1 \tag{4-3-14}$$

であり，白分子が，黒分子にとけ込むことによるエントロピー変化 ΔS は以下になる.

$$\Delta S = k_B \log_e \frac{1.83 \times 10^{18}}{1} = 42.05 k_B \tag{4-3-15}$$

以上のように，分子が配置する位置が変化することによって生み出されるエントロピー S が「体積にまつわるエントロピー変化 ΔS」である.

以上の現象は，磁化した鉄において鉄原子のスピンが入れ替わり，磁力が消滅していくときなどをモデルにしている.

たとえば，コップの中に1滴のインクを垂らすとインクは拡散する.（図4-23）

拡散のプロセスはインクの色素分子における体積のエントロピー変化 ΔS が非常に大きい.

オウム同士のオセロゲーム対戦と同じで，ランダムな過程ではコップに拡散した色素分子が1滴のインクに戻る確率は2千京分の1よりもはるかに小さい.

オセロゲームの名プレイヤーに相当するような，インク分子を吸着させる活性炭を入れるなど，分子

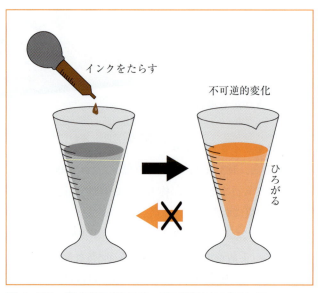

図4-23　覆水盆に還らず＝不可逆的なプロセス

の動きを制御してやらない限りインクは拡散し続けるだろう．
　インクの拡散は不可逆的なプロセスである．
　このように，エントロピー変化 ΔS は変化の方向を決定づけるだけでなく，可逆的なプロセスと不可逆的なプロセスを区別する．

　ここまでをまとめると，定圧プロセス（過程）では，温度にまつわるエントロピー S と体積にまつわるエントロピー S がある．
　温度のエントロピー S は「熱エントロピー」ともいい，これは分子集団の運動エネルギーの分配に関係する量であった．
　体積のエントロピー S は「物エントロピー」ともいい，分子集団の個々の分子が空間を占める場合の数に関係する量であった．

4-3-5　エントロピー増大の法則（熱力学第二法則）

　オウム同士のオセロゲームは，どちらの勝利も約束されないシーソーゲームになります．これと同じように，ランダムな分子の運動や変化は場合の数が多い方向に向かって進展していくのです．これをエントロピー増大の法則といいます．

　相転移温度 T_C においてエントロピー変化 ΔS はエンタルピー変化 ΔH を T で割った項と等しい．
　したがって，温度 T が相転移温度 T_C よりも低いとき，以下の関係になる．

$$\Delta S < \frac{\Delta H}{T} \tag{4-3-4}$$

これではエンタルピー変化 ΔH の項とエントロピー変化 ΔS の項とのバランスが釣り合っておらず，相転移は起こらない．
　これを逆に言えば，相転移が起こる条件としては，以下の不等式が満たされないといけない．

$$\Delta S \geq \frac{\Delta H}{T} \tag{4-3-16}$$

　いま，注目している系が孤立系であるならば，エネルギー保存の法則（熱力学第一法則）より，エネルギーは増減しないはずなので，

$$\Delta H = 0 \tag{4-3-17}$$

したがって，孤立系におけるエントロピー変化 ΔS は，可逆的プロセスであっても，非可逆的プロセスであっても，

$$\Delta S \geq 0 \tag{4-3-18}$$

がなりたつ．等号は可逆的プロセスの場合のみ成立する．
　これを**エントロピー増大の法則**（熱力学第二法則）という．

4-3

　この法則は「孤立系でなければ成立しない」．ただ，この成立条件の意味について「適用範囲を限定している」という解釈をしては，いけない！

　熱力学第二法則は，「エントロピー S が増大する」のは，「孤立系と呼べるところまで一緒に考えないといけませんよ」と読みとるべきである．

　雪の結晶ができる．
　雪の結晶は，優れた対称性を持ち，精緻な幾何学的構造性を持っている．
　幾何学的構造のない，雲の中の水蒸気と水滴の平衡状態の中から，雪の結晶ができるのだから，秩序が生まれている＝エントロピー S が減少している，という事実は，熱力学第二法則に反することでは全然ない．
　熱力学第二法則を認めるのであれば，雪の結晶の生成を取り扱うとき，雪の結晶以外に粒のそろった水滴が密集していた雲の中の平衡状態を破壊し，水滴から水蒸気へと平衡を移動させるためにエントロピー S は増大する．
　このエントロピー増大分 ΔS は，雪の結晶の生成によるエントロピー減少分 ΔS をはるかに超える．（図 4-24）

雪の結晶ができると周囲の水滴は蒸発する

図 4-24　雪の結晶が形成されるとき，周囲の大量の水滴がエントロピーの大きい気相に相転移する

コラム　熱力学第二法則のさまざまな表現

　熱力学第二法則が示すところは深く，様々な言い回しが試みられてきた．
　3つの表現がよく用いられる．
① 低温の熱源から高温の熱源に熱が移動することはない．（クラウジウスの定理）
② 熱エネルギーの全てを仕事に変換することはできない．（トムソンの定理）
③ 第2種永久機関を実現することはできない．（オシュトヴァルトの定理）
　これらには忘れてはいけない成立条件があり，その表現も3つある．
① 自発的に，
② 外界から働きかけることがなければ，
③ 何の痕跡も残さないで．

4-3-6 熱力学第三法則

熱力学第三法則は，エントロピー S の絶対値を決定している法則である．

ネルンストの定理：
冷却するためには，より低い熱だめに接触させなければならない．
だから，有限回の操作では決して絶対零度に到達することはできない．

ネルンスト＆プランクの定理：
絶対零度ではエントロピー S がゼロになる．
完全結晶のとりうる状態の数 Ω は 1．
従って $S = k \log 1 = 0$ となり，完全結晶のエントロピー S はゼロである．

これは，現実には完全結晶は存在しないこと，絶対零度も実現できないことを意味する．
完全結晶というのは，欠陥のない結晶のこと．
結晶の欠陥とは結晶格子が不連続なズレや亀裂が入っていることや不純物（異性体や同位体さえも排除する）が混在することで，結晶の表面には必ず生ずる．
つまり完全結晶であるならば，表面が存在せず，宇宙が全てその結晶で満たされていなければならない．（この意味を理解するには，トポロジーという数学の知識が必要）
これがあり得ないのも現実だが，熱力学において，完全結晶を仮定すると，エントロピー S や絶対温度 T もゼロになるということ．

4-3

演習問題

問題 1

熱力学に関する記述の正誤を○×で示せ．

(1) 気体の体積が大きくなるほどエントロピーは大きくなる． （　）

(2) 容器の中の分子数が多くなるほどエントロピーは大きくなる． （　）

(3) 孤立系のエントロピーは不可逆的過程では常に増大する． （　）

(4) 完全結晶性物質（完全結晶物質）のエントロピーは，0 K でゼロである． （　）

(5) 不可逆過程でのエントロピー変化は，吸収された熱量を絶対温度で割った値に等しい． （　）

コラム　熱機関の熱効率－ガソリンエンジン－

熱を仕事に変換するものを「エンジン」とか「機関」といいます．
「熱効率」というのはエンジンで取り出された仕事 W（単位 J）をエンジンに与えた熱量 Q（単位 J）で割った値です．

エンジンで熱を仕事に変換するためには，加熱されれば気体が膨張し，冷却されれば収縮する性質を利用しますが，その仕組みを簡単に説明します．

たとえばガソリン燃料を使う自動車やバイクにはオットーエンジンが搭載されています．

このオットーエンジンというのは，図のような動きによって燃料を燃焼させ，爆発的な体積増加の力を回転運動として仕事を取り出す仕組みを持っています．

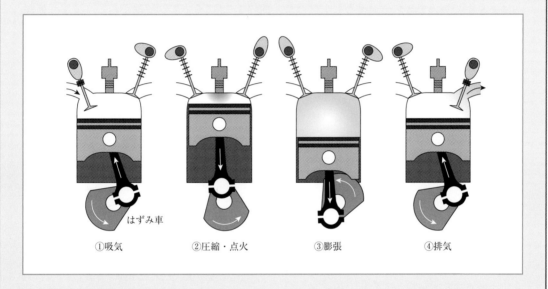

はずみ車　　①吸気　　　②圧縮・点火　　　③膨張　　　④排気

図の①吸気でピストンの天井にある左側の弁から燃料を空気に混ぜ込んだ燃料エアロゾルが噴出され，②圧縮・点火で燃料を燃焼させます．

すると爆発的に体積が増加することで③膨張でピストンを押し下げて軸を回転させます．

そして，④排気のステップで右側の弁から排気ガスを放出します．

ここで，④排気のステップの最後にピストンが頂上に来た状態が，①吸気のステップの最初にピストンが頂上にある状態よりも低くなると，このサイクルは何回転かするうちに止まってしまいます．

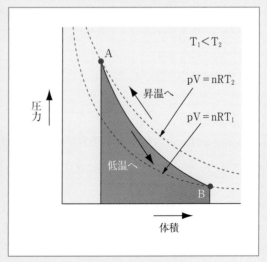

軸を回転させ続けるには，このサイクルを繰り返さないといけませんから，④と①は同じ状態にならなければいけません．

このサイクルの様子を見るため，横軸に燃焼室内の空気の体積を，縦軸に燃焼室内の圧力をとるPV図に表してみます．

ボイル＆シャルルの法則から，同じ温度では反比例をあらわす双曲線を描き，**断熱圧縮**（B→A）や**断熱膨張**（A→B）は等温曲線間を移動します．（断熱膨張とジュール＆トムソン効果は異なる機構で温度が低下します）

これを踏まえて，PV図を見てみましょう．

点5は①吸気を開始して弁が開いているときで，圧力は大気圧と同じです．

点1は①吸気が終わってピストンが一番下まで来た段階となりますので，弁を閉じます．

はずみ車の勢いでピストンが押し上げられ，曲線1〜2にそって②圧縮が起こります．**断熱圧縮**ですから温度が少し上昇します．

点2に到達したとき点火プラグで燃料に点火すると，爆発するので圧力が一気に点3になります．

等容加熱といい，燃焼室内の空気が燃料の熱量 Q_1 を吸熱すると考えます．

この結果，高温高圧のガスが曲線3〜4に沿ってピストンを押して③膨張します．

断熱膨張ですから温度が少し低下します．

点4で弁を開くと大気圧の点1になり，④排気すると燃焼ガスと熱を捨てて点5に戻ります．

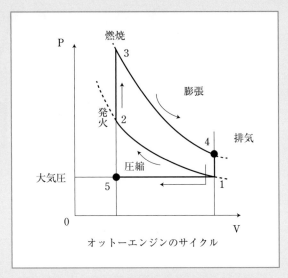

オットーエンジンのサイクル

等容冷却といい，燃焼室内は熱量 Q_2 を放熱したと理解します．

ただし，空気を④排気と①吸気で入れ替えることで内部エネルギーを次のサイクルに持ち越さないようにします．

空気の定容熱容量を C_v とすると，

$$W = Q_2 - Q_1 = C_v(T_3 - T_2) - C_v(T_4 - T_1) \tag{4-3-19}$$

熱効率 η は，この仕事 W を燃料で発生させた熱量 Q_1 で割った値なので，

$$\eta = \frac{W}{Q_1} = \frac{C_v(T_3 - T_2) - C_v(T_4 - T_1)}{C_v(T_3 - T_2)} = 1 - \frac{T_4 - T_1}{T_3 - T_2} \tag{4-3-20}$$

精密な論議は避けますが，熱効率をなるべく1に近づけるには温度差 $T_3 - T_2$ を大きくすればよく，これはボイル＆シャルルの法則から吸気するときの燃料エアロゾルに対する圧縮して点火するときの燃料エアロゾルの圧縮比が高いほど熱効率が上がることを意味します．

しかし，オットーエンジンでは圧縮比8倍を越えて高くすると，燃焼不良のためノッキングなどの異常燃焼を起こしてエンジンを壊してしまいますので，T_3-T_2を大きくすることには限界があります．

　このような事情でオットーエンジンの理論的な熱効率は46％に留まります．

　実在のガソリンエンジンには多くの熱の損失があって25％程度になるようです．

　蒸気エンジンが10％，ディーゼルエンジンが30％と言われます．

　熱効率の計算は，グルコースを燃料，ATPを生物学的「仕事」の対価と考えると，解糖系酵素についても適用することができます．

　グルコースが二酸化炭素と水になるギブズエネルギー変化が2,880 kJ/molです．

　この間にATPは38分子合成され，ATPをADPに分解するときには30 kJ/molを得られるので，合計1,140 kJ/molが利用できます．

　ATP利用時の効率を無視すると熱効率は実質40％，非常に熱効率が高いことがわかります．

4-4　ギブズ自由エネルギー

Episode　デンキウナギの電気エネルギーと化学反応のエネルギー

　デンキウナギは南米アマゾン川などに生息する最大2メートル半にも達するオオウナギに似た魚です．名前通り電気を発生して小魚を補食します．熱帯雨林の河川は温度が高いために溶存酸素量が少ないから，大型の魚は空気を吸うことができるよう進化しました．おかげで浅瀬に棲むことができるので，人間や馬が誤って踏むと感電して心臓マヒを起こすことがあるそうです．

　日常生活で電気といえば，冬場の静電気の放電を思い出します．
　冬場，建物や自動車の車体などは風による摩擦電気が生じますが，湿度が低いため徐々に空気中に放電されることがなく，⊕電気を帯びます．
　我々はセーターを着ますが，人間のからだと羊毛や人絹の間で生じる摩擦電気は人間を⊖に帯電させ，アクリルやポリエステルは⊕に帯電させます．
　だから，羊毛を着用して⊖を帯電していると，建物や自動車のドアノブの⊕帯電との間で放電し，ビリッと感電するわけです．
　われわれ人間の体のなかでも，似たような状態は起こっています．
　細胞は脂質二分子膜で覆われていますが，ここには膜貫通型と言われるタンパク質が存在し，これが細胞内外の物質の輸送を行っています．
　膜貫通型タンパク質の中には，ATPなどの高エネルギー物質を消費することでH^+，Na^+，K^+，Ca^{2+}などのイオンを選択的に運ぶもの（イオンポンプ）があります．
　ナトリウムポンプは細胞内からNa^+を細胞外に放出し，これが働くと細胞外のほうがNa^+濃度が高くなります．
　プロトンポンプは細胞内からH^+を細胞外に放出し，これが働くと細胞外のほうが酸性になります．
　これらのイオンポンプが働くことで，細胞外に⊕電荷のカチオンが放出されると，細胞内は⊖電荷のアニオンが貯まります．
　この状態は，摩擦電気の帯電と同じ状態です．

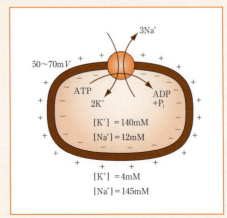

人間の中では細胞膜の静電気を使って，神経細胞が信号を伝達しています．

また，細胞膜の静電気を使って，筋肉が収縮を行っています．

冬場の静電気と同じでしばらく帯電させてから，一挙に放電するわけです．

さて，不思議なデンキウナギやデンキナマズですが，これらも人間の帯電機構と同じ仕組みで発電しているのです．

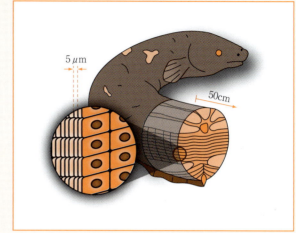

これらは体の中に筋肉細胞から発達した発電板という細胞をたくさん蓄えています．

ここで1メートルのデンキウナギでは，体のしっぽ半分に発電板細胞が直列つなぎになっているとしましょう．

一般に細胞の大きさは10〜100 μmと言いますから，仮に発電板細胞が50 μmだったと考えますと，体半分の50 cmには1万個ならびます．

人間の神経細胞が静電気を貯めると，70 mVの電圧になります．

同様にデンキウナギの発電板細胞の1個1個が70 mV発電すると仮定しますと，1万個が直列になっていれば電圧は700 Vです．

実際にデンキウナギを解剖すると，体の前半分に内臓が偏っており，しっぽ半分は直列構造の電気板組織であり，放電するのは600〜800 Vと言われます．

ちなみに電気板組織と自分の内臓との間には脂肪層があって絶縁されています．

以上のようにおおざっぱな計算でも，人間が持っている細胞と同じ仕組みを使って，デンキウナギが馬でも感電する強力な電気を発生していることが理解できます．

このように，生物の体内で生産される高エネルギー物質は電気エネルギーに転換することができます．

さらに筋肉細胞では，高エネルギー物質を電気エネルギーとして蓄えてから，カルシウム濃度を調節することで筋肉活動として運動エネルギーに変換しています．

この節では，生命活動において様々に変換されるエネルギーを測る物差しとなる，ギブズ自由エネルギーについて学びます．

Points　　ギブズ自由エネルギー

ギブズ Josiah Willard Gibbs（1839-1903 米）

物理化学者として相律，化学ポテンシャル，ギブズ自由エネルギー，ギブズ&ヘルムホルツ式の功績を遺した．また数学者としてベクトル解析の創始者の一人に数えられる．

米国化学史上まだ西部劇の時代にいち早く傑出した米国人のひとりで，マックスウェル，オシュトヴァルト，ルシャトリエらの理解によって歴史に名を記された．

4-4

ギブズ自由エネルギー：SBO:C1-(2)-③-4

エネルギー分配の規則であるエントロピー項 $T\Delta S$ に対して，実際に与えられた熱含量のエンタルピー項 ΔH が，バランスがとれているのかどうかを示す指標．ギブズ自由エネルギーが最小値となる方向にプロセスは自発的に進行する．ギブズ自由エネルギーを G，その差を ΔG と表す．

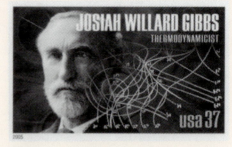

写真4-3　ギブズ

$$\Delta G = \Delta H - T\Delta S \tag{4-4-15}$$

上記の説明と数式のプラス・マイナスが反対なのは，$T\Delta S > \Delta H$ のときに低下していく下り坂の方向にプロセスが進行する指標がイメージしやすいから．

ギブズ自由エネルギーの圧力と温度による変化：SBOs:C1-(2)-③-4，C1-(2)-④-2

定圧プロセスにおいて，ギブズ自由エネルギー ΔG は圧力上昇に伴って上昇し，温度低下にともなって上昇する．温度変化に対するギブズ自由エネルギー変化 ΔG の傾きはエントロピー S を表す．

$$\left[\frac{\partial G}{\partial T}\right]_p = -S \tag{4-4-18}$$

$$\left[\frac{\partial G}{\partial p}\right]_T = V \tag{4-4-19}$$

ギブズ自由エネルギーと平衡定数の関係：

標準状態（気圧 10^5 Pa，純物質 1 mol）におけるギブズ自由エネルギー変化 ΔG を標準ギブズ自由エネルギー変化と言い，$\Delta G°$ で表す．

$$\Delta G° = -RT \log_e K$$

4-4-1　トルートンの規則，ラウールの法則

　生命は，水と油が分離することによって区画化された生体膜を物質変換とエネルギー変換の場として利用しながら生きています．生命はこの生体膜という「あぶく」を親から子へと受け継ぎ，もし割れてしまえば絶滅していたことでしょう．また，生体膜を持たないウイルスは遺伝子があっても単独では生命活動を実現できません．このように生命と非生命を決定づける水と油の関係についてエントロピーの効果を見ることにします．

【1】気体 1 モルのエントロピー，液体 1 モルのエントロピー

　トルートンの規則（第 4 章 4-3-3 項）によれば，様々な液体の標準蒸発エントロピー $\Delta_{vap}S$ が 85〜90 J K^{-1} mol^{-1} となる．

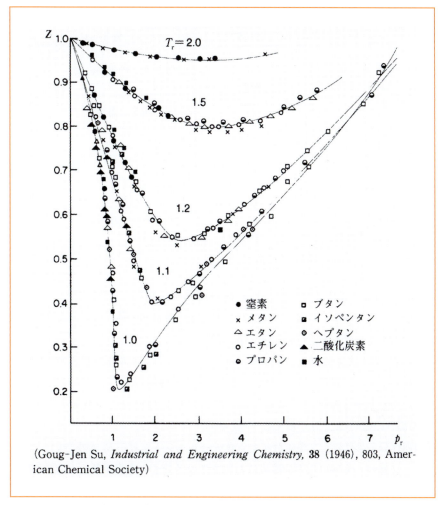

図 4-25 さまざまな物質についての換算圧力 P_r と圧縮因子 Z

この規則は，気体の分子レベルの挙動がどれもよく似ていることを意味する．

圧縮因子 Z（第 1 章 1-2-1 項）を，臨界点に対する相対値として換算圧力 p_r，換算体積 V_r，換算温度 T_r にてプロットすると多くの気体が全く同じグラフになる．（図 4-25）

これは，上記の気体の分子挙動の相似性が理由である．

マックスウェル＆ボルツマン分布（第 4 章 4-3-2 項）は，量子論に基づく再計算を行うと，**エネルギーの量子化**のためとびとびの不連続な値をとることは既に述べた．

気体分子の運動による内部エネルギー U は並進エネルギー E_{trans}，回転エネルギー E_{rot}，振動エネルギー E_{vib}（個々の振動数に対応した振動エネルギーの和），および分子内運動エネルギー E_{conf} の和に等しい．

$$U = E_{trans} + E_{rot} + \sum E_{vib} + E_{conf} \tag{4-4-1}$$

分子量や粘度などの化学的環境とは無関係に，並進エネルギー E_{trans} は絶対温度 T だけに比例する $\left(\dfrac{3}{2}RT\right)$ が，回転エネルギー E_{rot} は非線状の形状 $\left(\dfrac{3}{2}RT\right)$ であるか，直線構造 (RT) であるか，球

第 4 章　熱力学

表4-1 さまざまな物質の蒸発エントロピー $\Delta_{vap}S$

分子	$\Delta_{vap}S$	備考
ベンゼン	89.5	トルートンの規則に従う
トルエン	87.3	
ナフタレン	82.6	
ヘリウム	19.9	一原子分子（希ガス）
アルゴン	74.8	
水素	44.6	二原子分子（直線分子）
窒素	75.2	
酸素	75.6	
メタン	73.2	正四面体対称
水	109.1	水素結合が強い
エタノール	109.1	水素結合＋気体運動
アンモニア	97.4	水素結合

対称の希ガス（0）であるかに応じて小さくなる（第8章8-2-2項）．

さらに，一原子分子（希ガス）のほか，メタンや四塩化炭素は球対称の希ガスに近い（正四面体対称性がある）ので回転エネルギー E_{rot} が小さい．(p.327)

回転エネルギー E_{rot} が小さいと個々の分子がとることのできるエネルギー状態の数Ωは少なくなり，このことは気体のモルエントロピー S_G が小さくなることを意味する．

気体のモルエントロピー S_G が小さくなると，トルートンの規則で予想されるよりも液体のモルエントロピー S_L との高さの差（＝$\Delta_{vap}S$）が縮まる．（表4-1）

希ガスや正四面体分子のほか，二原子分子も気体のモルエントロピー S_G が小さい．

太陽エネルギーに基づく地球の化学的環境において二原子分子の沸点が低く（窒素 77 K），空気として存在する「運命」を決めたのはエントロピー S である．

2005年探査船「カッシーニ」から探査機「ホイヘンス」が投下された土星の衛星タイタンにある濃厚な大気（気圧 160 kPa，地表温度 94 K）は窒素である．

金星にある高圧な大気（気圧 9.3 MPa，地表温度 737 K）は二酸化炭素（直線分子）である．

これらの気体分子に対し，水やアルコールなど極性分子は，気体のモルエントロピー S_G には特徴は見られないが，液体ならば分子間水素結合が強い．

液体では分子間に凝集力が働くため，並進運動や回転運動が著しく束縛される．

上記のように，運動エネ

写真4-4　地球の運命：太陽～大気～海（沖縄美ら海水族館）

ルギーは絶対温度だけに比例するので気体も液体も同じように運動するが，凝集しているためにあまり遠くへ移動することができなくなる．

その結果，気体に比べて液体は位置，体積にまつわるエントロピー S が低下する．

凝集力となっている分子間相互作用が大きいと，体積にまつわるエントロピー S の低下が顕著になるために，水やアルコールなどの極性分子は液体のモルエントロピー S_L が低い．

その結果，トルートンの規則で予想されるよりも大きい蒸発エントロピー $\Delta_{vap} S$ になる．

太陽エネルギーに基づく地球の化学的環境において水の沸点が高く，液体として低地に集まり海を創った「運命」を決めたのはエントロピー S である．

タイタンの地表を覆う霧雨と河川や海はメタン（1気圧での沸点112 K）と報告されている．

金星の雲は二酸化硫黄であり，雨は硫酸だが，高温の地表に届く前に蒸発するために海はないと言われている．

【2】混合のエントロピー変化とラウールの法則

以上を踏まえ，2種類の成分を混合するプロセスが許されるか，それとも許されず2成分が分離するかについて考えることにする．

▼ベンゼンとトルエンの混合▼

ベンゼンとトルエンの混合は，ラウールの法則に従う理想溶液としてモデル化される．

理想溶液では混合する成分の分子間相互作用が変わらないと考える．

だから混合しても，エンタルピー変化 ΔH はほとんどない．

すなわち，それぞれの成分の混合比に関係なく，以下のように近似する．

$$\Delta H \fallingdotseq 0 \tag{4-4-2}$$

ベンゼンもトルエンも混合するときに液体の体積があまり変わらないという荒っぽい近似で考えると，モル比を $n:(1-n)$ としたとき（$n = 0 \sim 1$），体積比もだいたい $n:(1-n)$ とみなすことができる．

このとき，ベンゼンの体積 n とトルエンの体積 $(1-n)$ を混合して 1 にするのならば，混合に伴うベンゼンの体積変化は n から 1 になったことになる．

トルエンも同様に考えられる．

すると，ベンゼンとトルエンの混合プロセスにおける，体積の変化にまつわるエントロピー変化 ΔS の合計は

$$\Delta S = \Delta S_{benzene} + \Delta S_{toluene} = nR \log_e \frac{1}{n} + (1-n)R \log_e \frac{1}{1-n} \tag{4-4-3}$$

と見積もられる．（図4-26）

適宜 n に値を代入して計算してみると，混合のエントロピー変化 ΔS は $n = 0.5$ のとき極大値 $0.693 \times R$ となる山なりのグラフを描くから，常に

$$\Delta S \geq 0 \tag{4-4-4}$$

となる．

等号が成り立つのは $n = 0$ または $n = 1$ のときである．

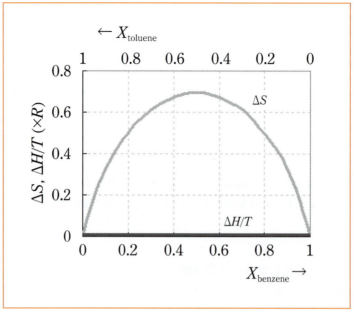

図 4-26　二成分の混合にともなうエントロピー（模式図）

この結果から，温度 T における理想溶液の混合のエントロピー変化 ΔS に対する混合のエンタルピー変化 ΔH のバランスは以下の式で表すことができる．

$$\Delta S \geqq \frac{\Delta H}{T} \doteqdot 0 \qquad (4\text{-}4\text{-}5)$$

以上の結論として，理想溶液はどのような成分の比率であっても自発的に混合する．

▼水とフェノールの混合▼

水とフェノールでは，フェノールのモル分率 0.03〜0.26（重量パーセントで 10％〜65％）の範囲では混合しないで二相になる．

混合のエントロピー変化 ΔS は理想溶液とあまり変わらない．

水とフェノールでは温度 T を上げると混合して一相になるのだから，混合は吸熱プロセスである．

つまり，混合のエンタルピー変化 ΔH はプラスであり，モル分率 0.03〜0.26 の範囲で大きくなる．

すると，この範囲では混合のエンタルピー変化 ΔH を温度で割った値が，エントロピー変化 ΔS を上回ってしまう．（図 4-27）

両者のバランスが以下のようになる．

$$0 < \Delta S < \frac{\Delta H}{T} \qquad (4\text{-}4\text{-}6)$$

このため，水とフェノールはフェノールのモル分率 0.03〜0.26 の範囲では混合しないで二相に分離する．

しかし温度 T をあげれば，$\Delta H/T$ が小さくなるので ΔS を下回り，自発的に混合する．（p.455）

▼水とアルコールの混合▼

水に対するアルコールの混合はラウールの法則から正のズレを示す．

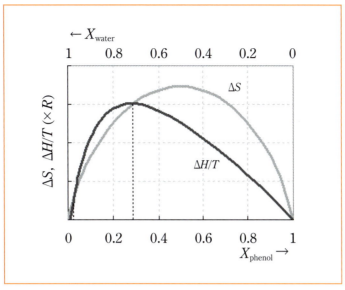

図 4-27 水とフェノールの混合に伴うエントロピー（模式図）

　混合によって水にもアルコールにも体積にまつわるエントロピー変化 ΔS が起こるが，アルコール間の相互作用よりも水との相互作用が優先するという構造性がある．

　このために許される状態の数が減少するので，エントロピー変化 ΔS は理想溶液よりもやや小さい．

　水にアルコールを加えると発熱し，このとき水の水素結合の一部が切断するので，エンタルピー変化 ΔH はマイナスである．（図 4-28）（p.28）

　以上を総合すると，混合におけるエントロピー変化 ΔS がプラスで，エンタルピー変化 ΔH がマイナスだから，両者のバランスは以下のようになる．

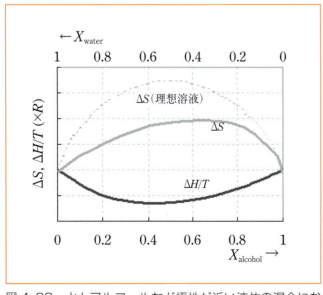

図 4-28 水とアルコールなど極性が近い液体の混合におけるエントロピー（模式図）

$$\Delta S \geqq 0 \geqq \frac{\Delta H}{T} \tag{4-4-7}$$

このため,水とアルコールはどのような混合比でも自発的に混合する.

▼クロロホルムとアセトンの混合▼

　プロトン供与基1個をもつクロロホルムと,プロトン受容基1個をもつアセトンを混合するとラウールの法則から負のズレを示す.

　クロロホルムとアセトンは1:1で水素結合複合体を形成する.

　この結果,混合によってエントロピーがほとんど増大しない.(図4-29)

　一方,水素結合の形成によって安定化するのでエンタルピーHは低下する.

　この結果,以下の関係が成立し,クロロホルムとアセトンは混合しやすい.

$$0 \fallingdotseq \Delta S \geqq \frac{\Delta H}{T} \tag{4-4-8}$$

このため,クロロホルムとアセトンはどのような混合比でも自発的に混合する.

　ラウールの法則から負のズレがあることは,混合物の安定性が高いからであると理解・予想することはできるが,エントロピー変化ΔSとエンタルピー変化ΔHのバランスを見ただけでは混合するのか,しないのか,ということしかわからない.(p.348, p.454)

　そして混合のエントロピー変化ΔSが大きいほうが,より安定な混合物を生み出すわけでもない.

　より詳しく現象を理解・予測するためには新たな指標が必要なのである.

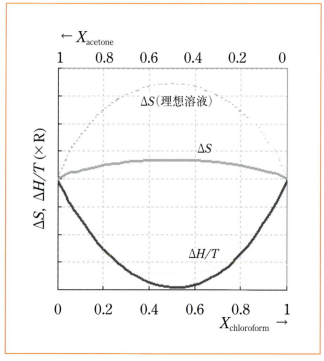

図4-29　クロロホルムとアセトンの混合におけるエントロピー(模式図)

4-4-2 ギブズ自由エネルギー変化の定義

　熱力学第二法則は孤立系で成立します．外界とのエネルギーのやり取りがある開放系や閉鎖系を考えるばあいには，外界でエネルギーのやり取りのある全てを含めて考える対象とすれば熱力学第二法則がなりたちます．外界の対象をどこまでも拡げていけば，外界とは宇宙全部です．宇宙も孤立系であり，宇宙のエントロピーも増大します．

　エントロピー項とエンタルピー項のバランスを表す指標を導くため，簡単な式を扱う．
　寒い冬に部屋に帰ってきた．暖房をつけて部屋を，そして家具や調度品を暖めている．
　熱力学第二法則によれば，それぞれの物質が熱的平衡に達するとき孤立系全体の ΔS は増大するので，部屋全体（あるいは宇宙全体）のエントロピー変化 ΔS（全体）を合計するとゼロ以上になる．

$$\Delta S(\text{全体}) \geqq 0 \tag{4-4-9}$$

暖めている部屋全体の中の何かに注目して，例えば置いてあるコップの水についてエントロピー変化を ΔS（系）で表してみることにする．

$$\Delta S(\text{全体}) = \Delta S(\text{系}) + \Delta S(\text{外界}) \geqq 0 \tag{4-4-10}$$

という2つの項に分割することができるわけだ．
　エントロピー S は移動した熱量を温度で割ったものだから，次のように変形できる．

$$\Delta S(\text{全体}) = \Delta S(\text{系}) + \frac{q(\text{外界})}{T} \geqq 0 \tag{4-4-11}$$

熱力学第一法則より外界→系が受けとった熱量は，系→外界に与えた熱量と変わらないはずだから．

$$\Delta S(\text{全体}) = \Delta S(\text{系}) - \frac{q(\text{系})}{T} \geqq 0 \tag{4-4-12}$$

単一の系について定圧プロセスであるとすると，$q = \Delta H$ と書き換えられる．

$$\Delta S(\text{系}) - \frac{\Delta H(\text{系})}{T} \geqq 0 \tag{4-4-13}$$

いよいよ結論である．この両辺をエネルギーの単位で表せるものにするため，$-T$ を掛ける．

$$\Delta H(\text{系}) - T\Delta S(\text{系}) \leqq 0 \tag{4-4-14}$$

この左辺を，系の**ギブズ自由エネルギー変化** ΔG と定義する．（IUPAC Gold Book）

$$\Delta G = \Delta H - T\Delta S \tag{4-4-15}$$

ギブズ自由エネルギー（ギブズエネルギー）変化 ΔG は，エントロピー項とエンタルピー項のバランスを端的に表す指標だ．
　ギブズ自由エネルギー変化の ΔH を天秤の左側，$T\Delta S$ を天秤の右側と考えよう．
　ΔH は系が外界から受けとる熱量 q と仕事 w である．
　$T\Delta S$ は系において分子ごとに配分されるエネルギーを示す．いうなれば ΔH はエネルギーの供給，

$T\Delta S$ はエネルギーの需要である.

$T\Delta S$ が大きければ天秤は右が下がり,このとき ΔG は負になる.需要が大きいので外界から供給を受けとり,系の変化は進行する.ところが $T\Delta S$ に対して ΔH の方が大きくなると供給過剰である.ΔG は正になるがもうこれ以上は ΔH を受け取らない.

つまり,系の変化は自発的に進行しないのである.

理想溶液の混合に対して水とエタノールの混合では ΔH がいくぶん負になるけれども,$T\Delta S$ が少ないため,理想溶液ほど ΔG の谷底は深くならない.

これが,水とエタノールではラウールの法則から正のズレが生じる理由である.

これに対して,水にアンモニアを混合すると発熱が著しく,これは混合に伴う ΔH は負に大きいからエタノールのような正のズレはほとんど見られず,共沸混合物はできない.

一方,クロロホルムとアセトンでは混合による $T\Delta S$ は少ないが,水素結合を形成することで安定化し,ΔH が大きく,$\Delta G = \Delta H - T\Delta S$ の谷底が理想溶液よりも深くなる.(図4-30)

この結果,クロロホルムとアセトンの混合は理想溶液よりも安定なものとなり,混合液と蒸気の平衡が液相側に傾くために,ラウールの法則よりも蒸気圧が低下し,あるいは沸点が上昇することが理解できる.

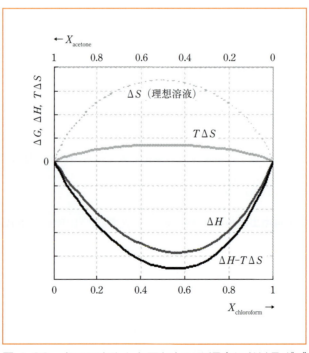

図4-30 クロロホルムとアセトンの混合におけるギブズ自由エネルギー(模式図)

4-4-3　ギブズ自由エネルギーへの圧力・温度の影響

　物理学のニュートン力学において見えないものを「力」という考え方で理解しているように，化学・生物学では漠然と「親和力」という考え方が根底に共通しているものと信じられていました．例えば，質量作用の法則や化学反応速度論の反応速度定数が「親和力」とみなされ，盛んに研究されました．新大陸でギブズが書いた熱力学の論文をオシュトヴァルトがドイツ語に，ルシャトリエがフランス語に翻訳して，ようやく「ギブズ自由エネルギー」こそが，化学・生物学に一貫する基本的な性質であることが世界じゅうで理解されるようになったのです．

　変化量ではなく全体量として，ギブズエネルギー G とエンタルピー H，エントロピー S の関係は以下の式で表される．

$$G = H - TS \tag{4-4-16}$$

ここで，系は定圧プロセスとして取り扱うものとする．
熱力学第一法則から $H = U + pV$ で表される．
するとギブズエネルギーの微小変化は $dG = dU + pdV + Vdp - TdS - SdT$ となる．
内部エネルギー変化は $dU = q + w$ であり，外部への仕事は $w = -pdV$ である．
さらにエントロピー変化の定義 $dS = q/T$ を代入すると $dU = TdS - pdV$ となる．
結局，ギブズ自由エネルギーの微小変化 dG を整理すると以下の式が得られる．

$$dG = Vdp - SdT \tag{4-4-17}$$

つまり，定圧プロセスでギブズエネルギー G に影響するのは圧力変化と温度変化だけになる．
偏微分の表し方を用いたのが以下である．

$$\left[\frac{\partial G}{\partial T}\right]_p = -S \tag{4-4-18}$$

$$\left[\frac{\partial G}{\partial p}\right]_T = V \tag{4-4-19}$$

これらはいずれも，定圧プロセスにおいて温度の低下に比例してギブズエネルギー G が増大し，また圧力の上昇に比例してギブズエネルギー G が増大することを示す．
　偏微分の添え字は変化しないとみなせるものを表しており，温度 T を変化させるときには圧力 P の変化は無視できるほど小さい．

　式 4-4-18 から，気相において温度 T を低下させるとギブズエネルギー G が増大する．（図 4-31）
　この傾きはエントロピー S に等しく，エントロピー S は 4-3-3 項で述べたように温度 T が低下すると小さくなるので，グラフは上に凸の緩やかな曲線を描く．
　沸点において凝縮がおこり，これ以下の温度ではギブズエネルギー G の高い準安定相である気相からギブズエネルギー G のより低い最安定相である液相に相転移する．
　このとき，分子間相互作用を生じて体積が大幅に縮小し，位置にまつわるエントロピー S が著しく

減少する．

　気相における傾きに対して，液相における傾きは緩やかである．

　しかし，分子の運動エネルギーは温度 T にのみ依存し，周囲の相互作用（粘度）などとは無関係なので，温度にまつわるエントロピー S は凝縮する直前とは連続的な滑らかな変化しかしていない．（数学で言う「滑らか」とは，微分連続性があること）

　温度変化の影響にあるのは温度にまつわるエントロピー S だけなので，液相におけるグラフの傾きが温度低下によって減少する度合いは凝縮前とあまり変わらず，上に凸の曲線となる．

　融点では凝固がおこり，これ以下の温度ではよりギブズエネルギー G の低い固相に相転移する．

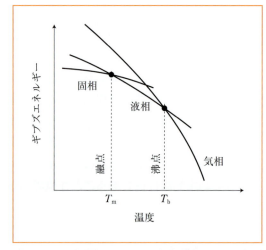

図4-31　物質の三態とギブズ自由エネルギー

　この結果，分子が格子を形成することで位置にまつわるエントロピー S が著しく低下し，グラフの傾きはさらに緩やかになる．

　凝固点近傍では，液相と固相のギブズエネルギー G があまり変わらないので，容易に**過冷却**を生じる．

　希薄溶液では，液相における混合に伴うエントロピー S の上昇があるので，ギブズエネルギー G の液相線の傾きが純水よりも急勾配になる．（図4-32）

　これに対して，水蒸気は溶質の影響をほとんど受けず，低温で析出する氷も水成分だけが再結晶されるので溶質の影響はほとんどない．

　だから，気相線と固相線は純水とほぼ同一であるとみなせる．

　この結果，希薄溶液の液相と気相との交点は高温に移動して，**沸点上昇**が起こり，固相との交点は低温に移動して，**凝固点降下**が起こる．

　このように，溶質分子の種類とは無関係に，溶媒における混合のエントロピー変化 ΔS だけが原因で生ずる物理化学的性質の変化がある特徴を，**束一的性質**という．

　準安定相（metastable）の結晶多形やアモルファス（glass/cholesteric）が形成される場合は，最安定相（stable）の固相線とは別の固相線が存在しており，相転移温度で交差する．（図4-33）

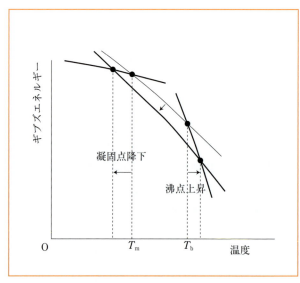

図4-32　希薄溶液に見られる沸点上昇と凝固点降下

　リトナビルやラニチジンなどでは，開発当初に用いられた結晶作製手法では過冷却を生じて最安定結

晶形への相転移が起こらず，準安定結晶形に相転移した状態と考えられる．

　何かの原因によって，よりギブズエネルギー G が低く，凝固点（融点）の高い未知の最安定結晶に相転移したと解釈することができる．

　このように，製薬産業で多大な損失を出すような相転移を予測することはまだ困難であり，安定結晶形を決定づけるものが何であるかは今日の重要な研究テーマである．

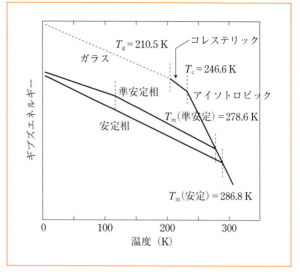

図 4-33　準安定相のギブズ自由エネルギー曲線

4-4-4　相平衡とギブズ自由エネルギー変化

　「誰もが眺めているものを観て，そして誰もが思いもよらなかったことを考えれば，それが発見になるのです」セント＝ジェルジ・アルベルト（1937 年ノーベル生理学医学賞）．

　上記のように，プロセスが一定温度において可逆的な相平衡にあるとき，圧力によるギブズエネルギーの変化 ΔG は体積と等しい．
　ここで，理想気体の状態方程式 $pV = nRT$ が成り立つとすると，

$$\frac{dG}{dp} = V = \frac{nRT}{p} \tag{4-4-20}$$

の関係が得られる．
　そこで，相 1 と相 2 の圧力をそれぞれ p_1，p_2，ギブズエネルギーをそれぞれ G_1，G_2 として，相 1→相 2 のプロセスの区間について定積分すると，

$$\int_{G_1}^{G_2} dG = nRT \int_{p_1}^{p_2} \frac{dp}{p} \tag{4-4-21}$$

$$G_2 - G_1 = nRT \log_e p_2 - nRT \log_e p_1 \tag{4-4-22}$$

という関係になる．
　この式で，相 1 を標準状態（10^5 Pa, 25℃）と考えると，G° を標準ギブズエネルギー，p° は標準圧力として，以下の式が得られる．

$$G = G^\circ + nRT \log_e \frac{p}{p^\circ} \tag{4-4-23}$$

　この式を用いて，改めて相 1 から相 2 へのプロセスについて平衡状態を考えることにしたい．
　相 1 と相 2 が平衡状態にあるのならば，

$$G_2 - G_1 = 0 \tag{4-4-24}$$

の関係がなりたつ．

この G_1, G_2 を，標準ギブズエネルギーを基準にして示せば，以下のようになる．

$$\begin{aligned} G_2 - G_1 &= \left(G_2{}^\circ + n_2 RT \log_e \frac{p_2}{p^\circ}\right) - \left(G_1{}^\circ + n_1 RT \log_e \frac{p_1}{p^\circ}\right) \\ &= (G_2{}^\circ - G_1{}^\circ) + RT \log_e \frac{(p_2/p^\circ)^{n_2}}{(p_1/p^\circ)^{n_1}} \end{aligned} \tag{4-4-25}$$

ここで $G_2{}^\circ - G_1{}^\circ$ を標準ギブズエネルギー変化 ΔG° とし，平衡定数を $K = \dfrac{(p_2/p^\circ)^{n_2}}{(p_1/p^\circ)^{n_1}}$ とすると，

$$\Delta G^\circ = -RT \log_e K \tag{4-4-26}$$

この式は，これまでに物理変化について考えてきた熱力学量と，化学実験において測定できる平衡定数の関係を表す式であり，非常に重要である．

混合溶液が気体と平衡状態にあるとき，ヘンリーの法則から溶質成分の蒸気圧と溶質のモル分率とは比例関係にある．

また，ラウールの法則から溶媒成分の蒸気圧と溶媒のモル分率とは比例関係にある．

だから，蒸気の平衡定数に対して，理想溶液の成分の平衡定数は以下の関係にある．

$$K = \frac{(p_2/p^\circ)^{n_2}}{(p_1/p^\circ)^{n_1}} = \frac{x_2^{n_2}}{x_1^{n_1}} \tag{4-4-27}$$

この式は，第1章1-3節や第2章2-4節で示された可逆反応の平衡定数に他ならない．

一方，標準ギブズエネルギー変化 ΔG^0 を標準エンタルピー変化 ΔH^0 と標準エントロピー変化 ΔS^0 で表すと，

$$\Delta G^0 = \Delta H^0 - T\Delta S^0 \tag{4-4-28}$$

であるから以下が導かれる．

$$\log_e K = -\frac{\Delta G^\circ}{RT} = -\frac{\Delta H^\circ}{RT} + \frac{\Delta S^\circ}{R} \tag{4-4-29}$$

これは本章4-1節に示したファントホッフの定圧反応式である．

ファントホッフ・プロットを用いることで，標準エンタルピー変化 ΔH^0，標準エントロピー変化 ΔS^0 を決定することができる．

演習問題

問題 1

熱力学に関する記述の正誤を○×で示せ．（第 86 回問 20，第 88 回問 18，第 94 回問 18）

(1) 微小量の仕事と微小量の熱が系に加えられたとき，系の内部エネルギーはその和だけ増加する． (　)

(2) 自発的な反応は，系のギブズエネルギーが減少する方向に進む． (　)

(3) 温度，圧力一定の閉じた系における平衡状態では，Gibbs 自由エネルギーが最小である． (　)

(4) 自由エネルギーはエントロピーとエンタルピーの関数であり，温度には依存しない． (　)

(5) ギブズエネルギーは，圧力一定条件下では温度の上昇に伴って増加する． (　)

(6) 定温，定圧では，系が外界に対して行うことができる体積変化以外の最大仕事は，ギブズエネルギーの減少量に対応する． (　)

(7) 純物質は，その沸点で液相と気相のモルギブズエネルギーが等しい． (　)

(8) 標準反応ギブズエネルギー変化 ΔG^0 と平衡定数 K には，$\Delta G^0 = -RT \ln K$ の関係がある．ただし，R は気体定数，T は絶対温度である． (　)

(9) 絶対温度 T において状態 A と B が平衡にあるとき，その平衡定数 K は，両状態の標準自由エネルギー差 ΔG^0 によって決まる．ただし $\Delta G^0 = -RT \ln K$ の関係がある．R は気体定数である． (　)

コラム　足し算ができる量と，足し算ができない量

理想気体の状態方程式は以下のように学びました．（n 物質量，R 気体定数）

$$pV = nRT \tag{4-4-30}$$

また，実在気体のファンデルワールス状態方程式は次の式で表されます．

$$\left(p + \frac{an^2}{V^2}\right)(V - bn) = nRT \tag{1-2-3′}$$

ここで圧力 p，体積 V，温度 T はそのときの物質の状態によって変化する数値です．
物質の状態によって変化する数値を「**状態関数**」と言います．

関数と言っているのは，ある状態で圧力が p であった場合，理想気体と見なすにせよ，実在気体で説明するにせよ，これは体積 V と温度 T によって変化する関数になっているという意味です．

だから，状態関数の代わりに状態方程式と言ってもよく，この言い方をすれば聞き手は数式が明確に示されていることを前提にするでしょう．

関数の実体に理想気体の状態方程式を用いたり，ファンデルワールス式を用いたり，また他の状態方程式を持ってくることもあり得ますので，それを特定しないならば，以下のように表すことができます．

$$p = p(T, V) \tag{4-4-32}$$

同様に，体積 V と温度 T についても関数として以下のように表されます．

$$V = V(T, p) \tag{4-4-33}$$

$$T = T(p, V) \tag{4-4-34}$$

どれかを関数とみなすと，残りの2つは実験的に決定しなければなりません．
このように p，V，T が状態を決定する量だと解釈するなら「**状態量**」とか「**状態変数**」といいます．

状態量や状態関数は，物質を加熱や圧縮などの操作を何もしないときに，そのままの様子を保っている状態を表している量・関数ということになります．

ある物質を注目する系とすると，外界から系に熱量 q が加えられ，さらに外界から系に仕事 w があったとき，系の内部エネルギー変化は以下のようになります（熱力学第一法則）．【重要】

$$\Delta U = q + w \tag{4-2-2}$$

ここで，q と w は物質の状態に働きかけている要素であって，物質の状態をこれから変化さ

せるものになりますから状態関数ではありません．

物質の状態を示しているのは，内部エネルギーUです．

圧力が決まっている条件の下では，

$$\Delta H = q = \Delta U - w = \Delta U - p\Delta V \tag{4-2-2′}$$

となりますから，状態関数であるU，p，Vだけで表されていますので，エンタルピーHは状態関数です．

この言い方だと，状態関数だけで決まるものが状態関数だということになります．

$$\Delta S = \frac{\Delta H}{T} \tag{4-3-4}$$

や，

$$\Delta G = \Delta H - T\Delta S \tag{4-4-15}$$

も状態関数で表されており，エントロピーSやギブズエネルギーGも状態関数です．

また，後から出てきますが，化学ポテンシャルμも状態関数です．

状態量，状態関数には足し算が成立するものと，足し算が成り立たないものがあります．

体積V，エントロピーS，エンタルピーH，内部エネルギーUは足し算が成立します．

これは，質量Wや物質量nなどにも言える性質です．

この特徴を**示量性**といい，**示量性状態量**，**示量性状態関数**と分類します．

圧力p，温度T，化学ポテンシャルμは足し算が成り立ちません．

これは，密度ρや濃度m，Cにも言えることです．

この特徴を**示強性**といい，**示強性状態量**，**示強性状態関数**と分類します．

第 5 章
移動論

5-1 変型・流動にともなう物質の移動
—レオロジー—

| Episode | 加工セルロースの多彩な機能 |

　速度論では，時間とともに物質が変化する様子を学びました．平衡論では，物質の安定な状態から何が変化をおこさせるか学びました．熱力学では，それらをエネルギーという尺度でみれば，一貫した説明ができることを学びました．ここからは，それらを総合して，くすりを効かせるためのくすりの総合科学を身につけていきます．

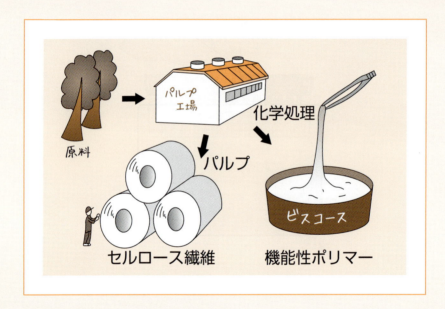

　セルロース由来の高分子医薬品原料は，植物繊維であるパルプを化学処理することで種々の機能性ポリマー誘導体として製造されており，医療目的にも多く利用されています．
　結晶セルロースは水で膨潤するので賦形剤や崩壊剤に用います．
　メチルセルロース（MC）は様々な分野で用いられる工業材料で，医薬品としてはコーティング剤や結合剤，軟膏の乳化剤となります．
　ヒドロキシプロピルセルロース（HPC）はフィルムコーティング剤や結合剤に用いられます．
　ヒドロキシプロピルメチルセルロース（HPMC）は別名ヒプロメロースといい，**ヒプロメロースフタル酸エステル**（HPMCP）は代表的な**腸溶性**コーティング剤です．
　メセロースはMCにヒドロキシエチルメチルセルロース（HEMC）やHPMCを混合した水溶性セルロースエーテルのことです．
　エチルセルロースは半透膜を形成する水不溶性の**徐放性**コーティング剤です．

酢酸フタル酸セルロースは別名**セラセフェート**といい，酸性〜中性の水には溶けませんがアルカリ溶液には溶解するので**腸溶性コーティング剤**に用います．

カルボキシメチルセルロース（CMC）は別名カルメロースといい，カルメロースと**カルメロースカルシウム塩**は水を加えると膨潤するが粘性はあまり増大しないので崩壊剤に用います．

カルメロースナトリウム塩は水を加えると粘稠性（ねんちゅうせい）のある液となるので，結合剤や懸濁化剤になります．

懸濁化剤のカルメロースナトリウムに結晶セルロースを混ぜ合わせた粘性の高い結晶セルロース・カルメロースナトリウム液は，激しく振り混ぜることで粘度が低くなって流動性が増します．

ところが，振り混ぜるのをやめると直ちにねばくなります．

このような性質を**チキソトロピー**といいます．

近年，チキソトロピーを応用した製剤が多く発売されるようになりました．

以下は，チキソトロピーを応用したジェネリック医薬品製剤を報道する新聞記事です．

「フロラーズ点鼻液 50 μg 28 噴霧用®」を発売　日本臓器製薬
(薬事日報 2006 年 7 月 21 日より)

日本臓器製薬は「フロラーズ点鼻液 50 μg 28 噴霧用®」（一般名：フルチカゾンプロピオン酸）が 7 日に薬価収載され，10 日から発売を開始した．

香料無添加の無臭性点鼻薬．（スプレー前は）サラッとしてべとつきが少ないが，スプレー後，鼻腔内の粘膜表面に付着したあとは，結晶セルロース・カルメロースナトリウムのチキソトロピー現象により液ダレしにくくなる特性がある．

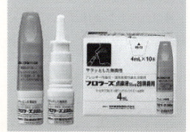

患部で効果を発揮し体内に吸収されると，不活化され全身への影響が少なくなるようにしたアンテドラッグ．

Points　レオロジー

レオロジーは**流動学**ともいい，固体の変形と液体の流動を学問対象とする．日本薬局方第 16 改正では軟膏剤（口腔用，眼用，直腸用，皮膚用），クリーム剤・ゲル剤（口腔用，直腸用，皮膚用），埋め込み注射剤，坐剤（直腸用，膣用），貼付剤，テープ剤，パップ剤などが対象．中でもエピソードのように新しい剤形や，放出制御などの分野で重要．

ニュートン流体（粘性流体）は，以下のニュートンの式で表されるニュートンの粘性法則に当てはまる流体．小分子の液体に多い（水，鉱油，ハチミツなど）．横滑りの力（ずり応力）S と変形量（ずり速度）D の比例定数を粘度（絶対粘度）η（ギリシャ文字イータ）とする．

$$S = \eta D \tag{5-1-4}$$

絶対粘度 η（単位 Pa·s）はずり速度 D（単位 /s）あたりに必要なずり応力 S（単位 Pa）．**粘度，粘性率，粘性係数**ともいう．物体の局所的な「ねばつき」を表す．多くの場合高温で低下し，水の絶対粘度は 20℃ で 1.0019 mPa·s，25℃ で 0.8903 mPa·s．

動粘度 ν（単位 m²/s）は，自重で流動する速度であり，絶対粘度 η（単位 Pa·s）を密度 ρ（単位

5-1

kg/m³）で割った値．物体の動きにくさ．**粘動性係数**ともいう．

$$\nu = \frac{\eta}{\rho}$$

相対粘度（η_{rel}）は，溶液の絶対粘度 η を溶媒だけの純品の絶対粘度 η_0 で割った比．

$$\eta_{\text{rel}} = \frac{\eta}{\eta_0}$$

比粘度（η_{sp}）は，溶媒と溶質純品の絶対粘度につき，以下の式で計算される比．

$$\eta_{\text{sp}} = \frac{\eta - \eta_0}{\eta_0} = \eta_{\text{rel}} - 1$$

固有粘度（η_{int}）は，溶液の相対粘度 η_{rel} を溶液濃度 c で割った比，またはその対数 $\ln(\eta_{\text{rel}}/c)$．濃度 c に対して $\ln(\eta_{\text{rel}}/c)$ は一定か，右上がりの直線となる．

極限粘度（$[\eta]$）は，高分子懸濁液で濃度ゼロに補外した比粘度．高分子の分子量を測定する目的で測定される．

$$[\eta] = \lim_{c \to \infty} \eta_{\text{sp}}$$

非ニュートン流体は，ニュートンの粘性法則に当てはまらない流体．次の形の式で表すことができる（粘度 η がずり応力 S で変化するものもある）．

$$S = S_0 + kD^n \tag{5-1-6}$$

ここで S_0 を**降伏値**といい，これより小さいずり応力 S では変形しない．

降伏値のないものには**擬粘性流体**（$n>1$）と**ダイラタント流体**（$n<1$）がある．

降伏値のあるものには**ビンガム流体**（$n=1$）と**擬塑性流体**（$n>1$）がある．

チキソトロピーはずり応力が増加するときと減少するときに粘度が異なる現象をいう．非ニュートン流体において見られる．

クリープは，物体への一定の負荷により時間に依存して物体形状が変化すること．

応力緩和（ストレス緩和）は，物体への長期間の負荷が物体形状の復元力に影響を及ぼす現象のこと．

粘弾性：液体が流動する性質と固体が変形したり復元したりする性質の兼ね合い．

マックスウェルモデルは，力で速やかに変形するが，元の形に戻らない粘弾性モデル．

フォークトモデルは，力をかけても変形が遅いが，力を除くと復元する粘弾性モデル．

これらのモデルを説明するのに，バネとダッシュポットが使われる．ダッシュポットは，気密性の少ないピストンに油を充填したもので，伸縮の動きを遅くする器具．

5-1-1 粘度

ハンドクリームやハチミツは粘度が高く，水や灯油は粘度が低い．でも，日常経験で感じる尺度と，科学的に測定した数値にはズレを生じることがあり，分子レベルと現実の体感にもズレがあります．科学的には粘度をどのような数字としているのでしょうか？ SBO:E5-(1)-②-1

粘度の大きさを数値で表すため，日本薬局方一般試験法では粘度測定法として**毛細管粘度計**（第1法），あるいは**回転粘度計**（第2法）を規定している．（コラム p.362 参照）

　測定装置のデータ解析公式はマニュアルに任せ，粘度とは何かをじっくり考える．

　水道蛇口のコックやドアノブは，腕が長いほうが力をかけなくてよい．

　トルク T（単位 N・m）とは，こういう回転させる強さであり，力（単位 N）と腕の長さ（単位 m）のかけ算である．（図5-1）

　これに対して角速度 ω（単位 /s）は，回転する腕の速度（単位 m/s）を腕の長さ（単位 m）で割ったものになる．

　回転粘度計（ストーマー型）では内筒を面積あたりの力 F で回転させていると，角速度 ω で外筒が回転する．（図5-2）

　すると，外筒と内筒の間に詰め込まれた物質は，内筒の力が外筒の角速度 ω に粘度 η（単位 Pa・s＝N・s/m^2）をかけ算したぶんだけ伝わるので，内筒にかける力 F（これに内筒の半径をかけ算したトルク T）と外筒の角速度 ω を正確に求めれば粘度 η を計算できる．

　このとき，内筒の試料漕壁と液層，液層と液層，液層と外筒の試料漕壁のあいだに摩擦がはたらく．

　このため，外側の液層や外筒漕が順に遅れながら内筒の回転を追いかける．

　水や灯油では回転数が小さいとき遅れも小さく，回転数が大きいとき遅れは大きくなる．

　しかし，ハンドクリームやマヨネーズでは，回転数が小さいときそれぞれの層で摩擦が働いて滑らなくなり，内筒と外筒がいっしょに回転するだろう．

　流体に横滑りの力を加えると，このように力の大きさに応じて層状に滑って変形する．

　そこで科学的には「一定の変形」に必要となる「横滑りの力」を**粘度**としている．（図5-3）

　流体が層状になって横滑りする様子を，「ずり」または「せん断（剪断）」という．

　層と層のあいだの横滑り面をせん断面といい，流体に横滑りさせるような，せん断面に対して垂直な方向からの力を**ずり応力（せん断応力，ストレス）**S という．

　ずり応力 S はせん断面の面積 A(m^2) あたりにかかる力 F(N) として単位は Pa(N/m^2) を用いるが，力の方向に対して平行な面を扱う点が圧力と違う．

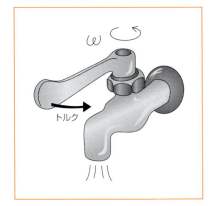

図5-1　コックを回す力と腕の長さのかけ算のトルクで水道蛇口の栓が開く

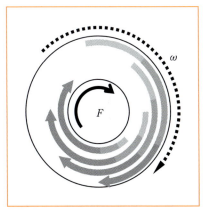

図5-2　回転粘度計：二重の円筒容器の内筒を回転し，外筒の動きを観測する

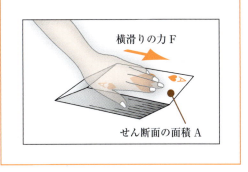

図5-3　横滑りの力を与えて，トランプの山を変形させる

第5章　移動論　361

コラム　日本薬局方一般試験法「粘度測定法」

毛細管粘度計は，垂直の毛細管を試料が重力で流れるとき，二つの標線の間を試料が通過する流動時間 t を計測し，粘度のわかっている標準物質の流動時間と比較する．

図は左から，**ウベローデ粘度計**，**オシュトヴァルト（オストワルド）粘度計**，**キャノン・フェンスケ粘度計**という．

毛細管粘度計で測定される粘度を**動粘度**という．

毛細管粘度計はニュートン流体しか**適用できない**．

回転粘度計は，外筒と内筒の間に試料を入れ，内筒の回転に要するトルク T に対して外筒が回転する角速度 ω を測定する（ストーマー型）か，または外筒の回転に要するトルク T に対して内筒の角速度 ω を測定する（クエット型）．

試料をたくさん使うが，実験結果の再現性がよく，また試料が乾燥しにくい．

円錐-平板粘度計（コーン・プレート型）は，静止した平板（プレート）の上で図のように扁平な円錐（コーン）を回転する．

平板と円錐の狭い隙間に試料を挟み，円錐の角速度 ω に対する円錐にかかる半径あたりのトルク T を測定する（同様の装置で，円錐の代わりに平板を用いる平行板型もある）．

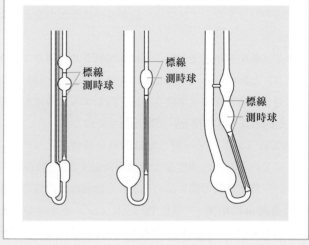

少量の試料で実験できるが，構造上，粒径の大きい試料には不向きである．

回転粘度計でも，円錐-平板粘度計でも，粘度 η は与えたトルク T を測定された角速度 ω で割った値に比例する．

回転粘度計と円錐-平板粘度計は，**非ニュートン流体にも適用できる**．

$$S = \frac{F}{A} \quad (5\text{-}1\text{-}1)$$

これで,「横滑りの力」が厳密に定義された.

「一定の変形」のほうは,まず基準とするせん断面から,どこか自分で決めたせん断面までの高さを Δh とする.(図5-4)

このせん断面が,基準のせん断面に対して横滑りするはやさ v を Δh で割ったものを**ずり速度(せん断速度)** D とする.(単位は /s)

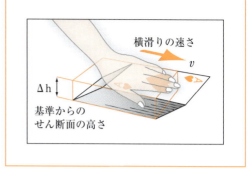

図5-4 変形する量を,一番底のカードに対する一番上のカードの移動するはやさで表す

$$D = \frac{v}{\Delta h} \quad (5\text{-}1\text{-}2)$$

結局,粘度 η は流体のずり速度 D あたりのずり応力 S である.

5-1-2 さまざまな粘度

ここまでの話は,実験装置が回転するのでトルクとか角速度がわかりにくかったかもしれませんが,粘度そのものについては日常感覚によく一致しているように見え,実感がありました.
SBO:E5-(1)-②-1

【1】毛細管粘度計と動粘度

ウベローデ粘度計やオシュトヴァルト粘度計などの器具では流体を細い管(毛細管)に通す.

これを垂直に立てると,流体の自重で細い管を流れ落ちていく.

水とハチミツなら,水のほうがはやく落ちてくるだろう.

ストローでケチャップやマヨネーズを吸い上げると,流れ落ちることはまずない.

だから,毛細管粘度計というのはどろどろの液体には使えそうもない.

ちょっと寄り道して,管の中をとおる流体について考えよう.

流体が移動して流れを形成するとき,流体の移動の様子から2種類の流れがある.(図5-5)

内壁の表面が滑らかな管の中を流体がゆっくり移動するときには,移動の方向に対して垂直な横の並びで流体が入れ替わらないから,これを層になっていると考え,**層流**という.

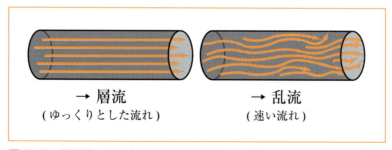

図5-5 断面積一定の管の中にある流体に見られる2種類の流れ

5-1

内壁に起伏があったり，流体がはやい速度で移動したりするときは，流体が横方向に入り乱れてかき乱されるので，これを**乱流**という．

層流では，管の内壁と流体層の間に摩擦があり，流体層と流体層の間に摩擦がはたらくので，管壁に近いところの流れは遅く，管の中央の流れは速くなる．（図5-6）

この流体層の横滑りにおける抵抗が粘度をうむ．

乱流になると，この横滑りは入り組んで複雑になる．

層流における流れは粘度によって遅くなるから，流れの速度は流れを起こしているずり応力によって変化する．

ここで話を毛細管粘度計に戻すと，自重によるゆっくりとした流れなので層流であると考えられ，ずり応力のもととなるこの流れを生み出す重力は流体試料の密度に比例する．

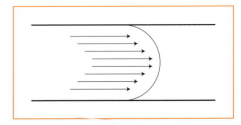

図5-6　流体と管壁にはたらく摩擦

だから，粘度が高くて，密度が小さいケチャップやマヨネーズは管を流れ落ちない．

水の粘度 1 mPa·s に対してハチミツの粘度は 7000 mPa·s，ケチャップの粘度は 500 mPa·s 前後，マヨネーズの粘度は 2000 mPa·s 前後という．（品質や条件による）

ケチャップやマヨネーズは流れないが，ハチミツはゆっくりでも流れ出る．

さらに複雑なことに，ケチャップやマヨネーズでも容器から絞り出せば流れ出るし，ストローで吸い上げることもできるし，管を振り回しても流れ出してくる．

これから徐々に事例を整理したい．

てはじめに，毛細管粘度計で測定するのは 5-1-1 項で定義した粘度ではなく，流体試料の密度の影響をうける動粘度という性質として区別することにする．

動粘度 ν (m²/s) は流体の粘度（これを**絶対粘度**という）η (Pa·s) を密度 ρ (kg/m³) で割った値である．

流れ方向への圧力によって流体分子が一定方向に推進するはやさ v (m/s) に対し，流れに垂直な面にそって拡がってしまう運動（側方拡散）が動粘度 $\nu = \eta/\rho$ (m²/s) にあたり，この意味で動粘度のほうが理解しやすい．（図5-7）

経験的に温度が高いほうが液体の流動性は増大し，粘度は小さくなる．

これは，熱膨張で液体の密度が減少することで圧力方向に移動しやすくなるためであり，動粘度でみれば側方拡散が相対的に低下することに相当する．

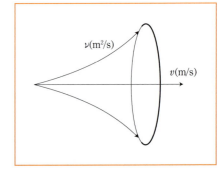

図5-7　動粘度とは流体が進行方向に対して垂直な面にどれくらい拡がるか

粘度の温度依存性について，アンドラーデは関係式 5-1-3 を提案した．

$$\log_e \eta = \log_e A + \frac{E}{RT} \tag{5-1-3}$$

ここで，E は流体が流動化するための活性化エネルギーである．

気体の粘度は液体の 100 分の 1 程度だが，温度が上昇すると粘度は増大する．

気体では分子間相互作用がほとんどないから，物質の移動は密度の影響をうけず，温度が高いほうが側方拡散の運動も激しくなるためである．

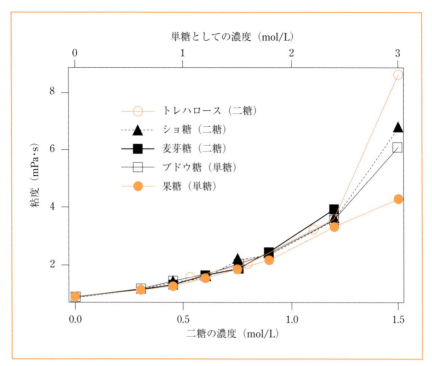

図 5-8 単糖と二糖の濃度と粘度の関係

【2】溶液の粘度

溶液では濃度が増大すると絶対粘度は大きくなる.

そこで，溶質の性質としての粘度を表す場合，溶媒単独における絶対粘度 η_0 に対して，溶液の粘度を相対的に表す**相対粘度** η_{rel}，溶媒単独における絶対粘度 η に対して溶液になるとどれだけ変化したか $(\eta - \eta_0)$ を比率で表す**比粘度** η_{sp} などが用いられる.

図 5-8 のように単糖と二糖において六炭糖 1 単位の濃度に応じて分子構造とは無関係に濃度が増大し，高濃度になると物質個々の特徴が現れる.

ということは，物質個々に特徴が見えない低濃度では分子量と粘度に相関関係があることになる.

これを応用してセルロース誘導体，ポリビニルピロリドン（PVP），ポリエチレングリコール（PEG）などの高分子では，様々な濃度での粘度から無限希釈したときの比粘度（**極限粘度**）を求め，ここから分子量を見積もる.

5-1-3 ニュートン流体

ハチミツが大好物なクマのぬいぐるみの有名なアニメがあります．レンガや割れた石膏像をハチミツで接着しようとする場面がでてきますが，ハチミツは粘りけがあっても固まらないからうまくいきません．SBO:E5-(1)-②-1

水，鉱油，ハチミツは粘度が一定で，このような流体を**ニュートン流体**という.

ニュートン流体は，ニュートンの粘性法則に従う流体である.

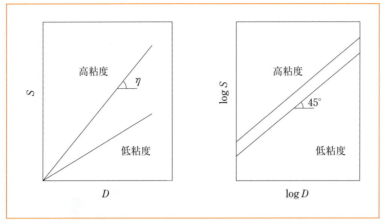

図5-9 ニュートン流動のレオグラム

その場合，ずり応力Sとずり速度Dの関係が次の**ニュートンの式**で表される．

$$S = \eta D \tag{5-1-4}$$

また，ずり応力Sによってずり速度Dが発生するから，次のように表すこともある．

$$D = \frac{1}{\eta} S \tag{5-1-5}$$

絶対粘度の逆数$1/\eta$はストレスを加えればどれだけ変形するかを表し，**流動性**と呼ぶ．

ニュートン流体は変形が横滑りの力と比例し，この挙動を**ニュートン流動**という．

水や鉱油の他にも，**小分子の液体や溶液のほとんどはニュートン流動を示す**．

ニュートン流動を実数グラフに表すと原点を通る直線に，両対数グラフで表すと傾き45度の直線になる．（図5-9）

ところで，クリスマスケーキのホイップクリームでできたデコレーションは流れ出さない．

かき混ぜている間は柔らかいが，力がかかっていないときは粘度が高く変化する．

ニュートンの粘性法則にしたがわない流体を非ニュートン流体という．

またその挙動を**非ニュートン流動**という．

ハンドクリーム，マヨネーズ，ケチャップ，クリームチーズなどの不透明な半固形物は，高分子やミセルなどを含むコロイドで，多くは非ニュートン流体である．

また，透明な水飴はニュートン流体だが，これをこねて泡を含むフォームの状態にすると粘度が高くなるとともに，挙動は非ニュートン流体になる．

化学実験室では特殊な液体だが，日常生活では食品も医薬品も生活排水も非ニュートン流体のほうが一般的と言えるだろう．

非ニュートン流動は「拡張オシュトヴァルト式（ハーシェル＆バルクリーの式）」で表される．

$$S = S_0 + kD^n \tag{5-1-6}$$

ここで，S_0を**降伏値**という．

降伏値の意味は，ずり速度Dについて式5-1-6を次のように変形するとはっきりする．

$$\log(S - S_0) = \log k + n \log D \tag{5-1-7}$$

降伏値 S_0 はずり応力 S のいわば底上げぶんになっているから，この値までずり応力 S を加えても変形が起こらない臨界点（限界の力）を意味していることがわかる．

降伏値があるということは，応力がないとき物体が「固体として」振る舞っている様子を示す．

5-1-4 非ニュートン流動

非ニュートン流体は，降伏値があるものとないものの2種類に分かれます．降伏値があるのはかき混ぜるのに力が必要ということですが，力の弱い虫から見ると固体としか思えません．こう考えると，人間にとって水銀は液体で，鋼鉄は固体ですが，想像上の怪物が「鋼鉄をアメのように曲げる」のなら，怪物にとって鋼鉄は降伏値の高い流体です．SBOs:E5-(1)-②-1, 2

【1】擬粘性流動とダイラタント流動

拡張オシュトヴァルト式 5-1-6 で降伏値 S_0 をゼロにしたものを「べき乗則の式」という．

$$S = kD^n \tag{5-1-8}$$

「べき乗則」に従う挙動で，べき乗パラメータ n が1であればニュートン流動である．

そして，n が1よりも小さいものを**擬粘性流体**（または**準粘性流体**），n が1よりも大きいものを**ダイラタント流体**という．

絶対粘度 $\eta = S/D$ で定義されるから，べき乗則では $\eta = kD^{n-1}$ となり，ニュートン流体なら $\eta = k$，擬粘性流体なら D の増加に対して粘度が減少，ダイラタント流体なら D の増加に対して粘度が増加する．

擬粘性流動を示す物質には，**濃度1%くらいまでの水溶性ポリマー水溶液**がある．

医薬品分野では，エピソードにあった**メチルセルロース**や**カルメロース**（カルボキシメチルセルロース）などセルロース誘導体，海藻のねばり成分である**アルギン酸ナトリウム**などの1%水溶液がこれにあたるとされる．

これらの高分子分散液では，分散媒の流れが生ずると摩擦の大きかった高分子が構造変化することで，摩擦が低下して動きやすくなるというモデルで解釈されている．

ダイラタント流動は応力が加わると硬くなる現象で，**ダイラタンシー**ともいう．

ダイラタント流動は**デンプンの50%溶液**で観察され，食材でいえばモチモチした感触である．

デンプンもセルロースもグルコースのポリマーだが，分子の連結様式が異なり，セルロースは繊維状に伸びる（β1→4結合）が，デンプンのアミロースは糸鞠状に丸くなる（α1→4結合）．

またモチ米の主成分アミロペクチンには分岐構造があるのででこぼこの糸鞠である．

応力が加わると，起伏のある粒子が転がって互いにぶつかるため分子間で拡がろうとするが，液体が充満した空間の体積を拡げようとすると陰圧になる．（図5-10）

ダイラタンシーとは膨らむという意味で，膨張に伴う陰圧が分子間の凝縮力となるために硬くなる．（図5-11）

片栗粉で実験している映像が，色々なインターネット動画サイトに多く公開されている．

図5-10　不揃いな粒子に応力が与えられると膨張し，陰圧となって硬くなる

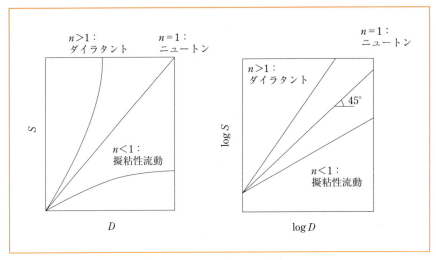

図5-11　擬粘性流動・ダイラタント流動のレオグラム

日常では，乾燥している砂浜は走りにくいが，波打ち際の濡れた砂は踏めば硬い．
しかし，濡れた砂も手で掻き取ることはできるし，乾いた砂粒と大きさも硬さも変わらない．
底なし沼はもがけば硬くなって足が上がらず，止まれば柔らかくなってさらに沈む．
ウィンタースポーツなどで衝撃保護するゴム状ポリマーとしてダイラタンシーを応用したd3o®が2007年各賞で表彰され，日本では鈴鹿のロードレースで知名度を上げた．
これもインターネット動画サイトに様々な実体験映像が掲載されている．
近年，衝撃吸収ニット帽やスマートホン保護カバーに応用されている．

【2】ビンガム流動と擬塑性流動

ヨーグルトは冷蔵庫に入れておくと固体のようになっているが，スプーンでかき回せば液状になる．
このように，弱い力では変形しない物体を拡張オシュトヴァルト式5-1-6で表すと**降伏値 S_0 がゼロよりも大きい**．

このような物体で，拡張オシュトヴァルト式のべき乗パラメータ n が 1 で近似される場合を**ビンガム流動**（または**塑性流動**）といい，n が 1 よりも小さいものを**擬塑性流動**（または**準塑性流動**）という．（n が 1 より大きくなる実例は見あたらない）

ビンガム流体は以下の式で表すことができる．

$$S = S_0 + kD \tag{5-1-9}$$

絶対粘度 $\eta = S/D$ で定義されるから，一定ではなく D が小さいとき粘度 η は非常に大きな値をとるが，D の増大に伴い急激に低下する点が擬粘性流動と異なる．（写真 5-1）

ビンガム流体では，静置しておくとコロイドが分子間力によって網目状（足場状ともいう）のゲル構造体ができあがっているものと考えられている．

降伏値以上の応力を加えると可逆的に網目構造体が破綻し，流動性を増すが，応力を除くと再び網目構造体を復元する．（図 5-12）

薬学で扱う医薬品では，**軟膏**などの半固形製剤に用いるものに多い（コラム p.371 参照）．

その他**シロップ剤**，**チンク油**（酸化亜鉛の植物油 50% 溶液）などの濃厚なエマルション（乳剤）やサスペンション（懸濁剤）もビンガム流体で，これらは最初にかき回してから使う．

擬塑性流体には，**メチルセルロース**（MC）や**カルメロース**，**アルギン酸ナトリウムの 3% 以上の溶液**があるとされる．（実験条件に依存するため，3% では降伏値が見られない実験結果もある）

写真 5-1　カタツムリの粘液はビンガム流体なので移動後は液だれしない（乾燥ではない）

これらは擬粘性流動と同じ水溶性ポリマーでより濃度が高い分散液であって，擬粘性と擬塑性の境界は S-D プロットの降伏値 S_0 の有無となる．

ただし，擬粘性流体を設けず，$S_0 = 0$ の擬塑性流体の一種と見なしているテキストも多い．

これらの特性を**構造粘性**と総称する．

高分子が絡み合うなどして分散液が構造化している半固形状態が，ずり応力を加えられることで高分

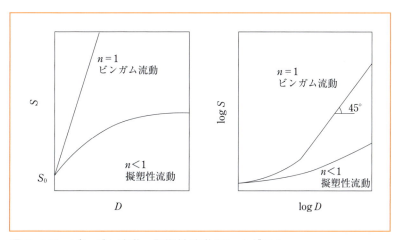

図 5-12　ビンガム流動・擬塑性流動のレオグラム

子の構造変化を生じ，構造化が損なわれるために流れにそって動きやすくなる．

さて，もう一度最初の問題（p.364）に戻ると，ハチミツの絶対粘度は 7000 mPa·s，ケチャップの粘度は 500 mPa·s 前後，マヨネーズの粘度は 2000 mPa·s 前後という数値の意味が了解できる．

ケチャップ（トマトなどの可溶成分と香辛料の水性混濁液）やマヨネーズ（油・酢・卵の O/W エマルション）の絶対粘度は，降伏値より十分大きいずり速度で測定されたものだからハチミツ（主にブドウ糖，果糖の高濃度水溶液）の値よりも小さいが，毛細管粘度計で測定しようとするとき，これらの自重では降伏値と同程度か，より小さいずり応力しか生じない．

マヨネーズの粘度はずり速度が 10/s よりも小さいとき，ハチミツの粘度より大きくなる．

ケチャップはこれよりもっと小さいずり速度で粘度が低下するから，振動などで少し勢いがつけば毛管から流れ出る．

このように，非ニュートン流体は絶対粘度が変化するので毛細管粘度計を使えない．

【3】チキソトロピー

石鹸水やグリース（油に石鹸やベントナイトを分散して粘稠にしたもの）などの分子会合体では，ずり応力をかけて流動化させると，粘性が低下するが，その後ずり応力を低下させても粘度は低いままである．

ところが，一度ずり応力を完全に取り除けば高い粘度が復元する．

この現象を**チキソトロピー**といい，この性質を示す物体をチキソトロピック流体という．（図 5-13）

塩酸テトラサイクリン油性点眼液，プロカインペニシリン油性懸濁注射液，**モノステアリン酸アルミニウム油性懸濁剤**などは，保存時にはゲル状（半固形）で，使用時に振り混ぜると擬粘性流動や擬塑性流動の特性をもったゾル状（流動物）になり，撹拌をやめると再び粘度が高くなる．

エピソードの例のほか歯科治療では，咬合採得（歯形をとること）の凝固ペーストに応用されている．

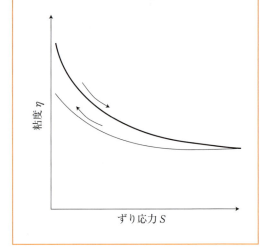

図 5-13　チキソトロピー

チキソトロピーでは，ずり応力 S を大きくしていくときのずり速度 D を表す上昇曲線と，ずり応力 S を小さくしていくときのずり速度 D を表す下降曲線が一致しない．

このように往復で特性がくいちがう挙動を**ヒステリシス**という．

第 3 章 3-8-4 項（p.253）にて，吸着曲線にもヒステリシスが観測される例があった．

チキソトロピーの発生メカニズムだが，流体に分散した粒子が可逆的に構造化する場合に，網目構造の形成に時間がかかるようならばヒステリシスを示す．

一方，乾性油やペンキは不飽和脂肪酸が空気酸化によって架橋構造をとってポリマーとなることで不可逆的に固体化するのだから，そのときの粘度変化はチキソトロピーと関係ない．

コラム　半固形製剤

半固形製剤には軟膏剤（口腔用，眼用，直腸用，皮膚用），クリーム剤・ゲル剤（口腔用，直腸用，皮膚用），埋め込み注射剤，坐剤（直腸用，膣用），貼付剤，テープ剤，パップ剤などがある．

これらには，主薬を分散させる基剤が用いられる．

基剤は，用途に応じて疎水性基剤と親水性基剤に分類される．

【1】疎水性基剤

▶鉱物由来

ワセリン（炭化水素混合物．**黄色ワセリン**と脱色した**白色ワセリン**＝プロペト®がある．語源は石油に由来する炭素数15以上の半固形炭化水素混合物の商品名）

パラフィン（半固形炭化水素．**流動パラフィン**は液体炭化水素）

プラスチベース（熱した流動パラフィンにポリエチレンを加えて製するゲル物質）

カオリン（粘土の一種で含水ケイ酸アルミニウム．パップ剤基剤や化粧品原料に用いる．景徳鎮で作られる硬質磁器の主原料産地である高嶺（カオタン）が語源）

ベントナイト（粘土の一種でコロイド性含水ケイ酸アルミニウム．主成分はモンモリロナイト．化粧品原料，洗剤のほか，鉱工業でも様々な用途に利用される）

▶生物由来

ミツロウ（ミツバチの巣を湯で煮とかして得る蝋．パルミチン酸ミリシルなどからなる．脱色したものを**サラシミツロウ**という）

ツバキ油，ヒマシ油，カカオ脂（いずれも植物種子の脂肪酸エステル成分）

ウィテプゾール（中鎖・長鎖飽和脂肪酸にモノアシルグリセリドを加えたもの）．

【2】親水性基剤

▶水溶性基剤

マクロゴール（ポリエチレングリコール，ポリオキシエチレン：緩下剤，クリーム剤に利用）

▶吸水性基剤

親水ワセリン（白色ワセリンにセタノール，コレステロール，サラシミツロウを加えたもの．等量の水を吸収できる）

精製ラノリン（羊毛の油分を精製したもの．倍量の水を吸収できる）

5-1-5 粘弾性モデル SBO:E5-(1)-②-1

可塑性とは，物体が形状を保つ性質とそれを成形しなおすことができる性質を併せ持つことである．ビンガム流体は，降伏値以上の応力で再成形できるため可塑性を示す．
降伏値以下では形状を保持しようとするのである．
形状を保持するには，2種類の手段がある．
一つは，固体のように成分組成・分子構造を空間的に固定する手段である．
他方は，水と油といった物質の性質の違いを利用する手段で，自己組織化と呼ばれる．
細胞膜は，リン脂質も膜貫通型タンパク質も位置は固定されていないが，膜という形状を保持している．
ビンガム流動を示すコロイド粒子が網目構造を形成することも自己組織化に類する．
ビンガム流体に応力が加えられるとき，降伏値以下の応力では形状を復元しようとする性質が働き，降伏値以上の応力では変形しようとする．
ビンガム流体に応力がどのように伝播するかによって，復元性と可塑性の組み合わせは物質組成に応じた様々な特性を示す．
この復元性と可塑性からなる特性を**粘弾性**という．
粘弾性を定量的に表すために，可塑性をニュートンの粘性法則で，復元性をフックのバネ関数で表す．

【1】フォークトの並列構造モデル

ダッシュポットというのは，ピストンにオイルを封入したもので，ピストンの仕切りを上下動すると隙間から上層と下層でオイルがゆっくりと移動するため，ピストンは長い時間をかけて動き，これはニュートンの粘性法則で表される．

自動車やバイクでは，車体とタイヤを連結するサスペンション（懸架装置）にダッシュポットが設置されており，俗にショック・アブソーバーという．（図5-14）

ダッシュポットとバネが同じ場所に固定されている並列構造になっている．

この機構を流体の粘弾性の解釈に利用するのが**フォークトモデル**である．（図5-15）

フォークトモデルでは，全体にかかる応力Fがバネにかかる応力F_1とダッシュポッドにかかる応力F_2の足し算となる．

ひずみεは，バネにかかる応力F_1とダッシュポットにかかる応力F_2の配分で変化する．

図5-14 バイクや自動車のサスペンション：同じ点をバネとダッシュポットが繋ぐ

図5-15中央のグラフは，並列構造に一定の応力を加えたときの変形の様子を表し，ダッシュポットの抵抗で急激な変形が抑えられ，ゆっくりとした時間変化を生じる．

次に応力を取り除くと，バネに復元力が蓄積しているので，ダッシュポットとともにゆっくりと復元

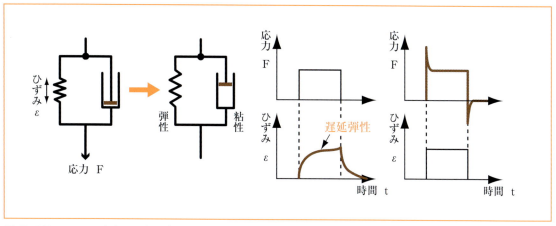

図5-15　フォークトモデル（並列構造）と遅延弾性

して変形は解消されるため，この単純なモデルでは可塑性がない．

変形やその回復に時間的遅れを生じる性質を**遅延弾性**という．

自動車やバイクのサスペンションは，地面の起伏が衝撃として操縦者へ伝わるのを防ぐように，遅延弾性が応用されている．

図5-15右のグラフは，並列構造に一定の変形を与えるために必要となる応力を表し，迅速な変形には大きな応力が要求される．

【2】マックスウェルの直列構造モデル

並列構造モデルに対し，直列構造を提案するのが**マックスウェルモデル**である．（図5-16）

マックスウェルモデルでは，全体にかかる応力Fはただちにバネの復元力に保存され，復元力がダッシュポットに作用する．

ひずみεは，バネの変形S_1とダッシュポットの変形S_2の足し算で表される．

図5-16中央のグラフは，直列構造に一定の応力を加えたときの変形の様子を表し，応力はただちにバネを変形させるが，これでバネに蓄えられた復元力の一部は徐々にダッシュポットの可塑性によって解消される．

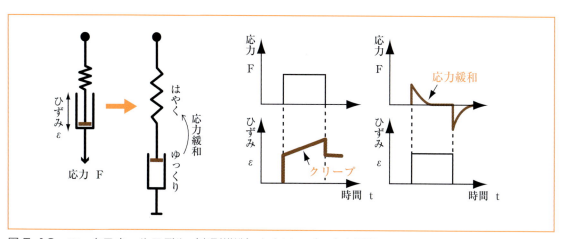

図5-16　マックスウェルモデル（直列構造）とクリープ・応力緩和

一方，ダッシュポットはバネの復元力によって長時間にわたって変形が持続し，このような現象を**クリープ**という．

　図 5-16 右のグラフは，直列構造に一定の変形を与えるために必要となる応力を表し，初期の応力がバネの復元力として保存され，この復元力によってダッシュポットのクリープ変形が続くので，外からの応力は必要なくなる．

　このようにクリープ変形で応力が解消されていく現象を**応力緩和**という．

演習問題

問題 1

①ダイラタント流動，②ビンガム流動（塑性流動），③擬粘性流動，④ニュートン流動（粘性流動），⑤擬塑性流動のいずれがあてはまるか，適切な記号を記入しなさい．（第 92 回問 171）

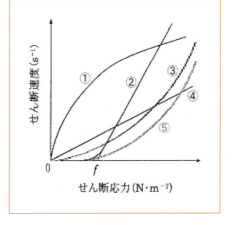

(1) でんぷん 60％水性懸濁液　　　（　）
(2) チンク油　　　　　　　　　　（　）
(3) メチルセルロース 1％水溶液　　（　）
(4) アセトン　　　　　　　　　　（　）
(5) 懸濁シロップ剤　　　　　　　（　）
(6) カルメロースナトリウム 2〜3％水溶液
　　　　　　　　　　　　　　　　（　）

注）グラフは図 5-9，図 5-11，図 5-12，図 5-13 とは縦軸と横軸が入れかわっている．

問題 2

粘度に関する記述の［　a　］〜［　c　］内に語句を入れなさい．（第 93 回問 172）
　ニュートン流体について，せん断応力を横軸に，せん断速度を縦軸にプロットすると直線が得られ，その傾きの逆数は粘性係数あるいは［　a　］と呼ばれる．［　a　］を同温度のその液体の密度で除した値を［　b　］という．［　b　］の単位として，［　c　］が用いられる．

5-1

問題 3

粘度に関する記述の正誤について○×で示せ．（第 95 回問 17）

(1) 動粘度の単位は，パスカル秒（Pa·s）である． （　）
(2) 純液体の粘度は，温度が高くなると増大する． （　）
(3) 粘度 (η)，ずり応力 (F/S)，ずり速度 (D) が，$F/S = \eta D$ の関係にある液体をニュートン液体という． （　）
(4) 回転粘度計は，ニュートン流体及び非ニュートン流体の粘度の測定に用いられる．（　）

5-2 力場における物質の移動
－沈降と泳動－

Episode　プランクトンとクラゲと赤血球

　赤血球は血液の流れに乗って体を循環します．これは海にいるプランクトン（浮遊生物）と同じ活動形態であると言えます．微小なプランクトンはコロイドよりもサイズが遙かに大きいので，放っておけば沈みますが，それでも沈みにくい形が生き残り，進化してきたのです．

　放散虫はプランクトンと言われる生き物のひとつです．

　5億年くらい前から存在する単細胞生物であり，無機物の殻というか，骨格をもっているので，現在でも微化石としてそのかたちを観察することができます．

　その骨格というのが，珪酸質や硫酸ストロンチウムでできているそうです．

　つまり，水晶・火成岩・セメントなどに近い物質が細胞から生えているというわけですから，大学生になってヒトやマウス，あるいは大腸菌や病原菌を中心とした生物学・生化学を学習してきた薬学・薬科学の学生には想像しにくい生き物です．

　この放散虫の骨格は完全な形で化石になるので，その5億年ぶんの進化において時代ごとの環境に応じ，かたちがどのように変化してきたかを網羅的に調べることができる絶好のサンプルとなります．

　そんな放散虫も，生物として酸素／二酸化炭素のガス交換，および栄養の摂取によって活動することには変わりがありませんから，もしも海の中で底に沈んでスシ詰めになってしまうと死んでしまいますが，その時代その時代で沈降することがない形態になっているのです．

　だから，プランクトンにとって重要な生命活動とは水の中で分散して浮かぶことであり，実際に海底に堆積して化石になっているのは死骸になってから沈降したものばかりです．

　現在採取される放散虫の微化石を顕微鏡で観察すると，形は千差万別なのですが，細長い巻き貝のような形になっているものが多く見られます．

　それが海水の流れのなかでどのような意味があるのかは，まだわかっていません．

　かたちのデータベース化と形態の幾何学モデル化の研究が行われており，今後形態機能についての新しい考え方が提案されていくことが期待されています．

5-2

さて，ヒトの赤血球は顕微鏡で見ると直径 8 μm のドーナツの穴を膜で塞いだような独特の円盤の形（ディスコサイトという）をしています．

これが直径 8〜20 μm の毛細血管を通過しますが，詰まることがないように赤血球は変形しやすいと考えられています．

脾臓にある細い毛細血管では，老化して硬くなってしまった赤血球がここをくぐり抜けられないと破壊され，平均 120 日間の寿命を終える仕組みになっています．

ほ乳類の赤血球には核や遺伝子がありません．

だからこのようなペッチャンコ（ディスコサイト型）になることができるのですが，鳥類の赤血球には核があります．

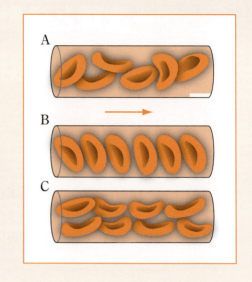

鳥類の赤血球を顕微鏡でみるとラグビーボール型をしています．

毛細血管を通り抜けるうえでこのような形状が有利にはたらくから，有核赤血球はラグビーボール型になるのでしょうか．

本文にあるようにラグビーボール型は静かな水中では沈降しやすい形です．

でも，プランクトンの放散虫が巻き貝のような形になることも考え合わせると，こういう形は，激しい流れの中になると浮遊しやすい形なのでしょうか．

プランクトンで最も大きな種類はクラゲです．

クラゲは大きな丸い膜の形をしており，これが落下傘のように膨らんでいます．

一見ちがっているように感じますが，ほ乳類の赤血球はクラゲと同じ設計になっているのではないでしょうか．

どちらも柔らかくて，できるだけ大きな面積の膜になっています．

なるべく水の抵抗を大きくして，海中や血液中で流れに乗ることで沈まないようになっている，ということではないかと思うのです．

血液中の赤血球は二酸化炭素を取り込んでおり，二酸化炭素濃度が増えると赤血球細胞内 pH が低下（酸性化）し，その結果ヘモグロビンから酸素が放出される（ボーア効果）ことで末梢のガス交換を実現しています．

だから二酸化炭素をたくさん受動輸送できるように赤血球細胞膜の表面積はなるべく広いほうがよいという生物学的な要請もあります．

ただ，このような形状であるということの第一の意味というのは，赤血球やクラゲは面積を稼ぐことで沈降をふせぐことかと思うのです．

本節では，重力や電場などの外的な駆動力があるときの移動について学びます．

Points 沈降と泳動

ストークスの式：SBO:E5-(1)-③-3

液体に粒子を入れたとき，粒子の沈降は**終端速度** v になる．

粒子の大きさはどれも同じ半径 r，直径 d の球体であるとし，粒子の密度を ρ，液体の密度を ρ_0，液体の粘度を η，重力加速度を g とすると以下のように表される．

$$v = \frac{2(\rho - \rho_0) \cdot r^2 g}{9\eta} \tag{5-2-6}$$

$$v = \frac{(\rho - \rho_0) \cdot d^2 g}{18\eta} \tag{5-2-7}$$

このとき，速度 v における液体の抵抗力は以下になる（ストークスの抵抗法則）．

$$fv = 6\pi \eta r v \tag{5-2-5}$$

慣性力場でのストークス式（x 遠心管重心の回転半径，ω 角速度）

$$v = \frac{2(\rho - \rho_0) \cdot r^2 x \omega^2}{9\eta} \tag{5-2-9}$$

電場でのストークス式（ε 誘電率，E 電場，ζ 粒子の電位）

$$v = \frac{2\varepsilon}{3\eta} \zeta E \tag{5-2-14}$$

5-2-1 浮力

スキューバダイビングでは，中性浮力と言って手足を重心移動したり，息を吸ったり吐いたりすることで水中に留まるトレーニングを受けます．人体の密度は水よりやや大きいので，肺の中の空気で調節するのです．

水の密度は約 1 kg/L である．
生理食塩水が 0.9％なら 1.009 kg/L，海水が 3.5％なら 1.035 kg/L と見なすことにする．
人間のからだは主に骨，筋肉，脂肪，水，体内ガス（肺の空気）からなる．
それぞれの密度は，骨 1.24 kg/L，筋肉 1.08 kg/L，脂肪 0.93 kg/L である．
ある人は体重 55 kg で骨 20％，脂肪 25％，残り 55％は筋肉と生理食塩水が同量とする．
肺に空気が入っていないなら全身の密度は 1.045 kg/L という計算になる．

$$(密度) = \frac{(体重)}{(体積)} = \frac{(体重)}{\dfrac{骨重量}{骨密度} + \dfrac{筋肉重量}{筋肉密度} + \dfrac{脂肪重量}{脂肪密度} + \dfrac{水重量}{水密度}} \tag{5-2-1}$$

肺に空気がある場合を考えるとき，空気は平均分子量 28.8 ÷ モル体積 22.4 L ＝ 密度 1.3 g/L とする．

息を全部吐き出しても，肺には 1 L くらい空気が残るので，全身密度は 1.028 kg/L である．

肺活量が 3 L なら，息を吸ったとき肺の空気は合計 4 L なので全身密度は 0.981 kg/L である．

液体よりも密度が高い物体は沈む．

海水では息を全部吐いても浮くが，プールでは息を吸わないと沈むことがわかる．

一方，ボイル＆シャルル則から気体の体積は圧力に反比例するので，気体の密度は圧力に比例する．

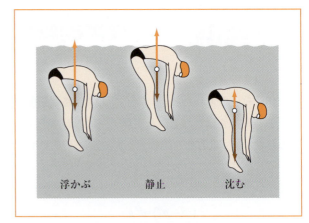

図 5-17　人間にかかる浮力と重力

10 メートル潜れば大気圧の 2 倍，70 メートル潜れば大気圧の 8 倍の圧力になる．
8 倍の圧力では肺の空気 4 L が 0.5 L になるので体全体の密度は 1.035 kg/L になり，海水でも沈む．
イスラエルとヨルダンの国境にある塩湖「死海」は塩濃度 30 % である．
密度をおよそ 1.30 kg/L と見積もると，55 kg の体重に釣り合う死海の塩水体積は 42 L になるから，約 55 L のからだの 24 % は水面上に浮かび上がる．
水に浮かぶ力＝**浮力**は水を押しのけている体積の水の重力と等しい．（アルキメデスの原理）
以上をまとめると，**物体の密度から水の密度を引いた値が正のとき沈み，負のとき浮かぶ**．
そして，静止している物体の浮力は，物体の重力と釣り合っている．
浮力を調節するには，物体の密度を変えるか，液体の密度を変えればよい．

5-2-2　ストークスの抵抗法則と沈降

医薬品の多くは粉末です．本章では医薬品をなぜその剤形にしたかを理解するための基礎を学びます．ここでいう「粉末を水に入れる」というのは，粉薬をのむことに対応することです．とかすはずの粉末が沈降してしまうようではとけにくくなります．ただし製剤では意図的にとけにくく調節することもあります．SBO:E5-(1)-③-3

医薬品粉末の粒子を水に入れると，粒子の重量に比例して下向きの重力が働く．

重力 [N] は，粒子を半径 r [m] の球体と考えれば，ρ を粒子の密度 [kg m^{-3}]，g を重力加速度 [m s^{-2}] として

$$（体積）\times（粒子の密度）\times（重力加速度） = \frac{4}{3}\pi r^3 \rho g \tag{5-2-2}$$

浮力 [N] は，粒子が押しのけた水の重力だから，水の密度を ρ_0 [kg m^{-3}] とすると

$$（体積）\times（水の密度）\times（重力加速度） = \frac{4}{3}\pi r^3 \rho_0 g \tag{5-2-3}$$

重力から浮力を引いた値を，ここでは自由落下の力 [N, m kg s^{-2}] と呼ぶことにする．

すると自由落下の力は，粒子と水の密度の差 $(\rho-\rho_0)$ に体積と重力加速度をかけた値となり，重力と浮力が釣り合っていれば，自由落下の力はゼロである．

釣り合わないと（重力−浮力）の力で等加速度運動するので，沈降速度（または浮上速度）はどんどん大きくなるが，同時に速度に比例して抵抗力が働く．

速度が大きくなるほど抵抗力も大きくなるので，やがて自由落下の力と抵抗力が釣り合った等速度運動になる．

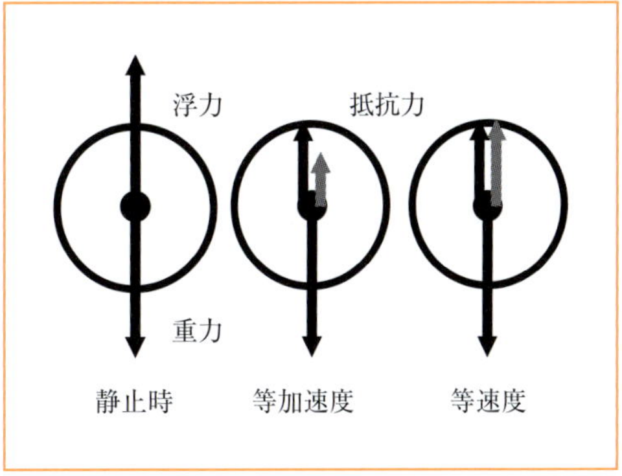

このときの速度を**終端速度**という．

図5-18　粒子の重力と浮力と抵抗力による運動

終端速度 v [m s^{-1}] の粒子に対する水の抵抗係数を f [kg s^{-1}] とすると，抵抗力は fv [N] である．

抵抗力が自由落下の力と釣り合うのだから，

$$\frac{4}{3}\pi r^3 (\rho - \rho_0)g = fv \tag{5-2-4}$$

ここで，抵抗力 fv はどのようなものか導くため，以下の仮定を用いる．

[1] 粒子はどれも同じ大きさの剛体球である．
[2] 粒子はゆっくりと水の中を移動する．

球体を固定して考えると，ゆっくりとした水の流れは図 5-19 のように球体を迂回する．

水の層は流れに対して横方向の順番が入れ替わる乱れがなく，このような流れを層流という．

球体表面の1点に注目すると，斜面に水が衝突し，次に水は斜面にそって移動する．

この結果，水が衝突したときの力は斜面にそって水が移動する力（摩擦抵抗）と，これに垂直に斜面を押す力（形状抵抗）に分解できる．

液体による抵抗力は液体の粘度 η [Pa·s, N m^{-2} s] に比例する．

そこで摩擦抵抗と形状抵抗を，極座標という座標変換を行って積分すれば抵抗力を計算できるが，これには高い計算技術を要するので，ここではストークスの行った解法の概要だけを説明するにとどめる．

第一に，摩擦抵抗と形状抵抗は，それぞれ図 5-19 のように流れの軸を中心とした球体表面の一周において一様に作用する．

このため，軸成分はそれぞれ一周 2π を積分すればよいが，軸に垂直な横方向成分は軸に対称なので，向かい合わせで相殺されるため，摩擦抵抗でも形状抵抗でも一周するとゼロになる．

第二に，軸にそった子午線上でみると，摩擦抵抗では南極に近いとき軸成分が小さく，垂直成分が大きいが，形状抵抗では南極の近くでは軸成分が大きく，垂直線分が小さい．

それが赤道に近づくと，摩擦抵抗の軸成分は大きくなるが，形状抵抗の軸成分は小さくなる．

このような手順で球体の南半球にかかる軸成分の力を積分計算すると，摩擦抵抗の軸成分は一周ぶんが長い赤道において大きくなるので積分値も大きくなり，$4\pi\eta rv$ と計算される．

一方，形状抵抗は赤道で小さくなるので積分値はこれより小さくなり，$2\pi\eta rv$ と計算される．

以上により，先の①，②の仮定を条件としたときの球体粒子の抵抗力 [N] は以下になる．

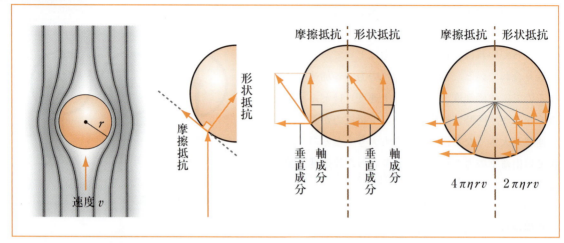

図 5-19 球体への抵抗力を積分する

$$fv = 6\pi\eta rv \tag{5-2-5}$$

この近似計算を提案した研究者の名前から，この関係を**ストークスの抵抗法則**という．
これが自由落下の力と釣り合うから，重力場において以下の式をえる．

$$v = \frac{2(\rho - \rho_0) \cdot r^2 g}{9\eta} \tag{5-2-6}$$

粒子径を直径 $d = 2r$ [m] で表すと以下になる．

$$v = \frac{(\rho - \rho_0) \cdot d^2 g}{18\eta} \tag{5-2-7}$$

これらの式を**ストークス式**という．

ストークス式が意味するところでは，同じ溶媒の中を沈降する粒子の終端速度は，半径の自乗（断面積に比例）と粒子の比重が大きいほど速くなる．

沈降速度から上式に基づいて算出される半径 r（または直径 $d=2r$）を**ストークス径**，または流体力学的径という．

粒子が真球よりも扁平であるとき，求められるストークス径に偏差が現れる．

流れの軸方向につぶされた「パンケーキ型」なら形状抵抗が大きくなるから，沈降速度は遅くなり，実験値のストークス径は小さく見積もられる．

また流れの軸方向に伸びている「ラグビーボール型」ならば形状抵抗が小さくなるから，沈降速度ははやくなり，実験値のストークス径は大きく見積もられる可能性がある．

5-2-3 遠心分離

クルマやバイクでカーブを曲がると，カーブの外方向に飛び出そうになります．クルマやバイクがそのまま直進しようとする慣性がはたらいているのに，あえてカーブの内側に移動するため，体が置いていかれるのです（ダランベールの原理）．これを慣性力といいます．回転の中心から

コラム　沈降速度の測定方法

沈降天秤はメスシリンダーの中に天秤をぶら下げた装置である．

粒子を分散させた水溶液を入れるとストークス径の大きい粒子が先に沈降する．

簡単のため，大粒子と小粒子の2種類のみが混ざっているとする．

最初は大粒子も小粒子も同時に沈降する．

しかし，大粒子は10分ですべて沈降し，そこから小粒子だけが沈降する．

この時点から重量増加は遅くなる．

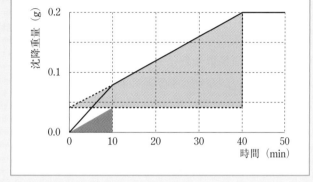

図のように補助線を引くことで小粒子（薄灰色），大粒子（濃灰色）の沈降重量を4：1と読みとることができる．

また，最大の沈降時間は大粒子10分，小粒子40分となり，ストークスの式を用いることで粒子径の比が2：1であることがわかる．（81回問168）

アンドレアゼンピペットは，メスシリンダーの一定の深さにおける分散液をピペットで取り出す装置である．

ここでも大小2種類の粒子を分散させたものを用いてみる．

最初は大小2種類の粒子が含まれ，大粒子の濃度も小粒子の濃度も一定である．

ところが，すべての大粒子がピペットの先端位置よりも下に沈降してしまうと，ピペットでサンプリングしたものは大粒子の濃度分を含まない．

ここから小粒子の濃度はしばらく一定である．

やがて小粒子もすべてピペット先端よりも下に沈降して，濃度はゼロになる．

この結果から，後半の濃度（薄灰色）が小さい粒子ぶん $C_0/3$，前半の濃度から小さい粒子ぶんを引いたもの（濃灰色）が大きい粒子ぶん $2C_0/3$ の重量比になる．

大粒子と小粒子の径の比は最大の沈降時間 t，$2t$ からストークスの式を用いて $\sqrt{2}$：1 と求めることができる．（第86回問167）

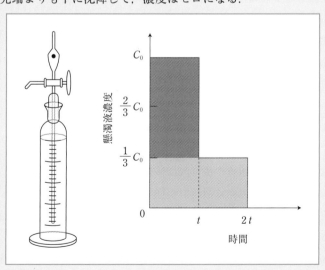

外に向かって引っ張られているように感じられるので俗に遠心力と言っています．血液製剤やタンパク質製剤は慣性力を利用して製造されています．

遠心分離器は試験管を回転させることで重力よりも大きい慣性力を生み出す装置で，迅速に物質を沈降させることができる．（図5-20）

重力加速度 g よりも大きい慣性力でもストークスの式は成り立つ．

そして，試験管中の密度 ρ が大きい粒子や直径 d が大きい粒子が先に沈降する．

図5-20のような装置ならば血液（比重1.05）に抗凝血剤を加えたものを，1分間に3,000回転（$n=3,000$ rpm）で10分間くらい遠心分離すると，赤血球（比重1.10，直径8 μm）が下層に沈降する．（図5-21）

その上に淡黄褐色の膜層ができるが，これは白血球（比重1.06，直径10-17 μm）や，血小板（比重1.04，直径2-3 μm）の柔らかい沈降である．

そして，タンパク質やミネラルが溶解している血漿（比重1.03，粘度 1.2×10^{-3} Pa·s）が上清となる．

では，慣性力の効果を計算してみよう．

ここでも，極座標という座標変換で計算を行うには，高い計算技術が必要になるので，計算の概要だけを説明することにしたい．（図5-22）

遠心分離器にセットした試験管（遠沈管）内の液体の重心から回転の中心までの距離（回転半径）を $x=10$ cm とする．

試験管を1分間に3,000回転するのは，1秒間に直すと毎秒50回転となる．

弧度法では1回転が 2π ラジアンだから，毎秒50回転の角速度 $\omega = (100\pi)$ [rad s^{-1}] である．

慣性力というのは，今の移動と同じ方向に同じ速度を維持する力なのだから，速度 u が変化してしまうなら，その変化する方向と反対の方向に慣性力が働く．（ダランベールの原理）

図5-20　遠心分離機

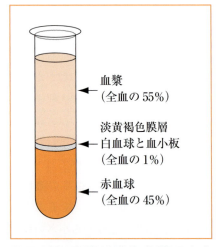

図5-21　血液は遠心分離で赤血球・淡黄褐色膜層・血漿に分離する

遠心機では，試験管の横方向に移動しているのが，回転によって試験管の液面の方向に速度が変化するから，反対の底方向に慣性力が作用する．

角速度 ω であると，微小時間 Δt の間に角度 $\Delta \omega$ だけ変化し，Δt 間に速度 u が $u+\Delta u$ に変化すると考える．

図5-22を見ると Δu の大きさは角度変化 $\Delta \omega$ に比例すると同時に，u が大きいほど大きくなることがわかる．

つまり，速度変化 Δu は速度 u と角度変化 $\Delta \omega$ のかけ算である．
また，角度変化 $\Delta \omega$ は角速度 ω と微小時間 Δt のかけ算にあたる．
角速度 ω なら，回転半径 x の点での速度は $u = x\omega$ である．
以上から，点 x の慣性力による加速度 a は次の式になる．

$$a = \frac{d^2 x}{dt^2} = \frac{\Delta u}{\Delta t} = \frac{u\Delta\omega}{\Delta t} = \frac{u\omega\Delta t}{\Delta t} = u\omega = x\omega^2 \quad (5\text{-}2\text{-}8)$$

これを用いると，慣性力場におけるストークス式は

$$v = \frac{2(\rho - \rho_0) \cdot r^2 x \omega^2}{9\eta} \quad (5\text{-}2\text{-}9)$$

のように導かれる．

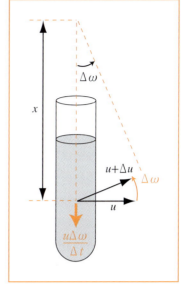

図 5-22　等速円運動する試験管の重心に働く慣性力

遠心分離器では自由落下の加速度 $a = x\omega^2$ [m s^{-2}] が得られたが，通常は標準重力加速度 g [m s^{-2}] との比で表されるのが一般的である．

比を計算するには単位を揃えておかないといけない．

式 5-2-9 の回転半径 x はセンチメートル単位だったから 100 分の 1 にして重力加速度と同様にメートル単位に合わせる．

また，1 分間あたりの回転数を n [rpm] で表すとき，1 秒あたりのラジアンで表した角速度 ω [rad s^{-1}] は n に $2\pi/60$ をかけ算したのと等しい．

$$\frac{\frac{x}{100}\omega^2}{g} = \frac{\frac{x}{100}\left(\frac{2\pi}{60}n\right)^2}{9.80665} = xn^2 \times (1.12 \times 10^{-5}) \quad (5\text{-}2\text{-}10)^{*}$$

式 5-2-10 を用いれば，おおよそ重力加速度の何倍になるか計算できる．

上記の血液の例では回転半径 $x = 10$ cm，回転数 $n = 3{,}000$ rpm だから，重力加速度の約 1,000 倍の加速度があり，文献では $1{,}000 \times g$ と記載される．

遠心分離機の回転部分をローターという．

ローターには円錐台構造の「アングル型」と回転バケツ形式の「スイング型」がある．

回転数が大きくなるとモーターの摩擦熱を排熱しても，ローターの空気摩擦で熱を発する．

サンプルへの摩擦熱の影響を避けるため，ローターの入っている回転槽を冷却するものを「冷却遠心機」という．

冷却遠心機は 12 cm アングルローターで計算すると，回転数とその慣性力は 12,000 rpm（約 20,000×g），17,000 rpm（約 40,000×g），20,000 rpm（約 54,000×g）などとなる．

---

*慣性力を求める式 5-2-10 は等速円運動にはなんでも適用できる．宇宙コロニーが半径 3 km であれば，2 分に 1 回転すれば 0.84×g の人工重力を発生できる．映画「2001 年宇宙の旅」に出てくる木星探査船ディスカバリー号の居住区を直径 10 m と考えると 5 秒に 1 回転することで 0.81×g の人工重力を発生できる．ナガシマスパーランドのジェットコースターは最高速度 153 km/h で地上高 97 m というからループがこのサイズなら 3.8×g の慣性力を体感する（公称 3.5×g）．高速道路で回転半径 200 m のカーブに制限速度 100 km/h のまま突入すると，回転数は 1.3 rpm になるので，0.4×g の慣性力である．首都高大橋ジャンクションの 4 層ループは一周 400 m というから，56 km/h で同じ 0.4×g の慣性力に達する．制限速度は 40 km/h である．（これは概算で実際の道路は単純な円運動ではない）

5-2

コラム　沈降係数とスヴェドベリ単位

細胞を破砕するとオルガネラに分解する．

これを $1,000 \times g$ で10分間遠心分離すると，未破砕細胞や核が沈降する．

さらに $20,000 \times g$ で30分間遠心分離すると，ミトコンドリア画分が沈降し，上清はミクロゾームと可溶性画分になる．

さらにミクロゾームを沈降する場合，$1,000,000 \times g$ で1時間遠心分離する．

沈降速度を慣性力の加速度で割った数値を沈降係数 S^0 として利用する．

沈降係数の数値は 10^{-13} で割ったものを単位Sで表し，超遠心分画法の発見者であるスヴェドベリの名前で呼ばれる．

リボゾームは糸鞠状に絡まった分子量 4.6 MDa の RNA（ほ乳類の値．大腸菌 RNA の分子量は 2.7 MDa）にタンパク質が付着したもの．

この複合体のサイズは沈降係数で名付けられている．

細菌のリボゾームは70Sで，50Sと30Sの大小のサブユニットからなる．

真核細胞では60Sサブユニットと40Sサブユニットからなる80Sリボゾームである．

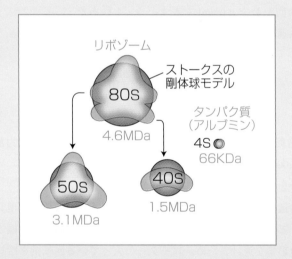

実験値である沈降係数には，ストークス径と密度だけでなく，ストークスの抵抗法則で仮定した剛体球からの形のズレも含まれる．

このため，沈降係数の足し算はややずれる．

核酸よりも小さいタンパク質，たとえばウシ血清アルブミン（66 kDa）の沈降係数は4S前後になる．

分子量の比は約 $66/4600 = 1/70$ であり，密度が同じならこれは体積比に対応するから半径の比は 1/4 程度となり，ストークスの式の比はその自乗で 1/16 前後が予想されるが，実測のスヴェドベリ値はおよそ 4/70 でだいたい一致している．

これよりも大きい回転速度では摩擦熱が大きく，冷却が容易ではない．
また，アングルは表面が滑らかで摩擦が少ないが，スイング型は摩擦熱の危険が高い．
そこで回転槽の中の空気を排気して，真空下でローターを回転させる．
このような装置を「超遠心機」という．
超遠心機だと $x=9$ cm なら 4 万 rpm で約 16 万×g，10 万 rpm で約 100 万×g になる．
参考まで太陽の重力加速度は 28×g，シリウス B 白色矮星なら 11 万×g である．
超遠心機ではプラスチック製の遠沈管に液体を充填しないと遠沈管がペチャンコにつぶれる．

5-2-4　ゆっくりな流れではないとき

遠心分離で粒子を分離するときは，高速回転で短時間行うよりも，低速回転で長時間行うほうが分離精度は高くなります．また，重力での沈降からストークス径を求める場合も，粒子の密度と液体の密度を近づけるなどして沈降速度を遅くして，長時間で測定したほうが精度は高くなります．

流れがゆっくりか，はやいかを決める基準には，流体の**動粘度** [m^2 s^{-1}] に照らし合わせる．
密度 ρ [kg m^{-3}]，絶対粘度 η [Pa s] の流体が幅 D [m] の経路を速度 U [m s^{-1}] で移動するとき

$$Re = \frac{UD}{(\eta/\rho)} \tag{5-2-11}$$

を**レイノルズ数**［無次元］といい，分母 (η/ρ) が動粘度である．

レイノルズ数が大きいということは，流れの速度かまたは流路幅が動粘度に対して大き過ぎるので，層状の秩序が保たれずに入り乱れた動き（乱流）となる．

粉体の挙動を扱う粉体工学では，レイノルズ数に基づいて流れを以下のように分類する．

[1] 層流域（$Re<2$）：ストークスの抵抗法則（抵抗はレイノルズ数に反比例）
[2] 遷移域（$2<Re<500$）：アレンの抵抗法則（抵抗はレイノルズ数の平方根に反比例）
[3] 乱流域（$500<Re$）：ニュートンの抵抗法則（抵抗は一様）

ストークスの抵抗法則では，レイノルズ数の定義に含まれる幅 D は剛体球の直径に相当する．

これは，**ストークス式が粒子径 $D=2r$ の小さいとき**だけ当てはまることを意味する．

おおよそ**数十マイクロメートルの大きさまでが適用範囲**であると考えられている．

ただし，粒子密度が液体密度に極めて接近していると移

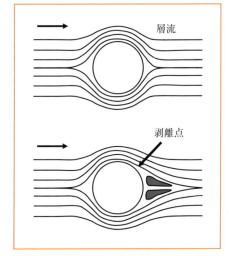

図 5-23　ながれが緩やかなストークス型モデルと，流れがやや速いアレン型モデル

動速度が遅くなるので，数百マイクロメートルの大きさでもストークス式が適用できる.

これよりも大きいか，または遠心分離などで大きな慣性力が働くと，レイノルズ数は大きくなり，粘性のみで誘導したストークスの抵抗モデルでは説明できなくなる.

やや流れがはやくなると，剛体球の後方で左右の流れの合流する点が球面よりも遠方になり，球面の接点となす三角形の領域が陰圧になるアレンの抵抗モデルに近づく.

この球面の接点を剥離点といい，三角形の領域が大きいと陰圧による抵抗が大きくなる.

したがって，遠心分離で直径の大きい粒子の終端速度がはやくなると，この陰圧抵抗を生じるためそれらの沈降速度が遅くなる.

こうして，より直径が小さい粒子に追い越されてしまい，分離精度が劣化する.

だから，高速回転で短時間の遠心操作よりも，低速回転で長時間の遠心操作が好ましい.

5-2-5 電気泳動 SBO:C2-(5)-②-1

ミリカンは静電気を解明するため，金属平行板に 1,000 V の電場をかけ，ここに静電気を帯びた油滴を自由落下させた．（第 7 章 7-2-4 項）

油滴には重力と浮力が作用し，空気による抵抗力もうける.

さらに油滴が帯びている静電気の電荷と金属平行板の間にクーロン力が生じる.

油滴の落下における終端速度を測定すると，油滴の電荷を測定することができる.

こうしてミリカンは，電荷が最小単位（電子の電荷）の整数倍となることを証明した.

この実験のように，電場において電荷をもつ粒子が移動するときには，重力（または慣性力）と浮力のほかにクーロン力を受ける.

そこで粘度 η，誘電率 ε の媒質にて水平方向の距離 x [m] の電極間に直流電圧 ψ [V, J/C] を印可し，この間に電荷 Q [C] をもつ半径 r [m] の球体粒子があるとする.

実験で測定できる粒子のみかけの電位を ζ [V]（第 6 章 6-1-4 項）とすると，デバイ＆ヒュッケル理論（第 1 章 1-2-4 項，第 6 章 6-1-1 項）を用いることで近似的な式が導かれるという.

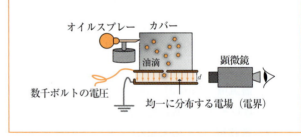

図 5-24 ミリカンの油滴実験による電気素量（電子1個の電荷）の決定

$$\zeta = \frac{Q}{4\pi\varepsilon r} - \frac{Q}{4\pi\varepsilon(r+\kappa^{-1})} \tag{5-2-12}$$

ここで κ^{-1} はイオン雰囲気の厚さ（デバイ長）であり，遮蔽定数 κ の逆数にあたる.

電場 $E = \psi/x$ [N/C] を移動する粒子が，ストークス抵抗（式 5-2-5）を受けることで終端速度に達していると考えると，電場におけるストークスの式は以下のように導かれる.

$$v = \frac{Q}{6\pi\eta r}E = \frac{2\varepsilon}{3\eta}\zeta(\kappa r + 1)E \tag{5-2-13}$$

ここで，$(\kappa r + 1)$ をヘンリーの補正係数という.

粒子径 r がイオン雰囲気の厚さ κ^{-1}（遮蔽定数の逆数）よりも非常に小さいときには，移動速度に影響を及ぼさなくなる．

このとき補正係数は 1 となるので，これを代入したものをヒュッケル近似式という．（第 6 章 6-1-4 項）

$$v = \frac{2\varepsilon}{3\eta}\zeta \cdot E \tag{5-2-14}$$

粒子径 r が非常に大きいときは電場の乱れが生じることで移動速度に影響を及ぼす．

このとき補正係数 $(\kappa r+1)$ を経験的に得られる一定値 3/2 に近づく関数に置き換えた方程式をヘンリーの式という．

このため，粒子径が大きい場合にも粒子径は泳動速度に無関係になり，このような極限の式をスモルコウスキーの式という．（第 6 章 6-1-4 項）

$$v = \frac{\varepsilon}{\eta}\zeta \cdot E \tag{5-2-15}$$

繰り返しになるが，ストークスの抵抗法則で用いたモデルは，［1］粒子が一様な剛体球であって構造変化しないこと，［2］レイノルズ数が十分小さいほど終端速度が遅いことが条件である．（p.381）

写真 5-2 はスヴェドベリの助手を経たティセリウスが電気泳動分析法を確立しノーベル化学賞（1948）を受賞したことを称えたスウェーデンの切手である．

血清中のタンパク質が特定の pH における固有の電荷密度 q に応じて分離される．

この図案では中央のピークが β グロブリン，その右が γ グロブリンであろう．

ティセリウスの装置は 20 世紀前半に盛んに用いられたので，古い医学的症例の論文に掲載されていることもある．

しかし，電場を除いたあとの拡散などの欠点があり，これを克服するためにデンプンや寒天を支持体として用いる手法が開発された．

支持体を用いる方法を**ゾーン電気泳動法**という．

写真 5-2　ティセリウスのノーベル賞を称えるスウェーデンの切手

【1】DNA，RNA の電気泳動

寒天（アガー）は海藻のテングサから採れるガラクトース誘導体（**アガロース**）の多糖類ポリマーで，デンプン糊と同様に水を入れて加熱するとゾルになり，冷却するとゲルになる．

ヘルシーダイエットに用いられることからもわかるように酵素によるポリマーの分解を受けにくいので，デンプンよりも生体試料の分析に適している．

このような多孔質ゲルを支持体として電場の中に敷き詰める．

核酸は，分子量 330 のヌクレオチドあたり 1 個のリン酸エステルの負電荷があるので，電荷密度 q は一様である．

このため，核酸は上記のストークス式により分子の大きさに比例して電気泳動する．

ところが電場に寒天ゲルがあると，核酸が移動するときに分子量が大きいものは寒天ゲルの網目構造に阻まれてしまうので移動しにくくなる．

このような理由でゾーン電気泳動では，ストークスの式とは正反対に，分子量の小さいものがはやく移動し，分子量の大きいものは遅く移動することになり，分子量毎に分離される．（写真 5-3）

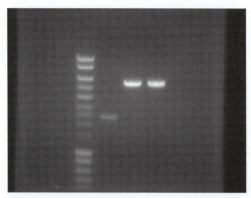

写真5-3 アガロース電気泳動を用いたDNAの分子量分画パターン：染色には核酸に結合した臭化エチジウムを用い，紫外線照射したときの蛍光を撮影

【2】タンパク質の電気泳動

　タンパク質の電気泳動実験では網目構造の小さい**ポリアクリルアミドゲル（PAG）**を支持体に用いる．

　タンパク質には電荷が少なく，しかもアミノ酸組成によって電荷が異なるが，ラウリル硫酸ナトリウム塩（ドデシル硫酸ナトリウム，SDS）はタンパク質のアミノ酸残基2〜3個あたり1分子（1.4 g/g）が吸着する性質を持つ．

　このSDS特有の性質を利用すると，タンパク質も分子量あたり一定量の負電荷に帯電させることができるために，アミノ酸組成の異なるタンパク質でも同じ分子量ならばほぼ同じクーロン力を受ける．

　こうしてポリアクリルアミドゲル中でSDS吸着タンパク質に電場をかけると，ゲルの網目構造によって粒子の大きさに応じた分子量分画ができる．

　ゲルの重合原料となるアクリルアミドとビスアクリルアミドの配合を調節することで網目構造の粗密を選べるので，目的タンパク質に近い分子量領域に適した濃度を選択して実験する．

　これを **SDSポリアクリルアミドゲル電気泳動（SDS-PAGE）** という．（図5-25）

　また，SDSなしで両性イオン物質（アンフォライト）をポリアクリルアミドゲルに混入し，急勾配の電位差をかけると，ゲル中にpH勾配が形成される．

　ここでタンパク質を電気泳動すると，タンパク質のみかけの電荷が中和される等電点 p*I* において電場のクーロン力を受けなくなるので，等電点の異なるタンパク質を分離することができる．

　この方法を**等電点電気泳動（IEF）**という．（図3-77参照）

図5-25 SDS-PAGEを用いたタンパク質の分子量分画パターンの模式図

演習問題

問題 1

粒子の沈降に関するストークスの式について次の記述の正誤を○×で示せ．（第 79 回問 82）

(1) 適用できるのは，粉体が一定速度で沈降している場合である． （　）
(2) 分散媒中で沈降する粉体の単位時間あたりの沈降量を測定することにより，粒子間の相互作用を求めることができる． （　）
(3) 粒子が球形をしていることが仮定されている． （　）
(4) 粒度分布は正規分布であることが仮定されている． （　）
(5) 分散媒は粒子に対して適当な溶解性をもつことが望ましい． （　）

問題 2

医薬品の懸濁剤を調製したところ，粒子が速やかに沈降して使用しにくかった．そこで，沈降速度を調整するため，医薬品粉末の粒子径を 1/4 の大きさとし，分散媒として粘度が 1.5 倍で，密度が同一の液体に変更した．このとき，沈降に要する時間はもとの何倍になるか．最も近い数値を選べ．ただし，医薬品は同一粒子径の球形粒子からなり，分散媒には溶解しない．また，粒子の沈降速度はストークスの式に従うものとする．（第 92 回問 166）

(1) 4　　(2) 6　　(3) 9　　(4) 16　　(5) 24　　(6) 36

問題 3

電気泳動法に関する記述の正誤について○×で示せ．（第 94 回問 28，第 88 回問 29）

(1) キャピラリーゾーン電気泳動で DNA の分離を行う場合，DNA の鎖長が 2 倍になると泳動速度も 2 倍になる． （　）
(2) SDS-ゲル電気泳動では，物質の分子量は分離にほとんど影響しない． （　）
(3) ゲル電気泳動は，分子量の小さい薬物や生体成分の分離には使用できない． （　）
(4) アガロースゲル電気泳動で DNA が分子サイズによって分離できるのは，DNA ごとに単位電荷当たりの質量が異なるから． （　）
(5) 電気泳動移動度は緩衝液の種類によらず一定． （　）

5-3 自発的な物質の移動
－拡散と溶解－

Episode 　表面プラスモン共鳴センサーと水晶発振子マイクロバランスセンサー

　宝飾品や食器のシルバーはタンパク質汚れの中のシステインと反応して真っ黒の硫化銀になるため毎日こまめに磨きます．これに対してゴールドやプラチナは腐食を受けませんが，表面に硫黄を吸着しやすく，プラチナは硫化物の酸化を触媒したりするので皮膚の弱い人は注意が必要です．ゴールドはチオール化合物を吸着するので生体標識や分子センサーに用いられます．

　プリズムの1面に金薄膜を蒸着させ，側面から様々な入射角で光を当てると，金薄膜面で全反射すれば，プリズムの他方の面から入射角と同じ角度に反射光が検出されます．

　反射光を測定すると，入射角40数度の入射光のうち入射角と同じ方向の振動を持つP偏光だけが反射しません．

　このP偏光は，金薄膜の自由電子の振動（表面プラスモン）と共鳴して，光のエネルギーが吸収されてしまうのです．

　ところが，厚さ50 nmくらいの金薄膜では，反射面と反対側の表面に物質を固定しておくと，吸収されるP偏光の入射角が変化することが発見されました．

　これに基づいて反射光を分析することで，センサーに抗体や特定塩基配列の1本鎖DNA断片を固定しておいてから，抗原やDNA相補鎖がこれらの固定高分子に特異的に結合する量の時間変化を測定することができます．

　このような同時測定センサーを表面プラスモン共鳴（SPR）センサーといいます．

　一方，結晶性の物質をハンマーで叩くと，電位差を生じてスパークする現象をピエゾ効果（圧電効果）といいます．

　ピエゾ効果は電子ライターの着火装置に使われています．

　ピエゾ効果には反対に，磨いた水晶板に電極を平行に貼り付けて電圧をかけると，結晶が圧縮振動を発生するという現象もあります．

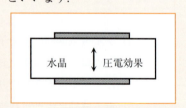

　結晶の向きや大きさを調節して1〜20 MHzで振動させるように作製した水晶発振子がクオーツ時計やケータイ，コンピュータなどの回路で時間を測定するのに使われています．

　ここで，電極に金薄膜を用い，水晶と張り合わせた反対側の面に物質を固定すると，質量増加に応じて水晶発信子の振動が抑制され，周波数がほんの少し低下します．

　この発振周波数の変化を測定すると金薄膜に結合した物質量の時間変化を測定することができます．

　このような同時測定センサーを水晶発振子マイクロバランス（QCM）センサーといいます．

　SPRやQCMの金薄膜センサーに液体を流し込む流路を作り，前後に細いチューブを接続して，ポン

プで試料をセンサー表面に送り込む装置をフロー型センサーといいます.

センサー表面に抗体を固定しておき，しばらく緩衝液を装置に送り込みます.

その後，固定化抗体に対する抗原タンパク質を含んだ試料溶液を一定時間送り込むと，センサーで結合が検知され，時間の経過とともに信号の変化が見られます.

この信号をコンピュータに入力し，画面でグラフにすると，指数関数的に変化する曲線が描かれます.

続いて，送り込む液体を試料溶液から緩衝液に変更すると，吸着量が低下する脱着反応が観測され，吸着ははやいが脱着が遅いなどの特徴が観察されます.

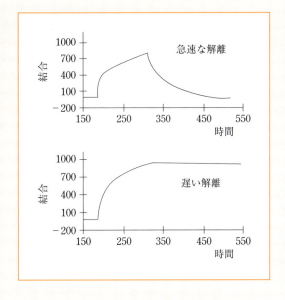

ここから，みかけの会合速度定数と解離速度定数などを定量的に扱います.

ところが，センサー表面を通過する液体の流れのレイノルズ数が大きい場合，センサー表面に接した液層には乱流を生じます.

こうなると，層流となる液体層はセンサー表面の乱流の領域（固定相）から剥離した領域（移動相）で流れているという二相分離の状態になります.

吸着反応や脱着反応では，固定相の中で吸着平衡が成立しています.

試料が添加されるのは固定相に接している移動相のほうですから，センサー装置で観測されるみかけの会合速度定数や解離速度定数を決定している律速段階は，実はセンサー表面の吸着反応・脱着反応そのものではなく，移動相から固定相へ，あるいは固定相から移動相へ試料分子が分配するときの拡散になります.

ということは，センサー信号の時間変化は，吸着反応速度の曲線ではなく，物質移動（マストランスファー）における拡散速度の曲線を表しているのです.

Points　拡散と溶解

拡散係数 D：（ストークス＆アインシュタインの式）

ここで k_B はボルツマン定数，T は絶対温度，η は媒質の粘度，r は粒子径．成立条件はストークスの抵抗法則が適用できること.

$$D = \frac{k_B T}{6\pi \eta r} \tag{5-3-10}$$

フィックの第一法則： SBO:E5-(1)-①-3

ここで J_x は x 軸方向の流束，D は拡散係数，$\partial C/\partial x$ は濃度勾配.

$$J_x = -D \frac{\partial C}{\partial x} \tag{5-3-4}$$

5-3

フィックの第二法則（質量移動の拡散方程式）：

$$\frac{\partial C}{\partial t} = D\frac{\partial^2 C}{\partial x^2} \tag{5-3-16}$$

ノイエス＆ホイットニーの式：SBO:E5-(1)-①-3

これは錠剤など固体製剤からの成分の溶出実験の式であり，C は溶液全体における成分の濃度，S は固体製剤の表面積，C_S は成分の飽和濃度，k は実験パラメータ．

$$\frac{dC}{dt} = kS(C_S - C) \tag{5-3-24}$$

ネルンスト・ノイエス＆ホイットニーの式：SBO:E5-(1)-①-3

ここで D は拡散係数，V は溶液の体積，h は拡散層の大きさを表す．

$$\frac{dC}{dt} = \frac{DS}{Vh}(C_S - C) \tag{5-3-22}$$

ヒクソン＆クロウェルの式：SBO:E5-(1)-①-3

これはノイエス＆ホイットニー式から誘導された散剤・顆粒剤からの成分の溶出実験の式であり，k は比例定数，t は溶解時間，W は現在残っている散剤の重量，W_0 は実験前の散剤の重量である．粒子は剛体球で粒子径は均一であると近似．

$$W_0^{1/3} - W^{1/3} = kt \tag{5-3-36}$$

5-3-1　フィックの第一法則

前節 5-1 では外力によって，5-2 では力場によって物質が移動する様子を学びました．ここでは粒子に直接はたらく一定方向への駆動力がなく，「エントロピーが生成する」ことで移動する拡散や溶解に理解をひろげます．SBO:E5-(1)-①-3

【1】流束 J とは，溶液中の成分がどれだけの量動くか．

シャーレに薄く生理食塩水を張り，この中央に錠剤を置くと成分が溶け出す．（図 5-26）

溶けた成分は濃度が高いところから低いところに移動し，錠剤を中心として放射線状に拡がっていく．

そこで錠剤の表面からの距離を x とすると，濃度勾配は中心から同心円状に分布する．

同心円の円周にそった成分の移動は側方拡散であり，側方拡散は双方向で同じになるので無視できる．

まず，シャーレの外向きに成分粒子が流出するが，内向きに逆流しない場合を考える．

成分粒子は微小時間 $\Delta\tau$ に，平均して間隔 Δx を

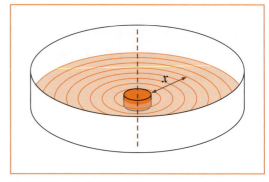

図 5-26　生食を薄く張ったシャーレの中心に錠剤をおく

移動する．（平均移動行程）

すると，粒子の平均移動速度 u について，$u_x = \dfrac{dx}{dt} = \dfrac{\Delta x}{\Delta \tau}$ の関係が成り立つ．

図 5-27 に示した断面積 S の直方体で，面 a と面 b，および面 b と面 c がそれぞれ Δx だけ離れている．

そうすると，面 a と面 b に挟まれた微小領域 a-b の体積は $S\Delta x$ となるから，この領域 a-b に粒子が n モルだけ含まれているときには，粒子のモル濃度は $C = \dfrac{n}{S\Delta x}$ である．

領域 a-b の粒子は，微小時間 $\Delta \tau$ が経過すると領域 b-c に移動する．

この時間において面 b を左から右に通過した粒子の物質量（または質量）を**流束（フラックス）** J_x という．（単位 mol m^{-2} s^{-1}，または kg m^{-2} s^{-1}）

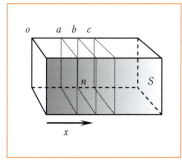

図 5-27 直方体を x 方向に溶質が拡散する

ここでの流束は，時間 $\Delta \tau$ で面積 S あたり n モルとみなすことができる．

$$J_x = \frac{n/S}{\Delta \tau} = \frac{C\Delta x}{\Delta \tau} = u_x C \tag{5-3-1}$$

ここまでの結論として，流束とは，濃度と平均移動速度の積に相当することがわかる．

流束 J は，単位時間あたりに**液体中の物質が移動する物質量（または質量）**である．
流速 v は，単位時間あたりに**液体中の全物質が移動する距離**を表し，両者は違う量である．

【2】流束 J は濃度勾配（濃度の偏り）に比例する．

現実的には，高い濃度から低い濃度に向かって成分粒子が移動するだけではなく，同時に低い濃度から高い濃度に向かって成分粒子が移動することも無視できない．

錠剤表面からの距離が x の面と $x + \Delta x$ の面は近接しており，この二つの面で囲まれた狭い領域を m とする．

図 5-28 で x 面の左側の濃度を C_1，$x + \Delta x$ 面の右側の濃度を C_2 とする．

シャーレで成分が拡散するとき，錠剤の表面 ($x = 0$) から離れていれば，濃度に不連続な点はないから，常に濃度変化は滑らか（微分可能）である．

よって $x > 0$ のとき，間隔 Δx が微小であれば x 面の前後の濃度変化を直線で近似できる．

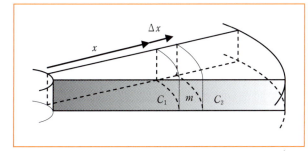

図 5-28 シャーレ中心の錠剤の表面から距離 x 離れた体積小片

ここまでの結論として，$x + \Delta x$ 面近傍の濃度 C_2 は，x 面の濃度 C_1 から濃度勾配に距離をかけ算したぶん低下する．（∂ はラウンドディー，またはラウンドと読まれる）

$$C_2 = C_1 + \frac{\partial C}{\partial x}\Delta x \tag{5-3-2}$$

さて，2つの領域が接しており，一方の領域にある溶液から隣りの領域にむかって一定時間に流出してくる成分量は流出もとの溶液の成分濃度に比例する．

濃度と移動成分量の比例定数は平均移動速度 u だったから，x 面側から領域 m に流出してくる成分量は uC_1，$x+\Delta x$ 面側から領域 m に逆流してくる成分量は uC_2 と考えられる．

成分粒子は微小時間 $\Delta \tau$ で平均移動行程 Δx を移動するので，この時間間隔では左の x 面から移動して領域 m に流出してきた成分量と同じ量が，トコロテン方式で $x+\Delta x$ 面から右に押し出される．（図5-29）

同様に $x+\Delta x$ 面側から逆流してきた成分量と同じ量がさらに x 面から左に移動すると考える．

このときには，**流束 J_x** は，微小時間 $\Delta \tau$ において x（図5-28で右から左の方向）に沿って領域 m を，差し引きどれだけの物質量（モル数）が通過したかを考えればよい．

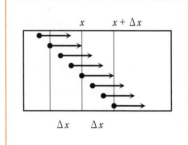

$$J_x = u(C_1 - C_2) = -u\Delta x \frac{\partial C}{\partial x} \tag{5-3-3}$$

ここで $u\Delta x$ という係数を D とおくことで，最終的に以下の関係式が導かれた．

図5-29　x 面の粒子は $x+\Delta x$ 面に，$x-\Delta x$ 面の粒子が x 面に移動する

$$J_x = -D\frac{\partial C}{\partial x} \tag{5-3-4}$$

この式は重要で，**フィックの第一法則**という．

フィックの第一法則は，物質が外力ではなく自発的に拡散する力によって移動する様子を示しており，濃度勾配はその場その場の状況を表すものだから，系ごとの拡散力の違いは D に現れることになる．

この比例定数として導入した D を**拡散係数**という．

【3】拡散係数 D は絶対温度 T に比例し，溶媒の粘度 η と溶質粒子の半径 r に反比例する．

粘度 η の具体的な値として，水 0.891 mPa·s，エタノール 1.078 mPa·s，ヘキサン 0.299 mPa·s，ベンゼン 0.603 mPa·s，グリセリン 945 mPa·s，空気 0.0186 mPa·s である．（25℃）

そこで仮に液体の粘度 $\eta = 1$ mPa·s とすると，絶対温度 $T = 298$ K，ボルツマン定数 $k_B = 1.38 \times 10^{-23}$，粒子径 $r = 10^{-10}$ m において拡散係数 D は約 2×10^{-9} m^2 s^{-1}，1時間で 0.07 cm^2 拡がる．

図5-30 は 10% 食塩水を醤油で薄く色づけし，これに水道水を静かに積層した界面から垂直方向のみに拡散する様子を観察した．

静置すると拡散過程は極めて遅く，室温およそ12時間後（右）でも均一にはならず，まだ界面が確認できる．

このように，密度差があるときの溶解と拡散は非常に緩慢なプロセスなので，**溶液調製・調剤・洗浄**などでは必ず十分な撹拌を心がける習慣がたいせつである．

錠剤にヒモを括りつけビーカの中に吊すと，成分は縦横上下の3次元方向に拡散する．

このとき3次元方向に拡散するので，流束は以下のベクトルとなる．

コラム　拡散係数 D とは何か？

拡散係数 D を明らかにするため，装置モデルによらず，移動する物質の**モルギブズ自由エネルギー変化**からフィックの第一法則を導く．

まず，溶質のモルギブズ自由エネルギーを μ とすると，x 軸方向の距離で偏微分することで一方向に働く力 F_x を求める．

ここでは，溶質の**活量** a を濃度 C で近似する（$\gamma \fallingdotseq 1$）．

$$F_x = \frac{\partial \mu}{\partial x} = \frac{\partial \mu^0}{\partial x} + RT\frac{\partial (\ln C)}{\partial x} = RT\frac{\partial (\ln C)}{\partial x} \tag{5-3-5}$$

ここで，微分の公式を思い出すと

$$\frac{d(\ln C)}{dx} = \frac{d(\ln C)}{dC}\frac{dC}{dx} = \frac{1}{C}\frac{dC}{dx} \tag{5-3-6}$$

となるので，1 mol の溶質粒子の x 軸方向に働く力は以下となる．

$$F_x = RT\frac{\partial (\ln C)}{\partial x} = \frac{RT}{C}\frac{\partial C}{\partial x} \tag{5-3-7}$$

速度 u の 1 分子に働く**ストークスの抵抗力**は $6\pi\eta r u$ だった．
このアヴォガドロ数倍が F_x と釣り合っていることになるので

$$\frac{RT}{C}\frac{\partial C}{\partial x} + (6\pi\eta r u)N_A = 0 \tag{5-3-8}$$

濃度と流れの速度の積 uC は上記のように，J_x と等しい．

$$J_x = uC = -\frac{R}{N_A}\frac{T}{6\pi\eta r}\frac{\partial C}{\partial x} = -\frac{k_B T}{6\pi\eta r}\frac{\partial C}{\partial x} \tag{5-3-9}$$

得られた結果とフィックの第一法則を比較すると，拡散係数 D は，

$$D = \frac{k_B T}{6\pi\eta r} = \frac{RT}{6\pi\eta r N_A} \tag{5-3-10}$$

これをストークス＆アインシュタインの式という．
ここで，$k_B T$ は物質分子が熱運動するエネルギーを表し，これが拡散の力に利用される．
熱運動 $k_B T$ は，媒質の粘度 η や粒子の形状に伴う抵抗 $6\pi r$ によって効力を低下する．

$$\begin{pmatrix} J_x \\ J_y \\ J_z \end{pmatrix} = \begin{pmatrix} -D\dfrac{\partial C}{\partial x} \\ -D\dfrac{\partial C}{\partial y} \\ -D\dfrac{\partial C}{\partial z} \end{pmatrix} = -D\begin{pmatrix} \dfrac{\partial}{\partial x} \\ \dfrac{\partial}{\partial y} \\ \dfrac{\partial}{\partial z} \end{pmatrix} C = -D\nabla C \tag{5-3-11}$$

D は拡散係数，演算子 ∇ は「ナブラ」と読み，grad（グラジエント＝勾配）とも書く．

図 5-30　水と食塩水の界面は，かきまぜなければ 10 時間後でも拡散しない

5-3-2　フィックの第二法則

　反応速度論を学ぶことで我々は，単独の反応がやがて終了することと，対向反応がやがて平衡状態に到達し，逐次反応が定常状態になることを理解しました．ここでは，流れがどのような時間発展をもたらすか探る手段を学習します．SBO:E5-(1)-①-3

　物質の移動である流れは流束 J によって定量的に表されること，そして流束 J は濃度勾配 $\partial C/\partial x$ にそって発生することを学習した．

　図 5-26 と同じシャーレのモデルで考えると，面 x における濃度 C に対して，面 $x+\Delta x$ における濃度は図 5-31 のように表すことができる．

　すると，面 $x+\Delta x$ における濃度勾配はこの濃度を距離 x で微分したものになるので，以下のようになる．

$$\frac{\partial}{\partial x}\left(C+\frac{\partial C}{\partial x}\Delta x\right)=\frac{\partial C}{\partial x}+\frac{\partial^2 C}{\partial x^2}\Delta x \tag{5-3-12}$$

　Δx が微小であるから面 x と面 $x+\Delta x$ における断面積にほとんど差がないとし，S とおく．

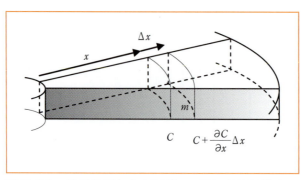

図 5-31　錠剤表面からの距離 x の面における濃度と $x+\Delta x$ の面における濃度

時間 $\Delta\tau$ における，領域 m に対する成分粒子の出入りの収支 Δn は

$$\text{（面 } x \text{ から流入する流束）} - \text{（面 } x+\Delta x \text{ から流出する流束）} \tag{5-3-13}$$

の値に断面積 S をかけ算したものになるので

$$\begin{aligned}\frac{\Delta n}{\Delta \tau} &= (J_x - J_{x+\Delta x})S \\ &= \left\{-D\frac{\partial C}{\partial x} + D\left(\frac{\partial C}{\partial x} + \frac{\partial^2 C}{\partial x^2}\Delta x\right)\right\}S \\ &= D\frac{\partial^2 C}{\partial x^2}S\Delta x\end{aligned} \tag{5-3-14}$$

であり，かたや領域 m の濃度変化 dC/dt は，体積が $S\Delta x$ で成分粒子の物質量が n ならば

$$\frac{dC}{dt} = \frac{1}{S\Delta x}\frac{dn}{dt} = \frac{1}{S\Delta x}\frac{\Delta n}{\Delta \tau} \tag{5-3-15}$$

となる．（密度と流束を扱うとき，質量変化に換算すると理解しやすい）

式 5-3-14 と式 5-3-15 から次の関係が成り立つ．

$$\frac{dC}{dt} = D\frac{\partial^2 C}{\partial x^2} \tag{5-3-16}$$

この式を**フィックの第二法則**，または拡散方程式という．

物質の拡散方程式，分子の拡散方程式，質量の拡散方程式などということもある．

これは，時間が経過するとどこか1点における濃度がどのように変化するかを表す．

初期条件・境界条件として，はじめは溶けだしてないこと，最後に均一になること，すなわち，

$$\begin{cases} t=0, \ x>0 \text{ のとき，} C=0 \\ t>0, \ x\to\infty \text{ のとき，} \partial C/\partial x = 0 \end{cases} \tag{5-3-17}$$

を用いて拡散方程式 5-3-16 を解くと，次のようなガウス関数の形になる．（変数は t と x）

$$C = \frac{n}{(\pi Dt)^{1/2}}\exp\left(-\frac{x^2}{4Dt}\right) \tag{5-3-18}$$

ここで，n は溶出成分の物質量の合計を表し，図 5-32 に示したグラフの曲線下面積（AUC）である．

横軸は距離 x，縦軸はその場所での濃度 C で，この傾きが濃度勾配である．

錠剤が溶けきった時点からの拡散時間 t が経過するとグラフはなだらかになる．

ここでも，錠剤にヒモを括りつけビーカの中に吊すと，成分は縦横上下の3次元方向に拡散するので，そのような場合には3次元方向からの収支を考えて以下の式となる．

$$\frac{dC}{dt} = D\left(\frac{\partial^2 C}{\partial x^2} + \frac{\partial^2 C}{\partial y^2} + \frac{\partial^2 C}{\partial z^2}\right) = D\nabla^2 C \tag{5-3-19}$$

ここで，演算子 ∇^2 は「ラプラシアン」（ラプラス演算子）という．

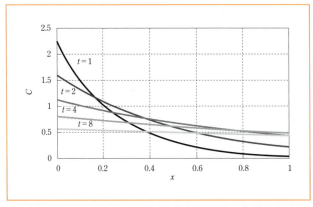

図 5-32　錠剤が溶けきってからの時間経過と濃度勾配の変化

5-3-3　錠剤のノイエス＆ホイットニー式

　具体的にフィックの第一法則を応用して，薬局方にある錠剤を液体の中に入れたときの溶解速度の調べ方を学びます．薬局方では，溶出試験と崩壊試験が規定されており，どちらも第1液（pH 1.2：胃液を模する）と第2液（pH 6.8：腸内や体液を模する）の2種類が用いられます．
SBO:E5-(1)-①-3

【1】ノイエス＆ホイットニー式のなりたち
　錠剤などの固体製剤から媒質に成分が溶出する速度を決定する溶出実験では，時間 t と媒質中の成分の平均濃度 C を測定する．
　この実験結果を解析するのに，フィックの法則の式はそのままでは使えないので，実験で観測できるような量でフィックの法則を書き直さないといけない．
　成分の移動速度に比べて溶解速度のほうがはやいとき，固体製剤の表面における濃度は飽和濃度 C_S と等しいと考える．
　媒質の体積 V が十分大きいなら，成分の溶解，移動がしばらく続いても，媒質全体としての平均濃度 C は飽和濃度 C_S と比べて十分小さく（$C \ll C_S$），ほとんどかわらないと考える．
　このような状態が仮定できる実験条件を**シンク条件**という．
　固体製剤から十分離れた距離があり，濃度勾配がほとんどゼロとみなせる領域を**バルク層**という．（図 5-33）
　溶出実験のモデルでは固体製剤の表面を**飽和層**，その近傍で濃度勾配を形成しているのが**拡散層**，濃度がほぼ均一な大半部分をバルク層と考える．
　この拡散層・バルク層モデルでバルク層の平均濃度を C，バルク層全体の体積を V とする．
　固体製剤における流束 J に表面積 S を掛けたものは時間あたりに放出される物質量 dn/dt である．
　一定時間あたりのバルク層の濃度変化 dC/dt は固体製剤から一定時間あたりに放出される物質量 dn/dt をバルク層の体積 V で割ったものと等しい．

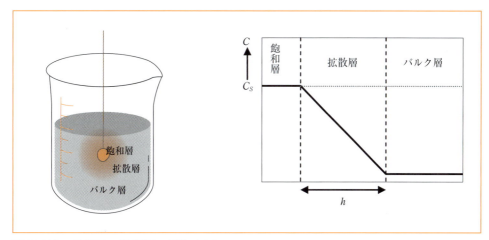

図5-33 飽和層，拡散層，バルク層

$$\frac{dC}{dt} = \frac{1}{V}\frac{dn}{dt} = \frac{SJ}{V} = \frac{S}{V}\cdot\left(-D\frac{\partial C}{\partial x}\right) \tag{5-3-20}$$

拡散層において濃度勾配が一様であるという荒い近似をすることで，飽和層の濃度 C_S からバルク層の濃度 C までの濃度勾配は，この差を拡散層の厚み h でわり算すればよいと考えることにするのである．

$$-\frac{\partial C}{\partial x} = \frac{C_S - C}{h} \tag{5-3-21}$$

以上をまとめると

$$\frac{dC}{dt} = \frac{DS}{Vh}(C_S - C) \tag{5-3-22}$$

という近似式を得る．

この関係が実験的に成立することを確かめた研究者の名前からこの式を**ネルンスト・ノイエス＆ホイットニーの式**という．

式の近似にはシンク条件を用いてないが，拡散層・バルク層モデルの適用が条件になる．

【2】ノイエス＆ホイットニー式はどんな近似式か

錠剤にヒモを括りつけビーカの中に吊したとき，成分が縦横上下の3次元方向に拡散するとしたときに，先と同じ初期条件・境界条件でフィックの第二法則の解を求めると

$$C = \frac{n}{(\pi Dt)^{3/2}}\exp\left(-\frac{x^2}{4Dt}\right) \tag{5-3-23}$$

となり，ここでも n は溶出成分の総モル数である．

図5-34のグラフは，錠剤がまだ溶けきっていないと考え，錠剤表面の飽和層 $x=0$ において $C=7$ で一定となるように n を調節してあって，時間とともに溶出成分量は増大している．

ネルンスト・ノイエス＆ホイットニー式で仮定しているシンク条件では，図5-34のグラフにおける $t=1$ や $t=2$ のような曲線に近くなり，これを近似して拡散層とバルク層の2直線を用いて図5-33のように表していることになる．

拡散層の厚み h が小さいことが期待されているのだから，そのために溶出実験では統一された条件で

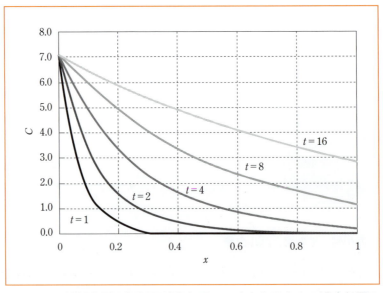

図 5-34　錠剤表面の飽和層が濃度 7 で一定であるときの濃度勾配の減衰

溶液をかき混ぜることが大切である．

さて，水の中にインクを落とせば拡散するとはいうものの，これまでに見てきたように拡散速度は遅く，なかなか進行しない．

溶出のはやさは，薬剤の生物学的利用率（バイオアベイラビリティ，BA）や生物学的同等性（バイオエクイバレンス，BE）に決定的な影響を及ぼす．

薬剤を投与して吸収させるためには，できるだけはやく溶解させなければならない．

この目的から，拡散速度を加速することが重要な課題である．

このような課題に対して，ネルンスト・ノイエス&ホイットニー式は単純化されているおかげで，どうすればよいかわかりやすく，経験的知識にも合致する．

［1］ S が大きいほうが溶解速度は大きい．
［2］ D は絶対温度 T に比例する：温度が高いほうが溶解速度は大きい．
［3］ D は溶液の粘度 η に反比例する：粘度が小さいほうが溶解速度は大きい．
［4］ h は溶液を撹拌すると小さい：激しく撹拌するほうが溶解速度は大きい．

簡単のため，実験定数となる D/Vh を実験パラメータ k で表すこともある．

$$\frac{dC}{dt} = kS(C_s - C) \tag{5-3-24}$$

これをノイエス&ホイットニーの式と呼ぶ．

【3】ノイエス&ホイットニー式の積分型速度式とシンク条件

この形の微分型速度式を積分型速度式に変換する作業は式 2-2-1～式 2-2-6 で行った．

飽和濃度 C_s がわかっている場合，以下のような積分型速度式として，溶出実験の時間 t に対して，

飽和濃度に対する濃度差の対数項をグラフにすると，傾きから溶解速度定数に相当する kS を求めることができる．（グラフの傾きと切片に注意する）

$$\log_{10}\left(\frac{C_S - C_0}{C_S - C}\right) = \frac{kS}{2.303} t \tag{5-3-25}$$

$$\log_{10}(C_S - C) = \log_{10}(C_S - C_0) - \frac{kS}{2.303} t \tag{5-3-26}$$

これらは試験問題で数式の理解を問うには適しているが，実験的には測定値 C_S を用いてこのプロットから直線のグラフを得ることは難しい．

以下のグッゲンハイム・プロットを用いるほうが実践的である．

$$\log_{10}(C - C') = -\frac{kS}{2.303} t + \log_{10}\left\{(C_S - C_0)(1 - e^{-kS\Delta t})\right\} \tag{5-3-27}$$

グッゲンハイム・プロットについては，第 2 章 2-2 節の節末コラム（p.74）にまとめた．

さらに，溶解過程の初期にはシンク条件 $C \ll C_S$ が成立すると考えると，$(C_S - C) \fallingdotseq C_S$ と近似して，0 次式になる．

$$\frac{dC}{dt} = kSC_S \tag{5-3-28}$$

すなわち，時間 t に対して濃度 C が直線的に上昇する．

固形製剤の表面積 S，成分の飽和濃度（溶解度）C_S がわかれば，溶出初期の傾きから実験パラメータ k を決定でき，この式が最も実践的かもしれない．

5-3-4　粉体のヒクソン＆クロウェル式

錠剤ではなく，顆粒剤や散剤は溶解すると固体薬剤の表面積が著しく変動するので，ノイエス＆ホイットニー式はそのままでは適用できません．そこで，顆粒剤や散剤には次のように誘導されたヒクソン＆クロウェル式を用います．SBO:E5-(1)-①-3

ネルンスト・ノイエス＆ホイットニー式（5-3-22）を，顆粒剤や散剤などの粉体に適用できるよう，式を変換するが，ここでは言葉で説明するより数式のほうがわかりやすいだろう．

モル濃度 C に溶液の体積 V をかけ算すると物質量 n になるので，式 5-3-22 は以下のように変換できる．

$$\frac{dn}{dt} = \frac{DS}{h}(C_S - C) \tag{5-3-29}$$

粉体を**均一密度 ρ** で，**半径 R の剛体球**と近似する．

粒子の総数を N とすると，粒子の表面積の合計は $4\pi R^2 N$ である．

また，微小時間 dt に粉体が溶解して半径が R から $R + dR$ に変化したと考える．（$dR < 0$）

球の体積の差を計算すると，図 5-35 のように求められるが，dR は微小なので，この多項式のうち dR のべき乗項（二乗項や三乗項）は無視できる．

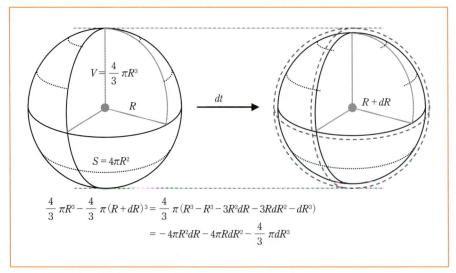

図 5-35 粉末粒子を球体とし，溶出が全方向に均等なときの体積変化量

したがって，1粒子の体積減少分は $-4\pi R^2 dR$ と近似される．
1粒子から溶出した成分の質量は，これに密度 ρ をかけ算した値である．
全粒子から溶出した成分の物質量（モル量）は，これに粒子数 N をかけ算し，分子量 M で割った値である．

したがって，ネルンスト・ノイエス＆ホイットニー式（5-3-29）は以下のように変形される．

$$-\frac{4\pi R^2 N \rho}{M}\frac{dR}{dt} = \frac{D(4\pi R^2 N)}{h}(C_S - C) \tag{5-3-30}$$

ここでは**シンク条件（$C \ll C_S$）が成立している**と考え，これを整理する．

$$-\frac{\rho}{M}dR = \frac{DC_S}{h}dt \tag{5-3-31}$$

ここで $t=0$ のとき $R=R_0$ とし，ここから $t=t$, $R=R$ まで定積分する．

$$R_0 - R = \frac{MDC_S}{h\rho}t \tag{5-3-32}$$

粉体の質量 W は以下で表される．

$$W = \frac{4}{3}\pi R^3 N \tag{5-3-33}$$

$$\therefore \quad R = \left(\frac{3W}{4\pi N}\right)^{1/3} \tag{5-3-34}$$

粉体の質量の初期値を W_0 として，これらを代入すると，

$$\left(\frac{3}{4\pi N}\right)^{1/3}\left(W_0^{1/3} - W^{1/3}\right) = \frac{MDC_S}{h\rho}t \tag{5-3-35}$$

定数項を整理することで，式は次のように変形される．

$$W_0^{1/3} - W^{1/3} = kt \tag{5-3-36}$$

次のように書くこともある.

$$\sqrt[3]{W_0} - \sqrt[3]{W} = kt \tag{5-3-37}$$

これを**ヒクソン＆クロウェルの式**という.

ヒクソン＆クロウェル式の成立条件は，**粉末粒子の密度が均質**であること，**シンク条件が適用**されることである.

ヒクソン＆クロウェル式で用いている近似は，**粉末粒子を剛体球と見なしている**ことと，**全ての粒子の粒子径が同じ**と考えていることである.

5-3

演習問題

問題 1

ある薬物粉末について，有効表面積が一定となるように回転円盤法を用いて，溶出試験を行った．

温度 T_1 及び T_2 ($T_2 > T_1$) において，他の条件は同一として試験を行ったとき，$\ln(C_s - C)$ を時間に対してプロットした図として最も適当なものはどれか．ここで，C は時間 t における濃度，C_s は薬物の溶解度であり，$t = 0$ のとき $C = 0$，また，薬物の溶解過程は吸熱とする．（第90回問169）

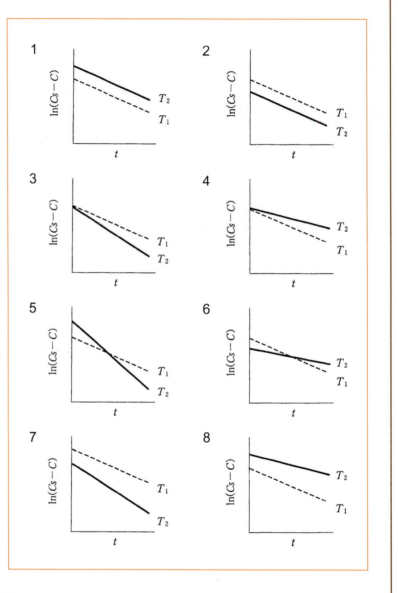

問題2

固体医薬品の溶解は表面積が一定のとき，次の式に従って進むものとする．この式に関する正誤を○×で示せ．（第93回問170, 第89回問165, 第84回問170, 第82回問169）

$$\frac{dC}{dt} = kS(C_S - C)$$

(1) 溶解過程が拡散律速の場合についてのみ成立する式である． （ ）
(2) シンク条件 ($C \ll C_S$) についてのみ成立する式である． （ ）
(3) 溶解速度定数 k の値は，溶解過程での撹拌条件により変化する． （ ）
(4) 結晶性医薬品を数 μm 程度まで微細化すると，表面積の増大とともに Cs も著しく増大するため，溶解速度は顕著に大きくなる． （ ）
(5) 固体薬物を粉砕して粒子径を小さくすれば，溶解速度は大となる． （ ）
(6) 溶媒の粘度が増加すると，溶解速度は大となる． （ ）
(7) 同一薬物の種々の塩を比較するとき，C_S がより大きい塩は，他の条件が同一なら，溶解速度がより大きい． （ ）
(8) 溶媒の撹拌速度を大きくすれば，溶解速度は減少する． （ ）
(9) 同一薬物の種々の塩を比較するとき，溶解度がより大きい薬物の塩は，他の条件が同一なら，溶解速度がより大きい． （ ）
(10) 同一物質で重量が同じであるならば，一般に粉末よりも圧縮成形したものの方が早く溶解する． （ ）
(11) 縦軸に (C_S-C) を，横軸に時間 t をとり，データをプロットすると，直線関係が得られる． （ ）
(12) いかなる薬物の溶解度も温度を上げることにより大きくなる． （ ）

問題3

同一粒子径の球形粒子からなる粉体の溶解過程では，粒子が球形を保ちながら溶解し，シンク条件が成り立っているものと仮定すると，Hixon-Crowell の立方根法則

$$W_0^{1/3} - W^{1/3} = kt$$

が成立する．ここで，W_0 と W は，初期及び一定時間 t 経過後の粒子の質量，k は比例定数である．この式に関する記述の正誤を○×で示せ．（第92回問169, 第86回問170）

(1) シンク条件を仮定して導かれる． （ ）
(2) 粉末粒子の粒度分布は無視し，全て一様な球体であるとして導かれる． （ ）
(3) k の次元は（時間）$^{-1}$・（質量）$^{1/3}$ である． （ ）
(4) 同一試料を用いる時，試験液の粘度が大きくなると，k の値は小さくなる． （ ）

問題 4

水に不溶の高分子マトリックス中に薬物を分散させたとき，水中におけるマトリックス表面からの薬物の放出は次式に従うものとする．次の記述の正誤を○×で示せ．（第 85 回問 169）

$$Q = [D \cdot (2A - C_S) \cdot C_S \cdot t]^{1/2}$$

(1) 薬物放出の初期においては，累積薬物放出量は時間の平方根に対して直線となる．（　）
(2) 薬物放出速度は時間の平方根に対して直線となる．（　）
(3) $A \gg C_S$ のとき，(1) 式は次式に近似できる．$Q = [2A \cdot D \cdot t]^{1/2}$ （　）
(4) 薬物がマトリックス中に溶解し，その表面から放出されると仮定して導かれる．（　）

問題 5

薬物の溶解及び製剤からの放出に関する記述の正誤を○×で示せ．（第 95 回問 170）

(1) 結晶多形において，安定形の溶解度は準安定形に比べて大きい．（　）
(2) 同じ薬物の無水物と水和物を比較した場合，一般に水に対する無水物の溶解度は水和物に比べて大きい．（　）
(3) ヒグチ（Higuchi）の式において，放出される薬物量は時間の二乗に比例する．（　）
(4) 弱塩基性薬物の溶解度を日本薬局方崩壊試験法における試験液第 1 液と第 2 液で比較すると，一般に第 1 液の方が大きい．（　）

コラム　マトリクスからの医薬品成分の放出

錠剤，顆粒剤，散剤など固体の剤形には**主剤**だけでなく，**製剤原料**とか**添加剤**と総称される物質が含まれ，その主なものには賦形剤，結合剤，崩壊剤がある．

賦形剤は，微量の主剤と混合することで計量や分包などの取り扱いを容易にし，成形や服用を助ける．

乳糖，白糖，デンプンなどを用いる．

結合剤は，顆粒剤や錠剤として成形するために必要となる糊の成分である．

デンプン糊，アラビアゴム，ヒドロキシプロピルセルロース（HPC），カルメロースナトリウム（CMC-ナトリウム）などを用いる．

崩壊剤は，成形された固体製剤を服用したあと，体内の水分で崩壊を促し，吸収を助ける．結晶セルロース，カルメロースカルシウム（CMC-カルシウム），あるいは炭酸塩などを用いる．

デンプンも錠剤では水を吸収して膨潤することで崩壊剤として働く．

錠剤は搬送性・携帯性に優れ，また一定用量の服用に適する．

近年はそればかりでなく，添加剤の量を調節することで消化管内での溶出・溶解を制御し，吸収効率や持続時間を思い通りにする**放出制御**（コントロールドリリース）という技術が発達している．

溶け方が緩やかな基剤に主剤を分散させることで，持続時間を延長し，一定量の放出を行う方法を**マトリクス型放出制御**という．

溶出はマトリクスの界面で進行するが，徐々にマトリクスが不均一に崩壊して亀裂を生じ，液体との境界面は亀裂の細孔へと後退していく．

すると，**ノイエス&ホイットニーの式**（5-3-24）において，拡散層と固液界面との間に細孔内を通過する層が形成され，この層の厚さが時間とともに後退する．

導出は多くの仮定を含むので省略するが，薬物放出量を Q，マトリクス中の薬物の溶解度を C_S，マトリクス中の薬物の全濃度を A とすると，以下の近似式を得る．

$$Q = \sqrt{(2A - C_S)DC_S t} \tag{5-3-38}$$

これを **T. ヒグチの式**という．

通常，$A \gg C_S$ の関係にあるので，以下で近似される．（ξ は定数をまとめたもの）

$$Q = \sqrt{2ADC_S t} = \xi \cdot \sqrt{t} \tag{5-3-39}$$

だから，**マトリクスにおける薬物放出量は時間の平方根に比例**する．

また放出速度 dQ/dt は式 5-3-59 を微分した値となるので，**放出速度は時間の平方根に反比例する**

$$\frac{dQ}{dt} = \frac{\xi}{2\sqrt{t}} \tag{5-3-40}$$

5-4 熱による物質の移動
－移動現象論－

| **Episode** | 煮物に愛情を注がない
放任主義 |

　インターネットで主婦を中心にソレー効果と呼ばれるものが話題になっています．といっても最近は研究者のほうが多いかも……

　物質の移動は濃度勾配にそって進行します．
　熱の移動は温度勾配にそって進行します．
　両方同時におこるとどうなるのでしょう？
　答えが「対流がないとすると成分の分布が不均一になる」では，とらえどころのない抽象的なおはなしです．

　そうじゃなくて，「冷めた煮こごりに下ゆでした熱い大根を乗せると，煮こごりのだしが大根に染みこむ法則」なのだそうで，対流がおこらない煮こごりがサクっと出てくるあたり，現役主婦の奥深い経験を感じさせます．
　そもそも煮物を作るとき，味付けには食材の細胞の浸透圧に細心の注意が払われています．
　「さしすせそ」は浸透圧を上げやすい食塩や酢酸よりも先に，分子量が大きいショ糖を加えることを言います．
　塩味は高張液でないと舌で感じませんが，調理の初期に高張液に浸すと食材の細胞は収縮してしまって味が染みこまず，細胞が潰れると旨味は逃げ出してしまいます．
　だから生理食塩水と同じ浸透圧から，コトコト根気よく煮詰めることで，細胞内外の浸透圧平衡を保ちつつ水分を蒸発させ，塩分濃度を上げます．
　時間をかけるのは愛情でなく合理的な手続きなのです．
　これを平衡調理法と呼ぶことにします．

ソレー効果調理法では魚とダシをほどよく暖め，火が通ったら，あとは火から下ろすだけ．

お姑さんのおしかりを受けそうです．

冷めてコラーゲンやムコ多糖でゲル化したダシから，余熱を保った魚肉に向かって「成分の分布が不均一」になる，つまり「うまみ」が魚肉に移動するわけです．

同位体元素を分離するとき，化学的な性質には違いがないので，化学的な分離精製技術はどれも利用できません．

容器の中で温度差を与えると，高温の領域では分子の運動エネルギーが大きいが，同じ容器で圧力は一定，つまり分子の平均運動量は均一になります．

この結果，高温の領域に質量数の小さい同位体が集まることになります．

マンハッタン計画ではウラン 238 の濃縮にこの方法が試みられたが効率が悪いという欠点が残され，日本原燃などでは原子力発電のために遠心分離法（掃除機に応用されているサイクロン方式）が実用化されています．

調理法に話を戻すと，冷めるときに味が染み込むなら再加熱のときに味は散逸するという効率上の欠点があるなあと思っていましたが，案ずるより産むが安し，炊きたてご飯に冷めた料理を載せたときのご飯の味を思い出してみてください．

微分方程式を勉強するよりも遙か幼い頃から，我々はうまみ成分，つまりグルタミン酸塩やイノシン酸塩の移動現象を理解していたのかも知れません．

Points　移動現象論

移動現象論では，ニュートンの粘性法則，フィックの第一法則，フーリエの熱伝導法則などの現象論的方程式を用いることで，平衡状態が破れた系の熱力学を取り扱う．酵素反応速度論において平衡定数ではなく定常状態法を用いたが，これと同様に平衡状態が破れた系での取り扱いでは定常状態近似を用いる．ただ数式は時間に三次元空間のベクトルやテンソルが加わるとたいそう複雑になる．

フーリエの熱伝導法則：単位面積を単位時間に通過する熱量を熱流束とし，J_u で表す．温度勾配を $\partial T/\partial x$，熱伝導率を κ とすると，以下の関係が成り立つ．

$$J_u = -\kappa \frac{\partial T}{\partial x} \tag{5-4-6'}$$

熱拡散式：熱伝導率 κ を比熱容量 C_p と密度 ρ でわり算したものを熱拡散率 α とする．

$$\frac{\partial T}{\partial t} = \alpha \frac{\partial^2 T}{\partial x^2} \tag{5-4-9}$$

第 5 章　移動論

5-4

5-4-1 フーリエの熱伝導法則

熱が移動するときは伝導，対流，放射の３つの経路で移動します．熱が伝導するときは，物質が濃度勾配にそって拡散するように，熱は温度勾配にそって伝導します．対流はフィックの第一法則に従います．放射は温度の４乗に比例して起こりますので溶液における熱の移動ではあまり考えなくてもよいでしょう．SBO:E5-(1)-①-4

【1】熱容量，比熱

物体に熱量［単位 J］を与えると温度があがる．

物体の温度を１K（1℃）上昇させるために必要な熱量を**熱容量**［$J K^{-1}$］という．

物体一定量あたりの熱容量を**比熱**，**比熱容量**［$J K^{-1} kg^{-1}$］という．

圧力一定で測定される１モルあたりの熱容量を**定圧モル熱容量** C_p［$J K^{-1} mol^{-1}$］，体積一定で測定される１モルあたりの熱容量を**定容モル熱容量** C_v［$J K^{-1} mol^{-1}$］といい，気体では以下の関係にある．

$$C_p = C_v + R \tag{5-4-1}$$

液体や固体では温度変化 dT に対する体積変化 dV は充分小さいので，定圧モル熱量量と定容モル熱容量にはほとんど差がない．

いくつかの物質の標準状態 SATP における比熱容量と（定圧）モル熱容量を示す．（ガラスには二酸化ケイ素の式量を用いた）

デュロン＆プティの法則によれば，固体元素のモル熱容量は常温付近では $3R(=3×8.31447\ J K^{-1} mol^{-1})$ に等しいとされるが，この表でも金属のモル熱容量はほぼ一致している．

第４章 4-4 節で示したように単原子分子の並進運動エネルギーの期待値は $\frac{3}{2}k_B T$ である．

単原子分子の定圧モル熱容量は，これにアヴォガドロ数 N_A をかけ算して求められる定容モル熱容量に R を加えた $2.5R(=20.79\ J K^{-1} mol^{-1})$ にほぼ一致し，直線型分子が主成分となる空気の定圧モル熱容量は回転運動ぶんを加えた $3.5R(=29.10\ J K^{-1} mol^{-1})$ と一致する．

並進運動エネルギーは３次元方向に等分配されるので，１自由度あたり $\frac{1}{2}k_B T$ である．

固体において粒子の位置が束縛されているときには並進運動ではなく振動運動をしており，３次元方向の運動エネルギーとポテンシャルエネルギーがあり，自由度は合計６となる．

するとアヴォガドロ数 N_A の固体粒子の内部エネルギーは温度のみに依存し，式 5-4-2 となる．

$$U = N_A \left(6 \times \frac{1}{2}k_B T \right) = 3N_A k_B T = 3RT \tag{5-4-2}$$

分子構造の変化がない物質では，固体１モルの温度を１K（1℃）上昇するために与えてやらなければならないモル熱容量は $3R$ となり，デュロン＆プティ則が導かれる．

これを見ると，固体の温度とは構成粒子の熱振動そのものであることがイメージできる．

表 5-1　物質の比熱容量とモル熱容量

物質名	比熱容量 J/K/g	モル熱容量 J/K/mol	物質名	比熱容量 J/K/g	モル熱容量 J/K/mol
水	4.186	75.41	氷（0℃）	2.060	37.11
重水	3.767	75.49	ガラス	0.677	40.69
エタノール	2.460	113.33	ダイアモンド	6.155	73.92
ペンタン	1.660	119.77	アルミニウム	0.900	24.28
水蒸気	1.850	33.33	鉄	0.444	24.80
空気	1.005	29.11	銅	0.385	24.47
ヘリウム	5.193	20.79	銀	0.230	24.81
ネオン	1.030	20.79	水銀	0.139	27.88
アルゴン	0.520	20.77	金	0.129	25.41
クリプトン	0.248	20.78	プラチナ	0.134	26.14
キセノン	0.158	20.75	ウラン	0.120	28.56

【2】固体における伝導の熱流束

固体の円板試料（面積 A，厚さ L）を真空中に設置する．

片面にパルスレーザを均一に照射し，円板試料が熱量 Q を受け取ると，熱は試料内部を移動してもう一面に伝導する．

試料内部の一点につき，加熱面からの厚みを Δx とする．

加熱面における温度を T_1，ここから微小区間離れた Δx における温度を T_2 とすると

$$T_2 = T_1 + \frac{\partial T}{\partial x}\Delta x \tag{5-4-3}$$

密度を ρ，比熱容量を C_p と表すと，熱容量は $C_p\rho A\Delta x$ だから，Δx を移動する熱量 q は以下になる．

$$q = C_p\rho(T_1 - T_2)A\Delta x = -C_p\rho\frac{\partial T}{\partial x}A(\Delta x)^2 \tag{5-4-4}$$

距離 Δx の熱の移動が微小時間 $\Delta \tau$ に進行するならば，熱の平均移動速度 $u = \Delta x/\Delta \tau$ と表せる．

単位面積について単位時間あたり通過する熱量を熱流束 J_u とする．

フィックの第一法則（式5-3-4）と同様に $u\Delta x$ という係数を熱拡散率 $\alpha[\mathrm{m^2\,s^{-1}}]$ とする．

$$J_u = \frac{q}{A\Delta\tau} = -\frac{C_p\rho(\Delta x)^2}{\Delta t}\frac{\partial T}{\partial x} = -C_p\rho u\Delta x\frac{\partial T}{\partial x} \tag{5-4-5}$$

こうして，1次元のフーリエの熱伝導法則が得られる．

$$J_u = -C_p\rho\alpha\frac{\partial T}{\partial x} \tag{5-4-6}$$

ここでも1次元から3次元の温度勾配に拡張するのに，ナブラを用いて表すと以下になる．

$$\overline{J_u} = -C_p\rho\alpha\nabla T \tag{5-4-7}$$

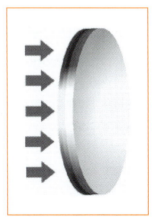

図 5-36　レーザーフラッシュ法を用いた円盤サンプルの熱伝導率の測定

また，フィックの第二法則（式5-3-16）の誘導と同じ手続きで

$$
\begin{aligned}
\frac{\partial T}{\partial t} &= \frac{1}{C_p \rho A \Delta x} \frac{\Delta Q}{\Delta \tau} \\
&= \frac{1}{C_p \rho A \Delta x} (J_x - J_{x+\Delta x})A \\
&= \frac{C_p \rho \alpha}{C_p \rho A \Delta x} \left\{ \frac{\partial^2 T}{\partial x^2} \Delta x \right\} A
\end{aligned}
\tag{5-4-8}
$$

によって，1次元の熱伝導方程式をえることができる．

$$
\frac{\partial T}{\partial t} = \alpha \frac{\partial^2 T}{\partial x^2}
\tag{5-4-9}
$$

こうして得られた式を実用する例を見ることにする．

1次元の熱伝導方程式を$x=0$から$x=L$の範囲で解くと

$$
\Delta T = \frac{Q}{C_p \rho L} \left[1 + 2\sum_{n=1}^{\infty} (-1)^n \exp\left\{ \frac{(-n\pi)^2 \alpha}{L^2} t \right\} \right]
\tag{5-4-10}
$$

のようになり，tが大きくなるとカッコ内のシグマ項は-1から増大して0に収束するので，ΔTの最大値は$Q/(C_p \rho L)$と等しくなる．

そこで，レーザーフラッシュ法では裏面の温度を赤外線温度感知器によって検知し，$Q/(C_p \rho L)$の半分にあたる温度上昇をあたえる時間$t_{1/2}$を測定する．

このとき，$\alpha t_{1/2} = 0.1388 L^2$となることが既に求められているので，ここから熱拡散率αを決定することができる．

熱拡散率はフィックの第一法則での拡散係数Dに対応するので，進行方向に対して垂直な面に拡散してしまう速度を表す．

熱拡散率α [m^2 s^{-1}] に，固体の密度ρ [kg m^{-3}] と比熱容量C_p [J K^{-1} kg^{-1}] をかけ算したものを，熱伝導率κ [W m^{-1} K^{-1}] とする．

$$
\kappa = C_p \rho \alpha
\tag{5-4-11}
$$

固体における熱の伝導は，粒子の熱振動の伝播にあたり，金属の場合は自由電子が振動を伝播する．

このため，金属の導電率と熱伝導度は図5-37のような直線関係にある．

絶縁体では粒子の熱振動（フォノン）が分子間相互作用や衝突によって伝播するので，一般に熱伝導率は非常に小さい．

ただ，ダイアモンド，グラファイト，カーボンナノチューブなどは粒子（炭素原子）が共有結合しているので，伝播に損失がなく，電気伝導率，熱伝導度は金属よりも大きくなる．

【3】気体，液体の物質移動による熱流束

気体や液体では，熱振動の伝播による熱伝導だけでなく，高エネルギーの並進運動・回転運動・振動運動を示す粒子が移動すれば，それで熱が移動したことになる．

物質の移動による熱流束は，物質の流れのはやさをu [m/s] で表せば，

$$
J_u = u C_p \rho T
\tag{5-4-12}
$$

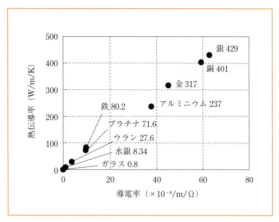

図 5-37　金属固体の導電率（電気伝導率）と熱伝導率は比例関係

のように，熱量の密度にはやさをかけ算したものとなる．
　以上で熱の移動の実体である伝導と対流が定式化された．

5-4-2　移動現象論

第 16 改正日本薬局方の内容を見ても新素材やナノデバイスを応用したドラッグ・デリバリーが急速に発展したことがわかります．計算そのものはできなくても構わないと思うのですが，これまで「難しい数式は理学部・工学部出身者にお任せ」だったため，この分野では薬学の人々が蚊帳の外でした．あったかご飯に旨味が染み込むイメージで，聞く耳を育てていこうではありませんか．SBO:E5-(1)-①-4

【1】現象論的方程式

　ここまで種々の輸送過程に対して，「流れ」が「勾配」に「係数」をかけ算したもので表されてきた．

$$\text{フーリエの熱伝導法則：熱流束} = -\kappa \nabla T \tag{5-4-13}$$

$$\text{フィックの拡散法則：拡散流束} = -D \nabla C \tag{5-3-11}$$

$$\text{ニュートンの粘性法則：ずり応力} = -\eta \nabla u \tag{5-4-14}$$

　これらの式に見られる勾配項 ∇T，∇C，∇u などは，それぞれ温度勾配，濃度勾配，速度勾配を表す．
　ニュートンの粘性法則の負号を奇妙に思うだろうが，5-1 節においてずり速度 D を基準面に対する移動面の速度勾配とみなしたのに対して，ここでは移動面はずり応力に追従しており，基準面とした部分のほうがずり応力とは反対方向の抵抗力として作用することを意味する．
　薬学・医学の領域で興味ある「流れ」と「勾配」の関係式には他に以下のものがある．

第 5 章　移動論　415

オームの法則は回路における電気の流れやすさに関する法則で，電流 [A] を扱い

$$\text{電流} = -A\kappa\nabla\psi \tag{5-4-15}$$

と電位勾配 $\nabla\psi$ [V/m，N/C] の係数倍で表される．（A 断面積 [m²]）

ここで κ は**電気伝導率（コンダクティビティ，導電率）** [S/m] で，電気抵抗率の逆数．

ダルシーの法則は，**半透膜**やカラム，土壌やコンクリートなどで液体が染み出してくる現象に関する法則で，浸透流速 [m/s] を扱い

$$\text{浸透流速} = -\frac{A\kappa}{\nu}\nabla p \tag{5-4-16}$$

と圧力勾配 ∇p [Pa/m] の係数倍で表される．（A 断面積 [m²]，κ 浸透係数，ν 動粘度 [m²/s]）

ハーゲン＆ポアズイユの法則は，拡散ではなく圧力をかけて血管や水道管，**毛管粘度計**など管の中を流れる液体の流束を扱い

$$\text{体積流量} = -\frac{\pi r^4}{8\nu}\nabla p \tag{5-4-17}$$

と圧力勾配 ∇p [Pa/m] の係数倍で表される．（r 管の内径 [m]，ν 動粘度 [m²/s]）

「勾配」に沿って「流れ」を生ずるという考え方は，文字通り坂道にそって物体が滑り落ちる現象にも当てはめることができ，このときの「係数」は摩擦係数である．

そこで，「勾配」の様子をエネルギー空間，ポテンシャル空間における起伏であるというイメージから，エネルギー表面，ポテンシャル表面と呼ぶ．

このイメージは，初等教育においてオームの法則を学ぶとき，電流を水の流れ，電位差を高低差で表した水路という形として既に学んでいるイメージである．

化学反応速度論では，この勾配を遡り，峠（鞍点）を乗り越えて化学変化が進むイメージで捕らえられていた．

また，量子論において最高点に到達しなくてもポテンシャルマップをしみ出してくる現象を，トンネル現象というが，これも険しい峠の下にトンネルを掘る様子に喩えられている．

【2】散逸関数とエントロピー生成速度

不可逆過程においてギブズ自由エネルギーが仕事として失われていくとき，時間あたりの仕事を Φ と表し，これを散逸関数という．

$$\Phi = \frac{\text{仕事}}{\text{時間}} \tag{5-4-18}$$

仕事というのは力と距離のかけ算だから，散逸関数は次のように変形できる．

$$\Phi = \frac{\text{距離} \times \text{力}}{\text{時間}} \tag{5-4-19}$$

距離を時間でわり算したものは速度に相当するから，散逸関数は次のように変形できる．

$$\Phi = \text{速度} \times \text{力} \tag{5-4-20}$$

散逸関数は，ギブズ自由エネルギーが時間あたりどれだけ散逸するかを表す．

ただし，エネルギー保存の法則（熱力学第一法則）からエンタルピーは消滅しない．

式の誘導は一切省略するが，散逸するというのはエントロピー項にあたる．
すると，散逸関数を絶対温度でわり算したものは，系のエントロピー生成速度である．
一般に不可逆的な移動過程において，流れJ_iと場の勾配X_iの関係は以下で表される．

$$J_i = L_i X_i \tag{5-4-21}$$

このときL_iを現象論的係数という．（流れと勾配が逆向きを表す負号はL_iでなくX_iに含む）
エピソードでは，対流（ニュートンの粘性法則）を考えないことにして，熱の移動（フーリエの熱伝導法則）に伴う物質の拡散（フィックの拡散法則）によって，下ゆで大根や炊きたてご飯に旨味が染みわたる現象について論議していた．
このような場合，物質の流れには，濃度勾配の項だけでなく熱の流れの項を加える．
上の一般式で表すならば，J_1を熱量の移動，X_1を温度勾配，J_2を物質の移動，X_2を濃度勾配としたとき

$$\begin{cases} J_1 = L_{11}X_1 + L_{12}X_2 \\ J_2 = L_{21}X_1 + L_{22}X_2 \end{cases} \tag{5-4-22}$$

のような足し算で表される．
ここで，L_{11}, L_{22}を直接係数，L_{12}, L_{21}を連結係数または交叉係数と呼び，このような式を現象論的方程式という．
オンサーガーはこのような場合に$L_{12} = L_{21}$の関係が成り立つことを証明した．
これを，オンサーガーの相反定理という．
熱エネルギーや物質の移動に伴うエントロピーの生成を表すのに散逸関数Φを用いると，これらの移動が速度に相当し，勾配が力に相当するとみなすことができ

$$\Phi = J_1 X_1 + J_2 X_2 \tag{5-4-23}$$

と表すことができる．
ギブズ自由エネルギー変化速度の式にするためそれぞれ変換係数も必要であるが，それは単位の取り方の論議であって本質的ではなく，ここでは具体的な詳細は述べないことにする．
こうして得られた散逸関数に現象論的方程式を代入すると以下が得られる．

$$\Phi = L_{11}X_1^2 + (L_{12} + L_{21})X_1 X_2 + L_{22}^2 X_2^2 \tag{5-4-24}$$

ここで二種類の「場の勾配」と「流れ」からなる系で，一方の勾配を一定に保つことにする．
つまり，炊きたてご飯と冷めたおかずの温度差X_1を一定値X_1^0と近似する．
そういうときに，旨味がおかずからご飯に染み込むという物質の移動がJ_2である．
すると

$$\frac{\partial \Phi}{\partial X_2} = (L_{12} + L_{21})X_1^0 + 2L_{22}X_2 \tag{5-4-25}$$

ここでオンサーガーの相反関係を代入することで

$$\frac{\partial \Phi}{\partial X_2} = 2L_{21}X_1^0 + 2L_{22}X_2 = 2J_2 \tag{5-4-26}$$

5-4

また，現象論的係数は正の値としたので

$$\frac{\partial^2 \Phi}{\partial X_2^2} = 2L_{22} > 0 \tag{5-4-27}$$

二階微分の結果は，散逸関数が増加関数であることを意味している．

すると，X_2 が定常状態を与える $\partial \Phi/\partial X_2 = 0$ であれば，散逸関数 Φ は極小点となる．

この定常状態では一階微分の式から $J_2 = 0$ であるから，現象論的方程式に代入すると

$$J_1 = \frac{L_{11}L_{22} - L_{21}^2}{L_{22}} X_1^0 \tag{5-4-28}$$

このような定常状態になると，おかずからご飯に味が染み込むのに温度差は効果がない．

熱に伴う物質の拡散は，温度差が変化しているときに進行する．

定常状態における散逸関数 Φ の極小点は次のようになる．

$$\Phi_{\min} = \frac{L_{11}L_{22} - L_{21}^2}{L_{22}} (X_1^0)^2 \tag{5-4-29}$$

散逸関数を絶対温度でわり算したものは，エントロピー生成速度に相当するのであるから，この結果は非可逆的過程をポテンシャル表面の輸送過程と捉えるとき，そこではエントロピー生成速度が極小値に落ち着く可能性があることを意味する．

こうして，非平衡系が安定化することをエントロピー生成速度極小の定理という．

演習問題

問題 1

旧厚生省保険医療局健康増進栄養課「第5次改定日本人の栄養所要量」によれば,体表面積あたり基礎代謝基準値は20代男性で37.5 kcal/m²/時,20代女性で34.3 kcal/m²/時と報告された.実際に体表面積を計算することは難しいので,藤本の式(身長$^{0.663}$×体重$^{0.444}$×88.83 cm²)などの換算式が提案されている.

さて,基礎代謝において熱エネルギーが消失する経路を考察すると,男女の違いは主に以下のいずれに関係するか?

(1) 栄養状態　　(2) 運動量　　(3) 皮下脂肪　　(4) 内臓脂肪　　(5) 肺活量

第6章
溶液論

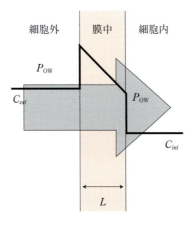

6-1　イオン強度

Episode　注射液とイオン強度

生理食塩液で溶かすと，沈殿を起こす医薬品があります．
ペプチドホルモンや酵素製剤などのタンパク質からなる医薬品に多くみられます．

　急性心不全の治療薬カルペリチド（アスビオファーマ社ハンプ®）．
　カルペリチドは心臓から分泌されるα型ヒト心房性ナトリウム利尿ペプチド（hANP）というホルモンで，利尿と血管拡張の二重作用があります．
　電解質異常や不整脈の発生といった副作用がとても少ないとされています．
　5%ブドウ糖液で溶解します．

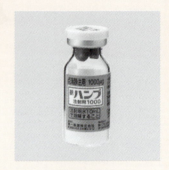

　急性白血病，悪性リンパ腫の治療薬アスパラギナーゼ（協和発酵キリン社ロイナーゼ®）．
　血中のL-アスパラギンを分解して，アスパラギン要求性腫瘍細胞を栄養欠乏状態とすることで効果を生みます．
　小児でしばしば投与時に蕁麻疹（じんましん）がでるアレルギー症状があります．
　注射用蒸留水で溶解します．

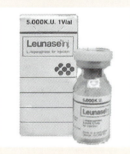

Points　イオン強度

イオン強度（Z_j イオン j の電荷，C_j イオン j の濃度，m イオンの種類数）：

$$I = \frac{1}{2} \sum_{j=1}^{m} Z_j^2 C_j \tag{6-1-10}$$

デバイ＆ヒュッケルの式（25℃）：

$$\log_{10} \gamma_i = -\frac{0.5116 Z_i^2 \sqrt{I}}{1 + 3.291 r_i \sqrt{I}} \tag{6-1-20}$$

実在溶液のヘンダーソン＆ハッセルバルヒの式：

$$pH = pK_A + \log_{10} \frac{[X]}{[HX]} + \log_{10} \gamma_X - \log_{10} \gamma_{HX} \tag{6-1-15}$$

拡散電気二重層： 電界と熱運動という対称的な作用によって非特異的に吸着しているイオンが保持され，分布している領域のこと．固定層と拡散層からなる．「固定層」または「シュテルン層」というのは，表面に直接接触した反対符号イオンと同符号イオンが位置している領域．「拡散層」または「グーイ層」というのは，それよりも表面から離れた領域．（IUPAC Gold Book）

6-1-1 イオン強度の考え方

反応速度や溶解度ではイオン強度が重要な役割を演じていることがあります．イオン強度とは，溶液の中でイオンが互いに結びついている強さのことですが，これは「デバイ長」という長さに関係するパラメータとして導かれています．長さとイオンの対応関係に注意してください．
SBO:C1-(2)-⑥-4

【1】ポアソン方程式

デバイ＆ヒュッケル近似理論では電解質溶液を以下のようなモデルで説明する．（第1章1-2節）

誘電率 ε [F m^{-1}] の電解質溶液中の1個のイオン i に注目する．

イオン i の電荷の大きさを Q [C，A s] とする．

まず，イオン i から距離 x [m] 離れた点における電荷密度 ρ [C/m^3] を求める．

微小半径 Δx の球に収まっていた電荷 Q が，距離 x 離れた点では半径 x の球面上の厚み Δx の表層部分全体に薄められる．

だから，距離 x が離れれば離れるほど，電荷密度 ρ が希薄になる．（図6-1）

距離 x と電荷密度 ρ の関係は以下になる．

$$\rho = \frac{Q}{4\pi x^2} \tag{6-1-1}$$

イオン i に対して，もしも距離 x の位置に反対符号で強さ 1 [C] の電荷 j があったとしたら，i と j の

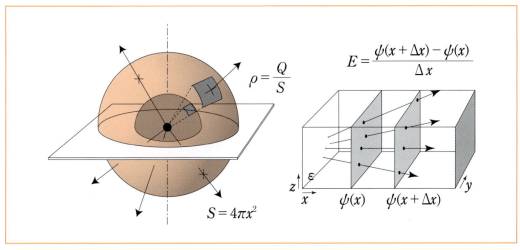

図6-1　点電荷で形成される電位勾配

6-1

間にはたらくであろうクーロン力 [N] のことを電場 E [N/C] という．

クーロン力や電場 E も距離 x が離れれば離れるほど希薄になる．

このため，距離の微小変化 dx に対する電場の微小変化 dE は電荷密度 ρ に比例する．

また，クーロン力は溶液の誘電率 ε に反比例する．

これと同じく電場 E も誘電率 ε に反比例する．

これを「ガウスの法則」といい，式で表したものが以下である．

$$\frac{\partial E}{\partial x} = \frac{\rho}{\varepsilon} \tag{6-1-2}$$

電位 ψ [V；W/A；J/C] はクーロン力を生み出すポテンシャルの高さであり，電場 E は電位 ψ の勾配にあたる．

これは，第5章ですでにお馴染みの取り扱いであり，勾配と逆向きに流れが起きる．

$$E = -\frac{\partial \psi}{\partial x} \tag{6-1-3}$$

以上の二式から，電荷密度 ρ と電位 ψ の関係を表す「ポアソン方程式」が導かれる．

$$\frac{\partial^2 \psi}{\partial x^2} = -\frac{\rho}{\varepsilon} \tag{6-1-4}$$

これは誘電率 ε の媒質中にある1個のイオン i が形成する電場，つまりもしも電荷 j があったと仮定したら生じるであろうクーロン力に関する方程式である．

【2】デバイ&ヒュッケル理論

溶液が平衡状態にあるときは，仮定でなく実際にイオンの電荷が存在する．

それらはクーロン力によって接近し，吸着する一方で，熱運動によって拡散している．

そうして個々のイオン i の電場に対し全てのイオン j が釣り合うよう動的に分布している．

このように，個々のイオン i に呼応して他のイオン j が動的に分布している周辺状況を**イオン雰囲気**という．

クーロン力が到達する半径をイオン雰囲気の範囲と考え，デバイ長という．

イオン i の荷数を Z_i とすると，その静電ポテンシャルは $Z_i e\psi$ [J] である．

ここで e は電気素量という定数（1.602×10^{-19} C）を表しており，電子1個の電気量の絶対値にあたる．

電気素量 e をアヴォガドロ数 N_A 倍したものはファラデー定数 F [C/mol] になる．（第7章7-2節）

熱力学的に安定な平衡状態では，静電ポテンシャルが低いイオンは多数存在し，静電ポテンシャルが高いイオンの数は少なくなる．

その個数分布は**ボルツマン分布**に従う．（第2章2-3-1項，第7章7-2-3項）

ここで，「静電ポテンシャル $Z_i e\psi$ が熱エネルギー $k_B T$ よりも十分小さい」という条件が成り立てば，電位 ψ と電荷密度 ρ（イオン濃度）の関係式は以下で近似される（コラム参照）．

$$\rho = -\frac{e^2 \psi}{k_B T} \sum_{j=1}^{m} Z_j^2 n_j \tag{6-1-5}$$

式中の n_j はイオン j の数濃度で，微分の関係上単位体積は $1\,\text{m}^3$ ということになる．

ということは，容量モル濃度 C_j [mol/dm³] とは $C_j = n_j/(1000 N_A)$ の関係になる．

電荷密度 ρ の式6-1-5をポアソン方程式6-1-4に代入すると「ポアソン&ボルツマン方程式」となる．

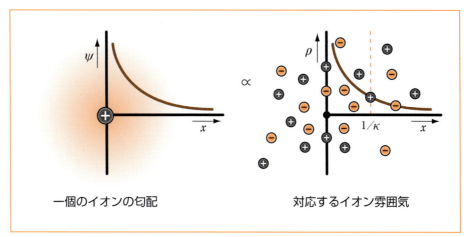

図 6-2 イオン水溶液において点電荷で形成される電位勾配とイオン雰囲気

これを解くと，以下のような関数形となる．

$$\psi = \frac{Q}{4\pi\varepsilon}\frac{\exp(-\kappa x)}{x} \tag{6-1-6}$$

ここで κ は遮蔽定数 [m^{-1}] といい，デバイ長（イオン雰囲気の大きさ）の逆数にあたる．
そのまま解いたものが以下であり，その後，化学実験でなじみのある物理定数に変換する．

$$\kappa^2 = \frac{e^2}{\varepsilon \cdot k_B T}\sum_j Z_j^2 n_j \tag{6-1-7}$$

数濃度 n_j を容量モル濃度 C_j に改めると，

$$\kappa^2 = \frac{2000 N_A e^2}{\varepsilon \cdot k_B T}\left(\frac{1}{2}\sum_j Z_j^2 C_j\right) \tag{6-1-8}$$

また，$eN_A = F$（ファラデー定数 96485 C mol^{-1}），$k_B N_A = R$（気体定数 8.314 J K^{-1} mol^{-1}）だから

$$\kappa^2 = \frac{2000 F^2}{\varepsilon \cdot RT}\left(\frac{1}{2}\sum_j Z_j^2 C_j\right) \tag{6-1-9}$$

このカッコ内を**イオン強度**と呼び，I（または J，μ）で表している．（第 1 章 1-2 節参照）

$$I = \frac{1}{2}\sum_{j=1}^{m} Z_j^2 C_j \tag{6-1-10}$$

イオン強度 I はイオン雰囲気の大きさの逆数にあたる遮蔽定数 κ を構成しているパラメータだということが，ここまでの式の誘導でわかる．

イオン強度 I が大きいと，遮蔽定数 κ が大きく，イオンの電荷は伝わりにくくなるために，見かけの濃度が低くなったかのような挙動をとる．

6-1-2　イオンの活量係数 SBO:C1-(2)-⑥-2

【1】実在溶液のヘンダーソン＆ハッセルバルヒ式

実在溶液における実効的な濃度を**活量 a** といい，活量 a とモル濃度 C との関係は

6-1

$$a = \gamma C \tag{6-1-11}$$

となり，γ を **活量係数** という．（第 1 章 1-2 節参照）

また分子種 X につき，モル濃度を [X] で表すのに対し活量は (X) で表す．

$$(X) = \gamma_X [X] \tag{6-1-12}$$

理想気体の混合系で平衡が成り立つとき，平衡定数は圧力の比で表される．（第 4 章 4-4 節）
希薄溶液ではラウールの法則により，溶液の活量と蒸気圧が比例関係にある．
だから，熱力学的には溶液における **平衡定数も活量の比で定義される**．

酸解離平衡において HX $\rightleftarrows$ H$^+$ + X$^-$ あるいは HX$^+$ $\rightleftarrows$ H$^+$ + X という平衡が成り立っている場合に，酸 HX に対する共役塩基を X，あるいは塩基 X に対する共役酸を HX と表していることにすると，酸解離定数は以下のように表すことができる．

$$K_A = \frac{(X)(H^+)}{(HX)} \tag{6-1-13}$$

ここから導かれる **実在溶液のヘンダーソン＆ハッセルバルヒ式** は以下のように変形される．

$$pH = pK_A + \log_{10} \frac{(X)}{(HX)} \tag{6-1-14}$$

$$\therefore \quad pH = pK_A + \log_{10} \frac{[X]}{[HX]} + \log_{10} \gamma_X - \log_{10} \gamma_{HX} \tag{6-1-15}$$

デバイ＆ヒュッケル近似理論で得られる電位関数 ψ から誘導される **デバイ＆ヒュッケル式** は活量係数 γ_i を算出する式である．（r_i はイオン半径）

$$\log_e \gamma_i = \frac{-Z_i^2 e^2}{8\pi\varepsilon k_B T} \left(\frac{\kappa}{1+\kappa r_i} \right) \tag{6-1-16}$$

温度 T と誘電率 ε を代入し，常用対数を用いて表すと，この式は次のように簡略化される．

$$\log_{10} \gamma_i = \frac{\log_e \gamma_i}{2.303} = -\frac{AZ_i^2 \sqrt{I}}{1 + Br_i \sqrt{I}} \tag{6-1-17}$$

温度 25℃（$T = 298$ K）における水溶液の比誘電率が 78.30，真空の誘電率が 8.854×10^{-12} F/m とすると誘電率 ε はそのかけ算で表される．

これを代入すると遮蔽定数 κ は

$$\kappa = B\sqrt{I} = \sqrt{\frac{2000F^2}{\varepsilon \cdot RT}} \sqrt{I} = (3.291 \times 10^9)\sqrt{I} \tag{6-1-18}$$

これより，25℃ における係数 A はあらかじめ以下のように計算しておくことができる．

$$A = \frac{e^2 B}{2.303 \times 8\pi\varepsilon k_B T} = 0.5116 \tag{6-1-19}$$

以上をまとめると，**イオン半径 r_i を nm 単位で表すとき**，活量係数は以下で推算できる．

$$\log_{10} \gamma_i = -\frac{0.5116 Z_i^2 \sqrt{I}}{1 + 3.291 r_i \sqrt{I}} \tag{6-1-20}$$

また 20℃ では水の比誘電率 80.1 から以下となる．

表 6-1　デバイ&ヒュッケル則に用いる種々のイオンのイオン半径

イオン	イオン半径 r_i [nm]
NH_4^+, Ag^+	0.25
K^+, Cl^-, Br^-, I^-, CN^-, NO_2^-, NO_3^-	0.3
OH^-, F^-, SCN^-, ClO_4^-, BrO_3^-, IO_4^-, MnO_4^-, $HCOO^-$	0.35
Hg_2^{2+}, SO_4^{2-}, $S_2O_3^{2-}$, CrO_4^{2-}, HPO_4^{2-}, PO_4^{3-}	0.4
Na^+, IO_3^-, HCO_3^-, $H_2PO_4^-$, HSO_3^-, CH_3COO^-	0.4〜0.45
Pb^{2+}, CO_3^{2-}, SO_3^{2-}	0.45
Ca^{2+}, Mn^{2+}, Zn^{2+}, Fe^{2+}, $C_6H_5COO^-$	6
Mg^{2+}, Be^{2+}	8
H_3O^+, Al^{3+}, Fe^{3+}	9

$$\log_{10} \gamma_i = -\frac{0.5085 Z_i^2 \sqrt{I}}{1 + 3.282 r_i \sqrt{I}} \tag{6-1-20'}$$

なお，イオン半径 r_i は以下の表 6-1 が参考になる．

【2】 0.08 M リン酸カリウム緩衝液の pH 計算

0.04 M KH_2PO_4，0.04 M K_2HPO_4 を含むリン酸緩衝液 ($pK_{A2} = 7.21$) では，

$$KH_2PO_4 \rightleftarrows K^+ + H_2PO_4^-$$

$$K_2HPO_4 \rightleftarrows 2K^+ + HPO_4^{2-} \tag{6-1-21}$$

の平衡状態がなりたつ．

$[H_2PO_4^-] = [HPO_4^{2-}]$ において溶液の pH は 7.21 と予想される．

このとき，イオン強度は

$$I = \frac{(+1)^2[K^+] + (-1)^2[H_2PO_4^-] + (-2)^2[HPO_4^{2-}]}{2} = 0.16 \tag{6-1-22}$$

デバイ&ヒュッケル式において $H_2PO_4^-$ のイオン半径 r_i を 0.45 nm とすると

$$\log_{10} \gamma_{H_2PO_4^-} = -\frac{0.5116 \cdot (-1)^2 \sqrt{0.16}}{1 + (3.291 \times 0.45)\sqrt{0.16}} = -0.1285 \tag{6-1-23}$$

また，HPO_4^{2-} のイオン半径 r_i を 0.40 nm とすると

$$\log_{10} \gamma_{HPO_4^{2-}} = -\frac{0.5116 \cdot (-2)^2 \sqrt{0.16}}{1 + (3.291 \times 0.40)\sqrt{0.16}} = -0.5362 \tag{6-1-24}$$

これをヘンダーソン&ハッセルバルヒ式に代入すると

$$pH = 7.21 + \log_{10} \frac{0.04}{0.04} - 0.54 + 0.13 = 6.80 \tag{6-1-25}$$

価数が 1 よりも大きいものがあるとイオン強度 I が大きくなる．
こうして価数の大きい共役塩基側の活量が小さくなるので，予想よりもみかけの pH が酸性側に傾く．

コラム　生理学的条件のイオン強度

　海水のイオン強度は 0.68 であり，無脊椎動物の体液のイオン強度も 0.68 です．

　大気中の二酸化炭素と海水のカルシウムイオンでできている炭酸カルシウムが海には豊富に存在します．

　そこで海に棲むプランクトン，軟体動物の貝類，節足動物の甲殻類などは，この炭酸カルシウムを利用して体を支える殻や外骨格を作っていました．

　脊椎動物に進化し，体の組織を環境から独立したものにすることで，大きく，強くなったのが 4 億年も海洋の食物連鎖の頂点にあるサメです．

　一方，骨格組織を炭酸カルシウム（密度 2.7〜2.9 g/cm^3）からリン酸カルシウム（ヒドロキシアパタイト，密度 3.14 g/cm^3）に切り替えることで骨組織を発達させた硬骨魚類は，体が重くなって海洋では軟骨魚類には敵わなくなりましたが，河川や陸上へと生活範囲を広げることに成功しました．

　これに伴い，サメやエイなどの軟骨魚類における体液のイオン強度は 0.29，硬骨魚類からほ乳類にいたる脊椎動物における体液のイオン強度は 0.16 となり，進化によってイオン強度が海水の 1/4 に減少しています．

　イオンのモル濃度は 3％食塩水相当の海水に対して，生理食塩水は 0.9％ですから，およそ 1/3 であり（p.185），水環境の違いは環境の二価イオンの違いがもっとも顕著です．

　海水のカルシウム濃度は 10 mM，ヒト血清カルシウム濃度は 2.5 mM です．

　このような経緯の中で海洋に残った硬骨魚類ですが，栃木県では 1.2％食塩を含む温泉水でトラフグの養殖が行われ，生育日数が海水環境の 2/3 と報道されています．

　浮き袋がなければ泳げなくなった硬骨魚類は，海水という進化の過程で既に過酷な条件となった環境ではストレスが多いため，生来の成長速度を発揮できていないのではないかと噂されています．

【3】生理食塩水の浸透圧とハロゲン化アルカリ塩での補正項

生理食塩水（生食）は血液と浸透圧がほぼ一致する塩溶液で，塩化ナトリウム（式量58.44277）の0.900％水溶液である．

浸透圧濃度（オスモル濃度）は希薄溶液における個々の溶質分子，溶質イオンのモル濃度を合計した濃度で，第3章3-3節のコラム（p.189）では285 mOsm/L と計算されていた．

浸透圧などの束一的性質は熱力学的な現象で，モル濃度でなく正しくは活量に比例する．

生食の浸透圧濃度を計算すると

$$(Na^+) + (Cl^-) = \gamma_+[Na^+] + \gamma_-[Cl^-] = (\gamma_+ + \gamma_-)[NaCl] \tag{6-1-26}$$

塩化ナトリウムの重量モル濃度 [mol/kg] は

$$[NaCl] = 0.9(g/100\ g) = 9(g/kg)$$
$$= 9 \div 58.44(mol/kg) = 0.154(mol/kg) \tag{6-1-27}$$

このとき，イオン強度は

$$I = \frac{(+1)^2[Na^+] + (-1)^2[Cl^-]}{2} = 0.154 \tag{6-1-28}$$

ここでデバイ＆ヒュッケル式を利用すると，Na^+ のイオン半径 r_i が 0.45 nm であれば

$$\log_{10}\gamma_+ = -\frac{0.5116 \cdot (-1)^2\sqrt{0.154}}{1 + (3.291 \times 0.45)\sqrt{0.154}} = -0.1270 \tag{6-1-29}$$

また，Cl^- のイオン半径 r_i が 0.30 nm であれば

$$\log_{10}\gamma_- = -\frac{0.5116 \cdot (-1)^2\sqrt{0.154}}{1 + (3.291 \times 0.30)\sqrt{0.154}} = -0.1447 \tag{6-1-30}$$

以上の結果から浸透圧濃度は以下のように近似される

$$(\gamma_+ + \gamma_-)[NaCl] = (10^{-0.1270} + 10^{-0.1447}) \times 0.154 = 0.2253 \tag{6-1-31}$$

これでは，血液の浸透圧濃度 285 mOsm/L よりだいぶん低い活量である．
NaCl や KCl のような $Z/(-Z)$ 型モデルの塩は高濃度になると，静電ポテンシャルが大きくなる．
このため，デバイ＆ヒュッケル近似の条件（コラム p.439 参照）が成立しなくなる．
だからデバイ＆ヒュッケル式での予測値よりも活量係数が大きくなるのである．
このような場合，実験的パラメータ b を導入して，以下の式が提案されている．

$$\log_{10}\gamma_i = bI - \frac{0.5116 Z_i^2 \sqrt{I}}{1 + 3.291 r_i \sqrt{I}} \tag{6-1-32}$$

生食の浸透圧濃度が 0.285 Osm/L ならば，NaCl のパラメータ b は 0.663 と見積もられる．

6-1-3　球状タンパク質にある残基の酸解離定数

ここまでは低分子量電解質溶液の話でした．ところが，タンパク質や核酸，ミセルやリポソームなどの粒子では多数の解離基が共存しているため，粒子単独における解離基間の相互作用によ

6-1

表6-2 タンパク質酸性・塩基性アミノ酸残基のpK_A

タンパク質残基の解離基	pK_A
主鎖C末端 α-COOH基	3.8
アスパラギン酸残基 β-COOH基	4.6
グルタミン酸残基 γ-COOH基	4.6
ヒスチジン残基イミダゾール基	6.3
主鎖N末端 α-NH$_2$基	7.5
チロシン残基フェノール性OH基	9.6
リジン残基 ε-NH$_2$基	10.4
アルギニン残基グアニジル基	>12

る小分子電解質には見られない特徴があります．球状タンパク質を例にしてこれを見ましょう．

タンパク質の電荷は，酸性・塩基性アミノ酸残基などの解離基が集まったものである．

表6-2に，それぞれの解離基とアミノ酸モノマーで測定されたpK_A値を示した．

ところが，これらアミノ酸モノマーのpK_A値（これを固有酸解離定数pK_{int}という）に対し，タンパク質のアミノ酸残基になると近辺に様々な解離基が存在するため，みかけのpK_A値が変動する．

この効果を見積もるために，以下のような単純なタンパク質のモデル構造を考える．

［1］タンパク質は球状であると仮定し，その半径を b [nm] とする．
［2］実効電荷はタンパク質表面に均一に分布していると仮定する．
［3］タンパク質表面をイオンの球体が転がったとき中心点の軌跡は球面となるが，この球面の半径を a とする．（しばしば $a = b + 0.25$ nm と置かれる）

半径 a の球面はイオンが球形タンパク質に最も接近できる限界を表している．

タンパク質中の酸解離基 i につき，みかけの酸解離定数を K_i，固有酸解離定数を $K_{int}^{(i)}$ とする．

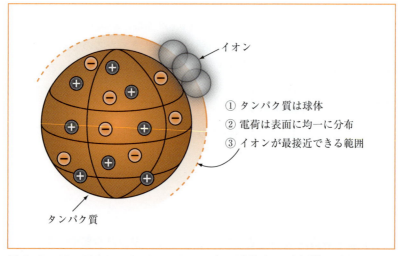

図6-3 リンデルシュトリョームランクの球体タンパク質モデル

上記の均一電荷分布の球体では，みかけの K_i は式 6-1-33 の形で表すことができる．

$$K_i = K_{\text{int}}^{(i)} \cdot \exp(2\omega Z) \tag{6-1-33}$$

ここで，Z はタンパク質の平均実効電荷である．
プラスの電荷の数とマイナスの電荷の数が同じになる pH を**等イオン点**という．
等イオン点のとき平均実効電荷 Z はゼロになる．
等イオン点より酸性側では，カチオンが増えるがアニオンが減るので $Z>0$ となる．
等イオン点より塩基性側では，カチオンが減ってアニオンが増えるので $Z<0$ となる．
そこで酸性残基 HX と共役塩基 X，塩基性残基 X と共役酸 HX と表すと，ヘンダーソン＆ハッセルバルヒ式は以下のように変形される．

$$\text{pH} - \log_{10} \frac{(X_{(i)})}{(HX_{(i)})} = \text{p}K_{\text{int}}^{(i)} - \frac{2\omega Z}{2.303} \tag{6-1-34}$$

これをリンデルシュトリョームランクの式といい，実験的にイオン性アミノ酸残基においてこの数式モデルでうまく説明できることが報告されている．
球状モデルのタンパク質を用いた計算から，係数 ω は以下の式で表すことができる．

$$\omega = \frac{e^2}{8\pi\varepsilon k_\text{B} T} \left(\frac{1}{b} - \frac{\kappa}{1+\kappa a} \right) \tag{6-1-35}$$

T は絶対温度，k_B はボルツマン定数，ε は媒質の誘電率，e は電気素量である．
温度 25℃ のとき遮蔽定数 $\kappa = (3.291 \times 10^9)\sqrt{I}$ で表される．（式 6-1-18）
そこで a, b を nm 単位で表すと：

$$\omega = \frac{0.358}{b} - \frac{1.18\sqrt{I}}{1+3.29a\sqrt{I}} \tag{6-1-36}$$

リンデンシュトリョームランク近似は，タンパク質が半径一定の球体を仮定した．
このため，解離状態に応じて膨潤するなど構造変化の影響で近似から外れることもある．
生体高分子（タンパク質，核酸，糖鎖）や，イオン性両親媒性物質の分子会合体であるミセルやリポソームの酸解離定数に適用することができる．

6-1-4 電気二重層

前項では粒子表面に固定された電荷について解析しました．では，そのような荷電粒子があるとき，周囲の低分子量のイオンはどのような挙動となるのでしょう．

【1】グーイ＆チャップマン理論

生体高分子（タンパク質，核酸，糖鎖），ミセル，リポソーム，細胞などの表面において，前項 6-1-3 と同じように電荷が表面を均一に覆っていると仮定する．
このとき，表面電位を ϕ [V] とする．
この平面が電解質溶液の中にあるとき，イオンの分布はどのように形成されるのだろうか？
この問題は面積が十分大きい帯電した平板について 1 次元のポアソン＆ボルツマン方程式を解くこと

で解決すると考えるのが，グーイ＆チャップマン理論である．

1次元のポアソン＆ボルツマン方程式は以下で表される．

$$\frac{d^2\psi}{dx^2} = -\frac{\rho}{\varepsilon} = -\frac{1}{\varepsilon}\sum_{i=1}^{m} Z_i e n_i \exp\left(-\frac{Z_i e \psi}{k_B T}\right) \quad (6\text{-}1\text{-}37)$$

デバイ＆ヒュッケル近似は「静電ポテンシャル $Z_i e \psi$ が熱エネルギー $k_B T$ よりも十分小さいこと」が条件であり，生理食塩水の浸透圧計算で見たように高濃度では近似が成立しない．

グーイ＆チャップマン理論ではモデルの単純化のため，溶液中にカチオンは $Z = +1$ の1種類，アニオンも $Z = -1$ の1種類しかないという $Z/(-Z)$ 型モデルの塩を用いており，デバイ＆ヒュッケル近似が常に成立するわけではない．

このとき，電位 ψ を解くと，以下の形の関数となる：(κ は遮蔽定数)

$$\psi = \psi_0 \exp(-\kappa x) \quad (6\text{-}1\text{-}38)$$

ここで，ψ_0 は $x = 0$ における電位（界面電位）である．

これは表面電位 ϕ によって変化するパラメータで，表面電位 ϕ の絶対値が小さいときに ψ_0 は表面電位 ϕ と一致する．

しかし，ψ_0 は表面電位 ϕ の絶対値が大きいときには溶液の界面濃度がどこまでも高くなるわけではなく，最大で $\dfrac{4RT}{F}$ になる関数（双極線正接関数）となっている．

こうして導かれるモデルでは，イオンが界面に吸着すると同時に熱運動で拡散して平衡状態となり，このため電位が界面から指数関数的に減衰すると考える．

これを**グーイ＆チャップマン電気二重層**という．

電気二重層とはアニオンとカチオンが対になってできあがる電気的に二重になった層が，くり返して並んでいる状態を意味する．

【2】シュテルンの電気二重層

表面電荷に対して，液相では反対符号のイオン（カウンターイオンという）の吸着が起こることによって，イオン粒子の大きさと同じ厚さを持った単分子層が形成される．

グーイ＆チャップマンの拡散層は，このイオン吸着層の外側に拡がっている．

そこで，界面のごく近傍に形成される吸着層における電位の変化だけを直線関数で置き換える．

この補正モデルを**拡散電気二重層**または**シュテルンの電気二重層**という．（図6-4）

シュテルンの電気二重層モデルにおいて，界面への吸着による電気二重層を**固定層**または**シュテルン層**，あるいは最初に吸着層の提案者の名前をとって**ヘルムホルツ層**という．

固定層より外の指数関数層を**拡散層**または**グーイ層**（**グーイ＆チャップマン層**）という．

また，固定層の外側表面の電位をシュテルン電位という．

グーイ＆チャップマン理論の誘導では，帯電面に十分な拡がりを持った平面を用いているが，現実の題材として生体高分子や，ミセル・リポソームだけでなく，固体の表面，サスペンション粒子，エマルションの液滴，フォームの気体泡，多孔質など様々な物体に適用されている．

電気二重層はこれらの界面へのイオンの吸着過程と拡散過程が平衡状態（または定常状態）を形成し

たものであり，このためイオン活量を決定づける媒質の誘電率，電解質濃度，pHによって変動する．

【3】ゼータ電位

生体高分子やリポソーム，細胞などの顆粒が電場において泳動するとき，粘性によって粒子表面に固定されている媒質はこれらの粒子とともに移動する．

顆粒とこれに固定した媒質が一緒に泳動している分散相と，連続相との流体力学的界面をすべり面といい，すべり面における実効的な電位を**界面動電電位**，または**ゼータ電位（ζ電位）**という．

結局，粒子には①表面電位，②シュテルン電位，③ゼータ電位の3種類があるが，①と②は理論的モデルであって，実験的に測定することはできない．

一方，③ゼータ電位は粒子の電気泳動を利用して実測することができる．

イオンが吸着している固定層の表面は拡散層の出発点だから，この面での②シュテルン電位に対して実測されている③ゼータ電位はほぼ同じであろうと想像されている．

等速運動している粒子のすべり面では，泳動に用いている電場のクーロン力と溶液の抵抗力が釣り合っていると考えられる．

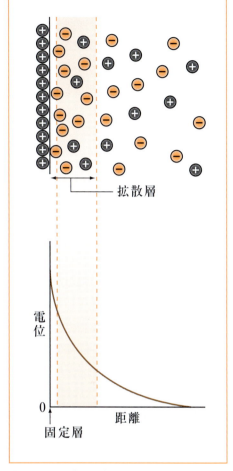

図6-4　電気二重層モデル

この考え方から，泳動速度vとゼータ電位ζの関係は次に示すスモルコウスキー式になる．（式5-2-15と同じもの）

$$\zeta = \frac{\eta}{\varepsilon}\frac{v}{E} \tag{6-1-39}$$

ここで，η 粘度 [Pa·s；N·s/m²]，v 速度 [m/s]，ε 誘電率 [F/m；C/V/m]，E 電場 [N/C；V/m] であり，電場あたりの速度 v/E を，電気泳動移動度という．

一方，デバイ＆ヒュッケル理論から誘導した電荷の近似式とストークスの式（前章5-2-2）をもとにすると，泳動速度vとゼータ電位ζの関係は理論的にはヒュッケル近似式になる．（式5-2-14と同じもの）

$$\zeta = \frac{3\eta}{2\varepsilon}\frac{v}{E} \tag{6-1-40}$$

ヒュッケル近似式では，粒子径rが小さいものや，液体の誘電率εが小さいために電気二重層の厚さκ^{-1}が大きくなるもの（非水溶媒）において近似がよい．

一方，スモルコウスキー式は，粒子径rが電気二重層の厚さκ^{-1}（遮蔽定数の逆数）に比べてじゅうぶん大きい場合の極限値と考えられている．

粒子の電荷とイオン雰囲気の電荷は異符号だから，電場においてそれぞれ反対方向に泳動しようとす

6-1

る力が働いて，イオン雰囲気の中心が粒子の位置とずれる．

　大きな粒子では，イオン雰囲気がずれることで粒子の泳動速度を減速させる緩和効果と呼ばれる作用が生じるために，泳動速度が遅くなると考えられている．

　ヒュッケル近似式が扱う小さい粒子では，このような電場の乱れが無視できるとされる．

　多くのコロイド分散系ではどちらの極限条件も適合しにくく，定量的な予測は難しいという．

6-1-5　DLVO 理論の基礎

　6-1-3 項では荷電粒子の表面電荷について，6-1-4 項では荷電粒子の周囲にある電荷の分布について学びました．6-1-5 項では，荷電粒子と荷電粒子の相互作用について見てみましょう．
SBO:E5-(1)-③-3

　結論から述べると荷電粒子の相互作用には，無極性のファンデルワールス力（VDW 力）と粒子間にはたらくクーロン力がある．

　粒子間にはたらく VDW 引力は，デルヤーギン近似理論によると粒子間距離に反比例すると考えられる．（第 1 章 1-2-1 項図 1-20 参照）

　水溶液中において VDW 力は粒子の性質によって決まっており，水溶液の組成はあまり変化を及ぼさない．

　一方，粒子間クーロン斥力は電気二重層を形成する電場に対応し，これは粒子間距離に対して指数関数的に減衰する．

　同じ種類の荷電粒子は，お互いに同じ電荷となっているだろうから粒子間クーロン力は斥力であり，水溶液のイオン強度が増すと遮蔽効果が大きくなるために斥力は小さくなる．

　以上のように荷電粒子の間にはたらくのは VDW 引力と粒子間クーロン斥力であり，これらのバランスで粒子間相互作用が決まってくる．（図 6-5）

　このような力が働く条件下では，粒子の電荷密度とイオン強度の関係で以下の 4 タイプの現象が起こる．

タイプ 1：　粒子表面の電荷密度が大きく，かつ溶液のイオン強度が小さい．遮蔽効果が小さいのでクーロン斥力により長距離の斥力が働く．**熱力学的に安定**であり，一様に分散する．→図 6-6（1）

タイプ 2：　粒子表面の電荷密度が大きく，かつ溶液のイオン強度が大きい．遮蔽効果が大きいので接近しやすい．粒子表面から数 nm 離れた付近にエネルギー極小の谷ができる．そこから中に接近するエネルギー障壁が越えられない場合，極小値にとどまるか，媒質に一様に分散する．極小値にとどまるとき**熱力学的に安定**なので，再分散が容易な集積塊を形成する．加熱などして一様に分散するときは，**速度論的に安定**であるという．→図 6-6（2）

タイプ 3：　粒子表面の電荷密度が低い．常にエネルギー障壁はかなり低い．緩慢な凝集が進行する．溶液があるイオン強度以上になると，遮蔽効果が大きくなってエネルギー障壁が消失する．こうなるイオン濃度を臨界凝集濃度という．**分散は不安定**である．→図 6-6（3）

タイプ 4：　粒子の表面電荷がとても小さい．VDW 力の曲線にそって互いに強く凝集し，撹拌しても

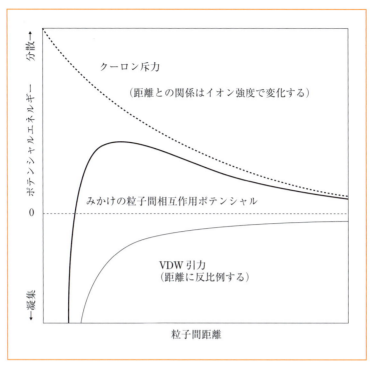

図6-5　粒子間にはたらくVDW引力とクーロン斥力で生じるポテンシャル曲面

分散できない．→図6-6（4）

　タイプ2やタイプ3の現象がコロイド安定性に関するDLVO理論（デルヤーギン/ランダウ/フェルヴェイ/オフェルベーク理論）の基礎となっている．

　中性付近において電荷密度が低いタンパク質製剤であれば，なるべくイオン強度が低い媒質に分散するのが好ましく，臨界凝集濃度以上の塩溶液では緩やかに凝析するものもある．

　タンパク質製剤の凍結乾燥品には，イオン強度の高い生理食塩水を加えると溶けないため，等張ブドウ糖液や蒸留水を加える必要があるものもある．

6-1

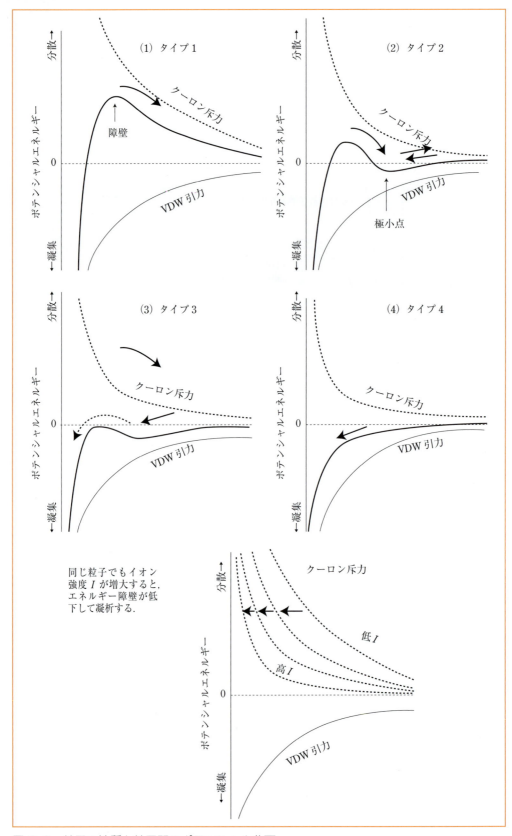

図 6-6 粒子の性質と粒子間のポテンシャル曲面

演習問題

問題 1

希薄溶液の性質についての記述の正誤を○×で示せ．
(1) pH の測定値には，水溶液中の水素イオンの活量が反映されている． ( )
(2) 0.9 w/v % NaCl 水溶液は強電解質の水溶液である． ( )
(3) 0.05 mol/L NaCl 水溶液のイオン強度と 0.05 mol/L KCl 水溶液のイオン強度とは等しい． ( )

問題 2

分散コロイドの一種である疎水コロイドの安定性は，主に静電反発力と van der Waals 力によって決まる．コロイド粒子間に働く相互作用ポテンシャルエネルギーの概略図を下に示す．静電反発力による相互作用ポテンシャルエネルギーは添加塩濃度の違いにより V_{R1}, V_{R2}, V_{R3} で示される．van der Waals 力による相互作用ポテンシャルエネルギー

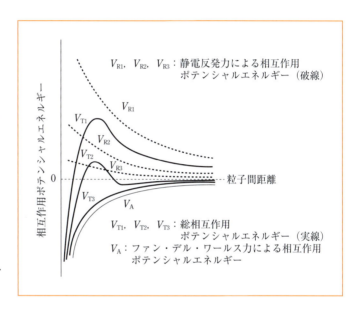

を V_A とすると，各々の総相互作用ポテンシャルエネルギーは V_{T1}, V_{T2}, V_{T3} で示される．次の記述に関する正誤を○×で示せ．（第 90 回問 21）

(1) 粒子間の van der Waals 力は分子間のそれより遠くまで働く． ( )
(2) V_{T1} のように，総相互作用ポテンシャルエネルギーが極大を有する場合，コロイド粒子は不安定である． ( )
(3) 添加塩を増加していくと，静電反発力による相互作用ポテンシャルエネルギーは V_{R3}, V_{R2}, V_{R1} の順に大きくなる． ( )
(4) 添加塩を増加していくと，総相互作用ポテンシャルエネルギーは V_{T1}, V_{T2}, V_{T3} と変化する．V_{T3} の場合，コロイド粒子は不安定となり凝集する． ( )

6-1

問題 3

活量およびイオン強度に関する記述の正誤を○×で示せ．（第 95 回問 21）

(1) 理想溶液では，活量係数は 1 である． （ ）

(2) Na^+，Cl^- の活量係数をそれぞれ γ_+，γ_- とすると，NaCl の平均活量係数 $\gamma_\pm$ は，$\gamma_\pm = \sqrt{\gamma_+ \gamma_-}$ で表される． （ ）

(3) 1.0×10^{-6} mol/L $CaCl_2$ 水溶液のイオン強度は，1.0×10^{-6} mol/L である． （ ）

(4) 溶液中ではイオン間に相互作用が働くため，イオン強度が増大すると，平均活量係数は 1 より大きくなる． （ ）

コラム　ガウスの法則の電荷密度とボルツマン分布

電位 ϕ にあるイオン i の電荷を Z_i、電気素量を e とすると、イオンの静電ポテンシャルは

$$E_i = Z_i e \phi \tag{6-1-41}$$

十分に離れた場所で、電位 $\phi=0$ とみなせる場所にあるイオンは静電ポテンシャルがゼロであり、この数を n_i とする（これは大多数で、イオン i の全数とほぼ同じ）。

電位 ϕ にあるイオン i の数 n_i' は、ボルツマン分布式（第2章2-3-1項、第7章7-2-3項）に従うと考える。

ボルツマン分布式のエネルギー差の項については、無限遠の静電ポテンシャルはゼロだから

$$n_i' = n_i \exp\left(-\frac{Z_i e \phi}{k_B T}\right) \tag{6-1-42}$$

このとき、電位 ϕ の領域における電荷密度 ρ は、電荷 $Z_i e$ のイオンの個数 n_i' それぞれの足し算で表すことができるので

$$\rho = \sum_{i=1}^{m} Z_i e n_i' \tag{6-1-43}$$

$$\rho = \sum_{i=1}^{m} Z_i e n_i \exp\left(-\frac{Z_i e \phi}{k_B T}\right) \tag{6-1-44}$$

ここでマクローリン展開（テイラー展開の一種）という近似計算法を利用する。
この教科書で出てくるような関数についてのマクローリン展開を示す。

$$\exp(x) = 1 + x + \frac{1}{2!}x^2 + \frac{1}{3!}x^3 + \frac{1}{4!}x^4 + \cdots \tag{6-1-45}$$

以下は、x の絶対値が1よりも小さいときで

$$\log(1+x) = x - \frac{x^2}{2} + \frac{x^3}{3} - \frac{x^4}{4} + \cdots \tag{6-1-46}$$

$$\frac{1}{1-x} = 1 + x^2 + x^3 + x^4 + \cdots \tag{6-1-47}$$

このように展開すると、x の絶対値が小さいときには、x^2 や x^3 のべき乗項がほとんどゼロであると考えて無視することができるようになる。

そこで、これらの指数関数、対数関数、ロジスティック関数を簡単な多項式を使って近似することができる非常に汎用性の高い計算方法である。

近似が成立する条件に注意しなければいけない。

今回の場合には $\left|\dfrac{Z_i e\phi}{k_B T}\right| \ll 1$ が成り立つのであれば，べき乗項は小さくなるので無視することができるとするマクローリン展開（式6-1-45）から，$\exp(-x) = 1 - x$ と近似することができる．

そうすると，電荷密度は，

$$\rho = \sum_{i=1}^{m} Z_i e n_i \left(1 - \frac{Z_i e \phi}{k_B T}\right) \tag{6-1-48}$$

$$\rho = \left(e \sum_{i=1}^{m} Z_i n_i\right) - \left(\frac{e^2 \phi}{k_B T} \sum_{i=1}^{m} Z_i^2 n_i\right) \tag{6-1-49}$$

溶液は電気的に中性なので，右辺の第一項の足し算は Z_i にプラス電荷とマイナス電荷を代入していくとゼロになるはずである．

こうして，電位 ϕ においてボルツマン分布する粒子の電荷密度が求められる．

$$\rho = -\frac{e^2 \phi}{k_B T} \left(\sum_{i=1}^{m} Z_i^2 n_i\right) \tag{6-1-5}$$

以上の近似手続きをデバイ&ヒュッケル近似という．

この成立条件は $|Z_i e \psi| \ll k_B T$，つまり「静電ポテンシャルが熱エネルギーよりも十分小さい」ことである．

6-2 電解質水溶液

Episode　イオントフォレシス
—電気の力で薬を送り込む—

医療機器メーカのテルモの依頼を受け，世界最細の注射針「ナノパス33®」を開発したのが岡野工業，東京東向島の町工場です．

針の先端外径 200 μm（33 ゲージ），穴の内径 60 μm，世界屈指のステンレスプレス加工技術で，蚊の針に匹敵といいます．

糖尿病患者が連用するために無痛を目的とし，2005年グッドデザイン大賞を受けました．

イギリス・アイルランドの会社では150本のマイクロニードルをパッチに付け，これを腕に貼り付けるシステムが開発されました．

パッチはインクジェットプリンターカートリッジの装着技術を応用．

ネコのざらざらした舌で舐められる感触なのだそうです．

さらに針さえも用いないで，薬液を体内に導入するシステムが研究されています．

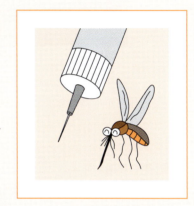

かつて学校のインフルエンザ予防接種では，ジェットインジェクター，通称「鉄砲注射」が採用されていました（1970年代）．

高圧ガスで注射針なしに薬液を皮膚の中に注入するシステムで針を用いません．

しかし，神経損傷の事例が相次いだために廃止されたそうで，痛いときは痛いようです．

今日歯科医でシリジェット®という専用のシステムが用いられており，歯茎には適するようです．

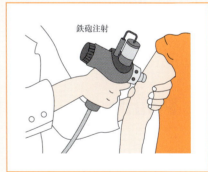

鉄砲注射

イオントフォレシスとは，皮膚に電流を流し，これにイオン性の薬物を「乗せて」体内に運ぶシステム．

鉄砲注射が圧力を利用することで注入するのに対し，イオントフォレシスは電圧を利用して分子を皮膚内に侵襲させます．

これは注射針を使いません．

しかしながら，長時間通電の結果，水の電気分解などでpHが変化し，皮膚を刺激する

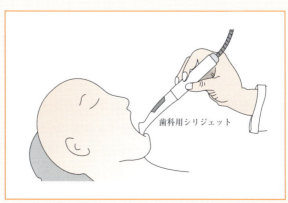

歯科用シリジェット

第6章　溶液論　441

など問題もあります.

イオントフォレシスは注射よりも，貼り薬の印象が強いでしょう.

貼り薬では自発的に薬物が皮膚の中に浸透します.

このような貼り薬では駆動力がない受動拡散ですが，イオントフォレシスは電流が駆動力となります.

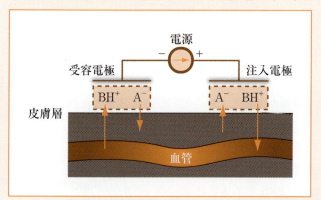

さらに，エレクトロオスモシス（電気浸透）といって，水が＋極から－極に移動する効果もあるから，電流を通じるときこれを利用して，非イオン性薬物の透過を促進することも期待されています.

米国ではイオントフォレシスを利用した麻酔剤イオンカイン®が実用化され，短時間の投与で長期間の麻酔効果が得られているそうです.

また，リバースイオントフォレシスといって，体内からの持ち出しも可能であり，体内ブドウ糖を検出するグルコウォッチ®も開発されています.

エレクトロポレーションは，バクテリアとプラスミドの混合物に短時間高電圧をかけることで細胞膜や細胞壁に隙間が形成され，そこから細胞内にプラスミドが取り込まれる現象です.

これまでに，生体医用（遺伝子治療）への応用も研究されています.

ソノフォレシスは超音波を利用して薬物の皮膚吸収を促進するというアイデア.

$0.7 \sim 1.1$ MHz の超音波で $1 cm^2$ あたり 3 W の仕事率を与え，$36 cm^2$ で約 8 分間処置します.

これで抗アレルギー剤や抗炎症剤を投与する報告などがあります.

Points　電解質水溶液

電気伝導度（コンダクタンス），G：ある物体の電気の流れやすさ．電流 [A] に対する電位差 [V] の比例定数にあたる．単位は S （ジーメンス；$m^{-2} kg^{-1} s^3 A^2$）.

電気伝導率（コンダクティビティ），κ：均一な物体の電気伝導度は，物体の電流に対して垂直な断面積に比例し，電気が流れる方向の長さに反比例する．そこで，電気伝導度を断面積でわり算し，長さをかけたものは物体を構成する物質に固有の値で，これを電気伝導率とする．単位は S/m.

モル伝導率，Λ：電解質溶液のコンダクティビティは，電解質のモル濃度が高いほうが大きくなる．そこで，コンダクティビティをモル濃度（mol/m^3）でわり算したものは，そのモル濃度において一定の物質量の電解質が単位時間に輸送する電気量に対応する．これをモル伝導率とし，単位は $S m^2/mol$.

極限モル伝導率：モル伝導率は一定ではなく，モル濃度が大きくなるにつれて小さくなる．そこで，

モル濃度→ゼロの極限でのモル伝導率を用いる．電解質が理想溶液となったときのモル伝導率に相当する．

コールラウシュのイオン独立移動の法則：電解質が電気分解するとき，アニオンとカチオンは同じ電流を運ぶのではなく，アニオン，カチオンそれぞれが固有のモル伝導率を持ち，電解質溶液のモル伝導率はその合計になる．

$$\Lambda_0 = \lambda_0^+ + \lambda_0^- \tag{6-2-3}$$

$$\lambda_0^+ = Z_+ F v_+ \tag{6-2-4}$$

$$\lambda_0^- = Z_- F v_- \tag{6-2-5}$$

6-2-1 モル伝導率

薬学に電気など関係ないと思うかも知れませんが，電荷の流れが電流です．尿細管でナトリウムイオンを再吸収する流れも，神経細胞や心筋におけるイオンの流れも，ミトコンドリア膜でのプロトンの流れもみな電流です．SBO:C1-(2)-⑥-3

電解質溶液に電気を流すと，電流 I [A] は電位差 $\Delta\psi$ [V] に比例する．

このとき，電位差 $\Delta\psi$ にかけ算する比例定数は，電解質溶液の電気の流れやすさを表し，これを**電気伝導度（コンダクタンス，導電度）** G [S] という．（第7章 7-2-4：式 7-2-14）

溶液中の電解質イオンは電気を運ぶ担い手となるので，電解質溶液のモル濃度 c [mol dm^{-3}] が高いほど電解質溶液のコンダクタンス G は大きくなる．

それだけでなく，電極の断面積 A [m^2] が大きくなると電気を運ぶイオンの量が増えるので，コンダクタンス G は大きくなる．

また，電極間の距離 Δx [m] が大きくなると，イオンが泳動するときの移動抵抗が長さぶんだけ積算されるので，コンダクタンス G は小さくなる．

そこで，電解質溶液のコンダクタンス G を測定するときには，電極の断面積 A が一定，電極間の距離 Δx も一定の測定セルを用いる．（図 6-7）

コンダクタンス G を断面積 A で割り，距離 Δx を掛けた値を**電気伝導率（コンダクティビティ，導電率）**

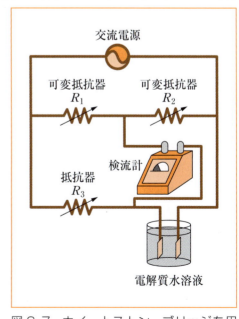

図 6-7　ホイートストン・ブリッジを用いた水溶液の電気伝導度の測定

6-2

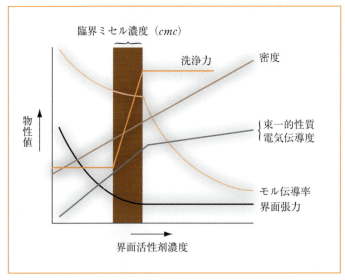

図 6-8　イオン性界面活性剤の物性

κ [S m^{-1}] とする．(第 7 章 7-2-4：式 7-2-16)

電流 I と電位 ψ の関係は，第 5 章 5-4 にてオームの法則として示したように次式となる．

$$I = -A\kappa \frac{\partial \psi}{\partial x} \tag{6-2-1}$$

コンダクティビティ κ は，**測定装置によらない電解質溶液に特有の値**とみなせる．

さらに，コンダクティビティ κ を電解質の容量モル濃度 c [mol dm^{-3}] の 1000 倍でわり算した値を，**モル伝導率** Λ [S m^2 mol^{-1}] とする*．(第 7 章 7-2-4)

図 6-8 はイオン性界面活性剤の容量モル濃度 c と電気伝導率 κ の関係，容量モル濃度の平方根 $\sqrt{c}$ とモル伝導率 Λ の関係などを模式的に表したものである．

界面活性剤は低濃度において他の電解質と同じように，容量モル濃度 c と電気伝導率 κ [S m^{-1}] が比例関係となる．

しかし，界面活性剤は**臨界ミセル濃度**（c.m.c.）以上になるとミセルを形成する．

遊離の界面活性剤は飽和濃度となっているので（図 6-9）遊離分子個々のイオン移動度は

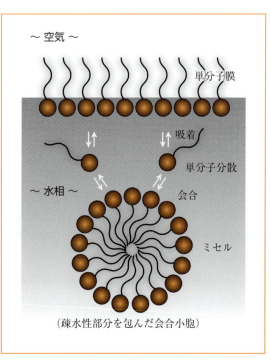

図 6-9　ミセルの形成

---

* 「モル伝導率」に相当する量として以前は「当量伝導率」と呼んでいたことがある．当量濃度とはモル濃度にイオンの電荷をかけ算した値であり，日本薬局方では使われなくなったが臨床現場ではよく用いられている．

c.m.c. 以上では変わらない．

これに対して，たとえばドデシル硫酸ナトリウム（SDS）であれば，c.m.c. 以上において 74 分子で 1 個のミセル粒子が形成される．

このように，界面活性剤の容量モル濃度 c の上昇に対してミセルの粒子濃度の増加は数十分の 1～数百分の 1 になる．

またミセル粒子は遊離の界面活性剤よりも粘性抵抗が大きいので，移動速度も遅い．

このため，界面活性剤のモル濃度 c に対する電気伝導率 κ の増大は少なく，グラフの傾きは c.m.c. 以下よりも大幅に小さくなる．

一方，モル伝導率 Λ はこれを界面活性剤の容量モル濃度 c で割ったものであるために，c.m.c. 以下では横ばいに近い．

しかし，c.m.c. 以上では容量モル濃度 c の増大に対して，電流の担体となるミセルの粒子濃度の増加は非常に少ないので，わり算すると減少することになり，モル伝導率のグラフは右下がりになる．

6-2-2 極限モル伝導率 SBO:C1-(2)-⑥-3

水溶液中の電解質イオンは，容量モル濃度 c[mol dm^{-3}] が高くなると遮蔽効果が働く．

このため，高い容量モル濃度 c では電場をかけてもイオンが受けるクーロン力は見かけ上小さくなる．その結果，モル伝導率 Λ [S m^2 mol^{-1}] は小さくなる．

デバイ＆ヒュッケル理論から，遮蔽効果はイオン強度の平方根 $\sqrt{I}$ に比例すると考えられる．

それならば，モル伝導率 Λ はイオンの容量モル濃度の平方根 $\sqrt{c}$ や，溶液のイオン強度の平方根 $\sqrt{I}$ に対してグラフにすると右下がりの直線になる．

図 6-10 のグラフを見ると HCl，NaOH，KCl，CH$_3$COONa などはだいたいそのような直線になっていることがわかる．

そこで，グラフの左端，つまり無限に希釈したときのモル伝導率 Λ [S m^2 mol^{-1}] をグラフから読み取り，電解質固有の値として，**極限モル伝導率** Λ_0 [S m^2 mol^{-1}] とする．（第 7 章 7-2-4）

以上を数式で表したものが，以下である．（コールラウシュの平方根則）

$$\Lambda = \Lambda_0 - B\sqrt{c} \tag{6-2-2}$$

オンサーガーによって，デバイ＆ヒュッケル理論からモル伝導率 Λ とデバイ長 κ^{-1}（遮蔽定数の逆数）との関係についてコールラウシュの平方根則と同じ形式になっているデバイ-ヒュッケル-オンサーガーの式が導き出された．

遮蔽定数 κ はイオン強度の平方根 $\sqrt{I}$ と比例するので，この直線関係の理論的な裏付けになった．

グラフでは，H$_2$SO$_4$，CoCl$_2$，CH$_3$COOH については低濃度で急激にモル伝導率 Λ が低下する．

CH$_3$COOH と CoCl$_2$ は解離度 α が低いため，容量モル濃度 c が高くなると電気を運ぶイオンの濃度は大きくならないため，モル電導率 Λ が極端に低くなる．

H$_2$SO$_4$ は容量モル濃度 c が増すと水溶液ではなく，水を含む硫酸液となって硫黄酸化物液体の性質になるから解離度 α が著しく低下する．

電解質の極限モル伝導率 Λ_0 は，カチオンとアニオンそれぞれにおける極限モル伝導率 λ_0^+，λ_0^- の寄与

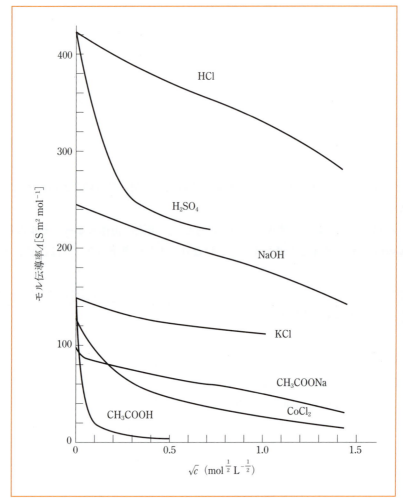

図 6-10　電解質濃度の平方根に対するモル伝導率の変化

を足し算したもので表せる．
　これを**コールラウシュのイオン独立移動の法則**という．

$$\Lambda_0 = \lambda_0^+ + \lambda_0^- \tag{6-2-3}$$

　アニオン，カチオンの極限モル伝導率の寄与は，それぞれの**イオン移動度** $v_\pm$ に対して，以下の関係が成り立つ．

$$\lambda_0^+ = Z_+ F v_+ \tag{6-2-4}$$

$$\lambda_0^- = Z_- F v_- \tag{6-2-5}$$

ここで，F はファラデー定数である．
　イオン移動度 $v_\pm$ はヘンリーの式（第5章 5-2-5），およびヒュッケルの式（本章 6-1-4）やスモルコウスキーの式（本章 6-1-4）における泳動速度に相当する．
　さて，電解質の**解離度** α は極限モル伝導率 Λ_0 に対するモル伝導率 Λ の割合として実験的に求めるこ

とができる．（アレニウスの解離度）

$$\alpha = \frac{\Lambda}{\Lambda_0} \tag{6-2-6}$$

　一塩基性電解質 AB の初濃度を c，解離度を α とすると，解離平衡定数 K は以下の式で表される．（オストヴァルトの希釈律）

$$K = \frac{[\text{A}^-][\text{B}^+]}{[\text{AB}]} = \frac{c\alpha \times c\alpha}{c(1-\alpha)} = \frac{c\alpha^2}{1-\alpha} = \frac{\Lambda^2 c}{(\Lambda_0 - \Lambda)\Lambda_0} \tag{6-2-7}$$

6-2-3 強電解質と弱電解質

　結晶の塩化ナトリウムはアニオンとカチオンが配列しており，これを水に溶かすとアニオンとカチオンがそれぞれ水和することで均一なイオン溶液を形成する．

　このような強電解質の活量係数 γ が 1 よりも小さくなるのは，溶液中の静電場（イオン雰囲気）における遮蔽効果によることを学んだ．

　しかし，弱電解質は分子レベルではどうなっているのだろうか？

　もしも，解離度（電離定数）α が小さいということが，電解質のほとんどは中性分子の状態で溶液中に分散していることを意味するのならば，それは固体の析出とどう違うのだろう？

　ビエルムは，デバイ＆ヒュッケル理論（本章 6-1-1）と同じモデルから以下のように考えた．

　イオン i が形成している電場において，イオンから距離 r 離れたところの電位を ψ_i とする．

　この位置にあるイオン j の電荷を Z_j とすると，静電ポテンシャルは $Z_j e \psi_i$ である．

　するとボルツマン分布から距離（今は電位 ψ_i）と粒子数分布（数密度）の関係が導かれる．

　イオン i から距離 r 離れた厚み dr の体積は $4\pi r^2 dr$ である（前章 5-3-4 参照）．

　こうして求めた数密度と体積を掛ければ，距離 r にある全てのイオン j の総数となる：

　ここで，ヒュッケル近似式（5-2-5，6-1-4）のように，イオンの粒子径が小さいのでイオン雰囲気による電場の乱れは無視することにすると，$\psi_i = Z_i e/(4\pi\varepsilon r)$ と見なせるから，イオン j の総数 n_j' は以下になる．

$$n_j' = n_j \exp\left(-\frac{Z_i Z_j e^2}{4\pi\varepsilon k_B T r}\right) \cdot 4\pi r^2 dr \tag{6-2-8}$$

　イオン i に近い距離 r では対符号イオンが多く集まる．

　しかし，距離 r が伸びると同じ厚みでも合計体積が大きくなるために，電位が小さくなってから合計のイオン j の総数は増える．

　このため，距離 r が特定の点で n_j' の極小値が現れる．

　そこで，上の式を r で微分したものを 0 として，極小値を与える r を臨界距離 r_c とすると

$$r_c = \frac{|Z_i Z_j| e^2}{8\pi\varepsilon k_B T} \tag{6-2-9}$$

になる．

6-2

臨界距離 r_c では，静電ポテンシャル $|Z_j e\psi_i|$ が熱エネルギー $k_B T$ の 2 倍である．
25℃（298K）の水溶液であると $r_c = 0.357|Z_i Z_j|$ (nm) となる．

ビエルムは，臨界距離よりも内側に存在するイオン j は中心イオン i と会合していると考えた．

すると，デバイ＆ヒュッケル式のイオン半径パラメータ r がビエルムの臨界距離 r_c より大きいイオンならば正負のイオンの会合，すなわち**イオン対**を形成しない強電解質であるとみなせる．

ビエルムのモデルが言っていることは，弱電解質ではアニオンとカチオンが非常に接近できるため，外部からの電場に対して応答しなくなるという解釈である．

例えば，解離度 α が 0.5 の電解質において解離度 α の意味を考えてみる．

平衡論では，分子型とイオン型の分子種が半分づつ存在しているととらえていた．

しかし，ビエルムのモデルでは分子レベルでは分子型ができているわけではない．

全ての電解質はアニオンとカチオンになっているのである．

アニオンとカチオンはどれも動き回っているが，瞬間瞬間にはアニオンの半数とカチオンの半数が臨界距離以内に接近しているために，それ以外からのクーロン力に応答しにくい．

だから，カチオンとアニオンが申し合わせたように半分だけ電離しているのではなく，ばらばらのカチオンなりアニオンなりが，ボルツマン分布がゆるす範囲で接近できるところまで接近しているだけだというのである．

この接近は，希薄溶液では滅多に起こらないから希薄溶液では解離度は 1 に近くなる．

解離度という秩序を決めているのはボルツマン分布であり，エントロピーであるという．

このようなモデルに基づくと，解離度 α（会合度 $1-\alpha$）を以下の式で推算できるとされる．

$$(1-\alpha) = 4\pi n_j \int_a^q \exp\left(-\frac{Z_i Z_j e^2}{4\pi \varepsilon k_B T r}\right) \cdot r^2 dr \tag{6-2-10}$$

ここで定積分の下限 a はデバイ＆ヒュッケル式のイオン半径パラメータである．

演習問題

問題 1

電解質溶液の電気伝導性に関する正誤を○×で示せ．（第 87 回問 19）

(1) 強電解質のモル電気伝導率 Λ は濃度増加と共に増加し，濃度と直線関係を示す．これはイオン間相互作用の効果である． （　）

(2) 電解質溶液の電気伝導性は，無限希釈ではイオン独立移動の法則が成立する． （　）

(3) KCl，NaCl および LiCl の Λ が KCl＞NaCl＞LiCl であるのは，陽イオンの水和イオン半径の効果である． （　）

(4) HCl の Λ が他の強電解質と比べ非常に大きいのは，H^+ イオン半径が小さいためである． （　）

(5) 酢酸の Λ が濃度の増加と共に急激に減少するのは，酢酸イオンの Λ が小さいためである． （　）

問題 2

次の図は，ラウリル硫酸ナトリウム（SLS）水溶液の物理化学的性質の濃度による変化を示したものである．A～C に該当する物理化学的性質はどれか．（第 89 回問 167）

表面張力　　（　）
洗浄力　　　（　）
当量伝導度　（　）

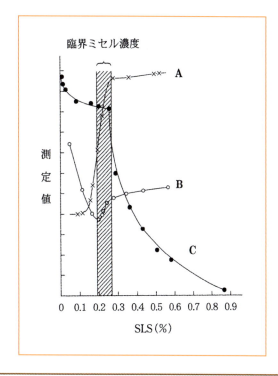

6-3 化学ポテンシャルと活量係数

Episode　目の水晶体レンズタンパク質
－込み合うことで変性凝集を防ぐ－

　白内障は，目の水晶体を構成している透明のタンパク質が変性し，凝集するために，光を通さなくなり，白～黄白色に混濁することで視力が低下する障害です．

　加齢，糖尿病，アトピー性，外傷性，紫外線，先天性などと関係づけられており，一度混濁すると元に戻すことはできないとされています．

　近年発達した人工レンズへの交換に効果があり，年間 80 万件の手術治療が行われているそうです．

　水晶体は 500 mg/mL（50 w/v ％）以上という超高濃度のタンパク質水溶液からなり，α, β, γ という 3 種類のレンズタンパク質（クリスタリン）がその 98％を占めています．

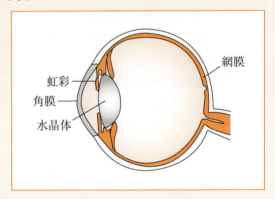

　これらの変性・凝集はタンパク質どうしの結合，糖質分子との結合，タンパク質分子の分配，アミノ酸残基の異性化などの変化によって引き起こされると推定されます．

　他の組織のタンパク質は変性すると新陳代謝を受けますが，水晶体ではそのようなことがありません．

　では，どうしているのかというと，β-クリスタリンと γ-クリスタリンの部分的な変性を修復し，会合→凝集するのを防ぐ機能（シャペロン機能）が α-クリスタリンにある可能性が指摘されています．

　さらに近年の研究によれば，もっと生命科学の本質的な問題と深く関係しているのではないかという意見も出てきています．

　つまり，50％という超高濃度の溶存状態が，変性に対する抵抗性を調節するために一役買っているのではないかというのです．

　このような高濃度になると，誘電率の高い水が排除されるので遮蔽効果が低くなり，イオン雰囲気が拡大するので，結果としてタンパク質の活量係数が極度に増大します．

　この性質が変化するほどの高濃度状態を「高分子クラウディング」，「高分子込み合い」と言います．

　たとえば，大腸菌の細胞質のタンパク質濃度は 8％～40％と高濃度です．

　高濃度環境では，タンパク質の会合などもタンパク質分子の占有体積が収縮することに伴う構造変化によって，その会合平衡定数が変化するといいます．

　鎌形赤血球症では，遺伝的変異のあるヘモグロビンが凝集してアミロイド線維を形成し，その結果として赤血球の機能低下を生じて，極度の貧血症状を示します．

　ここでも細胞質の高分子クラウディングによって変性ヘモグロビンが分離→凝集されるという意見もあります．

　活量係数が大きくなるということは，簡単に言えば分離というよりも，会合相手のタンパク質をお互

いに見つけやすくなるわけです．

これまでに学習してきたことで言えば，活量係数の増大は浸透圧など束一的性質に影響しますが，血液や体液の浸透圧を決定づけているのは塩類，糖質，尿素の3つでしたから細胞の等張条件に与える影響はあまり大きくありません．

高分子クラウディングは，酵素タンパク質の反応速度や上記のシャペロン機能などに影響するのではないかと言われています．

近畿大学の赤坂一之教授は数千気圧という条件でタンパク質のNMR解析を行い，その極限状態におけるタンパク質構造のゆらぎ（モルテン・グロビュール状態）で，酵素タンパク質の構造が安定構造から活性型構造へと変化する様子を克明に捉えています．

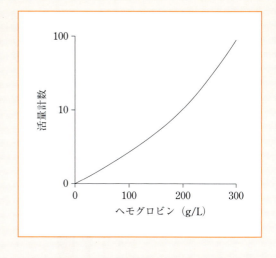

従来の試験管実験ではわからなかったことが，こうしたハイテクを利用した極限の物理化学的条件における実験によって解明されていく可能性も開拓されつつあると思います．

Points　化学ポテンシャルと活量係数

化学ポテンシャル：多成分系において成分 i の物質量を n_i とすると，化学ポテンシャル μ_i は以下のように定義できる．

$$\mu_i = \frac{\partial G}{\partial n_i} \tag{6-3-6}$$

成分 i の標準状態（10^5 Pa，特定温度における純物質で，通常は25℃）における化学ポテンシャルを μ_i^0 とすると，成分 i の活量 a_i とは以下の関係にある．

$$\mu_i = \mu_i^0 + RT \log_e a_i \tag{6-3-4}$$

6-3-1　化学ポテンシャル

電解質水溶液の活量は符号の異なるイオンの分布に伴う遮蔽効果によって生じるモル濃度とみかけの濃度の違いを表すものでした．ここではイオンだけでなく，非電解質も含めた活量，活量係数について考えます．SBOs:C1-(2)-④-1, C1-(2)-⑥-2

【1】非電解質水溶液の活量，活量係数

5％ブドウ糖（グルコース，分子量180.16）水溶液は生理食塩水とならぶ等張液の代表といえる．

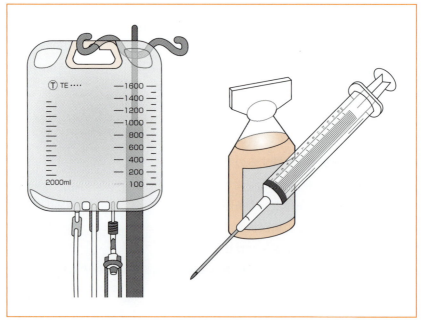

図6-11 注射剤，輸液

$$C = \frac{50(g)}{1000(mL)} \div 180.16 = \frac{0.278(mol)}{1000(mL)} = 0.278(mol/L) \tag{6-3-1}$$

　容量モル濃度は0.278 mol/Lとなるから，血液の浸透圧濃度（第3章3-3-1コラムの計算式によれば285 mmol/L）にほぼ一致する．

　本章6-1-2項で見てきたように生理食塩水のような塩は，イオンを取り囲んで形成される電気二重層による遮蔽効果のために，実際の濃度よりもみかけの濃度が低くなったような振る舞いをする．

　しかし，グルコースのような水溶性非電解質では静電的な遮蔽効果はほとんど見られない．

　第2章2-3節コラム【4】（p.95）で触れたが，ヒュッケルとマコーレイは中性分子におけるキーサム配向力（第1章1-1-2項）やデバイ誘起力（第1章1-1-3項）によって現れるわずかな遮蔽効果に着目し，活量係数に対するイオン強度の効果について解析を行った．

　5％ブドウ糖水溶液ではイオン強度の影響がないから活量係数がほとんど1になる．

　グルコースが水に溶解するのもイオンと同様にクーロン力によるものであるから，遮蔽効果はゼロではない．

　また，水よりも誘電率 ε の低い溶媒となると遮蔽定数 κ が小さくなり，静電的効果の及ぶ範囲が拡大するので，活量係数 γ が1よりも大きくなることもありうる．

【2】化学ポテンシャル

　さて，溶液における成分 i のモルギブズエネルギーを記号 μ_i で表しておくことにする．

　界面に成分 i が吸着するとき，もしも溶液の界面張力 γ が低下するのであれば，それは界面に吸着した成分 i の界面過剰エネルギーが溶液中よりも低くなるのが理由である．

　それならば，成分 i の界面吸着量 Γ_i は，溶液の界面張力変化 $d\gamma$ を溶液中から界面に移動することで溶液中から失われた成分 i のモルギブズエネルギー変化 $d\mu_i$ で割った値と等しいモル数になる．

$$\Gamma_i = -\frac{d\gamma}{d\mu_i} \tag{6-3-2}$$

ここで，第4章4-4-4で導いたと同様にモルギブズエネルギー μ_i は以下で与えられる．

$$\mu_i = \mu_i{}^\circ + RT\log_e \frac{p}{p^\circ} \tag{6-3-3}$$

式中，μ_i^0 は標準状態におけるモルギブズエネルギー μ_i とし，p^0 は標準状態での成分 i の蒸気圧とする．

ここで気相と液相が平衡状態にあって，p/p^0 に対応する溶液中の成分 i の実効的な濃度を a_i と表すと

$$\mu_i = \mu_i^0 + RT\log_e a_i \tag{6-3-4}$$

となり，a_i を**活量**という．

非電解質溶液における溶質の活量も，電解質溶液におけるイオンの活量も，熱力学的には違いはない．これを代入すると，吸着量は以下となる．（γ は界面張力）

$$\Gamma_i = -\frac{1}{RT}\frac{d\gamma}{d(\log_e a_i)} \tag{6-3-5}$$

これは第3章3-8-1で見たギブズの吸着等温式に相当する．

電解質は水溶液中で水との相互作用が強いため，界面には分布しない負吸着の特徴を持っていた．

すなわち，電解質が水溶液中から界面へ吸着することに伴うモルギブズエネルギー変化 $\Delta\mu_i$ はゼロよりも大きい．

一方，アルコールや脂肪酸などの両親媒性物質，および界面活性剤では濃度の上昇に伴い著しい界面張力の低下が観測された．

すなわち，両親媒性物質や界面活性剤が水溶液中から界面へ吸着することに伴うモルギブズエネルギー変化 $\Delta\mu_i$ は小さい．

これらを見ると，水溶液における溶質成分のモルギブズエネルギー変化 $\Delta\mu_i$ は，水溶液中から逃れようとする傾向＝**逃散傾向**を表していることがわかる．（図6-12）

この特性を精密に論議するために，ある特定組成をもった多成分系について成分 i のモルギブズエネルギーに相当する**化学ポテンシャル** μ_i という名称が用いられる．

成分 i の物質量を n_i とすると，化学ポテンシャル μ_i は以下のように定義できる．

$$\mu_i = \frac{\partial G}{\partial n_i} \tag{6-3-6}$$

それぞれの成分における化学ポテンシャル μ_i の総和は，系のギブズ自由エネルギー G と等しい．

$$G = \sum n_i \mu_i \tag{6-3-7}$$

化学ポテンシャル μ_i は，理想溶液ではモルギブズエネルギー G_i と同じものになる．

したがって，第4章4-4-3のように定圧プロセスにおいて

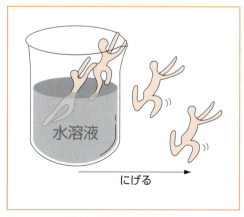

図6-12　溶液成分の逃散傾向？

$$\sum n_i \mu_i = Vdp - SdT \qquad (6\text{-}3\text{-}8)$$

の関係が得られ，これをギブズ&デュエムの式という．

温度 T と圧力 p が一定であれば，平衡状態の系において

$$\sum n_i \mu_i = 0 \qquad (6\text{-}3\text{-}9)$$

が成立し，多成分系において1成分が変化することが，他の成分に及ぼす影響を示す．

ある組成におけるモルギブズエネルギー G_i は，単純に物質量でわり算したものである．

一方，化学ポテンシャル μ_i は特定の系における偏微分量なので，実在溶液では組成比が変わると理想溶液からのずれのぶんだけ変動し，モルギブズエネルギー G_i よりも定義が厳密である．

【3】混合の化学ポテンシャル変化

アセトン溶質をクロロホルム溶媒に溶解する場合，およびクロロホルム溶質をアセトン溶媒に溶解する場合には蒸気圧が低下し，沸点が高くなった．

分子間力が強くなるのでヘンリーの法則よりも少ない量しか蒸発しない．

このとき，化学ポテンシャル変化 $\Delta\mu_i$ はゼロよりも大幅に小さくなる．

化学ポテンシャル変化 $\Delta\mu_i$ が小さいのは，混合前の2液単独よりも混合後において逃散傾向が低く，混合液が安定化することを示す．

一方，水と油を混ぜると，蒸気圧は高くなり，沸点が低くなる．

ヘンリーの法則よりも多くの蒸発があり，化学ポテンシャル変化 $\Delta\mu_i$ は大きくなる．

アルコール溶質を水溶媒に溶かしたり，ベンゼン溶質をアルコール溶媒に溶かしたりするときも，溶質の化学ポテンシャル変化 $\Delta\mu_i$ は大きくなる．

化学ポテンシャル変化 $\Delta\mu_i$ が大きいことは，混合に伴って逃散傾向が増大することを意味する．

水とフェノールを混合する場合，あるモル分率の範囲では混合による化学ポテンシャル変化 $\Delta\mu_i$ がゼロよりも大きくなるため，混合が起こらず二相に分離する．

二相に分離したとき，水相とフェノール相において，水の化学ポテンシャルは釣り合っており，また二相のフェノールの化学ポテンシャルも釣り合う．

【4】相転移の化学ポテンシャル変化

化学ポテンシャル変化 $\Delta\mu_i$ が大きいとき，その逃げ方は蒸発して気体になったり，二相の液層となったりする他に，析出して固体になるのでも，相転移することや化学変化で別の物質に

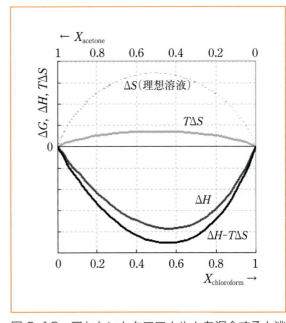

図6-13 アセトンとクロロホルムを混合すると逃散傾向が低下する

変わるのでもいい．

つまり，化学ポテンシャル変化$\Delta\mu_i$は化学反応や物理平衡の進みやすさの一般的というだけでなくて，普遍的な指標となる．

界面活性剤の遊離濃度を増すと化学ポテンシャルμ_iが非常に高くなる．

このため，水溶液中から逃散することで界面に吸着する．

さらに濃度が高くなって全ての界面が飽和すると，水溶液中で会合して凝集塊を形成することで水溶液中から逃散する．

この凝集塊がミセルであり，ミセル分散系の化学ポテンシャルμ_iのほうが遊離界面活性剤水溶液の化学ポテンシャルμ_iよりも低くなるために相転移が発生するのである．

界面活性剤に対して，同じ両親媒性物質であってもミセルを作らない低級アルコールや低級脂肪酸というのは，溶液における化学ポテンシャルがまだ小さいのである．

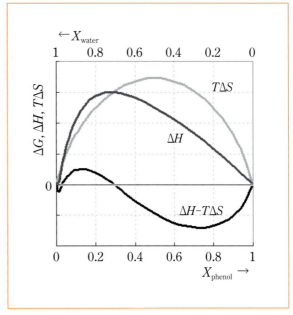

図6-14 水とフェノールを混合すると逃散傾向が増大する

このように，熱力学的系がただ乱雑な混合物になるのではなく，不均一な構造を形成することで安定化する様子を「散逸構造」の形成，あるいは「自己組織化」という．

これは，単純に凝集液体ができているのではなく，界面活性剤は遊離の状態と会合したミセルの状態とで動的な平衡を形成している．

熱力学的には局所的に吸着することで化学ポテンシャルを低下させることが，全体としてミセル分散系という不均一相を形成する熱力学的不利と釣り合っているのである．

同じような例としては，雲の水滴も水蒸気と水滴で凝縮・蒸発を繰り返しながら水滴を維持しているために液体が空中に浮遊する高エネルギーの状態が持続される．

6-3-2 活量係数，解離度，溶解度積 SBO:C1-(2)-⑥-2

溶液中の溶質成分の物質量を，溶媒質量あたり，または溶液体積あたりの値で示したものを調製モル濃度cとする．

成分iの**活量係数**γ_iは，活量a_iを調製モル濃度c_iでわり算した値である．

$$\gamma_i = \frac{a_i}{c_i} \tag{6-3-10}$$

これまで学んだことをもとに水溶液を3種類に分類することができるだろう．

[1] 5%グルコース水溶液のように**完全に溶解した非電解質水溶液**．活量係数γはほぼ1であり，活量aは調製モル濃度cに比例する．

［2］生理食塩水のように**完全に溶解した電解質水溶液**．活量係数 γ は調製モル濃度 c が大きくなると低下し，活量 a が調製モル濃度 c よりも小さくなる（本章6-1参照）．イオン半径 r がビエルムの臨界距離 r_C よりも小さいものでは動的にイオン対を形成し，見かけ上電離していないような振る舞いとなる．イオン対ぶんを無視した実効的に解離している成分比率を解離度 α として示す（本章6-2参照）．

［3］**飽和水溶液**．溶質は調製モル濃度がとけきったわけではなく，一部が固体として溶液中に析出している．飽和濃度 C_S は溶解度 S ともいう．イオンの場合は物質そのものではなく個々の構成イオンの濃度が溶解度積 K_{sp} の条件を満たすまで溶解することができる（第3章3-7参照）．

そして，5%グルコース水溶液に電解質を加えれば，グルコースの活量は低下するので，浸透圧や凝固点降下などの束一的性質は単純な足し算にはならない．

臨床において食塩価法や容積法などの簡便計算法は，等張液付近という条件があって成立する近似計算法である．

混合気体の場合，気体成分の活量にあたる圧力をフガシティー f_i という．

気体成分の含量を分圧で表したものを P_i とすると，活量係数 γ_i はフガシティー f_i を用いて

$$\gamma_i = \frac{f_i}{P_i} \tag{6-3-11}$$

で表される．

6-3-3 溶解度パラメータ

第3章3-7-2項で溶解プロセスについて述べました．ここでは，化学ポテンシャルの考え方を取り入れて，統一的に溶解プロセスの理解を試みます．SBOs:C1-（2）-⑥-2, E2-（1）-①-4

成分 i が n_i モルあるとし，その液体のモル体積を V_i，蒸発エネルギーを ΔE_{ii} とする．

成分 i の気体が凝縮して液体になるときの凝縮エネルギー E_i は物質量と蒸発エネルギーのかけ算となる．

また，2成分 $i=1$ と $i=2$ の気体が凝縮して液体になるときは，成分1の分子が接して凝縮する場合と，成分2の分子が接して凝縮する場合と，成分1と成分2の分子が接して凝縮する場合の3通りがある．

それぞれの凝縮が起こる機会がどれくらいの頻度で起こるかは，成分1の容積 n_1V_1 と成分2の容積 n_2V_2 の容積分率によって決まる．

ここから考えると，凝縮エネルギー E はやや込み入ったものになるが以下の式で表される．

$$-E = -\frac{(n_1^2 V_1)\Delta E_{11} + (2n_1 n_2 \sqrt{V_1 V_2})\Delta E_{12} + (n_2^2 V_2)\Delta E_{22}}{n_1 V_1 + n_2 V_2} \tag{6-3-12}$$

ここで ΔE_{12} は，成分1と成分2が接触したときの凝縮エネルギーであるが，これは ΔE_{11} と ΔE_{22} の相乗平均（幾何平均）と一致する．（$\Delta E_{12} = \sqrt{\Delta E_{11} \Delta E_{22}}$）

液体成分1が n_1 モルと液体成分2が n_2 モル混合するときの溶解エネルギー ΔE は，成分個々の凝集

エネルギーと混合物の凝縮エネルギーの差となる．
これは $(E_1+E_2)-E$ で表され，代入して整理すると次の重要な関係式が導かれる．

$$\Delta E = \frac{(n_1V_1)(n_2V_2)}{n_1V_1 + n_2V_2}\left\{\sqrt{\frac{\Delta E_{11}}{V_1}} - \sqrt{\frac{\Delta E_{22}}{V_2}}\right\}^2 \tag{6-3-13}$$

この関係式の化学的な意味を考えることにする．

関係式 6-3-13 では，溶質における一定体積あたりの蒸発エネルギーを見たとき，溶媒におけるそのエネルギーに対する差が大きいのであれば，加速度的に混合エネルギーが増大する．

逆にいえば，**蒸発エネルギーが近い溶質でなければ溶媒にとけない**．

もっと具体的に言えば，極性の高い物質は分子間相互作用が強いから蒸発エネルギーが大きく，結合が強いから体積が小さい．

一方，無極性物質の分子間相互作用の実体はファンデルワールス力，中でもロンドン分散力が主なものであって蒸発エネルギーが小さく，結合が弱いから体積が大きい．

一定体積あたりの蒸発エネルギーの差が大きいことは，極性の大小を定量的に反映する．

すると，関係式 6-3-13 で重要となるのは溶質と溶媒の一定体積あたりの蒸発エネルギー（の平方根）ということがわかる．

そこで，成分 i の溶解度パラメータ（溶解性パラメータ，溶解パラメータともいう）として，蒸発エネルギー ΔE_{ii} とモル体積 V_i より以下を定義する：（IUPAC Gold Book）

$$\delta_i = \sqrt{\frac{\Delta E_{ii}}{V_i}} \tag{6-3-14}$$

［1］低分子量の物質では，蒸発エンタルピーとモル体積から溶解度パラメータを求める．

［2］混合エンタルピーから適切に誘導すると，ある温度での成分 i の過冷却液体における溶解度パラメータと，溶媒における溶解度パラメータとの差の平方根が成分 i の溶解度に関係していることがわかる．だから，溶解度パラメータを並べた溶媒群に対する固体の溶解度を求めることで，溶解度パラメータの数値を決めることができる．高分子の場合には通常，高分子を溶媒群に順に溶解したときに最大の固有粘度を示すか，または最大の体積増加を示すような溶媒を選ぶと，その溶媒のほうの溶解度パラメータが，溶質とした高分子の溶解度パラメータと同じになっていると考える．

［3］溶解度パラメータの SI 単位は $Pa^{1/2}(J^{1/2}\,m^{-3/2})$ で，しばしば，$(mPa)^{1/2} = (J\,cm^{-3})^{1/2}$ を用いる．（カロリー表示であれば $1\,(J\,cm^{-3})^{1/2} = 2.045\,(cal/cm^{-3})^{1/2}$）

また，溶媒の容積分率は ϕ_1 としてまとめておく．（希薄溶液では 1 とみなせる）

$$\phi_1 = \frac{n_1V_1}{n_1V_1 + n_2V_2} \tag{6-3-15}$$

これらを使って，先の関係式について溶質成分 2 の部分モル溶解エネルギーを求めると

$$\left(\frac{\partial \Delta E}{\partial n_2}\right)_{n_1} = V_2\phi_1^2(\delta_1 - \delta_2)^2 \tag{6-3-16}$$

繰り返すが，V_2 は溶質のモル体積，ϕ_1 は溶媒の容積分率であって希薄溶液なら 1 である．

6-3

　エネルギーなしに混合する理想溶液に対して，実在溶液の混合にはこの部分モル溶解エネルギーが必要であるということになるから，成分2の活量係数 γ_2 を求めると

$$\log_e \gamma_2 = \frac{V_2 \phi_1^2}{RT}(\delta_1 - \delta_2)^2 \tag{6-3-17}$$

　溶質の溶解度パラメータと溶媒の溶解度パラメータの差が大きくなると活量係数はゼロに近づき，差が小さくなると活量係数は大きくなることがわかる．

演習問題

問題 1

希薄溶液の性質についての正誤について○×で示せ．（第 84 回問 18，第 86 回問 16，第 90 回問 20）

(1) 水溶液の浸透圧は，凝固点（氷点）降下法を用いて測定できる． (　)
(2) 0.14 mol dm^{-3} NaCl 水溶液と 0.28 mol dm^{-3} sucrose 水溶液は等張溶液である． (　)
(3) 0.9 w/v % NaCl 水溶液の方が，0.9 w/v % glucose 水溶液の浸透圧より高い． (　)
(4) 0.9 w/v % NaCl 水溶液と 5 w/v % Glucose 水溶液は等張溶液である． (　)
(5) 血液の浸透圧は 0.9 w/v % NaCl 水溶液の浸透圧とほぼ等しい． (　)
(6) 0.9 w/v % NaCl 水溶液は強電解質の水溶液である． (　)
(7) 0.9 w/v % Glucose 水溶液はコロイド溶液である． (　)

問題 2

水の相転移に関する記述の正誤について○×で示せ．（第 95 回問 20）

(1) 三重点での自由度は，1 である． (　)
(2) 水と氷が平衡状態にある系に圧力をかけると，氷が融解する． (　)
(3) 過冷却の状態にある水が同温度の氷へ相転移するとき化学ポテンシャルは増大する (　)
(4) 沸点で水が気化するとき，水 1 mol 当たりのエントロピーは増大する． (　)

6-4　膜電位と能動輸送

Episode　カリブの船乗りたちの迷信

　大航海時代，カリブ海を旅する船乗りたちの間で，ある噂が囁かれていました．「サンゴ礁で船が座礁すると，そこに棲む魚がやがて恐ろしい毒魚に変わる渇きの地獄となる」……美しいサンゴ礁を侵された海の女神カリプソの呪いとでもいうのでしょうか？

　2002年12月読売新聞朝刊の報道によれば，東京地裁にて1999年8月千葉の割烹料理店に対して，イシガキダイ料理を食べて食中毒になった客への賠償3800万円の判決が下されました．

　サンゴ礁が損傷を受けると，そこにフグ毒テトロドトキシン（TTX）の毒性より20倍以上強い毒素シガトキシン（CTX）等を産生する有毒藍藻が発生します．

　分子量が1111と巨大なので，モル比で言えばTTXの80倍の活性です．

　有毒藍藻を小動物や小型魚が食べ，さらに大型魚が食べることで生物濃縮によって毒化することを，東北大学の研究チームがフランス領ポリネシアの水爆実験跡地などでの調査で突き止めました．（安元2005：化学と生物43（3），153-159）

　調べてみると過去1967年にも千葉で水揚げされた20キロのヒラマサは回遊魚ですが，これで一度CTX被害が報告されています．（Y.Hashimoto 1968）

　イシガキダイの場合，黒潮に乗って南方から回遊してきたものか，それとも，地球温暖化→黒潮の水温上昇→サンゴ礁北上→有毒藍藻が発生→生来無毒のイシガキダイに生物濃縮という経緯によるものか由来の解明は落着していません．

　1998年春に宮崎でもイシガキダイ料理のCTX被害が2例確認されています．

　黒潮上流にあたる沖縄では，与那国島など伝統的に毒化が起こるとされる地域で捕れた10キロ以上の魚は食べないといいます．

　CTXによる食中毒では，吐き気，めまい，頭痛，筋肉の痛み，麻痺，感覚異常などの症状を示し，世界で年間2万人の被害があるといいます．（Ramsay 2001）

　とりわけ，ドライアイスセンセーションと呼ばれる症状が臨床的特徴と言われ，温度感覚が過敏になって，触るものが冷たすぎるという感覚異常なのだそうで，これが長ければ半年から1年も続くといい

ます．

　CTXは神経細胞内へNa⁺イオンを過剰に流入させると考えられています．

　これはCTXが電位依存性Na⁺チャネルに結合することによると言われます．

　チャネルは細胞膜タンパク質の一種で，特定の物質だけ通過させる通路とその通過を制御するフタをもったタンパク質の総称であり，ある条件でフタが開いて物質を細胞膜内外に通過させる機能を持っています．

　フグ毒TTXも同じ電位依存性Na⁺チャネルに結合することで神経や筋線維を麻痺させますが，TTXの場合はNa⁺イオンの流入を選択的に阻害します．

　ヒトの電位依存性Na⁺チャネルはTTXが結合することで，Na⁺イオンの通過を停止させる構造を持っていますが，フグなどTTXを持つ生物のNa⁺チャネルはヒトのものとアミノ酸配列が異なり，TTX結合部位がないためフグは中毒しません．

　ところでその前に，CTXやTTXがNa⁺チャネルに結合すると，タンパク質のはたらきに影響があるとして，どうしてNa⁺の流れが変わると神経が過敏になったり，麻痺したりするのでしょうか？

　そのメカニズムは麻酔や心臓疾患治療において非常に重要となるので，これから皆さんは生理学や薬理学で詳しく学んでいきますが，本章では基本的な細胞内外のイオンについて物理化学的な基礎を学んでいるのです．

　世界的な物流の発達，とくに日本食の普及によって世界各地で海鮮食材が流通するようになり，欧米の高緯度地域でも赤道付近の大型魚が手に入ります．

　2004年カナダのトロントでCTX被害が発生しました．（Christian & Detsky 2004）

　学術誌 The New England Journal of Medicine の記事では，原因魚のシイラを前日にカリブで捕まえ，凍らせずにそのまま氷でカナダに送った点を問題視しています．

　医師の書く文章でもこのような誤認が世界中に流布してしまいます．

　（カナダで日常的に食用にされるサケの場合，寄生するアニサキスは冷凍によって死滅する．生物濃縮ではなく毒性藍藻を寄生生物と誤解したのかも知れない）

　薬学を学んだ者として，有機化学，物理化学，生化学，神経生理学などにわたる広範な知識と，それを活用する確かな能力を発揮して欲しいと思います．

Points　膜電位と能動輸送

ネルンストの式：（$\Delta\psi$ 電位差，R 気体定数，T 絶対温度，Z 電荷，F ファラデー定数，a_{ext} 膜系外部の活量，a_{int} 膜系内部の活量）

$$\Delta\psi = \frac{RT}{ZF}\log_e \frac{a_{ext}}{a_{int}} \tag{6-4-1}$$

ドナン膜平衡：膜で隔てられた水相の一方にその膜を自由に透過することができない物質があることで，二つの水相におけるイオンの分布に偏りが生じた平衡状態．ドナン膜平衡によって形成される電位差をドナン電位という．

膜電位：生体膜（細胞膜，ミトコンドリア膜，チラコイド膜，液胞膜），人工リン脂質二分子膜，半

第6章　溶液論

6-4

透膜など物質を分画する膜系において両面にある液相間の電位差のこと．一般的には「膜電位」といえば細胞膜の内外の電位差を指す．神経細胞や筋肉細胞だけでなく，全ての細胞の膜に膜電位は生じる．

受動輸送：生体膜を横切って物質を移動させることを**膜輸送**という．物質の電気化学ポテンシャル差を駆動力としてその物質を膜輸送することを受動輸送という．生体膜には脂質相があるので，疎水性物質は脂質相に分散し，拡散することで輸送される．一方，親水性物質は脂質相を透過できないため，物質個々に特定の膜貫通タンパク質が通路を形成する**担体**となり，これで親水性物質が透過する現象を**促進拡散**という．これに対して透過担体を経由しない受動拡散を全て**単純拡散**という．

能動輸送：物質をその電気化学ポテンシャル差に逆らってでも膜輸送することを能動輸送という．能動輸送するためにはエネルギーが必要である．ATPの加水分解反応によって生じる化学ポテンシャル差を利用する場合と，他の物質の膜における電気化学ポテンシャル差を利用する場合がある．前者を**1次能動輸送**，後者を**2次能動輸送**という．

6-4-1 ネルンストの式

　乾電池1.5 Vが2本あれば，LEDのように流れる電流が少ないものは長時間点灯できますが，モーターのように電流がたくさん流れるものは短い時間しか使えません．乾電池のエネルギー（J）というのは，電圧（V）に電流（A）と時間（s）をかけ算したものに相当するわけです．

　限外ろ過膜（透析膜）とは細孔を持ったフィルターで，小分子量の粒子は通すが，タンパク質，核酸やウイルスなどを通さない．
　メンブランフィルターともいい，医療現場では人工透析やろ過滅菌などに使用する．
　限外ろ過膜を筒状にしたものを透析チューブといい，上下を輪ゴムやクリップで閉じて用いる．
　チューブ内の水溶液と外部の水溶液で基質濃度に差があるときには，膜を経由して物質が移動する．
　膜に鉛直方向をx軸とすると，膜の内外でイオン濃度勾配があるときの現象論的方程式は

$$J = -D\frac{\partial C}{\partial x} - \frac{ZF\varepsilon C}{\eta}\frac{\partial \psi}{\partial x} \tag{6-4-1}$$

で表され，これをネルンスト&プランクの式という．
　イオンの濃度勾配によって電位差が生じている電場では，濃度勾配に沿ってフィックの第一法則（第5章5-3-1項）に従う移動が起こるだけでは済まない．
　拡散と同時に，電場（電位勾配）に沿ってスモルコウスキーの式（第5章5-2-5，第6章6-1-4）のように電荷の移動が起こるという考えに基づくモデルである．
　移動速度がこの2項の足し算なので，その仕事も熱運動と電気泳動の2項の足し算となる．
　濃度勾配を解消するための熱運動エネルギーと電場を解消するための電気エネルギーとの足し算だから

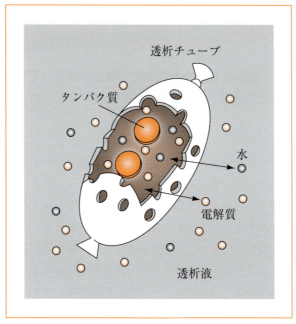

図 6-15 透析チューブは，水や無機電解質は透過するが，タンパク質は透過しない

$$\tilde{\mu} = \mu^0 + RT \log_e a + ZF\psi \tag{6-4-2}$$

で表され，これを**電気化学ポテンシャル**という．

電位（V）にイオン1モルの電気量 ZF (C/mol) をかけ算すると電気エネルギー（J/mol）になる．

この式で電位の大きさは基準がないが，理論的な話題の中では電場を遠く離れた無限遠をゼロと考えており，実際の実験では何かの参照電極を基準のゼロに用いて電位差という．

膜の場合，電位差の基準は膜の内液を電位ゼロとして測定操作を行う．

膜の内外の電気化学ポテンシャルが釣り合っているとき，$\tilde{\mu}_{ext} = \tilde{\mu}_{int}$ とすると

$$\mu^0 + RT \log_e a_{ext} + ZF\psi_{ext} = \mu^0 + RT \log_e a_{int} + ZF\psi_{int} \tag{6-4-3}$$

であるから，内液を基準においた電位差 $\Delta\psi = (\psi_{int} - \psi_{ext})$ についてこれを整理すると

$$\Delta\psi = \frac{RT}{ZF} \log_e \frac{a_{ext}}{a_{int}} \tag{6-4-4}$$

となる．

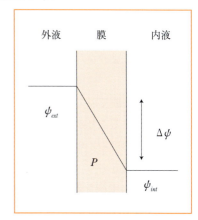

図 6-16 膜をはさんで電位勾配が形成される

この式を**ネルンストの式**という．

例えば，1価の K^+ イオンの膜外濃度が 5 mM，膜内濃度が 150 mM で平衡状態になっているとすると，活量 a_{K^+} を濃度 $[K^+]$ で近似し温度が 37℃ならば，$(8.314 \times 310 \div 96485) \times \ln(5/150) = -90$ mV の電位差が K^+ イオンによって形成される．

6-4-2 ドナン膜平衡

　川の流れをせき止めれば，棲んでいる魚や貝などの種類が変わってしまいますが，物質の移動も膜でせき止めることで動きや分布が全く変わってきます．ここでは，平衡の中で最も重要な膜平衡について学びます．

　限外ろ過膜はポリマーを作るときのメッシュの粗密によって細孔のサイズが調節されており，目の詰まったものでは分子量3千のタンパク質は透過しないが，これより小分子は透過する．
　目の粗いものなら，分子量1万のタンパク質は透過しないが，それ以下のペプチドは透過する．
　たとえば，硫酸アンモニウムを用いて塩析することで回収した血清タンパク質のようなサンプルを透析チューブの中に入れ，等張緩衝液に浸すことで透析することを脱塩という．
　膜内と膜外に条件の違いがなければ，平衡状態になったとき全てのイオンは同じ濃度になる．
　しかし，タンパク質は限外ろ過膜を通過できないので，膜内に存在する．
　たとえば，タンパク質の分子量が6万とすると1%溶液であってもたかだか0.17 mMだからタンパク質そのもので生じる浸透圧は極めて小さい．（$cRT = 0.42$ kPa）
　ところが，電荷をもったタンパク質には電気二重層が形成されるので，これにアニオンやカチオンが捕捉されてしまう．
　それでも膜外も膜内も，それぞれ電気的中性の原理が働き，また膜の内外においてネルンストの式で与えられる電位差は等しくなる関係が成立する．
　この関係を元に透析チューブ内に負電荷Z_pを有するタンパク質濃度C_pがあると考えて計算すると，$Z_pC_p \ll [K^+]_{ext}$であるときのKCl濃度には

$$[K^+]_{ext} - [K^+]_{int} = \frac{Z_pC_p}{2} \qquad (6\text{-}4\text{-}5)$$

と近似されるような，透析チューブ内外の濃度の不均衡が生ずる．
　このように膜で隔てられた水相の一方に，その膜を自由に透過することができない物質があることで，二つの水相におけるイオンの分布に偏りが生じた平衡を，

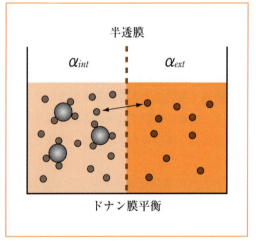

図6-17　限外ろ過膜を通過しない高分子がイオンを補足する

ドナン膜平衡という．すると，膜内外の溶質濃度の差は，タンパク質濃度C_pだけではなく，タンパク質濃度にその電荷をかけ算した値Z_pC_pぶんだけの$[K^+]$と$[Cl^-]$を足し算した溶質濃度が上乗せになるので，大きな浸透圧差が生じる．
　タンパク質の等電点と溶液のpHが十分はなれていればタンパク質の電荷は大きいため，透析実験ではこの効果によってクリップで密封した透析チューブに水が流入してパンパンに膨らむ．
　KClは透析膜を透過できるにもかかわらず，透析チューブ内に留まるのである．
　このようなドナン膜平衡において膜内外におけるイオン濃度差が形成された結果としての電位差をドナン電位という．

6-4-3 細胞膜の膜電位

生命はタンパク質の設計図にあたる遺伝子によって実現していますが，もうひとつ重要なものは生体膜です．親から子へと何億年も受け継がれてきた膜ですが，もしもはじけてしまえば生命が絶滅していたことでしょう．膜で起こる現象は生命装置を駆動するエネルギー代謝の基礎となります．

【1】静止電位

リン脂質二分子膜も半透膜であるが限外ろ過膜ではなく，主に水しか通過しない．

このため，人工リン脂質二分子膜における単位面積あたりの電荷の移動しやすさを意味する膜コンダクタンスは 10^{-8} S/cm^2 程度である．

ところが細胞膜の膜コンダクタンスは，Na$^+$イオン存在下で測定すると最大 120 mS/cm^2，K$^+$イオン存在下で測定すると最大 36 mS/cm^2 となる．

このことは，細胞膜には人工リン脂質二分子膜には存在しないような，イオンごとに固有の通り道が存在していることを表し，このイオンの通り道をチャネルと呼ぶ．

膜コンダクタンスの変化は，チャネルにゲート（フタ）があることを意味し，膜コンダクタンスの上昇とはチャネルのゲートが開くことを反映する．

最大の膜コンダクタンスは全てのチャネルのゲートが開いた状態に対応する．

Na$^+$イオンチャネルは，フグ毒のテトロドトキシン（TTX）によって特異的に遮断することができる．

TTX分子の有無での実験結果を比較することによって，細胞膜上にある全てのNa$^+$チャネルだけが開いているときのチャネルの個数を計算してみると，イカの巨大神経線維で 1 μm^2 あたり500個という値が報告されている．

仮にNa$^+$チャネルの断面積が 100 nm^2 とすると，細胞膜の面積の5%を占める計算になり，極めて多数のチャネルが分布していることがわかる．

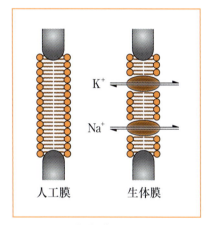

図6-18 生体膜にはイオンの通り道（チャネル）がある

細胞膜ではNa$^+$イオンポンプというタンパク質の働きで，細胞内のNa$^+$イオンが細胞外に排出されている．

Na$^+$ポンプはイカの巨大神経線維で 1 μm^2 あたり4000個と，さらに多くが分布する．

Na$^+$ポンプの働きによって，Na$^+$イオン濃度は細胞外で 135 mM，細胞内で 15 mM という濃度差を形成している．

この濃度差をもとに，ネルンストの式を用いて37℃を代入して計算してみると，+59 mV の電位差を生じていることがわかる．

細胞膜にはK$^+$イオンが透過する経路も多い．

つまり，K$^+$コンダクタンス 36 mS/cm^2 に対してNa$^+$コンダクタンスは 120 mS/cm^2 だからNa$^+$チャネル

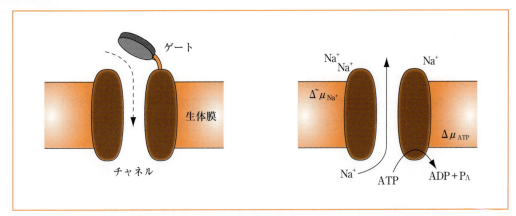

図 6-19　ゲート付きのチャネルと ATP 駆動型ナトリウムイオンポンプ

のほうが多いのだが，静止状態では Na^+ チャネルのゲートは閉まっている．

すると，静止状態では膜透過性の乏しい Na^+ イオンの濃度勾配に対して，K^+ イオンがドナン膜平衡を形成する．

K^+ イオン濃度は膜外濃度が 5 mM，膜内濃度が 150 mM で，電位差 − 90 mV となる．

Cl^- イオン濃度は膜外濃度が 125 mM，膜内濃度が 9 mM，負電荷だから電位差 − 70 mV となる．

このような膜の電位平衡状態が形成されたときに，細胞内の液相の電位を基準として細胞外の電位差を**膜電位**という．

そのままドナン電位の足し算をすると，膜電位は 59 − 70 − 90 = − 101 mV と計算される．

実際の生体膜では，Na^+ イオンポンプと他のイオンの透過経路を経由する全イオンの流束が膜電位を動的に決定しているから，個々のドナン電位の足し算だけでは求められない．

生体膜において主な一価イオン K^+，Na^+，Cl^- の流束の比にあたる透過係数を $P_K : P_{Na} : P_{Cl}$ としてあらわすと，以下のようにして実際の細胞の膜電位を近似できる．

$$\Delta\psi = \frac{RT}{F} \log_e \frac{P_K[K^+]_{ext} + P_{Na}[Na^+]_{ext} + P_{Cl}[Cl^-]_{int}}{P_K[K^+]_{int} + P_{Na}[Na^+]_{int} + P_{Cl}[Cl^-]_{ext}} \tag{6-4-6}$$

イオン i の**透過係数** P_i は，膜の面積にイオンの膜中における拡散係数 D とイオンの水相と膜相との分配係数 P_{ow} をかけ算したものを膜の厚さでわり算した値と定義される．

そして，膜におけるイオンのコンダクタンスやイオン移動度と関係するが，厳密に求める作業は煩雑である反面，予測性が乏しい．

細胞の膜電位を測定すると − 70 mV 程度になるので，ここから透過係数 $P_K : P_{Na} : P_{Cl}$ を逆算すると 1 : 0.04 : 0.45 と見積もられる．

上述の − 70 mV（神経細胞）という膜電位は，細胞膜のイオンを透過させる機能が駆動していない静止時における値である．

このことは，Na^+ イオンポンプの働きで形成される Na^+ イオンの電気化学ポテンシャル差に対して，K^+ や Cl^- が漏出することで電気化学ポテンシャル差が釣り合ったドナン膜平衡状態を意味する．

このような状態を**分極**しているといい，その膜電位を**静止膜電位**または**静止電位**という．

コラム　膜コンダクタンスとコンダクティビティについて

　コンダクタンス（電気伝導度）はある大きさを持った物体が電気を通過させるという特性の大小を表します．

　コンダクタンスは電気抵抗の逆数にあたります．

　電気抵抗は電気の流れる方向の長さに比例し，流れに垂直な断面積に反比例しますから，その逆数であるコンダクタンスは長さに反比例し，断面積に比例します．

　そこで，物体の素材が持っている特性を表すためにコンダクタンスに長さをかけ算し，断面積で割り算すると，この値は単位体積ごとのコンダクタンスになります．

　これをコンダクティビティ（電気伝導率）と言います．

　人工膜や生体膜をイオンが流れる量はコンダクタンスで表すことができます．

　ところが，生体膜は均一な組成ではなく，リン脂質二分子膜と膜タンパク質からなる構造物であり，その厚さは場所や周辺の溶液の環境によって変化します．

　このとき膜を通過しているということだけに物理的な意味があり，イオンが流れる方向の長さで割り算することは意味がありません．

　だから，膜コンダクタンスを考えるときには，膜の厚みをかけ算することはなく，単位断面積あたりのコンダクタンスで表した「膜コンダクタンス」を用います．

　コンダクタンスの単位は S（ジーメンス），コンダクティビティの単位は S/m であるのに対して，膜コンダクタンス，Na^+ コンダクタンス，K^+ コンダクタンスなどの単位は S/m^2，通常の位取りでは mS/cm^2 が用いられているのです．

【2】イオン輸送タンパク質

　細胞膜では Na^+ イオンの濃度勾配が，「Na^+ イオンポンプ」によって形成される．

　「Na^+ イオンポンプ」は膜貫通タンパク質に属するグループで，Na^+, K^+-依存性 ATP 分解酵素（Na^+/K^+-ATPase）ともいう．

　これは，ATP → ADP + P_i（無機リン酸）という分解反応の化学ポテンシャル差を転用することで，細胞内外の「電気化学ポテンシャル差に逆らって」，Na^+ イオンを3粒子細胞外に放出し，K^+ イオンを2粒子細胞内に取り込む動きをする．

　一方，K^+ や Cl^- は細胞膜の透過係数が Na^+ よりも大きい．

　K^+ イオンチャネルというのは膜貫通タンパク質に属するグループで，K^+ イオンを「電気化学ポテンシャル差に沿って」細胞内外に移動させる経路とゲートをもっている．

　それぞれのイオンチャネルタンパク質にはゲートを開閉する生理学的条件がある．

　神経細胞にある直列ポアドメイン型 K^+ チャネルを見ると通常ゲートを開いた状態であり，これが Na^+ イオン濃度勾配に応じたドナン膜平衡の形成のために利用されている．

　ポンプやチャネルなどイオンの輸送を媒介する膜タンパク質を担体という．

　場当たり的な説明ではなく，ここで生体膜におけるイオン輸送担体を次の表に分類しておく．

　リン脂質二分子膜は水分子しか通さず，イオンが容易に透過するなら経路が存在する．

表6-3 生体膜における物質輸送

能動輸送	一次能動輸送		細胞膜のCa^{2+}ポンプなどはATPの加水分解と共役してCa^{2+}をその電気化学ポテンシャル差に逆らって輸送.
	二次能動輸送		一次輸送でイオン（Na$^+$，H$^+$，HCO$_3^-$）の濃度勾配を形成する輸送担体と共役して分子種を同じ方向，または対向する方向に膜透過させる.
受動輸送	促進拡散		K$^+$-チャネルやアクアポリン（水チャネル）は特定の溶質を受動輸送する. さらに電位依存Na$^+$チャネルやCl$^-$チャネルは膜電位やホルモンの刺激でゲートを開閉する.
	単純拡散	細孔を経由する透過	膜内外の電気化学ポテンシャル差に応じて分子やイオン種が拡散する.
		脂質相中を経由する透過	脂質相内に分散したものが拡散するか，または膜分子の熱運動で過渡的に出現する細孔を通過する.
分子転送	イオノフォア		抗生物質のバリノマイシンはK$^+$イオンを包接し，脂質膜中に分散して脂質相中でK$^+$輸送を媒介する. 疎水性弱酸は脂質膜中で酸解離平衡を形成し，H$^+$輸送を媒介する.
	チャネル		抗生物質のグラミシジンAは生体膜の脂質相中でイオン1個を通過する細孔（チャネル）を形成する.

このとき，イオンが透過する方向が膜の電気化学ポテンシャル差に沿っているか，逆らうかで2種類の経路に分類される．

電気化学ポテンシャル差に逆らうことができる透過現象を**能動輸送**という．

電気化学ポテンシャル差に沿わないといけない透過現象を**受動輸送，受動拡散**という．

受動輸送のうち，チャネルのように透過を助けるものが媒介する輸送を**促進拡散**という．

促進拡散以外の受動輸送を単純拡散といい，膜中を拡散するか，生体膜構造のゆらぎで一時的に形成されるような細孔という水の通り道を拡散する．

一方，分子転送としているものは生体にとっては日常的ではない活動であり，たとえば微生物が動植物を退ける目的で産すると思われる抗生物質などの外来性物質（つまり毒）により引き起こされる生体エネルギーの損失現象ということになる．

能動輸送を実現するためには，何らかの形で電気化学ポテンシャルを補給しなければならない．

そこで，解糖系やTCA回路などで生合成した高エネルギー物質であるATPを加水分解し，ここで生じる化学ポテンシャル差によってタンパク質の構造変化が誘発され，この構造変化の過程においてH$^+$やNa$^+$などが膜系内部から膜系外部に輸送される．

こうして細胞膜は，Na$^+$イオンの電気化学ポテンシャル差が蓄積された**高エネルギー状態に保たれている**．（静止電位）

【3】活動電位

細胞が何らかの刺激を受けると，Na$^+$チャネルが開く．

静止状態の細胞膜にはNa$^+$イオンの濃度勾配が形成されているので，チャネルが開くとNa$^+$イオンのコンダクタンスが上昇し，細胞内に流入する．

この結果，分極していた細胞の膜電位-70 mVは急激にゼロに近づく．

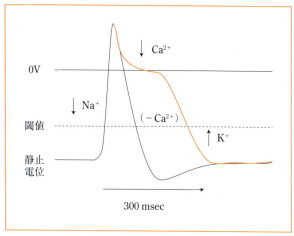

図 6-20　Ca^{2+} チャネルがないときとあるときの活動電位の形成

そして，$-40 \sim -50$ mV といわれる閾値電位よりもゼロに近づくと，さらに他の Na^+ チャネルが一気呵成に開いて Na^+ コンダクタンスが最大となり，膜電位は $+20$ mV 付近まで上昇する．

静止電位のときの Na^+ のくみ出しで形成された Na^+ 電位はこれで解消されるので，**細胞膜は高エネルギー状態からより低いエネルギー状態になる**が，細胞機能としてはこの状態を**興奮**という．

Na^+ チャネルは開くと，すぐに閉じてしまう性質を持っている．

続いて K^+ イオンが K^+ チャネルを介して細胞外に排出され，300 ms 後には静止膜電位に復帰する．

このプロセスでもし生体膜系に多数の Ca^{2+} チャネルがあるなら，Na^+ チャネルの速い開閉に遅れて Ca^{2+} チャネルが開く．

Na^+ チャネルが閉じた後，K^+ イオンが流出するのと同時に，Ca^{2+} 濃度勾配に沿って Ca^{2+} イオンが流入するため，膜電位がゼロに近い状態が 100 ms 継続してから Ca^{2+} チャネルが閉じる．

これらの膜電位が一次的に解消される現象を**脱分極**，それに続いて静止膜電位に復帰する現象を**再分極**という．

以上のプロセスで上昇した膜電位を**活動電位**という．

活動電位を元にして透過係数 $P_K : P_{Na} : P_{Cl}$ を逆算すると $1 : 20 : 0.45$ に変化する．

Na^+ チャネルが開き，Na^+ コンダクタンスが大幅に上昇したことを反映している．

分極状態では Na^+ イオンの大きな電気化学ポテンシャル差に対して K^+ や Cl^- の電気化学ポテンシャル差が釣り合っている．

脱分極によって急激に Na^+ コンダクタンスが上昇し，Na^+ の濃度勾配が解消されたときには，K^+ や Cl^- などの電気化学ポテンシャル差が逆方向の K^+ の流れを起こす．

この結果，膜電位は静止電位まで復帰して，興奮は終息する．

このような膜に対して垂直方向のイオンの流れは，膜系で隣接する領域の膜電位を引きずり上げるので，そこでも閾値を上回る脱分極が誘発される．

このため，この膜面に対して垂直方向のイオンの流れが膜面に水平な方向に伝達される．

こうして，神経細胞は興奮を神経刺激として伝達し，また心臓ではペースメーカ（洞結節，房室結節など）で生じた興奮刺激を心筋全体に伝達することで協調的な拍動を実現する．

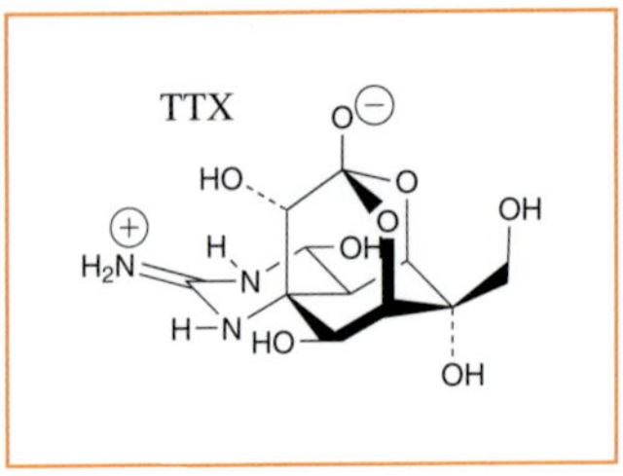

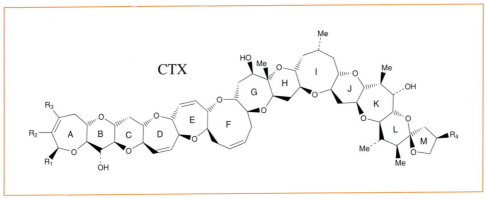

図 6-21 テトロドトキシン（TTX）はNa⁺チャネルを閉じる

図 6-22 シガトキシン（CTX）はNa⁺チャネルを興奮状態にする

エピソードで見たテトロドトキシン（TTX）は脱分極を実現するNa⁺チャネルの働きを阻害するので，神経細胞の刺激伝達が起こらなくなるため，神経が麻痺する．

一方，シガトキシン（CTX）はNa⁺チャネルを開いたままの興奮状態にして，感覚過敏をおこす．

6-4-4 膜輸送の速度式

透過担体が細胞外に開かれた状態を X_{ext}，これに透過基質が結合した状態を SX_{ext}，透過担体が細胞内に開かれた状態を X_{int}，これに透過基質が結合した状態を SX_{int} とする．

細胞外の透過基質 S_{ext} が細胞内へ透過して細胞内の透過基質 S_{int} となるプロセスが可逆的であると考え，これらの状態への変化についての平衡定数を次の図のように定義する．

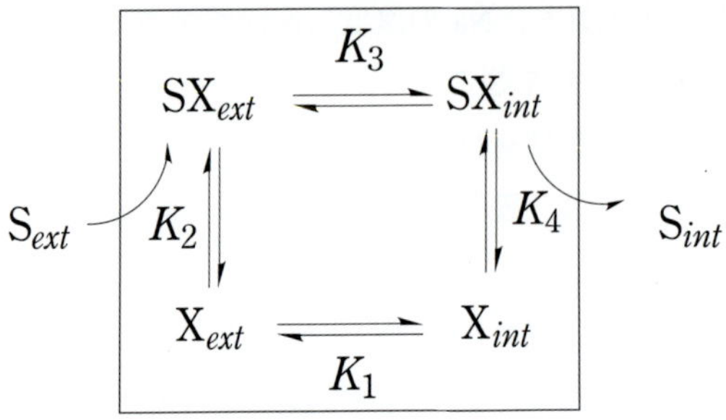

$$S_{ext} \underset{K_2}{\rightleftarrows} \begin{array}{c} SX_{ext} \underset{K_3}{\rightleftarrows} SX_{int} \\ \\ X_{ext} \underset{K_1}{\rightleftarrows} X_{int} \end{array} \underset{K_4}{\rightleftarrows} S_{int} \tag{6-4-7}$$

すると，透過基質の細胞外から細胞内への透過速度は

$$v = \frac{d[\mathrm{S}_{int}]}{dt} = k_{cat}[\mathrm{SX}_{int}] \tag{6-4-8}$$

この式は細胞内の透過基質濃度 $[\mathrm{S}_{int}]$ が十分低いと仮定し，逆反応を無視している．

透過担体の合計量 $[\mathrm{X}]_0$ は，以下の式で与えられる

$$[\mathrm{X}]_0 = [\mathrm{X}_{int}] + [\mathrm{X}_{ext}] + [\mathrm{SX}_{ext}] + [\mathrm{SX}_{int}] \tag{6-4-9}$$

透過速度式に要するのは $[\mathrm{SX}_{int}]$ だから，それ以外について平衡定数を用いてあらわす．

$$[\mathrm{SX}_{ext}] = \frac{[\mathrm{SX}_{int}]}{K_3} \tag{6-4-10}$$

$$[\mathrm{X}_{ext}] = \frac{[\mathrm{SX}_{ext}]}{K_2[\mathrm{S}_{ext}]} = \frac{[\mathrm{SX}_{int}]}{K_2 K_3 [\mathrm{S}_{ext}]} \tag{6-4-11}$$

$$[\mathrm{X}_{int}] = \frac{[\mathrm{X}_{ext}]}{K_1} = \frac{[\mathrm{SX}_{int}]}{K_1 K_2 K_3 [\mathrm{S}_{ext}]} \tag{6-4-12}$$

これらを代入して $[\mathrm{SX}_{int}]$ について解き，透過速度式に代入すると

$$v = \frac{d[\mathrm{S}_{int}]}{dt} = \frac{k_{cat} K_3 [\mathrm{X}]_0 [\mathrm{S}_{ext}]}{\frac{1+K_1}{K_1 K_2} + (1+K_3)[\mathrm{S}_{ext}]} \tag{6-4-13}$$

この定数項をまとめると，ミカエリス&メンテン型の式になっていることがわかる．

$$v = \frac{V_{\max}[\mathrm{S}_{ext}]}{K_{\mathrm{m}} + [\mathrm{S}_{ext}]} \tag{6-4-14}$$

したがって，細胞外における透過基質の濃度 $[\mathrm{S}_{ext}]$ が K_{m} よりも小さいときは，透過速度 v は $[\mathrm{S}_{ext}]$ にほぼ比例し，$[\mathrm{S}_{ext}]$ が大きくなると v は最大速度 $V_{\max}$ に漸近する．

チャネルのゲートを開閉させる要因は，実効的なチャネルの個数にあたる $[\mathrm{X}]_0$ に関係するので $V_{\max}$ に影響し，酵素反応論でいう非拮抗阻害剤のような効果をもたらす．

また，係数を比較するとターンオーバー数は $k_{cat} K_3/(1+K_3)$ となることがわかる．

この形の数式の特徴として，K_3 が1よりも小さいときは膜中の拡散が律速段階となって透過速度を低下させるが，K_3 が大きいときは $K_3/(1+K_3)$ が1に近づくのでどれだけ膜中の拡散が速くても透過速度には反映されず，この場合には透過基質の解離速度定数 k_{cat} がターンオーバー数に寄与し，解離反応が律速段階となることがわかる．

一方，特異的な阻害剤は会合平衡定数 K_2 を低下させるから，これに反比例するミカエリス定数 K_{m} を増大させ，酵素反応論でいう拮抗阻害剤のような効果をもたらす．

6-4

演習問題

問題 1

薬物の生体膜通過に関する以下の文章の正誤について○×で記せ．（第88回問152，第92回問151）

(1) 単純拡散による膜透過はFickの法則に従い，透過速度は濃度勾配に比例する （ ）

(2) 能動輸送は担体介在輸送で，ATPの加水分解エネルギーを必要とする （ ）

(3) Michaelis-Menten式に従う輸送において，薬物濃度がMichaelis定数に比べて著しく低い領域では，輸送速度は薬物濃度にほぼ比例する （ ）

6-5　受動輸送と pH 分配仮説

Episode　オセルタミビルとザナミビル

　インフルエンザウイルスは直径 100 nm の粒子であり，エンベロープという脂質膜に包まれたタンパク質の殻（カプシドという）の中に遺伝子を封入している．

　ヒトやブタの細胞表面にある特徴的な N-アセチルノイラミニル（NANA）-ガラクトシル（Gal）糖鎖に特異的に結合した後，細胞に取り込まれる．

　そして宿主細胞によって増殖される．

　新たに増殖したウイルスは細胞を出て，細胞表面の糖鎖に結合する．

　ウイルスが持つ NANA-Gal 切断酵素ノイラミニダーゼによって結合を切り離し，別の細胞や体外の別個体に感染する．

　ということは，ウイルス由来のノイラミニダーゼに特異的な阻害剤は，上に述べたウイルスの感染細胞からの放出を断つことで増殖を抑えることができる．

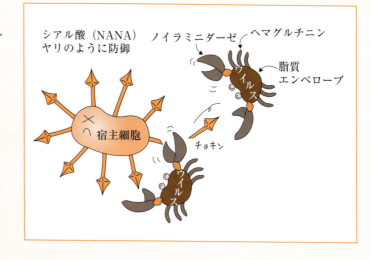

　このようなアイデアから，NANA 類似化合物について世界中の研究室でスクリーニングが試みられた．

　NANA の 2-デオキシ体を DANA という．

　DANA は，日本の長野県野尻湖由来の微生物から発見されたノジリマイシンと並ぶノイラミニダーゼ阻害剤の代表格である．

　分子設計のストラテジーは良いのだけれども，NANA はもともと水溶性の高い糖質で，しかもカルボン酸を持っている．

　これに類似するようリード化合物というのは，あまりにも独特な世界であった．

　試験管の中（インビトロ in vitro）で酵素を阻害する作用が強いものは見つかる．

　しかし，いざ動物実験（インビボ in vivo）となると水に溶けやすい薬なんか作用するものなのだろうか．

　薬はもともと体にとって異物なので，栄養素のような運搬機構が細胞にはない．

　だから，細胞膜を通過して血流中に移行できるように，油に溶けやすい化合物が選ばれる．

　この原則は，経口投与で消化管吸収させるときも，坐剤やトローチで粘膜吸収させるときも，吸入して肺胞から吸収させるときも，皮膚に貼り付けて経皮吸収させるときも同じである．

注射しても水に溶けやすいものは、そのまま腎臓で濾しとられて排泄される。

血管膜でもまた細胞膜を自力で通り抜けなければならない。

水に溶けやすい薬はないのである。

この問題を克服した研究者が栄冠を掴むと思われた。

豪州のビオタ社は、DANA とノイラミニダーゼ酵素の結合について X 線結晶構造解析を行い、得られた立体構造を元にザナミビルをコンピュータデザインした。

このライセンス提供を受けて医薬品として上市したのがグラクソ・スミスクライン社で、商品名リレンザ® として 1990 年に販売した。

デオキシ、ジデヒドロと OH 基をそぎ落とした DANA を元にしたが、両性イオン体なのでまだ疎水性は低く、経口吸収は効率が悪い。

このため、ディスクヘラーという器具を添付し、吸入することで経肺吸収する。

オセルタミビルリン酸塩は米国ギリアド社が 1996 年にデザインした。

いわゆる後発品であるが、NANA、DANA 由来のカルボン酸はエステル化、このカウンターイオンになるグアニジウム基は導入なし、シアル酸を特徴付けるグリセリン部分も炭化水素で置き換え、経口投与を達成。

タミフル® としてスイスのロシュ社から販売された。

服用の手軽さで初代チャンピオンのリレンザ® に逆転、2007 年度ランキングでもベスト 50 に食い込んだ。

ザナミビルとオセルタミビルは同じ酵素に働くが、その分子間相互作用は大幅に異なる。

オセルタミビルの利用増加との因果関係は不明ながら、オセルタミビル耐性ウイルスが発見され、これはザナミビルへの感受性が上昇しているという。

ただし、ザナミビルに対して別の耐性が獲得される可能性もまた存在する。

ここまではよいが、オセルタミビルで中枢性の副作用が危惧され日本では 10 代への使用制限が続けられている。

それが、2009 年ザナミビル服用者にも自殺患者らしき例が出たと報道された。

経口投与できない両性イオンが血液・脳関門を通過できるのだろうか？

薬剤師だけが持っている化学の眼で成り行きを見極めたい。

Points　受動輸送と pH 分配仮説

中性分子の分配係数：（C_W 水相の薬物濃度，C_O 油相の薬物濃度）

$$P_{OW} = \frac{C_O}{C_W} \tag{6-5-4'}$$

酸性薬物の分配係数（分布係数）：（P_{OW} 真の分配係数，pK_A 薬物の酸解離定数）

$$D = \frac{P_{OW}}{1 + 10^{pH-pK_A}} \tag{6-5-8}$$

塩基性薬物の分配係数（分布係数）：（P_{OW} 真の分配係数，pK_A 薬物の酸解離定数）

$$D = \frac{P_{OW}}{1 + 10^{pK_A-pH}} \tag{6-5-10}$$

透過係数：（D_m 膜中の拡散係数，S 膜の断面積，P_{OW} 分配係数，L 膜の厚さ）

$$P_{ext} = \frac{D_m S P_{OW}}{L} \tag{6-5-17}$$

透過効率：（P_{ent} 膜系外部からの透過係数，P_{int} 膜系内部からの透過係数）

$$\frac{P_{ext}}{P_{int}} = \frac{1 + 10^{pH(int)-pK_A}}{1 + 10^{pH(ext)-pK_A}} \tag{6-5-21}$$

$$\frac{P_{ext}}{P_{int}} = \frac{1 + 10^{pK_A-pH(int)}}{1 + 10^{pK_A-pH(ext)}} \tag{6-5-22}$$

6-5-1 生体膜と分配係数 $\log_{10} P_{oct}$

　電解質（いわゆるミネラル）や栄養素は，消化器，循環器，細胞膜などで能動輸送や受動輸送の経路をもっています．しかし，薬物は生体にとっては異物であり，多くの場合は輸送担体を介さない単純拡散で膜を透過します．本項では異物が膜を透過する経路について考察します．

　互いに混合しない水相と油相が接しており，溶質が分配平衡にあるとき，蒸発を無視すると，水相の化学ポテンシャル μ_w と油相の化学ポテンシャル μ_o は釣り合って同じ値になる．

$$\mu_w = \mu_o \tag{6-5-1}$$

ここで，溶質分子 $x=1$ となる標準状態の化学ポテンシャルを μ^0 とする．
　ただし理論的には溶媒がない 100％溶質の値なので油相から見ても水相から見ても同じ値になる．
　しかし，実際の水溶液と油溶液は理想溶液からのズレがあり，希薄溶液から補外した μ^0 は，水溶液と油溶液では異なる．
　このそれぞれの理想溶液からのズレというのは溶媒との親和性に起因するものだから，化合物の疎水性の違いを生み出す．
　水相でのモル分率を x_w，油相でのモル分率を x_o とすると，

$$\mu_w^0 + RT \log_e x_w = \mu_o^0 + RT \log_e x_o \tag{6-5-2}$$

希薄溶液とみなすと，モル分率と容量モル濃度はほとんど変わらない．

6-5

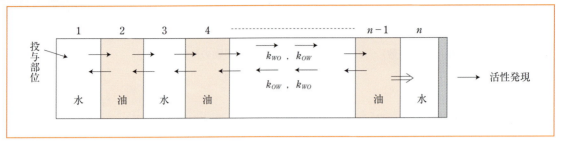

図 6-23　薬物が生体膜を n 回通過するハンシュのモデル：

そこで，化合物の疎水性の指標となる水と油との分配係数 $\log_{10} P_{OW}$ を定義する（以下，P_{OW} と $\log_{10} P_{OW}$ をともに分配係数と呼んでいる）．

$$-\frac{\Delta \mu_{O/W}^0}{2.303RT} = \log_{10} \frac{x_O}{x_W} \sim \log_{10} \frac{C_O}{C_W} = \log_{10} P_{OW} \tag{6-5-3}$$

この式から，分配係数 $\log_{10} P_{OW}$ は化学ポテンシャルの差によって決まり，濃度とは無関係に一定の値となるが，温度によって指数関数的に大きく変動する．

伝統的に，油相には 1-オクタノールを用いたときの分配係数 P_{oct} を測定すれば，生体膜への分配係数に近い結果になると考えられている．

水〜オクタノール系における分配係数は，水相濃度 C_{water} に対するオクタノール相濃度 $C_{octanol}$ の比率，すなわちオクタノールへの溶けやすさとして次式で定義される．

$$P_{oct} = \frac{C_{octanol}}{C_{water}} \tag{6-5-4}$$

いま，薬物が標的生体高分子に到達するまでに通過するいくつかの生体膜バリアの組成やその間における水相の体積を同じものと仮定する．

薬物がこのような重層した生体膜を n 回通過するという極めて単純化されたモデルを考える．（図 6-23）

このとき，薬物はそれぞれの界面で水相と油相のどちらに分配するか二者択一を繰り返す．

すると薬物の分配係数を横軸に，膜を n 回通過する薬物の比率を縦軸にとると，山の形をした曲線（二項分布曲線，赤）になる．（図 6-24）

さらに n を大きくすると正規分布に近づく．

このとき，親水性の薬物は生体膜中に分配しにくいので，あまり通過できない．

反対に疎水性の高い薬物では，生体膜に分配したのち，次の水相に移行しにくい．

だから，これも n 回通過する分子はほとんどない．

重層した生体膜に対してより多くの分子が通過できる薬物になるためには，最適な疎水性が必要であることを意味している．

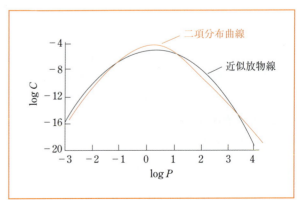

図 6-24　ハンシュの $n=20$ モデルで推定される疎水性と到達濃度

そこで実際の解析では，最適値を特定する関数として放物線（黒）が用いられてきた．（図 6-24）
疎水性としてオクタノール・水分配係数 $\log_{10} P_{OW}$ を用い，生理活性を EC_{50} とすると，

$$\log_{10} \frac{1}{EC_{50}} = -a(\log_{10} P_{OW})^2 + b \log_{10} P_{OW} + (\text{constant}) \tag{6-5-5}$$

の近似式で表される関係になる．

ここで，a, b は化合物群の生理活性に固有のパラメータで，様々な化合物の分配係数と生理活性とが上の式に当てはまるとき，分配係数が以下の値になる化合物は最も活性が高い．

$$\log_{10} P_{OW} = \frac{b}{2a} \tag{6-5-6}$$

ここで，少し注意が必要である．

放物線近似されているのは，①生理活性を発現した量，②分配係数に対して薬物が標的部位に到達した量，あるいは③消化管投与した薬物と血液中の濃度などに相当する．

しかし，消化管投与した薬物がどれだけ吸収されるかという量と血液中や標的部位まで到達した量とは一致しない．

消化管から吸収された量は，血液中や標的部位に到達する量と，生体膜や脂肪組織などに吸収・沈着した量の和にあたる．

6-5-2　任意の pH における分配係数 $\log_{10} D$

酸性または塩基性の薬物は分子型とイオン型になります．薬物の膜透過が，水相と脂質相との分配に支配されるとするとイオン型では膜透過が非常に起こりにくくなるので，膜透過を考えるとき解離度が重要です．

【1】酸性薬物の $\log_{10} D$

酸性薬物には解熱鎮痛薬アスピリン，抗凝血薬ワルファリン，中枢神経抑制作用のあるバルビツール酸類などがある．

これら酸性薬物の構造を HA，そのアニオンを A^- と表す．HA は水相中で解離する．

アニオンは油相に分配しないものとし，また油中で HA は相互作用しないものとする．

このとき，水相にある中性分子濃度 $[HA]_W$ は，水相のイオン濃度 $[A^-]_W$ と解離平衡にあり，同時に油相の中性分子濃度 $[HA]_O$ と分配平衡にある．

水相中の全濃度 C_W は $[HA]_W + [A^-]_W$ で表される．

中性分子だけの分配係数（**真の分配係数**）を P_{OW}，水相での酸解離定数を K_A とすると，水素イオン濃度 $[H^+]$ の水相と油相の分配係数 D（**分布係数，みかけの分配係数** P'）は以下で定義される：

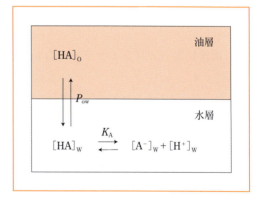

図 6-25　酸性薬物のオクタノール・水系分配平衡

$$D = \frac{C_O}{C_W} = \frac{[HA]_O}{[HA]_W + [A^-]_W} = \frac{\left(\frac{[HA]_O}{[HA]_W}\right)}{\left(1 + \frac{[A^-]_W}{[HA]_W}\right)} = \frac{P_{OW}}{1 + \frac{K_A}{[H^+]_W}} \quad (6\text{-}5\text{-}7)$$

$$D = \frac{P_{OW}}{1 + 10^{pH-pK_A}} \quad (6\text{-}5\text{-}8)$$

式から，pH が $pK_A - 2$ より小さい酸性条件においては，分母がおよそ 1 となる．

このため，低 pH 領域では最大値として $D = P_{OW}$ に達してプラトー（横這い）になる．

高 pH 領域では，pH の上昇とともに D は小さくなり，膜透過性は失われる．

【2】 塩基性薬物の $\log_{10} D$

塩基性薬物には生体アミン類（アドレナリン，ヒスタミン，セロトニンなど），アルカロイド類（アトロピン，カフェイン，コデインなど）などがある．

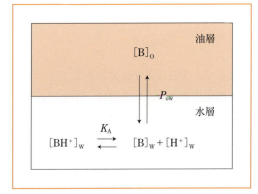

図 6-26　塩基性薬物のオクタノール・水系分配平衡

これら塩基性薬物の構造を B，そのカチオンを BH^+ と表す．

ここでも，水相中の全濃度 C_W は $[B]_W + [BH^+]_W$ であり，みかけの分配係数 D は次の式で定義される．

$$D = \frac{C_O}{C_W} = \frac{[B]_O}{[B]_W + [BH^+]_W} = \frac{\left(\frac{[B]_O}{[B]_W}\right)}{\left(1 + \frac{[BH^+]_W}{[B]_W}\right)} = \frac{P_{OW}}{1 + \frac{[H^+]_W}{K_A}} \quad (6\text{-}5\text{-}9)$$

$$D = \frac{P_{OW}}{1 + 10^{pK_A - pH}} \quad (6\text{-}5\text{-}10)$$

式 6-5-10 から，pH が $pK_A + 2$ より大きい高 pH 領域においては，分母がおよそ 1 となる．

このため，高 pH 領域では最大値として $D = P_{OW}$ に達してプラトーになる．

低 pH 領域では，pH の低下とともに D は小さくなり，膜透過性は低下する．

【3】 両性物質（アンフォライト）の $\log_{10} D$

両性イオン（アンフォライト，ツヴィッターイオン）薬物にはスルフィゾキサゾールなど従来からあったが，ザナミビルをはじめ近年開発された薬物製品に多い構造的特徴である．

これは血液・脳関門などではたらく薬物排出トランスポータによって両性イオンが積極的に排出されるため，副作用を回避しやすいという薬物デザイン上の都合による．

両性イオン薬物やその塩に見られる分配係数と pH の関係はやや込み入っている．

口絵にメチルオレンジ，メチレンブルー，メチルレッド，スダンIIIについて，塩酸酸性・中性・水酸化ナトリウム塩基性水－オクタノールの 3 種類の分配系での挙動を示した．

メチルオレンジは両性イオンであり，どの pH においてもイオン型になる．（図 6-27）

常に水溶性が高いから，大部分が下層の水相に分配し，上層のオクタノール相の濃度は低い．

メチレンブルーは塩基性物質だから，低 pH〜中性 pH 領域ではカチオン型であって水溶性が高いために下層の水相に分配する．（図 6-28）

一方，高 pH になると分子型となって疎水性が高くなり，塩化物イオンとは離れて上層のオクタノール相に分配する．

メチルレッドは両性イオンながら，カルボン酸の pK_A があまり低くないのでメチルオレンジとは挙動が異なる．（図 6-29）

低 pH ではアンモニウムとなって水相とオクタノール相に同程度に分配し，また高 pH ではカルボン酸塩として水相に多く分配する．

中性では分子型となるので上層のオクタノール相に分配する．

スダンⅢは酸性物質ながらフェノール性 OH 基がオルト位のアゾ基と分子内水素結合する形態が何種類かある．（図 6-30）

この結果，分子型が非常に安定になるので pK_A が高い．

すると，いずれの pH でも分子の疎水性が非常に高く，水相の pH に関係なく上層のオクタノール相に分配する．

酸性基のカルボン酸やスルホンアミド基の pK_A は 4.5〜6.5 付近，フェノール性 OH 基は 9 前後である．

これら酸性基の pK_A よりも低い pH では酸性基が分子型になって，みかけの分配係数が大きくなる．

脂肪族アミンの pK_A は 7.5〜9 前後，グアニジウム基は 12 以上であり，アニリンの pK_A は約 4.6 である．

塩基性基の pK_A よりも高い pH では，塩基性基が分子型になって，みかけの分配係数 D が大きくなる．

ところが，フェノール性 OH 基やアニリンでは，置換基の電子吸引性・電子供与性などで大きく pK_A が変動する．

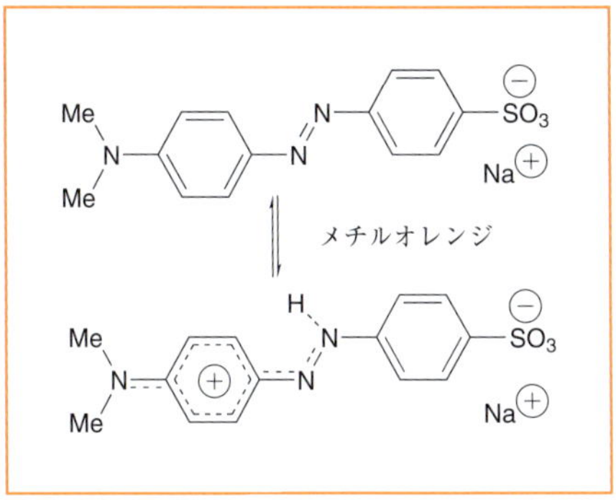

図 6-27 メチルオレンジは酸解離平衡でカチオン型と両性イオン型になる

図 6-28 メチレンブルーは酸解離平衡でカチオン型と疎水性分子型になる

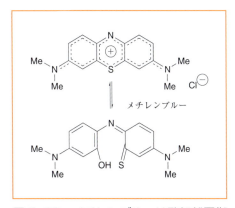

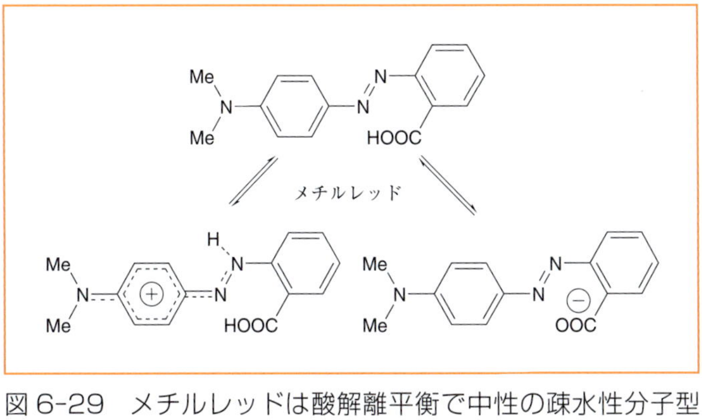

図 6-29 メチルレッドは酸解離平衡で中性の疎水性分子型になる

このため，フェノールとアミン，カルボン酸とアニリンなどの組み合わせを持つ両性イオン薬物では，酸性基のpK_Aよりも塩基性基のpK_Aが高い場合と低い場合の両方がある．

メチルオレンジでは酸性基のpK_Aよりも塩基性基のpK_Aが高いので$\log_{10} D$が小さい．

メチルレッドではその逆の関係になっており，中性領域の$\log_{10} D$が大きくなる．

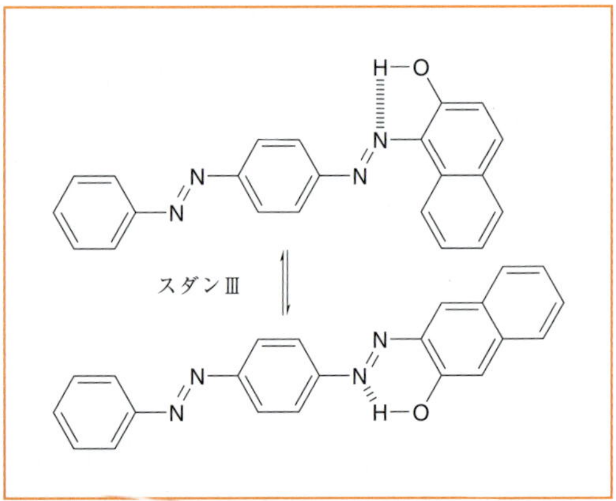

図6-30 スダンⅢは安定性の高い疎水性分子型になる

【4】疎水性ホモ二量体の形成，疎水性イオン対の形成

スダンⅢのように分子内水素結合を形成すると，親水基があっても疎水性が増し，水〜オクタノール分配係数が高くなる．

安息香酸は，油相で分子間水素結合を形成し，2分子が会合すると考えられている．

すなわち，安息香酸をHAで表すと，水相（添え字W）においてHA $\rightleftarrows$ A$^-$+H$^+$の解離平衡が成立し，油相（添え字O）において2HA $\rightleftarrows$ (HA)$_2$の会合平衡が成り立つ．

このとき酸解離定数をK_A，会合定数をK_{ass}とすると

$$K_A = \frac{[H^+]_W [A^-]_W}{[HA]_W} \tag{6-5-11}$$

$$K_{ass} = \frac{[(HA)_2]_O}{[HA]_O^2} \tag{6-5-12}$$

このような場合に，みかけの分配係数（分布係数）Dは次の式で表される．

$$D = \frac{C_O}{C_W} = \frac{[HA]_O + 2[(HA)_2]_O}{[HA]_W + [A^-]_W} = \frac{[HA]_O + 2K_{ass}([HA]_O)^2}{[HA]_W + \frac{K_A[HA]_W}{[H^+]_W}} \tag{6-5-13}$$

油相で分子間水素結合を形成して**ホモ二量体**を形成するのならば，ホモ二量体の量だけ分配係数が上昇することがわかる．

ここで，真の分配係数を用いた$[HA]_O = P_{OW}[HA]_W$を代入して式を整理すると

$$\begin{aligned} D &= \frac{P_{OW} + 2K_{ass}P_{OW}^2[HA]_W}{1 + \frac{K_A}{[H^+]_W}} \\ &= \frac{P_{OW}[H^+]_W}{K_A} \times \frac{1 + 2K_{ass}\frac{P_{OW}[H^+]_W}{K_A}[A^-]_W}{1 + \frac{[H^+]_W}{K_A}} \end{aligned} \tag{6-5-14}$$

このような関係となることから，水相のpHが一定であるとき，イオン型濃度$[A^-]_W$とみかけの分配係数Dをグラフにすると直線になる．

ホモ二量体だけでなく，多量体を形成するケースも見られ，さらに分子型とイオン型が二量体を形成する可能性も検討しなければならないこともある．

このような分配機構をもつ薬物であると，体内に投与されたとき脂肪組織に分配してリザーバ（貯蔵

庫）として機能する可能性もある．

　また，分子間相互作用による分配係数の変動では，ヘテロ二量体を形成する場合もある．

　メチルオレンジの水～オクタノール分配係数は，アルキルアンモニウムを添加することによって上昇する．

　この例では，メチルオレンジのスルホン酸アニオンとアルキルアンモニウムカチオンとが**イオン対**を形成することで疎水性が増すことを示す．

　このような場合にはアルキルアンモニウムの炭素数を大きくするとみかけの分配係数が上昇する．

6-5-3　pH 分配仮説

　細胞膜では Na^+ イオンが放出されるために，その他の電解質に濃度勾配が形成されますが，この結果として pH にも差が現れます．これが薬物の膜透過にどのような影響を及ぼすかについて考えることにします．

【1】透過係数と吸収効率

　細胞が利用する電解質（イオン）や栄養素には属さないものを異物と総称すると，薬物も毒物も同じ異物である．

　生体内において異物は，ほとんどの場合に脂質相を経由した単純拡散によって輸送される．

　異物や薬物が脂質層を経由して単純拡散するには，次のようなステップで進行する．

［1］分子が細胞外の水相と細胞膜において分配する．
［2］分子が細胞膜中を外側から内側へと拡散する．
［3］分子が細胞膜と細胞内の水相において分配する．

　単純拡散において非解離性の薬物分子はどのような分布になるだろうか？

　細胞外の組織液における薬物濃度を C_{ext}，細胞内の原形質における薬物濃度を C_{int} とする．

　細胞膜界面における**分配係数**を P_{OW} とすると，膜中の内側表面における濃度は水相濃度とのかけ算で表される．

　膜の厚みを L とするならば，膜中における濃度勾配は $P_{OW}(C_{ext} - C_{int})/L$ と近似される．

　これを模式的に示したのが図 6-32 である．

　ここで，薬物が膜中を透過するモデルとしてフィックの第一法則に当てはめると，濃度勾配に膜中の**拡散係数** D_m をかけ算したものが**流束** J の近似値となる．

$$J = -D_m \frac{P_{OW}(C_{ext} - C_{int})}{L} \quad (6\text{-}5\text{-}15)$$

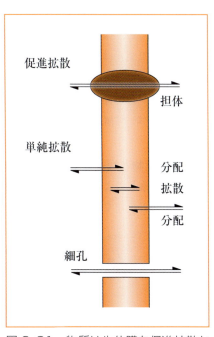

図 6-31　物質は生体膜を促進拡散か単純拡散で透過する

流束 J は一定面積を一定時間あたりに物質が通過する量だから，組織の細胞集団の**断面積** S をかけ算すると，一定時間に膜を通過する**合計物質量** M となる.

ここで，細胞外の薬物濃度 C_{ext} は大量であって変化しないと近似し，これに対して細胞内濃度 C_{int} は小さく無視することができるとすると

$$-\frac{dM}{dt} = \frac{D_m S P_{OW}}{L} C_{ext} \tag{6-5-16}$$

この式において，組織の細胞集団の断面積 S に膜中での拡散係数 D_m と分配係数 P_{OW} をかけ算した値を膜の厚さ L でわり算したものを**透過係数**と定義する

$$P_{ext} = \frac{D_m S P_{OW}}{L} \tag{6-5-17}$$

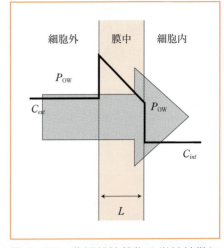

図 6-32 非解離性薬物の単純拡散にみられる細胞膜での濃度分布

細胞外の水相の体積を V とすると，物質量 M は濃度 C_{ext} と体積 V のかけ算になるから

$$-V\frac{dC_{ext}}{dt} = P_{ext} C_{ext} \tag{6-5-18}$$

のように近似することができる.

同じ近似を，細胞内から細胞外への透過にも適用すると

$$-V\frac{dC_{int}}{dt} = P_{int} C_{ext} \tag{6-5-19}$$

と近似される.

薬物の吸収効率は細胞外から細胞内への透過速度と細胞内から細胞外への逆流の透過速度の比に相当すると考えると，薬物の吸収効率は透過係数の比 P_{ext}/P_{int} で表される.

この近似モデルは，細胞膜だけでなく，たとえば腸管細胞でできた腸管膜で隔てられた消化管内と門脈血流，あるいは血管膜で隔てられた血液と組織液の関係にも転用できる.

その場合，透過係数は理論的なパラメータではなく実験的に決定することができる.

これに基づいて解離性薬物の腸管吸収を説明する考え方を **pH 分配仮説**という.

【2】酸性薬物と塩基性薬物の吸収効率

前項で考察したように，酸性薬物では pH が低いほうが分配係数は大きくなる.

ここから吸収効率を求めると

$$\frac{P_{ext}}{P_{int}} = \frac{D_m S D_{ext}/L}{D_m S D_{int}/L} = \frac{D_{ext}}{D_{int}} = \frac{\left(\dfrac{P_{OW}}{1+10^{\text{pH}(ext)-\text{p}K_A}}\right)}{\left(\dfrac{P_{OW}}{1+10^{\text{pH}(int)-\text{p}K_A}}\right)} \tag{6-5-20}$$

したがって

$$\frac{P_{ext}}{P_{int}} = \frac{1+10^{\text{pH}(int)-\text{p}K_A}}{1+10^{\text{pH}(ext)-\text{p}K_A}} \tag{6-5-21}$$

のようになり，膜のpH勾配が下り坂であると酸性薬物は透過されにくい．（図6-33）

同様にすると，塩基性薬物における吸収効率は

$$\frac{P_{ext}}{P_{int}} = \frac{1+10^{pK_A - pH(int)}}{1+10^{pK_A - pH(ext)}} \quad (6\text{-}5\text{-}22)$$

のようになり，膜のpH勾配が下り坂であると塩基性薬物は透過されやすくなる．（図6-34）

たとえば，塩基性薬物の酸解離定数が$pK_A = 8.1$であり，細胞外のpHが7.4，細胞内のpHが6.4であったとすると，吸収効率は

$$\frac{P_{ext}}{P_{int}} = \frac{1+10^{8.1-6.4}}{1+10^{8.1-7.4}} = 8.5 \quad (6\text{-}5\text{-}23)$$

となるので，細胞内に8.5倍濃縮される．

母乳のpHは7.0で血液よりも低いため，塩基性薬物は母乳に濃縮されやすくなる可能性があるので，乳児への移行が心配される．

ちなみに塩基性薬物には，タバコから摂取されるニコチン，覚醒剤，麻薬なども含まれる．

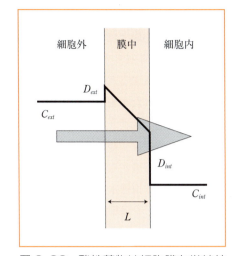

図6-33 酸性薬物は細胞膜を単純拡散しにくい

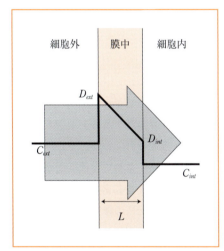

図6-34 塩基性薬物は細胞膜を単純拡散しやすい

【3】微環境pH

ホグベンらは様々な薬物の消化管吸収のデータからpH分配仮説を逆算することで，小腸のpH 6.6に対して小腸の表面粘膜ではpH 5.3になることを提案した．

管腔内がpH 7.0～7.4のとき粘膜近傍でpH 6.1～6.8になる例もその後に実測された．

そこで，この粘膜に接した局所的な範囲におけるpHを，微環境pHあるいは仮想pHと呼ぶようになった．

そのように，腸内pHよりも腸管膜付近の微環境pHが低いのであれば，酸性薬物の分子型の占める割合は腸内pHにおいてヘンダーソン&ハッセルバルヒ式から推算されるよりも，粘膜近傍での分子型の占める割合のほうが大きくなる．

ということは，pH分配仮説による予想よりも吸収速度が大きくなるはずである．（図6-35）

だから，低pH領域で見られる最大の吸収速度に対して50％の吸収速度となる腸内pHは，酸性薬物のpK_AよりもpH 1単位くらい高くなる．

反対に塩基性薬物では粘膜での分子型の占める割合が少なくなるので，吸収速度は下がることになる．（図6-32）

このため高pH領域で見られる最大の吸収速度に対して50％の吸収速度になるときの腸内pHは，塩基性薬物のpK_AよりもpH 1単位くらい高くなる．

【4】非撹拌水層モデル

腸管粘膜の小腸上皮細胞には微絨毛があり，微細な起伏によって平滑な面に対して600倍の表面積を形成するとともに，水相を固定する．

この固定された水相を非撹拌水層といい，腸管内の撹拌層と区別する．

このモデルでは薬物の腸管吸収プロセスとして，第一に撹拌層から非撹拌水層への移行が起こり，第二に非撹拌水相から上皮細胞の脂質層への分配，もしくは細孔の通過という2段階を経由すると考える．

そこで撹拌層から非撹拌水層へ移行するときの透過係数を P_{aq} とし，上皮細胞への分配および細孔の通過を包括した生体膜の透過係数を P_m とすると，見かけの透過係数 P_{app} は

$$P_{app} = \begin{cases} P_{aq} & (P_{aq} \ll P_m) \\ \dfrac{P_{aq} P_m}{P_{aq} + P_m} & (P_{aq} \fallingdotseq P_m) \\ P_m & (P_{aq} \gg P_m) \end{cases} \quad (6\text{-}5\text{-}25)$$

のようなミカエリス＆メンテン式に似た二相性を持つと考えられている．

水溶性が高い薬物では撹拌層から非撹拌水層への移行は速やかに起こり P_{aq} は十分大きいので，吸収プロセスの律速段階は膜透過となり，分配係数が大きいほど吸収率が増大する．

一方，疎水性が高い薬物では水溶液中において拡散しにくく，非撹拌水層への移行が律速段階となるため，吸収率は分配係数とは無関係となる．

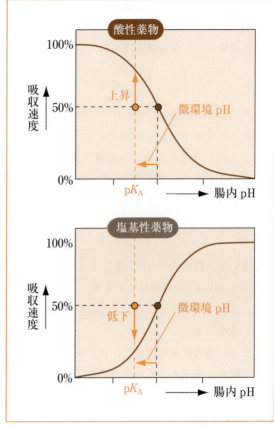

図6-35 酸性薬物・塩基性薬物の吸収は腸内pHよりも微環境pHに応答する

コラム　ファゴサイトデリバリー

　アジスロマイシン（ジスロマック®）は，エリスロマイシンの環構造内部にアミド基（pK_A 8.1）を導入した半合成抗生物質である．

　アジスロマイシンは，血流（pH 7.4）中において白血球などの食細胞（ファゴサイト）の細胞質中（pH 6.4）に分配し，さらに細胞質中のリソゾーム（pH 4.5～5.0）というオルガネラ内部に分配される．

　このときの吸収効率は以下のように求められる：

$$\frac{P_{ext}}{P_{int}} = \frac{1+10^{8.1-5.0}}{1+10^{8.1-6.4}} = 25 \tag{6-5-24}$$

　結局，この2段階の濃縮でアジスロマイシンは約210倍濃縮される．

　食細胞は感染症患部に集積し，そこで異物を貪食する．

　これと同時に，リソゾームに集積されたアジスロマイシンは貪食における細胞内環境の変化にともなって細胞外に放出される．

　以上の機構でアジスロマイシンは患部に運ばれ，効率的に抗菌作用を発現することができる．

　このような薬物送達メカニズムをファゴサイトデリバリーという．

　この結果，食細胞に蓄積されたアジスロマイシンは感染症患部で持続的に作用濃度を維持することができる．

　エリスロマイシンやクラリスロマイシンでは5～7日間の投与が必要であったが，アジスロマイシンでは連続3日間の投与だけでよくなり，コンプライアンスの向上が見込まれる．

演習問題

問題 1

　薬物の腸管吸収の律速過程には，薬物の腸管粘膜表面までの拡散過程と粘膜の透過過程を考える必要がある．図は脂溶性の異なるいくつかの薬物について経口投与後の吸収率と n-オクタノール／水（pH 7）分配係数（D）の関係を示したものである．なお，図中の薬物はいずれも，肝臓及び消化管での代謝は無視できるものとする．以下の記述の正誤を○×で記せ．（第84回問151）

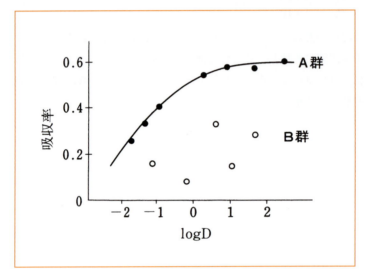

(1) 図中の曲線で表されるA群の薬物（●で示されている）の吸収の律速過程は，log Dの値によらず，膜透過過程のみで説明できる．　　　　　　　　　　　　　（　）
(2) A群の薬物において，log Dが0以下では，膜透過過程が吸収の律速過程となる．　（　）
(3) A群の薬物において，log Dが1以上では，輸送担体が飽和するために，吸収率が頭打ちとなる．　　　　　　　　　　　　　　　　　　　　　　　　　（　）
(4) A群の曲線から下側に外れるB群の薬物（○で示されている）に，シクロスポリンあるいは塩酸ベラパミルを同時に経口投与すると，これらの薬物の吸収率が曲線に近づくことから，これらの薬物の吸収率には，腸管腔内へ排出する担体輸送が影響している．　　　　　　　　　　　　　　　　　　　　　　（　）

第7章
単位と定数

7-1 基本物理量とSI単位

Episode ヴェニスの商人
―その1ポンドは何の1ポンドか―

シェークスピアの「ヴェニスの商人」は，日本でいえば「一休さん」のとんち話です．
金貸しのシャイロックのところにアントーニオがやってきます．
親友のために融資して欲しい．
シャイロックはただの戯れだと，担保に「アントーニオの肉」1ポンドを求めました．
返済期限を迎える頃，アントーニオの投機している商船が沈没したとの急報，破産．
そして，裁判所の舞台がクライマックス．
契約書には「アントーニオの肉」1ポンド．
この解釈が問題にされます．
重要なのは量を示す数字ではありません．
何をどれだけかということです．
日本語は残念ながら「何をどれだけ」とか，等価な関係の重要さを見落としやすいあいまいな言葉であるようです．
スタチンと呼ばれる高脂血症治療薬は，「世界で一番売れている薬」，250億ドル市場（2005年）として紹介されます．

世界一の超高齢化社会，メタボリックシンドローム社会となる日本には今後最も重要となる医薬品のひとつといえるでしょう．
遠藤章博士（2008年ラスカー医学賞受賞）は1973年S社において青カビからML-236Bと呼ぶ物質を抽出しました．
発見後，論文にしておらず，イギリスのグループに先をこされコンパクチンと命名されましたが，命名競争は大きな問題ではないと遠藤博士の語り口はシニカルです．
ニワトリ，イヌでコンパクチンが血清コレステロール値を下げることを確認し，特許を取得しました．
同じ年，ブラウンとゴールドスタインは，家族性コレステロール血症患者の特定のタイプではコレステロール合成経路にあるHMG-CoA還元酵素の働きに障害があることを発見しました．
そこで1975年に遠藤博士は二人にこの酵素の特異的な阻害剤を発見したことを報告します．
その後，S社の研究グループは発ガン性の疑いを克服し，臨床試験でも治療効果を出しました．
この頃，海外最大手のM社からS社にコンパクチン5グラムとそれに関する実験データの提供の依頼があったそうです．
これに応じるため秘密保持契約が結ばれました．
ここでS社は大誤算を犯した，と遠藤博士は指摘しています．

S社側は提供資料と情報の秘密保持，M社が得た知見の報告義務を謳いました．
ところが，その後届けられたM社からの報告書
「コンパクチンにコレスチラミンという物質を併用すると顕著にコレステロールを低下した．これはM社が独自に見いだした効果である．」
その後のM社は超一流企業らしく，徹底的で大胆な開発研究を推し進めました．
S社を離れた遠藤博士が発見したコンパクチンより効果が期待されるモナコリンK（メビノリン）もM社は決して見逃していません．
1986年ロバスタチンとしてアメリカFDAの新薬承認を受けました．
コレステロール代謝研究は衆目を集めるところとなり，ブラウンとゴールドスタインは1985年にノーベル生理学医学賞を受賞します．
こうなると，海外の研究者たちはこの分野の阻害剤のアプローチが日本を端緒とするなど夢想だにしません．
シャイロックがアントーニオに何を要求したのかが問題なのです．
「アントーニオの肉」1ポンドでは不十分だったのです．
「S社の実験を確認することだけに使うことができるコンパクチン」を5グラムでなければならなかったといいます．
こうしてシャイロックの目線でいえば，全てを奪われ破滅する理不尽な悲劇として「ヴェニスの商人」は幕を閉じます．（結末はコラムにつづく）

Points　基本物理量とSI単位

基本物理量（基本量）には，長さ／質量／時間／電流／熱力学温度／物質量／光度の7種類があり，基本物理量の単位を**基本単位**という．

SI単位は**SI基本単位**と**SI組立単位**からなり，**MKS単位系**で組み立てられる．

MKS単位系とは，長さ＝メートル・質量＝キログラム，時間＝秒から構成される単位系で，長さ＝センチメートル・質量＝グラム・時間＝秒からなるCGS単位系に対する表現．MKSに電流＝アンペアを加えたMKSA単位系もある．

非SI単位は，2004年から「SI単位と併用される非SI単位」と「SIに切り替えることが望ましい非SI単位」に分類された．

位取りには**SI接頭辞**を用いる．SI接頭辞には倍量（k, M, Gなど）と分量（m, μ, nやセンチなど）がある．

7-1-1　日本薬局方の計量単位

「何がどれだけ」は薬剤師業務では重要で，薬名は医薬品物質名だけではなく「名称・剤形・規格単位（含量）」を薬名の3要素といいます．含量1％を1gのはずなのに，含量10％を1g

7-1

服用しては大変です．

　薬剤師の仕事は，薬事法や薬剤師法などの法律で規定される．
　しかし，これら法律で唱えられている医薬品の定義や，適正な性状，品質は抽象的である．
　それらが具体的にどのようなものかは，全て政府が制定する**日本薬局方（日局，JP）**という規格書に記載される．
　同じような位置づけの規格書に日本工業規格（JIS），日本農林規格（JAS）などがある．
　2002年第15改正日本薬局方からは国際調和（ハーモナイゼーション）の考え方に基づき，記載内容について米国薬局方（USP）や欧州薬局方（EP，Ph. Eur.）との共通点が意識されている．
　日本薬局方は主に，通則／製剤総則／生薬総則／一般試験法／医薬品各条からなる．
　単位など薬局方全体に関係する約束事項は通則に書かれている．（表7-1）
　例えば，1 mol/L 酢酸水溶液はどのように**調製**するだろう．（注意：「調整」ではない）
　25℃における液体の氷酢酸の**比重**は 1.049，つまり 1 cm^3 が 1.049 g である．
　実際にボトルを見ると**分子量** 60.05，**純度** 99％と書いてある．
　ここから計算すると，99％氷酢酸 57.82 mL を蒸留水で 1 L にする．
　これでよいか？
　この正否は目的による．
　化学合成反応の原料として正味 1 mol/L を確保したいならばこの計算でよいだろう．
　けれども，これで緩衝液を調製しても目的どおりの pH は得られない．
　純度 99％なら残りの 1％は何だろう？

表 7-1　第 16 改正日本薬局方の通則に示された主な計量単位

長さ	m，cm，mm，μm，nm
質量	kg，g，mg，μg，ng，pg
温度	℃（セルシウス度）
面積	cm^2
体積	L（リットル），mL，μL
周波数	MHz（メガヘルツ）
波数	cm^{-1}（毎センチメートル）
力	N（ニュートン）
圧力	Pa（パスカル），kPa
濃度	mol/L（モル毎リットル），mmol/L
粘性率（絶対粘度）	Pa·s（パスカル秒），mPa·s
動粘性率（動粘度）	mm^2 s^{-1}
照度	lx（ルクス）
百分率	％（質量百分率），w/v％（質量対容量百分率），vol％（体積百分率）
百万分率	ppm（質量百万分率），vol ppm
十億分率	ppb（質量十億分率）
質量オスモル濃度	(osmol/kg)
容量オスモル濃度	Osm（osmol/L），mOsm（一般試験法）

酸性度が重要となるとき，還元物のアルデヒドやアルコールなら無視できるが，ギ(蟻)酸・プロピオン酸・酪酸・無水酢酸なら1％は効果が上下する誤差となる．

定量的な実験で99％の試薬を用いるなら，**有効桁数**は2桁である．

57.2 mLと57.8 mLの違いを論ずる意味はない．

他に，百分率やppm，ppbの定義を十分理解しておきたい．

薬局方のppmは**質量対質量**である．

第1章1-3で紹介したppmvは気体の**体積対体積**である．（16局ではvol ppm）

テレビのニュースで目にする水質環境基準などのppm値はmg/Lの**質量対容量**を意味する．

いずれもほとんど違いはないが，物質の量を表すのは質量であるという理解が重要である．

こう理解することで無印のppmや％は質量対質量を意味するという常識が身に付く．

7-1-2 基本物理量

　古代マケドニアのアレクサンドロスや秦の始皇帝は度量衡を統一しました．「度」は建築資材や織物を測る長さの単位，「量」は穀物を量る体積の単位，「衡」は水や油を量る重さの単位を定めます．この3種類は民衆の衣食住に基づいた分類です．（西洋ではpoids et mesures（仏），Gewichten und Maßen（独），weight and measures（英）．Metrologyは計量学）

密度は質量と体積から導き出される．

自動車の速さは時間と距離から求められる．

さまざまな計量の単位には，他の単位から誘導できるものがある一方で，長さや重さのように誘導できないものもある．

時間，長さ，質量のように互いに他の計量から導くことができない計量を**基本物理量**（基本量）という．

現在，基本物理量には7種類ある．

長さ，**質量**，**時間**，**電流**，**熱力学温度**，**物質量**，**光度**である．

他の単位は全て基本物理量の単位の積で導かれ，その単位の基本物理量単位の次数を**次元**という．

上記の基本物理量は，順にL，M，T，I，Θ，N，Jの記号で表す．

（速度）＝（L）÷（T）のように計量を基本物理量に分解する操作を**次元解析**という．

7つの基本物理量で記述できない量には，数えられる個数（分子の数，状態の数，統計力学の分配関数など）と比がある．

これらは無次元の量，または単位1を伴う次元1の量と見なす．

生物学的な作用を記述する計量は基本物理量に関連づけることが困難な場合も多い．

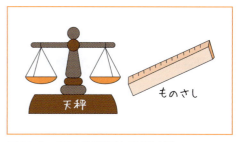

図7-1　基本物理量を計量する

コラム　時間の単位，長さの単位

　フランスブルボン王朝時代，経済の基本となる度量衡や暦法は，教会や王政国家が制定するアンシャンレジームの典型例であった．

　フランス革命では価値観を刷新し，10進法に基づく度量衡を求め，時間と長さが制定された．革命暦は西暦1792年9月22日共和制宣言を共和歴1年初日とした．

　従来の60進法で1日＝24時間は86 400秒だが，これに10進法／100進法を用いる．

　1日＝10時間＝100 000秒，10日＝1週間で，30日＝3週間を1月とし，年末に5日間か閏年6日間は革命を記念する祝日である．

　神話やローマ皇帝に由来する月名を廃し，ブリュメール（霧月）やテルミドール（熱月）などの詩的名称を用いた．

　しかし，時計と暦の変更は日常生活や農業を壊滅的に混乱させたため，西暦1806年にナポレオンが廃止した．

　一方，長さについては太陽南中高度の観測に基づき，地球の北極から赤道におよぶ子午線の道のりの1千万分の1を1 mとした（西暦1799年アルシーブのメートル原器）．

　さらにメートル単位を元に，4℃における1 dm^{3}の水の質量が1 kgとされた．

　およそ50 cmが使い慣れたキュビト（指先から肘までの長さ）に相当するという文化的基盤があったので，民衆に受け入れられた．

　そして徐々にメートル法は世界各国に広まった．

　ただ，革命当時世界最高の知性が集まっていたフランスだが，計算された1 mの算出には計算ミスがあり，計測値のフランスを通る子午線の北極点から赤道までの道のりは10 002 288 mである．

7-1-3　国際単位系（SI）

　1メートルは地球の北極点から赤道までの子午線の道のり（測地線）の1千万分の1の長さと決めました（子午線定義）．しかしその後，科学と技術が発展するにつれて，世界の人々は定義を普遍的なものにしたいと考えるようになりました．そこで国際度量衡総会が発足しました．

【1】SI基本単位

　大航海時代に大地はまっすぐな平面ではなく地球という球面であることが理解された．
　同じように20世紀になると，恒星間や銀河間では重力に沿って時空間が曲がっていることが発見さ

れた．

このため，計量の基礎となる基本物理量（不変量）は，距離や時間ではなく，光（電磁波）の速度であることがわかってきた．

けれども，たとえば地球は球面だからまっすぐな物差しでは距離を測れないからと言っても，地球上の位置を球面に基づく緯度経度で表すのは不便である．

高緯度の北海道に比べて低緯度の沖縄のほうが経度 1 度にあたる道のりは長い．

GPS が普及しても日常空間では，平面と近似して共通の物差しを使うほうが利便性は高い．

これと同じで，電子顕微鏡で見える世界から，太陽周辺を除く太陽系惑星間飛行の世界までの範囲（同じ慣性系にあるという）ならば，空間や時間にひずみがないと考え，距離を基本物理量とするほうが利便性は高い．

このような科学的理由と，高精度で光速の測定が実現されたという技術的理由で，現在の 1 メートルは光の速度にて定義することで合意した（1983 年国際度量衡総会）．

この結果，基本物理量とはいえ現在の 1 メートルの長さそのものは 1 秒の時間によって決定される．

以上の背景から，ブラックホールや宇宙の構造を取り扱うには光速，換算プランク定数（$h/2\pi$，ディラック定数），電子質量，電気素量などを単位元とする**自然単位系**［n.u.］や**原子単位系**［a.u.］が用いられるが，日本薬局方や JIS 規格では 18～19 世紀からの伝統のある基本物理量を計量の基準に置く．

国際的な定義を**国際単位系（SI）**という．

日本では計量法（平成 4 年）とその施行規則である計量単位令が SI に準拠する．

そして，日本薬局方の計量単位は計量単位令に基づく．

SI における長さ・質量・時間・電流・熱力学温度・物質量・光度についての基本単位とその定義を表 7-2 に示した．

これら 7 つの単位を**国際単位系の基本単位（SI 基本単位）**とよぶ．

普遍的な量で定義するから，現代の 1 m は地球の子午線や国際メートル原器とはもう無関係である．

また，1 kg も水の比重とは無関係である．

質量はグラム［g］やトン［t］ではなくキログラム［kg］が基本単位である．

これらの定義は，科学の進歩や測定技術の向上によって見直されるので，最新の資料を確認する必要がある．

物質量は 1971 年に IUPAC が要請したことで追加された．

質量の単位について，現在は国際キログラム原器という人工物が定義に使われてきた．

しかし，日本の産業技術総合研究所，EU の標準物質計測研究所で競争しているアヴォガドロ定数の測定精度があと 1 桁向上すれば，キログラムの定義は物質量に基づいたものに変更される可能性があるとも言われる．

【2】SI 組立単位（SI 誘導単位）

続いて，体積や速さの単位は m^3 や m·s^{-1} のよ

図 7-2　GPS は正確だけど不便？

表7-2 国際単位系の基本単位（SI基本単位）

長さ	m（メートル）	光が真空中で（1/299 792 458）秒に進む距離
質量	kg（キログラム）	国際キログラム原器の質量
時間	s（秒）	^{133}Cs の基底状態の2つの超微細構造の遷移の周期から定義
電流	A（アンペア）	真空中1m間隔で置かれた2本の導線が1mごとに 2×10^{-7} N の力を及ぼす電流
熱力学温度	K（ケルビン）	水の三重点の熱力学的温度の 1/273.16 で定義
物質量	mol（モル）	0.012 kg の ^{12}C に含まれる原子と等しい数の構成要素を含む系の物質量
光度	cd（カンデラ）	周波数 540×10^{12} Hz の単色放射を放出し，特定の方向の放射強度が $1/683$ W・sr^{-1} である光源の，その方向における光度

うに，SI基本単位から組み立てられる．

これらを**国際単位系の組立単位（SI組立単位）**と呼ぶ．（表7-3）

表7-2にて光度の定義に用いられている sr はステラジアンである．

弧度法では円周の半径と同じ円弧の道のりに相当する内角の平面角を1ラジアンとし，全円は 2π ラジアンとなる．

同様に球面の面積が半径と一致する立体角を1ステラジアンとし，全球は 4π ステラジアンとなる．

平面角（ラジアン，rad）や立体角（ステラジアン，sr）はそれぞれ長さや面積を元にした無次元のSI組立単位である（1995年国際度量衡総会で補助単位ではなく組立単位になった）．

組立単位には次元を見ただけではSI基本単位との関係がわかりにくいものもある．

表7-3 SI組立単位の例

面積	平方メートル	m^2
体積，容量	立方メートル	m^3
速さ	メートル毎秒	m s^{-1}
加速度	メートル毎秒毎秒	m s^{-2}
密度	キログラム毎立方メートル	kg m^{-3}
角度	ラジアン	rad
立体角	ステラジアン	sr

【3】固有の名称をもつSI組立単位

水に潜ると1m深くなれば，1 cm^2 あたり水面の1気圧に比べて「1 kg重」の圧力を受ける（これを1工学気圧，1 at という）．

「1 kg重」はSI単位ではなく，「1 kg重」の力は1 kg の質量に重力加速度 9.8 m s^{-2} をかけたものと等しい．

だから，水深1mの水圧をSI単位で示すと 9.8 kg(m s^{-2})cm^{-2} = 9 800 m^{-1} kg s^{-2} である．

組立単位として，このような表記を用いると随時指数を確認するのでは煩雑である．

そこで，力の単位になる m kg s^{-2} はその組立の定義のまま N（ニュートン）と書き換える．

すると，圧力の単位 m^{-1} kg s^{-2} は N m^{-2} となるが，さらに Pa（パスカル）と書き換える．

これらを**組立単位の固有の名称**という．（表7-4）

表7-4 SI組立単位における固有の名称（主に薬学に関係するもの）

力	N（ニュートン）	m kg s^{-2}	
圧力	Pa（パスカル）	N m^{-2},	m^{-1} kg s^{-2}
エネルギー	J（ジュール）	N m,	m^2 kg s^{-2}
工率	W（ワット）	J s^{-1},	m^2 kg s^{-3}
周波数	Hz（ヘルツ）	s^{-1}	
摂氏温度	℃（セルシウス度）	K	
電気量	C（クーロン）	A s	
電圧，電位差	V（ボルト）	W A^{-1},	m^2 kg s^{-3} A^{-1}
静電容量	F（ファラド）	C V^{-1},	m^{-2} kg^{-1} s^4 A^2
電気抵抗	Ω（オーム）	V A^{-1},	m^2 kg s^{-3} A^{-2}
コンダクタンス	S（ジーメンス）	A V^{-1},	m^{-2} kg^{-1} s^3 A^2
放射能	Bq（ベクレル）	s^{-1}	
吸収線量	Gy（グレイ）	J kg^{-1},	m^2 s^{-2}
線量当量	Sv（シーベルト）	J kg^{-1},	m^2 s^{-2}

【4】SI 接頭辞

SI 基本単位と SI 組立単位だけを利用するのでは，数値の桁数の幅が大きくなるので不便である．
そこで，1/100 m を 1 cm のように，単位に接頭辞を利用する．
国際単位系で認める接頭辞を **SI 接頭辞** という．
表7-5 は国際度量衡総会（1991年）の合意による．
これよりも大きい倍量や小さい分量が使われている例もある．
かつて 10^{21} にはヘパ，10^{24} にはオタがあったが，退けられた．
合意のない接頭辞は利用せず，指数表記しておくほうがよい．
SI 接頭辞の名称の規約として，倍量は語尾がア段で記号は大文字，分量は語尾がオ段で記号は小文字．ただし，ミリからキロまでの古くから使われているものは従来に従い，例外とされている．
ちなみに単位そのものの記号における大文字，小文字については，固有名詞に由来するものを大文字で，一般名詞由来のものを小文字で表記する．

表7-5 SI組立単位におけるSI接頭辞（1991年国際度量衡総会）

da（デカ）	10（十）	d（デシ）	10^{-1}
h（ヘクト）	10^2（百）	c（センチ）	10^{-2}
k（キロ）	10^3（千）	m（ミリ）	10^{-3}
M（メガ）	10^6（百万）	μ（マイクロ）	10^{-6}
G（ギガ）	10^9（十億）	n（ナノ）	10^{-9}
T（テラ）	10^{12}（一兆）	p（ピコ）	10^{-12}
P（ペタ）	10^{15}（千兆）	f（フェムト）	10^{-15}
E（エクサ）	10^{18}（百京）	a（アト）	10^{-18}
Z（ゼタ）	10^{21}（十垓）	z（ゼプト）	10^{-21}
Y（ヨタ）	10^{24}（一秭）	y（ヨクト）	10^{-24}

質量は基本単位 kg で，二重の接頭辞はゆるされないから，1/1000 kg は 1 g となる．1 Mg は 1 t だが，厳密には「SI に基づくトン」と注釈する．

7-1

この原則というか表記センスは SI 基本単位，固有の名称のある SI 組立単位，非 SI 単位も共通である．

一つだけ例外がある．

リットルの語源はギリシャ語のリトロンという計量単位であって固有名詞ではないが，活字の 1 と紛らわしいので大文字 L を使う．

高い精度の測定には L ではなく dm^3 を用いる．

図 7-3　力，エネルギー，圧力の単位は確実に覚えよう

7-1-4　SI に属さない単位

2004 年の合意で，非 SI 単位は「SI 単位と併用される非 SI 単位」と，「それ以外の非 SI 単位」に分類されました．

【1】SI 単位と併用される非 SI 単位

SI 単位と併用される非 SI 単位というのは，使用が今後ずっと続くものと考えられるもので，SI 単位に基づいて定義される（SI 併用単位，表 7-6）．

また，SI 接頭辞はこれらと併用されるが，時間については併用されない．

電子ボルトやダルトンについては**実験的に求められる非 SI 単位**とされる．

実験的に求められる非 SI 単位には SI 併用単位の他に，先述の自然単位系や原子単位系に属する光速，換算プランク定数，電子質量，電気素量などが含まれる．

Da は分子量の単位である．

表 7-6　SI 単位と併用される非 SI 単位

時間	min（分）	1 min = 60 s
	h（時間）	1 h = 60 min = 3 600 s
	d（日）	1 d = 24 h = 86 400 s
平面角	°（度）	1° = (π/180) rad
	'（分）	1' = (1/60)°
	"（秒）	1" = (1/60)'
面積	ha（ヘクタール）	1 ha = 1 hm^2 = 10^4 m^2
体積	L（リットル）	1 L = 1 dm^3 = 10^{-3} m^3
質量	t（トン）	1 t = 10^3 kg
エネルギー	eV（電子ボルト）	1.602 176 53(14) × 10^{-19} J
質量	Da（ダルトン）	1.660 538 86(28) × 10^{-27} kg

【2】SI 単位に切り替えることが望まれる圧力の単位

SI に属さず，SI 単位へ切り替えることが望ましい非 SI 単位は数多くある．（表 7-7）

表 7-7　圧力のさまざまな非 SI 単位

気圧［atm］という単位は，標準大気圧を単位元とする． 100 気圧や 3 000 気圧などと大きい圧力を表すときに好んで用いられる． スキューバダイビングでは水深 10 メートル毎 1 気圧上昇を目安にし，空気ボンベの圧縮空気にも気圧単位を用いて潜水時間の計算をするという．
バール［bar］は CGS 単位系での気圧の単位で，$1\,\mathrm{bar} = 10^5\,\mathrm{Pa}$ に相当する． メートル，キログラム，秒を元に誘導される単位を **MKS 単位系**といい，SI 単位の一部はこれを採用している． これに対してセンチメートル，グラム，秒に基づく単位を **CGS 単位系**といい，ガウスの電磁気学などは CGS 単位系を用いて展開された． ごく最近まで天気図の気圧はバールで記載された． 標準大気圧は 1 013 mbar で，今回の台風は 930 mbar などと報道があった． 今日，天気図で大気圧に他の単位ではあまり見かけないヘクトの接頭辞を使い，1 013 ヘクトパスカル（hPa）を使うのはミリバールを利用した習慣のなごりで，なかなか抜け出せない． 様々なテキストでは kPa 単位へと移行しつつあり，日本薬局方通則も kPa を記載している．
工学気圧［at］については，先述のように 1 cm^2 あたりにかかる力の単位に kg 重［kgf］を用いるもので水圧の換算が容易である． 標準大気圧は約 1.033 at にあたる．
psi 耐圧容器を購入するとき，米国メーカの製品カタログでは圧力表示に psi が用いられていて困惑した． これは平方インチあたりの重量ポンド（Pound per Square Inch）で表した圧力である［lbf/in^2］． 1 インチ［in］= 2.54 cm で，1 重量ポンド［lbf］= 0.453 592 37 kgf だから，1 psi = 約 6 895 Pa に相当する． けれども，非 SI 単位の工業気圧で 1 psi = 0.07 at と換算すると，水深 7 cm の水圧と解釈できる．
mmHg 圧力にはもう一つ重要な非 SI 単位がある． 圧力の測定には，液柱型水銀気圧計が用いられていた． 標準大気圧は 760 mmHg（ミリメートル水銀柱）にあたる． mm は SI 単位だが，mmHg は非 SI 単位である． トリチェリの名前に由来して mmHg に Torr という単位名を用いる表記もある． 医療分野では最近まで血圧や酸素分圧の測定に用いており，歴史的に貴重な基礎データが mmHg 単位で蓄積されている．

とはいえ医学・薬学・化学の領域では，圧力の切り替えが難しい．

圧力のSI単位はパスカル［Pa］である．

パリと同緯度における平均海水面の大気圧は 101 325 Pa であり，これを**標準大気圧**にすると国際基準で定められている．

なお，IUPAC は標準大気圧を実験・観測によらない物理的状態にする目的から 10^5 Pa と定義すべきと勧告している．

【3】SI 単位に切り替えることが望まれる他の非 SI 単位

薬学や化学の領域に見られる非 SI 単位としては，長さの単位にオングストローム（Å）を用いる．

1960 年の定義で，1 オングストローム ＝ 10^{-10} m とされた．

有機化合物の結合長が 1～3 オングストロームにあたる．

紫外～可視光の波長が数千オングストロームとなって，有効桁数 4 桁を整数で表現できる．

このような利便性から広く用いられる．

エネルギー・仕事・熱量の単位にカロリー［cal］が用いられる．

水素結合 1 つが 5～7 kcal/mol という常識があって，分子科学での利用は根強い．

カロリーは 1 g の水の温度を標準大気圧下で 1℃ 上げるのに必要な熱量である．

こういう定義では水の温度によって種々のカロリー単位が生じるというやっかいな単位系である．

日本で用いられているのは熱化学的カロリー 1 cal ＝ 4.184 J であるが，国際的な場でカロリーの単位を記載する場合，必ずこの換算式を記載しなければならない．

体積で 1 cm^3 ＝ 1 mL に相当する 1 c.c. がある．

これは cm^3 を英語読みした cubic centimeter の頭文字．

科学的な単位というよりも口語だろう．

「1 滴」も単位である．

計量滴 1/20 mL，医療滴 1/12 mL のほか，UK 滴（約 78 μL），US 滴（約 82 μL，約 65 μL）などの定義がある．

処方せんには「gt」（ラテン語 gutta，複数形 guttae の略は gtt）または「drop」と記載されたが，近年使用例は少ないそうだ．

演習問題

問題 1

国際単位系（SI）に関する記述の正誤について○×で答えよ．（第 89 回問 15，第 94 回問 16）

(1) SI は基本単位と誘導（組立）単位で構成されている． （　）
(2) 力の SI 誘導（組立）単位はニュートン N である．SI 基本単位を用いると $kg \cdot m \cdot s^{-2}$ で表される． （　）
(3) 圧力の SI 誘導（組立）単位はパスカル Pa（$N \cdot m^{-2}$）であり，1 バール bar は 10^6 Pa である． （　）
(4) エネルギー，仕事，熱量の SI 誘導（組立）単位はジュール（$N \cdot m$）である． （　）
(5) 電気量，電荷の SI 誘導（組立）単位はクーロン C である．電圧，電位の SI 誘導（組立）単位はボルト V（$J \cdot C^{-1}$）である． （　）
(6) 1 ppm は，1 g 中に 1×10^{-4} g の成分が含まれていることを表す． （　）
(7) 日本薬局方では，溶液の濃度を（1 → 10），（1 → 100）で示したものは，固形の薬品は 1 g，液状の薬品は 1 mL を溶媒に溶かして全量をそれぞれ 10 mL，100 mL とする割合を示す． （　）

問題 2

物質の特性を表す物性値に関する記述の正誤について○×で答えよ．（第 81 回問 31）

(1) ある温度 T を，摂氏温度と熱力学温度で表す場合，その数値は互いに異なるが，両者の温度目盛りの間隔はおなじである． （　）
(2) 20℃における純水の密度はおよそ 1 g/cm^3 である． （　）
(3) ppm 単位は，parts per million の略で，次元のない単位である． （　）
(4) 0.1 mol/L 亜硝酸ナトリウム（分子量 69）液の濃度は，0.69 w/v％と表示できる． （　）

コラム　ヤード・ポンド法

　度量衡は，本文に見たように国際基準（グローバル・スタンダード）に準拠するという考え方と，日常的な利便性という考え方の兼ね合いによって利用されるか・廃れるかが，国ごと時代ごとに分かれる．

　フランス革命では，ブルボン王朝君主主権とこの裏付けとなったカトリック教会の価値観から民衆が精神的に脱却するため，理性と科学に理念の基盤を置いた．

　これに対しアメリカ独立戦争はイギリス本国による植民地政策からの分離と，移住者における信教の自由という建国理念を掲げ，理性よりも民衆の生活に重点を置く．

　この理念の違いはメートル法の普及にも色濃く影響している．

　アメリカ合衆国は連邦国家としては1875年に国際メートル法を批准した．

　しかしながら，国家や宗教が民衆の生活に強制的な干渉をするべきでないという建国理念があるので，度量衡を強制する法案は議会を通らない．

　この結果，民間では移民前からの慣習に従ってヤード・ポンド法を用いる．

　米国の工場では昔から労働者にたらふく食事を出す伝統があり，世界の労働力が食べるために集まり，またそこで技術を学んでいくので世界に波及する．

　このため，この米国のヤード・ポンド法容認政策の国際的な影響は甚大である．

　身のまわりを見れば，液晶テレビやPCディスプレイはインチ表示である．

　現在のヤード・ポンド法は，単位の定義はSI単位に基づく．

　しかし，位取りは10進法ではないので習慣的に使用していなければ換算は難しい．

　長さの単位の代表的なものを見ると1ヤード＝0.9144 m（定義），1フィート＝1/3ヤード＝30.48 cm，1インチ＝1/12フィート＝2.54 cm，1マイル＝1760ヤード＝1.609 344 km．

　質量について耳にすることのある代表的な単位としては，1ポンド＝0.453 592 37 kg（定義），1オンス＝1/16ポンド＝28.349 523 125 g，1トン（米）＝2000ポンド＝907.184 74 kg，1トン（英）＝2240ポンド＝1 016.046 908 8 kg．

　1 Mg＝1トンの単位を使用するときは，SI併用単位か，英式か，米式か確認が必要である．

　「ヴェニスの商人」の判決である．

　アントーニオの肉1ポンド（450グラム）を担保として受け取ることを認める．

　さあ！このナイフを取れ．

　ただし，血を一滴でも流したら，アントーニオが命を落としたら，シャイロックは契約違反で全財産を没収……

7-2 物理定数

Episode 抗生物質の濃度依存性と時間依存性

抗生物質とは,「微生物によってつくられ,微生物の発育を阻害する物質」と定義づけられます.
抗生物質の代表としては青カビが産生するペニシリン類があります.
また,微生物から得られる天然物を化学的に修飾することで,その作用を増強させたり,生物学的利用率や生物学的半減期を改善したりしたものも抗生物質と呼ばれるようになっています.
サルファ剤やキノロン系・ニューキノロン系などの人工的に合成されたものも抗生物質と混同されることがありますが,これらを含めると抗菌剤といいます.
抗菌剤を投与すると,その血中濃度は時間に対して右側の裾野がなだらかな山なりのカーブを描きます.
最小作用濃度(MIC)は,これよりも血中濃度が低くなると作用が期待されない濃度です.
最大血中濃度(C_{max})は,MIC に対する相対値として C_{max}/MIC で表されます.
24 時間の血中濃度を積算したものを,曲線下面積(AUC)といいます.
これを MIC で割った AUC_{24}/MIC も相対的な医薬品量を表すパラメータです.
一方,投与したときに血中濃度が MIC よりも高い時間を time above MIC(T>MIC)といいます.
ペニシリン系やセフェム系などの β-ラクタム系抗生物質というグループは,T>MIC に依存して抗菌効果を示すといいます.
これらを時間依存型の抗菌剤といいます.
一方,ストレプトマイシンやカナマイシンなどのアミノグリコシド系抗生物質,ならびにニューキノロン系抗菌剤というグループは,C_{max}/MIC や AUC_{24}/MIC に依存して抗菌効果を発揮するといいます.
また,バンコマイシンやケトライドは AUC_{24}/MIC に依存して抗菌効果を発揮するといわれます.
これらを濃度依存型の抗菌剤といいます.

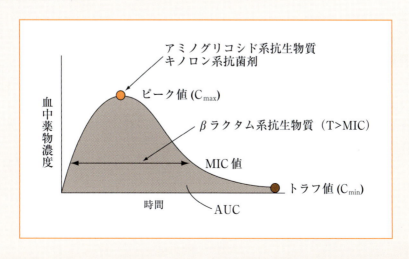

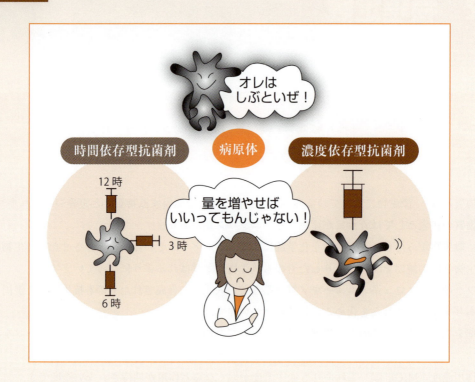

　病原体がその抗菌剤で明らかに効果があるのに治療効果がみられない場合は投与量を増やします．

　このとき，同じ投与量を増やすのでも，時間依存型のペニシリンやセフェム系抗生物質では，1回投与量をそのままで投与回数を増やします．

　一方，濃度依存型のなかでも C_{max}/MIC に依存するアミノグリコシドなどは一回の投与量を大きくします．

　時間依存型の抗菌剤なのに一回投与量を増加したときには，血中濃度曲線の裾野の拡がりぶんしか効果は持続しません．

　消失速度が速い薬物であれば，この増量方法では効果は見込めません．

　このように薬物量と治療効果とに相関関係が見られるとしても，ただ画一的に薬物投与量を増やすだけでは十分とは言えないことがあります．

　一回量を増やすのか，投与回数を増やすのか，薬物が治療効果につながるまでのしくみに応じた調節の方法があります．

　因果関係があるとか，相関関係があるというだけでなく，量的な比例関係，線形関係を明らかにすることは，実験や観測では見えてこない内部事情を区別する手がかりになります．

　これを確かめるためには精密な尺度による計量だけでなく，文献値と一致する正しい定数を導く数学的な取り扱いが必要となるのです．

　そのとき文献値という経験値だけでなく，あらゆる研究成果を統合してできあがった基準である物理定数から理論的に導かれる数値が最も高い信頼性があります．

Points　物理定数

アヴォガドロ定数 N_A：1 モル中の粒子の個数を表す
気体定数 R：分子 1 モルのエネルギーと温度を関係づける
ボルツマン定数 k_B：分子 1 個のエネルギーと温度を関連づける
ファラデー定数 F：1 価イオン 1 モルに対応する電気量
電気素量 e：電子 1 個，イオン 1 価分の電気量
水のイオン積 K_W：水の自己解離による [H$^+$] と [OH$^-$] のイオン積．

7-2-1　熱力学温度の単位

高校で学んだ**気体定数** R は，物質の性質にとって極めて重要な 2 種類の性質を決定づける重要な物理定数である．

ここでは気体定数 R と熱力学温度 T との関係について説明する．

MKS 単位系は，メートル［m］，キログラム［kg］，秒［s］の 3 元系を基本単位として組立単位を構築する単位系である．

これらに対し熱力学温度を基本物理量として対応させてみよう．

理想気体の状態方程式 7-2-1 は以下である．（第 1 章 1-2-1）

$$RV = nRT \tag{1-2-1'}$$

式 1-2-1′ に数値を代入するため，理想気体の**標準状態**を用いる．

標準状態はセルシウス温度（摂氏温度）0℃で気圧 10^5 Pa である（STP）．

標準状態における理想気体 1 mol の体積 V は 22.711×10^{-3} m³/mol．

$$RT = \frac{PV}{n} = \frac{10^5 \times (22.711 \times 10^{-3})}{1} = 2.2711 \times 10^3 \tag{7-2-1}$$

こうして得られた数値 RT の単位を「単位」と表記することにする．

摂氏温度 0℃は熱力学温度 273.15 K であり，ここに示した RT の「単位」で表すと上式から求められるように「2271 単位」となる．

状態方程式によれば，これが熱力学温度と比例関係にあるという．

水が沸騰する摂氏温度 100℃は熱力学温度 373.15 K だから「3103 単位」と計算できる．

このような「単位」目盛りの RT 温度計を使うことに差し支えがないなら，気体定数 R は 1 にすることができる．

けれども私たちは昔から 0℃で水が凍結し，100℃で水が沸騰する摂氏温度に慣れている．

だから人々は，熱力学温度の尺度もセルシウス度からほとんど変えず，R を 1 ではなくて変換係数として $R = 8.314$ J K^{-1} mol^{-1} と決めた．（第 1 章 1-2-1）

このように物理定数はそれぞれの計量の単位を揃えるためにある．

表 7-8 体積 V と圧力 P の単位と気体定数 R（温度 T は K 単位）

V の単位	P の単位	R の数値	R の単位
L(dm^3)	Atm	0.082 057 46(14)	L atm K^{-1} mol^{-1}
L(dm^3)	mmHg(Torr)	62.363 67(11)	L mmHg K^{-1} mol^{-1}
L(dm^3)	bar	8.314 472(15) × 10^{-2}	L bar K^{-1} mol^{-1}
cm^3	bar	8.314 462(15) × 10^7	erg K^{-1} mol^{-1}
m^3	bar	8.314 472(15) × 10^{-5}	m^3 bar K^{-1} mol^{-1}
m^3	Pa	8.314 472(15)	m^3 Pa K^{-1} mol^{-1} J K^{-1} mol^{-1}

換算係数であるから，P，V，T をどのような単位の値を用いるかによって気体定数 R の数値は異なる．（表 7-8）

大学受験のために覚えた気圧単位の気体定数 $R = 0.082$ L·atm/K/mol であったが，SI 単位では $R = 8.314$ J/K/mol．

ここに出てくるジュール（J）はエネルギー，仕事，熱量の単位である．

なぜ，体積と圧力をかけ算するとエネルギーになるだろう？

気体を熱すると膨張する．

蒸気機関車は石炭を燃やした熱で水蒸気を熱して，膨張し高圧にさせる．

この圧力を，列車を動かす仕事に変えている．

だから状態方程式というのは，左辺の PV が気体に蓄えられた熱量＝エネルギーを意味している．

右辺の中の RT というのは，気体 1 mol あたりのエネルギーに相当する．

具体的に計算すると，25℃ で $RT = 2.479$ kJ mol^{-1}．

このように考えると単位と定数を考えることそのものが，科学であることがわかる．

7-2-2 熱力学温度と分子運動（内部エネルギー）

ここでは温度と **分子の平均運動エネルギー** との関係を見る．

それには気体定数 R と密接に関係する次の定数が関係する．

$$\text{アヴォガドロ定数} \quad N_A = 6.022\ 141\ 79(30) \times 10^{23}\ \text{mol}^{-1} \quad (7\text{-}2\text{-}2)$$

$$\text{ボルツマン定数} \quad k_B = 1.380\ 650\ 4(24) \times 10^{23}\ \text{J K}^{-1} \quad (7\text{-}2\text{-}3)$$

1 モルとは何ですか，という質問に表 7-2 に書いてある定義を引用し，「0.012 kg の ^{12}C に含まれる炭素原子の数……」というのも一つの答えだが，もうすこしかみ砕いた言い方を選ばないと相手から理解していると思ってもらえないかも知れない．

もともとの 1 モルは，純粋な物質の分子量の数字にグラムをつけた質量に含まれる物質量を表している．

第二次世界大戦中に日本を含む世界各国で原子爆弾の開発競争が起こり，同位体元素が問題にされたという歴史があり，それからは 1 モルの定義が厳密になった．

それで ^{12}C の 12 g 中にある ^{12}C 原子の個数は**アヴォガドロ定数** N_A である．

すると，熱力学温度 T における 1 モルの理想気体のエネルギーが RT であるから，ここに含まれている 1 個の理想気体分子の持つ平均エネルギーは，RT/N_A である．

この気体分子 1 個あたりに換算した気体定数 R/N_A を**ボルツマン定数** k_B といい，1 個の理想気体分子が持つ平均エネルギーは $k_B T$ で表される．（第 2 章 2-3-1 項，2-3-2 項，第 6 章 6-1-1 項，6-2-3 項）

では，この熱エネルギーと分子の運動とはどのような関係にあるのだろうか？

理想気体の分子は大きさがなく，お互いに相互作用しない質点と見なされたモデルである（第 1 章 1-2-1 項）．

今，熱力学温度 T で 1 個の分子が飛び回っている．

この 1 個の分子を 1 辺 L の立方体の容器中に入れてあるとしよう．（図 7-4）

立方体容器の材質は理想気体のモデルに一致するものと考え，気体分子が衝突するときには相互作用しないで跳ね返す（完全弾性衝突）．

このときの 1 分子による圧力 π を計算してみよう．

圧力 π とは何かというと，分子が容器の壁に衝突するときに力が働くから，この力を立方体の内側の面積で割れば圧力 π になる．

気体分子の質量を m，立方体の 1 面に垂直な方向の運動速度成分を u とおくと，衝突したとき，壁に向かってくる方向から壁から離れる方向へと速度が変化する．

だから，速度の変化量は $2u$ となる．

分子が前回衝突してから今回衝突するまでの時間は L/u になる．

加速度は速度変化 $2u$ を時間 L/u で割って $2u^2/L$．

ということは，力は質量を掛けた $2mu^2/L$ であることがわかった．

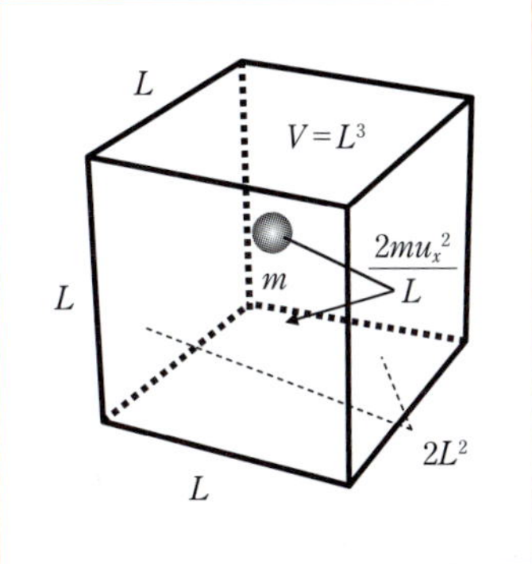

図 7-4　一辺 L の立方体に質量 m の 1 原子分子が 1 個，速度 u で運動している

壁はこの 1 面だけではなく前後左右上下の 6 面ある．

前後を x 軸，左右を y 軸，上下を z 軸とすると，分子の平均速度 v の自乗は $v^2 = u_x^2 + u_y^2 + u_z^2$ となる．

しかし，どの方向にも区別はないから $v^2 = 3u_x^2$ と見なせる（エネルギー均分則）．

言い換えれば前後 x 軸方向の衝突だけでみたときに，分子の平均速度 v では確率的に 3 回に 1 回しか衝突しない．

このため力は $2mv^2/(3L)$ である．

力 $= 2mv^2/(3L)$ が作用する前後の壁の面積は $2L^2$ だから，結局 1 分子による圧力 π は，

$$\pi = \frac{(\text{力})}{2L^2} = \frac{2mv^2/3L}{2L^2} = \frac{mv^2}{3L^3} = \frac{mv^2}{3V} \tag{7-2-4}$$

質量 m，平均速度 v の平均運動エネルギー ε は $mv^2/2$ となるから，これに上の式を代入する．

このとき気体 1 分子による圧力 π は，気体 1 モルの圧力 p をアヴォガドロ定数 N_A でわり算した値と等しい．

そこで，状態方程式から pV に RT を代入すると，分子の平均運動エネルギーが温度に比例することがわかる．

第 7 章　単位と定数　505

$$\varepsilon = \frac{1}{2}mv^2 = \frac{3}{2}pV = \frac{3}{2}\frac{pV}{N_A} = \frac{3}{2}\frac{RT}{N_A} = \frac{3}{2}k_BT \tag{7-2-5}$$

以上の計算では大きさのない理想気体分子の x 軸，y 軸，z 軸の3つの自由度に沿った並進運動のみ扱った．

酸素や窒素のような直線分子である場合には，直線の軸についての横転を除く前転とひねりの2つの自由度について回転運動が可能となる．

だから，1分子あたりの回転運動エネルギー k_BT が発生する．

水やアンモニアなどは非線状の分子構造であり，多くの気体分子は非線状分子である．

非線状分子の場合には前転・ひねりに横転が加わって自由度は3になるから，1分子の回転運動エネルギー $\frac{3}{2}k_BT$ が加わる．

さらに，単結合の伸縮や2つの結合の変角などそれぞれの振動の自由度について振動数を ν とすれば，振動運動エネルギーは $\dfrac{h\nu}{\exp(h\nu/k_BT)-1}$ で表される．

このため，振動運動エネルギーは条件によっては非常に大きなものになる．

これらが，分子に蓄積されたエネルギーである．

7-2-3 熱力学温度と状態の分布（ボルツマン分布）

水彩絵の具に使われるガンボージという黄色色素は，ベトナムのある種の木の乳液を乾燥したものである．

この塊を水中でこすると黄色の球形粒子になって分散するので，絵の具として使われる．

これをメスシリンダーに入れて長時間静置したとする．

徐々に粒子は沈降して，水面が薄く底が濃いグラデーションになる．（図7-5）

粒子を半径 r の球形であると考え，粒子の密度を ρ，液体の密度を ρ_0 とおく．（第5章5-2-1項）

この粒子の自由落下と抵抗の力が釣り合うとき，**沈降速度** v は次のストークスの式から求められる．（第5章5-2-2項）

$$\frac{4}{3}\pi r^3(\rho-\rho_0)g = 6\pi\eta rv \tag{7-2-6}$$

粒子は熱運動する液体分子との衝突によって**ブラウン運動**し（第3章3-10-2），沈降方向以外にも拡散する．

拡散速度は区間 dh の濃度差 dC に比例する．（フィックの第一法則：第5章5-3-1項）

$$v = -\frac{k_BT}{6\pi\eta rC}\frac{dC}{dh} \tag{7-2-7}$$

図7-5 色合いがグラデーションになるカクテル

分散したものを長時間放置すると，それぞれの深さにおいて沈降速度（第5章5-2-2項）と拡散速度

（第5章5-3-1項）が釣り合う．

このとき水彩絵の具ではグラデーションが形成されることになり，これを**沈降平衡**という．

沈降平衡になると下向きの沈降速度と上向きの拡散速度が釣り合うので，フィックの第一法則による終端速度 v をストークスの式に代入して，式を整理すると

$$\frac{dC}{C} = -\frac{\frac{4}{3}\pi r^3 (\rho - \rho_0)g}{k_B T} dh \tag{7-2-8}$$

深さ h に関係なく液体の密度 ρ_0 が一定であるとみなすことにして，メスシリンダーの全ての深さ h で積分すると，以下が得られる．

$$\log_e \frac{C}{C_0} = -\frac{\frac{4}{3}\pi r^3 (\rho - \rho_0)gh}{k_B T} \tag{7-2-9}$$

ここで，液層の高さ $h = 0$ の底面に分布する粒子の個数を C_0 とした．

得られた式は，液層の高さ h における粒子の個数の分布を表す．

この式で右辺の分子は深さ h において重力によって沈降しようとする粒子のポテンシャルエネルギーである．

だから，この式はポテンシャルエネルギーの異なるそれぞれの状態にどれだけの粒子が分布しているかを示す．

全ての液層 h について C を積算すると全粒子数になる．

この形の数式は，異なるポテンシャルエネルギーを持つ状態がいくつかあるとき，それぞれの状態に粒子がどれだけ分布するかを表す．

この分布を**ボルツマン分布**という．（第2章2-3-1項，第6章6-1-1項）

ボルツマン分布の一般的な表現を次に示す．（第2章2-3-1項，第6章6-1-1項）

最低ポテンシャルエネルギーの状態にある粒子の個数を n_0 とし，最低値からのポテンシャルエネルギー差 ΔE の状態にある粒子の分布を n とする：

$$\log_e \frac{n}{n_0} = -\frac{\Delta E}{k_B T} \tag{2-3-1'}$$

対数を払えば以下の式が得られる．（ボルツマン因子）[*]

$$n = n_0 \exp\left(-\frac{\Delta E}{k_B T}\right) \tag{7-2-10}$$

7-2-4 様々な物理定数

物質の電気的な性質において電子は非常に重要な役割をはたす．

---

[*]ボルツマン因子の全てのエネルギー状態について総和を求めたものを分配関数という．
ボルツマン分布はボルツマン因子/分配関数で表される．

電子1個の電気量を**電気素量** e といい，単位はクーロン［C］で表す．
電気素量にアヴォガドロ定数をかけ算したものが，**ファラデー定数** F である．

$$\text{ファラデー定数} \quad F = N_A e = 96\,485.341\,5(39) \text{C} \cdot \text{mol}^{-1} \tag{7-2-11}$$

$$\text{電気素量} \quad e = 1.602\,176\,487(40) \times 10^{-19} \text{C} \tag{7-2-12}$$

【1】ファラデーの法則

ファラデーの電気分解の法則は以下の2点になる．
① 電極で析出する物質の量は，通じた電気量に比例する．
② 1グラム当量の物質の析出に要する電気量はどの物質でも一定．

本稿ではなるべく数式をさけ，自然言語での説明を心がけてきたが，これは何と何が等しいのか非常に読みとりにくい．

ファラデーの時代には電子がまだ発見されてないので，言い回しが間接的なだけだ．

マイナス電極で物質が受け取った電子の個数と，導線を運ばれた電子の個数と，プラス電極で物質が失った電子の個数は同じである．

このとき，1モルの電子の授受を電気量で表すと**ファラデー定数** F [C mol^{-1}] になる．

一方，ミリカンは金属の並行板に電位差をかけ，この間に静電気を帯びた小さい油滴を落下させた（ミリカンの油滴実験：第5章5-2-5項）．

その下向きにかかる力（重さ－浮力）と上向きにかかる力（クーロン力＋空気抵抗）から静電気の電荷を求めた．

すると電荷が特定の値の整数倍になることを見いだした．

この電気量の最小単位を**電気素量** e [C] といい，電子一個の電気量にあたる．

電気素量 e でファラデー定数 F を割るとアヴォガドロ定数 N_A になる．

【2】電気伝導率，モル伝導率，当量伝導率，極限伝導率

どれも伝導率という名前だが，電解質濃度との関係は大幅に異なる．

まず，電気抵抗［Ω；V A^{-1}］の逆数を**電気伝導度（コンダクタンス）** G [S；A V^{-1}] といい，電気の流れやすさを表す．（第6章6-2-1項）

$$(\text{電流}) = \frac{(\text{電位差})}{(\text{電気抵抗})} \tag{7-2-13}$$

$$(\text{電流}) = (\text{電気伝導度}) \times (\text{電位差}) \tag{7-2-14}$$

電気抵抗［Ω］は導線の長さ［m］に比例し，導線の断面積［m^2］に反比例する．

そこで，電気抵抗［Ω］にニクロム線の断面積［m^2］をかけ，長さ［m］で割った抵抗率［Ωm］をとると，これはニクロム線の素材 1 m^3 の立方体の電気抵抗［Ω］に相当する．

$$(\text{電気抵抗}) = (\text{抵抗率}) \times \frac{(\text{導線の長さ})}{(\text{導線の断面積})} \tag{7-2-15}$$

抵抗率［Ωm］と同じように，電気伝導度［S］に対して**電気伝導率（コンダクティビティ）** κ [S m^{-1}]

（導電率，比伝導率ともいう）が求められる．（第6章6-2-1項）

$$（電気伝導度）=（電気伝導率）\times \frac{（導線の断面積）}{（導線の長さ）} \quad (7\text{-}2\text{-}16)$$

薬学の分野では，分析化学や物理薬剤学において水溶液の電気の流れやすさを問題にする．（図7-6）

これにはこの電気伝導率 κ [S m^{-1}] が有用である．

理想的には強電解質において，電解質のモル濃度 c [mol dm^{-3}] が大きくなれば電気伝導率 κ [S m^{-1}] は増大する．

そこで，電気伝導率 κ [S m^{-1}] をモル濃度 c [mol dm^{-3}]（の1000倍）で割った値を**モル伝導率** Λ [S m^2 mol^{-1}] という．（第6章6-2-1項）

もしも，モル濃度 c [mol L^{-1}] と電気伝導率 κ [S m^{-1}] が比例するならモル伝導率 Λ [S m^2 mol^{-1}] はモル濃度 c [mol L^{-1}] に関係なく一定だが，そうではならない．

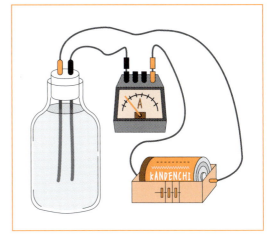

図7-6 水溶液の電気の流れやすさの測定

デバイ&ヒュッケル理論によれば，電解質濃度 c [mol dm^{-3}] が増えてイオン強度 I が高くなると活量係数 γ が減少する．

このため，みかけのモル伝導率 Λ [S m^2 mol^{-1}] も，電解質濃度 c [mol dm^{-3}] が大きくなると減少する．

この効果は電解質濃度の平方根 $\sqrt{c}$ とモル電導率 Λ [S m^2 mol^{-1}] との間に直線関係が成り立つ（コールラウシュの平方根則）．

モル伝導率 Λ [S m^2 mol^{-1}] のかわりに当量伝導率（または当量伝導度）を用いる場合もある．

これは，電解質のモル濃度だけでなく電荷も補正したものである．

強電解質ではモル濃度 c [mol dm^{-3}] の平方根に対するモル伝導度 Λ [S m^2 mol^{-1}] のグラフは右下がりの直線になる．

そこでグラフの y 軸切片，すなわち無限に希釈した濃度ゼロの極限値を**極限伝導率** Λ_0 [S m^2 mol^{-1}] という．（第6章6-2-2項）

【3】水のイオン積

コールラウシュらは電解質のモル伝導率 Λ [S m^2 mol^{-1}] を測定するときに，誤差を抑えるため，溶媒である水の伝導率をゼロにしようと，水の精製を試みた．

ところが，42回もの蒸留をおこなっても，水の伝導率は18℃で 4.15×10^{-6} S m^{-1} であった．

こうして表7-9のように，$H_2O \rightleftarrows H^+ + OH^-$ の自家イオン化が発見され，25℃における**水のイオン積** 1.0×10^{-14} が決定された．

7-2

表 7-9 純水の電気伝導率とイオン積

温度 /℃	伝導率 /S m^{-1}	イオン積 /mol^2 L^{-2}
0	1.49×10^{-6}	0.114×10^{-14}
10	2.68×10^{-6}	0.292×10^{-14}
25	6.20×10^{-6}	1.01×10^{-14}
50	17.8×10^{-6}	5.47×10^{-14}

演習問題

問題 1

土壌：水＝1：5 の割合で混合したものに電圧 1 V の電気を流すと電流は 7 mA だった．このときの土壌中の無機肥料濃度を求めなさい．ただし，無機肥料成分は 1 価のカチオンと 1 価のアニオンからなる塩と考え，そのモル伝導率を 14 mS m^2/mol，試料セルの断面積を 1 cm^2，セル長を 1 cm とする．

演習問題解答

第1章

1-1

問題1 (1) ○ (2) ○ (3) × (4) ○ (5) ○

(3) 無極性分子には永久双極子はなく，誘起双極子ができることがある．

問題2 (1) × (2) ○ (3) × (4) ○

(1) 溶媒の誘電率が減少すると，イオン間相互作用は増大する．
(3) O原子がS原子よりも電気陰性度が高いから．

1-2

問題1 (1) × (2) ○ (3) × (4) ×

(1) 分子やイオンの間に作用するVDW力のポテンシャルは距離の6乗に反比例する．ただし，コロイド粒子間ならVDW力のみかけのポテンシャルが距離に反比例する．
(3) オルト体では分子内水素結合が優先されるので分子間力は弱いが，パラ体では分子間水素結合が形成されるので融点が高くなる．
(4) 水銀は原子が自由電子によって連結した極めて強い金属結合．疎水性相互作用は分子間相互作用は弱いが，水が凝集するために疎水性物質が隔離されることで凝集していることを意味するので，金属結合にはあてはまらない．

問題2 (1) ○ (2) ○ (3) × (4) ○ (5) ○

(3) 水と相互作用しない溶質分子が水に分散するときは，水が溶質分子を取り囲むようなネットワーク構造を形成するが，これよりも分散が起こらないほうが有利であるとき，溶質分子が集まって見かけ上凝集するための疎水性相互作用を生じる．だから，疎水性相互作用の形成は，水構造の破壊と密接な関係にあるといえる．

1-3

問題1 分子：イオン = 1：10
酸解離定数と水素イオン濃度を式1-3-10に代入し，両辺の対数をとって計算する．
ちなみに水素イオン濃度は $[H^+] = 10^{-pH}$ で求められる．

問題2 (A) 2.4（式1-3-12に代入すると $pH = 0.5 \times \{-\log_{10}(8 \times 10^{-5}) - \log_{10}(0.20)\}$）
(B) 4.1（式1-3-10から $pH = pK_A + \log_{10}[A^-]/[HA] = -\log_{10}(8 \times 10^{-5}) + \log_{10}(0.067/0.067)$）

問題3 1. $pH = 7.0$（塩基性薬物は pK_A よりも低pHでイオン型が多く，高pHで分子型が多い）

第2章

2-1

問題1 (1) 素反応とは，化学反応において個々のルートやステップで，これには単一の遷移状態が存在．複合反応とは，複数の素反応で構成されている一連の化学反応．蛇足ながら，複数の

素反応が直列型に連続している複合反応（逐次反応，連続反応ともいう）において個々の素反応の間に出現する安定・準安定な物質を中間体という．

(2) 複数の素反応が直列型に連続している複合反応（逐次反応，連続反応ともいう）において，最も遅い素反応を律速段階といい，複合反応全体の速度を決定づける．

2-2

問題 1 (1) 1次，(2) 3時間，(3) 0.2303，(4) 97%

傾き $-k/2.303 = 0.1$ から反応速度定数 k，半減期 $t_{1/2} = 0.693/k$ を計算．

$\log(C/C_0) = \log C - \log C_0 = 0.1 - 1.6$

問題 2
1次反応：　　　$\ln[A] = \ln[A]_0 - kt$　　　時間$^{-1}$
2次反応：　　　$1/[A] = 1/[A]_0 + kt$　　　濃度$^{-1}$・時間$^{-1}$
3次反応：　　　$1/[A]^2 = 1/[A]_0^2 + 2kt$　　　濃度$^{-2}$・時間$^{-1}$

問題 3 (1) 1:2:4（1次反応だから初濃度 C_0 に無関係）

(2) 1:4:8（$= C_0/16 : C_0/4 : C_0/2$：問題6解説参照）

問題 4 初期薬物含量 200 mg/5 mL = 40 g/L，溶解度 1 g/100 mL = 10 g/L である．

みかけの加水分解反応 = 反応速度定数×濃度（= 溶解度）だから 0.5 g/L/hr で進行．

∴ 30 g/L ぶんが加水分解する 60 hr は見かけ上 0 次反応．

初めの 60 hr には，そのときの薬物含有量に比例して半減期は短くなる．

60 hr 後に結晶はすべてなくなり，半減期 13.86 時間の 1 次反応で加水分解が進行．

問題 5 90分

C_0 と $t_{1/2}$ が反比例するので2次反応．

∴ 3 mol/L のとき $t_{1/2} = 10$ 分．すると，$k = 1/(k \times C_0) = 1/30$ となる．

90%分解後の残存量は，3/10 mol/L だから，$10/3 = 1/3 + t/30$ から求める．

問題 6 $C_0/4$

1次反応のAの半減期が $t_{1/2}$ なら，時間 T 経過後の量は初濃度 C_0 の $(1/2)^{T/t_{1/2}}$ 倍になる．0次反応のBがなくなるのは $t_{1/2}$ の2倍時間だから $T = 2$ 年後．

問題 7 (A) 2 h（2次反応の半減期 $t_{1/2} = 1/(kC_0)$ だから初濃度に反比例）

(B) 4 h（1次反応の半減期 $t_{1/2} = 0.693/k$ だから初濃度に関係なく一定）

(C) 8 h（0次反応の半減期 $t_{1/2} = C_0/(2k)$ だから初濃度に比例）

問題 8 (1) ○　(2) ○　(3) ×　(4) ×

(3) 二次反応では C の残存量の逆数が時間に対して直線増加．

(4) 半減期以降の分解量は [A]＞[B]＞[C] となる．

2-3

問題 1 (1) ○　(2) ×　(3) ×　(4) ×　(5) ×　(6) ○
(7) ○　(8) ×　(9) ○　(10) ○　(11) ×　(12) ○

(2) 可逆反応でも活性化エネルギーが同じとは限らない．

(3) 吸熱反応か発熱反応かが関係するのは反応系と生成系のポテンシャル差．

(4) k と T のグラフは右上がりの曲線．

(5) 縦軸 $\ln k$，横軸 $1/T$ の右下がりの直線は，傾きは E_a でなく $-E_a/R$．

(8) アレニウス式に従うなら絶対温度 T が上昇すると k は指数関数的に増大する．

(11) 2 化合物の E_a が同じならどの温度でも安定性の上下関係は変わらない．

問題 2 　(1) ×　(2) ×　(3) ○　(4) ×

(1) exp() 内はマイナス符号．

(2) ここでは，E_b は逆反応の活性化エネルギーに相当する．

(4) アレニウス式 $\ln k$ は E_a と負の相関があるから，正反応は速度定数が小．

2-4

問題 1 　192 hr＝8 日間（併発反応の消失速度定数は足し算になる：式 2-4-11 参照）

問題 2 　6.93 hr（約 7 時間）（逐次反応で出発物質の消失速度定数は 1 段階目：式 2-4-21 参照）

2-5

問題 1 　(1) ×　(2) ○　(3) ○　(4) ×　(5) ×

(1) 水溶液中の加水分解なので，どの pH でもみかけは 1 次反応＝擬 1 次反応．

(4) 活性化エネルギーは不明．反応速度定数の pH 依存性が読みとれる．

(5) pH 6 付近で $\log k$ が最も小さいから，半減期は最も長い．そのとき安定．

(注) これは U 字型グラフの典型であり，pH 5 以下で $-45°$，pH 8 以上で $+45°$ の傾きの直線となっている．

問題 2 　(1) 6.0（下記参照）

(2) 5.0（下記参照）

V 字型グラフにおける極小点の pH を計算する問題は以下のように解く．

低 pH 側の反応速度定数は，　　$\log k_{obs} = \log (k_H[H^+])$

高 pH 側の反応速度定数は，　　$\log k_{obs} = \log (k_{OH}[OH^-]) = \log\left(\dfrac{k_{OH}K_W}{[H^+]}\right)$

極小値を与える pH は，これら直線の交点に当たる．

∴　　　　　　　　　　　$\log k_H + \log[H^+] = \log k_{OH} + \log K_W - \log[H^+]$

として次式を解く．　　　$pH = -\log[H^+] = \dfrac{1}{2}(\log k_H - \log k_{OH} + 14)$

(注) そのまま代入すると二次方程式になり計算に時間がかかるので，対数の計算法に慣れておきましょう．

2-6

問題 1 　以下のグラフのようになるので，交点，切片，傾きについて説明すること．

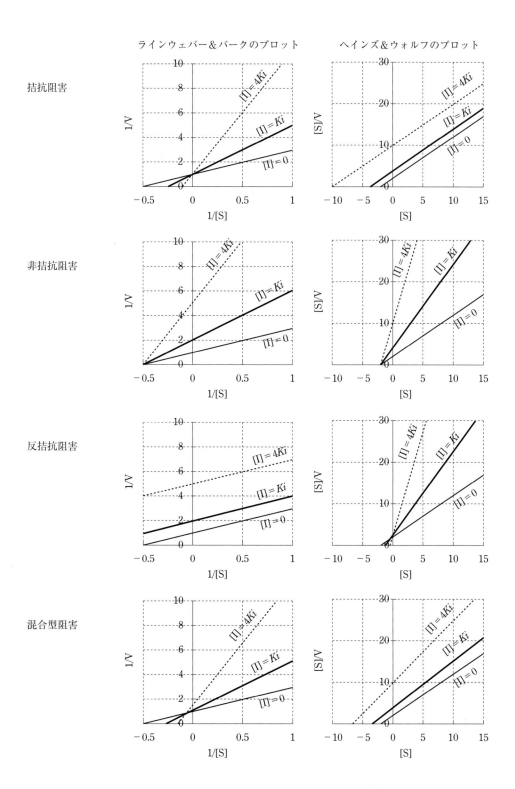

問題2 不可逆的阻害剤は見かけ上酵素濃度が低下することに相当するので，ミカエリス定数に影響がなく，最大反応速度 V が低下する非拮抗阻害と同じようなグラフになる．

第3章

3-1

問題1 (1) × (2) × (3) ○ (4) × (5) ×

(1) 本文 3-1-2【1】参照.
(2) 相転移温度.
(4) 互変二形とは結晶が，ある温度・圧力において可逆的に多形転移する現象.
(5) 一般に安定形よりも準安定形のほうが融点は低い.

3-2

問題1 (1) ○ (2) × (3) × (4) × (5) ○ (6) ○

(2) 融解曲線・凝固曲線，(3) 昇華曲線，(4) 沸騰曲線・蒸発曲線・蒸気圧曲線・結露線.

問題2 (1) × (2) × (3) ○ (4) × (5) ×

(1)，(2) 温度か圧力か体積のうちの2つ. (4) 圧力で変化する. (5) 自由度はゼロ.

問題3 (4) 臨界点

3-3

問題1 Parr：900 kPa，Dark parr：903 kPa，Smolt：936 kPa，Sea smolt：1199 kPa（問題2参照）

問題2 0.25 g

水のモル凝固点降下度 1.86 より，$0.17 \times 2 + 0.35 \times 0.1 + 0.578x = 1.86 \times 0.280$

問題3 1.4 g

「等張容積価」とは，その医薬品1gを溶かせば等張液になる水の量．また，「食塩当量」のNaClと医薬品1gをそれぞれ同じ体積の水にとかせば浸透圧が同じになる．
等張な生理食塩水は0.9%だから，NaClの等張容積価は 100 (mL)÷0.9 (g)＝111 となる．
よって，36.7×3 (g)$+ 111x$ (g)$= 200$ (mL) であり，$x = 0.81$ (g) となる．
これに対応する硝酸カリウムは $0.81 \div 0.56 = 1.4$ g

問題4 (1) ○ (2) ○ (3) ○ (4) × (5) ○ (6) ○ (7) ×

(7) グルコース水溶液は分子分散液＝溶液で，コロイドではない.

問題5 731 kPa（$\Pi = icRT = 2 \times 0.15 \times 8.314 \times (25 + 273)$）

問題6 776 kPa（$m = \Delta T_f \div K_f = 0.56 \div 1.86 = 0.301$ mol/kg，$\Pi = mRT = 0.301 \times 8.314 \times 310$）

3-4

問題1 (4)（HPLCは溶液にして分析するものなので固体の様子は測定できない）

問題2 (1)

(1) 50％混合物において等モル分子化合物の単一結晶が析出するので正しい.
(2) pの領域では分子化合物の結晶と溶液が共存する.
(3) qの領域では分子化合物の結晶と溶液が共存する.
(4) 点Dはジフェニルアミンと分子化合物の共融混合物で，点Cはベンゾフェノンと分子

化合物の共融混合物.

問題3 (3)

扇形領域の温度 T_2 の横線がタイラインであり，その左端が50％混合液になっている．
タイラインの右端が A の100％固体が析出していることを意味する．

3-5

問題1 (1)，(3)，(5)
(1) 組成 Xa の液体が沸騰するとタイライン A-A′ となる．
(2)，(3) 組成 Xb の液体が沸騰するとタイライン B-B′ となる．
(4)，(5) 組成 Xc の液体が沸騰するとタイライン C-C′ となり，C′ はほぼゼロである．

問題2 (2)
(1) グラフは理想溶液ではなく，ラウールの法則から負のずれを持つ実在溶液．
(2) ラウールの法則は溶媒に関する法則だから，A と D が該当する．
(3) ヘンリーの法則は溶質に関する法則だから，B と C が該当する．

問題3 (2)
X が沸騰すると蒸気組成は Xn，蒸気を回収して蒸留するとグラフの右端に近づく．

3-6

問題1 a_1 は1相の混合液であり，a_2 で沸騰して混合液と蒸気の2相になる．
このとき蒸気は b_1 となる．蒸気 b_1 を回収し冷却すると1相の混合液 b_2 となる．
さらに冷却した b_3 では2相の液体となる．

問題2 (1)

問題3 7倍，292 K
$(0.83 - 0.41) \div (0.41 - 0.35) = 7.00$

3-7

問題1 (2) $K_B > K_A > K_C$
グラフの縦軸1単位と横軸1単位のモル比を $1:f$ とすると，横軸2単位での値から安定度定数は $K_B : K_A : K_C = 4/(2f-4) : 4/[3(2f-4)] : 2/[3(2f-2)]$ となる．
f が充分に大きいとき $6:2:1$ である．また $f=3$ とすると $12:4:1$ となり，f が2に近づくと K_B の比は更に大きくなる．
もし，f が2よりも小さくなると P が飽和すると予想されるから，グラフのような結果にはなりえない．

問題2 (1)，(3)
溶解が速いのは，粒子径が大きく比表面積が小さいより粒子径が小さく比表面積が大きいほう，安定型より準安定型，結晶型より無晶型，水和物より無水物である．

問題3 [a] 1.0×10^{-4} （mol/L）
$[Ag_2CrO_4] = c$ とすると，$K_{sp} = [Ag]^2[CrO_4] = (2c)^2 \times c = 4.0 \times 10^{-12}$ より $c^3 = 10^{-12}$
[b] 1.6×10^{-5} （mol/L）

$K_{sp} = [Ag]^2[CrO_4] = (2c)^2 \times (c + 4 \times 10^{-3}) = 4.0 \times 10^{-12}$ となるが，純水よりも c は小さくなると予想され，$c \ll 4 \times 10^{-3}$ とみなせば $(2c)^2 \times 4 \times 10^{-3} ≒ 4.0 \times 10^{-12}$ と近似される．この正の解は $c = (3.2/2) \times 10^{-5}$ となり，明らかに $c \ll 4 \times 10^{-3}$ なので上記の近似は適切である．

問題 4   8.8（単位なし）

弱酸塩の水溶液①，弱塩基塩の水溶液②の pH 計算を以下に整理しておく．

① 弱酸を HA と表すと，$NaA \rightarrow Na^+ + A^-$ に続いて，$A^- + H_2O \rightarrow HA + OH^-$ となる．

∴）$[OH^-] = [HA]$ の関係が成り立つので，

$$[H^+] = \frac{K_A[HA]}{[A^-]} = \frac{K_A[OH^-]}{[A^-]}$$

が導かれる．ここで，$[HA] \ll [A^-] ≒ C$ と近似すると，

$$[H^+] ≒ \frac{K_A[OH^-]}{C} = \frac{K_A K_W}{C[H^+]}$$

したがって， $\text{pH} ≒ \frac{1}{2}(pK_A - \log K_W + \log C)$

② 弱塩基を BH^+ と表すと，$BHCl \rightarrow BH^+ + Cl^-$ に続いて，$BH^+ \rightarrow B + H^+$ となる．

∴）$[B] = [H^+]$ の関係が成り立つので，

$$[H^+] = \frac{K_A[BH^+]}{[B]} = \frac{K_A[BH^+]}{[H^+]}$$

が導かれる．ここで，$[B] \ll [BH^+] ≒ C$ と近似すると，

$$[H^+] ≒ \frac{K_A C}{[H^+]}$$

したがって， $\text{pH} = \frac{1}{2}(pK_A - \log C)$

3-8

問題 1   (1) ○ (2) ○ (3) ○ (4) ○ (5) ○ (6) ○

非界面活性剤の洗剤に使われるクエン酸やリンゴ酸はⅡ型．

3-9

問題 1   (1) ○ (2) ○ (3) ○ (4) ○ (5) ○ (6) × (7) ○ (8) × (9) ○ (10) ×

(6) 界面活性剤は表面張力を低下させる．(8) 表面張力が大きい．(10) 図 3-64 右参照

問題 2   60

半径 r の球の表面に面積 S の小片を敷き詰めるから $4\pi r^2/S = 4 \times 3.14 \times (1.67)^2 ÷ 0.580$
実験的には 3-10-1 に述べたように，ミセル 1 個あたり 74 分子とされている．

3-10

問題 1   (1) クリーミング：エマルション（乳濁液）が重力で沈降・浮上して可逆的に偏ること．

(2) ケーキング：サスペンション（懸濁液）が沈降して不可逆的に凝集すること．

(3) チンダル現象：コロイド粒子が可視光線を散乱するため，濁って見えること．

(4) ブラウン運動：コロイド粒子が媒質分子の衝突によりでたらめに移動すること．
(5) 凝析：分散系に少量の塩を加えると静電的反発が遮蔽され凝集すること．
(6) 塩析：分散系に大量の塩を加えることで水和層が奪われ沈降すること．

問題 2 (1), (5)

(2) 懸濁液の現象．
(3) もし転移するならゲル化するだろう．
(4) 放置でなく塩添加．

問題 3 (1) ○　(2) ×　(3) ×　(4) ○　(5) ×

(2) ろ紙は通過するが，半透膜は通過しない．
(3) ブラウン運動を起こすのはコロイド粒子と媒質分子（水分子など）の衝突．
(4) 静電的相互作用とはコアセルベーションのことで，微細な相分離を起こす．
(5) 静電的反発力が電解質で遮蔽されて低下するため凝集しやすくなる．

問題 4 (1) ○　(2) ×　(3) ×　(4) ○

(2) チンダル現象．(3) ブラウン運動．

第4章

4-1

問題 1 pH = 6.83

$$\log_{10}\frac{K_W[36℃]}{K_W[25℃]} = -\frac{\Delta H}{2.303R}\left(\frac{1}{T'} - \frac{1}{T}\right) = -\frac{55.8 \times 10^3}{2.303 \times 8.314}\left(\frac{1}{36+273} - \frac{1}{25+273}\right)$$

問題 2 クラフト点以上：284 kJ/mol　クラフト点以下：37 kJ/mol（傾きが $-\Delta H/2.303R$ となる）

4-2

問題 1 $q = \Delta H = 20.3$ kJ, $\Delta U = 18.7$ kJ　（$\Delta U = q - p\Delta V = q - nRT = 40.6 \times 10^3 - 8.314 \times 373 = 37499$ J）

問題 2 (1) ×　(2) ○　(3) ○

(1) マイナスということは系が熱量を失うので，発熱である．

問題 3 $\Delta_c H°(CH_3OCH_3) = \Sigma \Delta fH°(生成系) - \Sigma \Delta fH°(反応系)$
　　　　$= \{2 \times (-394) + 3 \times (-242)\} - \{(-184) + 3 \times (0)\} = 1330$ kJ/mol

4-3

問題 1 (1) ○　(2) ○　(3) ○　(4) ○　(5) ×

(5) $\Delta S \geq q/T$

4-4

問題 1 (1) ○　(2) ○　(3) ○　(4) ×　(5) ×　(6) ○　(7) ○　(8) ○　(9) ○

(4) $\Delta G = \Delta H - T\Delta S$, (5) $\Delta G = -RT\log_e K$ だから T が上昇すると $\Delta G < 0$

第5章

5-1

問題1
(1) 50〜60%でんぷん懸濁液　①ダイラタント流動
(2) チンク油　②ビンガム流動（塑性流動）
(3) 1%水性高分子　③擬粘性流動
(4) 低分子量有機溶媒　④ニュートン流動（粘性流動）
(5) 懸濁液　②ビンガム流動（塑性流動）
(6) 3%水性高分子　⑤擬塑性流動

問題2　[a] 絶対粘度，[b] 動粘度，[c] m^2/s

問題3　(1) ×　(2) ×　(3) ○　(4) ○
(1) m^2/s, (2) 高温では粘度低下

5-2

問題1　(1) ○　(2) ×　(3) ○　(4) ×　(5) ×
(2) 相互作用しない，(4) 粒子径は一様に同じ，(5) 溶解しない

問題2　(5) 24倍
式5-2-7から沈降速度は粒子径の自乗に比例し，粘度に反比例するから，速度は $(1/4)^2/1.5 = 1/24$ となる．よって，沈降時間は速度比の逆数で24倍と計算される．

問題3　(1) ×　(2) ×　(3) ○　(4) ×　(5) ×
(1) 小分子電解質の泳動速度に対して鎖長の対数に比例して遅くなる．
(2) 小分子電解質の泳動速度に対して分子量の対数に比例して遅くなって分離．
(4) 単位電荷あたりの質量はほぼ同じだが，ゲルの分子ふるい効果により分離．
(5) 全てのアミノ酸残基数に比例してSDS分子が結合すると報告されている．

5-3

問題1　5
直線のグラフを比較するときは傾きと切片について考える．
第一に傾きは，ネルンスト・ノイエス＆ホイットニー式5-3-22によれば DS/Vh である．ストークス＆アインシュタインの式5-3-10から，拡散係数 D は絶対温度に比例する．このため，傾きの絶対値は絶対温度に比例するので，高温ほど傾きが急になる．
第二に切片は $\ln C_S$ であり，これは式3-7-2のように絶対温度の逆数と直線関係になる．この直線関係の傾きは $-L/R$ であり溶解過程が吸熱なら $L>0$ で高温ほど $\ln C_S$ は大きい．

問題2　(1) ○　(2) ×　(3) ○　(4) ×　(5) ○　(6) ×
(7) ○　(8) ×　(9) ○　(10) ×　(11) ×　(12) ×
(2) シンク条件でなくてもよい．シンク条件のときは式5-3-28の $dC/dt = kSC_S$
(4) 微細化で単位質量あたりの表面積が増大するが，溶解度 C_S は変わらない．
(6) ストークス＆アインシュタインの式5-3-10から，高粘度では拡散係数 D が低下する．

(8) 撹拌速度を上げると拡散層 h が縮小するので，溶解速度は増大する．
(10) 溶解速度は表面積 S に比例するので，圧縮成型したものより粉末が高速．
(11) 縦軸に $Cs-C$ の対数，横軸に時間 t をとると右下がりの直線になる．
(12) 溶解が発熱過程である薬物は高温にすると溶解度が低下する．

問題3　(1) ○　(2) ○　(3) ○　(4) ○
問題4　(1) ○　(2) ×　(3) ×　(4) ○
(2) 式 5-3-39 のように，溶出量が時間の平方根に比例．だから溶出速度は反比例．
(3) $A \gg C_S$ のとき，$Q = [2A \cdot D \cdot C_S \cdot t]^{1/2}$

問題5　(1) ×　(2) ×　(3) ×　(4) ○
溶解速度が大きいのは粒子径が大きく比表面積が小さいものより粒子径が小さく比表面積が大きいほう，安定型より準安定型，結晶型より無晶型，水和物より無水物である．ただ，溶解平衡における濃度＝溶解度はどのように比較できるのか不明．
ヒグチの式によれば，放出される薬物量は時間の平方根に比例：式 5-3-39

5-4

問題1　(3) 皮下脂肪

第6章

6-1

問題1　(1) ○　(2) ○　(3) ○
問題2　(1) ○　(2) ×　(3) ×　(4) ○
(1) デルヤーギン近似によれば VDW 力のポテンシャルは粒子間距離に反比例する．
(2) 極大値の粒子間距離まで接近すると反発するので凝集が起こらず安定に分散．
(3) 塩で静電相互作用が遮蔽されるので静電反発力は $V_{R1} \to V_{R2} \to V_{R3}$ の順に小さくなる．
(4) V_{T3} はエネルギー障壁が低くなり，少ないエネルギーで乗り越えて粒子が接近．

問題3　(1) ○　(2) ○　(3) ×　(4) ×
(3) $I = (1/2) \times \{(+2)^2 \times (1.0 \times 10^{-6}) + (-1)^2 \times (2.0 \times 10^{-6})\} = 3.0 \times 10^{-6}$
(4) 近似式で $\log_{10} \gamma = -0.5 |z_+ z_-| I^{1/2}$ だからイオン強度 I が増大すると γ は減少．

6-2

問題1　(1) ×　(2) ○　(3) ○　(4) ×　(5) ×
(1) 濃度が増加すると Λ は低下し，濃度の平方根と直線関係．
(4) 水溶液中の H^+ イオンは水分子間で伝搬されるため Λ が大きくなる．
(5) 弱酸は濃度が上昇すると急激に電離度が低下するため Λ が小さくなる．

問題2　表面張力(B)，洗浄力(A)，当量伝導度(C)

6-3

問題 1　(1) ○　(2) ○　(3) ○　(4) ○　(5) ○　(6) ○　(7) ×

問題 2　(1) ×　(2) ○　(3) ×　(4) ○

6-4

問題 1　(1) ○　(2) ○　(3) ○

6-5

問題 1　(1) ×　(2) ○　(3) ×　(4) ○

(1) A 群は，log D の値により，膜透過過程・非撹拌水層透過過程で説明できる．

(3) log D が 1 以上では非撹拌水層が律速となるので飽和する．

第 7 章

7-1

問題 1　(1) ○　(2) ○　(3) ×　(4) ○　(5) ○　(6) ×　(7) ○

(3) 1 気圧が 1013 ミリバール，1013 hPa だから，10^{-3} bar $= 10^2$ Pa

(6) 1 ppm は百万分の 1 だから，10^{-6} g/g にあたる．

問題 2　(1) ○　(2) ○　(3) ○　(4) ○

0.1 mol/L $= 0.1 \times 69$ g/L $= 6.9$ g/L $= 0.69$ g/100 mL

7-2

問題 1　30 μmol/L

電気伝導度 $G = I/(\Delta \phi) = 7[\text{mA}] \div 1[\text{V}] = 7[\text{mS}]$

電気伝導率 $\kappa = G(\Delta x)/A = 7[\text{mS}] \times 0.01[\text{m}] \div (0.01[\text{m}])^2 = 0.07[\text{mS m}^{-1}]$

$C = \kappa/\Lambda = 0.07[\text{mS m}^{-1}] \div 14[\text{mS} \cdot \text{m}^2 \text{ mol}^{-1}] = 0.005[\text{mol m}^{-3}] = 5[\mu\text{mol L}^{-1}]$

付録 対数関数

指数関数の公式

$$a^1 = a$$
$$a^0 = 1$$
$$a^p \times a^q = a^{p+q}$$
$$a^p \div a^q = a^{p-q}$$

対数関数　　指数関数 $x = a^p$ に対して，累乗の指数を $p = \log_a x$ と表した関数．
　　　　　　ここで a を「底」，x を「数 p の底 a に対する真数」という．

自然対数　　底をネイピア数 e（$\fallingdotseq 2.718$）とした対数関数のこと．

常用対数　　底を 10 とした対数関数のこと．

対数関数の公式

$$\log_a a = 1$$
$$\log_a 1 = 0$$
$$\log_a x + \log_a y = \log_a (xy)$$
$$\log_a x - \log_a y = \log_a \frac{x}{y}$$
$$\log_{10} x = \frac{\log_e x}{\log_e 10}$$

覚えておく対数の数値

$$\log_e 10 = 2.303$$
$$\log_e 2 = 0.693$$
$$\log_{10} 2 = 0.301$$
$$\log_3 2 = 0.477$$
$$\log_{10} 5 = \log_{10} \frac{10}{2} = \log_{10} 10 - \log_{10} 2$$

付録　微分方程式

ネイピア数とは何か？：　円周率のようにある数学的条件によって定まる無理数．
$$e = 2.71828\ 18284\ 59045\ 23536\ 02874\ 71352\cdots$$

問題：　以下の性質を持った関数がどんなものかを考えなさい．
　　　その関数は，微分しても形が変わらない．
　　　だから，その関数は積分しても形が変わらない．

オイラー（スイスの数学者 1707-1783）の答え：
　　次の2つであることを発見した．（証明は省略する）
$$f(x) = e^x$$
$$f(x) = e^{-x}$$

マルサス（英の経済学者 1766-1834）の人口論
　　国の人口が N であるとき，人口の増加は N に比例する．
$$\frac{dN}{dt} = kN$$
　　このとき，N は時間 t についての関数である．
　　関数 N を微分しても，関数 N の定数倍（相似形）になっている．
　　これを解くには，オイラーの答えが利用できる．
$$N = N_0 e^{kt}$$
　　この式は微生物の増殖曲線（対数増殖期）に適用されている．

ヴィルヘルミー（独の化学者 1812-1864）の反応速度論
　　糖が一定時間に加水分解する量は，糖の濃度に比例する．
$$\frac{dC}{dt} = -kC$$
　　このとき，C は時間 t についての関数である．
　　これを解くにも，オイラーの答えが利用できる．
$$C = C_0 e^{-kt}$$

$$\log_{10} C = \log_{10} C_0 - \frac{k}{2.303} t$$

参考文献　もっと知りたいときに読む本

1. 「スタンダード薬学シリーズ2 物理系薬学I 物質の物理的性質」日本薬学会編，東京化学同人（2005）．
2. 「ボール物理化学」D.W. ボール著，田中一義/阿竹徹監訳，化学同人（2004）
3. 「アトキンス物理化学」P.W. アトキンス著，千原秀明/中村亘男訳，東京化学同人（2001）．
4. 「現代熱力学～熱機関から散逸構造へ」I. プリゴジン/D. コンデプディ著，妹尾学/岩元和敏訳，朝倉書店（2001）．
5. 「熱力学～現代的な視点から」田崎晴明著，培風館（2000）．
6. 「絶対反応速度論」（上下）H. アイリング著，長谷川繁夫/平井西夫/後藤春雄訳，吉岡出版（2000-POD版）．
7. 「物理化学の基礎づくり」C. ローレンス/A. ロジャー/R. コンプトン著，伊藤公一訳，化学同人（1997）．
8. 「分子間力と表面力」J.N. Israelachvili 著，近藤保/大島広行訳，朝倉書店（1996）．
9. "KINETICS FOR THE LIFE SCIENCES, RECEPTORS, TRANSMITTERS AND CATALYSTS", H. Gutfreund; Cambridge Univ. Press (1995).
10. 「蛋白質・酵素の基礎実験法」改訂第2版，堀尾武一編，南江堂（1994）．
11. 「キッテル熱物理学」山下次郎/福地充訳，丸善（1983）．
12. 「生物物理化学」第6版（I，II）E.A. ドーズ著，中馬一郎/岩坪源洋/山野俊雄/久保秀雄訳，共立出版（1983）．
13. "PHYSICAL CHEMISTRY", K.J. Laidler/J.H. Meiser, Benjamin Cummings Pub. Co. (1982).
14. 「化学者のための数学十講」大岩正芳著，朝倉書店（1979）．
15. 「化学反応の速度論的研究法～機構論との関連において」（上下）鍵谷勤著，化学同人（1970）．
16. 「化学熱力学」（I，II）I. プリゴジーヌ/R. デフェイ著，妹尾学訳，みすず書房（1966）．
17. 「化学反応速度論I～基礎理論・均一気相反応」「化学反応速度論II～溶液相反応」K.J. レイドラー著，高石哲男訳，産業図書（1965）．
18. 「反応速度論」H. アイリング/E.M. アイリング著，長谷川繁夫/平井西夫訳，共立出版（1964）．
19. 「反応速度計算法」大岩正芳著，朝倉書店（1962）．
20. "ENZYMES", M. Dixon; E.C. Webb; Longmans, Green & Co. (1958).
21. "A SOURCE BOOK IN CHEMISTRY 1400-1900", Eds, H.M. Leicester/H.S. Klickstein; Harvard Univ. Express (1968).
22. "A SOURCE BOOK IN CHEMISTRY 1900-1950", Eds, H.M. Leicester; Harvard Univ. Express (1968).
23. "SELECTED READINGS IN CHEMICAL KINETICS", M.H. Back/K.J. Laidler; Pergamon Press (1967).

索 引

あ

IEF	390
アイソトニック	195
アヴォガドロ&アンペールの法則	210
アヴォガドロ数	22
アヴォガドロ定数	503, 504
アヴォガドロの法則	210
アガー	389
アガロース	389
アクセプター	12
アクティブ・サイト	143
アシルグリセロールの融点	24
アスピリン	47, 136
アスピリンの反応	51
アゼオトロープ	210, 218
アセトン	28
圧力の単位	497
アニオン性界面活性剤	277
アモルファス	165, 166
アルギン酸ナトリウム	369
アレニウスの式	77, 82, 84
アレニウスの二段階反応機構モデル	120
アレニウス・プロット	84, 105
アレンの抵抗法則	387
安定形	165, 166
アンドレアゼンピペット	383
アンフォライト	478
アンモニウム塩	28

い

イオン移動度	446
イオン間相互作用	6
イオン間のクーロン相互作用	30
イオン強度	18, 29, 77, 86, 95, 422, 428
イオン結合	6
イオン性界面活性剤	444
イオン～双極子相互作用	9
イオンの活量係数	425
イオン半径	426
イオン雰囲気	29, 424
イオン～誘起双極子相互作用	10
イオン輸送タンパク質	467
異質同形	165
異性化	47
1次能動輸送	462
1次反応	50, 51, 59
1次反応速度式	111
1次反応の積分型速度式	61
1次反応の半減期	62
1次粒子	292
一成分系の自由度	180
位置特異性	143
一般化した阻害剤	161
一般酸・塩基触媒	130
イーディ&ホフステー・プロット	148, 149
移動現象論	411, 415
インターメディエート	45, 55

う

V字型グラフ	132
VDW力	18, 22
ヴィルヘルミーの結果	74
ヴィルヘルミーの吊り板法	271
ウベローデ粘度計	362

え

永久双極子	7, 10
永久双極子～誘起双極子相互作用	10
泳動	379
液相	170
液相-気相	179
液相線	213
exothermic process	304
SI	493
SI基本単位	489, 492, 493
SI組立単位	489, 493, 494
SI接頭辞	489, 495
SI単位	489
SI誘導単位	493
SDS-PAGE	390
SDSポリアクリルアミドゲル電気泳動	390
エタノール	28
HLB	279
n次反応の積分型速度式	65, 72
n次反応の微分型速度式	65
エネルギーの量子化	341
エネルギー不滅則	316
エネルギー分配の規則	323
エネルギー分布	326
エネルギー保存則	315, 316
エピマー化	47
エマルション・乳濁液	284, 287
エマルションの凝集と転相	293
MKS単位系	489, 497, 503
LCST	226
塩基性薬物	478
塩基性薬物の分配係数	475
塩橋	6
遠心分離	382
遠心分離器	384
円錐-平板粘度計	362
塩析と塩溶	296
エンタルピー	311, 317, 323
エンタルピー変化	317
エントロピー	321, 323
エントロピーS	326
エントロピー生成速度	416
エントロピー増大の法則	331
エントロピー変化	326, 329, 343
endothermic process	304

お

応力緩和	360, 374
オシュトヴァルト(オストワルド)粘度計	362
オシュトヴァルトの定理	332
オスモル濃度	187
温度	239, 327

か

外界	311
会合コロイド	287
会合平衡定数	259
回転運動	325
回転粘度計	361, 362
界面	248, 265
界面活性剤	248, 250, 265, 273
界面張力	265, 266
界面動電電位	433

界面平衡	265
解離性薬物	136
解離度	446, 455
ガウスの法則	439
カウンターイオン	31
化学吸着	252
化学結合	78
化学結合の振動	80
化学反応	85
化学ポテンシャル	451, 452, 453
カギと鍵穴	143
可逆的阻害剤	150
可逆的な逐次反応	116
可逆反応	99, 101
拡散	393
拡散係数 (D)	393, 396, 397, 481
拡散層	400, 432
拡散電気二重層	423, 432
拡張係数	265, 268, 269
拡張ぬれ	269
加水分解	47
ガス交換	41
ガソリンエンジン	335
カチオン性界面活性剤	277
活性化エネルギー	83
活性サイト	143
活性中心	143
活動電位	468, 469
活量	18, 29, 234, 425, 453
活量係数	18, 29, 426, 451, 455
活量の比	426
下部共溶点	223, 226
下部臨界溶解温度	226
可溶化	274
ガラクトース誘導体	389
カルメロース	369
過冷却	350
寒天	389

き

気圧	497
擬1次反応	52, 133
気液平衡	210
気化	170
気化曲線	213
キーサム配向力	18
キーサム力	4, 7, 9
基質	130
基質特異性	143

気相	170
気相線	214
擬塑性流体	360
擬塑性流動	368
気体, 液体の物質移動	414
気体定数	19, 503
気体分子運動論	324
拮抗阻害	150
拮抗阻害剤	150, 159
拮抗阻害剤の反応速度論	151
擬粘性流体	360, 367
擬粘性流動	367
機能的構造修飾	243
希薄溶液	186, 188, 205, 350
ギブズ自由エネルギー	340
ギブズ自由エネルギー変化	347, 351
ギブズの吸着式	248, 250
ギブズの相律	182
基本物理量	489, 491
基本量	489
逆反応	101
キャノン・フェンスケ粘度計	362
球状タンパク質	429
吸着	247
吸着質	247, 259
吸着媒	247, 259
吸着平衡	247, 248, 259
吸着様式	252
吸熱的な溶解プロセス	238
吸熱反応	304, 307
境界	311
凝結	170
凝固	170
凝固点降下	186, 187, 274, 350
凝固点降下度	186, 188
凝集と凝析	295
凝縮	170
凝縮曲線	214
競争反応	99
共通イオン効果	236
強電解質	447
共沸	218
共沸混合物	210, 218
共有結合	5
共融混合物	200, 201
共融点	201
極限伝導率	508, 509

極限粘度	360, 365
極限モル伝導率	442, 445
極性	9
極性相互作用	9
極性の溶質間	27
均一触媒	130
均一密度	403

く

グーイ層	432
グーイ&チャップマン層	432
グーイ&チャップマン電気二重層	432
グーイ&チャップマン理論	431
グッゲンハイム・プロット	74
組立単位の固有の名称	494
クラウジウス&クラペイロンの式	176, 179
クラウジウスの定理	322, 332
グラフ解析法	147, 158
クラペイロンの式	176, 177, 179
グリセリン	173
クリープ	360
クリーミング	284
クロッツ・プロット	261
クロロホルム	28
クロロホルムとアセトンの混合	346
クーロン力	4, 6, 14

け

系(システム)	311
ケーキング	284, 292
血液の凝固点降下度	189
結合剤	409
結合サイト	143, 251
結合振動	80
結晶	166
結晶格子	31
結晶多形	165
結晶多形の相転移	168
結晶とアモルファス	239
結露	170
結露曲線	214
ゲル	289
ゲル化の応用	291
減圧蒸留	216
原子単位系	493
現象論的方程式	415

| 懸濁液 | 49 |

こ

コアセルベーション	284, 295
高エネルギー状態	468
光化学反応	47, 77
合計物質量	482
抗生物質	501
構造粘性	369
酵素阻害剤	150
酵素反応	143
酵素反応速度式	146, 159
酵素反応速度のグラフ	146
酵素反応速度論	143
酵素反応の反応速度論	144
高張	195
高張液	195
光度	491
降伏値	360, 366
興奮	469
固液平衡	200
固液平衡の状態図と共融点	202
国際単位系(SI)	492, 493
国際単位系の基本単位	493
国際単位系の組立単位	494
固相	170
固相-液相の相平衡	177
固相-気相	179
コソルベンシー	241
固体	413
互変異性	306
互変二形	306
固有粘度	360
コールラウシュのイオン独立移動の法則	443, 446
コロイド	283, 284
コロイドの分類	287
コロイド微粒子	291
混合液	454
混合型阻害	153
混合の化学ポテンシャル変化	454
混合物系	226
コンダクタンス	442, 443, 467, 508
コンダクティビティ	416, 442, 443, 467, 508
コントロールドリリース	409
2-コンパートメント・モデル	
	123
コーン・プレート型	362

さ

サイト・オブ・アクション	143
再分極	469
細胞膜の膜電位	465
酢酸エチル	28
サスペンション	49
サスペンション・懸濁液	284, 287
サスペンションの凝集	292
散逸関数	416
酸・塩基触媒	130
酸解離定数	18
酸化反応	47
残基の酸解離定数	429
三重点	176, 181
酸性薬物	477
酸性薬物と塩基性薬物の吸収効率	482
酸性薬物の分配係数	475
散乱	284

し

時間	491
時間依存性	501
時間の単位	492
示強性	355
示強性状態関数	355
示強性状態量	355
自己触媒	130
CGS 単位系	497
指数関数	63
自然対数	63
自然単位系	493
失活	143
実在気体	18, 20, 32
実在溶液	212, 425, 426
実在溶液の絶対反応速度論	94
実在溶液のヘンダーソン＆ハッセルバルヒの式	422
湿度	85
質量	491
質量移動の拡散方程式	394
質量作用の法則	35, 37, 39, 50, 83, 304
質量対質量	491
質量対容量	491
至適温度	143
至適 pH	144
自発的変化	322
シミュレーション計算	329
弱酸の酸・塩基平衡	40
弱電解質	447
終端速度	381
自由度	181
重量オスモル濃度	188
重量モル濃度	29
主剤	409
シュテルンの電気二重層	432
受動拡散	468
受動輸送	462, 468, 474
ジュール＆トムソン効果	19
準安定形	165, 166
準塑性流動	369
純度	490
準粘性流体	367
昇華	171
蒸気圧降下	187, 188, 190, 274
錠剤	400
脂溶性	235
状態関数	354
状態図	165, 171, 201
状態変数	354
状態量	354
衝突理論	92
蒸発	170
蒸発エンタルピー	327
蒸発エンタルピー変化	318
蒸発曲線	213
上部共溶点	223, 226
上部臨界溶解温度	226
晶癖	165, 167
常用対数	63
蒸留	210
触媒	130
触媒係数	134, 135
触媒反応	130
食品の消費期限	64
初濃度	61, 65, 101
示量性	355
示量性状態関数	355
示量性状態量	355
シロップ剤	369
ジンガー＆ニコルソンの流動モザイクモデル	25
シンク条件	400

親水コロイド	287
親水性基剤	371
親水性親油性バランス	279
親水性相互作用	9
浸漬ぬれ	269
浸透	192
浸透圧	187, 191, 192, 274
浸透圧応答	195
振動運動	325
真の分配係数	477

す

水相と油相	223
水素結合	5, 8
水中油(o/w)	299
水溶性	235
水和	8
水和物と無水物	240
スヴェドベリ単位	386
スキャッチャード・プロット	263
スキャッチャード・プロット解析法	254
ストークス&アインシュタインの式	393
ストークス径	382
ストークスの式	379, 382, 387
ストークスの抵抗法則	382, 387
ストークスの抵抗法則と沈降	380
ストークスの抵抗力	397
ストレス	361
ストレス緩和	360
spontaneous process	322
ずり応力	361
ずり速度	363

せ

正吸着と負吸着	248
製剤原料	409
静止電位	465, 466
静止膜電位	466
生成物質	39, 45, 54
生体膜と分配係数	475
静電相互作用	6
静電力	4, 6
正のずれ	210, 217
正反応	101
生理食塩水	196

生理食塩水の浸透圧	429
積分型速度式	59
積分法	67, 101
ゼータ(ζ)電位	433
セッケン	272
接触角	265
絶対温度	77, 83
絶対粘度	359, 364
絶対反応速度論	92
0次反応	50, 51, 59, 65
0次反応の積分型速度式	65
遷移域	387
遷移状態	45, 55
遷移状態理論	92
洗剤	272
洗浄力	274
せん断応力	361
せん断速度	363

そ

相	165
双極子	8
双極子間相互作用	8
双極子間相互作用の強さ	8
双極子能	8
双極子能率	8
双極子モーメント	8
双曲線	147
相図	165, 201
相対粘度	360, 365
相転移	165, 169, 170, 326
相転移の化学ポテンシャル変化	454
相の変化	170
相分離	284, 295
相平衡	176, 326, 351
相平衡と臨界点	179
相律	176, 182
相律と三重点	180
層流域	387
阻害剤	130, 150
阻害メカニズムモデル	153
素過程	54
束一的性質	186, 192, 274, 350
促進拡散	462, 468
速度論	45
疎水コロイド	287
疎水性イオン対の形成	480
疎水性基剤	371

疎水性水和	27
疎水性相互作用	18, 23, 24
疎水性ホモ二量体の形成	480
疎水性溶媒和	27
塑性流動	369
粗大分散系	283, 284, 286
粗大分散系の凝集	291
素反応	46, 54
ゾル〜ゲル転移	289
ゾーン電気泳動法	389

た

対向反応	99, 100, 101, 112
対向反応の積分型速度式	101
対向反応の微分型速度式	101
対数関数	523
体積	328
体積対体積	491
対符号イオン	31
タイライン	214
ダイラタンシー	367
ダイラタント流体	360, 367
ダイラタント流動	367
多塩基塩	197
濁度	274
多形	166, 240
多形転移	165, 168
多成分系の自由度	182
ダッシュポット	372
脱着	249
脱分極	469
多分子層吸着モデル	256
単位反応	54
ターンオーバー数	146
単純拡散	462
断熱圧縮	336
断熱膨張	336
タンパク質の電気泳動	390
単分子吸着	252
単分子吸着モデル	254
断面積	482

ち

遅延弾性	373
チキソトロピー	360, 370
逐次反応	104, 114
逐次反応の時間変化	106
逐次反応の積分型速度式	105
逐次反応の微分型速度式	104

チャージ・トランスファー	デバイ&ヒュッケルの極限則	等容冷却 336
5, 12	19	当量伝導率 275, 508
中間体 45, 55	デバイ&ヒュッケルの式 422	特殊塩基触媒 133
中性分子の分配係数 474	デバイ&ヒュッケル理論	特殊酸・塩基触媒 130
調製 490	29, 424	特殊酸・塩基触媒反応 136
張力 267	デバイ誘起力 18	特殊酸触媒 133
超臨界流体 180	デバイ力 4, 10	特殊触媒 130
直鎖飽和脂肪酸の融点 24	デュヌーイのリング法 271	特定多形の形成 168
チンク油 369	電解質 28	ドナー 12
沈降 292, 379	電解質水溶液 442, 456	ドナン膜平衡 461, 464
沈降係数 386	電解質溶液 444	トムソンの定理 322, 332
沈降速度 383	電荷移動 5, 12, 14	トランジション・ステート
沈降天秤 383	添加剤 409	45, 55
沈降平衡 507	添加物 241	トルエン 27
チンダル現象 287	電荷密度 439	トルートンの規則 340
て	電気陰性度 8	ドルトンの法則 211
定圧過程 311, 312	電気泳動 388	**な**
定圧プロセス	電気化学ポテンシャル 463	内部エネルギー 311, 504
311, 312, 313, 314, 317	電気双極子 8	長さ 491
定圧プロセスの内部エネ	電気素量 503, 508	長さの単位 492
ルギー変化 316	電気伝導度 442, 443, 467, 508	軟膏 369
定圧平衡式 303	電気伝導率	**に**
定圧モル熱容量 412	416, 442, 443, 467, 508	二酸化炭素の状態図 178
TS 45, 55	電気二重層 431	2次能動輸送 462
TX 図 200, 214, 217	電子供与体 12	2次反応 60, 66
DHE 31	電子受容体 12	2次反応の積分型速度式 66
DHL 19, 31	電磁波 87	2次粒子 292
DNA, RNA の電気泳動 389	転相 293	二成分系 200, 210
DLVO 理論 434	伝導の熱流束 413	日本薬局方 490
ディクソンの阻害剤プロット	伝導率 274	日本薬局方の計量単位 489
154	電流 491	乳化 274
ディクソン・プロット 154	**と**	ニュートンの式 359
定常状態 107	等イオン点 431	ニュートンの抵抗法則 387
定積過程 311, 313	透過係数 466, 475, 482	ニュートンの粘性法則 359, 415
低張 195	透過係数と吸収効率 481	ニュートン流体 359, 362, 365
低張液 195	透過効率 475	ニュートン流動 366
T. ヒグチの式 409	凍結乾燥 172	**ぬ**
定容過程 311, 313	逃散傾向 217, 219, 453	ぬれ 265
定容プロセス 311, 313, 314	同質異形 165	**ね**
定容プロセスの内部エネ	同時反応 99	熱エネルギー 304
ルギー変化 316	等張 195	熱拡散式 411
定容モル熱容量 412	等張液 195	熱含量 323
テイラー展開の一種 439	等電点 294	熱機関の熱効率 335
滴重法 272	等電点電気泳動 390	熱容量 327, 412
デバイ&ヒュッケルの拡張式	導電度 443	熱力学温度 491, 504
31	導電率 416, 443	
デバイ&ヒュッケルの極限式	動粘度 359, 362, 364, 387	
31	等容加熱 336	

熱力学温度の単位 503	反応速度 46, 48	表面張力 24, 265, 266, 267, 274
熱力学第一法則 312, 315, 316	反応速度式 48	表面張力の測定法 271
熱力学第二法則 322, 331	反応速度定数	ビンガム流体 360, 369
熱力学第三法則 322, 333	46, 48, 59, 77, 95, 97	ビンガム流動 368
熱力学的なエントロピー変化 326	反応速度論 150	頻度因子 83
熱流束 414	反応特異性 143	
ネルンスト・ノイエス＆ホイットニーの式 394	反応熱 305	**ふ**
ネルンストの式 461, 462, 463	反応物質 39, 45, 54	ファゴサイトデリバリー 485
ネルンストの定理 333		ファラデー定数 503, 508
ネルンスト＆プランクの定理 333	**ひ**	ファラデーの法則 508
粘性流体 359	非イオン性界面活性剤 278	ファンデルワールスの状態方程式 18, 22, 354
粘弾性 360, 372	BET 型 252	ファンデルワールス半径 22
粘弾性モデル 372	BET 式 248	ファンデルワールス力 18, 19, 22
粘度 360	PAG 390	ファンデルワールス理論 21
粘度測定法 362	pH 77, 85, 241	ファントホッフ係数 196
	pH 分配仮説 474, 481, 482	ファントホッフの反応定圧式 303, 305
の	非 SI 単位 489, 496	ファントホッフ・プロット 303
ノイエス＆ホイットニーの式 394, 400, 403, 409	PX 図 212, 217	V 字型グラフ 132
濃度依存性 501	非解離性薬物 132	フィックの拡散法則 415
能動輸送 461, 462, 468	非撹拌水層モデル 484	フィックの第一法則 393, 394, 396, 397
濃度勾配 395	光 86	フィックの第二法則 394, 398
濃度の偏り 395	微環境 pH 483	VDW 力 18, 22
ノニオン性界面活性剤 278	非拮抗阻害剤 151, 153	フェノール 28, 224
	ヒクソン＆クロウェルの式 394, 403, 405	フォークトの並列構造モデル 372
は	ヒグチ, T. の式 409	フォークトモデル 360, 372
配向力 4, 7, 9	比重 490	不可逆的阻害剤 150
排除体積 22	非晶質 165, 166	負吸着 248
ハイパートニック 195	非晶質（アモルファス）の相転移 169	不均一 170
ハイポトニック 195	p-スケール表記 40	不均一系 284
バインディング・サイト 143	ヒステリシス 370	不均一系とコロイド 284
発熱的な溶解プロセス 237	PT 図 165, 205	不均一触媒 130
発熱反応 304, 306, 307	非電解質水溶液 196, 455	複合過程 54
ハビット 165, 167	非電解質水溶液の活量, 活量係数 451	複合体形成 88
バール 497	非ニュートン流体 360, 362, 366	複合反応 46, 54, 99
バルク層 400	非ニュートン流動 366, 367	賦形剤 409
ハロゲン化アルカリ塩 429	比熱 412	物質量 491
反拮抗阻害 153	比粘度 360, 365	沸点 322
半減期 59, 60, 63	比表面積 247, 250	沸点上昇 187, 188, 215, 274, 350
半減期法 72	微分型速度式 59, 60	沸点上昇度 187, 190
半固形製剤 371	微分法 52, 101	沸点未満 322
半透膜 187, 191, 416	微分方程式 524	沸騰 170
反応エンタルピー変化 317	標準エンタルピー変化 318	物理吸着 143, 252
反応系 45	標準エントロピー変化 326	物理吸着と化学吸着 248
反応経路 45	標準状態 312, 317, 503	物理定数 503, 507
反応次数 46, 49, 50	標準大気圧 498	
	氷点降下 186, 187	

負のずれ	210, 219
ブラウン運動	284, 288, 506
フーリエの熱伝導法則	411, 412, 415
フリーズドライ	172
浮力	379
フロイントリッヒ式	248
フロイントリッヒの吸着式	254
プロダクト	39, 45, 54
フロンガス	32
分圧の法則	211
分岐反応	99
分極	8, 466
分散	26
分散コロイド	287
分散力	5, 11
分子運動	504
分子化合物	200, 203
分子間化合物	200
分子間相互作用	4, 18, 226
分子コロイド	287
分子コロイドの凝集	294
分子錯体	200, 203
分子内触媒	130
分子の平均運動エネルギー	504
分子分散系	283
分子量	490
粉体	403
分配	223, 228
分配係数	223, 228, 229, 481
分配比	228
分配平衡	223, 228
分布係数	475, 477

へ

平衡	39
平衡定数	39, 426
平行反応	99
平衡反応	304
閉鎖系	314
並進運動	325
併発反応	99, 102, 113, 133, 136
併発反応の反応物の積分型速度式	103
併発反応の反応物の微分型速度式	102
ヘインズ&ウォルフ・プロット	148, 261
ベンゼン	27
ベンゼンとトルエンの混合	343
ヘンダーソン&ハッセルバルヒ式	425, 426
ヘンリーの法則	35, 36, 41, 211

ほ

ポアソン方程式	423
崩壊剤	409
放出制御	409
飽和曲線	147
飽和水溶液	456
飽和層	400
飽和濃度	28, 235
保護コロイド	287
ポテンシャルエネルギー	6, 8, 9
ホモ二量体	480
ポリアクリルアミドゲル	390
ボルツマン定数	79, 503, 504
ボルツマン分布	77, 79, 424, 439, 506

ま

マイクロカプセル化	295
膜コンダクタンス	467
膜電位	461, 466
膜輸送	462
膜輸送の速度式	470
マクローリン展開	439
マックスウェルの直列構造モデル	373
マックスウェル&ボルツマン分布	77, 324
マックスウェルモデル	360, 373
マーデルングエネルギー	31
マトリクス型放出制御	409

み

ミカエリス&メンテン式	146, 153, 157
ミカエリス定数	146
みかけの分配係数	477
ミー散乱	287
水	28
水と油	224
水とアルコールの混合	344
水とフェノールの混合	344
水のイオン積	503, 509
水の状態図	178
ミセル(の)形成	274, 444
ミリメートル水銀柱	497

む

無極性	9
無極性溶媒	27

め

メタノール	28
メチルセルロース	369

も

毛管上昇法	271
毛管粘度計	416
毛細管粘度計	361, 362
毛細管粘度計と動粘度	363
モノステアリン酸アルミニウム油性懸濁剤	370
モルギブズ自由エネルギー変化	397
モル凝固点降下度	186, 188
モル伝導率	275, 442, 443, 444, 508
モル沸点上昇度	187, 190
モル分率 X	234

や

ヤード・ポンド法	500
ヤングの式	265, 268

ゆ

融解	170
融解エンタルピー	326
融解エンタルピー変化	317
融解曲線	177
融解熱	239
誘起双極子	9, 10
誘起双極子間相互作用	11
誘起力	4, 10
有効桁数	491
UCST	226
U字型グラフ	134
融点	239
誘電率	6, 77, 97
油中水(w/o)	299

よ

溶液	187
溶液の粘度	365

溶解	393
溶解性	239
溶解度	234, 235, 239
溶解度積	234, 235, 236, 455
溶解度と温度	237
溶解度パラメータ	456
溶解平衡	234
溶解補助剤	242
溶質	26, 239
溶質濃度	188
溶媒	241
溶媒効果	26, 88
溶媒の分子構造	28
溶媒の誘電率	241
容量オスモル濃度	188
容量モル濃度	29

ら

ラインウェバー&バークの両逆数プロット	147
ラインウェバー&バーク・プロット	147, 261
ラウールの法則	186, 190, 211, 340, 343
ラセミ化合物	200, 204
ラセミ混合物	200, 204
ラプラス変換	110
ラングミュア型	252
ラングミュア式	248
ラングミュアの吸着等温式	254, 260
ラングミュアの単分子吸着モデル	254
乱流	364
乱流域	387

り

リアクタント	39, 45, 54
リガンド	251
理想気体(完全気体)の状態方程式	19
理想溶液(理想溶体)	186, 210, 212
律速段階	54
立体特異性	143
粒子径	240
流束	394, 481
流動学	359
流動性	366

両逆数プロット	147
量子論	325
両親媒性物質	28, 249
両性界面活性剤	277
両性物質	478
臨界圧力	20
臨界温度	20
臨界体積	20
臨界点	20, 176, 180, 184
臨界ミセル濃度	273, 274, 444
臨界溶解温度	223
0.08 M リン酸カリウム緩衝液のpH計算	427

る

ルシャトリエ&ブラウンの原理	35
ルシャトリエの原理	35, 36, 38

れ

励起状態	80
レオロジー	359
レナード＝ジョーンズ 12-6（LJ-トゥエルブ-シックス）ポテンシャル	23
連結線	214
連続反応	104

ろ

ロンドン分散力	18
ロンドン力	5, 11

著者紹介

尾関　哲也（おぜき　てつや）
名古屋市立大学大学院薬学研究科薬物送達学分野教授
1990年　東京薬科大学薬学部卒業
1995年　同大学院博士課程後期修了，
　　　　博士（薬学）学位取得
1999年　東京薬科大学講師
2003年　Kansas 大学留学
2006年　東京薬科大学准教授
2009年6月より現職
専門：DDS・粒子設計
名古屋市出身，中日ドラゴンズのファン．味噌煮込みうどん，みそカツ，あんかけスパゲティー，小倉トーストをこよなく愛す．趣味はゴルフ，ベースギター

小暮　健太朗（こぐれ　けんたろう）
京都薬科大学薬品物理化学分野教授
1989年　徳島大学薬学部卒業
1994年　富山医科薬科大学薬学部助手
1998年　徳島大学薬学部助手
2003年　JST-CREST 博士研究員
2005年　北海道大学大学院薬学研究院
　　　　特任講師
2007年より現職
専門：生物物理化学，薬物送達学
松山市出身　好きなもの：STAR TREK，お酒．
好きな言葉：この道を行けばどうなることか危ぶむなかれ．

後藤　了（ごとう　さとる）
東京理科大学薬学部教授
1988年　徳島大学薬学部卒業
1992年　同大学院博士後期課程修了，
　　　　博士（薬学）学位取得
1992年　同薬品分析学教室助手
2006年　国際医療福祉大学薬学部助教授
2012年4月より現職
専門：定量的構造活性相関
愛媛出身．好きなのは明倫館書店．
好きな言葉：河流は鯨鯢の泳ぐところにあらず，枳棘は鸞鳳の棲むところにあらず．

土屋　浩一郎（つちや　こういちろう）
徳島大学大学院ヘルスバイオサイエンス研究部（薬学系）医薬品機能生化学分野教授
1988年　徳島大学薬学部卒業
1990年　徳島大学大学院修了
1991年　保健調剤薬局勤務
1992年　徳島大学医学部附属病院薬剤部勤務
1997年　徳島大学より博士（医学）学位取得
　　　　徳島大学医学部助手
1998年　米国 NIEHS/NIH にて客員研究員
2003年　徳島大学薬学部助教授
2007年4月より現職
専門：フリーラジカル・活性酸素の検出と同定．
多趣味が趣味で，気になることがあると，まずやってみる．日々"面白いこと"（研究もそうですし，普段の生活もそうですが）を探している．

エピソード物理化学〔第2版〕

定価（本体8,000円+税）

2011年3月8日　初版発行Ⓒ
2015年3月19日　第2版発行
2024年3月25日　4刷発行

編著者　後藤　　了
　　　　小暮　健太朗

発行者　廣川　重男

印刷・製本　日本ハイコム
本文イラスト
表紙デザイン　㈲羽鳥事務所

発行所　京都廣川書店
　　　　東京事務所　東京都千代田区神田小川町2-6-12 東観小川町ビル
　　　　　　　　　　TEL 03-5283-2045　FAX 03-5238-2046
　　　　京都事務所　京都市山科区御陵中内町　京都薬科大学内
　　　　　　　　　　TEL 075-595-0045　FAX 075-595-0046

URL：https://www.kyoto-hirokawa.co.jp/

 ISO14001取得工場で印刷しました